Holzfrei

Nr. 35 1954
S. 7799—8030 1. September

Chemisches Zentralblatt

Vollständiges Repertorium für alle Zweige der reinen und angewandten Chemie

1830 gegründet. 1897—1945 von der Deutschen Chemischen Gesellschaft fortgeführt.
Im Auftrage der Deutschen Akademie der Wissenschaften zu Berlin, der Chemischen Gesellschaft in der Deutschen Demokratischen Republik, der Akademie der Wissenschaften zu Göttingen und der Gesellschaft Deutscher Chemiker

herausgegeben von Prof. Dr. Maximilian Pflücke

125. Jahrgang

1954

Chefredakteure: Dr. Eugen Klever und Prof. Dr. Maximilian Pflücke

Akademie-Verlag GmbH., Berlin — Verlag Chemie, GmbH., Weinheim/Bergstr.

Inhalt

Namenregister

Chemisches Zentralblatt

1954 Nr. 35 1. September

Geschichte. Unterricht.

—, *Zum 75. Geburtstag von Nikolai Nikolajewitsch Dawidenkow.* Würdigung der Verdienste von N. N. DAWIDENKOW (geb. am 14/3. 1879) auf dem Gebiete der Metallkunde aus Anlaß seines 75. Geburtstages. (Журнал Технической Физики [J. techn. Physik] **24.** 369—74. März 1954.) KLEVER. 1

M. I. Warenzow, *Über das Leben und die Tätigkeit des Akademiemitgliedes Iwan Michailowitsch Gubkin.* Würdigung der Arbeiten von I. M. GUBKIN auf dem Gebiet der Erdölforschung u. Geochemie von Naphtha anläßlich seines 80. Geburtstages. (Известия Академии Наук СССР, Серия Геологическая [Nachr. Akad. Wiss. UdSSR, geol. Ser.] **1952.** Nr. 2. 3—18. März/April.) TROFIMOW. 1

H. J. Rijks, *Abschied von Prof. Dr. F. E. C. Scheffer.* Bericht über den Verlauf der Abschiedsvorlesung von SCHEFFER, der an der TH Delft tätig war u. sich hauptsächlich mit der Phasenlehre beschäftigte. (Chem. Weekbl. **49.** 505. 18/7. 1953.) WESLY. 1

W. P. Jorissen, *In memoriam Herman Baucke.* BAUCKE (geboren in Utrecht am 5/10. 1871, gestorben in Amsterdam am 25/11. 1952) war als Chemiker u. Mitinhaber des Untersuchungslabor. für Baustoffe u. des Büros für chem. Unterss. KONING & BIENFAIT in Amsterdam, daneben mehrere Jahre als Vorstandsmitglied der niederländ. chem. Vereinigung tätig u. veröffentlichte eine Reihe von Arbeiten, hauptsächlich auf dem Gebiete der Baustoffe u. der Metallographie. (Chem. Weekbl. **49.** 629—31. 8/8. 1953.) WESLY. 1

G. F. Hüttig, *Robert Fricke 6/9. 1895 bis 21/10. 1950.* In einem Nachruf für den verstorbenen bekannten Anorganiker, Prof. R. FRICKE, seit 1935 Direktor des Labor. für Anorgan. Chemie der TH Stuttgart, gibt Vf. eine Lebensübersicht sowie einen Überblick über die wesentlichsten Arbeiten des Verstorbenen. (Z. anorg. allg. Chem. **265.** 1—20. Juni 1951.) SIEWERT. 1

George R. Harrison, *John R. Loofbourow.* Nachruf auf den Biophysiker LOOFBOUROW (geb. 1/11. 1902 in Cincinnati, gest. 22/1. 1951 in Boston). (Proc. physic. Soc., Sect. A **64.** 1144. 1/12. 1951.) v. HARLEM. 1

W. de Groot, *Dr. F. M. Penning* †. PENNING (12/9. 1894 bis 6/12. 1953) arbeitete über elektr. Entladungen in verd. Gasen, Ionisation von Atomen u. Moll. u. damit zusammenhängende Fragen. (Nederl. Tijdschr. Natuurkunde **20.** 2—4. Jan. 1954.) WESLY. 1

Curt F. Buehler, *Eine geplante, aber nicht durchgeführte Herausgabe von „Leben und Werke" von Robert Boyle.* Ein Brief von J. WILLIAMS [1696], der eine unvollendet gebliebene Biographie BOYLEs erwähnt, wird abgedruckt u. besprochen. (Chymia [Philadelphia] **4.** 79—83. 1953. New York, N. Y., Pierpont Morgan Library.) BLUMRICH. 1

Hellmut Frieser, *Die Grassmannschen Gesetze.* Gedächtnisrede auf HERMANN GRASSMANN zur 100. Wiederkehr der Veröffentlichung seiner Arbeit „Zur Theorie der Farbenmischung", die die GRASSMANNschen Gesetze enthält. Die Bedeutung dieser Gesetze für die heutige Farbmetrik u. der Wandel in der Formulierung ihres Inhalts werden besprochen. (Farbe **2.** 91—108. Nov. 1953. Leverkusen.) DOSSMANN. 1

Clara deMilt, *Auguste Laurent, Gründer der modernen organischen Chemie.* (1807 bis 1853.) Eingehender Bericht über den Lebenslauf des zeitweise fast vergessenen Forschers, sein großes experimentelles Werk, seine Theorien, sein Kampf um ihre Anerkennung (gegen DUMAS u. andere) u. seine befruchtende Wrkg. auf die Zeitgenossen u. die spätere Forschung (Méthode de Chimie [1854]). (Chymia [Philadelphia] **4.** 85—114. 1953. New Orleans, La., Tulane Univ., Newcomb Coll.) BLUMRICH. 1

Denis I. Duveen, *Madame Lavoisier 1758—1836.* Lebensbeschreibung mit einigen bisher nicht behandelten Einzelheiten: Ihre Übersetzung eines weiteren Werkes von KIRWAN, Chem. Kenntnisse, Herausgabe der Mémoires de Chimie ihres hingerichteten Gatten, Anfertigung der 13 Tafeln Illustrationen zu Traité de Chimie, zweite Ehe mit Graf RUMFORD usw. (Chymia [Philadelphia] **4.** 13—29. 1953. New York City.) BLUMRICH. 1

J. R. Partington, *Lavoisiers Abhandlung über die Zusammensetzung der Salpetersäure.* Nach bisheriger Annahme wurde LAVOISIERs Theorie der Verbrennung, d. h. die Erkenntnis, daß nur ein Teil der Luft daran beteiligt sei, erst 1779 veröffentlicht. Tatsächlich ist diese Veröffentlichung schon fast gleichlautend in „Recueil de Mémoires et d'Observations sur la Formation et sur la Fabrication du Salpêtre", S. 601–17, Paris 1776, enthalten. Ein Auszug wurde im März 1776 von LAVOISIER in der Akademie verlesen. (Ann. of Sci. **9.** 96–98. 28/3. 1953. London, Univ.) W. KUNTZ. 2

G. J. van Meurs, *Lavoisiers „Traité élémentaire de chimie".* Übersicht über den Inhalt des Lehrbuches von LAVOISIER an Hand der französ. Ausgabe von 1793 u. der niederländ. Übersetzung von 1800. (Chem. Weekbl. **49.** 692–97. 5/9. 1953.) WESLY. 2

Wilhelm Prandtl, *Zur Vorgeschichte des Meißner Porzellans.* Durch die Kenntnis von Berichten über die Herst. von Steinzeug in Sachsen (AGRICOLA u. a.) u. von Porzellan in China (16.–17. Jahrhundert) ist offenbar schon dem Freiherrn von TSCHIRNHAUSEN (gestorben 1708) nach eigenen systemat. Verss. in Meißen die Herst. von Porzellan gelungen, die sein Gehilfe u. Nachfolger BÖTTCHER verbessert hat. (Chymia [Philadelphia] **4.** 115–27. 1953. München, Univ.) BLUMRICH. 2

Glenn Sonnedecker, *Die wissenschaftlichen Grundlagen von Chemielehrern in repräsentativen Pharmazieschulen der Vereinigten Staaten während des 19. Jahrhunderts.* Durchmusterung von 58 Chemielehrkräften an besonderen u. an Universitäten angeschlossenen Pharmazieschulen auf ihre wissenschaftliche Ausbildung nach akadem. Graden, Kenntnissen, Fähigkeiten u. Leistungen; eingeteilt in 4 Zeitabschnitte. – Entw. zu besseren Grundlagen u. größerer Selbständigkeit der pharmazeut. Chemie. (Chymia [Philadelphia] **4.** 171–200. 1953. Madison, Wis., Univ. of Wisconsin, Amer. Inst. of the Hist. of Pharm.) BLUMRICH. 2

Sri M. N. Mitra, *Zur Frühgeschichte des Zuckerrohres und des Zuckers.* Kurze Angaben über die ältesten Nachrichten zur Zuckergewinnung. (Austral. Sugar J. **45.** 747–48. 15/2. 1954. East Pakistan, Deshbandhu Sugar Mills.) ULMANN. 2

W. Heywang, *Ein einfaches Demonstrationsmodell eines p–n-Überganges.* Abb. u. kurze Erläuterung eines leicht herzustellenden „Bändermodells" zur Demonstration der Potentialverhältnisse in einem p–n-Übergang. Das Modell ermöglicht bes. ein schrittweises Auf- u. Abbauen der Raumladung während der Erklärung. (Naturwissenschaften **40.** 527–28. Okt. 1953. Karlsruhe, Siemens-Halske A.-G., Werkstoff-Hauptlabor.) R. STEIN. 6

Hiromitsu Sawamura, *Einige Unfälle in japanischen Schullaboratorien.* Schwere Unfälle entstanden durch Explosionen bei Berühren von organ. Material mit fl. Luft, beim Erhitzen von $KMnO_4$ mit konz. H_2SO_4 u. beim Mörsern von Glaspulver mit rotem P, da in dem Mörser geringe Reste von $KClO_3$ vorhanden waren. (J. chem. Educat. **30.** 310. Juni 1953. Hakodate, Hokkaido Gakugei Univ.) MOSLÉ. 6

Eduard Farber, Nobel Prize winners in chemistry, 1901—1950. New York. (229 S. m. Abb.) $ 5,—.

Erich Schneider, Von Röntgen zu Einstein, von Planck zu Heisenberg. Nobelpreisträger der Physik und ihre Entdeckungen. Berlin, München: Gebr. Weiss. 1953. (280 S.) DM 7,80.

Lloyd G. Stevenson, Nobel-Prize winners in medicine and physiology, 1901—1950. New York: 1953. (300 S., m. Abb., Diagr.) $ 6,50.

Niels Hugh de Vaudrey Heathcote, Nobel-Prize winners in physics, 1901—1950; foreword by **Herbert Dingle.** New York. 1953. (489 S. m. Abb., Diagr.) $ 8,50.

A. Allgemeine und physikalische Chemie.

—, *Chemische Nomenklatur.* Inhaltlich ident. mit der C. **1954.** 465 referierten Arbeit von BJERRUM u. Mitarbeitern. (Brygmesteren **9.** 340–59. Dez. 1952.) R. K. MÜLLER. 10

Fischer-Frerichs-Awe. Bernhard Fischer, Lehrbuch der Chemie für Pharmazeuten, Lebensmittel-Chemiker, Mediziner und Biologen. Bearb. v. **Walter Awe.** 10. vollst. umgearb. u. erw. Aufl. Lfg. 4. Stuttgart: Enke. 1953. 4. S. 385—512. DM 16,40.

Hermann Ulich, Kurzes Lehrbuch der physikalischen Chemie. Neu bearb. von **Wilhelm Jost.** 6. u. 7. neubearb. Aufl. Darmstadt: Steinkopff. 1954. (XIV + 343 S. m. 103 Abb.) DM 18,—.

Giorgio Valle, Corso di fisica sperimentale. Vol. II. Gravitazione, ellettricità, magnetismo, oscillazioni e onde, acustica, ottica, radiazioni, ellettricità e materie, costituzione dell'atomo. 3a ed. interamente rifatta. Bologna: L. Tinarelli. 1953. (704 S. m. Abb.)

A_1. Kernphysik und Kernchemie.

Abraham Klein, *Der Aufbau von Potentialen in der Quantenfeldtheorie.* (Vgl. BRUECKNER u. WATSON, C. **1954.** 1397.) Die l. c. angegebenen Werte können in einfacher Weise nach einer spezifizierten Meth. sukzessiver Eliminierung der Komponenten des Zustandsvektors aus der gewöhnlichen SCHRÖDINGER-Gleichung erhalten werden. Die gleiche Meth. läßt sich auf nichtlineare Wechselwirkungen u. auf die Nucleonenpaarbldg. anwenden. (Physic. Rev. [2] **91.** 1285. 1/9. 1953. Rochester, N. Y., Univ. of Rochester, Phys. Dep.) GERHARD SCHMIDT. 80

W. B. Bonnor, *Nichtsymmetrische einheitliche Feldtheorien.* Vers. einer Lösung u. Diskussion der Gleichungen von KURŞUNOĞLU (vgl. C. **1953.** 5766), die sich aus einer Modifizierung der EINSTEINschen einheitlichen Feldtheorie ergeben. (Physic. Rev. [2] **92.** 1067—68. 15/11. 1953. Liverpool, Univ. of Liverpool.) GERHARD SCHMIDT. 80

Joshua N. Goldberg, *Strenge Erhaltungsgesetze und Bewegungsgleichungen in kovarianten Feldtheorien.* Theoret. Betrachtungen unter Verwendung des allg. LAGRANGE- u. HAMILTON-Formalismus. (Physic. Rev. [2] **89.** 263—72. 1/1. 1953. Syracuse, N. Y., Univ., Dep. of Phys.) KIRSCHSTEIN. 80

J. G. Valatin, *Greensche Funktionen des gekoppelten Feldes.* Vf. diskutiert den Einfl. der von DIRAC u. HEISENBERG eingeführten Begrenzung auf die GREENschen Funktionen der Quantenelektrodynamik. (Physic. Rev. [2] **92.** 522. 15/10. 1953. Birmingham, Univ. of Birmingham, Dep. of Math. Phys.) GERHARD SCHMIDT. 80

A. Schild, *Eine neue Modifizierung der klassischen elektromagnetischen Theorie.* Vf. behandelt ein freies Fundamentalteilchen (Photon, Elektron, Meson, Nucleon usw.) als eine Einheitsladung, deren Ruhmasse u. Raum–Zeit-Koordinaten Variablen seiner Bewegung sind. Die klass. Elektrodynamik wird aus einem Aktionsprinzip erhalten, das einfacher als das bisher Angewandte ist. In diesem neuen Aktionsprinzip ändert sich die Ruhmasse eines Teilchens ebenso wie die Koordinaten. Die Ruhmassen der in Wechselwirkung stehenden Teilchen werden Konstanten als eine Folge der Bewegungsgleichungen. Die Modifikationen des bisherigen Aktionsprinzips können rein elektromagnet. Ruhmassen liefern, die jedoch für alle Teilchen die gleichen sind. (Physic. Rev. [2] **92.** 1009—14. 15/11. 1953. Pittsburgh, Pa., Carnegie Inst. of Technol.) GERHARD SCHMIDT. 80

H. E. Moses, *Die kanonische Transformation für ein Elektron–Positron-Feld, das mit einem zeitunabhängigen elektromagnetischen Feld gekoppelt ist.* (Physic. Rev. [2] **89.** 115—22. 1/1. 1953. New York, N. Y., New York Univ., Inst. for Math. and Mech.) KIRSCHSTEIN. 80

K. Tanaka, *Die von gleichförmig bewegten Teilchen ausgesandte Strahlung.* (Sitzungsbericht.) Das Strahlungsproblem für gleichförmig bewegte Teilchen wird im allg. gelöst, die Ergebnisse werden auf Elektronen, Protonen u. Neutronen angewandt. Die MAXWELLschen Gleichungen werden gelöst, die Feldvariablen auf vierdimensionale FOURIER-Reihen erstreckt u. dann die radiale Komponente des POYNTINGschen Vektors in Termen der verallgemeinerten Stromdichte berechnet. Hierdurch wird die gesamte durch das Teilchen ausgestrahlte Energie erhalten. Der Anteil von ČERENKOV-Strahlung für Neutronen im Vgl. zu geladenen Teilchen wird als vernachlässigbar gefunden. (Physic. Rev. [2] **90.** 358. 15/4. 1953. Argonne Nat. Labor.) GERHARD SCHMIDT. 90

Harry C. Hoyt, Joseph J. Murray und **Jesse W. M. DuMond,** *Vergleich der γ-Strahlen-Reflexionen an den (5 5 0)- und (3 1 0)-Ebenen von Quarz.* Die von MULLER u. Mitarbeitern benutzte Anordnung (C. **1954.** 6657) weist eine Reihe von Nachteilen auf, die vor allem bei großen γ-Energien ($>$500 keV) in Erscheinung treten u. zu einem großen Teil auf den für die hohen γ-Energien zu weiten Netzebenenabstand der (3 1 0)-Ebenen zurückführbar sind. Durch Verwendung einer senkrecht zu (5 5 0) geschliffenen Platte können diese Mängel wesentlich verringert werden. Zum Beleg werden zwei 2 mm dicke Kristallplatten, eine senkrecht zu (3 1 0), die andere senkrecht zu (5 5 0) geschliffen, mit der 412 keV-γ-Strahlung einer starken ^{198}Au-Quelle verglichen. Es werden ein Verhältnis der Netzebenenabstände $d_{(550)}:d_{(310)} = 1:(2{,}4014 \pm 0{,}0017)$ u. ein Verhältnis des Reflexionsvermögens (5 5 0):(3 3 0) = 1:15,6 gefunden. (Physic. Rev. [2] **90.** 169—70. 1/4. 1953.) WEIGEL. 90

H. Kulenkampff, M. Scheer und **R. Schittenhelm,** *Untersuchungen der räumlichen Verteilung der Röntgen-Bremsstrahlung einer 5 MeV-Elektronenschleuder.* Vff. messen an der Elektronenschleuder (SIEMENS-REINIGER), bei der die Elektronen in einem definierten Strahl herausgeführt werden können, mittels des Kernphotoeffektes an *Be* die räumliche Verteilung der Bremsstrahlung verschied. Antikathodenmaterialien (Al, Cu, W) bei verschied. Dicken. Der zur Berechnung benutzte Wert des elementaren Öffnungswinkels der Strahlung ω_0 beeinflußt nur die Schärfe des Maximums der Verteilungskurven innerhalb des kleinen Bereichs von 0 bis ca. 10°. Die Kurvenform oberhalb ca. 10° ist zunächst im wesentlichen durch den Wert A (Streuung der Elektronen) bestimmt. Die Form der Verteilungskurven u. die relativen Intensitäten sind in guter Übereinstimmung mit den Aussagen der Strahlungstheorie bei Berücksichtigung der Vielfachstreuung der Elektronen in dickeren Schichten. (Z. Physik **129.** 202—18. 1951. Würzburg, Univ., Physik. Inst.) Gerhard Schmidt. 90

J. W. Motz, William Miller und **H. O. Wyckoff,** *11 MeV-Bremsstrahlung eines dicken Targets.* Vff. bestimmen die Intensitätsverteilung der Photonen in Vorwärtsrichtung aus dem $60 \cdot 10^{-3}$ in. dicken W-Draht des 11 MeV-Betatrons in einem Energiebereich von 0,3—12 MeV mittels eines magnet. Compton-Spektrometers. Die experimentellen Daten stimmen mit der Bethe-Heitler-Theorie der Bremsstrahlung nach Korrekturen für den Dickeneffekt des Targets u. für die Absorption im Material überein. Die Stromdichte der Photonenenergie wurde auf einen äquivalenten r-Wert umgerechnet, der innerhalb 10% mit dem Wert übereinstimmt, der mit einer Fingerhutkammer gemessen wurde. (Physic. Rev. [2] **89.** 968—71. 1/3. 1953. Washington, D. C., Nat. Bur. of Stand.) Gerhard Schmidt. 90

F. Bloch, *Versuche über den g-Faktor des Elektrons.* Vf. gibt 2 Methoden zur Best. des genauen g-Wertes an. Die erste beruht auf dem Einfl. eines magnet. Feldes auf die Polarisation von Elektronen, die an Kernen gestreut worden sind, die zweite auf der magnet. Resonanz von langsamen Elektronen in einem Magnetfeld. Diskussionsbemerkungen von Kronig, Heisenberg u. Pais. (Physica **19.** 821—31. Sept. 1953. Stanford, Calif., Stanford Univ.) v. Harlem. 90

J. W. Gardner, *Interferenz in der Richtungskorrelation von Konversionselektronen.* (Vgl. C. **1952.** 6323 u. **1954.** 6878.) Vf. zeigt, daß das Nichtauftreten von Interferenzgliedern im wesentlichen durch zwei Annahmen bedingt ist, daß die Konversionselektronen von einem ursprünglichen s-Zustand ausgesandt werden, u. daß eine nichtrelativist. Behandlung der inneren Konversion erlaubt ist. Wenn eine oder beide dieser Voraussetzungen nicht erfüllt sind, so wird die Korrelationsformel im allg. Interferenzglieder erhalten. (Proc. physic. Soc., Sect. A **64.** 1136—38. 1/12. 1951. Chalk River, Ontario, Can., Nat. Res. Counc. of Canada, Div. of Atomic Energy.) v. Harlem. 90

M. H. Hull jr. und **A. Herschman,** *Wirkung einer Abstoßungskraft kurzer Reichweite auf die Nucleon–Nucleon-Singulettstreuung bei niedriger Energie.* Es werden die erforderlichen Modifikationen zur Beschreibung der Singulettstreuung bei kleinen Energien für den Fall angegeben, daß ein abstoßender Kern in eine phänomenolog. Nucleon–Nucleon-Wechselwrkg. eingeführt wird (vgl. Jastrow, C. **1951.** II. 2980). Wird der anziehende Teil der Wechselwrkg. durch eine quadrat. Potentialmulde dargestellt, so erlaubt ein gewisser Bereich von Potentialparametern eine Beschreibung der Daten u. befriedigt auch die Hypothese von der Ladungsunabhängigkeit. Bei Annahme eines Yukawa-Potentials bedingt die Einführung einer Ladungsunabhängigkeit eine größere Einschränkung. (Physic. Rev. [2] **90.** 482—85. 1/5. 1953. New Haven, Conn., Yale Univ.) Weigel. 90

V. Z. Jankus, *Strahlungskorrektur für den Stoßverlust schwerer Teilchen.* (Vgl. Jauch, C. **1952.** 6643.) Mittels der Bornschen Approximation für den extrem relativist. Fall berechnet Vf. die Korrektur an der Bethe-Bloch-Formel für das Bremsvermögen schneller schwerer Teilchen, die von virtuellen Photonen u. der Emission reeller Photonen herrühren. Es zeigt sich, daß die Teilkorrektur mit zunehmender Energie des auftreffenden Teilchens wächst u. angenähert 1% ist, wenn die kinet. Energie des Teilchens das 100fache seiner Ruhenergie ist. (Physic. Rev. [2] **90.** 4—6. 1/4.; Sitzungsbericht: **92.** 540. 15/10. 1953. Stanford, Calif., Stanford Univ., Dep. of Phys.) Gerhard Schmidt. 90

C. Castagnoli, G. Cortini, C. Franzinetti, A. Manfredini und **D. Moreno,** *Eine Untersuchung über stoßende Teilchen.* Vff. stellen eine statist. Meth. für die Energiebest. des Primärteilchens eines Nucleon–Nucleon-Zusammenstoßes auf, bei dem Sekundärteilchen erzeugt werden. Diese Meth. ermöglicht die Best. der Winkelverteilung der emittierten Teilchen im Mittelpunkt des Schwerpunktsystems. Die erste Approximation gründet sich auf der Annahme, daß sämtliche emittierten Teilchen die gleiche Geschwindigkeit haben wie die beiden zusammenstoßenden Nucleonen vor dem Zusammenstoß. Die Lösung der zweiten Approximation erfordert Kenntnis des Spektr. der emittierten Teilchen u. hängt ziemlich stark von einem solchen Spektr. ab. Falls das experimentelle Spektr. ausreichend gut durch eine Formel des gleichen Typs wie jene der thermodynam. Theorie von Fermi wiedergegeben werden kann, so ist die Energiebest. nur dann befriedigend, wenn die Energie mindestens 50 GeV beträgt. (Nuovo Cimento [9] **10.** 1539—58. 1/11. 1953. Roma, Univ., Ist. di Fis.; Ist. Naz. di Fis. Nucl.) Gerhard Schmidt. 90

J. Heidmann, *Wechselwirkung der Nucleonen von einigen Hundert MeV mit den Nucleonen und Kernen.* Zusammenfassung der wesentlichen Charakteristica bei der Unters. der Wechselwrkg. der Nucleonen mit Nucleonen u. Atomkernen bei Energien, die gegenwärtig mit den großen Beschleunigern erreicht werden. Es wird versucht, in intuitiver Form einige theoret. Gesichtspunkte für die Erfassung experimenteller Daten zu geben, wobei meson. Erscheinungen nicht berücksichtigt werden. (J. Physique Radium **14.** 111—20. Febr. 1953. Paris, École Polytechn., Labor. de Phys.)
GERHARD SCHMIDT. 90

J. C. Allred, A. H. Armstrong und **L. Rosen,** *Die Wechselwirkung von 14 MeV-Neutronen mit Protonen und Deuteronen.* Es wird der differentielle Querschnitt für die elast. Streuung monochromat. 14 MeV-Neutronen an Protonen u. Deuteronen als Funktion des Laboratoriumwinkels gemessen. Zum Nachw. der Streuteilchen wurden Kernemulsionen in Verbindung mit einem Neutronenkollimator verwendet. Gemessen wurde in Laboratoriumswinkelbereichen, die den Schwerpunktswinkelbereichen von 48—154° für die Streuung an Protonen u. von 46—176° für die Streuung an Deuteronen entsprechen. Die n–p-Streudaten entsprechen einer isotropen Streuung im Schwerpunktssyst. u. stimmen mit den von BARSCHALL u. TASCHEK (C. **1950.** I. **663**) gemessenen Werten überein. Demgegenüber zeigen die n–d-Streudaten starke Isotropie. Die Gestalt der Winkelverteilung läßt sich aus den folgenden differentiellen Querschnittswerten in mbarn ablesen (in Klammern jeweiliger Laboratoriumswinkel): 435 ± 28 (2°), 342 ± 27 (10°), $78 \pm 9{,}3$ (20°), $38 \pm 4{,}2$ (30°), $59 \pm 5{,}2$ (40°), $104 \pm 9{,}0$ (50°), 136 ± 12 (60°) u. 142 ± 14 (65°). Die Rk. $D(n, 2n)^1H$ wird nachgewiesen u. die Energie u. Winkelverteilung der auftretenden Protonen zu bestimmen versucht. (Physic. Rev. [2] **91.** 90—99. 1/7. 1953. Los Alamos, N. Mex., Univ. of California, Los Alamos Sci. Labor.)
WEIGEL. 90

B. J. Malenka, *Theorie des energiereichen Deuteron–Pickup-Prozesses.* Das GREENsche Funktionsverf. für die (d, p)-Rk. wird zur Best. der Streuamplitude beim Deuteron–Pickup-Prozeß verwendet, wobei nur der idealisierte (p, d)-Prozeß exakt betrachtet wird, bei dem ein Proton einen Kern anstößt. Vernachlässigt werden bei den Betrachtungen die mit dem Restkern ausgetauschte Energie sowie die Spin- u. COULOMB-Effekte. (Physic. Rev. [2] **92.** 516. 15/10. 1953. Cambridge, Mass., Harvard Univ.)
GERHARD SCHMIDT. 90

L. A. Radicati, *Isotopischer Spin und Coulomb-Kräfte.* Vf. untersucht die Bedeutung der COULOMB-Kräfte in gemischten Zuständen mit einem verschied. isotop. Spin T unter Annahme von Ladungsunabhängigkeit der spezif. Kernkräfte. Es zeigt sich, daß für 2 u. 4 Nucleonen außerhalb einer geschlossenen Schale im Zustand $T = 0$ diese Mischung sehr klein ist ($< 0{,}25\%$). Daraus kann geschlossen werden, daß die COULOMB-Kräfte nur sehr geringe Bedeutung für die Aufhebung der Gültigkeit der isotop. Spinauswahlregeln für β- u. γ-Übergänge u. für Zusammenstöße haben, die sich aus der Annahme der Ladungsunabhängigkeit von Kernkräften ergeben. (Proc. physic. Soc., Sect. A **66.** 139—44. 1/2. 1953. Birmingham, Univ., Dep. of Math. Phys.)
GERHARD SCHMIDT. 90

John A. Wheeler und **David L. Hill,** *Das Kollektivmodell des Kerns.* (Sitzungsbericht.) Von dem Idealzustand einer vollständigen Sättigung der Kernkräfte ausgehend, gelangen Vff. zu einem Kollektivmodell des Kerns, das viele Eigg. des Modells des unabhängigen Teilchens u. das des fl. Tropfens vereinigt. Die starke Analogie zur Molekularphysik wird aufgezeigt. Ferner zeigt sich, daß das FRANCK-CONDON-Prinzip wichtige Folgerungen für den Mechanismus typ. Kernprozesse aufweist. (Physic. Rev. [2] **90.** 366. 15/4. 1953. Princeton, Univ.; Los Alamos Sci. Labor.)
GERHARD SCHMIDT. 95

K. A. Brueckner und **K. M. Watson,** *Kernkräfte in der pseudoskalaren Mesonentheorie.* (Vgl. C. **1954.** 1397.) Die Kernkräfte in der pseudoskalaren Mesonentheorie werden unter Verwendung einer nichtrelativist. Approximation auf die relativiste Wechselwrkg. angegeben. Das Potential wird in einer Form erhalten, die den expliziten Wert des Beitrages der Mehrfachstreuung virtueller Mesonen zwischen den beiden Nucleonen anzugeben gestattet. Ein Approximativausdruck für das Potential unter Einschluß der Mehrfachstreuung eines einzelnen Mesons wird in geschlossener Form erhalten. (Physic. Rev. [2] **92.** 1023—35. 15/11. 1953. Bloomington, Ind., Indiana Univ.)
GERHARD SCHMIDT. 95

R. Arnowitt und **S. Deser,** *Gebundene Zustände des Meson–Nucleon-Systems.* (Sitzungsbericht.) Theoret. Überlegungen ergeben, daß für $J = {}^1/_2$ weder gebundene noch virtuelle Zustände existieren können, für $J = {}^3/_2$ besteht dann ein gebundener Zustand, wenn die Kopplungskonstante groß genug ist. (Physic. Rev. [2] **91.** 459. 15/7. 1953. Univ. of California, Harvard Univ.)
KIRSCHSTEIN. 95

David H. Frisch, *Die S-Wellen–Zweikörper-Wechselwirkung in Kernen.* (Vgl. C. **1952.** 7125.) (Sitzungsbericht.) Ein kaltes FERMI-Gas von A/2-Protonen u. A/2-Neutronen wird für die Besetzung einer Kugel vom Radius $R = r_0 A^{1/3}$ angenommen. Bei Verwendung ungestörter ebener Wellenfunktionen wird das mittlere Potential als die Summe von Zweikörperpotentialen, die zwischen den Teilchenpaaren wirken, berechnet. Der Beitrag der S-Wellen-Wechselwirkungen wird getrennt berechnet, um zu sehen, ob S-Wellen allein ein ausreichend anziehendes Potential u. gleichzeitig Stabilität bei dem beobachteten Radius geben. (Physic. Rev. [2] **90.** 367. 15/4. 1953. MIT.)
GERHARD SCHMIDT. 95

P. Swan, *Über die Existenz eines gebundenen Zustandes von ^4H.* In Verfolg der Verss. u. Berechnungen verschied. Autoren über die mögliche Existenz von ^4H prüft Vf. die Möglichkeit eines gebundenen Zustandes, in dem das dritte Neutron in einem angeregten Zustand relativ zur Tritonengruppe ist. Die entsprechenden Spinfunktionen u. räumlichen Wellenfunktionen werden unter Berücksichtigung der verschied. Kernkräftetypen aufgestellt. (Proc. physic. Soc., Sect. A **66.** 1066—67. 1/11. 1953. London, Univ. Coll., Phys. Dep.) GERHARD SCHMIDT. 95

B. Bleaney, K. D. Bowers und **R. S. Trenam,** *Die kernelektrischen Quadrupolmomente von Kupfer 63, 65.* Die Hyperfeinstruktur des paramagnet. Resonanzspektr. von $La_2Cu_3(NO_3)_{12} \cdot 24 D_2O$ wird untersucht u. die verschied. Terme des HAMILTON-Spins (g- u. A-Tensoren, bezogen auf die Kristallachsen, sowie Komponenten der kernelektr. Quadrupolwechselwrkg. mit der Axialsymmetrie) mit den entsprechenden Werten von $CuK_2(SO_4)_2 \cdot 6 D_2O$ verglichen. Mit Hilfe geschätzter Kern–Elektron-Abstände wird unter Anwendung der Theorie von ABRAGAM u. PRYCE der elektr. Feldgradient am Kern berechnet u. daraus die Quadrupolmomente für die Cu-Isotope 63 bzw. 65 zu $-0{,}15_7$ bzw. $-0{,}14_5 \cdot 10^{-24}$ cm² mit einer vorläufigen Genauigkeit von ~20% bestimmt. (Proc. physic. Soc., Sect. A **66.** 410—12. 1/4. 1953. Oxford, Clarendon Labor.) RUDOLPH. 95

Franz R. Metzger, *Spin und Parität des 2,3 MeV-Anregungszustandes von ^{124}Te.* (Vgl. C. **1953.** 8510.) Es werden die Richtungskorrelationen der 1,7—0,6 MeV- (I) u. 2,06—0,6 MeV-Kaskaden (II) in ^{124}Te unter Zuhilfenahme von Impulsanalysatoren gemessen. I zeigt eine Verteilung $W(\Theta) = 1 - 0{,}094 \cdot \cos^2\Theta$, II ist durch $W(\Theta) = 1 - 0{,}09 \cdot \cos^2\Theta$ darstellbar. Die für I gemessene Verteilung deckt sich mit der theoret. für die Spinkombination 3—2—0; damit ergibt sich für den 2,3 MeV-Zustand in ^{124}Te der Spin 3. Eine Diskussion des Korrelationskoeff. A_2 führt zur Annahme eines E 1-Typs für den 3—2-Übergang u. zu ungerader Parität für das 2,3 MeV-Niveau. Ähnliche Überlegungen ergeben für das 2,66 MeV-Niveau ebenfalls den Spin 3 u. ungerade Parität. Für den β-Übergang $^{124}Sb \rightarrow {}^{124}Te$ ergibt sich lg $ft = 7{,}7$, entsprechend einem in 1. Ordnung verbotenen Übergang. (Physic. Rev. [2] **90.** 328—29. 15/4. 1953. Swarthmore, Pa., Bartol Res. Found. of the Franklin Inst.) WEIGEL. 95

O. Kofoed-Hansen, *Kernrückstoß und Neutrinonachweis.* Zusammenfassender Bericht von β-Rückstoßverss., bei denen die Unterss. in 2 Klassen eingeteilt werden. Die erste Klasse umfaßt sämtliche Verss. mit K-Einfangprozessen, während die andere Klasse β-Zerfallsprozesse behandelt. Allg. Fragen der bisher nicht sehr genauen Verss. u. deren Erklärung werden diskutiert, die experimentellen Verff. kurz zusammengefaßt. Bei der Erörterung des Neutrinonachw. werden die Ergebnisse des $\pi \rightarrow \mu$-Zerfalls u. des $\mu \rightarrow e + 2\nu$-Zerfalls herangezogen. Der zweite Prozeß ist eng mit dem β-Zerfall des Kerns verbunden. Auf die Bestimmungen einer oberen Grenze für die Ruhmasse des Neutrinos einschließlich der schwierigen Bestimmbarkeit einer solchen kleinen M. sowie auf die Ergebnisse von Neutrinoabsorptionsmessungen wird bes. eingegangen. (Physica **18.** 1287—1301. Dez. 1952. Kopenhagen, Inst. for teoret. Fys.)
GERHARD SCHMIDT. 103

P. Benoist-Gueutal, *Über einige Wirkungen der Elektronenhülle bei den β-Zerfällen und dem e-Einfang.* Vf. weist auf die Bedeutung der Elektronenhülle beim e-Einfangprozeß hin. Die Übergangswahrscheinlichkeit eines Kerns (A, Z) zur Isobare (A, Z —1) durch Einfang eines Hüllelektrons erweist sich als eine direkte Funktion der Elektronendichte in der Nähe des Kerns. Bei der β-Emission ist dagegen die Rolle der Elektronenhülle sek. Natur, die Theorie der β-Emission läßt sich nach FERMI u. anderen Autoren in Übereinstimmung mit den experimentellen Werten entwickeln, wobei implizit angenommen wird, daß der strahlende Kern von Außenelektronen entblößt ist. Zur Analyse dieser Erscheinungen untersucht Vf. die Übergangswahrscheinlichkeit pro Zeiteinheit zwischen den beiden stationären Zuständen des Syst., das aus dem Kern, den Hüllelektronen u. dem Elektron–Neutrino-Feld besteht, durch Betrachtung der COULOMBschen Wechselwirkungen zwischen den geladenen Teilchen. Behandelt

werden Eigenanregung, Eigenionisation, Wrkg. der Ladungsänderung des Kerns beim e-Einfang sowie die Zerfallswahrscheinlichkeit des neutralen *Be*-Atoms im Grundzustand durch e-Einfang. (Physica **18.** 1192—1200. Dez. 1952. Paris, Inst. du Radium.)
GERHARD SCHMIDT. 103

R. W. Deutsch und **W. H. Barkas,** *Durch 375 MeV-α-Teilchen ausgelöste Sekundärteilchen.* (Vgl. C. **1954.** 4775.) (Sitzungsbericht.) (Physic. Rev. [2] **92.** 539. 15/10. 1953. Berkeley, Calif., Univ. of California, Radiat. Labor.)
GERHARD SCHMIDT. 103

Lilian E. Darlington, Jack Haugsnes, Harry M. Mann und **James H. Roberts,** *Die Winkelverteilung von $^6Li(n, \alpha)^3H$ für Neutronen von 200, 270, 400 und 600 keV.* Mit ^{6}Li beladene ILFORD C 2-Platten (100 μ) wurden Neutronen einheitlicher Richtung u. Energie aus der Rk. ^{7}Li(p, n) ausgesetzt u. die Verteilung der Spuren als Funktion des Neutron–Triton-Winkels bestimmt. Die Ergebnisse sind tabellar. u. graph. angegeben. Sie fügen sich in eine Reihe der Form $A + B \cos\Phi_0 + C \cos^2\Phi_0$ (Φ_0 = Winkel zwischen Neutron u. Triton im Schwerpunktsyst). Die s- u. p-Komponenten der einfallenden Neutronenwelle scheinen bei der Wechselwrkg. vorzuherrschen. (Physic. Rev. [2] **90.** 1049—53. 15/6. 1953. Evanston, Ill., Northwestern Univ., Dep. of Phys.)
CONRAD. 103

G. M. Frye und **L. Rosen,** *Winkelverteilung und Energiespektrum geladener Teilchen aus dem Beschuß von ^6Li und ^7Li mit 14 MeV-Neutronen.* (Sitzungsbericht.) Vff. beschießen isotopenreine Präpp. von ^{6}Li u. ^{7}Li mit gebündelten 14 MeV-Neutronen u. untersuchen die entstehenden geladenen Teilchen mit Kermemulsionen im Winkelbereich von 10—160°. Bei ^{6}Li herrscht die Rk. ^{6}Li(n, d)^5*He* vor mit einer Winkelverteilung, die ein Maximum in Vorwärtsrichtung zeigt. Dies spricht für einen invertierten Abstreif- („inverse stripping") oder Auffangprozeß („pick up"). Aus der Korndichte der Bahnspuren ergibt sich die Zuordnung zu ^{6}Li(n, d)^{5}He u. nicht zu ^{6}Li(n, p)·^{6}He*. Ein Deuteronenkontinuum niedriger Energie wird gefunden, das wahrscheinlich von ^{6}Li(n, dn)^{4}He herrührt. Die Rkk. ^{6}Li(n, t)^{4}He u. ^{7}Li(n, t)^{5}He werden ebenfalls beobachtet. (Physic. Rev. [2] **90.** 381. 15/4. 1953. Los Alamos Sci. Labor.)
WEIGEL. 103

A. Wattenberg, B. T. Feld und **R. D. Godbole,** *Erzeugung energiereicher Photoprotonen.* (Sitzungsbericht.) Es wird die Winkel- u. Energieverteilung energiereicher Protonen aus *Be*- u. *C*-Targets vermessen, die mit 330 MeV-Synchrotronbremsstrahlung beschossen wurden. Mittels eines Scintillatorteleskops werden Protonen von 126, 169 u. 203 MeV erfaßt. Die Ausbeuten sinken von 15° an aufwärts mit steigendem Winkel ab; der Abfall wird mit hohen Protonenenergien stärker. Die Querschnitte pro Kernproton u. die Winkelverteilungen sind für Be u. C gleich. Die Protonenenergieverteilung von 126—290 MeV stimmt qualitativ grob, quantitativ jedoch schlecht mit den Beobachtungen anderer Autoren überein u. paßt sich keiner der bisherigen Theorien an. (Physic. Rev. [2] **90.** 380. 15/4. 1953. MIT.) WEIGEL. 103

Walter H. Barkas und **Helge Tyren,** *Physikalische Analyse des durch 330 MeV-Protonen ausgelösten Be- und C-Zerfalls.* Es werden dünne Be- u. C-Targets (8,7 mg Be-Metall/cm² bzw. 2,9 mg Polystyrol/cm² in 2 mm breiten Bändern) mit 330 MeV-Protonen des inneren Cyclotronbündels bestrahlt u. die auftretenden Zerfallsprodd. in Kernphotoplatten nachgewiesen. Zur Impulsanalyse dient das Magnetfeld des Cyclotrons. Wird der Krümmungsradius der erhaltenen Bahnspuren gegen die Reichweite aufgetragen, so lassen sich die verschied. Folgeprodd. auf Grund ihrer Lage in diesem Diagramm identifizieren. Die relativen Häufigkeiten der einzelnen Folgeprodd. u. ihr Impulsspektr. werden gemessen. Im einzelnen konnten die folgenden Kerne nachgewiesen werden: ^1H, ^2D, ^3T, ^3He, ^{4}He, ^6Li, ^7Be, ^{7}Li, ^{8}Li, ^8B. Das Maximum der Ausbeuten wird bei ^{4}He erreicht; das Be-Target liefert bedeutend mehr ^{3}T als das C-Target. (Physic. Rev. [2] **89.** 1—3. 1/1. 1953. Berkeley, Calif., Univ. of California, Radiat. Labor.; Uppsala, Univ., Gustaf Werner Inst. for Nucl. Chem.) WEIGEL. 103

H. E. Gove, *Proton-γ-Winkelbeziehungen bei der Reaktion $^{12}C(p,p'\gamma)^{12}C$.* (Sitzungsbericht.) Ergänzende Korrelationsbestimmungen zu der C. **1953.** 6810 referierten Arbeit. (Physic. Rev. [2] **90.** 370. 15/4. 1953. MIT.) KIRSCHSTEIN. 103

E. B. Paul, R. L. Clarke und **W. T. Sharp,** *Die Winkelverteilung der α-Teilchen langer Reichweite aus $^{19}F(p, \alpha)^{16}O$.* (Vgl. C. **1954.** 3158.) (Sitzungsbericht.). Vff. beschießen ein CaF_2-Target (aufgedampft auf 20 10^{-3} in. Al) mit Protonen von 1,3 bis 2 MeV u. untersuchen die Winkelverteilung der aus den F-Kernen durch (p, α)-Rk. entstandenen α-Teilchen langer Reichweite in Energieintervallen von 0,05 MeV. Der Nachw. der α-Teilchen erfolgte im Winkelbereich von 0—145° mit einem Proportionalähler. Im Schwerpunktsyst. lassen sich die beobachteten Winkelverteilungen durch

Reihenentwicklungen in LEGENDRE-Kugelfunktionen darstellen. Die Koeffizienten für die ersten 5 Terme dieser Reihen werden für Protonenenergien von 1,396, 1,749 u. 1,915 MeV mitgeteilt. Für die ^{20}Ne-Niveaus, die $E_p = 1{,}73$ u. 1,91 MeV entsprechen, deuten die Ergebnisse auf die Spinparitätszuordnungen 0+ u. 1— hin, was der Zuordnung 2+ für das Niveau mit $E_p = 1{,}38$ MeV entspricht. (Physic. Rev. [2] **90.** 381. 15/4. 1953. Chalk River Labors.) WEIGEL. 103

Clayton F. Black, *Winkelverteilungen von (d,p)-Reaktionen.* (Sitzungsbericht.) In Ergänzung der C. **1953.** 2227 referierten Arbeit werden die ln-Werte aus (d, p)-Rkk. in ^{9}Be, ^{12}C, ^{19}F, ^{27}Al, ^{28}Si, ^{31}P, ^{32}S, ^{52}Cr u. ^{56}Fe angegeben. (Physic. Rev. [2] **90.** 381 bis 382. 15/4. 1953. MIT.) WEIGEL. 103

Tosiko Yuasa, *Das β^+-Spektrum und das K/β^+-Verhältnis von ^{65}Zn.* (Vgl. C. **1954.** 4317.) Mit Hilfe eines magnet. Spektrometers (180°) u. eines NaJ(Tl)-Scintillationsspektrometers wird eine Neubest. der Form des β^+-Spektr. u. des K/β^+-Verhältnisses von ^{65}Zn durchgeführt. Vf. erhält ein β^+-Spektr. erlaubter Form bis zu 120 keV u. einen leichten Überschuß von β^+ unterhalb dieser Energie. Nach beiden Methoden wird das $(K/\beta^+)_{total}$-Verhältnis zu 40 ± 5 bzw. 42 ± 2 erhalten. (C. R. hebd. Séances Acad. Sci. **237.** 1077—80. 2/11. 1953.) GERHARD SCHMIDT. 103

W. A. Butler und **G. M. Almy,** *Photoprotonen aus ^{100}Mo und ^{92}Mo.* Ausführliche Darst. der C. **1954.** 3160 referierten Arbeit. (Physic. Rev. [2] **91.** 58—65. 1/7. 1953. Urbana, Ill., Univ. of Illinois, Dep. of Phys.) GERHARD SCHMIDT. 103

E. Bleuler, A. K. Stebbins und **D. J. Tendam,** *Die (α,n)- und $(\alpha,2n)$-Querschnitte von ^{109}Ag.* Es werden die Anregungskurven der Rkk. $^{109}Ag(\alpha, n)\,^{112}In$ (**I**) u. $^{109}Ag(\alpha, 2n)\,^{111}In$ (**II**) für α-Rkk. bis zu 19,5 MeV gemessen. Für **II** liegt der Schwellenwert bei $14{,}8 \pm 0{,}2$ MeV. Die Summe der σ-Werte stimmt annähernd mit dem für einen Radius $R \sim 1{,}6 \cdot 10^{-13} A^{1/3}$ cm berechneten Wert überein. Die Energieabhängigkeit des Verhältnisses σ_{II}/σ_{I} ist verträglich mit einer fast konstanten Kerntemp. bei 1,7 MeV oder mit einer Niveaudichte $\omega(E) = \text{const} \cdot \exp[2(aE)^{1/2}]$ mit $a = 2{,}5\ (\text{MeV})^{-1}$. Die entsprechende Temp. $\Theta = (aE)^{1/2}$ variiert von 1,7—2,2 MeV bei Anregungsenergien von 7,5—12 MeV. Diese Tempp. liegen wesentlich höher als die sich aus der direkten Messung von (p, n)- u. (n, n)-Neutronenspektren ergebenden. (Physic. Rev. [2] **90.** 460—63. 1/5. 1953. Lafayette, Ind., Purdue Univ., Dep. of Phys.) WEIGEL. 103

Theodore C. Engelder, *Eine Suche nach kurzlebigen Kernisomeren.* Mit einer verzögerten Koinzidenzanordnung (Gesamtauflösung $2 \cdot 10^{-9}$ Sek.) wurde nach kurzlebigen isomeren Übergängen gesucht. Im Bereich von $2 \cdot 10^{-9}$ bis 10^{-7} Sek. Halbwertszeit wurden 16 γ-Übergänge untersucht. Metastabile Zustände in ^{41}K ($6{,}6 \cdot 10^{-9}$ Sek.), 1,3 MeV über dem Grundzustand, u. in ^{181}Ta ($10{,}4 \cdot 10^{-9}$ Sek.), 471 keV über dem Grundzustand, wurden nachgewiesen, während für die übrigen Übergänge Halbwertszeiten $< 2 \cdot 10^{-9}$ Sek. gefunden wurden. Auf diese Ergebnisse wurde die sich auf Spinänderung u. Halbwertszeit beziehende WEISSKOPFsche Formel zusammen mit den Daten über die innere Konversion angewandt. Fünf der Übergänge wurden definitiven Spinänderungen zugeschrieben. (Physic. Rev. [2] **90.** 259—60. 15/4. 1953. New Haven, Conn., Yale Univ.) GERHARD SCHMIDT. 103

Carlton D. Schrader, *Die Winkelkorrelation der Kaskaden-γ-Strahlen aus dem Zerfall von ^{198}Au.* Ausführliche Darst. der C. **1954.** 5225 referierten Arbeit. (Physic. Rev. [2] **92.** 928—31. 15/11. 1953. Iowa City, Io., State Univ. of Iowa.) GERHARD SCHMIDT. 103

Tosika Yuasa, Jeanne Laberrigue-Frolow und **Louis Feuvrais,** *Über den Zerfall von $^{204}_{81}Tl$.* Vff. untersuchen das β^--Spektr. von ^{204}Tl mit einem Dicklinsen–Magnet-Spektrographen. Die durch Verdampfung von $TlCl_3$ erzeugten Strahlenquellen hatten Dicken von ca. 160, 100 u. 10 $\mu g/cm^2$ u. eine spezif. Aktivität von 270 $\mu C/mg$. Die FERMI-Geraden liefern für das β^--Spektr. einen Endpunkt bei 765 ± 10 keV. Die Abwesenheit von γ-Strahlen u. inneren Konversionselektronen gestattet nicht, auf die Komplexität des Spektr. zu schließen. Die Unters. des β^--Spektralbereichs, das einem Energiegebiet der AUGER-Elektronen aus dem K-Einfang entspricht, liefert 3 Spitzen bei 47, 56,6 u. 64,4 keV. Das K/β^--Verhältnis ergibt sich zu 3 ± 1 oder 4 ± 5% für $f_k = 0{,}925$ oder 0,946. (C. R. hebd. Séances Acad. Sci. **238.** 1500—02. 5/4. 1954.) GERHARD SCHMIDT. 103

James Battey, L. Madansky und **F. Rasetti,** *Die α-γ-Winkelkorrelation in Radiothorium.* Es wird der α-Zerfall von RdTh verfolgt u. die Winkelkorrelation mit der auftretenden 83,3 keV-γ-Strahlung bestimmt. Als Nachweisgeräte dienten ein Anthracenkristall für die α-Strahlung, ein NaJ-Kristall für die γ-Quanten; die Strahlenquelle befand sich in einer Vakuumkammer. Die gefundenen Korrelationskurven ohne u. mit

Verwendung eines Tl-Absorbers (0,241 g/cm^2) stimmen mit keiner derjenigen theoret. Kurven überein, die unter der Annahme berechnet wurden, daß die Drehimpulse der 3 beteiligten Zustände O—J—O sind. Die chem. Abtrennung von RdTh erfolgt durch Hydroxydfällung (Trennung von ThX) u. Sulfidfällung (Trennung von ThB u. ThC). Das so gereinigte RdTh wird mit einem Träger zusammen aus saurer Lsg. bei hoher Stromdichte elektrolyt. auf einem Rh-Blech abgeschieden. (Physic. Rev. [2] **89.** 182—85. 1/1. 1953. Baltimore, Md., Johns Hopkins Univ., Dep. of Phys.) WEIGEL. 103

D. W. Engelkemeir, P. R. Fields und **J. R. Huizenga,** *Strahlungen von ^{243}Pu.* Zur Messung der Strahlungen von ^{243}Pu benutzten Vff. β- u. γ-Scintillations-Spektrometer allein u. in Koinzidenz. Um das γ-Spektr. von ^{243}Pu frei von Interferenzen aus anderen Strahlungen zu erhalten, wurde das γ-Spektr. in Koinzidenz mit allen β-Strahlen mit Energien $>$100 keV aufgenommen. Das gesamte β-Spektr. u. das β-Spektr. in Koinzidenz mit der 85 keV-Strahlung wurde mit einem Anthracen–Scintillations-Spektrometer aufgenommen. Das γ-Spektr. in Koinzidenz mit der 85 keV-γ-Strahlung wurde mit 2 NaJ–Scintillations-Spektrometern vermessen. Aus den Daten wird ein Zerfallsschema abgeleitet, welches zu einer totalen β-Zerfallsenergie von 560 keV führt. Die Halbwertszeit ergab sich zu 4,98 $\pm$0,02 Stunden. (Physic. Rev. [2] **90.** 6—10. 1/4. 1953. Lemont, Ill., Argonne Nat. Labor., Chem. Div.) GERHARD SCHMIDT. 103

Bruce H. Billings, W. J. Hitchcock und **Murray Zelikoff,** *Die photochemische Isotopentrennung.* Vff. beschreiben ein Verf. zur Anreicherung von ^{198}Hg mit dem Anreicherungsfaktor 1,5 in der ersten Stufe. Eine Entladungsröhre mit reinem ^{198}Hg, gewonnen durch Bestrahlung von Au, wird angeregt von einem Magnetron. Die Linie 2537 Å dieser Lichtquelle regt in davon bestrahltem Hg-Dampf hauptsächlich ^{198}Hg an. Hg- u H_2O-Dampf werden im N_2-Strom bestrahlt, nach $Hg^* + H_2O \rightarrow HgH + OH$, $HgH + OH \rightarrow HgO + H_2$ oder $Hg^* + H_2O \rightarrow HgO + H_2$ entsteht dabei HgO. Dieses wird in HNO_3 gelöst, das Hg mit Cu amalgamiert, vom Cu abdest., u. mit einem FABRY-PEROT-Interferometer wird die Isotopenzus. bestimmt. Diskussion des Reaktionsmechanismus, Anwendungsmöglichkeit des FABRY-PEROT-Interferometers für Isotopenanalyse u. Versuchsbeschreibung vgl. Original. (J. chem. Physics **21.** 1762—66. Okt. 1953. Cambridge, Mass., Baird Assoc. Res. Labor. u. Air Force Cambridge Res. Center.) MAX SCHMIDT. 104

N. Ivanoff und **G. Gavoret,** *Die Substitutionsreaktionen aktiver Halogene durch Neutroneneinfang. Ihr energetischer und elektronischer Zustand bei der aromatischen Substitution.* Zusammenfassung einiger früherer Arbeiten über die Wrkg. ionisierender Strahlung auf die Rk. von Halogenen (^{82}Br, ^{80}Br, ^{128}J, ^{38}Cl) mit aromat. Kernen. Die Halogene wurden nach SZILARD-CHALMERS gewonnen. Aus den gemessenen relativen Substitutionsgeschwindigkeiten der Halogene an verschied., aromat. Kernen (*Phenol, Anisol, Toluol, Nitrobenzol, Benzoaten*) u. aus der Häufigkeitsverteilung der o-, m- u. p-Isomeren kann durch Vgl. mit theoret. Voraussagen von HEY u. Mitarbeiter auf den Ladungszustand des Atoms im Augenblick der Rk. geschlossen werden. Die Experimente deuten darauf hin, daß sowohl neutrale Atome als auch positive Ionen reagieren. (J. Chim. physique Physico-Chim. biol. **50.** 524—26. Okt. 1953. Paris, Labor. de Chim. Phys.) H. C. WOLF. 108

T. O. Jeffries und **M. E. Owen,** *Ein Tritiummonitor.* Angabe einer Meßanordnung zur Überwachung des T-Geh. in Niederdrucktargets, bei welcher sich in einer mit dem Target kommunizierenden Hilfskammer ein Photomultiplier (E. M. I. 6260) befindet, dessen Eintrittsfenster mit einem dünnen, Tl-aktivierten Phosphor, dessen Herst. beschrieben wird, bedeckt ist. Der durch die β-Zerfälle des T hervorgerufene Photostrom wird integrierend gemessen u. mit einer bekannten abgeschirmten bzw. vor den Phosphor gebrachten T-Quelle (T adsorbiert an Zr) verglichen. Mit der Anordnung lassen sich Veränderungen $>$0,01 μ T messen. (J. sci. Instruments **30.** 387—88. Okt. 1953. Oxford, Clarendon Labor.) EICHHOFF. 112

B. M. Tolbert, N. Garden und **P. T. Adams,** *Spezialausrüstung für Arbeiten mit ^{14}C.* Eine mit Vakuumabsaugevorr. versehene Verkleidung zum Schutz gegen Strahlung sowie eine Spül- u. Trockenvorr. für Glasgeräte werden beschrieben. (Nucleonics **11.** Nr. 3. 56—58. März 1953. Berkeley, Calif., Univ. of California, Radiat. Labor. u. Dep. of Chem.) H. HAUSWALD. 112

J. Kistemaker, C. J. Zilverschoon und **J. Schutten,** *Die elektromagnetische Trennung von stabilen Isotopen. Der Amsterdamer Isotopenseparator.* Beschreibung der Wirkungsweise eines Isotopenseparators, d. h. eines Massenspektrometers mit großer Stromstärke. — Abbildung. (Nederl. Tijdschr. Natuurkunde **20.** 5—11. Jan. 1954. Amsterdam, Labor. voor Massaspectrografie.) WESLY. 112

Joseph Lafoucrière, *Ein β-Spektrograph mit hohem Auflösungsvermögen.* Vf. beschreibt einen β-Spektrographen mit inhomogenem, zentralsymm. Magnetfeld, für das die Bedingung r·H(r) proportional r^{-1} gilt. Für die von der Strahlenquelle unter beliebigem Winkel zwischen 0 u. π ausgehenden Elektronen findet dann Fokussierung in einem Punkt statt, wenn Strahlenquelle u. Detektor (Film) auf einem bestimmten Kreis um das Zentrum des Feldes lokalisiert sind. Die experimentelle Realisierung des Prinzips ergab Übereinstimmung mit den theoret. Ansätzen. Das Auflösungsvermögen ist nur begrenzt durch die Dimensionen der Nachweisanordnung u. der Strahlenquelle sowie durch die Genauigkeit, mit der die topograph. Bedingung für das Magnetfeld erfüllt wird. (C. R. hebd. Séances Acad. Sci. **231.** 137—39. 10/7. 1950.) Reusse. 112

E. Picard und **A. Rogozinkski,** *Über die Begrenzung der Entladungsausdehnung in Geiger-Müller-Zählern.* Beschreibung einer Schaltung, welche eine Doppeltriode u. 2 Ge-Dioden verwendet, u. bei der die sich in einem Zählrohr ausbildende Entladung auf einen begrenzten Teil (~ 5 mm) des Zähldrahtes beschränkt. Die Wrkg. der Schaltung beginnt 10^{-7} Sek. nach dem Einsetzen der Entladung, unterbricht diese nach $\sim 2\cdot 10^{-6}$ Sek. u. ergibt bei Herabsetzung von Totzeit u. Nulleffekt eine erhöhte Lebensdauer des Zählrohres. (J. Physique Radium **14.** 304—06. Mai 1953. Saclay, Commiss. à l'Énergie atom., Div. des Construct. électriques.) Eichhoff. 112

S. J. Wyard, *Ein Fehler in der Korrekturformel für die Totzeit eines Geiger-Müller-Zählers.* Aus Verss. mit Einheitsimpulspaaren zur Best. der Totzeit ergibt sich, daß die Formel $N_0 = N/(1 - N\tau)$, wobei τ die Länge des Löschimpulses bedeutet, in $N_0 = N/(1 - N\tau_{eff})$ abgeändert werden muß, wobei in erster Annäherung $\tau_{eff} = \tau[1 - (sV/100)]$ ist u. s die Plateauneigung in % u. V die Höhe des Löschimpulses bedeuten. (J. sci. Instruments **30.** 389. Okt. 1953. London, Univ. Coll. Hosp., Phys. Labor.) Eichhoff. 112

M. A. Van Dilla, *Flüssigkeitsgefüllte Ionisierungskammern.* (Sitzungsbericht.) Messungen des Energieverlustes von Röntgen- u. γ-Strahlen durch Ionisierung isolierender Fll. (z. B. Decan). In Fll., bei denen sich die Elektronen sofort an neutrale Moll. anlagern u. negative Ionen bilden, beträgt bei 1000 V/cm der Ionenstrom 5% der Ionenproduktion u. ist 25—30 mal größer als unter sonst gleichen Umständen bei Gasfüllung der Kammer. (Physic. Rev. [2] **85.** 705. 15/2. 1952; Bull. Amer. physic. Soc. **26.** Nr. 6. 9. 24/10. 1951. MIT.) Pieplow. 112

S. Franchetti, *Nebelkammeruntersuchung von Elektronenschauern der Höhenstrahlung unter dichtem Material.* 1. Mitt. Mit einer zählrohrgesteuerten Nebelkammer wurden Elektronenschauer hinter einer 2 cm dicken *Pb*-Platte aufgenommen. Es ergaben sich die Winkelverteilungen, die Verteilung der Elektronenzahlen pro Schauer u. das Verhältnis von nicht ionisierenden zu ionisierenden Primärteilchen. (Nuovo Cimento [9] **10.** 551—63. 1/5. 1953. Firenze, Univ., Ist. di Fis.) Pollermann. 112

M. S. Bartlett, *Über die statistische Abschätzung von mittleren Lebensdauern.* Vf. diskutiert die statist. Methoden zur Abschätzung der mittleren Lebensdauer von instabilen Teilchen aus Nebelkammeraufnahmen für den Fall, daß nur zerfallende Teilchen auftreten, sowie für den Fall, daß außerdem nichtzerfallende Teilchen vorliegen. Der Einfl. eines Fehlers bei der Impulsbest. u. die Unterscheidungsmöglichkeiten in Mischungen von verschiedenartigen Teilchen wird theoret. behandelt. (Philos. Mag. [7] **44.** 249—62. März 1953. Manchester, Univ.) Pollermann. 112

L. Winand, *Untersuchungen über den durch α-Teilchen des Poloniums in photographischen Emulsionen erzeugten „Print-out-Effekt“.* In einer früheren Arbeit (Bull. Soc. roy. Sci. Liège **18.** [1949.] 161) konnte Vf. davon berichten, daß Kernemulsionen, z. B. eine Ilford-C 2-Elektronenplatte, unter der Einw. von Po als α-Strahlenquelle direkt geschwärzt werden. Wenn die Intensität der Energiequelle bekannt ist (z. B. $\Delta = 3{,}92\cdot 10^6$ α-Teilchen/Sek. für den Winkel 2 π), läßt sich für einen bestimmten Abstand zwischen Strahlenquelle u. Platte die Anzahl α-Teilchen berechnen, die auf ein bestimmtes Flächenelement treffen u. dort eine Schwärzung hervorrufen. Hierfür werden Formeln abgeleitet u. Meßwerte mitgeteilt. Es wird gezeigt, unter welchen Bedingungen die Direktschwärzung der Emulsion sichtbar wird. (Bull. Soc. roy. Sci. Liège **19.** 18—24. Jan. 1950. Lüttich, Univ., Fac. des Sci.) W. Günther. 112

G. Kayas und **D. Morellet,** *Photometrische Messungen der Ionisation von Bahnspuren in photographischen Platten. (Allgemeine Methode und einige Anwendungen.)* In der beschriebenen einfachen App. wird das mkr. Bild der Bahnspur u. eines Teiles des anliegenden Untergrundes durch ein rotierendes, parallelepiped. Prisma mit zwei einandergegenüberliegenden durchlässigen u. undurchlässigen Flächen period. über einen Spalt konstanter Länge geführt. Die Lichtintensität wird mit Photomultiplier,

Verstärker u. Kathodenstrahloscillograph gemessen. Die Höhe der Impulse ist ein direktes Maß für die Ionisation. Diskussion der Meßtechnik, Fehlerquellen u. Eichung. An Beispielen wird die Best. der M. von Teilchen der Ladung 1 aus der Restreichweite u. der Ladung von schweren Kernen (bis Z = 8) aus der charakterist. Abhängigkeit der Impulshöhe von der Restreichweite erläutert. (J. Physique Radium **14.** 353—61. Juni. Sitzungsbericht: 55—65. April 1953. École Polytechn., Labor. de Phys.)

EICHHOFF. 112

F. R. Holden, R. K. Skow und **J. Todd,** *Staubsauger für radioaktive Entseuchung.* Zur Entfernung verschütteter radioakt. Substanzen wird ein mit einem Gasmaskenfilter versehener handelsüblicher Staubsauger verwendet. (Nucleonics **11.** Nr. 2. 67. Febr. 1953. San Francisco, Calif., U. S. Naval Radiolog. Defense Labor.)

H. HAUSWALD. 112

A_2. Optisches Verhalten der Materie.

Raymond Michard, *Die physikalischen Bedingungen in den großen Sonnenflecken, abgeleitet aus ihrem Spektrum.* Auf Grund von eigenen Beobachtungen des kontinuierlichen Spektr. u. des Linienspektr. durch TEN BRUGGENCATE u. V. KLÜBER (Z. Astrophysik **18.** [1938.] 284) werden Temp., Elektronendruck u. Gasdruck im Zentrum eines großen Sonnenflecks in Abhängigkeit von der opt. u. geometr. Tiefe bestimmt. (C. R. hebd. Séances Acad. Sci. **235.** 1608—10. 22/12. 1952.) EICHHOFF. 113

Van Regemorter, *Bestimmung der Oberflächentemperatur der Sonne durch Untersuchung der Intensität von Vanadiumlinien.* Unter Verwendung eines Sternatmosphärenmodells wird aus der Intensität von Absorptionslinien des neutralen V die Temp. der Sonnenoberfläche zu (4151 $\pm$30)° K bestimmt. (C. R. hebd. Séances Acad. Sci. **236.** 1536—38. 20/4. 1953.) EICHHOFF. 113

Ch. Manneback und **A. Rahman,** *Einfluß der Anharmonizität auf die Berechnung der Potentialfunktion der Moleküle C_2H_4 und H_2O.* Da nicht genügend experimentelle Kenntnisse über die Anharmonizität der Molekülschwingungen vorliegen, untersuchten Vff. an Hand von C_2H_4 u. *Wasserdampf* als Beispiele die Schwierigkeiten, die bei der Berechnung der Potentialfunktion auftreten. Für den Fall von C_2H_4 wird gezeigt, daß verschied., jedoch gleich gültige empir. Methoden zur Korrektur der Anharmonizität zu sehr verschied. Potentialfunktionen führen, wobei die nichtdiagonalen Konstanten der Potentialenergiematrix am meisten beeinflußt wird. Noch überzeugender liegen die Verhältnisse bei dem Wasserdampf wegen der genauen Kenntnis der Anharmonizität seiner Schwingungen. Es wird weiter gezeigt, daß die Möglichkeit, mit Hilfe einer gewissen Potentialfunktion eine Reihe von Frequenzen zu berechnen, die mit den beobachteten Frequenzen übereinstimmen, für die gesicherte Annahme der Potentialfunktion nicht ausreichend ist, da man ein gleichfalls übereinstimmendes Ergebnis mit einer ganz verschied. Potentialfunktion erhalten kann. (Ann. Soc. sci. Bruxelles, Sér. I **67.** 275—84. 21/12. 1953. Louvain, Univ., Inst. de Phys.) GOTTFRIED. 114

W. R. Atkinson, R. G. Fowler, L. W. Marks und **G. W. Charles,** *Spektroskopische Untersuchungen pulsierender Gasentladungen.* (Sitzungsbericht.) Hochauflösende Spektralunterss. von pulsierenden H_2-Entladungen zeigen eine Linienverbreiterung, aus der Ionenkonzz. bis zu 10^{17} cm^{-3} berechnet werden können. Die maximale Ionenkonz. ist proportional der Anfangsgasdichte u. tritt zu einem Zeitpunkt auf, der von Gasdichte u. Zündpotential unabhängig ist. Dies zusammen mit dem übrigen Beobachtungsmaterial macht strahlende Rekombination sehr wahrscheinlich. (Physic. Rev. [2] **85.** 706. 15/2. 1952; Bull. Amer. physic. Soc. **26.** Nr. 6. 10. 24/10. 1951. Univ. of Oklahoma.)

PIEPLOW. 118

A. G. Shenstone und **L. Wilets,** *Das dritte Spektrum von Kupfer (Cu III).* Das zweite Funkenspektr. von Cu wurde im Bereich von 670—2000 Å mit einem Gitterspektrographen im Vakuum u. von 2000—2820 Å mit einem Quarzspektrographen aufgenommen u. analysiert. Die identifizierten Niveaus enthalten die zu den Konfigurationen 3 d^9, 3 d^8 4 s, 3 d^8 4 p gehörenden mit Ausnahme der ^{2}S- u. ^{2}P-Terme, die auf der Konfiguration 3 d^8 ^{1}S aufbauen. Die 6 Niveaus 3 d^8(^{3}F)5 s ^{4}F, ^{2}F wurden gefunden u. daraus die Ionisierungsspannung zu 37,08 V bestimmt. Eine Anzahl von Niveaus der 3 d^8 4 d-Konfiguration wurde ebenfalls nachgewiesen, jedoch keine der 3 d^7 4 s^2. (Physic. Rev. [2] **83.** 104—08. 1/7. 1951. Princeton, N. J., Princeton Univ.)

HEINSOHN. 118

Reuel T. Platt jr. und **Jordan J. Markham,** *Die Erzeugung von F′-, M- und R-Zentren in NaCl bei Raumtemperatur.* Ausführliche Darst. der C. **1954.** 6661 referierten Arbeit. (Physic. Rev. [2] **92.** 40—44. 1/10. 1953. Silver Spring, Md., Johns Hopkins Univ., Appl. Phys. Labor.) RUDOLPH. 119

Irving L. Mador, Jordan J. Markham und **Reuel T. Platt jr.,** *Die Bandenbreite der F-Bande im KBr bei 78° K.* Ausführliche Darst. der C. **1954.** 6660 referierten Arbeit. (Physic. Rev. [2] **91.** 1277. 1/9. 1953. Silver Spring, Md., Johns Hopkins Univ., Appl. Phys. Labor.) RUDOLPH. 119

Michel Destriau, Robert Lochet und **Auguste Rousset,** *Die molekulare Lichtstreuung durch binäre Mischungen: Experimentelle Bestätigung der Einsteinschen Formel an der Mischung von Schwefelkohlenstoff und Aceton.* Experimentelle Bestätigung der EINSTEINschen Formel durch Messung der RAYLEIGH-Konstanten u. des Depolarisationsgrades von CS_2–Aceton-Mischungen mit grünem Licht ($\lambda = 546$ mμ). (C. R. hebd. Séances Acad. Sci. **238.** 61–63. 4/1. 1954.) EICHHOFF. 119

Albert Siat, *Verwendung einer Elektronenvervielfacherzelle zur Messung des Reflexionsvermögens von polierten Mineralschnitten.* Das Reflexionsvermögen von *Cuprit* u. *Arsenik* wurde für monochromat. Licht von 6 verschied. Wellenlängen zwischen 450 u. 650 mm mit Hilfe eines Photoelektronenvervielfachers bestimmt u. mit Eichnormalen verglichen. (C. R. hebd. Séances Acad. Sci. **233.** 399–401. 30/7. 1951.) LENZ. 119

Harald H. Nielsen, *Die Ultrarotspektren und die Struktur pyramidaler Moleküle.* Zur Ausdeutung des niederfrequenten Ultrarotspektr. der Zustände der Senkrechtschwingungen c_2 u. c_4 von pyramidalen XH_3-Moll. müssen bei der theoret. Behandlung die Rotationszustände mitberücksichtigt werden, die über eine CORIOLIS-Kraft gekoppelt sind. Es wird eine mathemat. Formel für diese Zusammenhänge entwickelt. (J. chem. Physics **21.** 142–44. Jan. 1953. Columbus, O., State Univ., Dep. Phys. and Astronom.) GOUBEAU. 120

F. L. Keller und **A. H. Nielsen,** *Das Infrarotspektrum und Molekularkonstanten von Deuteriumbromid.* (Sitzungsbericht.) Messung der Grundschwingung sowie der 1. u. 2. Oberschwingung von DBr mit hoher Dispersion. Die Grundschwingung wurde mit einer 40 cm-Zelle u. Drucken von 90–150 Torr gemessen, die Oberschwingungen mit einer Zelle mit Mehrfachreflexion, einer Äquivalentlänge von 17 m u. Drucken von 240–460 Torr. Die Isotopieaufspaltung der Rotationslinien wurde gemessen u. die Mol.-Konstanten für $D^{79}Br$ bzw. $D^{81}Br$ in guter Übereinstimmung mit neueren Messungen der Grundschwingung von HBr wie folgt bestimmt: $D^{79}Br$: $\omega_e = 1885{,}33$ cm^{-1}; $x_e\omega_e = 22{,}73$ cm^{-1}; $\gamma_e\omega_e = -0{,}0106$ cm^{-1}; $B_e = 4{,}290_8$ cm^{-1}; $\alpha_e = 0{,}083_9$ cm^{-1}; $D_e = 0{,}000096_4$ cm^{-1}; $\beta = -2_2\cdot 10^{-6}$ cm^{-1}; $D^{81}Br$: $\omega_e = 1884{,}75$ cm^{-1}; $x_e\omega_e = 22{,}72$ cm^{-1}; $\gamma_e\omega_e = -0{,}0106$ cm^{-1}; $B_e = 4{,}287_6$ cm^{-1}; $\alpha_e = 0{,}083_8$ cm^{-1}; $D_e = 0{,}000095_9$ cm^{-1}; $\beta = -2_2\cdot 10^{-6}$ cm^{-1}. (Physic. Rev. [2] **91.** 235. 1/7. 1953. Univ. of Tennessee.) EICHHOFF. 120

R. B. Murray, *Das Spektrum im Nahen Infrarot von Stickoxyd bei langen Absorptionswegen.* (Sitzungsbericht.) Im Infrarot-Absorptionsspektr. von NO zwischen 1,25 u. 2,5 μ bei maximalem opt. Weg von 554 at werden 26 Banden beobachtet (23 neue), von denen die 9 zwischen 1,75 u. 2,5 μ liegenden bei erhöhter spektraler Auflösung untersucht werden. Mit Hilfe früher bestimmter Schwingungskonstanten werden die Terme der oberen Schwingungszustände berechnet u. mit Hilfe dieser Terme versuchsweise Zuordnungen für alle Banden ausgeführt. Bessere Übereinstimmung mit der Beobachtung ergeben die von HERZBERG (J. chem. Physics **18.** [1950.] 1551) gefundenen Konstanten. (Physic. Rev. [2] **83.** 486. 15/7. 1951. Ohio State Univ.) RUDOLPH. 120

Alvin H. Nielsen und **Robert T. Lagemann,** *Hohe Dispersionsmessungen an ω_3 von $^{14}C^{16}O_2$ bei 4.5 μ.* (Sitzungsbericht.) Es wird das infrarote Schwingungsrotationsspektr. von $^{14}C^{16}O_2$ untersucht u. die Rotationslinienfrequenzen bestimmt. $^{14}C^{16}O_2$ wurde aus 4,2% angereichertem $BaCO_3$ bei einem Druck von 14 cm Hg in einer 14 cm langen Glaszelle mit Steinsalzfenster hergestellt. Die Werte von B_{000}, B_{001}, α_3 u. dem Bandenzentrum sowie Ausdrücke für die anharmon. Konstanten X_{13}, X_{23}, X_{33} zusammen mit ω_3 wurden berechnet. (Physic. Rev. [2] **83.** 245. 1/7.; Bull. Amer. physic. Soc. **26.** Nr. 3. 54. 26/4. 1951. Tennessee, Univ., u. Oak Ridge Nat. Labor.) D. HAHN. 120

W. S. Benedict und **Earle K. Plyler,** *Banden von C_2 und CN in Infrarotflammenspektren.* (Sitzungsbericht.) Im inneren Kegel der O_2–C_2H_2-Flammen erscheinen zwischen 1 u. 1,6 μ die (1, 0)-, (0, 0)- u. (0, 1)-Banden des PHILLIPS-Syst. von $C_2(^1\Pi_u - {}^1\Sigma_g^+)$ mit Ursprung bei 9852, 8268 u. 6441 cm^{-1} u. die (0, 0)- u. (1, 1)-Banden des roten Syst. von $CN(^2\Pi - {}^2\Sigma)$ mit Ursprung bei 9117 u. 8862 cm^{-1}. Die Aufnahmen wurden mit einem hoch auflösenden 15000 Linien-Gitterspektrometer u. einer PbS-Zelle gemacht. Die Rotationsstruktur der C_2-Banden zeigt eine Intensitätsverteilungscharakteristik des therm. Gleichgewichts mit einer effektiven Temp. nahe 2400° K. (Physic. Rev. [2] **83.** 245. 1/7.; Bull. Amer. physic. Soc. **26.** Nr. 3. 54. 26/4. 1951. Nat. Bur. of Stand.) D. HAHN. 120

Wayne A. Bowers und **Herbert B. Rosenstock,** *Berichtigung: Über die Schwingungsspektren von Kristallen.* Berichtigung zu der C. **1951.** I. 1975 referierten Arbeit. (J. chem. Physics **21.** 1607. Sept. 1953. Chapel Hill, N. C., Univ.) GOTTFRIED. 120

D. K. Coles, W. E. Good, J. K. Bragg und **A. H. Sharbaugh,** *Der Stark-Effekt des Ammoniakinversionsspektrums.* Vff. teilen die Ergebnisse einer genauen Unters. des STARK-Effektes der J, K = 1, 1; 2, 2; 3, 3-Übergänge im Inversionsspektr. des $^{14}NH_3$ mit u. finden vorzügliche Übereinstimmung mit den Berechnungen nach JAUCH. Mögliche Korrekturen durch Effekte 2. Ordnung fallen in die experimentelle Fehlerbreite u. sind zu vernachlässigen. Das Dipolmoment, berechnet aus der Näherungsgleichung für ein starkes elektr. Feld, ergab sich zu 1,468 ± 0,009 D. (Physic. Rev. [2] **82.** 877—78. 15/6. 1951. East Pittsburgh, Pa., Westinghouse Res. Labor., u. Schenectady, N. Y., Gen. Electr. Res. Labor.) HARTMANN. 121

Michael Schön, *Zum Leuchten der Carborundkristalle bei Stromdurchgang.* Ausführliche Diskussion der Arbeiten von LEHOVEC, ACCARDO u. JAMGOCHIAN (C. **1953.** 3517. 7469 u. früher). Der Leuchtvorgang läßt sich danach in der gleichen Weise wie bei den Kristallphosphoren mit Rekombinationsleuchten als Rekombination von Elektronen u. Löchern an Gitterstörungen verstehen. Der Unterschied besteht darin, daß beim SiC-Leuchten durch eine p–n-Schicht Löcher in n-Bereiche bzw. Elektronen in p-Bereiche injiziert werden. Das Termschema des SiC wird aufgestellt u. ein Ausdruck für die Abhängigkeiten der Lichtausbeute angegeben. (Z. Naturforsch. **8a.** 442—46. Juli 1953. Mosbach/Baden, Osram-Studiengesellschaft, Zweigstelle.) R. STEIN. 125

David Dutton, *Befreiung gespeicherter Ladung in Alkalihalogenidkristallen.* (Sitzungsbericht.) Kurzer Bericht über elektr.-opt. Beobachtungen an *KCl-* u. *KBr*-Kristallen während der Erwärmung, nachdem sie bei der Temp. des fl. N_2 bzw. He mit Röntgenstrahlen bestrahlt worden waren. Jetzt wird auch an KBr das gleiche Verh. beobachtet, das früher an KCl gefunden worden war (DUTTON, HELLER u. MAURER, C. **1952.** 7773), wonach (quasi-) freie Ladungen auftreten im Zusammenhang mit dem gleichzeitigen Verschwinden von V_1-Zentren Defektelektron an Stelle eines positiven Ions (nach SEITZ) u. F'-Zentren. Gleichzeitig ist Luminescenz zu beobachten. (Physic. Rev. [2] **87.** 191. 1/7. 1952. Univ. of Illinois.) BRAUER. 125

G. Wendel, *Über einige Eigenschaften der „grünen Fluorescenz" von CdS-Einkristallen.* CdS-Kristalle haben manchmal neben der roten bis ultraroten Fluorescenz eine grüne. Es wird gezeigt, daß durch Abschrecken der auf 600° im evakuierten Quarzrohr erwärmten Kristalle die grüne Fluorescenz bei der Temp. der fl. Luft stark begünstigt wird. Es handelt sich dabei indes nicht um einen Reinigungsprozeß, da er sich durch langsame therm. Behandlung als reversibel erweist. Bei Zimmertemp. kann man alle Kristalle zum Grünleuchten bringen, wenn man die Intensität des erregenden Lichtes genügend steigert; denn während die grüne Fluorescenz etwa linear mit der Intensität der Erregung zunimmt, tut dies die rote etwa mit der Wurzel aus der Erregungsintensität. Rote u. grüne Fluorescenz beruhen also auf verschied. Mechanismen. (Fortschr. Physik **1.** 45—47. 1953. Berlin, Dtsch. Akad. Wiss., Inst. für Strahlungsquellen.) BRAUER. 125

H. C. Froelich, *Kupferaktivierte Zinksulfidphosphore mit gelber und roter Emission.* (Vgl. auch nachst. Ref.) ZnS-Phosphore, die in H_2S bei Tempp. über 1020° geglüht werden (so daß sie Wurtzitstruktur haben) u. mit 0,05—1 Gew.-% Cu (also mit 10—100 mal mehr als bisher üblich) aktiviert werden, zeigen eine gelbe u. rote Emissionsbande bei 5800 bzw. 6700 Å großer Halbwertsbreite. Die gelbe Bande verschwindet bei —196°. Die opt. Erregbarkeit liegt ausschließlich im nahen Ultraviolett. Es handelt sich um wenigstens zwei Erregungsbanden bei 3300 u. 3650 Å, von denen die erste die gelbe Emissionsbande bevorzugt. Die gelbrote Emission ist auch durch Kathodenstrahlen, Röntgenstrahlen u. elektr. Wechselfelder anregbar; hierbei ist zwischen 60 u. 15000 Hz keine Farbverschiebung zu beobachten. Der Einbau des Cu geschieht ohne ladungskompensierende Ionen. (J. electrochem. Soc. **100.** 280—88. Juni 1953. Nela Park, Cleveland, O., General Electric Co., Lamp Developm. Labor.) BRAUER. 125

H. C. Froelich, *Kupferaktivierte Zinksulfidphosphore mit dreiwertigen Substituenten.* (Vgl. vorst. Ref.) ZnS wird mit *Al* u. *Cu* in bisher ungewohnt hohen Mengen (0,1 bis 0,4 Gew.-% Cu; optimales Verhältnis Cu/Al = 1/1) aktiviert. In H_2S geglühtes ZnS luminesciert nicht. Al-Aktivierung gibt blaue u. grüne Emission. Cu–Al-Aktivierung gibt eine aus drei Banden bestehende Emission im langwelligen Teil des sichtbaren Spektr. (ca. 5150, 5550 u. 5900 Å). Die drei Banden haben verschied. Temperaturabkling- u. Erregungseigenschaften. *Ga* an Stelle von Al ergibt nicht wie bei kleinen Aktivatorkonzz. (KRÖGER u. DIKHOFF, C. **1951.** II. 489) vergleichbare Emissionen nach spektraler Lage u. Intensität. Ähnlich ist es mit *In*, *Y*, *La* auch *Bi* u. *Sb*, obgleich offenbar alle Zusätze mit ZnS u. Cu_2S als Tripelsulfide anwesend waren. Hingegen gaben *Sc*, *Ce*, *Pr* oder *Nd* ähnliche Resultate wie Al, aber die Emissionsspektren enthielten außer der Cu-Emission noch die Linien der dreiwertigen Seltenen Erdionen. Auch waren sie für Ausleuchtung sensibilisiert. — Wenn dem H_2S (bei Cu–Al-Phosphoren) oxydierende Gase (Luft, H_2O, CO_2, SO_2 usw.) zugesetzt wurden, bliebt nur die grüne Emissionsbande u. die Präpp. zeigten starke Elektroluminescenz. Dies wird auf die Bldg. von Oxydsperrschichten zurückgeführt. (J. electrochem. Soc. **100.** 496—507. Nov. 1953.) BRAUER. 125

A_3. Elektrizität. Magnetismus. Elektrochemie.

John L. Stewart, *Elektronenfluß durch enge Röhren bei magnetischer Bündelung.* Wenn ein homogen begrenztes Magnetfeld, welches durch die Kathode verläuft, zur Bündelung eines Elektronenstrahls verwandt wird, beschreiben die von der Kathode ausgehenden Elektronen schraubenförmige Bahnen. Es wird berechnet, welcher Anteil der Gesamtheit dieser Bahnen ungehindert durch eine enge Röhre oder zwischen zwei parallelen Platten hindurchtreten kann. Wenn außerdem ein elektr. Wechselfeld senkrecht zur Strahlrichtung gelegt wird, dessen Frequenz vergleichbar mit der Rotationsfrequenz der Elektronen im Magnetfeld ist, erhöht sich der mittlere Radius der Elektronenbewegung. Auch für diesen Fall wird der durch eine enge Röhre tretende (gegenüber dem vorigen Fall verminderte) Stromanteil sowie die Energieaufnahme der Elektronen im elektr. Wechselfeld berechnet. Diese Unterss. sind für Wanderwellenröhren von Interesse. (J. appl. Physics **24.** 1236—40. Sept. 1953. Stanford, Calif., Univ., Electronics Res. Labor.) LENZ. 130

H. M. Mott-Smith, *Änderung der Elektronentemperatur in einem Elektronenstrahl.* Die Wrkg. von Elektronenzusammenstößen auf die Geschwindigkeitsverteilung in einem Elektronenstrahl nach Durchgang durch ein beschleunigendes Gitter wird durch direkte Integration der BOLTZMANNschen Gleichung berechnet. Es ergibt sich, daß die Zusammenstöße auf die für Wanderwellenröhren u. Dioden typ. Elektronendichten u. Geschwindigkeiten eine zu vernachlässigende Wrkg. haben, daß die Formeln der üblichen kinet. Theorie für die Wärmeleitung nicht anwendbar sind, u. daß die Längskomponente des Elektronengasdrucks vernachlässigt werden kann. (J. appl. Physics **24.** 249—55. März 1953. Cambridge, Mass., Massachusetts Inst. of Technol.) LENZ. 130

G. Ecker, *Die Raumladungszone an der Grenze des Bogenplasmas.* Die Raumladungsverhältnisse zwischen Bogenplasma u. Kathode wurden unter Berücksichtigung der von der Plasmagrenze her gegen das Feld anlaufenden Elektronen berechnet. So ergibt sich z. B. beim Hg-Höchstdruckbogen nur $^1/_3$ des LANGMUIRschen Wertes des Spannungsbedarfs u. damit eine tragbare Übereinstimmung mit den Experimenten. Eine Beteiligung der therm. Feldemission am Stromtransport ist nicht wahrscheinlich, aber nicht ausgeschlossen. (Z. Physik **135.** 105—18. 1953. Bonn, Univ., Inst. für theoret. Physik.) M. DRECHSLER. 131

W. Elenbass, *Ähnlichkeitsbedingungen bei Hochdruckentladungen.* (Sitzungsbericht.) Für (a) Hochdruckentladungen in langen, geschlossenen Röhren, (b) lange offene u. (c) kurze Bogenentladungen werden aus der Energiebilanz zwischen der elektr. Eingangsleistung u. den Verlusten durch Strahlung, Leitung u. Konvektion (Vernachlässigung der Elektronen- u. Ionendiffusion u. Dissoziation) u. den verschied. Grenzbedingungen [Vernachlässigung der Konvektion im Fall (a), der Strahlung u. Leitung im Fall (b) u. der Konvektion im Fall (c)] die folgenden Ähnlichkeitsbedingungen erhalten: Gleiche Eingangsleistungen in allen drei Fällen, gleiche Gasgehh. pro cm Röhrenlänge u. gleiche Wandtempp. im Fall (a), gleiche GRASHOF-Zahlen (Elektrodenabstand als charakterist. Länge) im Fall (b) u. gleiche Werte von $p \cdot l^2$ (p = Druck, l = Elektrodenabstand) u. gleiche Elektrodenkonfiguration im Fall (c). (Physic. Rev. [2] **89.** 338. 1/1. 1953. N. V. Philips' Gloeilampenfabrieken.) WERNER SCHULZ. 131

G. Medicus und **G. Wehner,** *Untersuchung der Kathodenzerstäubung mit Hilfe von Sondenmessungen.* (Sitzungsbericht.) Die Zerstäubung verschied. Stoffe wird durch Aufstäubung auf eine *W*-Sonde mit Hilfe einer in der Nähe befindlichen Elektrode aus der Parallelverschiebung der Sondencharakteristik längs der Spannungsachse infolge Änderung der Austrittsarbeit der Sonde gemessen. Unter günstigen Bedingungen kann bis zu $^1/_{100}$ einer monomol. Schicht gemessen werden. Durch Verwendung einer neuen Hochvakuumröhre u. die üblichen Gasreinigungsmittel konnte die Austrittsarbeit einer reinen W-Sonde u. das Plasmapotential innerhalb von 0,01 V über Std. hin konstant gehalten werden. Die Zerstäubung verschied. Stoffe in verschied.

Gasen wurde in Abhängigkeit vom Gasdruck u. von der Ionengeschwindigkeit untersucht (vgl. nächst. Ref.) (Physic. Rev. [2] **89.** 339. 1/1. 1953. Wright-Patterson Air Force Base, Wright Air Developm. Center.) WERNER SCHULZ. 131

G. Wehner und **G. Medicus,** *Zerstäubung bei niedrigen Ionengeschwindigkeiten.* (Sitzungsbericht.) Die Zerstäubung bei niedrigen Ionengeschwindigkeiten wurde mit einer neuen, sehr empfindlichen Meth. (vgl. vorst. Ref.) untersucht, welche die Messung bis zu Ionengeschwindigkeiten von 40 V herunter in einigen Std. gestattet. Dabei wird eine sehr dünne Schicht des zu untersuchenden Stoffes auf eine Sonde aufgestäubt u. die Änderung der Sondencharakteristik (Änderung des Reflexionskoeff. für die angesammelten Elektronen) oberhalb des Plasmapotentials gemessen. Die vorläufigen Ergebnisse für *Pt* in *Xe*-Gas zeigen keinen Schwellenwert für die Zerstäubung. Zwischen 60 V u. der Meßgrenze von 25 V nimmt die Zerstäubung nahezu exponentiell mit abnehmender Ionengeschwindigkeit ab, während nach der Theorie von LANGMUIR hier unterhalb eines Schwellenwertes von 140 V keine Zerstäubung stattfinden sollte. (Physic. Rev. [2] **89.** 339. 1/1. 1953.) WERNER SCHULZ. 131

Melvin A. Harrison und **Ronald Geballe,** *Gleichzeitige Messung von Ionisations- und Anlagerungskoeffizienten.* In den Gasen O_2, CCl_2F_2 u. CF_3SF_5 wird der Entladungsdunkelstrom als Funktion des Elektrodenabstandes u. des Quotienten Feldstärke/Druck (E/p) gemessen. Bei geringen E/p-Werten strebt der Dunkelstrom mit zunehmendem Elektrodenabstand einem unerwarteten Sättigungswert zu. Diese Anomalie wird als Elektronenanlagerung z. B. $AB + e = (AB^-)^* = A + B^-$ gedeutet. Die Zahl der durch Elektronenstoß verursachten Ionisationen bzw. Elektronenanlagerungen pro cm in Feldrichtung u. pro mm Gasdruck wird als Funktion von E/p bestimmt. Wirkungsquerschnitte der Elektronenanlagerung werden für O_2 u. Luft berechnet u. diskutiert. (Physic. Rev. [2] **91.** 1—7. 1/7. 1953. Seattle, Wash., Univ. of Washington, Dep. of Phys.) M. DRECHSLER. 131

W. R. Harper, *Oberflächen, die nach leichter Berührung mit Metallen keine elektrische Aufladung zeigen.* Eine experimentelle Unters. der elektrostat. Aufladung isolierender Oberflächen nach leichtem Kontakt mit Metallen zeigt, daß hydrophile Oberflächen, wie z. B. *Glas*, eine beträchtliche Ladung erreichen, während hydrophobe Oberflächen, wie z. B. *Bernstein*, eine vergleichsweise sehr geringe Aufladung zeigen. Die theoret. Bedeutung dieser Beobachtung wird diskutiert. (Proc. Roy. Soc. [London], Ser. A **218.** 111—21. 9/6. 1953. London, Imp. Coll. of Sci. and Technol.) B. REUTER. 132

Luther Davis jr. und **Lawrence G. Rubin,** *Einige dielektrische Eigenschaften von Barium-Strontium-Titanat-Keramik bei 3000 MHz.* Ausführliche Darst. des C. **1953.** 2554 referierten Sitzungsberichtes. (J. appl. Physics **24.** 1194—97. Sept. 1953. Waltham, Mass., Raytheon Mfg. Co.) H. JACOB. 132

Ryuzo Ueda und **Takeo Ichinokawa,** *Der Einfluß einer Spannung auf die Elementarstruktur von Wolframtrioxyd WO_3.* Das ferroelektr. WO_3 zeigt wie $BaTiO_3$ eine Elementarbereichsstruktur, die aber im Gegensatz zu $BaTiO_3$ nahezu unabhängig von der Temp. u. der angelegten elektr. Feldstärke ist. Dagegen zeigt eine angelegte mech. Spannung einen sehr starken Einfl. auf die Elementarbereichsstruktur, der irreversibel mit der Spannung zu verlaufen scheint. Unter einachsigem Druck werden die Grenzen zwischen den Bereichen verwaschen u. treten nach Entlastung nicht wieder in der ursprünglichen Schärfe hervor. Das dielektr. Verh. von WO_3 scheint daher von dem von $BaTiO_3$ verschieden zu sein. (J. physic. Soc. Japan **6.** 122—23. März/April 1951. Tokyo, Waseda Univ., Dep. of Appl. Phys. [Orig.: engl.]) FAHLENBRACH. 132

I. L. Sparks, *Eine Methode zur Messung der elektrischen Leitfähigkeit von Oxydkathoden mit Hilfe eines retardierenden Potentials.* (Sitzungsbericht.) Die hier benutzte Meth. ist nicht von der Voraussetzung eines gegenüber dem Spannungsabfall in der Oxydschicht vernachlässigbaren Potentialwalls an der Oberfläche abhängig. Auch über die Anodenspannung braucht keine Abrede getroffen zu werden. Die Neigung der Kurve des retardierten Potentials ergab sich geringer als der erwartete Wert — e/kT. (Physic. Rev. [2] **85.** 705. 15/2. 1952; Bull. Amer. physic. Soc. **26.** Nr. 6. 9. 24/10. 1951. Univ. of Missouri.) PIEPLOW. 134

B. O. Baker, *Gold als ein Verzögerer der Gitteremission in Gegenwart einer oxydbedeckten Kathode.* Es wurden Emissionsmessungen an Mo- u. Mn-Ni-Gittern sowie an den gleichen, aber vergoldeten Gittern in Ggw. einer oxydbedeckten Kathode (BaO) durchgeführt. Zur Vergoldung wurden die Gitter mit Goldresinat bestrichen u. anschließend in der Luft auf 500° erhitzt. Bei den vergoldeten Gittern trat eine Emission nicht unterhalb 600° auf, während sie bei den nichtvergoldeten Gittern bereits bei 310° bzw. 325° beobachtet wurde. Der Mechanismus der Gitteremission ist der, daß sich von der Kathode verdampftes Ba auf dem Gitter kondensiert u. teilweise dort oxydiert wird. Diese partielle Oxydation liefert eine emissionsfähige Schicht von Ba auf BaO. Bei den vergoldeten Gittern diffundiert das Ba wahrscheinlich in das Au, bevor sich eine emissionsfähige Schicht bilden kann. Die geringste, noch wirksame Dicke der Au-Schicht beträgt 1 μ. (Brit. J. appl. Physics **4.** 311—15. Okt. 1953. Wembley, M.-O. Valve Co. Ltd., G. E. C. Res. Labors.) GOTTFRIED. 134

H. P. R. Frederikse, *Thermokraft von Germanium unterhalb Zimmertemperatur.* (Vgl. C. **1953.** 3678.) Die Thermo-EMK. von Ge-Einkristallen gegen Cu wurde im Temperaturgebiet 10—300° K untersucht. Es wurden dabei Proben vom n-Typ verschied. Reinheitsgrades benutzt. Die Thermokraft nimmt mit steigender Konz. der Träger ab. In einigen Fällen wurde auch die Wärmeleitfähigkeit bestimmt. Die übliche Theorie ergibt eine Beziehung zwischen der Thermo-EMK. u. dem HALL-Koeffizienten. Die Temperaturabhängigkeit der EMK. ist bei Tempp. größer 200° K in guter Übereinstimmung mit dieser Beziehung. Unterhalb 200° K fällt die EMK. auf Grund dieser Beziehung stark unter den Wert ab, erreicht dann ein Maximum von einigen mV in der Nähe von 15° K u. fällt dann wieder mit abnehmender Temp. ab. Große Abweichungen sind bei tiefen Tempp. infolge Störung des Phonongleichgewichtes zu erwarten. Der Phononstrom hat einen großen Einfl. auf die Wechselwrkg. mit den Elektronen u. kann zu einem Maximum der Thermo-EMK. bei tiefen Tempp. führen. Der Beitrag, hervorgerufen durch das Nichtgleichgewicht des Gitters ist proportional dem Verhältnis der mittleren freien Weglängen von Phonon u. Elektron. Der erstere Beitrag steht in Beziehung zur therm. Leitfähigkeit, der letztere kann aus elektr. Daten abgeleitet werden. (Physic. Rev. [2] **92.** 248—52. 15/10. 1953. Lafayette, Ind., Purdue Univ., Dep. of Phys.) v. HARLEM. 134

A. Charlesby, *Ionenstrom und Filmwachstum dünner Oxydschichten auf Aluminium.* Vf. beschreibt Unterss. der elektr. Eigg. dünner isolierender Oxydschichten auf Al, die auf elektrolyt. Wege erzeugt wurden. Es ergibt sich eine exponentielle Beziehung der Form $i = A \cdot e^{BF}$ zwischen Ionenstrom i u. elektrostat. Feldstärke F, mit $A = 10^{-18}$ A/cm² u. $B = 3 \cdot 10^{-6}$ cm/V bei Zimmertemperatur. Die Wachstumsgeschwindigkeit gehorcht annähernd einem logarithm. Gesetz, bei höheren Tempp. gilt in einem engen Temperaturbereich ein kub. Gesetz, das bei noch höheren Tempp. durch eine quadrat. Beziehung abgelöst wird. Abschließend wird die Anwendung der Ergebnisse auf die Oxydation von Al an der Luft bei Zimmertemp. u. bei höheren Tempp. eingehend diskutiert. (Proc. physic. Soc., Sect. B **66.** 317—29. 1/4. 1953. Harwell, Atomic Energy Res. Establ.) R. STEIN. 135

Walter Baltensperger, *Über Leitung in Störstellenbändern.* Theoret. Betrachtungen zur Elektronenleitung in den Energiebändern eines einfachen Störstellensystems. Die Anwendung der theoret. Ergebnisse am Beispiel des *NiO* wird kurz diskutiert. (Philos. Mag. [7] **44.** 1355—63. Dez. 1953. Manchester, Univ., Physic. Labor.) R. STEIN. 135

S. H. Ward, *Eine Methode zur Messung der elektrischen Leitfähigkeit von mit Diamant gebohrten Kernen.* Die elektr. Leitfähigkeit von Bohrkernproben von Erzmineralien wird induktiv durch Messung des Widerstandes eines aus Selbstinduktionsspule, Kondensator u. Widerstand bestehenden Wechselstromkreises mit Hilfe eines Solenoids gemessen u. mit den bekannten Materialien (Hg, Graphit usw.) als Eichkurven verglüht. (Geophysics **18.** 434—47. April 1953. Pittsburgh, Pa., Gulf Research & Development Co.) ENSSLIN. 135

Edgard A. Pearlstein, *Änderung der elektrischen Leitfähigkeit von Natriumchlorid bei Bombardierung mit Protonen hoher Energie.* Die Leitfähigkeit von NaCl im Temperaturgebiet von 125—400° sinkt beträchtlich nach Bombardierung mit 10^{15} Protonen/cm² der Energie 350 MeV bei Zimmertemperatur. Durch Temperung bei höheren Tempp. verschwindet der Effekt teilweise, doch resultiert auch nach Temperung bei 470°, der höchsten angewandten Temp., noch ein leichter Abfall der Leitfähigkeit. Eine zufriedenstellende Erklärung der Ergebnisse steht noch aus. Zur Messung der Leitfähigkeit wurde eine neue Meth. entwickelt, die kurz beschrieben wird. (Physic. Rev. [2] **92.** 881—82. 15/11. 1953. Pittsburgh, Pa., Carnegie Inst. of Technol.) R. STEIN. 135

R. Chaplin, P. R. Chapman und **R. H. Griffith,** *Elektrische Eigenschaften von Chromoxyd-Aluminiumoxyd-Katalysatoren.* Von Cr_2O_3-Al_2O_3-Katalysatoren (I, Mischungsverhältnis 70:30) wurde die elektr. Leitfähigkeit σ u. das thermoelektr. Potential Φ gemessen. Die Abhängigkeit von σ von der Temp. (Messungen zwischen 200 u. 500°) läßt sich darstellen durch $\sigma = A \cdot \exp(-E/RT)$. Der Wert von A hängt stark von der Art der Vorbehandlung von **I** ab; z. B. ist A ca. 100 mal größer, wenn **I** zuvor in O_2 statt in H_2 auf 500° erhitzt wurde. Φ wurde gemessen, indem aus **I** ein kleiner Kondensator hergestellt u. die Entladung des im erhitzten Zustandes aufgeladenen Kondensators bestimmt wurde. Φ (in mV/Grad) geht in Abhängigkeit von der Aufladungstemp. durch ein breites Maximum, wenn I zuvor in H_2 erhitzt worden war; wurde I aber in O_2 erhitzt, so durchläuft Φ bei steigender Temp. zuerst ein flaches Minimum u. dann ein flaches Maximum. Der HALL-Koeff. von I wurde zu $1{,}77 \cdot 10^5$ cm³/Coulomb bei 442° bestimmt. Vff. nehmen an, daß die für die chem. Adsorption u. die für die Stromleitung maßgebenden Stellen die gleichen sind. Vgl. auch GRIFFITH u. LINDARS, C. **1951.** I. 236. (Nature [London] **172.** 77—78. 11/7. 1953. London, North Thames Gas Board, Fulham Labor.) FUCHS. 135

M. C. Steele und **M. F. M. Osborne,** *Eindringtiefe von Supraleitern.* Vorl. Mitt. über ein Modell, nach dem sich die supraleitenden Elektronen in parabol. Potentialtöpfen bewegen. Die Eigenwerte der Elektronenergie in Anwesenheit eines Magnetfeldes können dann ohne Störungstheorie berechnet werden. Die Abhängigkeit der Eindringtiefe von der krit. Feldstärke (extrapoliert auf 0° K) läßt sich in Übereinstimmung mit experimentellen Daten gut erklären. (Physic. Rev. [2] **91.** 1281. 1/9. 1953. Washington, D. C., Naval Res. Labor.) KIRSCHSTEIN. 136

D. E. Mapother und **J. F. Cochran,** *Der Übergang zur Supraleitung in Aluminium.* (Sitzungsbericht.) An einem Al-Einkristall (Reinheit 99,997%) in Form eines Ellipsoids wurde durch schrittweise Verstärkung eines Magnetfeldes der Übergang in den n. Zustand beobachtet, der eine Breite von ca. 0,5 Oe besitzt. Der umgekehrte Übergang verläuft infolge Unterkühlung sprungartig. Der MEISSNER-Effekt ist mit 97% fast vollständig. (Physic. Rev. [2] **91.** 216. 1/7. 1953. Univ. of Illinois.) KIRSCHSTEIN. 136

A. Van Itterbeek, L. De Greve, L. Van Gerven und **J. Schepers,** *Messungen zur Supraleitung von dünnen Zinnfilmen.* (Vgl. C. **1953.** 4329.) An Sn-Filmen, die unter Ar durch Kathodenzerstäubung hergestellt worden waren, wurde der gleichzeitige Einfl. eines durch die Filme fließenden Stromes (Stromstärke $i = 0{,}025-5$ mA) u. eines Magnetfeldes ($H = 0-5000$ Gauss), das senkrecht bzw. parallel zur Filmoberfläche u. in beiden Fällen senkrecht zur Stromrichtung ausgerichtet war, untersucht. Der Übergang zur Supraleitung verläuft um so schärfer, je größer i; die krit. Feldstärke ist für H parallel zum Film viel größer als für H senkrecht zum Film (z. B. ist H_{krit} ca. 1400 für parallel bzw. ca. 200 für senkrecht, je für $i = 5$ mA). Die Messungen wurden bei 3,60° K ausgeführt. (Nature [London] **171.** 834. 9/5. 1953. Leuven, Inst. voor lage Tempp. en Techn. Phys.) FUCHS. 136

Louis Weil und **René Pauthenet,** *Anwendung von sehr tiefen Temperaturen auf die Korngrößenbestimmung feinster ferromagnetischer Stoffe.* Bei feinen ferromagnet. Pulvern treten nach NÉEL Drehprozesse der Magnetisierung dann auf, wenn das Kornvol. kleiner als ein Wert v proportional zu kT/JH ist (T = Temp., J = spontane Magnetisierung, H = magnet. Feldstärke, k = BOLTZMANN-Konstante). Durch Messung der Feldstärkeabhängigkeit der spontanen Magnetisierung bei verschied. Tempp. bis zu sehr tiefen Tempp. gelingt es daher, Aussagen über Kornfraktionen ferromagnet. feinster Pulver zu machen. Ein untersuchtes „RANEY-*Ni*-Pulver" bestand zu 16,9% des metall. Ni aus Körnern größer als 500 Å, zu 25% aus Körnern zwischen 250 u. 500 Å, zu 14% aus Körnern zwischen 145 u. 250 Å u. zu 34% aus Körnern kleiner als 145 Å. RANEY-*Fe* ist außerordentlich feinkörnig. Das Pulver besitzt Korngrößen von ungefähr 10 Atomlagen u. ließ sich auch bei 20° K nicht magnetisieren. (J. Physique Radium **12.** 23S—24S. April 1951. Grenoble, Labor. d'Electrostat. et de Phys. du Métal.) FAHLENBRACH. 137

T. Nagata, S. Akimoto und **S. Uyeda,** *Ursprung der umgekehrten thermo-remanenten Magnetisierung in Eruptivgesteinen.* In Fortführung der Verss. von NAGATA (C. **1953.** 492) wurden jetzt die ferromagnet. Einschlüsse näher untersucht. Sie wurden magnet. bei hohen Tempp. in N_2 aus der Muttersubstanz ausgeschieden. Die Körner zerfielen in 3 Gruppen: Gruppe A war stark magnet. bei Tempp. höher als 300°, die Gruppe B war unmagnet. bei Tempp. über 300°, aber magnet. unterhalb 200°, u. die Gruppe C war oberhalb 300° schwach magnetisch. Die weiteren Unterss. über die Abhängigkeit der Sättigungsmagnetisierung von der Temp. u. der Thermoremanenz bestätigen die Voraussetzungen der Theorie von NÉEL über das Auftreten der umgekehrten Thermoremanenz bei dem untersuchten Eruptivgestein. (Nature [London] **172.** 630—31. 3/10. 1953. Tokyo, Univ., Geophys. Inst.) v. HARLEM. 137

H. E. Stauss und **G. Sandoz,** *Ein neuer magnetostriktiver Werkstoff.* Die mit Magnetostriktion bezeichnete Dimensionsänderung ferromagnet. Stoffe unter dem Einfl. äußerer Magnetfelder ist bisher nur bei ferromagnet. Metallen u. Oxyden, bevorzugt bei den Ferriten, untersucht worden. Vff. zeigen, daß bes. große Magnetostriktionswerte erreicht werden können, wenn ferromagnet. Pulver in der Weise in Grundstoffe eingebettet werden, daß sie sich unter dem Einfl. des äußeren Magnetfeldes in diesen Grundstoffen gegeneinander bewegen können. Dimensionsänderungen werden dann allein durch die von den magnetisierten Pulverteilchen aufeinander ausgeübten Drehmomente u. Anziehungskräfte verständlich. Verss. mit Elektrolyteisenpulvern, die mit einem Volumenanteil von 50% in Gummi eingebettet worden waren, wurden in einem äußeren Magnetfeld von 3600 Oe ausgeführt. Die mit Magnetostriktion bezeichnete relative Längenänderung betrug in Richtung des äußeren Magnetfeldes $8 \cdot 10^{-5}$. Quer zur Richtung des äußeren Magnetfeldes trat eine entsprechende Verkürzung ein, in der Weise, daß das Vol. konstant blieb. Die Magnetostriktion von kompaktem Elektrolyteisen beträgt mit $0{,}4 \cdot 10^{-5}$ nur ein Zwanzigstel dieses Wertes. (J. appl. Physics **25.** 267. Febr. 1954. Washington, D. C., U. S. Naval Res. Labor.) FAHLENBRACH. 137

J. Kaplan und **C. Kittel**, *Austauschfrequenz der Elektronenspinresonanz in Ferriten.* Auf Grund der früher (vgl. C. **1953.** 813) von KITTEL angestellten theoret. Betrachtungen wird ein Ausdruck für die Susceptibilität in der Nähe der Austauschresonanz in Ferriten abgeleitet. Daraus folgt, daß der Effekt experimentell nur dann beobachtbar ist, wenn die g-Faktoren getrennter Gitter voneinander verschieden sind. Eine mögliche Meßanordnung wird vorgeschlagen. (J. chem. Physics **21.** 760—61. April 1953. Berkeley, Calif., Univ., Dep. of Physics.) FUCHS. 137

G. M. Volkoff, *Kernquadrupoleffekte zweiter Ordnung in Einkristallen.* 1. Mitt. *Theorie.* Die Abhängigkeit der elektr. Quadrupolaufspaltung der kernmagnet. Resonanzabsorptionslinien von der Kristallorientierung in einem äußeren Magnetfeld wurde theoret. im Anschluß an die Arbeiten von POUND, von VOLKOFF, PETCH, SMELLIE u. von BERSOHN untersucht. Es werden explizite Formeln gegeben, die auf nichtaxialsymm. Gradienten des kristallinen Feldes ($\eta = 0$) anwendbar sind. Es wurden auch einige Formeln abgeleitet, die die Effekte dritter Ordnung enthalten. Es wird gezeigt, wie an Hand experimenteller Unterss. die Größe der Quadrupolkopplungskonstante, des Gradienten u. die Orientierung der Hauptachsen des Tensors des elektr. Feldgradienten zu den Lagen der Kerne bestimmt werden können. Ferner wird eine neue Meth. zur Best. des Kernspins I entwickelt, die von dem Vgl. der Verschiebungen der Resonanzfrequenzen der starken Komponenten der inneren Linie erster u. zweiter Ordnung ausgeht. Diese Meth. ist von Bedeutung, wenn die Gesamtzahl der Linienkomponenten nicht eindeutig bestimmt werden kann. (Canad. J. Physics **31.** 820—36. Juli 1953. Vancouver, B. C., Univ. of Brit. Columbia, Dep. of Phys.) v. HARLEM. 137

H. E. Petch, N. G. Cranna und **G. M. Volkoff**, *Kernquadrupoleffekte zweiter Ordnung in Einkristallen.* 2. Mitt. *Experimentelle Ergebnisse für Spodumen.* (1. vgl. vorst. Ref.) Die Verss. über die Aufspaltung der Resonanzabsorptionslinie des ^{27}Al in einem Einkristall aus $LiAl(SiO_3)_2$ (Spodumen) werden beschrieben u. benutzt, die l. c. entwickelte Theorie zu stützen. Die neu entwickelte Meth. zur Best. des Kernspins ergibt in Übereinstimmung mit dem bereits bekannten Wert $I = 5/2$ für ^{27}Al. (Canad. J. Physics **31.** 837—58. Juli 1953.) v. HARLEM. 137

S. I. Weissman und **Dorothy Banfill**, *Anisotropie im paramagnetischen Resonanzspektrum des Peroxylamindisulfonations.* Es wird das paramagnet. Resonanzspektr. des freien Peroxylamindisulfonatradikalions in fester Lsg. in Einkristallen von diamagnet. Kaliumhydroxylamindisulfonat beobachtet. Das Spektr. ist in hohem Maße anisotrop. Daraus lassen sich Rückschlüsse auf die Verteilung der ungepaarten Elektronen ziehen. (J. Amer. chem. Soc. **75.** 2534. 20/5. 1953. St. Louis, Mo., Washington Univ.) K. L. WOLF. 137

C. J. Gorter, *Die Spektroskopie der Hertzschen Wellen.* Vf. berichtet über Unterss. mit Radiowellen über den Einfl. der Umgebung auf die kernmagnet. Resonanz sowie die Beziehungen zwischen der paramagnet. Relaxation u. paramagnet. Resonanz. Zum Schluß wird ein Überblick über die in Leiden durchgeführten Arbeiten an antiferromagnet. Kristallen von $CuCl_2 \cdot 2H_2O$ gegeben. (Experientia [Basel] **9.** 161—75. 15/5. 1953. Leiden, Rijksuniv., Kamerlingh Onnes Labor.) GOTTFRIED. 137

M. Dutta, *Über die Verteilung von Ionen in elektrolytischen Lösungen.* Stellungnahme zu den Bemerkungen von WICKE u. EIGEN zu der Arbeit des Vf. (C. **1953.** 1926). (Naturwissenschaften **40.** 51—52. Jan. 1953. Calcutta, Upper Circular Road.) R. LEVI. 138

Charles W. Carr und **Leo Topol**, *Über die Bestimmung der Aktivitäten der Na- und Cl-Ionen in Proteinlösungen mit Hilfe selektivdurchlässiger Membranen.* Vff. berichten über Bestimmungen der Aktivitäten der Na- u. Cl-Ionen (0,1 u. 0,01n, p_H-Bereich 3,9 bis 9,1) in Proteinlsgg. mit Hilfe bes. präparierter Kollodium- bzw. Protamin–Kollo-

dium-Membranen u. zeigen, daß in 1%ig. *Gelatine*-Lsg. die Aktivität beider Ionen die gleiche ist wie in Lsgg. ohne Protein. Für Lsgg. mit 1% *Casein* gilt bzgl. des Cl-Ions dasselbe, während für das Na-Ion dies nur bei niedrigerem p_H (z. B. 5,2) gilt. Beim p_H 7 ist dagegen in 0,01nLsg. die Na-Ionenaktivität ca. 11% u. beim p_H 8,7 sogar 25% niedriger als in entsprechenden Lsgg. ohne Protein. Die Ergebnisse werden diskutiert u. es wird gezeigt, daß die Meth. möglicherweise geeignet erscheint zur Best. der Aktivitäten vieler kleiner Ionen in Ggw. irgendeines wasserlösl. Proteins. (J. physic. Colloid Chem. **54**. 176—84. Febr. 1950. Minneapolis, Minn., Univ. of Minnesota, Med. School, Dep. of Physiol. Chem., u. Inst. of Technol., Div. of Phys. Chem.)
NIEMITZ. 139

Richard Ergang, Georg Masing und **Margret Möhling,** *Einige Beobachtungen über die Potentialbildung des Aluminiums in Kochsalzlösungen.* (Vgl. C. **1953**. 5458.) Die Deutung des Potentials einer Al-Elektrode auf Grund einer Oxydhaut, deren Fläche durch das Schließen u. Öffnen von Poren ständig erneuert wird, setzt voraus, daß die Anodenfläche proportional der anod. Stromdichte ist. Zur weiteren Stützung dieser Anschauungen haben Vff. das Al-Potential unter Luftausschluß bei kleinen Stromdichten untersucht u. bes. den Einfl. der Vorbehandlung des Al sowie die p_H-Abhängigkeit des Ruhepotentials studiert. Die erhaltenen Ergebnisse zeigen, daß nicht nur die anod., sondern auch die kathod. Fläche einer zeitlichen Änderung unterliegt. Diese Änderungen folgen jedoch verschied. Zeitgesetzen. Die für verschied. behandelte Al-Proben nach VOLMER erhaltenen b-Werte schwanken zwischen 0,24 u. 0,28, die Ruhepotentiale zwischen —740 u. —770 mV. (Z. Elektrochem., Ber. Bunsenges. physik. Chem. **56**. 8—16. Jan. 1952. Göttingen, Inst. für allg. Metallkunde.)
WOELK. 140

A. N. Kappanna und **E. R. Talaty,** *Elektrochemie von Fluoridlösungen.* 2. Mitt. *Elektroabscheidung von Kupfer aus Fluoridlösungen.* (1. vgl. C. **1953**. 5458.) Die Zersetzungspotentiale u. die kathod. u. anod. Entladungspotentiale an polierten Platinelektroden werden bei 26° gemessen. Die Strom–Potential-Kurven verlaufen n. u. zeigen nur einen Knick. Aus den Abscheidungs- u. Auflösungspotentialen wird geschlossen, daß sich an der Kathode Cu^{2+}-Ionen entladen u. das Cu auch als Cu^{2+}-Ion in Lsg. geht. Die auf polierten Pt- u. Cu-Elektroden erhaltenen Ndd. werden beschrieben. Ohne Zusätze sind sie anhaftend, duktil u. ziemlich glänzend. Die kathod. Stromausbeuten betragen fast 100%, die anod. sind immer höher als 100%. Bei Zusatz von Ammoniumcarbonat u. Kaliumcarbonat werden die Ndd. locker u. wenig haftend, Bei Zusatz von Rohrzucker matt. Bei Zusatz von Pyridin werden sie glänzender, aber auch hart u. etwas brüchig. Um gute Ergebnisse zu erzielen, wird empfohlen, von Zeit zu Zeit Flußsäure zuzusetzen, um die Bldg. matter u. lockerer Ndd. u. die Ausfällung eines bas. Salzes zu verhindern u. außerdem die Zus. der Lsg. ständig zu kontrollieren. Im Vgl. zu aus sauren Sulfatbädern erhaltenen Ndd. sollen die aus Fluoridlsgg. erhaltenen qualitativ gleichwertig u. sogar noch glänzender u. beständiger sein. Ein Nachteil besteht indessen in dem niedrigen Wert der anzuwendenden maximalen Stromdichte. (J. Indian chem. Soc. **28**. 523—29. Sept. 1951. Nagpur, Coll. of Sci., Chem. Labor.)
R. LEVI. 141

Erach R. Talaty, *Elektrochemie von Fluoridlösungen.* 3. Mitt. *Elektrolytische Abscheidung von Zink aus Fluoridlösungen.* (2. vgl. vorst. Ref.) Die elektrolyt. Zn-Abscheidung aus saurer ZnF_2-Lsg. erfolgt durch Red. eines komplexen Anions. Vf. untersuchte die Abscheidung auf Kathoden aus poliertem Pt u. Fe bei 30—32° unter verschied. Bedingungen u. mit Zusatzstoffen. Auf Fe entstehen dunkle u. poröse (in 8%ig. NaOH bei 100° H_2-Entw.) Abscheidungen. Die Stromausbeuten betragen ca. 90%. In Ggw. von $(NH_4)_2CO_3$ erhält man hellere, aber dennoch poröse Niederschläge. Zusatz von Gelatine liefert feinkörnige, spiegelblanke, etwas poröse Abscheidungen. Mit Glucose + $(NH_4)_2CO_3$ entsteht eine weißglänzende, grobkörnige Schicht; Glucose allein wirkt weniger gut. Die besten Ergebnisse, die den mit sauren Sulfatbädern erhaltenen gleichkommen, erzielt man mit Zusätzen von Thioharnstoff, welcher glatte, weiße u. nicht poröse Abscheidungen hervorbringt. Zusätze von Na-Alizarinsulfonat u. Naphthalin-β-sulfosäure verursachen Zerstörung der Abscheidung. (J. Indian chem. Soc. **29**. 147—56. März 1952. Nagpur, Coll. of Sci., Dep. of Chem.)
FORCHE. 141

A. I. Lewin, W. Ss. Kolewatowa und **Ss. G. Mokruschin,** *Über den Einfluß der oberflächenaktiven Substanzen auf die Benetzbarkeit der Zinkkathode durch Elektrolyte.* (Vgl. C. **1953**. 4165.) In Ggw. von *Sulfosalicylsäure, Nekal, Gelatine, Dimethylbenzylphenylammoniumchlorid* oder *Tetrabutylammoniumjodid* (**I**) erhält man bei der elektrolyt. Zn-Fällung einen glatten dichten Nd., während in Ggw. von *Octanol* (**II**) oder *Campher* (**III**), die ebenfalls die Kathodenpolarisation stark erhöhen, ein wabenartiger

Nd. entsteht. Die verschied. Wrkg. der oberflächenakt. Stoffe auf den Zn-Nd. ist durch die verschied. Benetzbarkeit der Kathode durch den Elektrolyten als Folge der Adsorption der oberflächenakt. Stoffe bedingt. Durch Messung des Benetzungswinkels bei der Zn-Fällung aus der Lsg. mit 60 g/Liter Zn u. 100 g/Liter H_2SO_4 wird festgestellt, daß bei Zusatz von II u. III die Benetzbarkeit verschlechtert wird. In Ggw. von *Tischlerleim* oder I wird sie verbessert, ein glatter dichter Nd. erhalten. Aus den Ergebnissen ist zu schließen, daß bei der elektrolyt. Zn-Fällung zweckmäßig solche Stoffe zugesetzt werden, die einige polare Gruppen enthalten, welche die Asymmetrie des Mol. erhöhen. Allg. sind Zusätze zu verwenden, welche die Benetzbarkeit erhöhen oder unverändert lassen. (Коллоидный Журнал [Kolloid-J.] **15.** 252—58. Juli/Aug. 1953. Swerdlowsk, Uraler Polytechn. Kirow-Inst., Labor. für Elektrochem. u. Kolloidchem.) LEBTAG. 141

David C. Grahame, *Die Rolle des Kations in der elektrischen Doppelschicht.* Unter Anwendung der früher (C. **1950.** II. 738) bereits beschriebenen Meth. wurden die Differentialkapazitäten (C) von n/10 Lsgg. der *Chloride* von *Li, Na, K, Rb, Cs, H,* NH_4, *Mg, Sr, Ba, Mn, Co, Ni, Al, La* u. *Pr* in Abhängigkeit vom Potential gemessen. Die Ergebnisse zeigen, daß das Kation nur geringe Unterschiede in den C-Werten aufweist. Cs zeigt unter den einwertigen Kationen den größten, Li den niedrigsten Wert. Für die Auswertung der Ergebnisse wird die elektr. Doppelschicht in einen diffusen u. einen nichtdiffusen Teil eingeteilt, die durch die äußere HELMHOLTZ-Ebene voneinander getrennt sind. Das Verhältnis der Oberflächenladungsdichte q (durch Integration der Kapazität in Beziehung zum Potential) zum Potentialabfall gegen den nichtdiffusen Teil wird K^{nd} genannt u. ist wahrscheinlich die wichtigste Größe. Sie stellt die Bedingungen dar, die zwischen Hg-Oberfläche u. äußerer HELMHOLTZ-Ebene herrschen. Aus den Verhältnissen der C-Werte, die sich bei Potentialen, wo die Kationenkonz. innerhalb der Doppelschicht ein Minimum aufweist, alle 1 nähern, ist ersichtlich, daß die Natur des Kations weniger Bedeutung hat. Entweder bleiben die Kationen hydratisiert oder die elektr. Eigg. der Grenzfläche Metall/Lsg. wird nur durch die dielektr. Eigg. des Lösungsm. bestimmt. Als sicher darf angenommen werden, daß die Lösungsmittelhüllen der Anionen abgestoßen werden, wenn diese sich der Oberfläche nähern. Hinsichtlich der Annahme einer Kationenhydratation sind die Ansichten geteilt, es wird jedoch auch hier angenommen, daß die Hydrathülle nicht erhalten bleibt. (J. electrochem. Soc. **98.** 343—50. Sept. 1951. Amherst, Mass., Amherst Coll., Moore Labor. of Chem.) ENDRASS. 142

K. F. Bonhoeffer und **G. Vollheim,** *Über die Wechselwirkung von Aktivitätswellen auf passiven Eisendrähten.* Die Verss. der Vff. über die Aktivität von Fe-Drähten in HNO_3 führten zu den gleichen Ergebnissen wie die Arbeiten von YAMAGIWA (Jap. Med. **1.** [1948.] 439. 451. 557; **2.** [1949.] 38. 93. 217; Jap. J. Physiol. **1.** [1950.] 40. 48), nach denen eine auf einem Fe-Draht fortschreitende Aktivitätswelle nicht auf einen benachbarten überzuspringen vermag, auch nicht, wenn der Abstand der Drähte nur 0,1 mm beträgt. Dagegen ergab die oscillograph. Unters. eine deutliche Polarisation des zweiten Drahtes durch die Aktivitätswelle auf dem ersten (50—100 mV). Die Ausbreitungsgeschwindigkeit einer unabhängigen Aktivitätswelle wird durch diese Polarisation beeinflußt. Zwischen den beiden Aktivitätswellen auf den beiden Drähten erfolgt Synchronisation, die gemeinsame Geschwindigkeit ist kleiner als die der einzelnen Aktivitätswellen. Diese Beobachtungen stellen eine vollständige Analogie zu dem von KATZ u. SCHMITT beobachteten Verh. von Nervenfasern dar. Durch die bloße Nachbarschaft eines metall. Leiters wird die Ausbreitungsgeschwindigkeit einer Aktivitätswelle auf einem Draht erhöht. Die Größe dieses Effektes hängt vom Abstand, der Ausdehnung u. der Polarisierbarkeit des Leiters in der Nähe des Drahtes ab. (Z. Naturforsch. **8b.** 406—10. Aug. 1953. Göttingen, Max-Planck-Inst. für physikal. Chem.) WOELK. 143

H. Bruining, Physics and applications of secondary electron emission. London: Pergamon Pr. 1954. (XII + 178 S. m. Abb.) 25 s.

A$_4$. Thermodynamik. Thermochemie.

C. V. Heer, C. B. Barnes und **J. G. Daunt,** *Magnetische Kühlapparatur zur Aufrechterhaltung von Temperaturen unterhalb 1° K.* Die App., deren Arbeitssubstanz KCr-Alaun ist, arbeitet nach dem früher beschriebenen Prinzip (vgl. C. **1949.** E. 20), indem die Änderung der Wärmeleitfähigkeit von Pb ausgenutzt wird, die bei dem durch ein Magnetfeld ausgelösten Übergang vom supraleitenden in den n. Zustand erfolgt. Die Temp. konnte mehrere Std. lang auf 0,3° K gehalten werden. (Physic. Rev. [2] **91.** 412—13. 15/7. 1953. Columbus, O., Univ., Dep. of Phys. and Astronomy.) KIRSCHSTEIN. 149

T. Soller, W. M. Fairbank und **A. D. Crowell,** *Schnelle Trennung des* ^{3}*He von* ^{4}*He nach der „heat flush"-Methode.* Eine Verbesserung der früher entwickelten Meth. (vgl. LANE u. Mitarbeiter, C. **1949.** I. 461) ermöglichte die Anreicherung von fl. ^{3}He auf das 30000fache, so daß die Endkonz. 0,5% betrug. (Physic. Rev. [2] **91.** 1058—60. 1/9. 1953. Amherst, Mass., Amherst Coll.) KIRSCHSTEIN. 149

P. R. Zilsel, *Helium II: Bose–Einstein-Kondensation und Zwei-Flüssigkeiten-Modell.* (Sitzungsbericht.) Kurze Bemerkungen zur Relativbewegung zwischen dem kondensierten u. dem angeregten Teil eines entarteten BOSE-Gases. (Physic. Rev. [2] **91.** 216. 1/7. 1953. Univ. of Connecticut.) KIRSCHSTEIN. 149

James Reekie und **Thomas S. Hutchison,** *Die Struktur von flüssigem Helium.* (Sitzungsbericht.) Durch Messung der Winkelverteilung der Intensität von an fl. He gestreuten Röntgenstrahlen zwischen 4,2 u. 1,27° K wurde festgestellt, daß sowohl in He I als auch in He II die Atome in einer kub. dichtesten Packung mit je 12 nächsten Nachbarn in ca. 3,2 Å Abstand angeordnet sind. (Physic. Rev. [2] **91.** 490. 15/7. 1953. Royal Military Coll. of Canada.) KIRSCHSTEIN. 149

G. J. C. Bots und **C. J. Gorter,** *Fountain-Effekt in Helium II unterhalb 1° K.* Vorläufige Mitt. über die Beobachtung, daß der Fountain-Effekt unterhalb 0,8° K allmählich schwächer wird u. unterhalb 0,5° K beträchtlich unter dem Wert liegt, der nach der LONDONschen Formel zu erwarten wäre. (Physic. Rev. [2] **90.** 1117—18. 15/6. 1953. Leiden, Kamerlingh Onnes Labor.) KIRSCHSTEIN. 149

Raymond Bowers, *Dicke des gesättigten He II-Films.* (Vgl. C. **1954.** 2121.) In ein He II-Bad wurde ein am unteren Ende einer schmalen, 7,6 cm langen Al-Folie befindlicher Draht eingetaucht. Durch den He-Film, der auf die Al-Folie hinauffließt, nimmt deren Gewicht zu. Hieraus konnte die Dicke des Films h cm über dem Flüssigkeitsspiegel als $d = 295/h^{1/n}$ mit $n = 2{,}0 \pm 0{,}3$ berechnet werden. Während bei 99,92%ig. Sättigung der Film nur 20 Atomlagen dick ist, ist er bei völliger Sättigung unabhängig von der Temp. 110—180 Atomlagen dick. (Physic. Rev. [2] **91.** 1016—17. 15/8. 1953. Chicago, Ill., Univ. of Chicago, Inst. for the Study of Metals.) KIRSCHSTEIN. 149

James B. Brown, *Das Fließen des Heliumfilms.* (Sitzungsbericht.) Das Überfließen einer Fl. beim Zwei-Becher-Vers., das DAUNT u. MENDELSSOHN an He II beobachtet hatten (Nature [London] **157.** [1946.] 839), ist auch in einem gewöhnlichen Wassersyphon zu beobachten. Die theoret. Folgerungen hieraus werden kurz skizziert. (Physic. Rev. [2] **91.** 489. 15/7. 1953. Royal Military Coll. of Canada.) KIRSCHSTEIN. 149

Howard Reiss, *Die statistisch-mechanische Theorie der irreversiblen Kondensation.* 1. Mitt. Es wird eine auf der statist. Mechanik beruhende Theorie für die irreversible Kondensation gegeben, die mit der experimentellen Tatsache zusammenhängt, daß ein Dampf bei Abwesenheit von Kondensationskernen erst kondensiert, wenn der Dampfdruck den Sättigungsdruck um einen bestimmten Wert überschreitet. Die Theorie, die von einer Vielfachbesetzung von Zellen durch Moll. ausgeht, vermeidet die Betrachtung der Vorstadien der Kondensationskerne als sphär. Flüssigkeitstropfen u. zeigt, daß eine eindeutige Definition dieser Vorstadien u. eine Berechnung ihrer energet. Eigg. möglich ist. (J. chem. Physics **20.** 1216—27. Aug. 1952; Erratum: **21.** 1312. Juli 1953. New Jersey, Summit, Celanese Corp. of Amer., Central Res. and Dev. Dep.) RUDOLPH. 150

M. Horowitz und **J. G. Daunt,** *Die elektronische spezifische Wärme und die spezifische Gitterwärme von W, Mo und Re.* Vff. führten calorimetr. Messungen an W, Mo u. Re im Temperaturintervall von 1—77° K aus. Bei den niedrigsten Tempp. ließ sich die spezif. Wärme von W u. Mo durch die Summe aus einer gitterabhängigen T^3-Funktion u. einem elektron. Term γ T wiedergeben. Für diese Tempp. ergab sich die charakterist. Temp. von W zu $\vartheta = 250-380°$ K u. der Wert $\gamma = (1{,}8 \pm 0{,}7) \cdot 10^{-4}$ cal/MolGrad u. für Mo $\vartheta = 445°$ K u. $\gamma = (5{,}01 \pm 0{,}4) \cdot 10^{-4}$ cal/MolGrad. Die gemessene spezif. Gitterwärme von W stimmte angenähert mit den theoret. Berechnungen von FINE überein. Die gemessene elektron. spezif. Wärme von W stand jedoch nur in mäßiger Übereinstimmung mit den theoret. Berechnungen von MANNING u. CHODOROW. Ihre Größe war ebenso wie die des Mo beträchtlich geringer als die der meisten Übergangselemente, ausgenommen Cr. Dieses Resultat erklären Vff. mit der Existenz eines d-Bandes ähnlich dem von SLATER berechneten. Auf Grund neuerer Experimente wird die Frage der Form des d-Bandes genau diskutiert. Weiterhin stellten Vff. Unterss. an reinem Re-Pulver im Temperaturintervall von 68—77° K an. Bei diesen Tempp. betrug die DEBYE-Temp. 262° K. (Physic. Rev. [2] **91.** 1099—1106. 1/9. 1953. Columbus, O., Ohio State Univ., Dep. of Phys. and Astronomy.) WASSERROTH. 151

R. A. Oriani und **W. K. Murphy**, *Wärmekapazität von Chromcarbid* (Cr_3C_2). Mit Hilfe eines BUNSEN-Tropfencalorimeters wurde die Enthalpie von Cr_3C_2, bezogen auf 0°, bis 915° gemessen. Die Übereinstimmung mit früheren Daten ist zufriedenstellend. Entropie, Enthalpie u. freie Energie, bezogen auf 0° K, wurden berechnet u. in gleichen Temperaturintervallen bis 1200° K tabelliert. Die Meßwerte der mol. Enthalpie wurden in folgende empir. Gleichung gefaßt: $H_T - H_{273,16} = 26{,}19\ T + 4{,}74 \cdot 10^{-3}\ T^2 + 4{,}72 \cdot 10^5\ T^{-1} - 9237$. Die entsprechende Gleichung für die Molwärme lautet dann: $C_p = 26{,}19 + 9{,}48 \cdot 10^{-3}\ T - 4{,}72 \cdot 10^5\ T^{-2}$. (J. Amer. chem. Soc. **76.** 343—45. 20/1. 1954. Schenectady, N. Y., Knolls General Electric Res. Labor.) CRAMER. 151

George L. Humphrey, *Bildungswärmen von Tantal-, Niob- und Zirkoniumoxyden und von Tantalcarbid.* Die Bildungswärmen von Ta_2O_5, Nb_2O_5, ZrO_2 u. TaC wurden im Verbrennungscalorimeter gemessen u. die entsprechenden freien Energien berechnet. Als Verbrennungswärme bei 30° wurden gemessen: ΔU (cal/g): Ta: 1346,3 ± 1,3; Nb: 2440,2 ± 2,7; Zr: 2859,2 ± 0,8; TaC: 1551,0 ± 1,0. Die Bildungs- bzw. freien Bildungswärmen (kcal/Mol) betragen bei 298,16° K: Ta_2O_5: $\Delta H = -488{,}8 \pm 0{,}5$, $\Delta F^0 = -456{,}5 \pm 0{,}6$; Nb_2O_5: $\Delta H = -455{,}2 \pm 0{,}6$, $\Delta F^0 = -422{,}9 \pm 0{,}7$; ZrO_2: $\Delta H = -261{,}5 \pm 0{,}2$, $\Delta F^0 = -247{,}7 \pm 0{,}2$; TaC: $-38{,}5 \pm 0{,}6$, $\Delta F^0 = -38{,}1 \pm 0{,}6$. (J. Amer. chem. Soc. **76.** 978—80. 20/2. 1954. Berkeley, Calif., Bur. of Min., U. S. Dep. Int., Min. Therm. Branch.) CRAMER. 156

F. D. Richardson und **W. E. Dennis**, *Der Einfluß von Chrom auf die thermodynamische Aktivität von Kohlenstoff in flüssigem Eisen.* Untersucht wurde das Gleichgewicht: $[C]_{\text{in Legierung}} + CO_2 = 2\ CO$ im Temperaturgebiet von 1560—1660° bei Cr-Konzz. von 10—80%. Die Ergebnisse werden durch den C-Aktivitätskoeff. ausgedrückt, welcher durch Cr merklich verringert wird. Annäherungswerte wurden für die partiellen Mollösungswärmen von C in den Legierungen abgeleitet. Diese ändern sich von +6,4 cal/g-Atom in reinem Fe zu −5,3 cal/g-Atom in einer Legierung mit 45% Cr. (J. Iron Steel Inst. **175.** 257—63. Nov. 1953. Nuffield, Royal School of Min.) HOCHSTEIN. 156

Constantin Georgiadis und **Gilbert Gaillard**, *Über die Ausschaltung des Sauerstoffs bei der Verbrennung der Kohle.* Da die wesentlichen Eigg. der *Kohle* (I) vor allem von den Kennzahlen der flüchtigen Bestandteile u. vom Geh. an O_2 abhängen, untersuchten Vff. an einigen I-Proben (indem sie diese um je 10°/Min. erhitzten), wie während der Verbrennung der O_2-Geh. wechselte. Vff. arbeiteten unter N_2 u. bestimmten durch direkte Analyse den O_2-Geh. u. am Gewichtsverlust die Menge der flüchtigen Anteile. An anfänglichen O_2-Gehh. wurden festgestellt 3,25% (von Bassin du Nord, I zur Koksherst.), 4,50 bzw. 5,25% (2 Fettkohlen), 7,90% (leicht entzündbare Fettkohle), 9,50% (frische Fettkohle aus Lothringen) u. 11,50% (vorher oxydierte Fettkohle). In Kurven ist im Original die Geschwindigkeit des Freiwerdens an O_2 in Abhängigkeit von der Temp. angegeben. Das Verhältnis freigesetztes O_2/Anfangsgeh. O_2 strebt für alle I-Sorten dem Punkte 100% bei 1100° zu. Während der Erwärmung um je 10° wächst die Geschwindigkeit der frei werdenden O_2-Menge kontinuierlich bis zur Temp. 500—550° u. fällt dann je nach anfänglichem O_2-Geh. schnell oder weniger schnell. Vff. deuten die Ergebnisse so, daß unter 500° eine Zers. der Peroxyde stattfindet, bei der Temp. maximaler O_2-Freisetzung werden die Verbb. des Typs —C—O—O—C— oder —C—O—O—H (Hydroperoxyde) in stabilere Epoxyde (C—O—C— z. B.) übergeführt, die eine ähnliche Struktur wie das Oxyd des Graphits besitzen. Auch die Kurven frei werdende flüchtige Substanzen/Temp. zeigen einen ähnlichen Verlauf. Hier liegt das Maximum bei 420° (Lothringer Fettkohle) gegen 500° für O_2. Der über 600° beobachtete langsame O_2-Verbrauch von O_2-reichen Fettkohlen wird durch die Graphitbldg. erklärt. Die Verss. zeigten, eine wie wichtige Rolle der anfängliche O_2-Geh. bei der Verkokung spielt. (C. R. hebd. Séances Acad. Sci. **238.** 255—57. 11/1. 1954.) ROEDER. 157

J. K. Hulm, *Thermischer Widerstand von Quecksilber im Übergangszustand.* Vf. untersuchte den therm. Widerstand entlang der Achse eines Zylinders von 5,2 mm Durchmesser von reinem Hg in Abhängigkeit eines transversalen magnet. Feldes zwischen 4,2 u. 1,3° K. Es wird eine empir. Formel angegeben, die die Meßergebnisse bis hinunter zu 2,1° K gut wiedergibt. Unterhalb 2,1° K treten Abweichungen auf, die einer zusätzlichen Widerstandskomponente zugeschrieben werden. Eine theoret. Abschätzung dieser Komponente ergibt die gleiche Größenordnung wie das Experiment. (Physic. Rev. [2] **90.** 1116. 15/6. 1953. Chicago, Ill., Univ. of Chicago, Inst. for the Study of Metals.) WASSERROTH. 158

W. Degner, *Ausmessung des Schallfeldes durch Fluorescenz und Phosphorescenz von Leuchtkristallen.* Vf. bespricht die Eignung von Leuchtphosphoren zur Sichtbarmachung von Schallfeldern durch Umwandlung der Schallenergie in Wärme. Die Leuchtstärke eines mit *Cu* aktivierten ZnS-Leuchtschirmes aus *Vinidurfolie* mit Zaponlack als Bindemittel wurde von neueren Schirmen mit temperaturabhängigeren Leuchtstoffen übertroffen, z. B. mit Cu aktiviertem u. mit Ni gekillten ZnCdS. Abbildungen von Schallfeldaufnahmen werden angegeben. (Ultraschall in Med. Grenzgebieten **6.** 121—22. Okt./Nov. 1953. Berlin, Humboldt-Univ., Charité, Geschwulstklinik.) DOSSMANN. 159

A_5. Kolloidchemie. Grenzschichtforschung.

Ju. F. Deinega, A. W. Dumanski und **O. D. Kurilenko,** *Dielektrische Eigenschaften von Vanadiumpentoxydsolen bei Strömung.* Unterss. an 6 Monate altem 0,25 % ig. *V_2O_5-Sol* (I) ergaben, daß mit steigender Ausströmungsgeschwindigkeit die DK. abnimmt u. sich einem Grenzwert nähert. Im Einklang mit der wachsenden opt. Anisotropie nimmt die Doppelbrechung mit steigender Strömungsgeschwindigkeit zu. Bei der einer maximalen DK.-Änderung entsprechenden Strömungsgeschwindigkeit zeigt die DK. von I im Ruhezustand u. bei Strömung eine lineare Abhängigkeit von der I-Konzentration. Das Auftreten einer Doppelbrechung u. die DK.-Abnahme im I-Strom erklären sich aus der Orientierung der stäbchenartigen Teilchen mit beträchtlichem Dipolmoment. (Коллоидный Журнал [Kolloid-J.] **15.** 234—37. Juli/Aug. 1953. Kiew, Inst. für allg. u. anorgan. Chem. der Akad. der Wiss. der UkrSSR.) LEBTAG. 162

Ju. M. Glasman, *Über die Natur der Stabilität lyophober Organosole.* Die von RABINOWITSCH u. Mitarbeitern (Журнал Физической Химии [J. physik. Chem.] **2.** [1931.] 63) beobachtete Stabilität der Sole von *K* u. *Na* in *Propylamin* u. deren Instabilität in *Tripropylamin* wird damit erklärt, daß durch das am koll. Aggregat adsorbierte K_2O (Na_2O) eine Solvatation der dispersen Phase infolge der Bldg. von H-Bindungen mit den Moll. des Lösungsm., die mit Tripropylamin nicht eintritt, verursacht wird. Es wird experimentell gezeigt, daß sich im unpolaren *Dioxan* bei einer *$Hg(CN)_2$*-Konz. unter 1 mMol/Liter beim Einleiten von H_2S *HgS*-Sole bilden, die wochenlang stabil sind. Bei 3—4 mMol/Liter $Hg(CN)_2$ tritt bereits nach einigen Std. ein leichter Nd. auf. Die geringe Stabilität der Sole erklärt sich daraus, daß hier der rein elektrostat. Stabilisierungsfaktor fehlt oder sehr schwach ist. Die im Vgl. zu den lyophoben Organosolen hohe Stabilität der hydrophoben koll. Systeme ist nicht allein durch die hohe dielektr. Susceptibilität des W. bedingt, sondern auch durch die im W. günstigen Bedingungen für die Solvatation der dispersen Phase. Es werden ferner Literaturergebnisse über lyophobe Organosole theoret. ausgewertet. (Коллоидный Журнал [Kolloid-J.] **15.** 225—33. Juli/Aug. 1953. Kiew, Technol. Inst. für Leichtind.) LEBTAG. 163

A. P. Rutzkow, *Über die physikalische Natur der lyotropen Ionenreihe.* Ausgehend von Vorstellungen des Vf. über die Natur der lyotropen Reihen, wurden $|\Delta V_0|_{s-t}$ u. K_v bzw. K_{Cp} an 96 bzw. 38 Elektrolyten untersucht. Es bedeuten: K_v u. K_{Cp} Winkelkoeffizienten aus Volumen- bzw. Wärmekapazitäten, $|\Delta V_0|_{s-t}$ den Volumeffekt der Amorphisation, der sich additiv aus den Effekten des Kations u. Anions zusammensetzt. Es zeigte sich, daß nach den abnehmenden Werten von $|\Delta V_i|_{s-t}$ u. K_v die Ionen die gleiche Reihe bilden wie die lyotropen Reihen. Die Kationenreihe nach abnehmendem K_{Cp} nähert sich der lyotropen Reihe, während die Anionenreihe stark davon abweicht. Die verschied. Veränderung von K_{Cp} erklärt sich aus dem antagonist. Einfl. der lockernden Ionen auf die Volumen- u. Wärmekapazitätsdepression des W. in der Lösung. Vf. sieht in den Ergebnissen eine Bestätigung dafür, daß der verschied. Einfl. der lyotropen Ionenreihen auf die wichtigsten Eigg. der Kolloide nicht durch die Einw. auf die disperse Phase verursacht wird, sondern durch die Einw. auf die Substanz des Dispersionsmediums. (Коллоидный Журнал [Kolloid-J.] **15.** 284—88. Juli/Aug. 1953. Archangelsk, Holztechn. Kuibyschew-Inst.) LEBTAG. 164

Daniel Leenov und **Alexander Kolin,** *Theorie der Elektromagnetophorese.* 1. Mitt. *Magnetohydrodynamische Kräfte an kugelförmigen und an symmetrisch orientierten zylindrischen Teilchen.* Vff. behandeln die Theorie des bereits früher beschriebenen elektromagnetokinet. Effektes, der darin besteht, daß ein elektromagnet. Feld in einer Fl. Kräfte auf suspendierte Teilchen ausübt. Es werden die Gleichgewichtsbedingungen für eine homogene Fl. aufgestellt u. die Kräfte auf suspendierte Teilchen abgeleitet. Numer. Berechnungen werden für kugelförmige Körper u. für lange zylindr. Teilchen in der Orientierung parallel zum Magnetfeld, parallel zum elektr. Strom u. parallel zur resultierenden Kraft durchgeführt. Vff. zeigen, daß der Effekt bei solchen suspendierten Teilchen auftritt, die sich von der umgebenden Fl. in der elektr. Leitfähigkeit oder der DK. u./oder in ihrer magnet. Permeabilität unterscheiden. (J. chem. Physics **22.** 683—88. April 1954. Chicago, Ill., Univ. of Chicago.) G. HEINRICH. 169

Rex Neihof und Karl Sollner, *Eine quantitative elektrochemische Theorie der Elektrolytdurchlässigkeit von mosaikartigen, aus selektiv aniondurchlässigen und selektiv kationdurchlässigen Teilen zusammengesetzten Membranen und ihre experimentelle Nachprüfung.* 1. Mitt. *Überblick über die Theorie und ihre quantitative Prüfung an Modellsystemen mit Hilfselektroden.* Vff. stellen theoret. Überlegungen über die Elektrolytdurchlässigkeit mosaikartiger, nebeneinander aus ideal-aniondurchlässigen (AM) u. kationdurchlässigen (KM) Teilen bestehender Membranen an u. betrachten zunächst Modellsysteme, bei denen die AM u. KM voneinander räumlich getrennt sind. U. a. wird ein ringförmiges Syst. quantitativ diskutiert, daß aus einer kreisförmigen Anordnung folgender 4 Komponenten besteht: verd. Lsg./AM/konz. Lsg./KM. Hierin bewegen sich die Kationen von der konzentrierten zur verd. Lsg. durch die KM, während die äquivalente Anzahl von Anionen durch die AM diffundiert. Das Ganze ist ein geschlossenes Syst. im Sinne von DOLEZALEK u. KRÜGER. Aus der Diskussion der hierfür geltenden Gesetzmäßigkeiten ergibt sich die Möglichkeit, innerhalb gewisser Grenzen die aufgestellte Theorie der Elektrolytdurchlässigkeit mosaikartiger, gleichzeitig selektiv anion- u. kationdurchlässiger Membranen experimentell unter Verwendung von Hilfselektroden zu prüfen. Benutzt werden koaxial angeordnete Membranen u. Elektroden der Typen Ag/AgCl in KCl-Lsg. oder $Cu/CuSO_4$/Agar-Brücke. Der Zwischenraum wird mit einem bekannten Vol. einer verd. Lsg. meistens einwertiger Elektrolyte gefüllt, im Innenraum der inneren Membran befindet sich die konz. Lösung. Aus den Messungen an den Elektrolyten *KCl*, K_2SO_4 u. *LiCl* ergibt sich, daß entsprechend den Voraussagen der Theorie die Anzahl der transportierten FARADAY-Ladungen u. die Zahl der Äquivalente der transportierten Elektrolytmengen, gemessen an den Konzentrationsänderungen der Lsgg., mit einer mittleren Abweichung von weniger als $\pm 2{,}5\%$ gleich sind. (J. physic. Colloid Chem. **54.** 157—76. Febr. 1950. Minneapolis, Minn., Univ. of Minnesota, Med. School, Dep. of Physiol. Chem.; Bethesda, Md., Nat. Inst. of Health, Exp. Biol. and Med. Inst., Labor. of Phys. Biol.) NIEMITZ. 171

J. T. Davies, *Über den Mechanismus der Diffusion von Ionen durch eine Grenzflächenphase und durch Zellwände.* Vf. beschreibt eine App. zur Messung von Diffusionsgeschwindigkeiten (DG) u. berichtet über die Best. der DG verschied. Salze [*LiJ, NaJ, KJ, RbJ*, $(C_2H_5)_4NJ$, n-$(C_4H_9)_4NJ$, *KCl* u. *KBr*] durch eine *W.-Nitrobenzol*-Grenzfläche. Die DG erweisen sich als umgekehrt proportional den W.-Öl-Verteilungskoeffizienten, während die Gegendiffusion in Übereinstimmung mit der allg. Diffusionstheorie annähernd konstant ist. In allen untersuchten Fällen zeigt sich, daß die Ionenbeweglichkeit in der Grenzflächenphase etwa eine Million mal kleiner ist als in homogenen Systemen, was in Verbindung mit der großen negativen Entropie der Diffusion als Ergebnis des Diffusionsprozesses durch die Grenzfläche erklärt wird, der eine selektive Neuverteilung vieler Lösungsmittelmoll. bewirkt. Monomol. Schichten von Lipoiden u. Proteinen in der Grenzfläche haben keinen Einfl. auf die DG. Die gemessenen DG im Syst. W.-Nitrobenzol werden verglichen mit denen in biol. Systemen u. es scheint, als ob die Grenzflächendiffusion als der geschwindigkeitsbestimmende Faktor beim Durchtritt von Salzen durch hochpolare Plasmamembranen anzusehen ist. (J. physic. Colloid Chem. **54.** 185—204. Febr. 1950. Stanford, Calif., Stanford Univ., Dep. of Chem.) NIEMITZ. 171

Frank C. Goodrich, *Zufallswanderung in Gegenwart einer semiadsorbierenden Schwelle.* Die SMOLUCHOWSKI-Theorie der Adsorption, ein vorwiegend durch Diffusion bestimmter Prozeß, wird vom Vf. so modifiziert, daß sie auch für den Fall gilt, bei dem nicht alle in die Reaktionsoberfläche eintretenden Teilchen adsorbiert werden. Die exakte Grenzbedingung für die Diffusionsgleichung ist in diesem Fall $\Phi = k\,C$. In dieser Gleichung bedeuten Φ den Fluß über die Reaktionsoberfläche u. C die Grenzkonz.; k ist gegeben durch $k = \sigma\,D$, wobei D die Diffusionskonstante u. $\sigma = \alpha/\mu$ (Grenzverhältnis der Adsorptionswahrscheinlichkeit zu der Sprunglänge der diffundierenden Teilchen) ist. Bei der Unters. der Adsorptionskinetik in koll. Systemen zeigt es sich, daß für die Diffusion in einer Dimension der asymptot. Fluß bei großen Werten für die Zeit unabhängig von k ist. Dies steht in Übereinstimmung mit den bekannten Ergebnissen für die irreversible Adsorption. (J. chem. Physics **22.** 588—94. April 1954. Richmond, Calif., Res. Corp.) G. HEINRICH. 176

Swarup Narain Tewari, Arun K. Dey und Satyeshwar Ghosh, *Über den Mechanismus der Alterung von Hydroxyden.* Aus Lsgg. von $AlCl_3$ u. $CrCl_3$ wurden mit wechselnden Mengen von Alkalihydroxyd $Al(OH)_3$ u. $Cr(OH)_3$ gefällt. Die relative Änderung ihrer Adsorptionsfähigkeit für verschied. Kationen u. Anionen bei der Alterung hängt von der zur Fällung verwendeten Alkalihydroxydmenge ab. Vff. schließen daraus, daß nicht nur die Abnahme der Oberflächenaktivität beim Altern, sondern auch spezielle chem. Wechselwirkungen die Abhängigkeit der adsorbierten Menge vom Alter des Adsorbens bedingen. (Z. anorg. allg. Chem. **271.** 150—52. Febr. 1953. Allahabad, Univ., Dep. of Chem.) R. STEIN. 176

J. H. de Boer und **J. van Steenis,** *Die Bildung von Wasserstoffmolekülen aus Atomen an Oberflächen.* Wenn man sich vorstellt, daß H-Atome (I) an einer festen Oberfläche adsorbiert werden können, dann können danach in u. auf der adsorbierten Schicht Moll. entstehen, u. außerdem ist Desorption von Atomen u. Reflexionen an schon adsorbierten Atomen möglich. Eine theoret. Berechnung zeigt die Abhängigkeit des Besetzungsgrades u. der Geschwindigkeit der Mol.-Bldg. von der Adsorptionsenergie eines Atoms an der Oberfläche sowie den relativen Einfl. der beiden Vorgänge. Ein Vgl. von Berechnung u. Versuchsergebnissen zeigt: An trockenem *Glas* werden I mit rund 45 kcal in der 1. Schicht adsorbiert. Bei tiefer Temp. wird auch eine 2. Schicht merklich mit I von 5 kcal Adsorptionsenergie besetzt. Je nach den Versuchsbedingungen kann eine Wiedervereinigungs-Rk. 1. u. 2. Ordnung auftreten. Feuchtigkeit wirkt der Wiedervereinigung entgegen; diese vollzieht sich mittels schwach adsorbierter I oder gemäß der Rk. H + HO-Wand = H_2 + O-Wand, die sich aber mit schwach adsorbierten Wassermoll. nicht abspielt. Auf reinem Eis werden I mit einer Energie <2 kcal adsorbiert. Die Wiedervereinigung auf *Paraffin* (II) vollzieht sich mittels I, die mit 3,5 kcal an der II-Oberfläche adsorbiert sind, sowie mit I des II selbst. Die Reflexion von I an Oberflächen von Alkalihalogeniden wird erläutert. (Chem. Weekbl. **49.** 717—21. 19/9. 1953.) WESLY. 176

T. Kwan und **Y. Fujita,** *Mit Dissoziation verbundene chemische Adsorption von Kohlendioxyd an festen Katalysatoren.* In Fortführung der C. **1952.** 185 referierten Verss. untersuchten Vff. die Adsorption von CO_2 an $CuFe_2O_4$, $CuCr_2O_4$ u. $ZnCr_2O_4$ zwischen 100 u. 300° u. 0,001 u. 1 Torr. Die Adsorptionswärmen betragen 31 bzw. 21 bzw. 1 $\pm$0,5 kcal/Mol. Die gemessene Abhängigkeit der Belegungsdichte vom Druck stimmt mit der berechneten sehr gut überein, wenn bei der Berechnung angenommen wird, daß CO_2 bei der Adsorption in 2 Bruchstücke (wahrscheinlich in CO u. O) zerfällt, während für eine Adsorption ohne Dissoziation bzw. eine Adsorption unter Bldg. von 3 Bruchstücken starke Unterschiede zwischen den so berechneten u. den gemessenen Werten auftreten. (Nature [London] **171.** 705—06. 18/4. 1953. Sapporo, Hokkaido Univ., Res. Inst. for Catalysis.) FUCHS. 176

Kurt A. Kraus und **George E. Moore,** *Anionenaustauschuntersuchungen.* 5. Mitt. *Adsorption von Salzsäure durch einen stark basischen Anionenaustauscher.* (4. vgl. C. **1953.** 6826.) Vff. untersuchen die Art der HCl-Adsorption aus wss. Lsgg. an den stark bas. Harzaustauscher *Dowex 1* im Gebiet 0,002—16 mol. HCl-Lösungen. Die adsorbierte HCl-Menge steigt mit zunehmender HCl-Konz. der Lsg. u. ist abhängig von der Art der Vorbehandlung des Austauschers. Oberhalb einer HCl-Konz. von 4 mol. ist der log der adsorbierten HCl-Menge annähernd linear proportional dem log der HCl-Konzentration. Die wahre adsorbierte HCl-Menge kann aus Parallelverss. mit Glasperlen ermittelt werden. Bei hohen HCl-Konzz. werden die Molaritäten in der wss. u. der Harzphase annähernd gleich. Es werden die Aktivitätskoeffizienten ($\gamma^r_\pm$ HCl) für HCl in der Harzphase berechnet, u. es wird festgestellt, daß log $\gamma^r_\pm$ HCl linear mit der HCl-Molalität der Harzphase ansteigt. Die Harzphase zeigt auf der einen Seite ein ähnliches Verh. wie konz. wss. Elektrolyte, auf der anderen Seite verhält sich jedoch das C—H-Netzwerk wie ein inertes organ. Lösungsm. in diesem konz. Elektrolyten. (J. Amer. chem. Soc. **75.** 1457—60. 20/3. 1953. Oak Ridge, Tenn., Oak Ridge Nat. Labor., Chem. Div.) LINK. 177

Kurt A. Kraus und **George E. Moore,** *Anionenaustauschuntersuchungen.* 6. Mitt. *Die zweiwertigen Übergangselemente von Mangan bis Zink in Salzsäure.* (5. vgl. vorst. Ref.) Vorliegende Arbeit befaßt sich mit der Adsorbierbarkeit der zweiwertigen Übergangselemente von Mn—Zn aus salzsauren Lsgg. an das Austauscherharz *Dowex 1* sowie mit der Trennung der einzelnen Elemente voneinander. Es werden die Elutionskonstanten E im Gebiet 0,5—12 mol. HCl-Lsgg. bestimmt. Als einziges Element zeigt Ni(II) keinerlei Adsorption unter den genannten Bedingungen. Es besitzt den konstanten Wert von E = 2,5 über das ganze Konzentrationsgebiet hinweg. Eine gute Trennung der anderen Elemente voneinander ist durchführbar, wenn die HCl-Konz. zum Eluieren für Mn(II) 6 mol., Fe(II) 5 mol., Co(II) 4 mol., Cu(II) 2,5 mol., Fe(III) 0,5 mol. u. Zn(II) 0,005 mol. gewählt wird. Die Adsorbierbarkeit der Übergangselemente Mn—Zn wird auf Ausbldg. der negativ geladenen Komplexe $MeCl_3$ bzw. $MeCl_4$ zurückgeführt. (J. Amer. chem. Soc. **75.** 1460—62. 20/3. 1953.) LINK. 177

Kurt A. Kraus, Frederick Nelson und **John F. Baxter,** *Anionenaustauschuntersuchungen.* 7. Mitt. *Trennung von Schwefelsäure aus Metallsulfaten durch Anionenaustausch.* (6. vgl. vorst. Ref.) Ein stark bas. Anionenaustauscher *Dowex 1* kann in Form des Sulfats z. B. dazu verwendet werden, um Schwefelsäure aus $CuSO_4$-Lsgg. zu entfernen, wobei das Harzsulfat ins Bisulfat übergeht. Auch andere Säuren, wie HCl u. $HClO_4$, werden durch die Sulfatform des Harzes adsorbiert. Die Regenerationsbedingungen für die Säule werden besprochen. (J. Amer. chem. Soc. **75.** 2768—70. 5/6. 1953.) LINK. 177

Kurt A. Kraus und **Frederick Nelson,** *Anionenaustauschuntersuchungen.* 8. Mitt. *Trennung von Eisen und Aluminium in Sulfatlösungen.* (7. vgl. vorst. Ref.) Der stark bas. Kunstharzionenaustauscher *Dowex 1* kann in Form des Sulfats zur Trennung von Fe(III) u. Al(III) verwendet werden, da Fe aus schwach schwefelsauren Lsgg. (0,01 mol.) im Gegensatz zu Al vollständig adsorbiert wird. Nach Abtrennung des Al wird das Fe aus der Dowex 1-Säule quantitativ durch Erhöhen der Schwefelsäurekonz. des Eluiermittels auf 1,0 mol. entfernt. Eine Erhöhung der H_2SO_4-Moll. auf 0,1 ist nicht so wirksam wie auf 1,0. (J. Amer. chem. Soc. **75.** 3273—74. 5/7. 1953.)

LINK. 177

A. W. Dumanski und **I. A. Dumanski,** Bibliographischer Abriß der Entwicklung der Kolloidchemie. Kiew: Verlag der Akad. der Wiss. der UkrSSR. 1952. (148 S.) 11 Rbl. 60 Kop. [russ.]

A₆. Strukturforschung.

Peter Schiske, *Eine streng berechenbare elektrostatische Einzellinse.* Die Elektronenbahnen in einem rotationssymm. elektrostat. Linsenfeld, dessen axiales Potential nach der Gleichung $\Phi(z) = \Phi_0 - \Phi_0 \varkappa^2 (1 + z^2/a^2)^{-1}$ verteilt ist, können für $0 < \varkappa^2 \leqq 1$ streng berechnet werden. Dies Linsenmodell ist das erste streng berechenbare Modell, das die Eigg. einer in elektrostat. Elektronenmikroskopen gebräuchlichen Einzellinse beschreiben kann. Die gefundene Lösung kann auf den Fall achsenferner Bahnen erweitert werden. (Nature [London] **171.** 443—44. 7/3. 1953. Wien, TH, Inst. für angew. Phys.) LENZ. 181

John H. Reisner, *Permanentmagnetische Linsen.* Diskussion einiger beim Entwurf magnetostat. Linsensysteme auftretenden Probleme. Beschreibung der beim Bau des früher beschriebenen (C. **1952.** 816) magnetostat. Elektronenmikroskops zu ihrer Lösung beschrittenen Wege. Die Anordnung der Magneten ist im Prinzip dieselbe wie bei v. BORRIES (C. **1950.** II. 378). (J. appl. Physics **22.** 561—65. Mai 1951. Camden, N. J., RCA Victor Div.) LENZ. 181

Pierre Gautier, *Numerische Bahnberechnung in zentrierten elektronenoptischen Systemen.* Die Methoden der numer. Integration werden in bekannter Weise (vgl. LENZ, C. **1951.** I. 2698 u. LIEBMANN, C. **1952.** 5696) zur Lösung der Differentialgleichung der achsennahen Bahnen in Elektronenlinsen benutzt, aus welchen die elektronenopt. Kenngrößen der Linse entnommen werden können. (J. Physique Radium **14.** 524—32. Okt. 1953. Toulouse, Labor. d'Opt. Électron.) LENZ. 181

Peter Sturrock, *Die optischen Eigenschaften rotationssymmetrischer Magnetfelder der Form $H = H_0/(1-(z/a^2)$ und $H = H_0/((z/a)^2-1)$ auf der optischen Achse.* Die Differentialgleichung der achsennahen Elektronenbahnen kann für Linsenfelder der im Titel genannten Form in analoger Weise wie für das GLASERsche Glockenfeld streng gelöst werden. Diese Lösung, welche auch Farb- u. Öffnungsfehlerkoeffizienten streng zu berechnen gestattet, ist für die theoret. Beschreibung eines β-Spektrographen nach SIEGBAHN u. SLÄTIS (Ark. Fys. **1.** [1940.] 339) verwendbar u. erlaubt die Abschätzung von dessen Auflösungsvermögen. (C. R. hebd. Séances Acad. Sci. **233.** 401—03. 30/7. 1951.) LENZ. 181

J. R. Pierce, *Räumlich wechselnde Magnetfelder zur Bündelung langsamer Elektronenstrahlen.* Für die Bündelung langsamer Elektronenstrahlen in Ggw. von Raumladungen sind axialsymm. period. Magnetfelder bes. vorteilhaft. Die Vorteile kommen bes. bei Verwendung von Permanentmagneten zur Geltung, wenn man die Richtung des axialen Magnetfeldes period. ihr Vorzeichen wechseln läßt. Beispielsweise erfordert eine solche Anordnung, die ein 15 cm langes Elektronenbündel mit einer Stromstärke von 20 mA u. einer Strahlspannung von 1,7 kV auf einen Durchmesser von 2 mm bündelte, früher bei Verwendung eines einzigen, ein homogenes Magnetfeld erzeugenden Magneten ein Magnetgewicht von 17 kg, jetzt bei Verwendung einer Reihe von Ringmagneten wechselnder Feldrichtung 0,6 kg. (J. appl. Physics **24.** 1247. Sept. 1953. Murray Hill, N. J., Bell Telephone Labors.) LENZ. 181

F. Bertein, *Bildfehler in Elektronenbildern von unvollkommenen Emissionskathoden.* Kleine Unebenheiten auf der Kathode eines Emissionselektronenmikroskops verursachen ein kleines Störfeld zusätzlich zu dem idealen, bei völlig ebener Kathode zu erwartenden. Die durch dieses Störfeld hervorgerufenen Fehler bei der emissionsmkr. Abb. der Kathode (Astigmatismus, Bildfeldwölbung, Verzeichnung) werden theoret. untersucht. Bes. der Astigmatismus kann das Auflösungsvermögen des Emissionsmikroskops erheblich verschlechtern. (J. Physique Radium **14**. 235—40. April 1953. École Norm. Sup., Labor. de Radioélectr.) LENZ. 181

W. Cochran, *Ein Fehler in den Atomstreufaktoren von James und Brindley.* Vf. weist darauf hin, daß die Atomstreufaktoren für *C* u. *N* von JAMES u. BRINDLEY (vgl. Philos. Mag. [7] **12.** [1931.] 81) zum Teil beträchtlich von den experimentellen Werten abweichen. (Acta crystallogr. [Copenhagen] **6.** 812. 10/10. 1953. Cambridge, Cavendish Labor., Crystallogr. Labor.) GOTTFRIED. 181

George W. Pratt jr., *Eigenfunktionen von S^2 nach einer Spinoperatormethode.* Ausführliche Darst. der C. **1954.** 6180 referierten Arbeit. (Physic. Rev. [2] **92.** 278—88. 15/10. 1953. Cambridge, Mass., Massachusetts Inst. of Technol., Lincoln Labor.) V. HARLEM. 182

Alvin Meckler, *Elektronenenergieniveaus von molekularem Sauerstoff.* Sitzungsbericht zu der C. **1954.** 6660 referierten Arbeit. (Physic. Rev. [2] **91.** 242. 1/7. 1953. MIT.) D. HAHN. 182

G. C. Krueger und **C. W. Miller,** *Eine Untersuchung des Kristallwachstumsmechanismus aus einer übersättigten Lösung.* (Vgl. C. **1953.** 2240.) Das Konzentrationsfeld um aus übersätt. Lsg. wachsende Kristalle aus $Na_2S_2O_3 \cdot 5\,H_2O$ wurde mit einer nach BERG modifizierten Interferenzanordnung photograph. ausgemessen. Die Wachstumsgeschwindigkeit (W.G.) definierter Flächen ist im allg. über längere Zeit konstant mit einzelnen plötzlichen Änderungen. Diese entsprechen im allg. Änderungen der Kristallqualität; höhere W.G. bedeutet weniger fehlerfreie Kristallflächen. In den Zentren der Flächen scheint die Konz. am geringsten zu sein. Die W.G. ist keine empfindliche Funktion der Konz. an der wachsenden Fläche, wohl weil die Diffusionsgeschwindigkeit (Nachlieferung) der W.G. eine obere Grenze setzt. Die plötzlichen Änderungen der W.G. werden zu erklären versucht als Ablösung einer Versetzung als Wachstumszentrum durch eine andere. Aus der W.G. wird der Diffusionskoeff. des $Na_2S_2O_3$ zu $1{,}26 \cdot 10^{-5}\,cm^2/sec$ errechnet. (J. chem. Physics **21.** 2018—23. Nov. 1953. Providence, R. I., Brown Univ.) H. C. WOLF. 190

Stanislas Goldsztaub und **Raymond Kern,** *Untersuchung der Konzentration der Lösung um einen wachsenden Kristall.* Mit Hilfe einer von FRANÇON (vgl. C. **1952** 7542; **1953.** 103) angegebenen Anordnung wurde auf interferometr. Wege unter Verwendung von polarisiertem weißem Licht an in wss. Lsg. wachsenden Kristallen von *KCl*, *KBr* u. *KJ* die Konz. des Lösungsm. um den wachsenden Kristall untersucht. Es ergab sich zunächst, daß die Konz. nahe den Kristallen niedriger ist als an einem etwas entfernteren Punkt. Bei relativ langsamem Wachstum ist die Interferenzfarbe entlang einer Fläche gleichmäßig, d. h. die Konz. entlang dieser Fläche ist konstant. Bei schnellem Wachstum jedoch beobachtet man an den Ecken des Kristalls eine andere Farbe, die auf eine Verarmung der Lsg. in diesem Gebiet hindeutet. Dieses Phänomen ist der Vorläufer von dendrit. Wachstum. Da diese Beobachtungen in Widerspruch stehen mit den an $NaClO_3$ durchgeführten Unterss. von BUNN (vgl. Discuss. Faraday Soc. **1949.** Nr. 5. 132) u. BERG (vgl. Proc. Roy. Soc., Ser. A **164.** [1938.] 79), wurden die Verss. mit $NaClO_3$ in wss. Lsg. wiederholt. Hierbei konnte bei den verschiedensten Versuchsbedingungen der BERGsche Effekt nachgewiesen werden. (Acta crystallogr. [Copenhagen] **6.** 842—45. 10/11. 1953. Strasbourg, Univ., Labor. de Minéral. et de Pétrogr.) GOTTFRIED. 190

Julian R. Goldsmith, *Das „Simplexitätsprinzip“ und seine Beziehung zur „Leichtigkeit“ der Kristallisation.* Die Kristallisation wird als kinet. Prozeß betrachtet, dessen „Leichtigkeit“ durch die Kristallstruktur beeinflußt wird. Unter Simplexität versteht Vf. ein Maß für komplexen Strukturaufbau. Hohe Simplexität ist synonym mit einfacher u. nicht völlig geordneter Struktur oder hoher Entropie. Kernbldg. u. Kristallwachstum sind bei Phasen mit hoher Simplexität begünstigt. Speziell werden die Alumosilicatminerale auf ihre Leichtigkeit der Kristallisation u. die Simplexität untersucht, wobei für ersteres die Möglichkeit der Synth. als Maß dient. Verbb., bei denen Al u. Si in äquivalenten 4-koordinierten Positionen liegen, haben hohe Simplexität u. werden leicht synthetisiert. Verbb., bei denen Al u. Si in bestimmten 4-koordinierten Lagen sind oder bei denen Al 6-Koordination hat, sind von niedrigerer Simplexität, kristallisieren schwerer u. konnten nur zum Teil synthetisiert werden. Hiermit hängt auch zusammen, daß die geordneten Verbb. nur bei mäßigen bis niedrigen Tempp. stabil sind u. daß ungeordnete Verbb. mit hoher Simplexität, wenn sie sich als Erstausscheidungen bilden, metastabil bestehen bleiben. Durch Auftreten von Hydroxylbindungen erhalten auch Kristalle mit Al in 6-Koordination größere Leichtigkeit der Kristallisation. Das gleiche gilt bei hohem Druck. Die Kristallisation von Dolomit wird unter denselben Gesichtspunkten betrachtet u. dabei festgestellt, daß es stets als sek. Mineral aus Kalkspat entsteht. (J. Geology **61.** 439–51. Sept. 1953. Chicago, Ill., Univ.) HILLER. 190

J. A. Burton, R. C. Prim und **W. P. Slichter,** *Die Verteilung von gelöstem Stoff in aus der Schmelze gewachsenen Kristallen.* 1. Mitt. *Theoretischer Teil.* Theoret. Unters. des Einbaus von Verunreinigungsatomen in Ge-Einkristalle während des Wachstums aus der Schmelze. Das Problem wird behandelt als heterogene Rk. (Kristallisation), bei der die Verunreinigungen an der Grenzfläche eingebaut werden, u. bei der bes. der Transport der Verunreinigungen in der Schmelze in Abhängigkeit von der Kristallisationsgeschwindigkeit entscheidend ist. Man kann im allg. nicht mit dem Gleichgewichtswert des Verteilungskoeff. rechnen. Für einen idealisierten Wachstumsprozeß wird der Beitrag von Diffusion u. (laminarem) Fließen bei stationärem Wachstum zum Transport der Verunreinigungen u. damit der effektive Verteilungskoeff. als Funktion der Wachstumsbedingungen errechnet, ferner die Konzentrationsänderung in der Grenzfläche bei plötzlichen Konzentrationsänderungen in der Schmelze. (J. chem. Physics **21.** 1987–91. Nov. 1953. Murray Hill, N. J., Bell Telephone Labors.) H. C. WOLF. 190

J. A. Burton, E. D. Kolb, W. P. Slichter und **J. D. Struthers,** *Die Verteilung von gelöstem Stoff in aus der Schmelze gewachsenen Kristallen.* 2. Mitt. *Experimenteller Teil.* (1. vgl. vorst. Ref.) Für eine große Anzahl von Verunreinigungen in *Ge* wurden die Gleichgewichtsverteilungskoeffizienten zwischen Ge-Kristall (Ein- u. Vielkristall) u. Schmelze gemessen. Die Verunreinigungen sind radioakt. Isotope von *Sb, As, Ga, P, In, Cu, Ni, Au, Ag, Tl, Zn, Co* in Konzz. zwischen 10^{-8} u. 10^{-6}; ihre Konz. wird aus der Aktivität, in Kristallen auch aus der Leitfähigkeit, gemessen. Die effektiven Verteilungskoeffizienten wurden bei stationärem Wachsen mit Ga u. Sb als Verunreinigungen gemessen. Die Abhängigkeit von der Wachstumsgeschwindigkeit stimmt gut überein mit der Theorie in vorst. Mitteilung. Die Rotationsgeschwindigkeit des Kristalls in der Schmelze geht wesentlich mit ein. Durch Vorgabe einer bestimmten Wachstumsgeschwindigkeit läßt sich die Verunreinigungskonz. in weiten Grenzen variieren. Bei ungenügender Rührung der Schmelze lagert sich die Verunreinigung schichtweise ab. Ihre Verteilung läßt sich durch Radioautographien schön sichtbar machen. Bei inhomogener Verteilung wird die Photoplatte inhomogen geschwärzt, z. B. in Streifen quer zur Kristallachse. Diese Streifenstruktur ermöglicht auch ein leichtes Erkennen verschied. Kristallite. (J. chem. Physics **21.** 1991–96. Nov. 1953.) H. C. WOLF. 190

A. I. Andrijewski und **M. T. Mischtschenko,** *Einige Probleme der Kinetik des Oxydationsprozesses von Kupfer und des Kristallwachstums von Kupfer(I)-oxyd.* Vff. weisen durch photoelektr. Temperaturmessung nach, daß die Bldg. von Cu_2O über den Zerfall des prim. entstehenden CuO beim Erwärmen von metall. Cu an Luft über 800° ein endothermer Prozeß ist, der mit großer Geschwindigkeit verläuft. Das bei weiterer Wärmezufuhr erfolgende Wachstum der Cu_2O-Kristalle vollzieht sich sprunghaft durch Rekristallisation, die durch lokale Druckspannungen zufolge anfänglichen Wachsens einzelner Körner eingeleitet wird. Die im Metall ursprünglich vorhandenen Beimengungen, z. B. Si, Al, In, Fe, Ca, werden während des Oxydationsprozesses, wie aus metallograph. u. spektralanalyt. Unterss. hervorgeht, als Filme interkristallin zwischen dem Cu_2O u. Cu abgeschieden, mit Ausnahme des Ag, das durch Atomaustausch mit Cu in das Cu_2O-Gitter einzudringen vermag. (Журнал Технической Физики [J. techn. Physik] **22.** 1713–17. Nov. 1952.) EHMCKE. 190

R. F. Pearson, *Herstellung von Nickeleinkristallen.* Ausführliche Beschreibung einer Anordnung zum Züchten großer Ni-Einkristalle aus der Vakuumschmelze durch langsames Abkühlen u. zur Herst. bestimmter Kristallflächen. Zur Herst. bestimmter Kristallflächen werden die gezüchteten Kristalle röntgenograph. orientiert, in Backen aus plast. Kunststoff eingeschlossen (Methylmethacrylat), um sie vor Spannungen zu schützen, u. dann vorsichtig abgefräst. (Brit. J. appl. Physics **4.** 342–44. Nov. 1953. Leeds, Univ., Phys. Dep.) H. C. WOLF. 190

S. Amelinckx und **E. Votava,** *Nachweis der Bewegung von Versetzungen aus Spiralgruben.* Auf *Thymol-* u. *Salol*-Kristallflächen werden die Bewegungen von Versetzungen aus Unregelmäßigkeiten im Aussehen stat. Wachstumsformen direkt beobachtet. Wenn die Kristalle an der Lösungsoberfläche schwimmend wachsen, bilden sich auf ihren Oberflächen Gruben mit einem Spiralterassen-Profil aus. Da ihre

Wachstumsfront nicht mehr weiter fortschreitet, kann man Bewegungen des zentralen Versetzungssyst. beobachten an den Stufen, die dabei entstehen u. nicht mehr durch Weiterwachsen deformiert werden. Zur Erklärung dieser Erscheinung wird angenommen, daß sie dann auftritt, wenn eine ungleiche Anzahl positiver u. negativer Versetzungen die Grenze der Kristallflächen erreicht. (Naturwissenschaften **40.** 290. Mai 1953. Gent, Belgien, Geol. Inst., Labor. voor Kristallografie.) H. C. WOLF. 190

W. Jahn und **E. Thilo,** *Untersuchungen an Silicatmodellen.* 4. Mitt. *Die Stellung der γ'-Modifikation im System der polymorphen Formen des Na_2BeF_4.* (3. vgl. C. **1953.** 4337.) Vff. berichten über die Beobachtung der Umwandlungspunkte des Na_2BeF_4 unter dem Heizmikroskop. Es ergibt sich eine Korrektur der Umwandlungstemp. γ-Na_2BeF_4 — α'-Na_2BeF_4 von 175 ± 15° in 210 ± 1°, die nunmehr eine befriedigende Darst. der Phasenbeziehungen des krist. Na_2BeF_4 ermöglicht. Die Sonderstellung des γ'-Na_2BeF_4, dessen Analogon beim Ca_2SiO_4 nicht bekannt ist, wird eingehend erörtert. (Z. anorg. allg. Chem. **274.** 72—80. Dez. 1953. Berlin-Adlershof, Dtsch. Akad. der Wiss., Inst. für anorg. Chem.) R. STEIN. 190

K. Schubert, *Zur Ortskorrelation der Außenelektronen in der Kristallchemie.* Zum Verständnis zahlreicher Kristallstrukturen war in früheren Mitteilungen (C. **1952.** 3452 u. **1954.** 3641 u. 3878) die Ortskorrelation der Valenzelektronen untersucht worden. In Fortführung dieser Arbeiten wird gezeigt, daß sich nicht immer die Valenzelektronen allein miteinander in Ortskorrelation befinden, sondern daß es auch Phasen gibt, bei denen die äußeren Rumpfelektronen in die Ortskorrelation eintreten. Es soll dann von einer Ortskorrelation der Außenelektronen gesprochen werden. Dies führt zu einem Verständnis der verschied. Mn-Modifikationen. Kurz diskutiert werden weiter Systeme wie $CuAl_2$, Co_2Al_5, Fe–Ni–Al. (Naturwissenschaften **40.** 269—70. Mai 1953. Stuttgart, Max-Planck-Inst. für Metallforsch.) H. C. WOLF. 195

E. Jumpertz, H. Kircher und **W. Kleber,** *Zur Morphologie und Struktur des Diamanten.* Vff. diskutieren die Symmetrieverhältnisse des Diamanten vom morpholog. u. strukturellen Standpunkt. Bei Annahme der Raumgruppe F $\bar{4}$ 3 m ergibt die FOURIER-Synth., daß die Elektronendichte in den Atomlagen (0 0 0) u. ($^1/_4$ $^1/_4$ $^1/_4$) nicht gleich, sondern um einen geringen Betrag verschieden ist, der der schwachen Hemiedrie der Kristallgestalten entspricht. Demnach müssen im Diamantgitter zwei Arten von C-Atomen vorliegen. (Naturwissenschaften **40.** 409—10. Aug. 1953. Bonn, Univ., Mineralog.-Petrograph. Inst., Abt. für Kristallstrukturlehre; Leverkusen, Bayerwerke, Anorg. Abt.; Berlin, Humboldt-Univ., Mineralog.-Petrograph. Inst.) R. STEIN. 195

Harry Hahn, Günter Frank, Wilhelm Klingler, Anne-Dorothee Meyer und **Georg Störger,** *Untersuchungen über ternäre Chalkogenide.* 5. Mitt. *Über einige ternäre Chalkogenide mit Chalkopyritstruktur.* (4. vgl. C. **1953.** 4984.) Vff. erhielten die Verbb. *$CuAlS_2$, $CuAlSe_2$, $CuAlTe_2$, $CuGaS_2$, $CuGaSe_2$, $CuGaTe_2$, $CuInS_2$, $CuInSe_2$, $CuInTe_2$, $CuTlS_2$, $CuTlSe_2$, $AgAlS_2$, $AgAlSe_2$, $AgAlTe_2$, $AgGaS_2$, $AgGaSe_2$, $AgGaTe_2$, $AgInS_2$, $AgInSe_2$* u. *$AgInTe_2$* durch Umsetzung der bin. Komponenten bei höheren Temperaturen. Sämtliche Verbb. kristallisieren im Chalkopyrittyp, Raumgruppe D_{2d}^{12}—I $\bar{4}$ 2d (Tabelle der Gitterkonstanten s. Original). $CuTlSe_2$ (I) u. $AgInS_2$ (II) sind dimorph. Bei II geht die Chalkopyritstruktur oberhalb 600° in Wurtzit- bzw. eine Wurtzit-ähnliche Struktur über. I krist. unterhalb 250° im Chalkopyritgitter; die Struktur der Hochtemperaturmodifikation konnte bisher nicht ermittelt werden. — Vff. erklären die Bldg. der Chalkopyritstruktur bei diesen Verbb. mit der großen Neigung der Nebengruppenelemente zur Ausbildung von Atombindungen mit tetraedr. Koordination gegenüber den Chalkogenen. (Z. anorg. allg. Chem. **271.** 153—70. Febr. 1953. Heidelberg, Univ., Chem. Inst., Abt. für anorg. Chem., u. Kiel, Univ., Anorg.-chem. Inst.) R. STEIN. 195

S. W. Peterson, Henri A. Levy und **S. H. Simonsen,** *Neutronenbeugungsuntersuchung von tetragonalem Kaliumdihydrogenphosphat.* Durch Beugung von Neutronen wurde die Lage der H-Atome in tetragonalen KH_2PO_4-Kristallen untersucht. Es wurden Zonenaufnahmen an (h k 0) u. (h 0 l) bei Zimmertemp. u. bei 140° K gemacht u. daraus die FOURIER-Projektionen berechnet. Es erscheinen zwei verschied. Lagen der H-Atome mit dem Experiment verträglich: 1. Im Mittelpunkt der H-Bindung, mit therm. Bewegung vorzugsweise längs der Bindungsrichtung. 2. Etwa 0,15 Å außerhalb der Mittelpunkte mit gar keiner oder sehr schwacher Temperaturbewegung. Bekannte Infrarotmessungen sprechen für die zweite Möglichkeit. Die O-Parameter sind bei beiden Tempp. fast ident., die H-Bindungslänge beträgt 2,48 Å, der O—H-Abstand 1,085 Å (also größer als in Eis u. W.). Die kohärente Streuamplitude von P für Neutronen wird zu $0{,}54 \cdot 10^{-12}$ cm, mit positiver Phase, ermittelt. (J. chem.

Physics **21.** 2084—85. Nov. 1953. Oak Ridge, Tenn., Nat. Labor., Chem. Div.; Austin, Tex., Univ. of Texas.) H. C. WOLF. 195

D. L. Thomas und **D. R. F. West,** *Die Temperatur und Zusammensetzung der eutektoiden Reaktion $\beta \rightleftarrows \alpha + \gamma_2$ in Kupfer-Aluminium-Legierungen.* Mit Hilfe der mkr. u. therm. Analyse an Cu–Al-Proben mit 0,01% Fe u. 0,01% Si als Verunreinigungen wurden Temp. u. Zus. des eutektoiden Punktes $\beta \rightleftarrows \alpha + \gamma_2$ erneut bestimmt. Es ergab sich: 565,5 ± 1° u. 11,80 ± 0,15 Gew.-% Al. (Res. Corresp., Suppl. zu: Research **6.** 61 S—62 S. Dez. 1953. London, Imp. Coll. of Sci. and Technol. Metallurgy Dep.) HEUMANN. 197

G. Leibfried und **W. Brenig,** *Schwingungsspektren fester Körper.* Ausführlicher Überblick. Im einzelnen werden behandelt: Mathemat. Methoden, Elast. Spektren u. DEBYEsche Theorie, BORNsche Gittertheorie, Best. des Spektr., Vgl. mit dem Experiment (spezif. Wärme, therm. Streuung von Röntgenstrahlen). — 42 Literaturangaben. (Fortschr. Physik **1.** 187—218. 1953. Göttingen, Univ., Inst. für theoret. Physik.) R. STEIN. 200

W. H. Vaughan, W. J. Leivo und **R. Smoluchowski,** *Mechanische Eigenschaften von protonenbestrahlten Alkalihalogeniden.* (Sitzungsbericht.) Das elast. u. plast. Verh. von KCl- u. NaCl-Kristallen die mittels des Synchrocyclotrons des CARNEGIE INST. OF TECHNOLOGIE mit 360 MeV-Protonen bestrahlt worden waren, wurde von Vff. durch Best. des YOUNGschen Modells u. der Elastizitätsgrenze bestimmt, die erhaltenen Werte wurden mit den an Kristallen gleicher Größe ohne Bestrahlung gewonnenen Ergebnissen verglichen. Nach den vorläufigen Ergebnissen zeigt sich nach der Bestrahlung ein Anstieg des YOUNGschen Moduls, die Härte der Kristalle nimmt durch die Bestrahlung zu. (Physic. Rev. [2] **91.** 245. 1/7. 1953. Carnegie Inst. of Technol.) SIEWERT. 200

Franz Hein, Chemische Koordinationslehre. Unveränd. Nachdr. d. 1. Aufl. Leipzig: Hirzel. 1954. (XVII + 683 S. m. 41 Abb.) DM 41,—.

A₇. Gleichgewichte. Kinetik.

W. R. McBride und **D. S. Villars,** *Eine Anwendung der Statistik auf die Reaktionskinetik.* Beschreibung einer Meth. zur Berechnung von Aktivierungsenergien aus Reaktionsgeschwindigkeitsmessungen. Die gewöhnlich bei Anwendung der Meth. der kleinsten Fehlerquadrate auf die Gerade im log k — 1/T-Diagramm durch Verschiebung des „Gewichtes" (weight) der einzelnen Meßpunkte bei der Transformation in log k — 1/T-Werte auftretenden Ungenauigkeiten bzw. Fehler werden ausgeschaltet. In dem als Beispiel durchgerechneten Fall wurde der Wert der Aktivierungsenergie gegenüber der üblichen Meth. um 5% verändert. (Analytic. Chem. **26.** 901—04. 19/5. 1954. Inyokern, China Lake, Calif., U. S. Naval Ordnance Test. Stat.) KARUTZ. 225

Elias Klein und **T. F. Fagley,** *Die Abschätzung der Konstanten von aufeinanderfolgenden irreversiblen Reaktionen erster Ordnung.* Kurze Notiz über eine graph. Meth. zur schnellen Bestimmung der Geschwindigkeitskonstanten von Rkk. des Typus $A \xrightarrow{k_1} B \xrightarrow{k_2} C$. Die zur Berechnung notwendigen $K = k_2/k_1$- u. $m = k_1 t$-Werte sind in Tabellenform angegeben. (J. physic. Chem. **58.** 447—48. Mai 1954. New Orleans, La., Tulane Univ., Richardson Chem. Labor.) KARUTZ. 225

Birger Adell, *Kinetische Messungen mit Hilfe der Extinktion einer dünnen Schicht fester Substanz.* Es wird gezeigt, daß die Isomerisation der beiden *Mononitritokobalt(III)-Salze* $[ONO\cdot Co\cdot(NH_3)_5]Cl_2$ u. $\left[\begin{matrix}(1)\ ONO\\(6)\ NCS\end{matrix}\ Co\cdot en_2\right] ClO_4$ durch Extinktionsmessungen an einer dünnen, zwischen 2 parallelen Glasplatten gepreßten Schicht des feingepulverten, mit einigen Tropfen Paraffinöl zusammengeriebenen festen Präp. in Zeitintervallen von ca. 24 Std. verfolgt werden kann. Die so gefundenen Geschwindigkeitskonstanten (erster Ordnung) stimmen gut mit den früher nach der Auflösungsmeth. (Extinktionsmessung von Probelsgg. gegebener Konz.) bestimmten überein. Abschließend diskutiert Vf. das beschriebene Verf. u. dessen Anwendungsmöglichkeiten bei anderen Umwandlungen. (Z. anorg. allg. Chem. **275.** 106—12. Febr. 1954. Lund, Univ., Chem. Inst., Anorg. Abt.) R. STEIN. 225

S. Sambasivan, *Die Reaktion zwischen HNO_2 und HJ.* Vf. bestätigt die Beobachtung von ECKSTADT (Z. anorg. allg. Chem. **29.** [1901.] 51), daß die Rk. zwischen HNO_2 u. HJ zunächst sehr rasch verläuft, aber bald langsamer wird. Vf. untersucht die Möglichkeit des Ablaufes eines Kettenmechanismus u. kommt dabei zu dem Schluß, daß keine Ketten-Rkk. stattfinden. Die Messungen wurden mit n/50-$NaNO_2$ u. KJ in Ggw. von überschüssiger n/4-H_2SO_4 durchgeführt. Überziehen der Reaktionsgefäße mit Paraffinwachs oder die Ggw. von TiO_2 oder SiO_2 ist ohne Einfl. auf die Reaktionsgeschwindigkeit, desgleichen Aceton, A., d-Mannit, d-Glucose, Glycerin, Vanillin, Benzaldehyd, Chloralhydrat, $MnSO_4$, NaCl u. KCl. Mit Hydrochinon u. Resorcin wurden unsichere Ergebnisse erhalten. $KClO_3$ beschleunigt die Rk. etwas. Na-Acetat, Na-Citrat, K-Oxalat, NH_4-Oxalat u. K-Tartrat verzögern die Rk. deutlich, wobei zwischen dem Ausmaß der Verzögerung u. der zugesetzten Menge ein Zusammenhang besteht. Durch diese Zusätze konnte die Reaktionsgeschwindigkeit mit n/10-$NaNO_2$- u. KJ-Lsgg. im Konzentrationsbereich von n/10 bis 6 n H_2SO_4 gemessen werden. Diese Wrkg. der Salze der schwachen organ. Säuren kann auf Pufferwrkg. gegenüber der Mineralsäure zurückgeführt werden. (Current Sci. **22.** 46. Febr. 1953. Annamaleinagar, Annamalai Univ., Dep. of Chem.) R. MATTNER. 225

K. G. Ashurst und **W. C. E. Higginson,** *Die Kinetik der Reaktion zwischen Thallium(III) und Eisen(II) in wässeriger Perchlorsäure-Lösung.* Im Gegensatz zu Angaben aus älteren Arbeiten stellen Vff. fest, daß Fe(III) die Geschwindigkeit der Rk. zwischen Fe(II) u. Tl(III) in wss. $HClO_4$ verzögert. Es wird die Reaktionsfolge Tl(III) + Fe(II) $\rightleftharpoons$ Tl(II) + Fe(III); Tl(II) + Fe(II) $\rightarrow$ Tl(I) + Fe(III) angenommen. Die H^+-Ionenkonz. ist von Einfl. auf die Geschwindigkeit der Teilreaktionen. (J. chem. Soc. [London] **1953.** 3044—49. Okt. Manchester, Univ.) R. MATTNER. 225

F. W. Trowse, *Eine Apparatur zur photometrischen Untersuchung von durch Lichtblitz eingeleiteten Reaktionen.* Beschreibung einer App. zur Verfolgung des Ablaufes einer durch einen Lichtblitz eingeleiteten Rk. durch Registrierung der in einem engen Spektralbereich von dem reagierenden Syst. durchgelassenen Lichtintensität unter Benutzung einer Niedervoltlampe, von Farbfiltern, Photomultiplier, Kathodenstrahloscillograph u. Kamera. Genaue Angabe der elektr. Schaltpläne. Mit der App., welche zur Unters. der Rekombination von Radikalen in Ggw. inerter Gase eingesetzt wird, können Messungen über Zeiträume von 1 mSek.—1 Sek. ausgeführt werden. (J. sci. Instruments **30.** 126—31. April 1953. Manchester, Univ., Dep. of Chem.) EICHHOFF. 226

Emil Abel, *Bemerkungen zum Mechanismus röntgenochemischer Oxydationen in wässeriger Lösung.* Vf. versucht, den experimentellen Ergebnissen, die RIGG, STEIN u. WEISS (vgl. Proc. Roy. Soc. [London] Ser. A **211.** [1952.] 375) bei Röntgenbestrahlung von Fe(II)- u. Fe(III)-Salzen in wss. Lsg. erhielten, Mechanismen zugrunde zu legen, denen größere Wahrscheinlichkeit zukommt als den dort dargelegten. Ferner sollen die Mechanismen auch allg. Gültigkeit für andere Metallionen (M^{n+}) besitzen. Die abgeleitete Kinetik übernimmt von der Kinetik der Radikale auch für die Kinetik der Elektronen das Prinzip ihrer Einstellung in stationäre Konzentrationen. Für die röntgenochem. Oxydation von M^{n+}-Ionen in sauerstofffreier wss. Lsg. werden folgende Teilschritte vorgeschlagen: 3 ($H_2O \rightleftharpoons H_2O^+ + e$); 3 ($H_2O^+ + M^{n+} \rightarrow M^{(n+1)+} + H_2O$); {2 ($e + H^+ \rightarrow H \rightleftharpoons {}^1/_2\, H_2$); $e + M^{(n+1)+} \rightarrow M^{n+}$}; also zusammengefaßt $2\, M^{n+} + 2\, H^+ \rightarrow 2\, M^{(n+1)+} + H_2$. Die Gleichungen für die Reaktionsgeschwindigkeiten v werden für die stationären Konzz. errechnet u. die Grenzfälle angegeben. Für die entsprechende Rk. in sauerstoffhaltiger wss. Lsg. sind die Teilschritte folgende: 3 ($H_2O \rightleftharpoons H_2O^+ + e$); 3 ($H_2O^+ + M^{n+} \rightarrow M^{(n+1)+} + H_2O$; {2 ($e + O_2 \rightarrow O_2^-$); ($e + M^{(n+1)+} \rightarrow M^{n+}$}; {$O_2^- + M^{n+} \rightarrow M^{(n+1)+} + 2\, O^-$; 2 ($O^- + M^{n+} \rightarrow M^{(n+1)+} + O^{2-}$); 2 ($O^{2-} + 2\, H^+ \rightleftharpoons H_2O$); $O_2^- + M^{(n+1)+} \rightarrow M^{n+} + O_2$}; das ergibt zusammengefaßt $O_2 + 4\, M^{n+} + 4\, H^+ \rightarrow 4\, M^{(n+1)+} + 2\, H_2O$. — Die Gleichung für v ist hier nur für den speziellen, von RIGG, STEIN u. WEISS (l. c.) bearbeiteten Fall angegeben. Vf. findet keinen Widerspruch zwischen den experimentellen Ergebnissen u. den hier vorgeschlagenen Mechanismen. — 17 ergänzende Literaturangaben über röntgenochem. Oxydation. (Z. physik. Chem. **202.** 108—16. Juli 1953. London, Hamilton Terrace.) EHRHARDT. 226

D. V. Ramana Rao, *Atmosphärische Oxydation von Jodid. Verwendung von Ammoniummolybdat als Katalysator.* Die Rk. $4\, HJ + O_2 = H_2O + 2\, J_2$ verläuft in neutralem Medium äußerst langsam, bei höheren H^+-Ionenkonzz. schneller. Durch *Ammoniummolybdat* (I) wird diese Rk. merklich beschleunigt, wenn die Säurekonzz. <1 n; bei >1 n Säure wird jedoch keine deutlich wahrnehmbare Katalyse mehr festgestellt. Die Katalyse wurde im HCl-Konzentrationsbereich von 0,1—6 n untersucht. Im gleichen Konzentrationsbereich wurde auch die Rk. zwischen KJ u. I, die zur Red. des I u. zur J_2-Ausscheidung führt, in Ggw. von Luft u. in CO_2-Atmosphäre untersucht. Während die in Freiheit gesetzte J_2-Menge in der inerten Atmosphäre bei höheren I- u. H^+-Ionenkonzz. merklich ist, kann man sie unter den Bedingungen, bei denen die katalyt. Wrkg. von I untersucht wurde, vernachlässigen. (Current Sci. **22.** 42—43. Febr. 1953. Cuttack, Ravenshaw Coll., Dep. of Chem.) R. MATTNER. 227

Richard J. Best und **W. Walker Russell,** *Nickel, Kupfer und einige ihrer Legierungen als Katalysatoren für die Hydrierung von Äthylen.* Vff. messen die Aktivität von Ni, Cu u. einigen ihrer Legierungen als Katalysatoren für die Hydrierung von Äthylen. Die Katalysatoren wurden durch Red. der Oxyde erhalten, diese wurden aus den Metallcarbonaten hergestellt, u. die Metallcarbonate gewannen Vff. durch Auflösen der berechneten Mengen $Cu(NO_3)_2 \cdot 3\ H_2O$ u./oder $Ni(NO_3)_2 \cdot 6\ H_2O$ in W. u. Zugabe von NH_4HCO_3 unter starkem Rühren bei Raumtemperatur. Diese Katalysatoren wurden röntgenograph. untersucht. Eine einfache Beziehung zwischen der Aktivität der Katalysatoren u. ihrer metall. Zus. wurde nicht gefunden. Eine Erklärung der katalyt. Aktivität scheint auf Grund der Elektronenstruktur des nicht-idealen Ni–Cu-Syst. möglich. (J. Amer. chem. Soc. **76.** 838–42. 5/2. 1954. Providence R. I., Brown Univ., Metcalf Res. Labor.) R. Mattner. 227

B. Anorganische Chemie.

D. C. Bradley und **W. Wardlaw,** *Elemente, alte und neue.* Besprechung letzter Fortschritte in der Chemie der Metalle: Herst., Reinigung, Eigg. u. Verwendung von *Ti, Zr* (Trennung von Hf; Verwendung in Atomenergieanlagen; Ersatz für Ta), *Ge* (aus Kohlenasche usw.; elektr. Eigg.), *Ta* (Trennung von Nb), *Al, Zn, Mg, Be, U, Th,* Halbleiter (Vorteile mancher Verunreinigungen; *Se*), Transurane (*Np, Pu, Am, Cm, Bk, Cf*; chem., magnet. u. Ionenaustauschanalogien mit den entsprechenden Seltenen Erdmetallen, während Ac, Th, Pa u. U Übergangselementcharakter zeigen). (Sci. Progr. **42.** 1–14. Jan. 1954. London, Univ., Birkbeck Coll., Dep. of Chem.) Blumrich. 228

Sidney Hellvell, *Herstellung von Lösungen von Phosphor in Schwefelkohlenstoff.* Reine Lsgg. von gelbem P in CS_2 werden hergestellt, indem P-Stückchen mit dem anhaftenden W. in einen zur Hälfte mit CS_2 gefüllten Scheidetrichter gegeben u. 10 ml W. für je 200 ml CS_2 zugefügt werden. Nach dem Lösen wird die P-Lsg. abgezogen. (J. chem. Educat. **30.** 305. Juni 1953. Camden, S. C., E. I. du Pont de Nemours & Co., Inc.) Moslé. 264

Eshwar Raj Saxena und **D. S. Datar,** *Extraktion von Kali aus Feldspat.* 2. Mitt. *Reaktion von Feldspat mit Calciumcarbonat und Calciumsulfat.* (1. vgl. J. Sci. Ind. Res. **8 B.** [1949.] 144.) Feldspat wurde mit wechselnden Mengen $CaSO_4$, $CaCO_3$, NH_4Cl, CaO, $CaCl_2$ u. NaCl versetzt u. zwischen 800 u. 900° 4 Std. lang erhitzt. Es werden die Reaktionsprodd. festgestellt, die im wesentlichen aus Kalkaluminaten, Kalksilicaten u. K_2SO_4 bestehen, u. die Ausbeute an K_2SO_4 bestimmt. Die Reaktionsgleichungen, welche höchstwahrscheinlich den Rkk. zugrunde liegen, werden angegeben. (J. Indian chem. Soc., ind. News Edit. **14.** 36–38. 1951. Hyderabad, Centr. Labor. for Sci. and Ind. Res.) K. Seidel. 275

Jean Besson und **Horst Dietrich Hardt,** *Berylliummonochloracetate und Berylliumpropionate.* Versetzt man eine Suspension von sehr gut getrocknetem Silicagel u. $Be(OH)_2$ in sd. Bzl. mit einer Lsg. von $CH_2ClCOOH$ in Bzl., so erhält man kleine, gut ausgebildete Prismen von Be-Monochloracetat. Die anscheinend einheitlichen Kristalle sind Mischkristalle aus dem n. Salz $Be(CH_2ClCOO)_2$ u. dem Oxysalz $Be_4O \cdot (CH_2ClCOO)_6$ bzw. zwischen Oxysalz u. Säure. Sie geben bei Zimmertemp. langsam, bei 120° rasch $(CH_2ClCO)_2O$ bzw. $CH_2ClCOOH$ ohne Änderung der Kristallstruktur ab. Oberhalb 140° erhält man das reine Oxysalz, F. 181 $\pm$ 4° (leichte Zers.). — Die *Be-Monobromacetate* verhalten sich analog. — Be-Propionat erhält man aus $Be(OH)_2$ u. C_2H_5COOH in Ae. oder PAe.: monokline, gut ausgebildete, große Prismen, bestehend aus Mischkristallen von n. u. Oxysalz in variabler Zusammensetzung. Oberhalb 95° liegt das reine Oxysalz $Be_4O(C_2H_5COO)_6$ vor, F. 134°, Kp. 325–330° (ohne Zers.). (C. R. hebd. Séances Acad. Sci. **238.** 481–83. 25/1. 1954.) Maria Schenk. 281

Fernand Rivenq, *Über die Zusammensetzung des Vanadylferrocyanids.* Durch Red. von V_2O_5, das in einer $^1/_{10}$ n $HClO_4$-Lsg. suspendiert ist, mit H_2S wird eine Lsg. von $VO(ClO_4)_2$ (**I**) erhalten. Wird nun zu **I** eine 0,0511 mol. $K_4[Fe(CN)_6]$-Lsg. (**II**) zugesetzt, so entsteht eine grüne, gallertartige Fällung. Potentiometr. u. ampereometr. Unterss. dieser Rk. zeigen, daß das Verhältnis von V zum Fe im Nd. einen Wert von 1,81 hat u. somit die Fällung eine Zus. entsprechend der Formel $9[Fe(CN)_6 \cdot (VO)_2] \cdot K_4[Fe(CN)_6]$ (**III**) haben könnte. Durchgeführte Analysen ergeben jedoch die Tatsache, daß die Fällung laufend **II** absorbiert u. ihr daher keine definierte Konstitutionsformel zuerkannt werden kann. Daher nimmt Vf. an, daß sich zwar anfangs $(VO)_2[Fe(CN)_6]$ bzw. **III** bildet, das dann aber mit überschüssigem **I** eine feste Lsg. bildet. Dies wird auch durch die bei der Fällung auftretende Farbänderung bestätigt. (Bull. Soc. chim. France, Mém. [5] **20.** 1145–47. Nov./Dez. 1953. C. N. R. S.) Surawski. 330

M. Schmeisser und **D. Lützow,** *Über Acylnitrate und -perchlorate. 1. Mitt. Chromylnitrat, $CrO_2(NO_3)_2$, und Vanadylnitrat, $VO(NO_3)_3$.* Nach HEINTZE (J. prakt. Chem. [2] **4.** [1871.] 59) soll sich NO_2Cl bei der Einw. von NO_2 auf $KClCrO_3$ bilden; Vff. erhielten jedoch nur NOCl. Bei der Einw. von N_2O_5 auf $KClCrO_3$ wurden für die Bldg. von NO_2Cl schwache Anzeichen erhalten; hauptsächlich entstand jedoch *Chromylnitrat* (**I**), $CrO_2(NO_3)_2$, F. -70^0, Kp.$_{0,001}$ $28-30^0$, äußerlich dem Chromylchlorid gleichend, heftiges Oxydations- u. Nitrierungsmittel. Bei der Umsetzung von CrO_2Cl_2 mit N_2O_5 bildet sich in glatter Rk. NO_2Cl, welches gasförmig entweicht; dabei bleibt $CrO_2(NO_3)_2$ zurück, welches nach der Reaktionsgleichung $CrO_2Cl_2 + 2\ N_2O_5 = 2\ NO_2Cl + CrO_2(NO_3)_2$ entstanden ist. In sehr einfacher Weise wird nach der Gleichung $CrO_3 + N_2O_5 = CrO_2(NO_3)_2$ quantitativ **I** gebildet, wenn die Ausgangsstoffe einige Std. bei Zimmertemp. im geschlossenen Gefäß gehalten werden. In analoger Weise wie bei CrO_2Cl_2 bzw. CrO_3 konnte N_2O_5 mit $VOCl_3$ bzw. V_2O_5 zu Vanadylnitrat, $VO(NO_3)_3$, Kp. im Hochvakuum $55-60^0$, hellgelbe Fl., umgesetzt werden. (Angew. Chem. **66.** 230. 21/4. 1954. München, Univ., Inst. für anorg. Chem.) R. MATTNER. 335

Albert Hérold und **André Hatterer,** *Einwirkung von Kalium auf Molybdänsäureanhydrid.* Durch Einw. von K-Dampf auf MoO_3 erhält man je nach der angewandten Temperaturdifferenz $t < 30^0$ bzw. $t > 100^0$ Verbb. der Zus. MoO_3K_2 u. $Mo_2O_6K_3$. *MoO_3K_2*: glänzende, bläulichschwarze Kristalle, sehr empfindlich gegen O_2 u. H_2O; reagieren mit H_2O unter Ausschluß von O_2 unter H_2-Entwicklung. *$Mo_2O_6K_3$*: glanzlose, blauschwarze Kristalle, gegen H_2O u. O_2 beständiger als MoO_3K_2, entwickelt mit H_2O unter Ausschluß von O_2 keinen H_2. Beide Verbb. enthalten weder MoO_3 noch freies K-Molybdat. Die Rk. $Mo_2O_6K_3 + K \rightleftharpoons 2\ MoO_3K_2$ ist reversibel. (C. R. hebd. Séances Acad. Sci. **238.** 479–81. 25/1. 1954.) MARIA SCHENK. 336

D. M. Gruen und **J. J. Katz,** *Spektrophotometrische Untersuchung von Np(V)-Oxalatkomplexen.* Spektrophotometr. Unterss. von Np-Lsgg. in $HClO_4$ ($\mu = 0{,}5$) zeigten ein Absorptionsmaximum des NpO_2^+ bei 983 mμ ($\varepsilon = 364$). Bei Zugabe von Oxalat u. Steigerung von dessen Konz. von 10^{-4} auf 10^{-1} mol. ergaben sich 2 neue Maxima bei 989 mμ ($\varepsilon = 366$) u. bei 999 mμ ($\varepsilon = 363$). Die Annahme, daß diese neuen Maxima auf gebildete Mehrkernkomplexe zurückzuführen seien, erwies sich als unrichtig. Diese Maxima konnten den Komplexen $[NpO_2(C_2O_4)]^-$ u. $[NpO_2(C_2O_4)_2]^{3-}$ mit $k_1 = 1{,}92\cdot10^{-3}$ bzw. $k_2 = 5{,}92\cdot10^{-3}$ bei p_H 3,2 zugeordnet werden. Gleiche Unterss. bei 10, 29 u. 47° ließen bei Steigerung der Temp. eine Steigerung der Absorption bei 983 mμ u. einen Abfall der Absorption bei 989 mμ erkennen. Dieser Abfall der Absorption des $[NpO_2(C_2O_4)]^-$ erklärt sich aus der bekannten Temperaturabhängigkeit der k_2 der Oxalsäure. Die Bildungsenthalpie des $[NpO_2(C_2O_4)]^-$ errechnete sich zu $0{,}0 \pm 0{,}3$ kcal. Einen direkten Nachw. der spektrophotometr. Unterss. nach vorhandenen anion. Np-Komplexen lieferten Vff. elektrophoretisch. (J. Amer. chem. Soc. **75.** 3772–76. 5/8. 1953. Lemont, Ill., Argonne Nat. Labor., Chem. Div.) PLUST. 342

R. Nast und **Marianne Rohmer,** *Über anorganische Verbindungen des Stickoxyds. 9. Mitt. Zur Existenz der Verbindung „$Na_3[Co(NO_2)_5NO]\cdot 2\ H_2O$“.* (8. vgl. HIEBER u. Mitarbeiter, C. **1948.** II. 1047.) Vff. zeigten, daß die von FRAZER u. LONG (J. chem. Physics **6.** [1938.] 462) als $Na_3[Co(NO_2)_5NO]\cdot 2\ H_2O$ (**I**) formulierte Verb. unter den von diesen Forschern angegebenen Bedingungen nicht entsteht, sondern statt dessen nach $Co^{2+} + 2\ Na^+ + 4\ NO_2^- + NO + H_2O \rightarrow Na_2[Co(NO_2)_4(NO)(H_2O)]$ (**II**), das bislang unbekannte rostbraune **II** gebildet wird. Unter N_2 ist **II** beständig, während es an der Luft zu $Na_3[Co(NO_2)_6]$ oxydiert wird. Mit W. reagiert **II** unter Luftausschluß in Umkehrung der Bildungsgleichung, in Ggw. von Luft-O_2 erfolgt unter NO-Entw. Zersetzung. Magnet. Unterss. nach liegt in **II** ein Durchdringungskomplex vor. Die gemessene Temperaturabhängigkeit von μ deutet auf ein therm. Gleichgewicht zwischen einer diamagnet. Form bei $T = 0^0$K u. einer paramagnet. Form, der die Verb. bei höherer Temp. zustrebt. Demnach ist die Oxydationszahl des Zentralatoms nicht eindeutig festgelegt, u. die Formulierung als **II** erfolgt nach Vff. mit Vorbehalt. Da auch weitere Verss. zur I-Darst. erfolglos waren u. da auch entsprechende Pentanitro-Komplexe, $[Co(NO_2)_5NH_3]^{2-}$, bisher nicht gefaßt werden konnten, scheint die Existenzfähigkeit von **I** fraglich. (Z. anorg. allg. Chem. **275.** 152–56. Febr. 1954. Bonn, Univ., Chem. Inst.) PLUST. 355

C. Mineralogische und geologische Chemie.

Roberts M. Wallace, *Vorschlag einer petrographischen Methode zur schnellen Bestimmung von Ilmenit.* Vf. berichtet, daß sich zerriebene Bruchstücke von Ilmenit unter dem Polarisationsmikroskop bei gekreuzten Nicols u. vorgeschlagener Kondensorlupe durch die orangerote Farbe von anderen opaken Mineralien unterscheiden lassen. Die Bruchstücke werden in Kanadabalsam eingebettet u. sind an den dünnen Ecken der Fragmente durchscheinend. Von anderen Mineralien ist der Effekt am ähnlichsten beim *Hämatit*. Hier ist die Farbe aber mehr blutrot. (Amer. Mineralogist **38.** 729—30. Juli/Aug. 1953. Tucson, Arizona, Univ.) Hiller. 372

Paul L. Weis, *Flüssigkeitseinschlüsse in Mineralien aus zonaren Pegmatiten von den Black Hills, Süd-Dakota.* Vf. untersucht die Flüssigkeitseinschlüsse in *Beryll, Spodumen, Turmalin, Granat* u. *Quarz* aus zonaren Pegmatiten, um die Richtigkeit der Hypothese zu überprüfen, daß sie durch fraktionierte Kristallisation in einem beschränkten Syst. entstanden sind. Durch Erhitzen wurde die Temp. der Hohlraumfüllung visuell bestimmt. Nur bei 3 von 12 Pegmatiten wurden Resultate erzielt. Beryll aus den inneren Zonen der Bob Ingersoll Nr. 1- u. Highland Lode-Pegmatite gab niedrigere Temp. als solcher aus den äußeren Zonen. Die Resultate am Peerless-Pegmatit zeigten die umgekehrte Richtung. Die in Beryllen beobachteten Tempp. lagen zwischen 216 u. 515°. An einzelnen Kristallen wurden Unterschiede zwischen 9 u. 200° u. in einzelnen Zonen von 65—230° beobachtet. Über Irrtümer in der Berechnung wird gesprochen. Mit den Ergebnissen konnte kein Urteil über die fraktionierte Kristallisation erzielt werden. (Amer. Mineralogist **38.** 671—97. Juli/Aug. 1953. Washington, D. C., U. S. Geolog. Survey.) Hiller. 372

Randolph W. Chapman, *Kriterien für die Art des Eindringens des Alkalistocks bei Mount Monadnock, Vermont.* Beschreibung der Petrographie u. der Struktur des *Quarzsyenit, Essexit* u. *Dioritbatholithen.* (Bull. geol. Soc. America **65.** 97—114. Febr. 1954. Washington, D. C.) Ensslin. 378

Richard H. Jahns, *Die Entstehung der Pegmatite.* 1. Mitt. *Vorkommen und Ursprung der Riesenkristalle.* Vf. untersucht das Vork. von Riesenkristallen in Pegmatiten. Solche Riesenkristalle werden gebildet von *Beryll, Feldspat, Quarz, Spodumen, Glimmer, Phlogopit* u. daneben in geringerem Maße von *Allanit, Amblygonit, Apatit, Columbit, Fluorit, Hornblende, Hypersthen, Monazit, Petalit, Plagioklas, Topas, Turmalin, Triphylin-Lithiophilit, Triplit* u. anderen. Die Riesenkristalle haben rauhe Oberflächen u. sind morpholog. einfach. Meistens sind es Einzelkristalle, manchmal unregelmäßige Aggregate. Fast alle kommen in zonar gebauten Pegmatiten vor. In diesen nimmt die Korngröße nach dem Inneren zu, so daß die Riesenkristalle meist in den inneren Teilen gefunden werden. In ihrer Größe u. Verteilung zeigen sie systemat. Züge, die in voller Übereinstimmung sind mit den systemat. Zügen u. texturellen Veränderungen innerhalb des Pegmatites. Entsprechend der Zonenbldg. sind sie von den äußeren Pegmatitteilen nach dem Zentrum zu gewachsen. Viele gestreckte Kristalle wachsen gewöhnlich in der gleichen Richtung. Vf. glaubt nicht, daß die Riesenkristalle durch Verdrängung gebildet wurden. Das hierfür meist angeführte Problem der Stoffzufuhr aus einer Lsg. während des Wachstums läßt sich auch für die Primärentstehung der Riesenkristalle lösen. Das gleiche gilt für andere Argumente. In erster Linie auf Grund ihrer systemat. Verteilung, Alters-, Textur- u. Strukturbeziehung, sowie der Variation in der Zus. werden die Riesenkristalle als Primärbldg. angesehen. Sie sind direkt aus der pegmatit. Lsg., die reich an leichtflüchtigen Bestandteilen war, kristallisiert. (Amer. Mineralogist **38.** 563—98. Juli/Aug. 1953. Pasadena, Calif., California Inst. of Technol.) Hiller. 378

Jean van de Steen, *Die Retrometamorphose der Amphibolite der Formationen von Lukumbi im Kontakt mit den kibarienischen Pegmatiten.* Die kibarien. Formationen sind älter als die Amphibolite von Lukumbi. (Ann. Soc. géol. Belgique, Mém. **77.** M 3—80. 1953/1954.) Ensslin. 378

Margaret Fuller Boos, *Genesis der präkambrischen Granitpegmatite in dem Denver Mountain Park Gebiet, Colorado.* (Bull. geol. Soc. America **65.** 115—41. Febr. 1954.) Ensslin. 378

David M. Seaman, *Augelith aus Pegmatiten in New Hampshire.* Augelith, $Al_2(PO_4)\cdot(OH)_3$, wurde in Granitpegmatit in der Smith Mine bei New Port u. in der Palermo Mine bei North Groton gefunden. Erstere waren blaß aquamarinblaue Kristalle mit *Lazulith, Albit* u. *Quarz* vergesellschaftet. Sie waren zweiachsig positiv, haben mittleren Achsenwinkel u. $n_\alpha = 1{,}574$, $n_\beta = 1{,}576$, $n_\gamma = 1{,}588$. Die blaue Farbe des Minerals stammt von feinverstreuten Lazulithpartikelchen her. Während *Triphylin*, Lazulith u. *Apatit* die häufigsten Phosphate sind, ist der Augelith selten ähnlich *Hurlbutit, Beryllonit, Amblygonit* u. *Brasilianit.* Von der Palermo Mine wurde Augelith zuerst als kleine, farblose Kristalle auf *Whitlockit* gefunden. Die Kristalle sind in Quarz, *Siderit* u. *Feldspat* eingebettet u. vergesellschaftet mit Brasilianit, *Goyazit*, Quarz,

Siderit u. Apatit in Drusen. (Amer. Mineralogist **38.** 728—29. Juli/Aug. 1953. Cambridge, Mass., Harvard Univ., Dep. of Mineral.) HILLER. 380

George Switzer und **Edgar H. Bailey,** *Afwillit von Crestmore, Californien.* Afwillit wurde als Krusten von kleinen Kriställchen entlang Sprüngen in einem Kontakt bei Crestmore in der Nähe von Riverside gefunden. Analyse: SiO_2 34,65, CaO 48,94, MgO Sp., H_2O^+ 16,08, H_2O^- 0,01, F 0,18%. Formel: $3\,CaO \cdot 2\,SiO_2 \cdot 3\,H_2O$. Die Kristalle sind monoklin u. haben folgende Gitterkonstanten: a = 11,39, b = 5,47, c = 13,09 kX, β = 98° 26′. Sie sind nach [0 1 0] gestreckt u. tafelig nach (1 0 1). An neuen Formen wurden beobachtet (0 4 5), (0 1 3), ($\bar{3}$ 0 2), ($\bar{1}$ 1 2), (1 2 1), (2 1 1), ($\bar{2}$ 1 3), ($\bar{3}$ 1 2). Afwillit ist opt. zweiachsig-positiv, 2 V = 55°, n_α 1,616, n_β 1,619, n_γ 1,631. X/c = 30°. Spaltbarkeit nach (0 0 1) vollkommen, nach (1 0 0) gut. Härte 3, D. 2,62. Afwillit kommt neben *Quarz* u. *Thaumasit* auf einem Gestein vor, das hauptsächlich aus *Merwinit, Gehlenit* u. *Calcit* besteht, daneben noch *Spurrit, Idokras, Monticellit, Granat* u. *Brucit* führt. (Amer. Mineralogist **38.** 629—33. Juli/Aug. 1953. Washington D. C., U. S. Natural Museum; San Francisco, Calif., U. S. Geolog. Survey.) HILLER. 380

W. Arthur White, *Allophane von Lawrence County, Indiana.* Vf. untersucht Allophan von der South Gardner Mine, Lawrence County. Es zeigt sich, daß die Brechungsindices eine Funktion des adsorbierten W. sind. Analyse: SiO_2 30,23, Al_2O_3 41,81, Fe_2O_3 0,31, MgO 0,04, CaO 2,86, P_2O_5 9,51, SO_3 0,44, Glühverlust 15,56%. Wasserbestimmung H_2O^- 34,69, H_2O^+ 15,61%. Die Differentialthermoanalyse läßt vermuten, daß der Wassergeh. oberhalb 100° strukturell gebunden ist; der Basenaustausch ist hoch u. seine Kapazität abhängig von nicht abgesätt. Bindungen. Die Bindungsstärke ist gering. Die mechan. Eigg. des Bodens dürften die gleichen sein wie eines solchen mit *Halloysit,* u. die keram. Eigg. bestehen in leichter Brennbarkeit, geringem Schwinden, hohem PCE-Wert u. geringer Plastizität. (Amer. Mineralogist **38.** 634—42. Juli/Aug. 1953. Illinois State Geolog. Survey.) HILLER. 380

A. Volborth, *Zwei Apophyllitfunde in Ihalainen und Pyterlahti (SE-Finnland).* In Finnland sind nur 2 Apophyllitfunde, u. zwar von Ihalainen u. Pyterlahti, bekannt. Sie werden in der Arbeit beschrieben. Analyse des Apophyllits von Ihalainen: SiO_2 52,64, Al_2O_3 0,20, Fe_2O_3 0,20, MgO Sp., CaO 24,37, Na_2O 0,45, K_2O 5,12, F 0,80, H_2O^+ 15,58, H_2O^+ 0,71%. (Geol. Fören. Stockholm Förh. **75.** 360—66. Mai/Okt. 1953. Helsinki, TH, Mineralog. Inst.) HILLER. 380

William T. Holser, *Berylliumminerale in den Victorio Mountains, Luna County, New Mexiko. Beryll, Helvin* u. berylliumhaltiger *Idokras* werden aus den Victorio Mountains beschrieben. Die Beryllkristalle bilden den Rand einer *Quarz-Wolframit*-Ader in Kalk. Helvin in tetraedr. Kristallen durchsetzt Kalkspat u. wird selbst durchsetzt durch *Grossular* in der Nähe von grobkörnigem Silicatmarmor. Idokras mit 0,2% BeO wechsellagert mit *Fluorit* u. *Granat* in Tactiten. Die Paragenese u. Mineralogie der Gänge ist analogen beryllhaltigen Gängen ähnlich. Für den Ursprung der Beryllminerale nimmt Vf. an, daß Beryll sich in Gesteinen bildet, die einen hohen Al-Geh. gegenüber der Summe von Ca, Na u. K besitzen, während Helvin in Al-armen Gesteinen vorkommt. So dürfte in diesem Falle der Helvin durch Verdrängung in Marmor entstanden sein, wobei ähnliche Lsgg. wirkten, die auch den Beryll gebildet haben. In letzterem Falle war aber der Al-Geh. der Lsgg. verringert durch die Bldg. des Granat in der Ca-reichen Umgebung. (Amer. Mineralogist **38.** 599—611. Juli/Aug. 1953. Ithaca, N. Y., Cornell Univ.) HILLER. 380

B. M. Shaub und **William E. Bernier,** *Ungewöhnliche Calcit- und Pyritkristalle von Shelburne, Massachusetts.* In einem neuen Straßeneinschnitt wurden gut ausgebildete Calcitkristalle gefunden, welche nur aus Basis u. Prisma bestehen, ähnlich den Vorkk. von St. Andreasberg. Die Kristalle enthalten teilweise Einschlüsse von Pyrit, teils ist dieser auf den Calcit aufgewachsen, u. zwar mit kub. Habitus. Beide Mineralien dürften aus kolloidalen Lsgg. entstanden sein. (Rocks and Minerals **29.** 3—12. Jan./Febr. 1954. Northampton, Mass., Smith Coll., u. Amherst, Mass., Univ.) ENSSLIN. 380

Frederick Walker und **Louis Otto Nicolaysen,** *Die Petrologie von Mauritius.* Das älteste Gestein ist ein *Olivinbasalt* mit seinen Differentiationsprodd., welcher nur noch an wenigen Stellen vorhanden ist. Spätere Intrusionen im späten Tertiär u. im Pleistocän bestanden ebenfalls aus Olivinbasalten. (Colonial Geol. Mineral Resourc. **4.** 3—43. 1954.) ENSSLIN. 385

L. F. Dellwig, *Skelettkristalle von Halit in der Saline von Michigan.* Vf. berichtet von der Bldg. von Steinsalzskelettkristallen in einer Saline. Die Kristalle entstehen bei der Verdampfung des Lösemittels unterhalb des Siedepunktes, wo keine Turbulenz in der Lsg. auftritt u. sich an der Oberfläche eine dünne Schicht von hoher Dichte bildet. Die Kristalle schwimmen auf dieser Oberfläche. (Amer. Mineralogist **38.** 730—31. Juli/Aug. 1953. Ann Arbor, Mich., Univ.) HILLER. 393

N. I. Gorbunow, I. G. Zjurupa und **Je. A. Schurygina,** Röntgenogramme, Thermogramme und Dehydratationskurven von in Böden und Tonen auftretenden Mineralien. Verlag der Akad. der Wiss. der UdSSR. 1952. (186 S.) [russ.]

D. Organische Chemie.

D_1. Allgemeine und theoretische organische Chemie.

Carl A. Beck und **Bernard J. Jansen,** *Vergleich des Absorptionsspektrums im nahen Ultraviolett im Gaszustand und in Lösung für Benzol und substituierte Benzole.* (Sitzungsbericht.) Der Verbreiterungseffekt in Lösungsspektren wird am Elektronenübergang um 2600 Å für *Bzl.*, *Toluol*, *Phenol*, *Monochlorbenzol* u. *Anilin* untersucht. Bei Annahme desselben Intensitätsverhältnisses im Dampf wie in Lsg. sind die verschied. Dampfbanden mit derselben Halbintensitätsbreite u. demselben %-Satz Asymmetrie verbreitert. Die nach der Verschiebung gegen Rot resultierende Kurve stimmt gut mit der in Lsg. überein. Für die Verbreiterung u. Verschiebung sind nur der Elektronenübergang u. die Art des Mol. u. Lösungsm. entscheidend. (Physic. Rev. [2] **83.** 245. 1/7.; Bull. Amer. physic. Soc. **26.** Nr. 3. 54. 26/4. 1951. Catholic Univ. of America.) D. HAHN. D 118

M. W. Wolkenstein und **L. A. Borowinski,** *Über die Elektronenspektren aromatischer Verbindungen.* Aus der SCHRÖDINGERschen Gleichung für freie Elektronen werden Werte der Eigenfunktionen bei *Bzl.* u. *Naphthalin* (I) abgeleitet. Die Übereinstimmung der berechneten mit den aus der Literatur entnommenen Wellenlängen der Spektrallinien ist im allg. zufriedenstellend; wo Abweichungen vorhanden sind, lassen sie sich aus den vereinfachenden Annahmen für das Molekülmodell erklären. Bei I wird Polarisation längs der γ-Achse (Verbindungslinie $C_{(9)}$—$C_{(10)}$), senkrecht zur Längsachse des Mol. festgestellt. Die für *Anthracen* durchgeführte Rechnung hatte ähnliche Ergebnisse. (Доклады Академии Наук СССР [Ber. Akad. Wiss. UdSSR] [N. S.] **85.** 737—40. 1/8. 1952. Leningrad, Shdanow-Univ., u. Nowgorod, Wiss. Borowitsch-Inst.) A. KUNZE. D 118

Pauline Ramart-Lucas und **Modeste Martynoff,** *Sterische Wirkung und Absorption von α-substituierten Derivaten des Thionaphthens.* Vff. untersuchten die UV-Spektren von *α-Acylthionaphthenen*, C_8H_5S—CO—R (R = CH_3 bzw. *tert.*-C_4H_9), bzw. deren *Oximen*, *Semicarbazonen* u. *β-Naphthylhydrazonen* sowie zum Vgl. die des *Thionaphthens* (I) selbst u. des *Aceton-β-naphthylhydrazons* (II). Im Fall R = CH_3 besteht zwischen Kern u. funktioneller Gruppe eine starke Kopplung; das gleiche gilt noch für das *tert.-Butyl-α-thionaphthenylketon*, während die Spektren von dessen Oxim bzw. Semicarbazon dem von I, dasjenige des β-Naphthylhydrazons dem von II stark ähneln. Die tert. Butylgruppe am Azomethin-C-Atom bewirkt eine Entkopplung der Chromophoren, die zwar weniger ausgeprägt ist als in der Benzol- bzw. Pyridinreihe, aber doch den Schluß erlaubt, daß das α-C-Atom in I die Elektronenstruktur des Graphits besitzt. (C. R. hebd. Séances Acad. Sci. **236.** 2247—49. 8/6. 1953.) J. ROTHE. D 118

Guilio Milazzo, *Emissionsspektrum von unzersetztem N-Methylpyrrol.* (Vgl. C. **1953.** 1306; **1954.** 4119 u. Gazz. chim ital. **74.** [1944.] 152.) Aus dem UV-Emissionsspektr. von *N-Methylpyrrol* wird auf einen stabilen Anregungszustand geschlossen, der unzers. in den Grundzustand zurückkehrt. (J. chem. Physics **21.** 163—64. Jan. Erratum: 1312. Juli 1953. Rom. Ist. super. Sanità.) GOUBEAU. D 118

Albert Wollenberger, *Ultraviolettabsorptionsspektren von Kreatinin.* Die UV-Absorptionsspektren von *Kreatinin* (I) wurden in saurer, neutraler u. alkal. Lsg. gemessen. Unter p_H 3 ist λ_{max} 217 mμ ($\varepsilon = 4{,}4 \cdot 10^3$), bei pK 6,5—12,3 λ_{max}234 mμ ($\varepsilon = 6{,}9 \cdot 10^3$), in 1 n NaOH λ_{max} 225 mμ ($\varepsilon = 11{,}1 \cdot 10^3$). Für die p_H-Werte der bas. bzw. sauren Ionisation von I ergaben sich aus den Spektren die Werte 5,02 bzw. 13,4. (Acta chem. scand. **7.** 445—46. 1953. Uppsala, Univ., Inst. of Biochem.) D. BRÜCK. D 118

Jean-Léon Masse, *Untersuchung der Wirkung von Licht auf ein Molekül vom Spirantyp nach der L. C. A. O.-Methode.* Bei Spiropyranen vom Typ **A** existiert nebenst. Gleichgewicht (vgl. CHAUDÉ u. RUMPF, C. **1953.** 8544), das durch Lichteinw. zur Seite von **A** hin verschoben wird. Vf. berechnet für X = NCH_3 bzw. O die Elektronenverteilung u. die Bindungsindices I im Grund- u. 1. Anregungszustand u. zeigt, daß im Anregungszustand, der ja bei Bestrahlung eingenommen wird, die I-Werte der

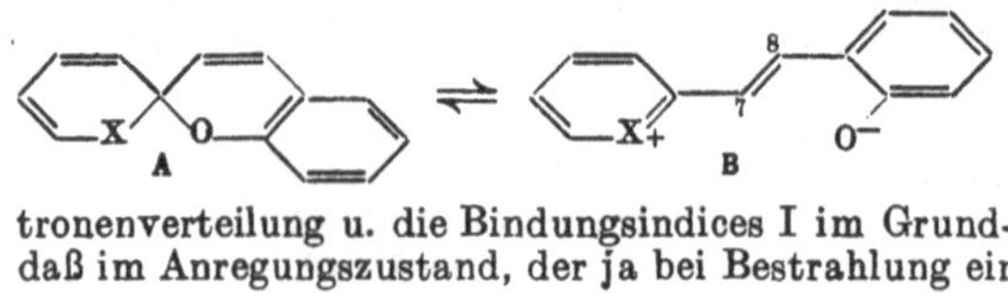

7—8-Bindung in **B** kleiner sind als im Grundzustand, so daß eine Rotation der Mol.-Hälften um diese Bindung möglich wird. Die Ladungen am X u. O in **B** sind im Anregungszustand geringer. (C. R. hebd. Séances Acad. Sci. **238.** 1320—22. 22/3. 1954.)
KRESZE. D 119

B. P. Stoicheff, *Über die Raman-Schwingungsspektren des gasförmigen Äthylens.* Zur Klärung einiger Unstimmigkeiten in der Zuordnung werden die RAMAN-Spektren von *leichtem* u. *schwerem Äthylen* neu aufgenommen. ν_5 (3108 bzw. 2305) u. ν_8 (950 bzw. 780 cm^{-1}) lassen sich nun eindeutig zuordnen, während ν_6 in beiden Fällen durch die breite ν_3-Bande verdeckt wird. (J. chem. Physics **21.** 755—56. April 1953. Ottawa, Can., Nat. Res. Council, Div. Phys.)
GOUBEAU. D 120

M. de Hemptinne und **J. Charette,** *Die Raman-Spektren von gasförmigen Äthylenen.* Mit Hilfe einer Druckkammer werden die RAMAN-Spektren von C_2H_4, C_2H_3D, $C_2H_2D_2$ (Gemisch cis-trans), $CH_2{=}CD_2$, C_2HD_3 u. C_2D_4 vermessen. Während deutliche Frequenzverschiebungen bei den RAMAN-Spektren fl. u. gasförmig auftreten, stimmen Ultrarot- u. RAMAN-Frequenzen im gasförmigen Zustand gut überein. (Bull. Cl. Sci., Acad. roy. Belgique [5] **39.** 622—28. 1953. Louvain, Labor. Phys. moléc. et nucl.)
GOUBEAU. D 120

C. Courtoy und **M. de Hemptinne,** *Infrarotspektrum mit großer Dispersion von* $CH_2{=}CHD$. In Fortsetzung früherer Unterss. (vgl. C. **1953.** 5632), in denen über das Infrarotspektr. von $CH_2{=}CHD$ zwischen 700—3210 cm^{-1} berichtet worden war, untersuchten Vff. in der vorliegenden Arbeit den Bereich zwischen 4020 u. 4785 cm^{-1}. Die Versuchsergebnisse sind tabellar., das gesamte Spektr. in dem untersuchten Bereich graph. wiedergegeben. Gewisse Anharmonizitätskonstanten konnten gemessen werden. (Ann. Soc. sci. Bruxelles, Sér. I **67.** 285—95. 21/12. 1953. Namur, Fac. des Sci.; Louvain, Univ.)
GOTTFRIED. D 120

R. Van Riet, C. Courtoy und **M. de Hemptinne,** *Infrarotspektrum mit großer Dispersion des Moleküls* $CD_2H{-}CD_2H$. (Vgl. C. **1954.** 41.) Mit einem Gitterspektrographen wurde das Infrarotabsorptionsspektr. von $CD_2H \cdot CD_2H$ erneut untersucht, u. zwar in dem Bereich von 900—3000 cm^{-1}. Das gesamte Spektr. ist in Tafeln, die auf das Vakuum red. Frequenzen der Absorptionsmaxima sind graph. wiedergegeben. (Ann. Soc. sci. Bruxelles, Sér. I **67.** 296—308. 21/12. 1953. Louvain, Univ., Labor. de Phys. nucl. et mol.)
GOTTFRIED. D 120

R. L. Werner und **Maurice D. Sutherland,** *Das Infrarotspektrum von α-Citronellol.* Vff. berichten über das Infrarotspektr. von *α-Citronellol* (**I**), das mit einem PERKIN-ELMER-12 C-Spektrographen an einer 95 % ig. Probe (5 % β-Citronellol [**II**]) aufgenommen wurde. Charakterist. Banden von **I**, die eine Unterscheidung von **II** erlauben, werden bei 887 u. 1651 cm^{-1} beobachtet. Für **II** typ. Banden liegen bei 830 u. 1672 cm^{-1}. Eingewogene Mischungen der beiden Verbb. werden im Bereich von 800—940 cm^{-1} gemessen u. bei 870 cm^{-1} ein isosbest. Punkt gefunden, der bei der Durchführung von Analysen herangezogen werden kann. (J. Amer. chem. Soc. **74.** 2688—90. 20/5. 1952. Sydney, New South Wales, Univ. of Technol., Dep. of Phys. Chem., u. Brisbane, Univ. of Queensland, Chem. Dep.)
LÜTTKE. D 120

San-ichiro Mizushima, Takehiko Shimanouchi, Tatsuo Miyazawa, Isao Ichishima, Kenji Kuratani, Ichiro Nakagawa und **Nobuhiko Shido,** *Rotationsisomerie beim Chloraceton.* Von *Chloraceton* wurde das RAMAN-Spektr. fest, fl. bei verschied. Tempp. u. in Lsgg. von Ae., Methylalkohol u. W. u. das Ultrarotspektr. fest, fl. bei verschied. Tempp., gasförmig u. in äther. Lsg. aufgenommen. In den verschied. Zuständen weisen die Spektren charakterist. Unterschiede auf, die sich auf die Anwesenheit von zwei Rotationsisomeren zurückführen lassen. Dipolmomentmessungen bestätigen diesen Befund u. zeigen, daß im festen Zustand allein die stärker polare Form (Cl- u. CH_3- in trans-Stellung) vorhanden ist, u. daß mit steigender Temp. die 2. Form mit einem Verdrehungswinkel von ca. 150° zunimmt. Die Ursachen für die Stabilität von Rotationsisomeren u. für die Potentialschwelle bei der Rotation werden diskutiert. (J. chem. Physics **21.** 815—18. Mai 1953. Tokio, Hongo, Univ., Fac. Sci., Chem. Labor.)
GOUBEAU. D 120

James T. Harris jr. und **Marcus E. Hobbs,** *Eine Untersuchung der Assoziation einiger organischer Säuren durch Messungen der Infrarotabsorption.* Durch Messungen der Infrarotabsorption bestimmten Vff. quantitativ die Konstanten der Gleichgewichte Monomeres ⇌ Dimeres in CCl_4-Lsgg. bei 25 ± 1° (Konzz. zwischen 10^{-2} u. 10^{-5} Mol·Liter^{-1}) für *Essigsäure* (**I**; n_D^{20} 1,3718), *Monochloressigsäure* (**II**; F. 62,70 ±0,05°), *Dichloressigsäure* (**III**; $Kp._{17-18}$ 95,0—95,5°), *Trichloressigsäure* (**IV**; F. 57,40 ±0,05°) u. *Benzoesäure* (**V**). Die Konstanten wurden berechnet aus der Absorption der O—H-Valenzfrequenz (zwischen 3526 u. 3548 cm^{-1}) der Monomeren. Für die einzelnen Säuren wurden folgende ε_{OH} [Liter · Mol^{-1} · cm^{-1}] (1. Wert) bzw. durchschnittliche K (2. Wert) erhalten: **I** 97; 2,5·10^{-4}. — **II** 97; 6,2 · 10^{-4}. — **III** 126; 9,3·10^{-4}. — **IV** 128; 19·10^{-4}. — **V** 170; 0,7·10^{-4}. — Die Werte für **V** sind unsicherer als diejenigen für die anderen Säuren. Die K-Werte der aliphat. Säuren laufen etwa den in Bzl. erhaltenen (Pohl u. Mitarbeiter, J. chem. Physics **9.** [1941.] 408) parallel, sind aber 10—20 mal kleiner. (J. Amer. chem. Soc. **76.** 1419—22. 5/3. 1954. Durham, N. C., Duke Univ., Dep. of Chem.) J. Rothe. D 120

S. C. Sirkar und **N. K. Roy,** *Das Raman-Spektrum des monomeren Methacrylsäuremethylesters bei —180°.* Von monomerem *Methacrylsäuremethylester* wurde das Raman-Spektr. fest bei —180° u. fl. bei 28° aufgenommen u. mit dem von Polymeren (Plexiglas) verglichen. Es zeigt sich, daß bei tiefer Temp. Assoziation eintritt, die jedoch völlig verschieden ist von der Polymerisation, wie aus den verschiedenartigen Änderungen der Spektren ersichtlich ist. (J. chem. Physics **21.** 938—39. Mai 1953. Jadarpur, Calcutta, Ind. Assoc. for Cult. Sci., Opt. Dep.) Goubeau. D 120

Bruce Black und **Robert E. Lutz,** *Beweis für die cis-trans-Konfiguration und wirksamen Konjugationen von α-Phenylchalkonen.* Die untersuchten substituierten *α-Phenylchalkone* (**I** u. **II**) können in ihrem ster. Aufbau ebenso als substituierte Stilbene aufgefaßt werden. Beides sind chromophore Systeme mit definierten Banden im nahen UV. Vff. untersuchen die UV-Spektren der genannten Verbb. im Vgl. mit den Muttersubstanzen (Stilbene u. Chalkone) u. stellen durch Vgl. der entweder im Ring 2 oder Ring 3 nitrosubstituierten Derivv. fest, daß bei den cis-Isomeren (bezogen auf das Chalkonsyst.) das trans-Stilbensyst. wirksam in Konjugation ist, während bei den trans-Chalkonderivv. beide Systeme an der Konjugation beteiligt sind (Absorptionsspektren u. ihre vergleichende Diskussion vgl. Original). Neben diesen nur aus den Spektren gezogenen Schlüssen tritt als weiterer Beweis die größere chem. Reaktivität der trans-Derivv. gegenüber nucleophiler Addition u. Oxydation mit H_2O_2 — hier reagiert vornehmlich der Chalkonanteil der Moll. u. nicht die Stilbenstruktur.

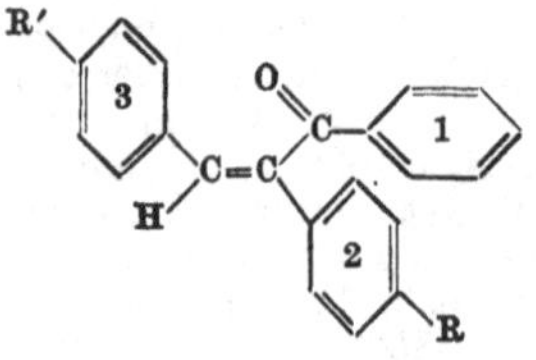

V e r s u c h e: Die Absorption wurde spektrophotometr. in 5·10^{-5} mol. alkoh. Lsg. bestimmt. Die untersuchten Isomerenpaare zeigen bei Bestrahlung ein (nicht näher beschriebenes) Photogleichgewicht. — *cis-Chalkon* (**III**), λ_{max} 250 [mμ] (13700 [ε]); 292,5 (8800). — *trans*-**III**, 227,5 (9800); 307,5 (24300). — *cis-α-p-Nitrochalkon* (**IV**), $C_{15}H_{11}O_3N$, F. 98—98,5°, aus *trans*-**IV** durch Bestrahlen einer 0,004 mol. benzol. Lsg. u. Kristallisation aus Bzl./PAe., hellgelbe Nadeln; 262,5 (12400); 297,5—300 (16100). — *trans*-**IV**, F. 164—164,5°; 315—317,5 (28200). — *Chlorbenzyldesoxybenzoin*, F. 175 bis 176°; durch Einleiten von HCl in eine Lsg. von Desoxybenzoin in Benzaldehyd (1 : 10 Mol). — *trans-α-Phenylchalkon* (**IIa**), F. 103—103,5°, aus vorst. Verb. durch Erhitzen mit NaOH in Aceton. — *cis-Verb.* (**Ia**), F. 88—89°; 260 (24600); 280 (22900). Die *trans-* u. *cis*-Verbb. wurden durch fraktionierte Kristallisation aus Bzl. durch Zusatz von Isooctan in verschied. Kristallformen erhalten. — *cis-1-[p-Nitrophenyl]-2-benzoyl-2-phenyläthylen* (**Ib**), F. 168,5—169,5°; 251—252,5 (19200); 327,5 (17900). — *trans-1-[p-Nitrophenyl]-2-benzoyl-2-phenyläthylen* (**IIb**), F. 153—153,5°; 256,5—257,5 (15900); 321 (15700). — *trans-1-Phenyl-2-benzoyl-2-[p-nitrophenyl]-äthylen* (**IIc**), $C_{21}H_{15}O_3N$, F. 188—189,5°, schmale hellgelbe kurze Prismen (Bzl./Isooctan); 272,5 (18300); 290—292,5 (18700). — *cis-1-Phenyl-2-benzoyl-2-[p-nitrophenyl]-äthylen* (**Ic**), $C_{21}H_{15}O_3N$, F. 135,5—136°, gelbe lange Nadeln (Bzl./Isooctan); 252,2 (17200); 327,5 (17700). — Bei Bestrahlung mit Sonnenlicht bildet sich bei allen Isomerenpaaren in 0,01 bzw. 0,00001 mol. Lsg. das gleiche cis-trans-Gleichgewicht 1 : 3 aus. — *1.2-Diphenyl-3-[p-nitrophenyl]-3-methoxypropanon-(1)*, $C_{22}H_{19}O_4N$, F. 180—182,5 (Bzl. u. Isooctan); durch 24 std. Stehenlassen von **IIb** bei Zimmertemp. in methanol. Lsg. in Ggw. von $NaOCH_3$; 5—10% (Ausbeute), 90% **IIb** zurück. — Analog behandelt gibt *cis*-**Ib** keine Reaktion. — Rk. von *cis-* u. *trans*-**III** mit H_2O_2 in absol. äthanol. NaOH-Lsg. gibt trans-**III** 87—93% krist. *Oxyd*, F. 78—81,5°, bzw. cis-**III** 68%, F. 78—84°. Kontrollvers. zeigt, daß unter gleichen Reaktionsbedingungen *cis*-**III** weitgehend nicht angegriffen wird (75% zurück) u. *trans*-**III** 98% Oxyd ergibt. (J. Amer. chem. Soc. **75.** 5990—97. 5/12. 1953. Charlottesville, Va., Univ., Cobb Chem. Labor.)

Schönewald. D 123

Herfried Hase, *Dielektrische Relaxationsuntersuchungen zur Frage des Lösungsmitteleinflusses und der inneren Beweglichkeit von Dipolmolekülen.* Im Rahmen einer Dissertation wird zunächst das Verh. von Dipolmoll. mit starrer Anordnung der polaren Gruppen (*Chlorbenzol, Jodbenzol, Jodtoluol, Nitrobenzol, Pyridin, Cyclohexylchlorid* u.

Joddiphenyl) in verd. Lsgg. in Bzl., Tetrachlorkohlenstoff, Hexan, Dioxan u. Cyclohexan hinsichtlich des Einfl. der Viscosität auf die Relaxationszeiten untersucht. Die Best. der Relaxationszeit geschieht calorimetr. durch Messung der Hochfrequenzverluste in einem Kondensatorgefäß bei 88,4 MHz. Das Verhältnis der mkr. zur makroskop. Viscosität wird abgeschätzt. Es hängt ab von Mol.-Vol. u. Mol.-Form der beteiligten Stoffe. Anschließend werden die Unterss. auf Dipolmoll. mit beweglicher polarer Gruppe ausgedehnt (*3.3'-Dimethoxy-4-joddiphenyl, 3.3'.5.5'-Tetramethoxydiphenyl, Quateranisyl, Diphenetyl, o.o'-* u. *m.m'-Ditolyl, 2.2'-* u. *3.3'-Jodditolyl, Quatertolyl* u. *Isoquatertolyl, Anisol, Hydrochinon-* u. *Resorcindimethyläther, Veratrol, m.m'-* u. *p.p'-Dianisyl*). Aus diesen Messungen werden Rückschlüsse auf die innermol. Beweglichkeit der polaren Gruppe gezogen. — Die Dipolmomente aller untersuchten Stoffen vgl. KLAGES u. KLÖPPING (Z. Elektrochem., Ber. Bunsenges. physik. Chem. **57.** [1953.] 369). (Z. Naturforsch. **8a.** 695—707. Nov. 1953. Mainz, Univ., Physikal. Inst.)
K. L. WOLF. D 132

Marion Maclean Davis und **Hannah B. Hetzer**, *Vergleich der Stärken von vier organischen Basen in Benzol.* Spektrophotometr. wurde bei 25° die Rk. der Basen *1.3-Di-o-tolylguanidin* (**I**), *1.3-Diphenylguanidin* (**II**), *1.2.3-Triphenylguanidin* (**III**) u. *Triäthylamin* (**IV**) mit dem sauren Farbstoffindicator *Bromphthalein Magenta E* (*Tetrabromphenolphthaleinäthylester*) untersucht. Für **I** ergaben sich als Gleichgewichtskonstanten K_1 u. K_2 für die erste u. zweite Stufe die angenäherten Werte $1{,}1 \cdot 10^6$ u. 6,4. Für **II**, **III** u. **IV** sind die entsprechenden K_1-Werte $2{,}2 \cdot 10^5$; 525 u. $2{,}3 \cdot 10^4$. Die Werte von K_1, die die relativen Tendenzen der Basen zur Bldg. von Salzen mit dem sauren Indicator in Bzl. messen, sollten parallel den Ionendissoziationskonstanten der Basen in W. verlaufen. Die Parallelität erwies sich jedoch als nicht gut. **I** u. **II**, von denen vermutet wird, daß sie in W. schwächere Basen als **IV** sind, erwiesen sich als reaktionsfähiger in Benzol. (J. Res. nat. Bur. Standards **48.** 381—91. Mai 1952. Washington.)
GOTTFRIED. D 139

S. H. Ward und **Matthew van Winkle**, *Dampf-Flüssigkeit-Gleichgewichte bei 200 mm Hg-Druck; binäre Systeme: Naphthalin–n-Tetradecan; Naphthalin–Hexadecen-(1); n-Tetradecan–Hexadecen-(1); ternäres System: Naphthalin–n-Tetradecan–Hexadecen-(1).* Die Arbeiten wurden ausgeführt, um für die fraktionierte Vakuumdest. von höhersd. KW-stofffraktionen Erfahrungen zu sammeln. Die tabellar. u. graph. aufgeführten Resultate werden näher erläutert u. der Einfl. des *Naphthalins* (**I**) auf die bin. u. tert. Systeme festgestellt. Die Abweichungen vom RAOULTschen Gesetz sind angegeben. (Ind. Engng. Chem. **46.** 338—50. Febr. 1954. Austin, Tex., Univ. of Texas.)
K. O. MÜLLER. D 150

Joseph B. Conway und **James B. Philip**, *Das ternäre System Furfurol–Methylisobutylketon–Wasser bei 25°.* Die Gleichgewichtsdaten des Syst. *Furfurol* (**I**)–*Methylisobutylketon* (**II**)–*W.* (**III**) bei 25° werden angegeben sowie die Verteilungskoeffizienten von **I** zwischen **II** u. **III**. Das Phasendiagramm wird nach den Methoden von OTHMER-TOBIAS, BACHMAN u. BROWN näher untersucht. (Ind. Engng. Chem. **45.** 1083—85. Mai 1953. Villanova, Pa., Coll., Dep. of Chem. Engng.)
v. SCHIESZL. D 150

H. P. Frank, *Untersuchungen über das binäre System N-Vinylpyrrolidon–Wasser.* Da unsubstituiertes *Pyrrolidon* ein krist. Hydrat bildet u. Hydratbldg. auch beim *N-Vinylpyrrolidon* (**I**) angenommen wird, scheint die stark hygroskop. Natur des Polyvinylpyrrolidons ebenfalls auf eine Tendenz zur Hydratbldg. zu deuten. Vf. untersucht das bin. Syst. **I**–W. u. findet im Diagramm Viscosität/Molenbruch eine Abweichung vom idealen Verh., die bei den Systemen **I**–Methanol nur sehr wenig u. **I**–CCl_4 nicht vorhanden ist. Allerdings entspricht die Höhe des gefundenen Maximums nicht der für Hydratbldg. erwarteten. Gleiche Schlüsse können aus dem Diagramm Mischungswärme/Molenbruch gezogen werden. Das Phasendiagramm schließlich zeigt eindeutig, daß keine Hydratbldg., sondern nur ein eutekt. Punkt bei —13,5° vorliegt. (J. Polymer Sci. **13.** 187—88. Febr. 1954. Wien, Univ., I. Chem. Labor.)
RUSKE. D 150

S. Parthasarathy, D. Srinivasan und **S. S. Chari**, *Thermische Untersuchungen über die Absorption von Ultraschallwellen in Flüssigkeiten.* (Vgl. C. **1954.** 482 u. 5967.) Vff. beschallen die Fll.: *Toluol, m-Xylol, Nitrobenzol,* CS_2, *Bzl., Essigsäureäthylester* und CCl_4 mittels eines 420 kHz-Quarzes im Frequenzintervall von ca. 340—680 kHz u. messen die bei der Beschallung erzeugte Wärmemenge. Nach Berücksichtigung der dielektr. Erwärmung u. der Strahlungsverluste zeigt sich, daß bei den untersuchten Fll. die durch die Schallwellen erzeugten Wärmemengen dem Ausdruck α/ν^2 streng proportional sind (α Absorptionskoeff., ν Frequenz). Vff. schließen hieraus, daß bei diesen Frequenzen der Absorptionskoeff. den klass. Wert gemäß der Formel von STOKES-KIRCHHOFF besitzt. (Z. Physik **135.** 395—402. 1953. New Delhi, Nat. Phys. Labor. of India.)
H. JACOB. D 159

S. Parthasarathy, D. Srinivasan und **S. S. Chari,** *Die Beziehung des durch Ultraschallwellen in Flüssigkeiten erzeugten Temperatureffektes zu ihrem Absorptionskoeffizienten.* (Vgl. vorst. Ref.) Vff. setzen die im vorst. Ref. beschriebenen Verss. für Frequenzen von 5 u. 15 MHz fort unter Erweiterung der Anzahl der untersuchten Fll. auf *Pyridin, Chlorbenzol, Cyclohexanol, Butylalkohol, Isopropylalkohol, Isobutylalkohol, Amylalkohol, Isoamylalkohol, Malonsäurediäthylester, Acetophenon* u. *Salicylsäuremethylester.* Es zeigt sich, daß die Proportionalität zwischen erzeugter Wärmemenge u. dem Quotienten α/ν^2 für 5 MHz nicht mehr für alle untersuchten Fll. gegeben ist u. für 15 MHz völlig fehlt, statt dessen wird gefunden, daß die erzeugte Wärmemenge in den verschied. Fll. nahezu gleich groß ist. (Z. Physik **135.** 403—05. 1953. New Delhi, Nat. Phys. Labor. of India.) H. Jacob. D 159

Sigfried Peterson und **Elmer Gowen,** *Gleichgewichte zwischen aromatischen Säuren und schwach basischen Anionenaustauschern.* (Vgl. C. **1953.** 6214.) Für eine Reihe substituierter Benzoesäuren (I), wie *3.5-Dinitro-, o-* u. *m-Nitro-, -chlor-, -methyl-, o-Oxy-, o-, m-* u. *p-Methoxy-, -aminobenzoesäure,* u. für *Essigsäure*(II) wurden die Gleichgewichtsisothermen bei 30,3° an den schwach bas. Anionenaustauscherharzen *Amberlite IR-4B* u. *Amberlite IR-45* aufgenommen. Die Adsorptionswerte an Amberlite IR-4B liegen für alle I höher als für II. Außerdem übersteigen sie zum Teil die Kapazität (6,0 mMol/g) der Harze. Der untersuchte Effekt ist zwar im wesentlichen eine Säure-Basen-Funktion, doch ist nicht allein der Dissoziationsgrad der untersuchten Säuren maßgebend. Vielmehr führt Molekularadsorption zur Ausbildung von Additionsverbindungen. Die beobachtete Umkehr der Isothermen bei höheren Konzz. der adsorbierten Säuren im Harz zeugt von Kondensationserscheinungen, wie sie ähnlich bei der Gasadsorption nahe dem Sättigungsdruck beobachtet werden. Das unterschiedliche Verh. gleicher I an den beiden Anionenaustauscherharzen beruht auf dem Vorhandensein phenol. OH-Gruppen in Amberlite IR-4B. Die Ergebnisse lassen die beiden Harze für Trennungen dieser Säuren geeignet erscheinen. (Ind. Engng. Chem. **45.** 2584—86. Nov. 1953. Oak Ridge, Tenn., Nat. Labor., u. Louisville, Ky., Univ.) K. Böhm. D 177

J. Abadie, R. Charbonniere, A. Gidel, P. Girard und **A. Guilbot,** *Das Wasser bei der Kristallisation der Maltose und Glucose und die Zustände des Sorptionswassers der Stärke nach ihren Radiofrequenzabsorptionsspektren.* Messungen der Absorption von krist. *β-Maltose-Monohydrat* bei 20° u. Frequenzen zwischen ca. 100 Hz u. 10000 MHz ergeben prakt. keine Absorption. Wird der Zucker geschmolzen, durch Eingießen in Bzl. verfestigt u. pulverisiert, tritt Absorption auf, deren Maximum bei ca. 3 MHz liegt. Nach Entwässerung bei tiefer Temp. erhält man eine Absorptionskurve, welche zwischen den beiden obengenannten Kurven liegt. Wird benzoylierte *β-Maltose* durch Schmelzen entwässert, tritt prakt. keine Absorption auf. Bei der *Glucose* liegen die Verhältnisse ähnlich, nur wird, im Gegensatz zu der Maltose, auch bei der bei niedriger Temp. entwässerten Glucose keinerlei Absorption beobachtet. Die Absorptionsspektren von trockner *Stärke* (mit 0,6% H_2O) sowie von Stärken, die progressiv von 0,6—20,5% ihres Trockengewichts hydratisiert worden waren, lassen deutlich erkennen, daß von einem Wassergeh. von ca. 15,5% ab der Freiheitsgrad des W. eine deutliche Änderung erfährt. Die Gründe werden ausführlich diskutiert. (J. Chim. physique Physico-Chim. biol. **50.** C46—52. Juli/Aug. 1953. Inst. de Biol. Phys.-Chim.; Labor. Nat. de Radio-Électricité.) Gottfried. D 190

A. K. Sreedhar, *Wärmeausdehnung von Kristallen bei tiefen Temperaturen.* 1. Mitt. *Zucker.* Interferometr. wurden die 3 linearen Ausdehnungskoeff. von *Rohrzucker* zwischen —150° u. Zimmertemp. gemessen. Die experimentelle Anordnung wird ausführlich beschrieben; die erhaltenen Werte für α_{11}, α_{22} u. α_{33} sind tabellar. zusammengestellt. Die Änderung von α mit der Temp. ist speziell bei tieferen Tempp. ziemlich groß, die Werte bei höheren Tempp. zeigen eine Tendenz zur Sättigung. Bei 0° ist das Verhältnis $\alpha_{11}:\alpha_{22}:\alpha_{33} = 29{,}18:36{,}67:41{,}96$; der Kristall zeigt demnach eine hohe Anisotropie. Diese Werte sind angenähert umgekehrt proportional den kristallograph. Achsenverhältnissen. Während die Kurven für α_{11} u. α_{33} konvex sind, ist die von α_{22} konkav. Bei ca. —40° ist $\alpha_{11}=\alpha_{22} = 26{,}5 \cdot 10^{-6}$ u. bei ca. —106,5° $\alpha_{11}=\alpha_{33} = 23{,}2 \cdot 10^{-6}$; bei dieser Temp. sollte die Ausdehnung in der (0 1 0)-Ebene isotrop sein. (Proc. Indian Acad. Sci., Sect. A **36.** 141—47. Aug. 1952. Bangalore, Indian Inst. of Sci., Dep. of Phys.) Gottfried. D 190

P. J. Wheatley, *Die Struktur von Äthylenthioharnstoff.* Äthylenthioharnstoff krist. aus A. in monoklinen, nach der a- oder c-Achse gestreckten Nadeln. Die Elementarzelle hat die Dimensionen a = 5,774 ± 0,003 Å; b = 14,540 ± 0,005 Å; c = 5,801 ± 0,003 Å; β = 101° 18′. Raumgruppe ist C_{2h}^5—P 2_1/a; Z = 4. Die Struktur wurde mittels PATTERSON-Funktionen u. mehreren dreidimensionalen FOURIER-Analysen festgelegt. Die folgenden Parameter werden angegeben (wegen der Bezifferung vgl. die nebenst. Formel):

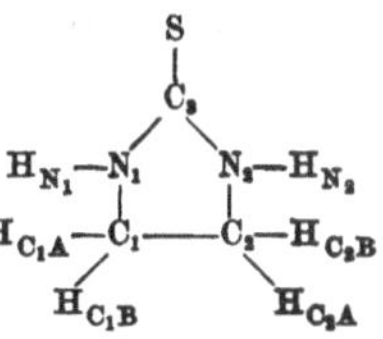

S: (x =) 0,0440 (y =) 0,1141 (z =) 0,2261; N_1: 0,3057; 0,0674; 0,6487; N_2: 0,4558; 0,1769; 0,4712; C_1: 0,5212; 0,0899; 0,8174; C_2: 0,6288; 0,1681; 0,6950; C_3: 0,2781; 0,1179; 0,4571; H_{N_1}: 0,170; 0,035; 0,696; H_{N_2}: 0,451; 0,224; 0,349; H_{C_1A}: 0,618; 0,033; 0,826; H_{C_1B}: 0,467; 0,117; 0,1930; H_{C_2A}: 0,754; 0,148; 0,649; H_{C_2B}: 0,617; 0,222; 0,758. — In dem Gitter liegen die 5 Atome des Ringes wahrscheinlich planar, während das S-Atom ca. 0,030 Å außerhalb dieser Ebene liegt. Die Abstände C_1N_1, C_2N_2 u. C_1C_2 mit 1,480; 1,461 u. 1,536 Å entsprechen den entsprechenden Einzelbindungslängen; die Abstände C_3N_1 u. C_3N_2 betragen im Mittel 1,322 Å u. der Abstand C_3S ist 1,708 Å. Bei der Diskussion eines C=S-Abstandes kommt der Vf. unter der Annahme von 3 Resonanzstrukturen für das Mol. zu einem Wert von 1,59 Å. (Acta crystallogr. [Copenhagen] **6.** 369—77. 10/5. 1953. Leeds, Univ., Chem. Dep.) GOTTFRIED. D 195

Masao Atoji und William N. Lipscomb, *Über die Kristallstrukturen von Methylamin. Methylamin* (I) zeigt eine λ-Punktumwandlung bei —171,7° u. eine Hysteresisschleife von ca. —158° bis nahezu zu dem F. von —93,46°. Einkristallaufnahmen von I wurden bei —150 u. —185° hergestellt. Aus den Aufnahmen bei —150° ergab sich eine rhomb. Zelle mit den Dimensionen a = $5{,}75_3 \pm 0{,}01$ Å; b = $6{,}17_7 \pm 0{,}01$ Å; c = $13{,}61_2$ $\pm 0{,}02$ Å. Raumgruppe ist D_{2h}^{15} — P c a b; Z = 8. Aus der Intensitätsverteilung ergibt sich, daß alle Atome in der allgemeinsten achtzahligen Lage liegen. PATTERSON- u. FOURIER-Synthesen lieferten die folgenden C- u. N-Parameter: C (x =) 0,216; (y =) 0,004; (z =) 0,106 u. N: 0,257; 0,065; 0,210. Mit diesen Parametern beträgt der Abstand C—N $1{,}48 \pm 0{,}01_4$ Å. Bei der Diskussion der H-Bindungen wurden für die H-Atome der NH_2-Gruppe die folgenden Parameter gefunden H_1 (x =) 0,257; (y =) 0,220; (z =) 0,235 u. H_2: 0,416; 0,024; 0,235. Bei der günstigsten ster. Lage der H-Atome der CH_3-Gruppe erhält man die Parameter H_1 (x =) 0,36; (y =) 0,07; (z =) 0,06; H_2: 0,21; —0,17; 0,10 u. H_3: 0,05; 0,07; 0,08. Die Aufnahmen bei —185° ergaben eine rhomb. Zelle mit den Dimensionen a = $5{,}73_3 \pm 0{,}01$ Å; b = $6{,}10_9 \pm$ 0,01 Å; c = $13{,}51_3 \pm 0{,}02$ Å. Die gesamte Volumenkontraktion gegenüber der Zelle bei —150° beträgt 10 Å³. Eine merkliche Veränderung der Intensitäten konnte nicht beobachtet werden. (Acta crystallogr. [Copenhagen] **6.** 770—74. 10/10. 1953. Minneapolis, Minn., Univ., School of Chem.) GOTTFRIED. D 195

A. McL. Mathieson, *Polymorphie von DL-Norleucin.* Kleine dünne Plättchen von *α-DL-Norleucin* (I) wurden durch langsame Verdampfung aus wss. A. erhalten. Dreh- u. WEISSENBERG-Aufnahmen ergaben eine monokline Zelle mit a = 9,84 Å; b = 4,74 Å; c = 16,56 Å; β = 104,5°. Raumgruppe ist P 2_1/a; Z = 4. Auf fast allen Diagrammen wurden Interferenzen von teilweise geordneten Überstrukturen beobachtet, deren c-Achse viermal so groß war wie die der α-Form, während die übrigen Parameter dieselben waren. Aus der Ähnlichkeit der chem. Formeln u. der Zelldimensionen von I u. DL-Methionin, dessen Struktur von DAWSON u. MATHIESON (vgl. C. **1953.** 991) aufgeklärt worden war, wurde geschlossen, daß die Moll. von I auch in Doppelschichten entlang der c-Achse angeordnet sind. Die durchgeführten FOURIER-Analysen bestätigten diese Annahme u. lieferten die folgenden Parameter: O_1 (x =) —0,012; (y =) —0,067; (z =) 0,375; O_2: 0,169; —0,317; 0,432; N: 0,356; 0,050; 0,404; C_1: 0,118; —0,114; 0,392; C_2: 0,209; 0,050; 0,350; C_3: 0,207; —0,069; 0,261; C_4: 0,301; 0,089; 0,217; C_5: 0,288; —0,036; 0,128; C_6: 0,394; 0,036; 0,083. Die Bindungslängen u. Valenzwinkel von I zeigen enge Übereinstimmung mit den in Methionin beobachteten Werten. Die Asymmetrie der Carboxylgruppe wird durch die Verteilung der H-Bindungen bedingt. Die Moll. sind durch H-Bindungen zwischen NH_3^+- u. COO^--Gruppen verbunden u. liefern so Doppelschichten parallel 0 0 1. Die Anordnung dieser Bindungen um das N-Atom ist angenähert tetraedr. mit dem mittleren Abstand N—O = 2,82 Å. Aus dem Auftreten einer teilweise geordneten Überstruktur kann, wie bei dem Methionin, auf das Auftreten einer zweiten oder β-Form von DL-Norleucin geschlossen werden, deren Struktur sich von der des I durch eine andere Packung der CH_3—CH_2-Gruppen unterscheidet. Die Dimensionen dieser β-Form sind a = 9,84 Å; b = 4,74 Å; c = 33,12 Å; β = 104,5°. Raumgruppe ist I 2/a; Z = 8. Die teilweise geordneten Überstrukturformen des DL-Norleucins lassen sich durch verschied. Anordnungen der zwei Packungsverhältnisse der beiden Formen erklären. (Acta crystallogr. [Copenhagen] **6.** 399—403. 10/5. 1953. Melbourne, Commonwealth Sci. and Ind. Res. Org., Div. of Ind. Chem., Chem. Phys. Sect.)

GOTTFRIED. D 195

J. Trommel, *Kristallstruktur von d(—)-Isoleucinhydrochloridmonohydrat.* 1. Mitt. *Die [1 0 0]-Projektion.* Zweck der vorliegenden Unters. war, festzustellen, ob die an die asymm. C-Atome des Isoleucins gebundenen CH_3- bzw. NH_2-Gruppen gegeneinander in cis- oder trans-Stellung stehen. Nadelförmige Kristalle von d(—)-Isoleucinhydrochloridmonohydrat wurden durch Zugabe von konz. HCl zu einer Suspension von d(—)-Isoleucin in Aceton u. langsames Verdunsten der Lsg. erhalten. Die nach [1 0 0] gestreckten nadelförmigen rhomb. Kristalle haben die Dimensionen a = 6,13 Å; b = 25,01 Å; C = 6,79 Å. Raumgruppe ist $D_2^4 - P\,2_1\,2_1\,2_1$; mit D. 1,19 ist Z = 4. Aus Patterson-Projektionen nach [1 0 0] u. [0 0 1] wurden die Koordinaten der Cl-Atome erhalten. Es wurde außerdem noch eine Fourier-Projektion nach [1 0 0] hergestellt, aus der jedoch über die gegenseitige Stellung der CH_3- u. NH_2-Gruppen noch keine Aussagen gemacht werden können. (Proc., Kon. nederl. Akad. Wetensch., Ser. B **56.** 272—73. Mai/Juni 1953. Utrecht, Rijksuniv., Labor. voor Kristalchemie.) Gottfried. D 195

A. D. Kirillowa und **D. Je. Dionissjew,** *Untersuchung der Umsetzung von Chinolin mit α- und β-Naphthol nach den Methoden der physikalisch-chemischen Analyse.* Im Syst. *Chinolin* (**I**)–*α-Naphthol* (**II**) zeigt das Schmelzdiagramm die Bldg. der kongruent schm. (F. 53,5°) Verb. $C_9H_7N\cdot\alpha\text{-}C_{10}H_7OH$ (**III**) u. der inkongruent schm. Verb. der wahrscheinlichen Zus. $2C_9H_7N\cdot\alpha\text{-}C_{10}H_7OH$ oder $3C_9H_7N\cdot 2\alpha\text{-}C_{10}H_7OH$ (**IV**). Die Isothermen der Viscosität, elektr. Leitfähigkeit u. red. Elektroleitfähigkeit zeigen in der fl. Phase **III** an, nicht jedoch **IV**. Das Schmelzdiagramm von I-*β-Naphthol* (**V**) zeigt die Bldg. der kongruent schm. Verbb. $C_9H_7N\cdot\beta\text{-}C_{10}H_7OH$ (**VI**; F. 55°) u. $C_9H_7N\cdot 2\beta\text{-}C_{10}H_7OH$ (**VII**; F. 71,5°) an. **VI** wird auch durch die Viscositäts- u. Leitfähigkeitsdiagramme angezeigt, nicht dagegen **VII**. Die Dichteisothermen von **I–II** u. **I–V** sind konkav gegen die Zusammensetzungsachse, ein Beweis für eine stattfindende Kontraktion. Aus den Ergebnissen wird geschlossen, daß durch die Einführung eines neuen Benzolringes in Phenol die Rk. mit **I** abgeschwächt wird. Die β-Stellung ist günstiger für die Komplexbldg. als die α-Stellung. (Журнал Общей Химии [J. allg. Chem.] **23** (**85**). 1107—11. Juli 1953. Rostow/Don, Molotow-Univ., Lehrstuhl für organ. Chemie.) Lebtag. D 221

A. D. Kirillowa und **D. Je. Dionissjew,** *Untersuchung der Umsetzung von Chinolin mit Nitrophenolen nach den Methoden der physikalisch-chemischen Analyse.* Um zu klären, wie die Rk. zwischen *Chinolin* (**I**) u. *Phenol* (**II**)-Derivv. durch die Einführung von NO_2-Gruppen beeinflußt wird, wurde die Rk. zwischen **I** u. *o-Nitrophenol* (**III**), *p-Nitrophenol* (**IV**) u. *2.4-Dinitrophenol* (**V**) durch Messung von D., Viscosität, Schmelzbarkeit u. elektr. Leitfähigkeit untersucht. Danach entsteht in **I—III** in der fl. Phase eine stark dissoziierende Verb. von der vermutlichen Zus. $C_9H_7N\cdot o\text{-}C_6H_4(NO_2)OH$. Nach der Schmelzkurve von **I—IV** entsteht in der festen Phase die Verb. $C_9H_7N\cdot p\text{-}C_6H_4\cdot(NO_2)OH$, erkennbar am Maximum der Kurve, F. 89,5°. Aus den Isothermen der Viscosität, der elektr. Leitfähigkeit u. der red. Leitfähigkeit folgt die wahrscheinliche Bldg. von $C_9H_7N\cdot 2p\text{-}C_6H_4(NO_2)OH$. Die Schmelzkurve von **I—V** besitzt ein Maximum, entsprechend der Verb. $C_9H_7N\cdot 2.4\text{-}C_6H_3(NO_2)_2OH$. Durch die p-Stellung von NO_2 in **II** wird die Rk. mit **I** im Vgl. zur o-Stellung dadurch verstärkt, daß in **IV** eine innere H-Bindung entsteht. Durch Einführung einer zweiten NO_2-Gruppe wird die Rk. noch weiter verstärkt. (Журнал Общей Химии [J. allg. Chem.] **23** (**85**). 1103—07. Juli 1953.) Lebtag. D 221

Alan E. Comyns, *Verbindungen tertiärer Amine mit Nitrosylchlorid und mit Distickstofftetroxyd.* Aliphat. u. aromat. tert. Amine reagieren bei —78° mit NOCl bzw. N_2O_4 unter Bldg. gefärbter Komplexe, z. B. $[(C_6H_5)(CH_3)_2N\cdot NO]^+Cl^-$ bzw. $[(C_6H_5)\cdot(CH_3)_2N\cdot NO]^+NO_3^-$. Die aliphat. Komplexe sind braun u. zers. sich bei —58°, während die aromat. pflaumenblauen Komplexe beständiger sind. Sie sind unlösl. in KW-stoffen, lösl. in chlorierten KW-stoffen. Folgende Amine geben Komplexe: *Trimethylamin, Triäthylamin, Dimethylanilin, Diäthylanilin, p-Nitrosodimethylanilin* u. *N-Methyldiphenylamin.* Die drei Nitrodimethylaniline reagieren nicht. (Nature [London] **172.** 491—92. 12/9. 1953. London, Univ. Coll.) H. Ulrich. D 223

M. A. Phillips, *Löslichkeit von γ-Benzolhexachlorid.* Es wird die prozentuale Löslichkeit von *γ-Benzolhexachlorid* in Bzl., CCl_4, Chlf., Cyclohexanon, Ae., Glycerin, Pentan, n-Propanol, Xylol bei 20° (Werte aus der Literatur) angegeben. Vf. stellt fest, daß die Löslichkeit der Verb. in Äthylbromid u. -chlorid bei n. Temp. unerwartet gut ist, nämlich 30% beträgt. (Chem. and Ind. **1953.** 516. 23/5. Romford.) Vieweg. D 224

K. W. Wilson, John D. Roberts und **William G. Young,** *Allylumlagerungen.* 27. Mitt. *Die Reaktionen von Butenylmagnesiumbromid mit Verbindungen mit aktivem Wasserstoff.* (26. vgl. J. Amer. chem. Soc. **71.** [1949.] 2019.) Unter der Einw. von

2 n H_2SO_4, HCl, Essigsäure, Mono- oder Trichloressigsäure, NH_4J u. organ. Verbb. mit akt. H-Atomen (A., sek.-Butylisopropylcarbinol, Benzhydrylmesitylketon (**III**) oder Bis-[benzolsulfonyl]-methan) in Abwesenheit oder Ggw. eines Lösungsm., wie Ae., Bzl. u. Heptan, wird Butenyl-MgBr unter Bldg. einer Mischung von *cis-* u. *trans-Buten-(2)* (**I**) mit *Buten-(1)* (**II**) gespalten. Die Zus. wurde durch Messung des Infrarotspektr. bestimmt; Isobutylen wurde nicht gefunden. Die Spaltung ist abhängig von der Natur der verwendeten akt. Verb.; während W. u. A. ähnlich zusammengesetzte Mischungen von **I** u. **II** ergeben, liefern Carbonsäuren u. HCl beträchtliche Mengen **II**. Eine Beziehung zwischen Acidität u. dem Verhältnis von **I**:**II** wurde nicht gefunden. Wenig **II** bildet sich in Abwesenheit eines Lösungsm.; die Änderung des Lösungsm. führt nur zu geringen Variationen. Bes. viel *cis*-**I** wird bei Verwendung von **III** gebildet. Rk. über nebenst. cycl. Zwischenprod. **A** ist nach den Ergebnissen nicht als allein gültiger Mechanismus anzunehmen.

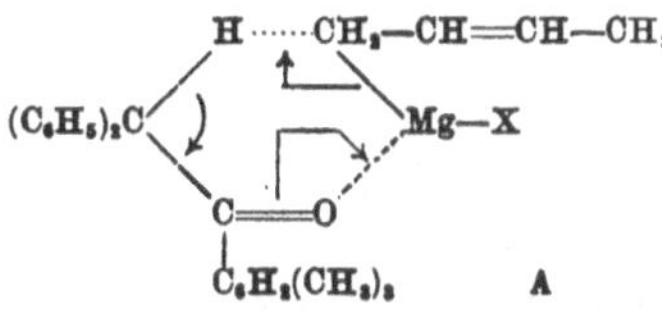

A

V e r s u c h e: *Bis-[benzolsulfonyl]-methan*, F. 122° (wss. A.), aus Dithiophenylmethan in Eisessig u. Essigsäureanhydrid mit 30%ig. H_2O_2 unter Kühlen mit Eis (2 Std.), später bei Zimmertemp. (3 Tage), nach der Zers. mit MnO_2 Kristalle; 94%. (J. Amer. chem. Soc. **72.** 215—17. Jan. 1950. Los Angeles, Calif., Univ., Dep. of Chem.) GOLD. D 225

K. W. Wilson, John D. Roberts und **William G. Young,** *Allylumlagerungen.* 28. Mitt. *Die Reaktion von Butenylmagnesiumbromid mit sterisch behinderten Ketonen.* (27. vgl. vorst. Ref.) Butenyl-MgBr reagiert mit Benzophenon (**I**), Isobutyrylmesitylen (**II**) u. Pentamethylaceton (**III**) hauptsächlich, wenn auch nicht ausschließlich, unter Umlagerung zu α-Methylallylcarbinolen. Mit Dimesitylketon (**IV**) findet gleichfalls eine Addition statt; die Struktur des Additionsprod. wurde nicht bestimmt. Hexamethylaceton (**V**) reagiert mit Butenyl-MgBr unter Bldg. von *Crotyldi-tert.-butylcarbinol* (**VI**). Aus diesen Ergebnissen wurde geschlossen, daß das GRIGNARD-Reagens ursprünglich als Crotyl-MgBr vorliegt u. daß die Crotylgruppe bei der Addition in eine Methallylgruppe umgelagert wird. Eine Ausnahme macht das ster. behinderte **V**, das ohne Umlagerung des GRIGNARD-Reagenses **VI** liefert.

V e r s u c h e: *Verb.* vom $Kp._6$ ~128° (unter beträchtlicher Zers.), durch Zugabe von **II** zu Butenyl-MgBr in Ae. u. Zers. mit W.; zers. sich auch bei $2 \cdot 10^{-3}$ mm. Die Pyrolyse bei 215° liefert 5% *Buten-(1)* (**VIII**), 24% *trans-* u. 70% *cis-Buten-(2)* (*trans-* bzw. *cis*-**VII**). Die Synth. des gesätt. Carbinols aus Butylisopropylketon u. Mesityl-MgBr gelang nicht. — Aus **I** u. Butenyl-MgBr entstand eine Verb., die auch bei niedriger Temp. nicht dest. werden konnte. Die Pyrolyse bei 200° liefert 77% *trans*-**VII** u. 23% *cis*-**VII**. — *n-Butyldiphenylcarbinol*, $C_{17}H_{20}O$, $Kp._{1,5}$ 134—135°, aus **I** u. Butyl-MgBr, n_D^{27} 1,5661—1,5665. — *1.1-Diphenyl-2-methylbuten-(1)*, $C_{17}H_{18}$, $Kp._{1,5}$ 123°, aus α-Methylbuttersäurepropylester mit C_6H_5MgBr u. anschließende Abspaltung von W. bei der Dest., n_D^{25} 1,5777. — *Verb.* vom $Kp._4$ ~180°, aus **IV** u. Butenyl-MgBr u. Pyrolyse des Hydrolysenproduktes. — *α-Methylallylisopropyl-tert.-butylcarbinol*, $Kp._{17}$ 100°, aus **III** u. Butenyl-MgBr u. Zers. mit wss. NH_4Cl, n_D^{20} 1,4651; 74%. Liefert bei der Pyrolyse 100% *trans*-**VII**. — *Crotyldi-tert.-butylcarbinol* (**VI**), $Kp._2$ 72°, analog aus **V**; n_D^{20} 1,4714—1,4720; 69%. Liefert bei der Pyrolyse (215°) reines **VIII**. (J. Amer. chem. Soc. **72.** 218—19. Jan. 1950.) GOLD. D 225

Irving D. Webb und **William G. Young,** *Allylumlagerungen.* 29. Mitt. *Relative Neigung zu nucleophiler Substitution bei organischen Halogeniden.* (28. vgl. vorst. Ref., vgl. auch EVANS, Nature [London] **157.** [1946.] 438). Die Geschwindigkeitskonstante der Rk. 2. Ordnung von *γ-Methyl-γ-äthylallylchlorid* (**I**) mit Na-Äthylat in A. bei 35° (0,870 Liter/Mol·Std.) ist 5 mal größer als die von *γ-Methylallylchlorid* (**II**), die ihrerseits 4 mal größer ist als die von Allylchlorid. Die Rk. führt zu 98% *γ-Methyl-γ-äthylallyläthyläther* (**III**). Die Geschwindigkeitskonstante der Solvolyse (Rk. 1. Ordnung) für **I** ($1,94 \cdot 10^{-2}$/Std.) ist 100 mal größer als die von **II**. Während **II** bei der Alkoholyse in A. nur wenig Umlagerungsprod. liefert, bilden sich bei der Alkoholyse von **I** eine gleichteilige Mischung von **III** u. *α-Methyl-α-äthylallyläthyläther.* Bei α-Methyl-α-äthylallylchlorid (**V**) ist die Solvolysengeschwindigkeitskonstante $3,58 \cdot 10^{-2}$.

V e r s u c h e: *α-Methyl-α-äthylallylalkohol* (**IV**), Kp. 117—118°, aus α-Methyl-α-äthylpropargylalkohol durch Hydrierung über Pd-$BaSO_4$, n_D^{20} 1,4288. — *α-Oxy-α-methylbuttersäure*, F. 70—73°, aus vorst. Verb. durch Ozonolyse. — *α-Methyl-α-äthylallylchlorid* (**V**), $Kp._{60}$ 37,5—39,5°, aus **IV** mit $SOCl_2$ bzw. PCl_3 u. Pyridin, Acetylchlorid oder am besten mit HCl bei 0 bis —50°; n_D^{25} 1,4289, n_D^{15} 1,4339;

35–65%; daneben *γ-Methyl-γ-äthylallylchlorid* (I), Kp.$_{60}$ 62–63°, n_D^{25} 1,4518, n_D^{15} 1,4567. Liefert bei der Ozonolyse Chloracetylchlorid. — *γ-Methyl-γ-äthylallyläthyläther* (III, $C_8H_{16}O$, Kp. 145–147°, Kp.$_{39}$ 63°, n_D^{25} 1,4251, a) aus I mit Na-Äthylat in absol. A. bei 25° (1 Woche); 89%; oder b) in absol. A. mit $CaCO_3$ bei Zimmertemp. (1 Woche) u. Kochen am Rückfluß; 49,5%. — *α-Methyl-α-äthylallyläthyläther*, $C_8H_{16}O$, Kp. 122–124°, aus I wie vorst. nach b) als 2. Prod., n_D^{20} 1,4130; 50,5%. (J. Amer. chem. Soc. **73**. 777–79. Febr. 1951.) GOLD. D 225

William G. Young und **Irving D. Webb**, *Allylumlagerungen*. 30. Mitt. *Die Bildung und Umlagerung von α.α-Dialkylallylacetaten.* (29. vgl. vorst. Ref.) Die Acylierung von α.α-Dimethylallylalkohol (I), α-Äthyl-α-methylallylalkohol (II) u. Linalool (III) mit Essigsäureanhydrid liefert die n. Acetate, die mit Eisessig, nicht aber in reinem Essigsäureanhydrid, unter den Veresterungsbedingungen in die Acetate von *γ.γ-Dimethylallylalkohol, γ-Äthyl-γ-methylallylalkohol* u. *Geraniol* übergehen. Die Ester von α-Methyl- u. γ-Methylallylalkohol zeigen diese Umlagerungs-Rk. unter den beschriebenen Bedingungen nicht, sie gehen im Acetylierungsgemisch erst bei Zugabe von p-Toluolsulfonsäure bei 60° in ein Isomerengemisch von ~35% sek. u. 65% prim. Acetat über.

Versuche: *α.α-Dimethylpropargylalkohol* (IV), Kp. 102–102,5°, nach CAMPBELL (J. Amer. chem. Soc. **60**. [1938.] 2882), n_D^{25} 1,4186; 71%. *N-Phenylcarbamat*, $C_{12}H_{13}O_2N$, F. 101–101,5° (Isopropyläther). — *α-Äthyl-α-methylpropargylalkohol*, Kp. 120–120,5°, analog, n_D^{25} 1,4286; 80%. *N-Phenylcarbamat*, $C_{13}H_{15}O_2N$, F. 65 bis 66,6° (PAe.). — *α.α-Dimethylallylalkohol* (I), Kp. 99,7–101°, aus IV durch Niederdruckhydrierung in Ggw. von Pd-$BaSO_4$ in einer BURGESS-PARR-App. mit der berechneten Menge H_2, n_D^{20} 1,4166. *N-Phenylcarbamat*, $C_{12}H_{15}O_2N$, F. 60–62,5° (PAe.). *Allophanat*, $C_7H_{12}O_3N_2$, F. 138,5–140° (A.). — *α-Oxyisobuttersäure* (V), F. 76,5–78,5°, durch Ozonolyse von I in Hexan bei –15°, Hydrolyse nach HURD u. WILLIAMS (J. Amer. chem. Soc. **58**. [1936.] 2636) u. alkal. Oxydation mit Ag_2O; 10%. — *α-Äthyl-α-methylallylalkohol* (II), Kp. 117–118°, n_D^{20} 1,4288, wie I. *N-Phenylcarbamat*, $C_{13}H_{17}O_2N$, F. 45–47° (PAe.). *Allophanat*, F. 123–125,5° (A.). — *α-Oxy-α-methylbuttersäure*, F. 70–73°. — *α.α-Dimethylallylacetat* (VI), Kp.$_{55}$ 49°, n_D^{20} 1,4103, aus I u. Essigsäureanhydrid bei 95° (27 Std.); 70% der Acetatmischung (58%). Liefert bei der Ozonolyse 35% V. — *tert.-Amylacetat*, Kp. 120°, durch Hydrieren von VI in Ggw. von ADAMS-Katalysator, n_D^{20} 1,3982; 60%. — *γ.γ-Dimethylallylacetat* (VII), Kp.$_{55}$ 74°, n_D^{20} 1,4298, neben VI; 30% der Acetatmischung; oder wie VI aus I bei 95° (215 Std.); 100% der Acetatfraktion (51%). Wird beim Behandeln mit Essigsäureanhydrid in Eisessig bei 95° (116 Std.) zu 90% unverändert wiedergewonnen. Liefert bei der Ozonolyse in Essigester (–15°) u. anschließendes Hydrieren des Ozonids in Ggw. von Pd-$BaSO_4$ 50% *Aceton* u. *Acetylglykolaldehyd* (VIII) [*2.4-Dinitrophenylhydrazon*, $C_{10}H_{10}O_6N_4$, F. 152–153° (Aceton), gelbe Würfel]. — *Isoamylacetat*, Kp. 140°, durch Hydrieren von VII, n_D^{25} 1,3981; 25%. — *γ.γ-Dimethylallylalkohol*, Kp. 141°, n_D^{20} 1,4433, aus VII mit 20%ig. methanol. Alkali; 70%. *N-Phenylcarbamat*, $C_{12}H_{15}O_2N$, F. 63,5–64,5° (PAe.). *Allophanat*, $C_7H_{12}O_3N_2$, F. 160° (A.). Liefert bei der Ozonolyse Aceton. — *α-Äthyl-α-methylallylacetat*, Kp.$_{50}$ 64°, wie VI aus II bei 120° (9 Std.), n_D^{20} 1,4208; 60% der Acetatmischung (49%). Wird nach der Behandlung mit Essigsäureanhydrid bei 95° (11 Tage) zu 85% unverändert wiedergewonnen. — *Methyldiäthylcarbinylacetat*, Kp. 141°, durch Hydrieren der vorst. Verb., n_D^{25} 1,4056; 60%. *Methyldiäthylcarbinol*, Kp. 120–123°, n_D^{25} 1,4153. — *γ-Äthyl-γ-methylallylacetat*, Kp.$_{50}$ 89°, wie VI aus II bei 95° (140 Std.) oder in Ggw. von H_3PO_4 bei 25° (18 Std.), n_D^{25} 1,4353; 100% der Acetatmischung (43 bzw. 50%). Liefert bei der Ozonolyse VIII. — *3-Methylamylacetat*, Kp. 164–165°, aus vorst. Verb. durch Hydrieren, n_D^{25} 1,4079; 40%. — *3-Methylamylalkohol*, Kp. 152°, n_D^{25} 1,4174. — *γ-Äthyl-γ-methylallylalkohol*, Kp. 157°, n_D^{20} 1,4475; 80%. *Allophanat*, $C_8H_{14}O_3N_2$, F. 151–151,5° (A.), Nadeln. Liefert bei der Ozonolyse in Hexan bei –10° Methyläthylketon. — *Triengemisch $C_{10}H_{16}$* (IX), Kp.$_{12}$ 55–60°, aus III beim Acetylieren mit Essigsäureanhydrid bei 135° (10 Std.); 40%. — *Linalylacetat* (X), Kp.$_{12}$ 96°, aus III mit Essigsäureanhydrid u. Pyridin bei 95° (110 Std.), n_D^{25} 1,4480; 75%. — *Geranylacetat* (XI), Kp.$_{12}$ 118°, durch direkte Acetylierung oder aus X mit Eisessig in Ggw. von 85%ig. H_3PO_4 bei 25° (66 Std.), n_D^{25} 1,4600; 54%; neben wenig IX, das auch aus XI unter den gleichen Bedingungen in geringer Ausbeute gebildet wird. Bei Behandlung von IX mit 10%ig. alkoh. Alkali entsteht III, Kp.$_{12}$ 84–85°, n_D^{25} 1,4590. — *α-Methylallylacetat*, Kp. 112,5° n_D^{20} 1,4048. *γ-Methylallylacetat*, Kp. 132–133°, n_D^{20} 1,4180. (J. Amer. chem. Soc. **73**. 780–82. Febr. 1951.) GOLD. D 225

William G. Young, **I. D. Webb** und **Harlan L. Goering**, *Allylumlagerungen*. 31. Mitt. *Die Reaktion von Butenylchloriden mit Diäthylamin und Triäthylamin.*

(30. vgl. vorst. Ref., vgl. auch MEISENHEIMER u. LINK, Liebigs Ann. Chem. **479.** [1930.] 211 u. JONES, LACEY u. SMITH, C. **1946.** I. 1388.) γ-Methylallylchlorid (**I**) reagiert mit Diäthylamin (**IX**) unter Bldg. von *N-Diäthyl-γ-methylallylamin* (**II**). α-Methylallylchlorid (**III**) liefert unter den gleichen Bedingungen, wenn auch langsamer, ebenfalls **II** unter Umlagerung; das n. Substitutionsprod. wurde nicht gefunden. In analoger Weise entsteht aus **I** u. **III** mit Triäthylamin (**X**) in jedem Falle *γ-Methylallyltriäthylammoniumchlorid* (**IV**). Zur Aufklärung der Umlagerungsbedingungen werden die aus **I** zu erwartenden n. Substitutionsprodd., *N-Diäthyl-α-methylallylamin* (**V**) u. *α-Methylallyltriäthylammoniumchlorid* (**VI**-*Chlorid*), durch Alkylieren von α-Methylallylamin (**VII**) dargestellt. Während **III** unter den Bedingungen der Bldg. von **II** u. beim Erwärmen mit **V**-Hydrochlorid auf 75° stabil ist, wird unter den energ. Bedingungen der Bldg. von **IV** in Ggw. von **IV** bei 75° eine Umlagerung von **III** beobachtet. Bei der Umsetzung von **III** mit Triäthylamin ist somit eine Umlagerung des **III** anzunehmen. **V** ist therm. u. gegen eine säurekatalysierte Solvolyse stabil u. bleibt unter den Bedingungen der Umsetzung von **III** mit **IX** unverändert; das Hydrochlorid von **V** zeigt die gleiche Stabilität, auch in Ggw. von **III**. Dagegen erfahren **VI** u. das entsprechende Jodid beim Erwärmen mit **III** in Bzl. erhebliche Zersetzung. — Auf Grund dieser Tatsachen u. kinet. Messungen kann für die Umsetzung von **III** mit **IX** eine bimol. Substitutions-Rk. (S_N2) angenommen werden. Für die Rk. von **III** mit **IX** in Bzl. ergeben sich dabei folgende Geschwindigkeitskonstanten: bei 62,7° 2,21(·10^{-2} Liter/Mol·Std., [III] = 0,793 mol.) bzw. 2,45 ([III] = 0,397 mol.) u. bei 74,9° 3,8 ([IX] = 0,852 mol.) bzw. 4,4 ([IX] = 0,136 mol.). — Der Substitutionsmechanismus wird diskutiert.

Versuche: *α-Methylallylchlorid* (**III**), Kp. 63,2—63,5°, n_D^{20} 1,4150. — *γ-Methylallylchlorid* (**I**), Kp. 84°, n_D^{20} 1,4350. — *N-Diäthyl-γ-methylallylamin* (**II**), $C_8H_{17}N$, Kp. 137—139°, a) durch Kochen von **III** u. **IX** am Rückfluß (36 Std.), b) aus **III** u. **IX** in Bzl. bei 60° (3 Tage) u. Aufnehmen in wss. HCl; 46%; c) aus **I** u. **IX** in exothermer Rk. bei Zimmertemp. (2 Tage); 85%; d) ebenso in Bzl. bei 60° (2 Tage), n_D^{20} 1,4291 bis 1,4340; 55%. *Pikrat*, $C_{14}H_{20}O_7N_4$, F. 81,5—83° (Methanol). — *n-Butyldiäthylamin*, $C_8H_{19}N$, Kp. 136,5°, a) aus **II** durch Hydrieren in Methanol in Ggw. von ADAMS-Katalysator; 45% [neben niedriger sd. Aminen vom Kp. <80°]; b) aus Butylbromid u. **IX**, n_D^{20} 1,4133; 90%. *Pikrat*, F. 47—48,5° (Methanol), gelbe Kristalle. — *γ-Methylallyltriäthylammoniumchlorid* (**IV**), $C_{10}H_{22}NCl$, F. 174,5—175° (Zers., A. + Aceton), aus **III** oder **I** mit **X** in sd. Bzl. (13 Tage bzw. 48 Std.), Kristalle; 21 bzw. 74%. Entsteht auch aus **VI**-Chlorid in sd. Bzl. (2 Wochen), neben Zersetzungsprodd.; 4%. *Pikrat*, $C_{16}H_{24}O_7N_4$, F. 108,5—109,2° (wss. A.); 91 bzw. 90%. *γ-Methylallyltriäthylammoniumjodid* (**VII**), $C_{10}H_{22}NJ$, F. 143,4—144,5° (A. + Essigester). — *n-Butyltriäthylammoniumjodid*, F. 204,5—205° (A. + Essigester), a) aus n-Butyljodid u. **X** auf dem Wasserbad (30 Std.); 60%; b) aus **IV** durch Red. nach BUCHMAN u. HOWTON (C. **1949.** I. 284), durch Bromieren in Chlf., Hydrieren des rohen Dibromids in W. in Ggw. von Pd-$BaSO_4$ u. Überführen des durch Eindampfen des Filtrats erhaltenen Bromids in das Jodid; 93%. *Pikrat*, $C_{16}H_{26}O_7N_4$, F. 110—111°. — *α-Methylallylisothiocyanat*, nach KRÜGER u. SCHWARZ (J. Amer. chem. Soc. **63.** [1941.] 2512) aus **I** mit NH_4CNS in sd. Aceton oder mit KCNS in A. u. Isomerisation des Thiocyanats durch schnelle Dest.; *α-Methylallylthioharnstoff*, F. 106—106,5°, mit alkoh. NH_3. — *α-Methylallylamin* (**VII**), Kp. 63,2 bis 63,3°, aus vorst. Verb. mit sd. 20%ig. HCl (9 Std.); n_D^{20} 1,4142; 30%. — *N-Diäthyl-α-methylallylamin* (**V**), $C_8H_{17}N$, Kp. 129,3°, aus **VII** u. C_2H_5J unter Kühlen mit Eis, Zugabe von pulverisiertem KOH u. anschließendem Kochen, n_D^{30} 1,4262; 66%. *Pikrat*, $C_{14}H_{20}O_7N_4$, F. 113,2—113,7° (wss. A.). *Hydrochlorid*, aus Essigester hygroskop. kristalline Masse. — *N-Diäthyl-sek.-butylamin*, $C_8H_{19}N$, Kp. 129—131°, a) durch Alkylieren von sek.-Butylamin mit C_2H_5J; 65%; b) aus sek.-Butylbromid mit überschüssigem **IX** bei 90° (mehrere Tage); 80%; c) durch Hydrieren von **V** in Methanol bei Zimmertemp. in Ggw. von ADAMS-Katalysator (1 Std.), n_D^{20} 1,4128. *Pikrat*, F. 114,5—115°. — *sek.-Butyltriäthylammoniumjodid*, $C_{10}H_{24}NJ$, F. 234—235° (Zers., A. + Essigester). *Pikrat*, $C_{16}H_{26}O_7N_4$, F. 157,5—158,5° (A. + Skellysolve B), gelbe Kristalle. — *α-Methylallyltriäthylammoniumjodid* (**VI**-*Jodid*), $C_{10}H_{22}NJ$, F. 173° (Zers., A. + Essigester), aus **V** mit C_2H_5J im Rohr auf dem Wasserbad; 100%. *Pikrat*, $C_{16}H_{24}O_7N_4$, F. 172—173° (Zers.), bildet in sd. Bzl. (2 Wochen) unter teilweiser Zers. **VII**. **VI**-*Bromid*, $C_{10}H_{22}NBr$, F. 186° (Zers., A. + Essigester), hygroskop. Kristalle; 90%. — **VI**-*Chlorid*, hygroskop. Kristalle. (J. Amer. chem. Soc. **73.** 1076—83. März 1951.) GOLD D 225

W. G. Young, S. Winstein und **Harlan L. Goering**, *Allylumlagerungen*. 32. Mitt. *Die Solvolyse und intramolekulare Umlagerung von α.α-Dimethylallylchlorid.* (31. vgl. vorst. Ref.) Die Acetolyse von α.α-Dimethylallylchlorid (**I**) in Eisessig verläuft unter gleichzeitiger Isomerisation in *γ.γ-Dimethylallylchlorid* (**II**). Die Geschwindigkeitskonstante ist fast unabhängig von der Ionenstärke u. erhöht sich nur wenig in Ggw. von K-p-Toluolsulfonat u. bei der Erhöhung der I-Konzentration. Die Isomerisation

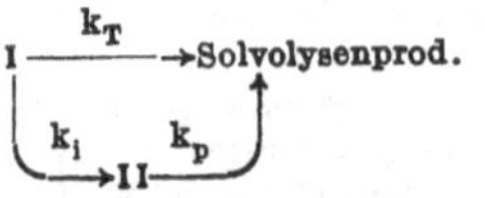

I → **II** ist intramolekular. Die Geschwindigkeitskonstante der Isomerisation k_i (vgl. nebenst. Schema) läßt sich aus der Gleichung $dx/dt = k_T(a - x) \cdot F + k_p(a - x)(1 - F)$ bestimmen, die die Gesamtgeschwindigkeit der Solvolyse einer Mischung von **I** u. **II** ausdrückt u. in der F die Molfraktion des **I** in der **I** + **II**-Mischung zu einem beliebigen Zeitpunkt ausdrückt; $F = (k_i - k_p)/(k_T - k_p)$. Für die einzelnen Konstanten ergeben sich aus den Verss. bei 24,96° in Ggw. von K-Acetat die Werte $k_T = 15-16 \cdot 10^{-6}$ [sec^{-1}]; $k_i = 35-37 \cdot 10^{-6}$ u. $k_p = 2{,}01-2{,}19 \cdot 10^{-6}$. Zusatz von Chloridionen hat keinen Einfl. auf die k-Werte, Ersatz des K-Acetats ($3{,}599-4{,}822 \cdot 10^{-2}$ mol.) durch Li-Acetat ($9{,}569 \cdot 10^{-2}$ mol.) läßt k_T u. k_p unverändert, erhöht aber k_i auf $42-45 \cdot 10^{-6}$. Es wird angenommen, daß als Zwischenstufe ein Mol. der Konfiguration **A** entsteht, aus dem Solvolysen- u. Isomerisationsprodd. gebildet werden können. — *α.α-Dimethylallylchlorid* (**I**), Kp.$_{200}$ 41°, n_D^{20} 1,4188. — *γ.γ-Dimethylallylchlorid* (**II**) Kp.$_{165}$ 67,2°, aus 26,15 g **I** in 220 cm³ Eisessig durch allmähliche Zugabe von insgesamt 0,1 Mol Li-Acetat bei 25° (24 Std.), n_D^{20} 1,4495; 8,5 g, neben 0,25 g unverändertem **I**. (J. Amer. chem. Soc. **73**. 1958—63. Mai 1951.) GOLD. D 225

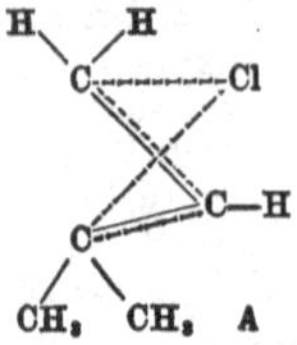

A

William G. Young, Milton Kosmin, R. Y. Mixer und **Tod W. Campbell**, *Allylumlagerungen*. 33. Mitt. *Die Reaktion von Allylbenzolnatrium mit Allylhalogeniden und Methylbromid*. (32. vgl. vorst. Ref.; vgl. auch LEVY u. COPE, C. **1947**. 849.) Die Umsetzung von Allylbenzol-Na (**I**) mit Allylbromid (**II**), α- u. γ-Methylallylchlorid (**III** u. **IV**) u. *Brommethan* (**V**) in fl. NH_3 wird näher untersucht, um festzustellen, welches Anion von **I** [$C_6H_5CH{=}CH{-}CH_2^-$ bzw. $C_6H_5{-}\overline{C}H{-}CH{=}CH_2$] in Rk. tritt. Zur Analyse der Endprodd. werden 3 verschied. unabhängige Methoden angewendet: 1. Fraktionierte Dest. unter vermindertem Druck u. Best. der Refraktion der einzelnen Fraktionen. 2. Fraktionierte Dest. der hydrierten Endprodd. u. Best. der Refraktion. 3. Messung der UV-Absorptionsspektren u. Vgl. mit denen der entsprechenden reinen Verbindungen. Es wurde gefunden, daß bei der Umsetzung von **I** mit **III** u. **IV** eine Umlagerung der Methylallylfraktion nicht stattfindet. Als Hauptprodd. bilden sich Verbb. vom Typ $C_6H_5{-}CHRCH{=}CH_2$ in Ausbeuten über 80%; in jedem Falle entstehen jedoch prim. Substitutionsprodd. vom Typ $C_6H_5{-}CH{=}CH{-}CH_2R$ in geringer Menge. Bei der Umsetzung von **I** mit überschüssigem **V** entsteht in guter Ausbeute das erwartete *3-Phenylbuten-(1)* (**VI**); unter Vermeidung des **V**-Überschusses durch Zugabe von **V** zu **I** entstanden außer **VI** *1-Phenylbuten-(1)* (**VII**) u. *3-Phenyl-3-methylbuten-(1)*. Mit 2 Mol $NaNH_2$ lieferte Allylbenzol mit **V** unter Bldg. der Na-Verb. von **VI** *α.α-Dimethylallylbenzol* u. *α.γ-Dimethylallylbenzol*. — Bei dem Vers., reine Proben aus den Reaktionsprodd. von **I** mit **II**, **III** u. **IV** durch Dest. zu gewinnen, wurde eine teilweise therm. Isomerisation beobachtet.

V e r s u c h e (FF. korr.): *3-Phenylhexadien-(1.5)* (**VIII**), Kp.$_2$ 55°, nach LEVY u. COPE (l. c.) aus **I** u. **II** in fl. NH_3; n_D^{25} 1,5141; 87—93% des in 67—72%ig. Ausbeute entstandenen Substitutionsprod.; λ_{max} 253,5 mμ (ε = 206), 258,5 (228). — *1-Phenylhexadien-(1.5)*, Kp.$_3$ 83,5°; n_D^{25} 1,5421, neben **VIII** oder aus **VIII** im Rohr bei 175°; λ_{max} 250 mμ (ε = 19900), 283,5 (1460), 292,5 (997). — *3-Phenylhexan*, Kp.$_{18}$ 83°, durch Hydrieren des rohen Reaktionsprod. aus **I** u. **II** in A. in Ggw. von PtO_2 in einer PARR-App. bei Zimmertemp. u. 50 lbs./sq.in. u. fraktionierte Dest.; n_D^{25} 1,4849. *Diacetamidoderiv.*, F. 205—206°. Daneben *1-Phenylhexan*, Kp.$_{18}$ 118°; n_D^{25} 1,4839. *Diacetamidoderiv.*, F. 203—204°. — *3-Phenylheptadien-(1.5)* (**IX**), Kp.$_{14}$ 77,5°, aus **I** u. **IV** wie **VIII**; n_D^{25} 1,5135; 83—87% des in 71—86%ig. Ausbeute entstandenen Substitutionsprod.; λ_{max} 248 mμ (ε = 181), 253,5 (225), 258,5 (251). Daneben *1-Phenylheptadien-(1.5)* (**X**), Kp.$_8$ 119,5°; n_D^{25} 1,5407; λ_{max} 250,5 mμ (ε = 19000), 284 (1436), 293. — *3-Phenylheptan*, Kp.$_{18}$ 100°, durch Hydrieren des rohen Reaktionsprod. aus **I** u. **IV**; n_D^{25} 1,4832. *Diacetamidoderiv.*, F. 164—165°. Daneben *1-Phenylheptan*, Kp.$_3$ 85°; n_D^{25} 1,4853. *Diacetamidoderiv.*, F. 196—197°. — *3-Methyl-4-phenylhexadien-(1.5)*, Kp.$_{16}$ 96,5°, aus **I** u. **III**; n_D^{25} 1,5122; 91—98% des in 86%ig. Ausbeute entstandenen Substitutionsprod.; λ_{max} 253,5 mμ (ε = 240), 259 (255); isomerisiert sie bei 175° zu **X**. — *4-Methyl-1-phenylhexadien-(1.5)*, Kp.$_{10}$ 110°, neben der vorst. Verb. oder durch Isomerisieren von **IX** bei 175°; n_D^{25} 1,5336; λ_{max} 251 mμ (ε = 19400), 284 (1500), 293. — *3-Phenyl-4-methylhexan*, Kp.$_{12}$ 95°, durch Hydrieren des rohen Reaktionsprod. aus **I** u. **III**; n_D^{25} 1,4868. *Diacetamidoderiv.*, F. 194—195°. Daneben *1-Phenyl-4-methylhexan*,

$Kp._{3}$ 85—86°; n_D^{25} 1,4838. *Diacetamidoderiv.*, F. 197—198°. — *3-Phenylbuten-(1)* (**VI**), aus **I** u. **V** in fl. NH_3; n_D^{25} 1,5050; λ_{max} 253 mμ (ε = 295), 258 (296), 267,5 (171); 91,5% des in 70%ig. Ausbeute entstandenen Methylierungsproduktes. Daneben (8,5%) *cis-* u. *trans-1-Phenylbuten-(1)* (**VII**); n_D^{25} 1,5314 bzw. 1,5382, auch durch Eindest. von **V** in eine Lsg. von **I** in fl. NH_3; 12 bzw. 14% des Methylierungsprod. (42%) neben 38% **VI**. — Als Nebenprod. vorst. Rkk. entsteht *dimeres Allylbenzol*, $C_{18}H_{20}$; λ_{max} 249 mμ (ε = 5450), 292,5 (240). — *α.α-Dimethylallylbenzol*, $C_{11}H_{14}$, $Kp._{760}$ 188°, aus Allylbenzol u. 2 Mol $NaNH_2$ in fl. NH_3 durch Eindest. von **V**; n_D^{25} 1,5085; $D.^{20}_{4}$ 0,9039; 53% u. als Nebenprod. von **VII**; 36%. *α.γ-Dimethylallylbenzol*, $Kp._{760}$ 197°; n_D^{25} 1,5252, als Nebenprod. der vorst. Verb.; 3%. (J. Amer. chem. Soc. **74**. 608—11. 5/2. 1952.) GOLD. D 225

Francis Owen Rice und **Leo A. Wall**, *Die Pyrolyse von Isobutylen.* (Vgl. C. **1949**. II. 27.) Vff. untersuchen die rein therm. Zers. von *Isobutylen* (**I**; Reinheit >95%) bei Tempp. zwischen 835 u. 900° u. Drucken von 50—200 mm im Quarz- bzw. im (28%) Cr-Stahlrohr, Verweilzeit 0,1—0,5 Sekunden. Es werden 12—38% des durchgesetzten **I** zersetzt. Als Reaktionsprodd. wurden erhalten: 3 (Gew.-%) H_2, 64 CH_4, Spuren C_2H_4, 2 C_2H_6, 4 C_3H_6, 5 Allen, 3 Methylacetylen u. 21 unzers. **I**, Öl, Teer u. Koks wurden nicht gefunden; lediglich ganz geringe Mengen aromat. KW-stoffe (nachgewiesen Bzl., Toluol u. Naphthalin neben wenig Xylol u. Anthracen, abwesend ist Mesitylen). Der Mechanismus der **I**-Zers. ist sehr stark abhängig von den Reaktionsbedingungen. (J. Amer. chem. Soc. **72**. 3967—68. Sept. 1950. Washington, D. C., Catholic Univ. of America.) KLASSKE. D 225

C. Horrex und **S. E. Miles**, *Die Pyrolyse von Dibenzyl.* Vff. untersuchen die Pyrolyse von Dibenzyl a) bei sehr niedrigen Partialdrucken u. mäßigen Tempp. mittels Druckmessung mit einem Quarzfadenmanometer u. b) in einem Strömungssyst. mittels der Meth. der fraktionierten Zersetzung. Die Reaktionsprodd. entsprechen der Gleichung 3 $C_6H_5-CH_2CH_2C_6H_5 \rightarrow$ 2 $C_6H_5CH_3$ + $C_6H_5CH=CHC_6H_5$ + C_6H_6 + $C_6H_5CH=CH_2$. Als Mechanismus wird eine prim. Dissoziation in Benzylradikale angenommen; die Geschwindigkeitskonstante 1. Ordnung ist $k = 10^{9,3}$ exp (—48,0 kcal)/RT [sec^{-1}]. Mögliche Sekundär-Rkk. werden diskutiert. Die Aktivierungsenergie, als Dissoziationsenergie der zentralen C—C-Bindung angenommen, stimmt mit Berechnungen überein, die eine Resonanzenergie von 24,5 kcal für das Benzylradikal annehmen (SZWARC, C. **1948**. II. 1165); der gefundene temperaturunabhängige Faktor ist abnorm niedrig. — Die Bildungswärme für $C_6H_5CH_2CH_2\cdot$ wird von Vff. aus den Bindungsdissoziationsenergien für die C—J-Bindung in $C_6H_5CH_2CH_2J$ u. für die C—H-Bindung in $C_6H_5CH_2CH_2-H$ zu —49,4 kcal berechnet. — Diskussion. (Discuss. Faraday Soc. Nr. **10**. 187—97. 1951. Sheffield, Univ.) G. WINKLER. D 225

G. R. A. Johnson, **G. Scholes** und **J. Weiss**, *Chemische Wirkung ionisierender Strahlen in Lösung.* 11. Mitt. *Die Einwirkung durch Bestrahlung mit Röntgenstrahlen entstandener freier Radikale auf Milchsäure in wässeriger Lösung unter besonderer Berücksichtigung des Einflusses von molekularem Sauerstoff.* (10. vgl. J. chem. Soc. [London] **1952**. 3034.) Vff. untersuchen die Rk. von *Milchsäure* (**I**) mit freien Radikalen, die sich bei der Bestrahlung des Lösungsm. W. mit Röntgenstrahlen bilden. Untersucht wurden mit O_2 u. Luft gesätt. sowie entgaste wss. **I**-Lösungen. Bei der Rk. treten als Hauptprod. Brenztraubensäure (**II**), außerdem H_2O_2 u. Acetaldehyd auf. In mit O_2 gesätt. **I**-Lsgg. ist die H_2O_2-Bldg. bei kleinen Bestrahlungsdosen unabhängig vom p_H-Wert, während dies für die **II**-Bldg. nur im Bereich von p_H 1—4 u. 7—12 gilt. Die H_2O_2- u. **II**-Ausbeute ist bei p_H 1,2 nahezu gleich u. bis zu hohen Strahlungsdosen (bis $20\cdot10^{-6}$ eV/N_L) diesen direkt proportional. Als G-Werte (G = Zahl der gebildeten Mol/100 eV absorbierter Bestrahlungsenergie) erhielten Vff. bei p_H 1—4 $G_{Brenztraubensäure}$ = 3,5, $G_{H_2O_2}$ = 4,2 u. bei p_H 7—12 $G_{Brenztraubensäure}$ = 2,5, $G_{H_2O_2}$ = 4,2. Die Unters. der mit Luft gesätt. Lsg. zeigte, daß deren gesamter O_2-Geh. in H_2O_2 umgewandelt werden kann. Mit diesen Befunden in Einklang steht, speziell für die Rk. wss. **I**-Lsgg., nachfolgender Reaktionsmechanismus: $HC(CH_3)(OH)-CO_2H + OH\cdot \rightarrow \cdot C(CH_3)(OH)\cdot CO_2H \xrightarrow{+O_2} \cdot O_2\cdot C(CH_3)(OH)\cdot CO_2H \xrightarrow{+HO_2} CH_3CO\cdot CO_2H + H_2O_2 + O_2$ (Gl. 1). Hierbei kann die Rk. mit $HO_2\cdot$ als einfacher Elektronenübergang vom organ. Peroxyradikal zum HO_2-Radikal u. anschließender Rk. gemäß $\cdot O_2\cdot C(CH_3)\cdot(OH)\cdot CO_2H + HO_2\cdot \rightarrow [\cdot O_2C(CH_3)(OH)\cdot CO_2H]^+ + HO_2^- \rightarrow \cdot O_2\cdot C(CH_3)(|O)\cdot CO_2H + H_2O_2$ u. $\cdot O_2\cdot C(CH_3)(|O)-CO_2H \rightarrow CH_3\cdot CO\cdot CO_2H + O_2$ angesehen werden oder eine Zers. nach $\cdot O_2\cdot C(CH_3)(OH)-CO_2H \rightarrow CH_3\cdot CO\cdot CO_2H + HO_2\cdot$ u. Weiter-Rk. nach 2 $HO_2\cdot \rightarrow H_2O_2 + O_2$ angenommen werden. Der relativ hohe G-Wert von **II** (≈8) bei den Verss. in mit Luft gesätt. Lsgg. wird durch die bei ungenügendem O_2-Geh. eintretende Ketten-Rk.: $\cdot O_2\cdot C(CH_3)(OH)-CO_2H + \cdot C(CH_3)\cdot$

(OH)—CO_2H (III) → 2 ·O·$C(CH_3)(OH)$—CO_2H, wobei die entstehende Verb. mit I unter H_2O-Austritt zu II u. neuem III reagiert, gedeutet. Die Änderung des G-Wertes von II beim Übergang von p_H 4 zu p_H 7 erklärt sich durch die unterschiedliche Stabilität des organ. Peroxyradikals bei den verschied. p_H-Werten. Das Radikal liegt bei $p_H > 4$ als ·O_2·$C(CH_3)(OH)$—CO_2^- (IV) vor. Da unter diesen Bedingungen auch HO_2 als O_2^- vorliegt, wird dessen Rk. mit IV durch elektrostat. Abstoßung behindert. Statt der Rk. nach Gl. 1 erfolgt Decarboxylierung. Der bei den Unterss. gefundene Acetaldehyd bildet sich aus dem durch die Decarboxylierung von IV u. anschließender Rk. mit O_2^- erhaltenem ·O_2·$C(CH_3)(OH)H$ gemäß 2 ·O_2·$C(CH_3)(OH)H$ → HO_2·$C(CH_3)(OH)H$ + $CH_3C\langle^{H}_{O}$ + O_2. Der Mechanismus in entgasten Lsgg. ist komplizierter. In stark saurer Lsg. gilt RH + ·OH $\xrightarrow{-H_2O}$ R· $\xrightarrow{+RH}$ R_2 + H; 2 R· → CH_3·$COCO_2H$ + RH [R = —$C(CH_3)(OH)$—CO_2H], wobei die p_H-Abhängigkeit der II-Ausbeute durch das Gleichgewicht ·H + $H^+ \rightleftharpoons H_2^+$ u. andere, die näher diskutiert werden, bestimmt ist. (J. chem. Soc. [London] **1953**. 3091—99. Okt. Newcastle-on-Tyne, Univ. of Durham, King's Coll.) PLUST. D 226

Friedrich Cramer, *Über Einschlußverbindungen.* 4. Mitt. *Die Hemmung der Glykosidspaltung durch Cyclodextrin.* (3. vgl. C. **1953**. 4350.) Es wurde manometr. die Spaltung von *Indican* (I) in Ggw. von Cyclodextrin (II) untersucht unter der Annahme, daß I nach den räumlichen Gegebenheiten in den Cyclodextrinring des β-Dextrins hineingelangen kann unter Bldg. einer Einschlußverb. in Lsg., die Vf. bereits früher bei II beobachtet hatte. Da die Hydrolyse von I nur in saurer Lsg. verläuft, war zu erwarten, daß die Rk. infolge der „Basizität" des Hohlraumes des II-Mol. langsamer verlaufen würde, was auch experimentell festgestellt werden konnte — bei Hydrolyse mit 0,1n HCl bei 30° beträgt die Halbwertszeit [T] der Rk. ohne Zusatz von β-Dextrin oder mit α-Methylglucosid 240 Min. (Geschwindigkeitskonstante der unimol. Rk. k 0,00290 $Min.^{-1}$), bei Zusatz von II 396 Min. (k = 0,00175 $Min.^{-1}$). — Weiter wurde die Emulsinspaltung, u. zwar eines Emulsinpräp. aus Mandeln, ohne u. in Ggw. von II bei 20° untersucht. Im ersten Fall ist [T] = 222 Min. u. k = —0,00312 $Min.^{-1}$, im zweiten [T] = 396 Min. u. k = 0,00175 $Min.^{-1}$. Schließlich wurde die Oxydationsgeschwindigkeit von *Indoxyl* (III) bei 30° u. p_H 1 u. bei 20° u. p_H 5 untersucht. Im ersten Fall ist [T] = 54 Min. u. k = 0,0128 $Min.^{-1}$, im zweiten [T] = 72 Min. u. k = 0,00963 $Min.^{-1}$. Auf die Oxydation von III hat II keinen Einfluß. — III wurde im Reaktionsgefäß durch Emulsinspaltung von I unter Luftausschluß dargestellt. (Liebigs Ann. Chem. **579**. 17—22. 1953. Heidelberg, Univ., Chem. Inst.) GOTTFRIED. D 227

Friedrich Cramer, *Über Einschlußverbindungen.* 5. Mitt. *Basenkatalyse durch innermolekulare Hohlräume.* (4. vgl. vorst. Ref.) Es wurde zuerst spektrophotometr. an *Acetylaceton* in wss. Lsg. u. bei verschied. p_H-Werten die Umwandlung von der Keto- in die Enolform in Abwesenheit u. in Ggw. von *β-Dextrin* (I), welches mit dem Keton in Lsg. eine Einschlußverb. bildet, untersucht. Hierbei konnte deutlich festgestellt werden, daß der Enolgeh. nach Zusatz von I vermehrt wird, u. zwar wird sowohl der Geh. an Enolform (p_H 7) wie der Geh. an Enolat (p_H 8,3) vermehrt. Das Acetylaceton wird in der wss. Lsg. von I eingeschlossen u. lagert sich bei der Bldg. der Einschlußverb. in die Enolform um; die hohe Elektronendichte in dem Einschlußhohlraum erleichtert demnach den Übergang in die Enolform bzw. die Ablösung des Protons. An *Furoin* wurde hierauf untersucht, ob ein Einschlußhohlraum beschleunigend auf die Oxydationsgeschwindigkeit wirkt. Die Oxydation von Furoin verläuft gemäß nebenst. Schema.

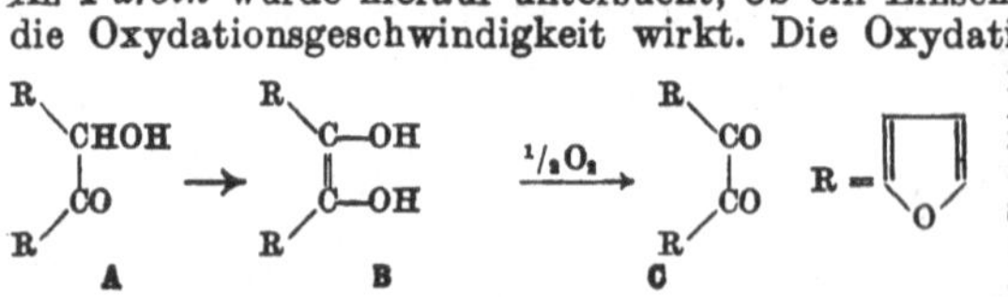

Die Hohlraumkatalyse greift an dem Übergang (A) → (B) an. Die spektroskop. Unters. ergab, daß die Umlagerung der Ketoform in die Endiolform normalerweise bei p_H 10 beginnt; von diesem p_H an wird Furoin mit merklicher Geschwindigkeit oxydiert. Durch Zusatz von I zu der Lsg. wird der Geh. an Endiolform vermehrt u. die Oxydationsgeschwindigkeit dementsprechend gesteigert. Der Übergang (A) → (B) ist offenbar der geschwindigkeitsbestimmende Schritt der Reaktion. Die größte Differenz der Reaktionsgeschwindigkeit mit u. ohne I liegt bei p_H 10,25. Hier liegt das Wirkungsmaximum des Katalysators, der eine Steigerung der Reaktionsgeschwindigkeit auf das 2,1fache bewirkt. Endlich wurde an *Dioxindol*, das sich in ein leicht oxydierbares Endiol umzulagern vermag, die Oxydation zu Isatin mit u. ohne Zusatz von α-Methylglucosid, α-Dextrin, I u. γ-Dextrin bei verschied. p_H-Werten untersucht.

Bei p_H 8,4 vermag I die Oxydation des Dioxindols auf mehr als das Dreifache zu beschleunigen. Die Beschleunigung ist am größten bei Zusatz von I. Vf. weist darauf hin, daß man die katalyt. Wrkg. von Einschlußhohlräumen auf eingeschlossene Moll. mit der Wrkg. der Fermente auf ihre Substrate vergleichen kann. (Chem. Ber. **86.** 1576–81. 1953.) GOTTFRIED. D 227

Friedrich Cramer, *Über Einschlußverbindungen.* 6. Mitt. *Änderung der Redoxpotentiale in Einschlußverbindungen.* (5. vgl. vorst. Ref.) An *Methylenblau* (I) u. *2.6-Dichlorphenolindophenol* (II) wurde das Verh. von reversiblen Redoxsystemen in wss. Lsgg. von β-Dextrin untersucht. I sowohl wie II bilden in wss. Lsg. mit β-Dextrin Einschlußverbindungen. Bei I wird nach Zusatz von 0,5% β-Dextrin das Hauptmaximum um 5 mμ, das Nebenmaximum um 10 mμ nach längeren Wellen verschoben. Das Redoxpotential von I ist bei p_H 8,3 um 0,048 V, bei p_H 7 um 0,043 V erhöht. II verschiebt sein Absorptionsmaximum bei Bldg. der Einschlußverb. um 20 mμ nach längeren Wellen. Das Normalpotential des reduzierenden Syst. Farbstoff/Leukoverb. ist bei p_H 8,3 um 0,052 V erhöht. Die Erhöhung des Redoxpotentials von I sagt aus, daß die reduzierende Kraft des Syst. I/I-H_2 geschwächt ist, die Erhöhung des Potentials um 0,048 V bedeutet dabei eine Verminderung der Reduktionsarbeit um 1,13 kcal/Mol. Die gleichen Überlegungen gelten für die Veränderung des Normalpotentials von II. Die Verminderung der Reduktionsarbeit beträgt hier 1,2 kcal/Mol. Beiden Fällen gemeinsam ist, daß die Normalpotentiale durch Bldg. der Einschlußverb. nach einem „redoxchem. Neutralpunkt" hin verschoben werden; die Potentiale von reduzierenden Systemen werden verstärkt, von oxydierenden Systemen geschwächt. (Chem. Ber. **86.** 1582–85. 1953.) GOTTFRIED. D 227

D$_2$. Präparative organische Chemie. Naturstoffe.

G. Malcolm Dyson, *Untersuchungen über chemische Dokumentation.* Vf. entwickelt ein neues Zahlensyst. zur formelmäßigen Registrierung, wobei bei den organ. Verbb. nicht mehr die Zahl der C- u. H-Atome, sondern die in der Verb. enthaltenen Heteroatome maßgebend sind. Durch Einführung des sogenannten „Molform"-Index erreicht er z. B., daß alle Brom-KW-stoffe an einer Stelle oder alle F-Verbb. gruppenweise registriert werden. Durch Verbindung des „Molform"-Index mit dem DYSONschen Syst. der chem. Bezifferung sowie einem die Konfiguration registrierenden Syst. ist die Konst. einer Verb. festgelegt. (Chem. and Ind. **1952.** 676–84. 12/7.) SCHICKE. 450

Morris B. Jacobs, *Nomenklatur synthetischer Riech- und Geschmackstoffe.* Besprechung der Inkorrektheiten bei den Benennungen Phenäthylacetat (phenethyl acetate), „Phenylacetat", γ-Undecalacton, Phenylglycidat u. Heptincarbonat u. Vorschläge zur Anpassung an BEILSTEIN u. Chemical Abstracts mit Phenyläthylacetat, α-Toluylsäure, Undecanolid-(4.1), β-Phenylglycidsäure u. α-Heptin-α-carbonsäuremethylester. (Amer. Perfumer essent. Oil Rev. **61.** 227–29. März 1953.) MÜHLMEISTER. 450

Ernest F. Pratt und **Donald G. Kubler,** *Unter Disproportionierung verlaufende Kondensationen.* 1. Mitt. *Modifizierte Guerbet-Reaktionen.* Bei der Red. von Benzalanilin mit Na-n-Hexylat u. n-Hexanol (I) entstand in beträchtlicher Menge das Kondensationsprod. einer GUERBETschen Rk., *2-n-Butyloctanol-(1)* (VI). Daraufhin wurden die optimalen Bedingungen der Rk. 2 $R\cdot CH_2\cdot CH_2OH \rightarrow R\cdot CH_2\cdot CH_2\cdot CHR\cdot CH_2OH + H_2O$ bei 130–320° untersucht. Die Rk. wurde statt in Ggw. des Anils mit oder ohne U. O. P.-Ni (U. O. P. = Universal Oil Prod. Co.), mit K statt Na durchgeführt, das gebildete W. mittels einer DEAN-STARK-Falle abgetrennt u. der nebenbei gebildete H_2 in einer Gasbürette aufgefangen. Zur Erreichung einer guten Ausbeute bei geringer Menge an Säure als Nebenprod. sowie einer bequemen Reaktionszeit waren 0,175 g-Atome pro Mol I nötig. Steigende Mengen Ni verkürzten die Induktions- u. Reaktionszeit. Bei der Anwendung der Rk. auf Alkohole der allg. Zus. $CH_3\cdot(CH_2)_n\cdot CH_2OH$ für n = 2–8 in Ggw. von Ni u. für n = 5–8 ohne Ni ergaben sich stets befriedigende Ausbeuten, wobei mit zunehmendem n die Reaktionstemp. stieg u. die Reaktionszeit fiel, während bei den Verss. ohne Ni die Reaktionstempp. höher lagen. Die Kondensation von 2 Mol Benzylalkohol (II) mit 1 Mol n-Butyl-, n-Heptyl-, 3-Phenylpropylalkohol oder I lieferte neben den entsprechenden gemischten Prodd. in befriedigender Ausbeute zu ca. 10% Eigenkondensationsprodd. der n. prim. Alkohole. Es reagierte auch Cyclohexanol in guter Ausbeute mit II, p-Methoxybenzyl-, p-Chlorbenzyl- oder n-Octylalkohol (III), während die Kondensation von Heptanol-(2) oder 4-Methylpentanol-(2) (IV) mit II oder III schlechter verlief. Hingegen reagierte α-Methylbenzylalkohol (V) mit II in kurzer Zeit in 84% ig. Ausbeute zu *1.3-Diphenylpropanol-(1).* Durchschnittlich entstand bei allen Kondensationen halb soviel Säure wie Alkohol. Auf Grund des vorliegenden Materials ergab sich in Anlehnung an BOLLE (C. R. hebd. Séances Acad. Sci. **233.** [1951.] 1628) folgender Reaktionsmechanismus: $2R \cdot CH_2CH_2OH \rightarrow 2R \cdot CH_2 \cdot CHO + 2H_2$; $2R \cdot CH_2 \cdot CHO \rightarrow R \cdot CH_2 \cdot CH{=}CR \cdot CHO + H_2O$; $R \cdot CH_2 \cdot CH{=}CR \cdot CHO + R \cdot CH_2 \cdot CH_2OH \rightarrow R \cdot CH_2 \cdot CH{=}CR \cdot CH_2OH + R \cdot CH_2 \cdot CHO$; $R \cdot CH_2 \cdot CH{=}CR \cdot CH_2OH \rightarrow R \cdot CH_2 \cdot CH_2 \cdot CHR \cdot CHO$; $R \cdot CH_2 \cdot CH_2 \cdot CHR \cdot CHO + R \cdot CH_2 \cdot CH_2OH \rightarrow R \cdot CH_2 \cdot CH_2 \cdot CHR \cdot CH_2OH + R \cdot CH_2 \cdot CHO$.

Versuche: Die Kondensation geschah allg. wie folgt: Zugabe des K zum 100%ig. Alkohol unter mäßigem Rühren in N_2-Atmosphäre, nach vollständiger Umsetzung Zugabe des Ni, Erhöhung der Rührgeschwindigkeit u. Erhitzen unter Rückfluß. — *2-n-Butyloctanol-(1)* (**VI**), aus **I**; n_D^{25} 1,440. *Allophanat*, F. 127°. — *2-n-Butyloctansäure*, Kp.$_{2,5}$ 114—116°; n_D^{25} 1,4365. *Amid*, $C_{12}H_{25}ON$, F. 106—107,5° (Aceton). — *2-n-Propylheptanol-(1)*, $C_{10}H_{22}O$, n_D^{25} 1,4356. *Allophanat*, $C_{12}H_{24}O_3N_2$, F. 130 bis 131° (A.). — *2-Benzylbutanol-(1)-allophanat*, $C_{13}H_{18}O_3N_2$, F. 148°. — Beide *Isomere* des *2-Benzylcyclohexanols* wurden wie folgt isoliert: 75 g des Reaktionsprod. (Kp.$_{12}$ 156 bis 165°, F. 55—62°) lieferten nach Umkristallisation aus 75 ml PAe. Nadeln, F. 75,5 bis 76,5°, 39 g (*3.5-Dinitrobenzoat*, F. 134,5—135,5°), aus der Mutterlauge mit 3.5-Dinitrobenzoylchlorid ein *3.5-Dinitrobenzoat*, $C_{20}H_{20}O_6N_2$, F. 126,5—127,5° (A.). Durch Oxydation einer Probe (aus vorst. genannter Mutterlauge gewonnen) mit CrO_3 in Essigsäure entstand *2-Benzylcyclohexanon*, n_D^{25} 1,5342; 63% (Ausbeute). *Semicarbazon*, F. 166—167°. — *1-Phenyl-5-methylhexanol-(3)*, aus **II** u. **IV**; 31%. *Allophanat*, $C_{15}H_{22}O_3N_2$, F. 132—133,5° (A.). — *1.3-Diphenylpropanol-(1)*, aus 0,25 Mol **II** u. 0,75 Mol **V**; n_D^{25} 1,5713; 45 g. *Phenylurethan*, F. 83—84°. — *2-[p-Methoxybenzyl]-cyclohexanol*, $C_{14}H_{20}O_2$, F. 52—55° (PAe.), Nadeln. *3.5-Dinitrobenzoat*, $C_{21}H_{22}O_7N_2$, F. 122 bis 123°. — *2-[p-Chlorbenzyl]-cyclohexanol*, $C_{13}H_{17}OCl$, F. 110—111° (PAe.), Nadeln. *3.5-Dinitrobenzoat*, $C_{20}H_{19}O_6N_2Cl$, F. 122—123,5° (A.). — *2-n-Octylcyclohexanol*. — *2-n-Octylcyclohexanon*, Kp.$_{12}$ 155—159°, durch Oxydation vorst. Verb., die aus dem Reaktionsprod. nicht isoliert worden war; n_D^{25} 1,4625; 57%. *Semicarbazon*, $C_{15}H_{29}ON_3$, F. 108 bis 109,5°. (A.). — *1-Phenyloctanol-(3)*, $C_{14}H_{22}O$, Kp.$_{12}$ 165°, n_D^{25} 1,4985. *Allophanat*, $C_{16}H_{24}O_3N_2$, F. 95,7—96,5° (A.). — *2-Methyltridecanol-(4)*, $C_{14}H_{30}O$, Kp.$_{14}$ 147—148°, aus **III** u. **IV**; n_D^{25} 1,4404; 38%. *Allophanat*, $C_{16}H_{32}O_3N_2$, F. 90—91,5° (A.), beim langsamen Erhitzen von Zimmertemp. ab; wurde die Probe bei Tempp. >60° eingesetzt, trat sofortiges Schmelzen ein. — *2-n-Butyloctanal* (**VII**)-*2.4-dinitrophenylhydrazon*, $C_{18}H_{28}O_4N_4$, F. 95—96° (A.), aus 0,3 g-Atomen K u. 1,0 Mol **I** (überschüssiges **I** abdest.) sowie 200 ml p-Cymol u. 2,0 g U. O. P.-Ni, 5½ Std. unter Rühren bei 173—175° unter Rückfluß; nach Isolierung des Reaktionsprod. lieferte die Dest.: 5 g **VII**, Kp.$_{2,5}$ 90 bis 102°, 5 g **VI**, 18 g *n-Hexansäure* u. 2 g Rückstand, **VII** wurde mit 2.4-Dinitrophenylhydrazin umgesetzt, goldene Platten. (J. Amer. chem. Soc. **76.** 52—56. 5/1. 1954. College Park, Md., Univ., Dep. of Chem.) L. FISCHER. 460

W. W. Foreman, Arthur Murray III und **Anthony R. Ronzio**, *Mikrosynthesen mit Tracerelementen*. 2. Mitt. *Methyl-bis-[β-chloräthyl]-aminhydrochlorid (Stickstofflost) und Methylbromid, markiert mit* ^{14}C. (1. vgl. MURRAY u. RONZIO, J. Amer. chem. Soc. **71.** [1949.] 2245; 3. vgl. BILLS u. RONZIO, C. **1954.** 2370.) Auf Grund der Bedeutung von Stickstofflost zur Behandlung lymphat. Tumoren wird *Methyl-bis-[β-chloräthyl]-aminhydrochlorid* (**I**) durch Kondensation von ^{14}C-Methylbromid (**II**) mit Diäthanolamin (**III**) im Verhältnis 1:5 u. Behandeln des Kondensationsprod. mit $SOCl_2$ dargestellt. Die Abtrennung sek. Amine erfolgte mit HNO_2; die Gewinnung von **II** gelang aus ^{14}C-Methanol (**IV**) mit konz. HBr. — *^{14}C-Methylbromid* (**II**), aus **IV** u. 48%ig. wss. HBr in konz. H_2SO_4 (1:2,06) oder PBr_3 bei Zimmertemp., später bei 100° (1,25 Std.) in einer Vakuumapp. (vgl. Original); 94—96% bzw. 60—70%. — *Methyl-bis-[β-chloräthyl]-aminhydrochlorid*, $CH_3N(CH_2CH_2Cl)_2 \cdot HCl$ (**I**), F. 109—110°, aus **II** (erhalten aus 3,86 mMol **IV**) u. 20,04 mMol **III** in A. bei Zimmertemp. (42 Std.), Abdest. von ¼ des Lösungsm., Erwärmen auf 45°, Zugabe überschüssiger KOH, Abtrennen des KBr (95,5%), Sättigen des alkoh. Filtrats mit HCl, Einengen des Filtrats (nach Abtrennendes KCl) u. Umsetzen mit $SOCl_2$, in Bzl. bei 60° (3½ Std.); das rohe **I** wurde mit heißem Chlf. verrührt, wobei die Hauptmenge des *Bis-[β-chloräthyl]-aminhydrochlorids* F. 209—212,5° (76,9%), zurückblieb; die Chloroformlsg. wurde mit sehr verd. HCl extrahiert, die wss. Lsg. mit $NaNO_2$ versetzt, das Nitrosamin mit Ae. extrahiert u. die wss. Lsg. im warmen Luftstrom verdampft; aus Chlf. + Aceton bei 25° Kristalle, Aktivität 22 μC/mg; 52,5% (Ausbeute, bezogen auf **IV**). Ist mit dem Dampf sd. organ. Lösungsm. (Bzl.) flüchtig. — *Dimethyl-bis-[β-chloräthyl]-ammoniumbromid*, $(CH_3)_2N(CH_2CH_2Cl)_2 \cdot Br$, F. 217—218° (Acetonitril), analog aus **II** u. **III** im Verhältnis 1:1; 20—35%. (J. org. Chemistry **15.** 119—22. Jan. 1950. Los Alamos, N. Mex., Univ. of California, Los Alamos Sci. Labor.) GOLD. 480

W. I. Maimind, B. W. Tokarew und **M. M. Schemjakin,** *Synthese von $^{14}C_{(1)}$-Lysin und $^{14}C_{(1)}$-Tyrosin.* Die in der Literatur beschriebenen Verff. zur Gewinnung von in der Carboxylgruppe mit ^{14}C markiertem *Lysin* (I) geben schlechte Ausbeuten. In vorliegender Arbeit wurde δ-Benzoylamino-n-valeraldehyd (II) mit $Na^{14}CN$ u. $(NH_4)_2 \cdot CO_3$ zu *5-[δ-Benzoylaminobutyl]-hydantoin* (III) ($C_{(4)}$ ist radioakt.) umgesetzt u. dieses zu I hydrolysiert; Ausbeute 60%, auf $Na^{14}CN$ bezogen. — Auch in der Carboxylgruppe mit ^{14}C markiertes *Tyrosin* (IV) ließ sich mit guter Ausbeute herstellen: p-Methoxyphenylacetaldehyd (V) wurde analog Vorst. in *5-[p-Methoxybenzyl]-hydantoin* (VI) ($C_{(4)}$ ist radioakt.) übergeführt u. dieses hydrolysiert; Ausbeute 60% IV, auf $Na^{14}CN$ bezogen. Die von anderen Bearbeitern dieser Rk. erhaltenen schlechten Ausbeuten sind auf ungenügende Reinheit des zur Hydrolyse verwendeten VI zurückzuführen. Die Aktivitäten der gewonnenen I- u. IV-Präpp. entsprachen der Aktivität von $Na^{14}CN$.

Versuche: *δ-Benzoylamino-n-valeraldehyd* (II); man fügt zu einer auf 0° abgekühlten Lsg. von 5 g N^{ε}-Benzoyllysin in 30 ml 0,66n NaOH in 10—15 Min. die theoret. Menge eisgekühlter, chloratfreier, ca. 1,5 mol. NaOCl-Lsg. unter gleichzeitigem Durchleiten von Wasserdampf hinzu, fängt das Destillat in 65 ml 10—12% ig. $NaHSO_3$-Lsg. auf u. erhält nach Konzentrieren dieser Lsg., Abscheidung anorgan. Salze mit A. u. Eindampfen zur Trockne ein Präp. (6,2—7,2 g), das zu 57—58% aus der *Bisulfitverb.* von II besteht u. ohne weitere Reinigung für nachst. Rkk. verwendet wird. *2.4-Dinitrophenylhydrazon,* $C_{18}H_{19}O_5N_5$, F. 163,5—164,5°; aus A.; dient zur Gehaltsbest. der Bisulfitverbindung. — *1.9-Bis-[benzoylamino]-4-formylnonen-(4),* aus II durch „Crotonaldehydkondensation", z. B. wenn das bei vorst. Rk. entstehende II nicht schnell genug aus der Reaktionssphäre entfernt wird. *2.4-Dinitrophenylhydrazon,* $C_{30}H_{32}O_6N_6$, F. 182—183°; aus Alkohol. — *$^{14}C_{(4)}$-5-[δ-Benzoylaminobutyl]-hydantoin* (III), $C_{14}H_{17}O_3N_3$, F. 186—186,5°; aus 1,8 g II-Bisulfitverb., 0,9 g $(NH_4)_2CO_3 \cdot H_2O$ u. 2 ml wss. $Na^{14}CN$-Lsg. (aus 600 mg $Ba^{14}CO_3$; vgl. C. **1952.** 4289) in 1,5 ml A., 1 Std. unter Schütteln bei 100°; man erhitzt zur Zers. von überschüssigem $(NH_4)_2CO_3$ u. Entfernung von A. auf dem Wasserbad, säuert mit konz. HCl an, erhitzt 5 Min. auf dem Wasserbad u. saugt den Nd. von III nach Abkühlen auf 0° ab; aus A. Kristalle; 70% (Ausbeute, auf $Na^{14}CN$ bezogen). — *$^{14}C_{(COOH)}$-Lysin* (I); aus 520 mg III mit 2 g $Ba(OH)_2 \cdot 8H_2O$ + 10 ml W., 1 Std. im geschlossenen Rohr bei 160—165°; Isolierung als *Dihydrochlorid,* das in das *Monohydrochlorid,* F. 255—256°, umgewandelt wird; 86%. — *$^{14}C_{(4)}$-5-[p-Methoxybenzyl]-hydantoin* (VI), F. 176—179°; aus 800 mg der Bisulfitverb. von V, 0,9 g $(NH_4)_2CO_3 \cdot H_2O$ u. 3 ml $Na^{14}CN$-Lsg. (aus 600 mg $Ba^{14}CO_3$) in 1,5 ml A.; 71% (auf $Na^{14}CN$ bezogen). — *$^{14}C_{(COOH)}$-Tyrosin* (IV), F. 262°; aus 420 mg VI bei 4 std. Kochen mit 3 ml 48% ig. HBr; 81,7%. (Доклады Академии Наук СССР [Ber. Akad. Wiss. UdSSR] [N. S.] **92.** 81—84. 1/9. 1953. Inst. für biol. u. med. Chem. der Akad. der med. Wiss. der UdSSR.) R. KNOBLOCH. 480

B. M. Tolbert, P. T. Adams, Edward L. Bennett, Ann M. Hughes, Martha R. Kirk, R. M. Lemmon, R. M. Noller, R. Ostwald und **Melvin Calvin,** *Beobachtungen über die Zersetzung einiger ^{14}C-markierter Verbindungen durch Strahlung.* ^{14}C-markiertes *Valin* (I), *Norvalin* (II), *Norleucin* (III), *Cholinchlorid* (IV), *Ca-Glykolat* (V) u. *Cholesterin* (VI), die in trockener, fester Form im Dunkeln bei Raumtemp. aufbewahrt werden, erleiden infolge Eigenstrahlung eine mehr oder minder starke Zers. (I: 1—2%; II: 5%; III: 2%; IV: 63%; V: 13 bzw. 22%; VI: ~40%). Das Hauptzersetzungsprod. von methylmarkiertem IV ist Trimethylamin; eine weiteres Zersetzungsprod. ist (nicht radioakt.) CH_3CHO. V bildet radioakt. HCOOH. Weniger als 1% ig. Zers. zeigten: ^{14}C-markiertes *Glycin* u. *Guaninhydrochlorid, 8-Azaguanin, Adeninsulfat, 8-Azaadenin, Stilbamidindiisäthionat, Thyroxin* u. ^{14}C-markierte *Bernsteinsäure.* Die Verss. zeigen, daß markierte organ. Verbb. öfters in bezug auf Zersetzungsprodd., die durch Eigenstrahlung entstehen können, zu prüfen sind. (J. Amer. chem. Soc. **75.** 1867—68. 20/4. 1953. Berkeley, Calif., Univ., Radiation Labor. u. Dep. of Chem.) K. F. MÜLLER. 480

William E. Haines, R. Vernon Helm, C. W. Bailey und **John S. Ball,** *Reinigung und Eigenschaften von zehn organischen Schwefelverbindungen.* Vff. stellten folgende Verbb. in reinem (mindestens 99,9% ig.) Zustand her: *Äthanthiol, 2-Methylpropanthiol-(2), Pentanthiol-(1), 2-Thiabutan, 3-Thiapentan, Thiacyclobutan, Thiacyclopentan, 2.3-Dithiabutan, 3.4-Dithiahexan* u. *Thiophen.* Die Stabilität der Verbb. wurde unter Bedingungen der Lagerung u. der Dest. untersucht; neben EE. u. Kpp. werden, jeweils für 20, 25 u. 30°, Dichten, Viscositäten, Oberflächenspannungen u. Brechungsindices (für 6678,1; 6562,8; 5892,6; 5460,7; 5015,7; 4861,3; 4358,3 Å) bestimmt. An abgeleiteten Funktionen wurden numer. u. spezif. Werte der Dispersion, Mol.-Refr., Parachor u. Mol.-Vol. berechnet u. kurz diskutiert. Die Massen-, UV- (in 2.2.4-Trimethylpentan) u. Infrarotspektren wurden bestimmt; die Massenspektren zeigen, daß die C—S-Bindung bes. leicht spaltbar ist. Die UV-Spektren der Thiole u. Disulfide zeigen Banden, die auf Maxima <210 mμ hindeuten; ferner treten Banden bei 224 bzw. 230 mμ (Thiole) bzw. bei 250—256 mμ (Disulfide) auf. Die Sulfide haben bei ca. 215 mμ (bei den cycl. Sulfiden ca. 220 mμ) sehr intensive Banden; die von FEHNEL u. CARMACK (C. **1950**. I. 509) beobachteten Schultern bei 225—235 mμ (bzw. ca. 235 bis 245 mμ bei Thiacyclopentan) werden bestätigt, bei Thiocyclobutan tritt dafür eine breite Bande (λ_{max} 275 mμ) auf. Thiophen zeigt ein Maximum bei 231, Schultern bei 240 u. 235 mμ. — In den Infrarotspektren der entsprechenden Verbb. treten folgende Banden auf: 13—15,5 μ (C—S-Valenz); 3,90 μ (S—H-Valenz); 11,0—12,2 μ (C—S—H-Deformation?); 19,6 μ (S—S-Valenz?); 19,0—22,0 μ (Ringdeformation der cycl. Sulfide); daneben die bekannten, nicht auf X—S-Bindungen zurückzuführenden Schwingungen.

V e r s u c h e: Genauigkeiten: EE. ±0,01°; Kpp. ±0,1°; n ±0,00006; D. ±0,00005 [g·cm^{-3}]; Viscositäten η ±0,001 [Centipoise]; Oberflächenspannungen σ ±0,1 [dyn·cm^{-1}]. Sofern nicht anders vermerkt, zeigen die Verbb. nach 1 Jahr Aufbewahren im Sonnenlicht bzw. nach 240std. Kochen am Rückfluß keine Veränderungen. — *Äthanthiol* [*Äthylmercaptan*], E. —147,89°; Kp. 35,0°; kryoskop. Konstante A 0,036 [Grad^{-1}]; D.$^{20}_4$ 0,83914; η^{20} 0,293; σ^{20} 23,5° n_D^{20} 1,43105. — *2-Methylpropanthiol-(2)* [*tert.-Butylmercaptan*], E. +1,11°; Kp. 64,2°; A 0,005; D.$^{20}_4$ 0,80020; η^{20} 0,638; σ^{20} 20,8; n_D^{20} 1,42320; polymerisiert sich beim Aufbewahren in geringem Maße. — *Pentanthiol-(1)* [*n-Pentylmercaptan*], E. —75,70°; Kp. 126,5°; aus n-Pentylbromid u. NaHS in A.; 85—90% (Ausbeute); A 0,048; D.$^{20}_4$ 0,84209; η^{20} 0,639; σ^{20} 26,8; n_D^{20} 1,44692. — *2-Thiabutan* [*Methyläthylsulfid*], E. —105,91°; Kp. 66,7°; A 0,04; D $^{20}_4$ 0,84221; η^{20} 0,373; σ^{20} 24,9; n_D^{20} 1,44035. — *3-Thiapentan* [*Diäthylsulfid*], E. —103,93°; Kp. 92,1°; A 0,04; D.$^{20}_4$ 0,83623; η^{20} 0,440; σ^{20} 25,2; n_D^{20} 1,44298. — *Thiacyclobutan* [*Trimethylensulfid*], E. —73,25°; Kp. 95,0° [durch 5std. Kochen von Thioharnstoff u. 1-Brom-3-chlorpropan in A. u. Rk. des gebildeten Thiouroniumsalzes mit wss. KOH, nach dem Zufügen (2 Std.) 1 Std. bei 60—80°; 53,5%]; A 0,023; D.$^{20}_4$ 1,02000; η^{20} 0,638; σ^{20} 36,3; n_D^{20} 1,51020; polymerisiert sich unter Lichteinwirkung. — *Thiacyclopentan* [*Tetrahydrothiophen*], E. —96,16°; Kp. 120,9°; A 0,028; D.$^{20}_4$ 0,99869; η^{20} 1,042; σ^{20} 35,8°; n_D^{20} 1,50483. — *2.3-Dithiabutan* [*Dimethyldisulfid*], E. —84,72°; Kp. 109,6°; A 0,030; D.$^{20}_4$ 1,06250; η^{20} 0,619; σ^{20} 33,6; n_D^{20} 1,52592; zers. sich unter Lichteinw. bzw. beim Kochen. — *3.4-Dithiahexan* [*Diäthyldisulfid*], E. —101,52°; Kp. 152,6°; A 0,038; D.$^{20}_4$ 0,99311; η^{20} 0,860; σ^{20} 31,3; n_D^{20} 1,50731; zers. sich unter Lichteinw. bzw. beim Kochen. — *Thiophen*, E. —38,24°; Kp. 84,1°; D.$^{20}_4$ 1,06485; η^{20} 0,654; σ^{20} 32,8; n_D^{20} 1,52890. — Werte für andere Tempp. bzw. Brechungsindices für andere Wellenlängen vgl. Original. (J. physic. Chem. **58**. 270—78. März 1954. Laramie, Wyo., Bur. of Mines, Petr. and Oil-Shale Exp. Stat.) J. ROTHE. 600

Charles D. Hurd, Leonard G. Ginger, Leon L. Gershbein und **W. A. Yarnall**, *Offenkettige Acylale, Formale und Äther mit endständigen Doppelbindungen.* Vff. beschreiben die Darst. verschied. Acylale (veresterte Halbacetale von Formaldehyd), Formale u. Äther mit endständigen Doppelbindungen, die durch Umsetzung von Allylchlormethyläther (I) mit Na-Salzen von Carbonsäuren oder Alkoholen in Ggw. von Pyridin bzw. Butadien-(1.3) (IV) in Ggw. von $ZnCl_2$ erhalten wurden. Die Rk. zwischen Chlorameisensäureallylester (III) u. 2-Allyloxyäthanol-(1) (II) lieferte *Allyl-2-allyloxyäthylcarbonat.*

V e r s u c h e: *Allylchlormethyläther* (I), C_4H_7OCl, Kp. 107—108°, durch Einleiten von HCl in der Kälte in Allylalkohol u. Zugabe von Paraformaldehyd, Wiederholung der Operation u. Entfernung des überschüssigen Alkohols durch 1std. Kochen mit Benzoylchlorid u. Dimethylanilin; D.$^{23}_{20}$ 1,025, n_D^{23} 1,431; 77% (Ausbeute). — *Allyloxymethylformiat* ($CH_2{=}CHCH_2OCH_2OOCH$), kein reines Prod. (enthält vermutlich ca. 10% Diallylformal), Kp. 136—138°, Kp.$_{23}$ 50,5—52,5°, durch Zugabe (½ Std.) von I zu einer Aufschlämmung von Na-Formiat in Bzl. (oder Toluol) unter Kühlung, Rühren unter N_2 in Ggw. von wenig Hydrochinon oder Pyrogallol u. 2std. Kochen unter Rühren; D.$^{23}_{20}$ 1,021, n_D^{23} 1,4170; 60—90% (gilt allg. für die Ausbeuten an Acylalen). — *Allyloxymethylacetat*, Kp. 145—146°, aus Na-Acetat u. I wie vorst.; D.$^{23}_{20}$ 0,989, n_D^{23} 1,4154. — *Allyloxymethylacrylat*, Kp.$_{20}$ 74—76°, aus Na-Acrylat u. I; D.$^{23}_{20}$ 1,004, n_D^{23} 1,4400; polymerisiert sich bei mehrmonatigem Stehen ohne Inhibitor zu einer klaren Flüssigkeit. — *Allyloxymethyl-α-acetoxypropionat*, Kp.$_{0,5}$ 115 bis 118°, aus Na-α-Acetoxypropionat u. I; n_D^{22} 1,4452. — *Bis-[allyloxymethyl]-phthalat*, Kp.$_{0,001}$ 100—125° (Badtemp. der Mol.-Dest.), aus Di-Na-Phthalat u. I; n_D^{22} 1,5078. — *Bis-[allyloxymethyl]-oxalat*, Kp.$_{18}$ 152—153°, Kp.$_4$ 136°, Kp.$_{0,1}$ 93—96°, aus Di-Na-Oxalat u. I ohne Lösungsm. u. durch 1 std. Erhitzen auf 115° u. 1 std. Erhitzen auf 150°; 80%, wie vorst. in Bzl.; 16%; $D.^{23}_{20}$ 1,137, n_D^{22} 1,4493; polymerisiert sich bei mehrmonatigem Stehen. — *Allyl-2-äthoxyäthylformal* (CH_2=$CHCH_2OCH_2OCH_2 \cdot CH_2OC_2H_5$), $Kp._{13}$ 74—75°, durch Zugabe (90 Min.) von I zu 2-Äthoxyäthanol-(1) in Pyridin bei 5—10° unter Rühren u. 1—2 std. Erwärmen auf 100°; $D.^{23}_{20}$ 0,919, n_D^{23} 1,4180; 30—45% (gilt für alle nachst. Formale). — *Allyl-2-allyloxyäthylformal*, $Kp._{14}$ 94—96°, aus I u. 2-Allyloxyäthanol-(1) (**II**; $Kp._{15}$ 60—63°) wie vorst.; $D.^{23}_{20}$ 0,933, n_D^{23} 1,4343. — *O-[Allyloxymethyl]-milchsäureäthylester*, $Kp._{10}$ 90—91°, aus I u. Äthyllactat; n_D^{26} 1,4210. — *O-[Allyloxymethyl]-milchsäureallylester*, $Kp._{20}$ 119—120,5°, $Kp._{13}$ 111,5—112,5°, aus I u. Allyllactat; $D.^{23}_{20}$ 0,998, n_D^{21} 1,4380. — Vorst. Formale polymerisieren sich nicht bei mehrmonatigem Stehen ohne Inhibitor. — *Diallylformal*, $Kp._{14}$ 38—39°, aus I u. Allylalkohol, $D.^{23}_{20}$ 0,886, n_D^{23} 1,4211; 10—15%. — *Allyl-2-allyloxyäthylcarbonat*, $Kp._{17}$ 121°, $Kp._{14}$ 117,5°, durch langsame Zugabe von **III** zu einem Gemisch von **II** u. Pyridin unter Kühlung u. 2 std. Rühren bei Zimmertemp., $D.^{26}_{26}$ 1,03, n_D^{26} 1,4378; 73%; polymerisiert sich nicht bei längerem Stehen. — *5-Allyloxy-1-chlorpenten-(2)* (?), $Kp._{25}$ 90—92°, durch langsame Zugabe von I zu **IV** in CS_2 in Ggw. von $ZnCl_2$ unter Kühlung u. Rühren u. 15 Std. Stehenlassen bei 5—15°; $D.^{24}_{20}$ 0,9829, n_D^{24} 1,4590; 33%. (J. Amer. chem. Soc. **74**. 5128—30. 20/10. 1952. Evanston, Ill., Northwest. Univ., Chem. Labor.) G. Winkler. 670

O. C. Dermer und **Albert M. Durr jr.**, *Addition von Acetalen an Olefinoxyde.* Acetale liefern in Ggw. von BF_3 mit Olefinoxyden *β-Alkoxyalkylacetale* der Formel RCH·(OR')OC—COR', die mit weiterem Olefinoxyd zu Verbb. des Typs RCH(OR')·(OC—C)$_n$OR' reagieren. Ihre Struktur wurde durch Hydrolyse bewiesen. Überschüssiges Acetal begünstigt die Umsetzung äquimol. Mengen.

Versuche: *1-Methoxymethoxy-2-methoxyäthan* (I), $C_5H_{12}O_3$, $Kp._{750}$ 130 bis 131,5°, durch Einleiten von BF_3 in 6,6 Mol Methylal (**IV**) bei 0°, Zugabe von 4,5 Mol Äthylenoxyd bei 0° u. Zugabe zu einer Aufschlämmung von K_2CO_3. Durch Dest. der unteren Schicht wurde *p-Dioxan* (**II**) erhalten. Dest. der oberen Schicht ergab (neben **II**) I, $D.^{25}_4$ 0,9465, n^{25}_D 1,3913, Mol.-Refr. 30,12; 18% (Ausbeute). Daneben *1-[2-Methoxyäthoxy]-2-methoxymethoxyäthan* (**III**), $C_7H_{16}O_4$, $Kp._{748}$ 185°, $D.^{27}_4$ 0,9896, n_D^{27} 1,4089, Mol.-Refr. 41,16; 14%. I liefert nach Hydrolyse mit 5%ig. HCl CH_3OH, *2-Methoxyäthanol* (*p-Nitrobenzoat*, F. 49°) u. CH_2O. **III** liefert CH_3OH, CH_2O u. *2-[2-Methoxyäthoxy]-äthanol*, Kp. 190—193°. Bei einem Verhältnis von **IV** u. Äthylenoxyd von 3:1 betrug die Ausbeute an I 53%, an **III** 5%. — Umsetzung von **IV** mit Propylenoxyd wie vorst. beschrieben ergab *Dimethyldioxane*, ein Gemisch ($Kp._{744}$ 135 bis 143°) von *1-Methoxymethoxy-2-methoxypropan* u. *1-Methoxy-2-methoxymethoxypropan* u. einen hochsd. Rückstand (Kp. 195°). — Aus 15 Mol Äthylal u. 5 Mol Äthylenoxyd wurde erhalten: *1-[Äthoxymethoxy]-2-äthoxyäthan*, $C_7H_{16}O_3$, $Kp._{746}$ 163—164°, $D.^{32}_4$ 0,8974, n_D^{32} 1,3940, Mol.-Refr. 39,37; 49%. — *1-[1-Methoxyäthoxy]-2-methoxyäthan*, $C_6H_{14}O_3$, $Kp._{746}$ 141°, aus 10 Mol Dimethylacetal u. 2 Mol Äthylenoxyd, $D.^{32}_4$ 0,9218, n_D^{32} 1,3930, Mol.-Refr. 34,75; 22%. (J. Amer. chem. Soc. **76**. 912—13. 5/2. 1954. Stillwater, Okla., Oklahoma Agricult. and Mechan. Coll., Dep. of Chem.) Horst Baganz. 670

Carl Djerassi und **Carl T. Lenk**, *α-Jodketone.* 2. Mitt. *Reaktion von Enolacetaten mit N-Jodsuccinimid.* (1. vgl. C. **1951**.II. 2185.) Heptanon-(2) (**IV**) liefert bei der Enolacetylierung sowohl mit Acetanhydrid als auch mit Isopropenylacetat–H_2SO_4 dasselbe Enolacetat, *Δ^2-Heptenol-(2)-acetat* (**I**), das bei der Bromierung *3-Bromheptanon-(2)* (**IIa**) gibt. **IIa** wird durch Austausch mit NaJ in das *3-Jodheptanon-(2)* (**IIb**) übergeführt, das auch direkt aus **I** durch Behandlung mit JCl oder mit N-Jodsuccinimid (NJS) entsteht. Im Gegensatz zu **IIa**, das mit Kollidin unter Dehydrobromierung reagiert, liefert **IIb** bei der gleichen Behandlung **I**. Die Rk. mit NJS verläuft durch einen ion. Mechanismus, wahrscheinlich über einen Jodoniumkomplex unter Bldg. von *N-Acetylsuccinimid.* NJS wird nach einer modifizierten Meth. von Bunge [1870] über das Ag-Salz von Succinimid dargestellt. Die Überführung des Enolacetats von Butyraldehyd mit NJS in *α-Jodbutyraldehyd* verläuft glatt, doch läßt sich das Prod. nicht unzersetzt destillieren. Die selektive Jodierung mit NJS wird am Beispiel des $\Delta^{5.20}$-Pregnadien-3β.20-diol-3.20-diacetats (**III**) durchgeführt u. liefert *21-Jod-Δ^5-pregnen-3β-ol-20-on-acetat*, das sich glatt in *Δ^5-Pregnen-3β.21-diol-20-on-diacetat* verwandeln läßt.

Versuche (opt. Drehungen in Chlf.): *N-Jodsuccinimid* (NJS), $C_4H_4O_2NJ$ F. 200—201°. Aus 392 g Succinimid in 12 Liter sd. W. u. 510 g Ag_2O werden 450 g Ag-Salz erhalten u. davon 49,5 g bei 5—10° in eine Lsg. von 50,8 g J_2 in 300 cm^3

Aceton eingetragen (Entfärbung nach ca. 30 Min.); Nadeln aus heißem Dioxan durch Fällung mit CCl_4; 43 g (Ausbeute). — *Δ^2-Heptenol-(2)-acetat* (**I**), $Kp._{16}$ 77,5° [Meth. (a)], $Kp._8$ 58° [Meth. (b)], a) aus Heptanon-(2) (**IV**) mit Acetanhydrid/p-Toluolsulfonsäure nach BEDOUKIAN (C. **1947**. 24); $D.^{25}_4$ 0,8839; n_D^{25} 1,4245; 39%. b) Mit Isopropenylacetat-H_2SO_4 nach YOUNG u. Mitarbeitern (C. **1952**. 828); n_D^{25} 1,4240; 60%. — *3-Bromheptanon-(2)* (**IIa**), $Kp._1$ 49°, aus 7,8 g **I** u. N-Bromacetamid in CCl_4 (30 Min. am Rückfluß); n_D^{25} 1,4617; 4,5 g. Die Behandlung von **IIa** mit γ-Kollidin (9 Std. am Rückfluß) liefert 85% *Kollidinhydrobromid* u. 55% *Δ^3-Heptenon-(2)* ($Kp._{10}$ 54°; n_D^{25} 1,4354. Identifiziert als *2.4-Dinitrophenylhydrazon*, $C_{13}H_{16}O_4N_4$, F. 125—126°). — *3-Jodheptanon-(2)* (**IIb**), $C_7H_{13}OJ$, $Kp._{1,5}$ 76°, a) aus **IIa** u. NaJ in Aceton (1 Std. am Rückfluß); $D.^{25}_4$ 1,483, n_D^{25} 1,5010; Mol.-Refr. 47,86; 72%. b) Aus **I** in Chlf. u. JCl bei 5° (nach 2 Std. bei Zimmertemp. ½ Std. am Rückfluß); 60%. c) Aus **I** u. NJS in Dioxan (1 Std. bei 80—100°); 58%. Bei Durchführung der Rk. mit **I** u. NJS ohne Lösungsm. werden 82% **II** erhalten, außerdem 90% *N-Acetylsuccinimid*, $C_6H_7O_3N$, F. 40—41° (Ae.), das bei Behandlung mit NH_3 (2 Std.) *Acetamid* (F. 77—78°) u. *Succinimid* (F. 122—123°) u. mit Anilin *Acetanilid* (F. 113—114°) liefert. Behandlung von 15 g **IIb** mit γ-Kollidin (1 Std. bei 80°) gibt 3,5 g **IV** (identifiziert als gelblich orangefarbenes **IV**-*2.4-Dinitrophenylhydrazon*, F. 73—74°). — *α-Jodbutyraldehyd*, $Kp._{35}$ 68—69° (teilweise Zers.), aus Δ^1-Butenylacetat (CURTIN u. HURWITZ, C. **1954**. 512) u. NJS in Dioxan (1 Std. bei 75° unter N_2) als schwach gelbe, zu Tränen reizende Fl.; n_D^{22} 1,4970; 98%. — *21-Jod-Δ^5-pregnen-3β-ol-20-on-acetat*, $C_{23}H_{33}O_3J$, F. 140—141°, aus **III** u. NJS in Dioxan (45 Min. bei 85°); Nadeln aus Methanol-W.; $[\alpha]_D^{22}$ +63°; λ_{max} 5,78 u. 5,88 μ (CS_2); 54%. — *Δ^5-Pregnen-3β.21-diol-20-on-diacetat*, $C_{25}H_{36}O_5$, F. 165—166° (Methanol), aus vorst. Verb. in Aceton, $KHCO_3$ u. Eisessig (12 Std. am Rückfluß); $[\alpha]_D^{22}$ +28°; 95%. (J. Amer. chem. Soc. **75**. 3493—95. 20/7. 1953. Detroit, Mich., Wayne Univ., Dep. of Chem.) H.-J. KOCH. 710

Marc Julia (unter techn. Mitarbeit von **Georgette Tchernoff**), *Pflanzenwachstumsfaktoren*. 2. Mitt. *Über γ-Phenoxycrotonsäuren*. (1. vgl. C. **1953**. 6876.) Auf Grund der konstitutionellen Ähnlichkeit mit Phenoxyessigsäuren u. Indolyl-(3)-essigsäure (**I**) werden zur Prüfung auf ihre phytohormonale Wirksamkeit einige *substituierte Phenoxycrotonsäuren* dargestellt. In Anlehnung an die Meth. von DEY (J. chem. Soc. [London] **1937**. 1057) ergab die Umsetzung von substituierten Phenolen mit Chloracetaldehyddiäthylacetal (**II**), am besten in Diäthylenglykol, *substituierte Phenoxyacetaldehyddiäthylacetale*, deren Verseifung die *Phenoxyacetaldehyde* liefert. Die anschließende Malonestersynth. verlief ohne Schwierigkeiten unter Bldg. der gewünschten *γ-Phenoxycrotonsäuren*. — Die biol. Prüfung ergab, daß im Vgl. zu 2.4-D bei Maiswurzelverss. wohl eine Auxinwrkg. vorhanden ist, die bei der am stärksten wirkenden *4-Chlorphenoxycrotonsäure* nur einen Bruchteil der Wrkg. der 2.4-D ausmacht, während bei Rübenverss. keine Auxinwrkg. festgestellt werden konnte. Bei Verss. an Erbsen („pea-test") besaßen die wirksamsten Säuren, *2.4-Dichlor-* u. *4-Chlor-2-methylphenoxycrotonsäure*, eine ähnliche Wrkg. wie 2.4-D u. eine stärkere Wrkg. als **I**.

Versuche: *4-Methylphenoxyacetaldehyddiäthylacetal*, $Kp._2$ 125—132°, aus p-Kresol, **II** u. Na-Alkoholat in A. im Autoklaven bei 170° (5 Std.); 63% (Ausbeute). — Analog folgende Phenoxyacetaldehyddiäthylacetale: *2-Chlor-*, $Kp._2$ 125—130°; 65%. — *4-Chlor-*, $Kp._3$ 135°; 66%. — *4-Chlor-2-methyl-*, $Kp._2$ 135—142°; 66%. — *2.4-Dichlor*, $Kp._2$ 137—140°, analog oder aus 2.4-Dichlorphenol u. **II** mit einer Lsg. von Na in Diäthylenglykol bei 150° (5—6 Std.); 50%. — Nach letzterem Verf. wurden ferner gewonnen: *2-Methyl-*, $Kp._2$ 115—120°; 60%. — *3-Methyl-*, $Kp._2$ 115—120°; 61%. — *3-Chlor-*, $Kp._3$ 130—134°; 30%. — *2-Chlor-4-methyl-*, $Kp._4$ 140—145°; 52%. — *Phenoxyacetaldehyddiäthylacetal*, $Kp._{1,5}$ 95°; 65%. — *Phenoxyacetaldehyd*, $Kp._2$ 75—85°, aus dem Acetal mit sd. 2n H_2SO_4 (1 bis 2 Std.) u. Ausäthern; 40%. — Analog folgende Phenoxyacetaldehyde: *2-Methyl-*, $C_9H_{10}O_2$, $Kp._{1,5}$ 97°; 70%. *Hydrat*, $C_9H_{12}O_3$, F. 69°. *Semicarbazon*, $C_{10}H_{13}O_2N_3$, F. 149° (Bzl.). *2.4-Dinitrophenylhydrazon*, $C_{15}H_{14}O_5N_4$, F. 141° (Bzl.). — *3-Methyl-* $C_9H_{10}O_2$, $Kp._{1,5}$ 85°; 75%. *Semicarbazon*, $C_{10}H_{13}O_2N_3$, F. 155° (Bzl.). *2.4-Dinitrophenylhydrazon*, $C_{15}H_{14}O_5N_4$, F. 114° (Bzl.). — *4-Methyl-*, $C_9H_{10}O_2$, $Kp._{0,7}$ 85°; 90%. *Semicarbazon*, $C_{10}H_{13}O_2N_3$, F. 185° (Bzl.). *2.4-Dinitrophenylhydrazon*, $C_{15}H_{14}O_5N_4$, F. 136° (Bzl.). — *2-Chlor-*, $C_8H_7O_2Cl$, $Kp._1$ 93°; 72%. *Semicarbazon*, $C_9H_{10}O_2N_3Cl$, F. 158° (Essigester). *2.4-Dinitrophenylhydrazon*, $C_{14}H_{11}O_5N_4Cl$, F. 153° (Bzl.). — *3-Chlor-*, $C_8H_7O_2Cl$, $Kp._1$ 97°; 80%. *Semicarbazon*, $C_9H_{10}O_2N_3Cl$, F. 156° (Bzl.). *2.4-Dinitrophenylhydrazon*, $C_{14}H_{11}O_5N_4Cl$, F. 124° (Bzl.). — *4-Chlor-*, $C_8H_7O_2Cl$, $Kp._1$ 95°; 33%. *Semicarbazon*, $C_9H_{10}O_2N_3Cl$, F. 184° (Essigester). *2.4-Dinitrophenylhydrazon*, $C_{14}H_{11}O_5N_4Cl$, F. 131° (Bzl.). — *2.4-Dichlor-*, $C_8H_6O_2Cl_2$, $Kp._{1,5}$ 120°; 45%. *Hydrat*, $C_8H_8O_3Cl_2$, F. 79°. *Semicarbazon*, $C_9H_9O_2N_3Cl_2$, F. 176° (Bzl.). *2.4-Dinitrophenyl-*

hydrazon, $C_{14}H_{10}O_5N_4Cl_2$, F. 163° (Bzl.). — *2-Chlor-4-methyl-*, $C_9H_9O_2Cl$, Kp.$_2$ 110 bis 120°; 16%. *Hydrat*, $C_9H_{11}O_3Cl$, F. 76°. *Semicarbazon*, $C_{10}H_{12}O_2N_3Cl$, F. 174° (Bzl.). *2.4-Dinitrophenylhydrazon*, $C_{15}H_{13}O_5N_4Cl$, F. 156° (Bzl.). — *4-Chlor-2-methyl-*, $C_9H_9O_2Cl$, Kp.$_1$ 103°; 48%. *Hydrat*, $C_9H_{11}O_3Cl$, F. 73°. *Semicarbazon*, $C_{10}H_{12}O_2N_3Cl$, F. 190° (Essigester). *2.4-Dinitrophenylhydrazon*, $C_{15}H_{13}O_5N_4Cl$, F. 158° (Bzl.). — *γ-[2.4-Dichlorphenoxy]-crotonsäure*, $C_{10}H_8O_3Cl_2$, F. 187° (Bzl.), aus dem entsprechenden Aldehyd u. Malonester in Pyridin auf dem Wasserbad; Zers. mit wss. HCl, Lösen des Nd. in Sodalsg., Ausäthern u. Fällen aus der wss. Lsg. mit Säure; 50%. — Ebenso folgende γ-Phenoxycrotonsäuren: *2-Methyl-*, $C_{11}H_{12}O_3$, F. 145° (Bzl.); 50%. — *3-Methyl-*, $C_{11}H_{12}O_3$, F. 122° (Bzl.); 75%. — *4-Methyl-*, $C_{11}H_{12}O_3$, F. 157° (Bzl.); 47%. — *2-Chlor-*, $C_{10}H_9O_3Cl$, F. 169° (Bzl.); 30%. — *3-Chlor-*, $C_{10}H_9O_3Cl$, F. 159° (Bzl.); 50%. — *4-Chlor-*, $C_{10}H_9O_3Cl$, F. 174° (A.); 25%. — *2-Chlor-4-methyl-*, $C_{11}H_{11}O_3Cl$, F. 173° (Bzl.); 60%. — *4-Chlor-2-methyl-*, $C_{11}H_{11}O_3Cl$, F. 189° (Essigsäure, dann Bzl.); 53%. — *γ-Phenoxycrotonsäure*, F. 136—138° (Bzl.); 50%. (Bull. Soc. chim. France, Mém. [5] **20**. 479—83. Mai 1953. Paris, École Polytechn. u. Inst. Nat. de la Rech. Agronom.) GOLD. 850

C. E. Gleim, *Synthese und Polymerisation einiger Allylester der Carbaminsäure.* *Carbaminsäureallylester* wurden durch Rk. von Allylchlorformiat (**II**) mit Aminen in Ggw. von Pyridin dargestellt, sie reagieren mit Aldehyden in Ggw. saurer Katalysatoren unter Kühlung zu Kondensationsprodukten. Das Polymere des *Anhydroformaldehydallylcarbamats* (das selbst di- bzw. trimer sein kann) ist ein farbloses, durchsichtiges, unlösl. u. unschmelzbares Prod. mit einer ROCKWELL-„M"-Härte von 98, das nur von konz. HNO_3 oder konz. H_2SO_4 angegriffen wird. Die Polymeren der Monoallylester sind thermoplast., während die der Diallylester durchsichtige, unlösl. u. unschmelzbare Prodd. darstellen. Ihre ROCKWELL-„M"-Härte liegt allg. zwischen 80 u. 105, sie werden durch Erhitzen auf oder über den F. der Monomeren dargestellt. Die Polymerisationszeit variiert reziprok zur Temp. u. zur Katalysatorkonz., wobei eine zu hohe Temp. oder Konz. zu gefärbten Prodd. bzw. Crackung der Polymeren führt. Die Polymerisation verläuft auf Grund der mit steigendem Polymerisationsgrad weitgehend abnehmenden Flüchtigkeit quantitativ. Die meisten Allylester lassen sich copolymerisieren.

Versuche: *Allylcarbamat* (I), $C_4H_7O_2N$, Kp.$_2$ 73—75°, D.$^{28}_4$ 1,080, n_D^{28} 1,4520, durch Einleiten von NH_3 in die Lsg. von II in Bzl. bei 25—35° bis zur vollständigen Rk., Abtrennen des NH_4Cl u. Fraktionieren der Benzollsg.; 85% (Ausbeute). — *Anhydroformaldehydallylcarbamat*, $C_5H_7O_2N$, Kp.$_2$ 185° (Zers.), n_D^{30} 1,4870, D.$^{30}_4$ 1,174, durch Zufügen von konz. HCl zu einer gekühlten Lsg. von I in 36%ig. CH_2O unter Rühren u. Abtrennen der Ölschicht; 88%. — *N-Carballyldioxyäthylallylcarbamat*, $C_{10}H_{15}O_5N$, Kp.$_3$ 151—152°, D.$^{28}_4$ 1,142, n_D^{28} 1,4630, durch Zufügen von II zu einer Lsg. von Monoäthanolamin in Pyridin bei —15 bis —10°, Eintragen in verd. HCl u. Abtrennen der Ölschicht; 65%. — *N.N'-Bis-[carballyloxy]-harnstoff*, $C_9H_{12}O_5N_2$, F. 70° (A.), durch Einleiten von $COCl_2$ in I bei 50—75°; 55%. — Analog nachst. Verbb.: *Allyl-N-[carballyloxy]-carbamat*, $C_8H_{11}O_4N$, Kp.$_3$ 145—147°, n_D^{23} 1,4728, D.$^{25}_4$ 1,159, aus II u. Na-I oder aus N-[Carballyloxy]-carbamylchlorid (III) u. Allylalkohol; 18%. — *Äthylen-bis-[N-carballyloxycarbamat]*, $C_{12}H_{16}O_8N_2$, zers. sich beim Erhitzen, aus III u. Äthylenglykol oder aus Äthylen-bis-[chlorformiat] u. Na-I; 55%. — *Allyl-N-allylcarbamat*, $C_7H_{11}O_2N$, Kp.$_3$ 84,5—85°, n_D^{28} 1,4566, D.$^{28}_4$ 0,997, aus II u. Allylamin; 70%. — *N.N'-Bis-[carballyloxy]-hydrazin*, $C_8H_{12}O_4N_2$, F. 88—89°, aus II u. Hydrazinhydrat; 93%. — *Allyl-[N-carballyldioxy]-carbamat*, $C_8H_{11}O_5N$, Kp.$_3$ 143—145°, n_D^{28} 1,4558, D.$^{26}_4$ 1,163, aus II u. N-Hydroxylallylcarbamat (IV; aus II u. H_2NOH); 70%. — *Allyl-[N-allyloxy]-carbamat*, $C_7H_{11}O_3N$, Kp.$_2$ 90—92°, n_D^{30} 1,4569, D.$^{30}_4$ 1,066, aus Na-IV u. Allylchlorid; 31%. — *N[-Carballyldioxy]-N'-[carballyloxy]-harnstoff*, $C_9H_{12}O_6N_2$, F. 62—63°, aus II u. Hydroxylharnstoff; 45%. — *N-[Carballyloxy]-äthylendiamin*, $C_6H_{12}O_2N_2$, Kp.$_2$ 160°, n_D^{26} 1,4775, D.$^{26}_4$ 1,674, aus Diallylcarbonat u. Äthylendiamin; 19%. — *N.N'-Bis-[carballyloxy]-äthylendiamin*, $C_{10}H_{16}O_4N_2$, F. 89—90°; 74%. — *Allyl-[N-methylol]-carbamat*, $C_5H_9O_3N$, Zers. beim Erwärmen, n_D^{28} 1,4818, D.$^{28}_4$ 1,120, aus I u. CH_2O in wss. K_2CO_3; 80%. — *Allyl-[N-carballyldioxymethyl]-carbamat*, $C_9H_{13}O_5N$, Zers. beim Erwärmen, aus vorst. Verb. u. II; 50%. — *Allyl-bis-[N-carballyldioxyäthyl]-carbamat*, $C_{16}H_{23}O_8N$, Zers. beim Erwärmen, n_D^{20} 1,4667, D.$^{30}_4$ 1,159, aus II u. Diäthanolamin; 60%. — *Allyl-[N-carballyldioxymethylmethyl]-carbamat*, $C_{10}H_{15}O_5N$, Kp.$_3$ 165—170° (Zers.), n_D^{25} 1,5600, aus II u. Aldehydammoniak; 68%. — *Allyl-[N-carballyldioxyphenyl]-carbamat*, $C_{14}H_{15}O_5N$, F. 89—90,5°, aus II u. p-Aminophenol; 77%. — *Allyl-[N-carballyloxymethyl]-carbamat*, $C_9H_{13}O_4N$, Kp.$_1$ 126—128°, n_D^{24} 1,4653, D.$^{26}_4$ 1,114, aus Allylalkohol u. Methyl-[N-carballyloxy]-aminoacetat (aus II u. Methylaminoacetat; 23%); 39%. — *N.N'-Bis-*

carballyloxy]-methylendiamin, $C_9H_{14}O_4N_2$, F. 108—109°, aus I, Formalin u. etwas HCl; 80%. — *N.N'-Bis-[carballyloxy]-methylmethylendiamin*, $C_{10}H_{16}O_4N_2$, F. 105—106°, wie vorst. mit Acetaldehyd; 80%. — *N.N'-Bis-[carballyloxy]-furylmethylendiamin*, $C_{13}H_{16}O_5N_2$, F. 140,5°, aus I u. Furfurol in Eisessig; 90%. — *Allylanhydroacetaldehydcarbamat*, $C_6H_9O_2N$, Zers. beim Erwärmen, aus I, CH_3CHO u. konz. HCl; 90%. — *Allylanhydrocitralcarbamat*, $C_{14}H_{21}O_2N$, Kp.$_2$ 163—173° (Zers.), n_D^{25} 1,5170, $D.^{25}_4$ 1,018, aus I u. Citral in Eisessig; 65%. — *Allylanhydroglyoxalcarbamat*, $C_{10}H_{12}O_4N_2$, Zers. beim Erwärmen, aus I, Glyoxal u. konz. HCl; 50%. — *Allyl-[N-isopropenyl]-carbamat*, $C_7H_{11}O_2N$, Kp.$_2$ 60°, n_D^{28} 1,5398, $D.^{30}_4$ 2,017, aus Methacrylamid, Allylalkohol u. KOBr-Lsg.; 82%. — *Allyl-bis-[N-acrylyl]-carbamat*, $C_{10}H_{11}O_4N$, Kp.$_2$ 150 bis 160° (Zers.), n_D^{24} 1,4653, $D.^{30}_4$ 1,120, aus Na-I u. Acrylylchlorid in Bzl.; 23%. — *Allyl-[N-cyan]-carbamat*, $C_5H_6O_2N_2$, F. 162—163°, aus II u. Cyanamid; 30%. — *N-Carballyloxyharnstoff*, $C_5H_8O_3N_2$, F. 161—162°, aus II u. Harnstoff oder aus III u. NH_3 in Ae.; 59%. — Die Bedingungen der mit Benzoylperoxyd oder tert.-Butylhydroperoxyd durchgeführten Polymerisation sowie einige physikal., elektr. u. opt. Eigg. einiger der Polymeren sind angegeben. (J. Amer. chem. Soc. **76**. 107—11. 5/1. 1954. Akron, O., Goodyear Res. Labors.) RUSKE. 880

A. F. McKay und **W. G. Hatton**, *N-[β-Nitraminoäthyl]-N'-methyl-N''-nitroguanidin*. N-[β-Nitraminoäthyl]-N'-methyl-N''-nitroguanidin (I), das durch Addition von CH_3NH_2 an 1-Nitro-2-nitramino-Δ^2-imidazolin bei p_H 1 entsteht, reagiert mit Acetylchlorid + Acetanhydrid zu *N-[β-Chloräthyl]-N'-methyl-N''-nitroguanidin* (II) u. *1-Nitro-2-methylamino-Δ^2-imidazoliniumchlorid*, das ein Cyclisierungsprod. von II darstellt. Die Rk. von I mit absol. HNO_3 + Acetanhydrid gibt ausschließlich *1-Nitro-2-methylamino-Δ^2-imidazoliniumnitrat*, das als Cyclisierungsprod. des prim. entstandenen N-[β-Nitroxyäthyl]-N'-methyl-N''-nitroguanidin anzusehen ist.

Versuche: *1-Nitro-2-nitramino-Δ^2-imidazolin*, F. 150—151,5° (Zers.), aus 2-Nitramino-Δ^2-imidazolin u. HNO_3 + Acetanhydrid; 83,5% (Ausbeute). — *N-[β-Nitraminoäthyl]-N'-methyl-N''-nitroguanidin* (I), $C_4H_{10}O_4N_6$, F. 184,7—187,5° (Aceton), aus vorst. Verb. u. CH_3NH_2 in W. durch Ansäuern bis p_H 1 bei maximal 20°; 90,2 bis 98%. — Die Rk. von I mit Acetylchlorid + Acetanhydrid + Eisessig bei 39—41° im N_2-Strom (95 Min.) gibt nach Eindampfen im Vakuum, 2maligem Abdampfen mit Methanol u. Suspendieren des Rückstandes mit Bzl. *1-Nitro-2-methylamino-Δ^2-imidazoliniumchlorid* ($C_4H_9O_2N_4Cl$, F. 207° [Zers.], aus A.; *Pikrat*, $C_{10}H_{11}O_9N_7$, F. 163,5° [Zers.], aus W.). Aus dem Benzolfiltrat wird *N-[β-Chloräthyl]-N'-methyl-N''-nitroguanidin* (II) ($C_4H_9O_2N_4Cl$, F. 101—103°, u. nach Wiedererstarren Zers. bei 200°, aus A.) isoliert. — *1-Methyl-2-nitramino-Δ^2-imidazolin*, F. 115—116°, aus II durch Erhitzen mit verd. NaOH (3 Min.); 27,3%. — *2-Methylamino-Δ^2-imidazolin* (III), F. 66,9—67,5°, Kp.$_{1,0}$ 120—122°, aus 2-Nitramino-Δ^2-imidazolin mit wss. CH_3NH_2 bei 20° bis zum Ende der Gasentw.; 87,6%. *Pikrat*, $C_{10}H_{12}O_7N_6$, F. 196—197°. — *1-Nitro-2-methylamino-Δ^2-imidazoliniumnitrat*, $C_4H_9O_5N_5$, F. 172° (absol. A.), aus III mit absol. HNO_3 + Acetanhydrid, 0—18°, ½ Std., oder aus 1-Nitro-2-nitramino-Δ^2-imidazoliniumchlorid mit $AgNO_3$ in W. oder aus I mit absol. HNO_3 + Acetanhydrid bei 24—28° (55 Min.); 90,0 bzw. 76,4 bzw. 56,1%. — *1-Nitro-2-methylamino-Δ^2-imidazolin*, $C_4H_8O_2N_4$, F. 76,5—77° (Ae.), aus vorst. Verb. mit wss. NaOH bei 20° (24 Std.); 76,2%. — *N-[β-Nitraminoäthyl]-N'-äthyl-N''-nitroguanidin*, $C_5H_{12}O_4N_6$, F. 107—108°, analog I; 72%. — *1-Nitro-2-äthylamino-Δ^2-imidazoliniumnitrat*, $C_5H_{11}O_5N_5$, F. 157,5° (Zers., CH_3OH), aus vorst. Verb. u. HNO_3 + Acetanhydrid wie oben; 45,1%. (J. Amer. chem. Soc. **75**. 963—65. 20/2. 1953. Ottawa, Can., Defence Res. Chem. Labors.) K. FABER. 880

Charles D. Hurd und **Shin Hayao**, *Die Reaktion von Propiolacton mit Anilinderivaten*. Vff. untersuchen die Rk. zwischen Propiolacton (I) u. $XC_6H_4NH_2$ (X = CO_2H, $CO_2C_2H_5$, SO_3H, SO_2NH_2, Cl, Br, NO_2), die in W., Acetonitril (II) oder Aceton (III) unter ausschließlicher Bldg. der β-Aminosäuren $XC_6H_4NHCH_2CH_2CO_2H$ verläuft. p-Toluidin gibt unter gleichen Reaktionsbedingungen *β-[p-Toluidino]-propionsäure* u. *Hydracryl-p-toluidid*. m-Aminobenzoesäureäthylester (**VII**) u. p-Brom- (**IX**) u. p-Chloranilin (**VIII**) liefern mit 2 Mol I die tert. Amine $XC_6H_4N(CH_2CH_2CO_2H)_2$, p-Aminobenzoesäureäthylester (**IV**) u. Sulfanilamid (**VI**) reagieren nicht direkt mit 2 Mol I. Die Rkk. werden nicht durch $NaOC_2H_5$ oder H_2SO_4 katalysiert. Vff. diskutieren den Reaktionsmechanismus; es ist anzunehmen, daß der Mechanismus nicht der gleiche wie bei der alkal. Methanolyse von I (vgl. BARTLETT u. RYLANDER, J. Amer. chem. Soc. **73**. [1951.] 4273) ist; z. B. reagieren Hydracrylanilid u. Anilin nicht unter vorst. angewandten Reaktionsbedingungen zu β-Anilinopropionanilid bzw. -säure.

Versuche: *N-[p-Carbäthoxyphenyl]-β-alanin*, $C_{12}H_{15}O_4N$, F. 137—138° (wss. Methanol), durch langsame Zugabe von I unter Rühren zu **IV** in **II** bei Zimmertemp.

u. Stehenlassen über Nacht; 32,5% (Ausbeute), daneben (nach alkal. Behandlung des Filtrates) 52% nachst. **V**; oder durch 1std. Kochen von 8,3 g **IV**, 4 g **I** u. 0,5 g $NaOCH_3$ in **II** u. 12std. Stehenlassen bei 25°; 1,8 g, daneben 6,9 g **IV** zurückerhalten; oder wie vorst. in Bzl., daneben *p-Carbäthoxyhydracrylanilid* [$C_{12}H_{15}O_4N$, F. 117° (wss. Methanol), 0,5 g] u. **IV** zurück; durch 13std. Kochen von 8,3 g **IV** u. 4 g **I** in Bzl. in Ggw. von Pyridin; 2,5 g, daneben 5,3 g **IV** zurück; oder wie vorst. durch 2,5std. Kochen in **II** mit katalyt. Mengen konz. H_2SO_4 u. 14std. Stehenlassen bei 25°; 75%. — *N-[p-Carboxyphenyl]-β-alanin* (**V**), $C_{10}H_{11}O_4N$, F. 198,5° (Zers.), durch 4std. Kochen von p-Aminobenzoesäure u. **I** in **III**; Nadeln aus wss. Methanol; 82,5%. — *p-[2-Carboxyäthylamino]-benzolsulfonamid*, $C_9H_{12}O_4N_2S$, F. 138—140°, durch 2std. Kochen von **VI** mit **I** in **III** u. Stehenlassen bei 25° über Nacht; aus wss. Methanol Platten; 78%. *Monohydrat*, $C_9H_{14}O_5N_2S$, F. 132—133° (teilweises Schmelzen bei 100°), durch wiederholte Kristallisation vorst. Verb. aus Wasser. — Die Darst. der nachst. Verbb. erfolgte nach den gleichen allg. Methoden wie vorstehend. — *N-[o-Carbäthoxyphenyl]-β-alanin*, $C_{12}H_{15}O_4N$, F. 104—105°, aus o-Aminobenzoesäureäthylester u. **I** in **II**; 78%; zeigt unter der UV-Lampe starke blaue Fluorescenz. — *N-[o-Carboxyphenyl]-β-alanin*, $C_{10}H_{11}O_4N$, F. 172—172,5° (Zers.), aus o-Aminobenzoesäure u. **I** in **III**; 82%; gibt blaue Fluorescenz in alkoh. Lösung. — *N-[m-Carbäthoxyphenyl]-β-alanin*, $C_{12}H_{15}O_4N$, F. 96—98°, aus **VII** u. **I** in **II**; 72%; zeigt unter der UV-Lampe schwache violette Fluorescenz. — *N-[m-Carboxyphenyl]-β-alanin*, $C_{10}H_{11}O_4N$, F. 203 bis 204°, aus m-Aminobenzoesäure u. **I** in **II**; 64%. — *N-[p-Chlorphenyl]-β-alanin*, $C_9H_{10}O_2NCl$, F. 122—122,5°, aus **VIII** u. **I** in **III**; 92%. — *N-[p-Bromphenyl]-β-alanin*, $C_9H_{10}O_2NBr$, F. 102,5—103°, aus **IX** u. **I** in **III**; 50,5% (daneben ein Öl, das nicht zur Kristallisation zu bringen ist). — *N-[p-Nitrophenyl]-β-alanin*, $C_9H_{10}O_4N_2$, F. 156 bis 157,5°, aus p-Nitranilin u. **I** in **III**; 100% (auf umgesetztes Amin bezogen). — *N-[m-Nitrophenyl]-β-alanin*, $C_9H_{10}O_4N_2$, F. 119—120°, aus m-Nitranilin u. **I** in **III**; 68%, daneben *β.β'-[m-Nitrophenylimino]-dipropionsäure*, $C_{12}H_{14}O_6N_2$, F. 133,5 bis 134,5°. — *β.β'-[m-Carbäthoxyphenylimino]-dipropionsäure*, $C_{15}H_{19}O_6N$, F. 129—131° (W.), durch tropfenweise Zugabe (5 Min.) von **I** zu **VII** in **II** u. 2tägiges Stehenlassen bei 20—25°; 60%. — *p-[2-Carbäthoxyäthylamino]-benzoesäureäthylester*, F. 69,5—71°, durch 45 Min. Einleiten von HCl in eine sd. alkoh. Lsg. von 13,5 g **V** u. Behandeln des mit Ae. gefällten Hydrochlorides mit Na_2CO_3-Lsg.; Platten aus wss. **III**; 12 g. — *β.β'-[p-Carbäthoxyphenylimino]-dipropionsäure*, $C_{15}H_{19}O_6N$, F. 128—130°, durch 19std. Kochen vorst. Verb. mit **I** in **II**, Ausfällen des nicht umgesetzten Ausgangsprod. (30%) mit Na_2CO_3-Lsg., 2std. Erwärmen des Reaktionsprod. mit 20%ig. NaOH auf dem Wasserbad u. Ansäuern; lange Nadeln aus 30%ig. wss. Methanol; 84% (auf umgesetztes Ausgangsprod. bezogen); liefert beim Umsatz mit C_6H_5MgBr in Ae./Pyridin/Bzl. unter Kochen einen *Triphenylmethanfarbstoff*, der in saurer Lsg. tiefrot gefärbt ist. — *p-[2-Carbomethoxyäthylamino]-benzolsulfonsäure*, $C_{10}H_{13}O_5NS$, F. 197 bis 199° (Zers.), durch Zugabe (5 Min.) von **I** zu einer sd. wss. Lsg. von Sulfanilsäure, 2std. Kochen, Evaporieren im Vakuum zur Trockne u. 2std. Kochen des Rückstandes mit Methanol; 88% (auf umgesetztes Ausgangsprod. bezogen). — *β.β'-[p-Chlorphenylimino]-dipropionsäure*, $C_{12}H_{14}O_4NCl$, F. 133—133,5° (wss. Methanol), durch 4std. Kochen von **VIII** u. **I** in **III** u. 24std. Stehenlassen bei Zimmertemp.; 90%. — *N-[p-Carboxyphenyl]-N-methyl-β-alanin*, $C_{11}H_{13}O_4N$, F. 178—179° (Zers.), aus p-Methylaminobenzoesäure u. **I** in **III**; 87%. — *β.β'-[p-Bromphenylimino]-dipropionsäure*, $C_{12}H_{14}$·O_4NBr, F. 146—147°, aus **IX** u. 2 Mol **I** in **III**; 90%. — *Hydracryl-p-toluidid*, $C_{10}H_{13}$·O_2N, F. 104—105° (nach Trocknung; vorher F. 64—66°, vermutlich Hydrat), durch Lösen von p-Toluidin u. **I** in Ae. unter exothermer Rk., 1std. Kochen u. über Nacht bei 25° Stehenlassen; 39,5% [*Benzoylderiv.*, $C_{17}H_{17}O_3N$, F. 135—137° (Methanol/W.)], daneben *N-[p-Tolyl]-β-alanin*, brauner Sirup; 59,5%. *Na-Salz*, $C_{10}H_{12}O_2NNa$. (J. Amer. chem. Soc. **74**. 5889—93. 5/12. 1952. Evanston, Ill., Northwestern Univ., Chem. Labor.)

G. WINKLER. 950

Marc Julia (unter techn. Mitarbeit von **Georgette Tchernoff**), *Pflanzenwachstumsfaktoren. 5. Mitt. Über einige γ-Arylaminocrotonsäureester.* (4. vgl. C. **1954**. 7856.) Als ringgeöffnete Analoge der Indolessigsäuren werden einige *γ-Arylamincrotonsäureester* durch Kondensation aromat. Amine mit γ-Bromcrotonsäureäthylester (**I**) dargestellt. Trotz der formellen Ähnlichkeit mit Indolessigsäuren konnte ein Einfl. auf das Pflanzenwachstum nicht beobachtet werden.

V e r s u c h e: *γ-Anilinocrotonsäureäthylester*, $C_{12}H_{15}O_2N$, Kp.$_{0,2}$ 130°, n_D^{15} 1,5560, aus Anilin u. **I** in sd. A. in Ggw. von $NaHCO_3$ (14 Std.), Verdünnen mit W. u. Extrahieren mit Ae.; 29%. *Hydrochlorid*, $C_{12}H_{15}O_2N \cdot HCl$, F. 139° (A. + Ae.). — *γ-[o-Chloranilino]-crotonsäureäthylester*, $C_{12}H_{14}O_2NCl$, Kp.$_{0,3}$ 154°, $n_D^{17,6}$ 1,5582, analog; 30%. *p-Toluolsulfonat*, $C_{19}H_{20}O_4NClS$, F. 95° (wss. A.). — *γ-[o-Toluidino]-crotonsäure-*

äthylester, $C_{13}H_{17}O_2N$, Kp.$_1$ 161°, $n_D^{14,6}$ 1,5540, aus I u. 2 Mol o-Toluidin in Bzl. auf dem Wasserbad (13 Std.), aus der benzol. Lsg.; 61%. *Pikrolonat*, $C_{23}H_{25}O_7N_5$, F. 140°. — Analog folgende Crotonsäureäthylester: *γ-[m-Toluidino]-*, $C_{13}H_{17}O_2N$, Kp.$_{0,3}$ 154°, n_D^{15} 1,5540; 46%. *Pikrolonat*, $C_{23}H_{25}O_7N_5$, F. 162°. — *γ-[p-Toluidino]-*, $C_{13}H_{17}O_2N$, Kp.$_{1,7}$ 171°, n_D^{15} 1,5515; 40%. *Pikrolonat*, $C_{23}H_{25}O_7N_5$, F. 172°. — *γ-[m-Chloranilino]-*, $C_{12}H_{14}O_2NCl$, Kp.$_{0,3}$ 175°, F. 63° (wss. A.); 62%. *Pikrolonat*, $C_{22}H_{22}O_7N_5Cl$, F. 141°. — *γ-[p-Chloranilino]-*, $C_{12}H_{14}O_2NCl$, Kp.$_{0,3}$ 180—190°, F. 57 bis 58° (PAe.); 50%. *Pikrolonat*, $C_{22}H_{22}O_7N_5Cl$, F. 151°. — *γ-[2.4-Dichloranilino]-* $C_{12}H_{13}O_2NCl_2$, Kp.$_{0,3}$ 162°, $n_D^{17,6}$ 1,5735; 36%. *p-Toluolsulfonat*, Öl. *Hydrochlorid*, F. 97° (Ae.), hygroskop. Kristalle. (Bull. Soc. chim. France, Mém. [5] **20.** 812—13. Sept. 1953. Paris, École Polytechn. u. Inst. Nat. de la Rech. Agronom.) GOLD. 950

Norman Rabjohn und **M. S. Cohen,** *Die Instabilität von Grignard-Verbindungen von γ-Brompropyläthern.* Vff. finden, daß bei der Umsetzung von Bis-[γ-äthoxypropyl]-Cd [nicht isoliert; Reaktionsgemisch aus γ-Äthoxypropylmagnesiumbromid (I) u. $CdCl_2$] mit 11-Bromundecanoylchlorid (II) *11-Bromundecansäureäthylester* entsteht. Bis-γ-phenoxypropyl]-Cd u. II geben ein Gemisch von *11-Bromundecansäurephenylester, Phenol* u. *Cyclopropan* (III). — Vff. zeigen, daß I nur eine geringe therm. Stabilität besitzt. Beim Abdestillieren des Lösungsm. einer äther. Lsg. von I tritt heftige Zers. des Rückstandes unter Bldg. von III u. C_2H_5O–MgBr ein. In Bzl. findet beim Kochen nur allmähliche Zers. statt; bei nachfolgender Zugabe von wasserfreiem $CdCl_2$ zum Reaktionsgemisch wird prakt. kein weiteres III mehr entwickelt.

Versuche: *11-Bromundecansäureäthylester*, Kp.$_3$ 157—160°, Kp.$_{0,5}$ 144—145°, durch Zugabe von $CdCl_2$ zu I in Ae., 45 Min. Kochen, Ersatz des Ae. durch Bzl., Zugabe von II in Bzl. u. 45 Min. Kochen; $D.^{20}_4$ 1,120, n_D^{18} 1,4610—1,4627; 40% (Ausbeute); liefert bei 10std. Kochen mit 10%ig. wss.-alkoh. NaOH *11-Oxyundecansäure*, F. 65,5—66° (Bzl.); 85%. — *γ-Äthoxypropylmagnesiumbromid* (I), aus p-Äthoxypropylbromid u. Mg in Ae. durch 1std. Kochen unter Rühren; zers. sich rasch bei fast vollständigem Abdestillieren des Lösungsm. unter Bldg. von *C_2H_5OMgBr* (gibt bei Behandeln mit 3.5-Dinitrobenzoylchlorid *Äthyl-3.5-dinitrobenzoat*, F. 92—94°) u. *Cyclopropan* (III; gibt mit Br_2 in CCl_4 nach 36std. Stehen *Trimethylendibromid*, Kp.$_{746}$ 162—164°, Kp.$_{20}$ 59—63°; $D.^{25}_4$ 1,97, n_D^{19} 1,5198); bei laufendem Ersatz des abdest. Ae. durch Bzl. tritt nur langsame Zers. ein. — *11-Bromundecansäurephenylester*, $C_{17}H_{25}O_2Br$, F. 23—24° (PAe.), Kp.$_1$ 206—207°, aus 0,094 Mol γ-Phenoxypropyl-MgBr (unter N_2 wie vorst.) u. $CdCl_2$, Ersatz des Ae. durch Bzl., 1std. Kochen, Zugabe (25 Min.) von II u. 2std. Kochen; 10,5 g [gibt bei 6std. Kochen mit 10%ig. HCl in Cellosolve *11-Bromundecansäure*, F. 40—42°; *Amid*, F. 83—85°; Verseifung mit wss.-alkoh. NaOH liefert *11-Phenoxyundecansäure*, F. 74,5—75,5° (verd. A.) u. *Phenol*], daneben *Phenol* (*2.4.6-Tribromderiv.*, F. 93—94°) u. III. (J. Amer. chem. Soc. **74.** 6290—91. 20/12. 1952. Columbia, Miss., Univ., Dep. of Chem.) G. WINKLER. 980

Marc Julia (unter techn. Mitarbeit von **Michèle Baillargé**), *Pflanzenwachstumsfaktoren.* 4. Mitt. *Über einige substituierte p-Phenoxyphenylessigsäuren.* (3. vgl. C. **1954.** 7866.) Durch Kondensation von Phenolaten mit p-Brom- bzw. p-Chloracetophenon u. anschließende WILLGERODT-Rk. der entstandenen *p-Aryloxyacetophenone* wird eine Reihe *p-Aryloxyphenylessigsäuren* dargestellt. Ihre Reinigung erfolgte durch Dest. ihrer Ester, in einem Falle durch Kristallisation des S-Benzylisothiuroniumsalzes. Bei der Kondensation von 2.4 Dichlorphenol mit p-Bromacetophenon entstand nebenbei *2.6-Dichlordibenzodioxin* (I); o-Chlorphenol ergab analog *Dibenzodioxin.* — Von den 8 beschriebenen Säuren zeigen nur *4-[3'-Chlorphenoxy]-* u. *4-[4'-Chlorphenoxy]-phenylessigsäure* (II) eine geringe phytohormonale Aktivität; die übrigen sind inaktiv. II u. *4-[2'.4'-Dichlorphenoxy]-phenylessigsäure* sind etwas giftig. I ist als Insekticid unwirksam.

Versuche: *4-Phenoxyacetophenon*, Kp.$_{12}$ 200°, F. 45°, aus Phenol in alkoh. Na-Alkoholat mit p-Bromacetophenon; Eindampfen u. Erwärmen des Rückstands mit Cu auf 160° (1 Std.); 64% (Ausbeute). — *4-[o-Kresoxy]-acetophenon*, $C_{15}H_{14}O_2$, Kp. 159°, analog aus o-Kresol, Überführen in das Semicarbazon (76%) u. Zers. mit 2n H_2SO_4 u. Bzn. bei 100°; 66%. *Semicarbazon*, $C_{16}H_{17}O_2N_3$, F. 182° (A.). — *4-[m-Kresoxy]-acetophenon*, $C_{15}H_{14}O_2$, Kp.$_{0,5}$ 144—145°, F. 44° (PAe.), analog u. Reinigen über das Semicarbazon; Nadeln; 75%. *Semicarbazon*, $C_{16}H_{17}O_2N_3$, F. 157° (A.); 56%. — *4-[p-Kresoxy]-acetophenon*, $C_{15}H_{14}O_2$, Kp.$_{12}$ 205—210°, F. 49—50° (PAe.); Nadeln; 36%. *Semicarbazon*, $C_{16}H_{17}O_2N_3$, F. 201° (A.). — *4-[2'-Chlorphenoxy]-acetophenon*, $C_{14}H_{11}O_2Cl$, Kp.$_{12}$ 210—220°, F. 46° (PAe.), aus o-Chlorphenol neben wenig *Dibenzodioxin* (F. 118°); Nadeln; 40%. *Semicarbazon*, $C_{15}H_{14}O_2N_3Cl$, F. 200° (A.). — *4-[3'-Chlorphenoxy]-acetophenon*, $C_{14}H_{11}O_2Cl$, Kp.$_1$ 158—160°; 35%. *Semicarbazon*, $C_{15}H_{14}O_2N_3Cl$, F. 158° (A.). — *4-[4'-Chlorphenoxy]-acetophenon*, $C_{14}H_{11}O_2Cl$, Kp.$_{10}$ 210—215°, F. 63 bis

64° (PAe.); Nadeln; 46%. *Semicarbazon*, $C_{15}H_{14}O_2N_3Cl$, F. 191° (A.). — *4-[2'.4'-Dichlorphenoxy]-acetophenon*, $C_{14}H_{10}O_2Cl_2$, Kp.$_{0,5}$ 175—180°, F. 72—73° (PAe.), aus 2.4-Dichlorphenol; Nadeln; 35%. *Semicarbazon*, $C_{15}H_{13}O_2N_3Cl_2$, F. 208° (A.). — *2.6-Dichlorbenzodioxin* (**I**), $C_{12}H_6O_2Cl_2$, F. 201—202° (PAe.), neben vorst. Verb. als in Bzl. unlösl. Anteil der Cu-Schmelze; Nadeln; 10%. — *p-Aryloxyphenylessigsäuren*, aus den beschriebenen p-Aryloxyacetophenonen mit S in sd. Morpholin (24 Std.), Verdünnen mit A., Verseifen der krist. Thiomorpholide mit H_2SO_4 in sd. Methanol u. der entstandenen Methylester mit sd. methanol. KOH. *4-Phenoxyphenylessigsäure*, $C_{14}H_{12}O_3$, F. 75° (PAe.), in Übereinstimmung mit TOMITA u. Mitarbeitern (vgl. J. pharmac. Soc. Japan [Yakugakuzasshi] **70.** [1950.] 42), aber im Gegensatz zu WENNER (vgl. C. **1951.** I. 844) durch direkte Spaltung des Thiomorpholids mit alkoh. KOH oder über den Methylester; Täfelchen; 80 bzw. 32%. — Ferner folgende Phenylessigsäuren: *4-[o-Kresoxy]-*, $C_{15}H_{14}O_3$, F. 59° (PAe.), Nadeln; 20%. *S-Benzylisothiuroniumsalz*, $C_{23}H_{24}O_3N_2S$, F. 141° (wss. A.). — *4-[m-Kresoxy]-*, $C_{15}H_{14}O_3$, F. 78° (PAe.), Täfelchen; 12%. — *4-[p-Kresoxy]-*, $C_{15}H_{14}O_3$, F. 79—80° (wss. A.), Täfelchen; 17%. — *4-[2'-Chlorphenoxy]-*, $C_{14}H_{11}O_3Cl$, F. 121° (wss. A.), Nadeln; 23%. — *4-[3'-Chlorphenoxy]-*, $C_{14}H_{11}O_3Cl$, F. 87° (PAe.), Täfelchen; 14%. — *4-[4'-Chlorphenoxy]-* (**II**), $C_{14}H_{11}O_3Cl$, F. 104° (wss. A.), Täfelchen; 30%. — *4-[2'.4'-Dichlorphenoxy]-*, $C_{14}H_{10}O_3Cl_2$, F. 107° (wss. A.), Nadeln; 23%. (Bull. Soc. chim. France, Mém. [5] **20.** 644—47. Juni 1953. Paris, École Polytechn. u. Inst. de la Rech. Agronom.) GOLD. 1250

Norman G. Gaylord und **J. A. Snyder,** *Reduktion von m-Nitrobenzaldehyd.* Im Gegensatz zu der Behauptung von KVASNICKA (Österr. Chemiker-Ztg. **52.** [1951.] 26) wurde durch Red. von m-Nitrobenzaldehyd mit $LiAlH_4$ *m.m'-Azobenzylalkohol* erhalten. — *m.m'-Azobenzylalkohol*, $C_{14}H_{14}O_2N_2$, F. 106,5—107,5° (Bzl.), durch Kochen von $LiAlH_4$ in Ae. unter N_2, Zugabe von m-Nitrobenzaldehyd in Ae., 1 std. Kochen, Zugabe von Essigester u. W.; 28,5% (Ausbeute). *Dibenzoat*, F. 124,5—125°. (Recueil Trav. chim. Pays-Bas **72.** 1007—08. Nov. 1953. Buffalo, N. Y., Canisius Coll., Dep. of Chem.) HILDEGARD BAGANZ. 1320

A. Das und **S. L. Mukherjee,** *Darstellung von p-Acetamidobenzaldehydthiosemicarbazon.* Das als Antituberkulosemittel bekannte *p-Acetamidobenzaldehydthiosemicarbazon* (TB/I) konnte aus dem Hydrazon durch Umsetzung mit Ammoniumthiocyanat gewonnen werden.

Versuche: *p-Acetamidobenzaldehyd* (**I**), F. 158°, aus heißem W. gelbe Nadeln. *Hydrazon*, $C_9H_{11}ON_3$, F. 165—166°, aus A. Nadeln; auch beim Erhitzen von Hydrazinhydrat u. p-Acetamidobenzalazin ($C_{18}H_{18}O_2N_4$, F. 315—316°) (in A.), das beim Erhitzen mit W. zurückgebildet wird. *Thiosemicarbazon*, $C_{10}H_{12}ON_4S$, F. 225—226° (Zers.), 1. durch Suspendieren von vorst. Verb. in W. u. Salzsäure (bis Kongorot) u. Zugabe von Ammoniumthiocyanat; nach mehrmaligem Einengen auf dem Wasserbad unter Wasserzusatz gelbe Kristalle; 2. aus 8 g I in A., einer Lsg. von 20 g Hydrazinsulfat u. 8 g Na_2CO_3 durch Zugabe von 16 g Ammoniumthiocyanat in 100 cm³ W. u. 11 Std. Erhitzen am Rückfluß; flache Kristalle; 8 g Ausbeute. (J. Amer. chem. Soc. **75.** 1241—42. 5/3. 1953. Calcutta, Albert David Ltd., Res. Sect.) SCHOENMANN. 1330

John B. Wright und **Edward H. Lincoln,** *Mannich-Basen, die sich von α-Phenoxyacetophenonderivaten ableiten.* Vff. untersuchen die MANNICH-Rk. mit α-Phenoxyacetophenon (**I**) u. verschied. ringsubstituierten Derivv. u. mit α-Phenoxypropiophenon (**II**). — Die aus **I**, Piperidin (**III**) u. Formaldehyd gebildete MANNICH-Base liefert bei versuchter Vakuumdest. unter **III**-Abspaltung *α-Phenoxyacrylophenon. β-Dimethylamino-* u. *β-Diäthylamino-α-phenoxypropiophenon* lassen sich mit Pd-Kohle zu den entsprechenden Carbinolen hydrieren; dabei wird nur eine stereoisomere Form isoliert.

Versuche (FF. korr.): *α-Phenoxy-p-[n-propoxy]-acetophenon* (**IV**), $C_{17}H_{18}O_3$, F. 49—50,5°, Kp.$_{0,6}$ 180—190° (Rohprod.), durch langsame Zugabe von Br_2 zu p-[n-Propoxy]-acetophenon in Ae. bei 10—15° unter Rühren, Entfernung des Ae. im Vakuum, Zugabe von Na-Phenolat in W. u. 14 std. Kochen unter Rühren; Blättchen aus Cyclohexan/PAe.; 49% (Ausbeute). — *α-[p-(n-Propoxy)-phenoxy]-acetophenon* (**V**), $C_{17}H_{18}O_3$, F. 56,5—58°, durch 7 std. Kochen eines Gemisches von Phenacylbromid, p-n-Propoxyphenol u. wasserfreiem K_2CO_3 in Aceton unter Rühren; Nadeln aus A.; 83%. — *α-[p-Chlorphenoxy]-acetophenon* (**VI**), $C_{14}H_{11}O_2Cl$, F. 98—99°, aus p-Chlorphenol u. Phenacylbromid wie vorst.; große glänzende Platten aus A.; 90%. — *β-Diäthylamino-α-phenoxypropiophenonhydrochlorid*, $C_{19}H_{23}O_2N \cdot HCl$, F. 128,5—129,0° [Methyläthylketon (**VIII**)/Äthylacetat (**IX**)], durch 1 std. Kochen von Diäthylaminhydrochlorid (**X**), Paraformaldehyd (**VII**) u. **I** in absol. A. in Ggw. katalyt. Mengen HCl, 2 malige Zugabe von **VII**, je 2 std. Kochen u. Stehenlassen über Nacht; 68%;

liefert bei katalyt. Hydrierung mit 10%ig. Pd-Kohle in 95%ig. A. bei 3 at in 8 Std. *3-Diäthylamino-2-phenoxy-1-phenylpropanol-(1)-hydrochlorid*, $C_{19}H_{25}O_2N \cdot HCl$, F. 149,5 bis 150,5°, rechtwinklige Prismen aus **VIII**; 100%. — *β-Dimethylamino-α-phenoxypropiophenon*, $C_{17}H_{19}O_2N$, F. 56,5—57,5°, mit Dimethylaminhydrochlorid wie vorst.; 78%. *Hydrochlorid*, $C_{17}H_{19}O_2N \cdot HCl$, F. 153—154° (aus **VIII**); liefert bei katalyt. Hydrierung wie vorst. in A./W. (2:1) *3-Dimethylamino-2-phenoxy-1-phenylpropanol-(1)-hydrochlorid*, $C_{17}H_{21}O_2N \cdot HCl$, F. 160—160,5°, Nadeln aus **VIII**/absol. A. (15 : 1); 71%. — *β-Piperidino-α-phenoxy-p-[n-propoxy] propiophenonhydrochlorid*, $C_{23}H_{29}O_3N \cdot HCl$, F. 88—90° (aus **VIII**), aus **IV**, **VII** u. Piperidinhydrochlorid (**XI**) wie vorst.; 77%. — *β-Diäthylamino-α-[p-chlorphenoxy]-propiophenonhydrochlorid*, $C_{19}H_{22}O_2NCl \cdot HCl$, F. 104,5—105,5° (aus **IX**), aus **VI**, **VII** u. **X**; 73%. — *β-Dimethylamino-α-[p-(n-propoxy)-phenoxy]-propiophenonhydrochlorid*, $C_{20}H_{25}O_3N \cdot HCl$, F. 152,5—154° [unkorr.; aus A./Ae. (1 : 2)], durch langsame Zugabe von 37%ig. Formalin zur alkoh. Lsg. von Dimethylamin bei 0° unter Rühren, Zugabe von **V** bei Zimmertemp. u. 4std. Kochen; 58%. — *β-Dimethylamino-α-methyl-α-phenoxypropiophenonhydrochlorid*, $C_{18}H_{21}O_2N \cdot HCl$, F. 188—189,5° [unkorr., aus A./Ae. (1 : 1)], aus **II** durch 17std. Kochen; 62%. — *α-Phenoxyacrylophenon*, $C_{15}H_{12}O_2$, Kp.$_{1,2}$ 147°, durch Vakuumdest. der MANNICH-Base aus **I**, **XI** u. **VII**; goldgelbes Öl; 65%; wandelt sich beim Stehen rasch in eine glasige M. um. (J. Amer. chem. Soc. **74**. 6301—02. 20/12. 1952. Kalamazoo, Mich., Upjohn Comp., Res. Labor.) G. WINKLER. 1340

Gjorge Stefanović, Slavko Mihajlović und **Milutin Stefanović**, *Reaktionen von Bisamiden. 5. Mitt. Synthese von β-Aryl-β-aminosäurederivaten* (4. vgl. C. **1954**. 3923.) Aryliden-bis-amide reagieren mit Malonsäurediäthylester (**I**) unter Bldg. von β-Aryl-β-acylaminoäthan-α.α-dicarbonsäurediäthylestern, die durch partielle Verseifung in die entsprechenden freien Acylaminodicarbonsäuren übergehen; letztere ergeben beim Erhitzen über den F. unter CO_2-Entw. β-Acylaminomonocarbonsäuren. Äthylmalonsäurediäthylester reagiert mit Aryliden-bis-amiden (Benzyliden-bis-acetamid; **II**) ebenso wie **I**; der entstandene Diäthylester gibt jedoch bei partieller Verseifung anstatt der freien Dicarbonsäure den Monoester der entsprechenden Dicarbonsäure; bei vollständiger alkal. Verseifung entsteht α-Alkylzimtsäure. Die partielle Verseifung der Kondensationsprodd. aus Aryliden-bis-amiden u. Acetessigester, z. B. von α-Carbäthoxy-β-aryl-β-acylaminoäthylmethylketonen, ergibt β-Aryl-β-acylaminopropionsäuren in quantitativer Ausbeute.

Versuche: *β-Phenyl-β-acetylaminoäthan-α.α-dicarbonsäurediäthylester* (**III**), $C_{16}H_{21}O_5N$, F. 85° (50%ig. A.), 1. durch 3std. Erhitzen von 0,05 Mol **II** u. 0,05 Mol **I** in 25 ml Acetanhydrid im Ölbad von 150—155°; 62% (Ausbeute); 2. durch 3std. Erhitzen von 0,05 Mol **II** u. 0,15 Mol **I** im Ölbad von 180°; 11%. — *β-Phenyl-β-acetylaminopropionsäure* (**IV**), $C_{11}H_{13}O_3N$, F. 164° (W.), 1. durch 24std. Stehenlassen von **III** in 10%ig. wss. NaOH bei Raumtemp., Neutralisation mit 10%ig. HCl, Eindampfen, Extraktion des Rückstands mit A. u. Erhitzen des Extraktes über den F. (auf 75°, dann 3 Std. auf 115—120°); 97%; 2. durch 3tägige Verseifung von α-Carbäthoxy-β-acetylamino-β-phenyläthylmethylketon (aus **II** u. Acetessigester) mit 10%ig. NaOH bei Raumtemp.; 93,7%. — *β-[4-Methoxyphenyl]-β-acetylaminoäthan-α.α-dicarbonsäurediäthylester*, $C_{17}H_{23}O_6N$, F. 95° (50%ig. A.), aus Anisyliden-bis-acetamid u. **I** wie **III** (1. Meth.); 44,5%. — *β-[4-Methoxyphenyl]-β-acetylaminopropionsäure*, $C_{12}H_{15}O_4N$, F. 174—175° (W.), 1. durch alkal. Verseifung vorst. Verb. zur *freien Dicarbonsäure* (F. 82—84°) u. deren Erhitzen über den F.; 100%; 2. durch Verseifung von α-Carbäthoxy-β-acetylamino-β-[4-methoxyphenyl]-äthylmethylketon (aus Anisyliden-bis-acetamid u. Acetessigester) analog **IV** (2. Meth.). — *β-[3.4-Methylendioxyphenyl]-β-acetylaminoäthan-α.α-dicarbonsäurediäthylester*, $C_{17}H_{21}O_7N$, F. 95° (Aceton + Ae.), aus Piperyliden-bis-acetamid u. **I** wie **III** (1. Meth.); 52,6%. — *β-[3.4-Methylendioxyphenyl]-β-acetylaminopropionsäure*, $C_{12}H_{13}O_5N$, F. 104—105° (W.), 1. durch alkal. Verseifung vorst. Verb. zur *freien Dicarbonsäure* (F. 84—86°) u. deren Erhitzen über den F.; 100%; 2. durch Verseifung von α-Carbäthoxy-β-acetylamino-β-[3.4-methylendioxyphenyl]-äthylmethylketon (aus dem entsprechenden Bisamid u. Acetessigester) analog **IV** (2. Meth.); 89,7%. — *β-[3.4-Dimethoxyphenyl]-β-acetylaminopropionsäure*, $C_{13}H_{17}O_5N$, F. 164—165°, durch Verseifung des entsprechenden Ketons (aus dem Bisamid u. Acetessigester); 85,8%. — *β-Phenyl-β-acetylamino-α-äthyläthan-α.α-dicarbonsäuremonoäthylester*, $C_{16}H_{21}O_5N$, F. 184° (aus 96%ig. A.), durch 5std. Erhitzen von 0,05 Mol Äthylmalonsäurediäthylester u. **II** in 25 ml Acetanhydrid auf 150—155°, Auflösen des entstandenen rohen Diäthylesters (Sirup) in 100 ml A., Zugabe von 60 ml 10%ig. wss. NaOH u. 3tägiges Stehenlassen bei Raumtemp.; 20,5%. — *α-Äthylzimtsäure*, F. 114 bis 115°, durch 2std. Erhitzen vorst. Verb. in 10%ig. wss. NaOH; 98%. (J. org. Chemistry **18.** 1467–72. Nov. 1953. Belgrad, Serbian Acad. of Sci., Chem. Inst., u. Fac. of Sci., Chem. Inst.) K. F. MÜLLER. 1350

T. A. Geissman und **Robert M. Horowitz,** *Austausch der Allylgruppe bei der Reaktion zwischen Phenylmagnesiumbromid und α-Allylisobutyromesitylen.* Ster. gehinderte Ketone mit benachbarter CH_2Y-Gruppe (Y = H oder Halogen) können bekanntlich mit GRIGNARD-Reagentien (RMgX) unterAustausch des Y gegen MgX u. Bldg. von RY reagieren. Vff. untersuchten, ob sich auf diesem Wege auch C–C-Bindungen spalten lassen, sofern Y ein genügend leicht kationoid abspaltbarer C-Rest ist. Sie wählten als Beispiel *α-Allylisobutyromesitylen* (I), das durch Allylierung von *Isobutyromesitylen* (II) in Ggw. von $NaNH_2$ dargestellt wurde. I reagiert mit PhenylMgBr (III) in Ae. bei Tempp. bis 100° kaum; bei höheren Tempp. (125–135°) wird in der erwarteten Weise

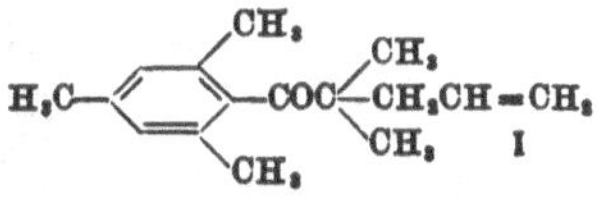
I

die Mg-Verb. von **II** neben *Allylbenzol* gebildet. Bei einem analogen Vers. in Diisoamyläther lösten vermutlich Reste von nicht abfiltriertem Mg (das in Kombination mit $MgBr_2$ wie MgBr-Radikale reagiert) eine radikal. Rk. aus. Dabei entstanden neben **II** *Diallyl* u. *α.β-Diallyl-α-mesityl-β.β-dimethyläthanol* (**IV**), ferner Spuren von Terphenyl u. einem nicht sicher identifizierten Prod., wahrscheinlich *1-Phenyl-1-mesityl-2.2-dimethylpenten-(4)-ol-(1).* Vff. schlagen für Austausch-Rkk. zwischen der >CO–C<Y-Gruppierung u. RMgX einen „cycl. Mechanismus" vor, bei dem Y nicht als freies Kation wandert, sondern nur innerhalb des Primäradduktes seine Bindungen wechselt. Auch für die überraschend leichte Bldg. von **IV** aus **I** u. Allyl-MgCl wird neben dem n. ein cycl. Mechanismus zur Diskussion gestellt.

Versuche (FF. im FISCHER-Block): *α-Allylisobutyromesitylen* (**I**), $C_{16}H_{22}O$, $Kp._{1}$ 102,5°, $Kp._{0,25}$ 89,5°, durch Rk. von $NaNH_2$ mit **II** in Toluol bei 80–100°, Zufügen von Allylbromid u. weiteres 1 std. Erhitzen auf 100–105°; blaßgelbes, zähes Öl, $D.^{20}_{4}$ 0,952; n_D^{20} 1,5171; 82% (Ausbeute); liefert bei der Hydrierung (mit PtO_2 in A. bei Raumtemp.) u. nachfolgender Einw. von 85%ig. H_3PO_4 (10 Std. kochen) *α.α-Dimethylvaleriansäure* ($Kp._{50}$ 115–120°), charakterisiert durch das *Amid* (F. 92–93°) u. das *Anilid* (F. 72–73°, aus PAe.); wird durch Kochen mit wss. H_2SO_4 in Eisessig nicht zu **II** verseift. — Rk. von **I** mit **III** in Ae.: Aus dem Gemisch von **I** mit einer filtrierten äther. Lsg. von **III** (2,5 Mol) wurden durch Abdest. des Ae. bis 135° u. 1,75 std. Erhitzen auf 125–135° erhalten: 1. *Allylbenzol,* Kp. 145–159°, n_D^{20} 1,5077–1,5109; 58%; charakterisiert als *Jodmercurimethoxypropylbenzol,* $C_{10}H_{13}OJHg$, F. 58,6° (CH_3OH); 2. **II**, $Kp._{0,5}$ 75–82,5°, n_D^{20} 1,5150–1,5117; 79%; *Dinitroderiv.*, F. 137,5 bis 138,5°. — Rk. von **I** u. **III** in Diisoamyläther: Aus dem Reaktionsgemisch von **I** mit **III** (2,0 Mol, nicht filtrierte Lsg.) in Diisoamyläther (2 Std. bei 125°) wurden nach fraktionierter Dest. isoliert: 1. *Isoamylalkohol,* Kp. 123–139°. *Phenylurethan,* F. 54 bis 55°. 2. *Diallyl,* Kp. 62–67°; 25%. *Tetrabromid* (Stereoisomerengemisch), F. 47 bis 49°. 3. *Diphenyl.* 4. **II**, aus den Fraktionen vom $Kp._{8}$ 105–107° bis $Kp._{0,5}$ 85–88°; 61,5%; charakterisiert als *Dinitroderiv.* u. als *α.α-Dimethyl-β-oxy-β-phenylpropiomesitylen,* F. 84,5–85°, aus **II** mit CH_3MgJ u. dann mit Benzaldehyd. 5. Unverändertes **I**; 15%. 6. *p-Terphenyl,* F. 204° (Ligroin u. Isopropanol), aus der Fraktion vom $Kp._{0,75}$ 170–180°, Spur. 7. *α.β-Diallyl-α-mesityl-β.β-dimethyläthanol* (**IV**), $C_{19}H_{28}O$, $Kp._{0,75}$ 132–135°, n_D^{20} 1,5400–1,5403, Infrarotspektr. vgl. Original; 7%; wurde zum Vgl. auch aus **I** u. Allyl-MgCl dargestellt; 52%; zerfällt beim Erhitzen auf 250–290° in **I** u. *Propylen. Bis-[jodmercurimethoxy]-deriv.*, $C_{21}H_{34}O_3J_2Hg_2$, F. 157,5–158,5° (Chlf./CH_3OH), aus **IV** zuerst mit Mercuriacetat in CH_3OH u. dann mit KJ. 8. *1-Phenyl-1-mesityl-2.2-dimethylpenten-(4)-ol-(1)* (?), $C_{22}H_{28}O$, aus der Fraktion vom $Kp._{0,75}$ 180 bis 225° neben *p-Terphenyl;* zähe Fl., orange. (J. Amer. chem. Soc. **73.** 5759–64. Dez. 1951. Los Angeles, Calif., Univ., Dep. of Chem.) PRACEJUS. 1560

A. N. Nessmejanow, N. K. Kotschetkow und **L. A. Matow,** *Kondensation von β-Chlorvinylketonen mit Phenoläthern.* Die Kondensation von Anisol (**I**) mit Methyl-β-chlorvinylketon (**II**) in Ggw. von $SnCl_4$ führt zu *p-Methoxybenzalaceton.* Die p-Stellung der Methoxygruppe wurde durch Oxydation zu *Anissäure* bewiesen. Bei besetzter p-Stellung im angewendeten Phenoläther erfolgt die Kondensation in o-Stellung; so entsteht aus p-Kresolmethyläther (**III**) u. **II** *2-Methoxy-5-methylbenzalaceton,* dessen Konst. durch Oxydation zu *4-Methoxyisophthalsäure* bewiesen wurde. Resorcin- (**IV**) u. Hydrochinondimethyläther (**V**) geben analoge Prodd., nur sind die Ausbeuten gering. Auch Thiophen (**VI**) konnte mit **II** kondensiert werden; hierbei entstand *α-Thenylidenaceton.* Charakterist. ist, daß sich in allen Fällen während der Rk. kein HCl entwickelt u. daß ein krist. roter oder orangefarbener Komplex abgeschieden wird, dessen

Zerlegung bei der Aufarbeitung der Reaktionsmasse mit Na_2CO_3-Lsg. die chlorfreie Verb. gibt.

V e r s u c h e : *p-Methoxybenzalaceton*, F. 72—74°; man setzt zu 26 g **II** u. 28,5 g **I** in 50 ml Bzl. unter Kühlung mit Eis + NaCl u. Rühren innerhalb 1 Std. 59 g $SnCl_4$ hinzu, zerlegt die Reaktionsmasse mit W. + Ae. u. wäscht die äther. Lsg. wiederholt mit 5 % ig. Na_2CO_3-Lsg.; aus A. Kristalle; 24 g (Ausbeute). *2.4-Dinitrophenylhydrazon*, $C_{17}H_{16}O_5N_4$, F. 226° (Zers.); aus Eisessig rote Kristalle. — *p-Äthoxybenzalaceton*, $C_{12}H_{14}O_2$, F. 64—65°; aus **II** u. Phenetol analog Vorst.; 29,5 g aus 33 g **II**. — *Propyl-[p-methoxystyryl]-keton*, $C_{13}H_{16}O_2$, F. 37°; Kp.₂ 159—162°; aus Propyl-β-chlorvinylketon (16 g) u. **I**; aus PAe. Kristalle; 14 g. — *Amyl-[p-methoxystyryl]-keton*, $C_{15}H_{20}O_2$, F. 42—43°; aus Amyl-β-chlorvinylketon (22 g) u. **I**; aus A. Kristalle; 19 g. — *2-Methoxy-5-methylbenzalaceton*, $C_{12}H_{14}O_2$, F. 33° (PAe.); Kp.$_5$ 157—167°; aus 11 g **II** u. 12 g **III** in Ggw. von 25 g $SnCl_4$ in 50 ml Bzl.; 7 g. — *2.4-Dimethoxybenzalaceton*, $C_{12}H_{14}O_3$, F. 62° (PAe.); Kp.$_7$ 200—220°; aus **II** u. **IV**; 14%. — *2.5-Dimethoxybenzalaceton*, $C_{12}H_{14}O_3$, F. 57—58° (PAe.); aus **II** u. **V**; 12,5%. — *α-Thenylidenaceton*, C_8H_8OS, F. 22,5—23° (PAe.); Kp.$_4$ 117—117,5°; aus **II** u. **VI**; 39 %. (Доклады Академии Наук СССР [Ber. Akad. Wiss. UdSSR] [N. S.] **92**. 85—88. 1/9. 1953. Moskau, Lomonossow-Univ.) R. KNOBLOCH. 1580

B. A. Kasanski und **M. Ju. Lukina**, *Synthese von Kohlenwasserstoffen der Cyclobutanreihe.* 1. Mitt. *1.3-Dimethylcyclobutan.* Nachgetragen werden die experimentellen Einzelheiten der C. **1949**. E. 852 referierten Arbeit.

V e r s u c h e : *2-Methallylchlorid* (**I**), C_4H_7Cl, Kp.$_{760}$ 71,5°; aus Isobutylen u. Cl_2 bei Zimmertemp. D^{20}_4 0,9269; n_D^{20} 1,4291; ca. 72 % (Ausbeute, auf Cl_2 bezogen). — *1-Chlor-3-brom-2-methylpropan* (**II**), C_4H_8ClBr, Kp.$_{15}$ 49—50°; 180 g **I** werden in Ggw. von 0,4 g Benzoylperoxyd mit HBr unter Kühlung mit Eis gesätt.; D^{20}_4 1,4845; n_D^{20} 1,4820; 95,8 %. — *γ-Chlorisobutylmalonsäurediäthylester* (**III**), $C_{11}H_{19}O_4Cl$, Kp.$_{14}$ 148°; aus Na-Malonsäurediäthylester [23 g Na; 320 ml absol. A.; 480 g $CH_2(CO_2C_2H_5)_2$] bei langsamem Zutropfen von 172 g **II** u. anschließendem 6 std. Erhitzen auf dem Wasserbad; D^{20}_4 1,0936; n_D^{20} 1,4455; 78 % (auf umgesetztes **II** bezogen). — Nachst. Verbb. sind Gemische von Stereoisomeren. *1-Methylcyclobutandicarbonsäure-(3.3)-diäthylester* (**IV**), $C_{11}H_{18}O_4$, Kp.$_{760}$ 230—233,5°; aus **III** durch Cyclisierung mit Na-Alkoholat, 4 Std. auf dem Wasserbad; D^{20}_4 1,0168; n_D^{20} 1,4326; 82,5 %. — *1-Methylcyclobutandicarbonsäure-(3.3)-diamid*, $C_7H_{12}O_2N_2$, F. 193,5°; aus **IV** mit konz. NH_3, 20 Tage bei Zimmertemperatur. — *1-Methylcyclobutandicarbonsäure-(3.3)* (**V**), $C_7H_{10}O_4$, F. 173° (Zers.); aus **IV** bei 6 std. Kochen mit wss.-alkoh. KOH; 98 %. — *1-Methylcyclobutancarbonsäure-(3)* (**VI**), $C_6H_{10}O_2$, Kp.$_{764,7}$ 204—207°; aus **V** bei ½ std. Erhitzen auf 200—210°; D^{20}_4 1,0061; n_D^{20} 1,4386; 93—97 %. *Silbersalz*, $C_6H_9O_2Ag$. *Chlorid*, Kp.$_{758}$ 150—151°. *Amid*, $C_6H_{11}ON$, F. 167°; Plättchen. *Anilid*, $C_{12}H_{15}ON$, F. 128°; Plättchen. — *1-Methylcyclobutanaldehyd-(3)* (**VII**), $C_6H_{10}O$, Kp.$_{758}$ 124,5—133°; man leitet ein Gemisch von 23 g **VI** u. 57 g HCO_2H bei 310—312° mit der Geschwindigkeit von 20 ml/Std. durch ein mit 50 g MnO gefülltes Rohr, trennt von unveränderter **VI** durch Na_2CO_3-Lsg., reinigt über die *Bisulfitverb.* u. dest. im N_2-Strom; D^{20}_4 0,8917; n_D^{20} 1,4291; Mol.-Refr. ($[MR]_D$) 28,36; 64 % neben *Bis-[3-methylcyclobutyl]-keton* (vgl. nachst. Ref.). *Semicarbazon*, $C_7H_{13}ON_3$, F. 134,5°; aus wss. CH_3OH. *2.4-Dinitrophenylhydrazon*, $C_{12}H_{14}O_4N_4$, F. 143—144°; aus A. gelborange Kristalle. — *1.3-Dimethylcyclobutan*, C_6H_{12}; man läßt **VII**-Hydrazon (aus 0,3 Mol **VII**) bei 80° (Badtemp.) zu 2 g KOH u. einigen Stücken platinierter Kohle fließen u. wiederholt diese Operation mit dem Destillat u. frischen Portionen KOH u. Pt-Kohle; 50—54 %. Hieraus durch fraktionierte Dest. die einzelnen Isomeren, bei denen die Konfiguration auf Grund der v. AUWERS-SKITAschen Regel angenommen wurde. *trans-Verb.*, Kp.$_{760}$ 57,4—57,6°; D^{20}_4 0,7017; n_D^{20} 1,3896; $[MR]_D$ 28,39; Inkrement (I) der Mol.-Refr. 0,68. *cis-Verb.*, Kp.$_{760}$ 60,5—60,6°; D^{20}_4 0,7106; n_D^{20} 1,3933; $[MR]_D$ 28,26, I = 0,55. (Известия Академии Наук СССР, Отделение Химических Наук [Nachr. Akad. Wiss. UdSSR, Abt. chem. Wiss.] **1951**. 47—56. Jan./Febr. Inst. für organ. Chem. der Akad. der Wiss. der UdSSR.) v. FÜNER. 1810

B. A. Kasanski und **M. Ju. Lukina**, *Synthese von Kohlenwasserstoffen der Cyclobutanreihe.* 2. Mitt. *1-Methyl-3-äthylcyclobutan und Bis-[3-methylcyclobutyl]-methan.* (1. vgl. vorst. Ref.) Zur Darst. von *1-Methyl-3-äthylcyclobutan* (**I**) wurde 1-Methylcyclobutancarbonsäure-(3) (**II**) bei 420° dampfförmig im Gemisch mit Eisessig über MnO geleitet, wobei *1-Methyl-3-acetylcyclobutan* (**III**) entstand, das zu **I** red. wurde. Nebenprod. bei der Bldg. von **III** war *Bis-[3-methylcyclobutyl]-keton* (**IV**), welches auch durch Überleiten von **II** allein über den Katalysator erhalten werden konnte. Die Red. von **IV** lieferte *Bis-[3-methylcyclobutyl]-methan.* Sämtliche erhaltenen Verbb. sind Gemische von Stereoisomeren. I konnte durch Dest. in die *cis-* u. *trans-*Verb. zerlegt werden. Die trans-Verbb. der disubstituierten Cyclobutane besitzen ein höheres Inkrement (I) der Mol.-Refr. als die cis-Verbindungen. Die Zuordnung von „cis"- u. „trans"- erfolgte gemäß den bei den stereoisomeren 1.3-Dimethylcyclobutanen angestellten Erwägungen.

Versuche: *1-Methyl-3-acetylcyclobutan* (III), $C_7H_{12}O$, $Kp._{758}$ 144—149°; man leitet ein Gemisch von 23 g II u. 51,5 g Eisessig bei 420° mit der Geschwindigkeit 16 ml/Std. durch ein mit 50 g MnO gefülltes Rohr, fraktioniert das Reaktionsprod. u. reinigt über die Bisulfitverb. (Nädelchen); $D.^{20}_4$ 0,8755; n_D^{20} 1,4281; Mol.-Refr. ([MR]$_D$) 32,95, I = 0,61; 78% (Ausbeute, auf umgesetztes II bezogen) neben wenig **IV**. *Semicarbazon*, $C_8H_{15}ON_3$, F. 125°; aus wss. CH_3OH. *2.4-Dinitrophenylhydrazon*, $C_{13}H_{16}O_4N_4$, F. 140°; aus Alkohol. — *1-Methyl-3-äthylcyclobutan* (I), C_7H_{14}; aus III-Hydrazon durch Erhitzen mit KOH in Ggw. von platinierter Kohle auf 80°; 75,4% (auf **III** bezogen). Hieraus durch fraktionierte Dest. die einzelnen Isomeren. *trans-Verb.*, $Kp._{760}$ 87,9—88,1°; $D.^{20}_4$ 0,7224; n_D^{20} 1,4005; [MR]$_D$ 32,96, I = 0,64; Anilinpunkt 57,2°. *cis-Verb.*, $Kp._{760}$ 91—91,1°; $D.^{20}_4$ 0,7316; n_D^{20} 1,4043; [MR]$_D$ 32,81, I = 0,49; Anilinpunkt 52,2°. — *Bis-[3-methylcyclobutyl]-keton* (**IV**), $C_{11}H_{18}O$, $Kp._{759,5}$ 218—223°; 28,1 g **II** werden bei 420° über MnO geleitet; $D.^{20}_4$ 0,9142; n_D^{20} 1,4586; [MR]$_D$ 49,65, I = 1,04 oder 0,52 für jeden Cyclobutanring; 43,5% (auf angewendete **II** bezogen). *Semicarbazon*, $C_{12}H_{21}ON_3$, F. 118°; aus wss. CH_3OH. — *Bis-[3-methylcyclobutyl]-methan*, $C_{11}H_{20}$, $Kp._{747}$ 178—184°; durch Zers. von **IV**-Hydrazon analog Vorst.; $D.^{20}_4$ 0,8027; n_D^{20} 1,4402; [MR]$_D$ 49,98, I = 1,42 oder 0,71 für jeden Cyclobutanring; 9,2 g aus 33 g **IV**. (Известия Академии Наук СССР, Отделение Химических Наук [Nachr. Akad. Wiss. UdSSR, Abt. chem. Wiss.] **1952.** 314—22. März/April.)

TROFIMOW. 1810

Geoffrey Wilkinson, *Cyclopentadienylverbindungen von Chrom, Molybdän und Wolfram.* Chromhexacarbonyl reagierte mit Cyclopentadien (I) in der Dampfphase bei 280—340° in einer N_2-Atmosphäre in 30%ig. Ausbeute zu *Bis-[cyclopentadienyl]-chrom*, womit eine neue Möglichkeit zur Darst. derartiger Verbb. aufgefunden wurde. Bei Verwendung der Hexacarbonyle des Mo u. W entstand unter gleichen Bedingungen *Bis-[cyclopentadienyl]-μ-pentacarbonylbimolybdän* (II) — bzw. *-μ-hexacarbonylbiwolfram* (III). **II** u. **III** sind diamagnet., u. ihre Infrarotspektren sind einander sehr ähnlich. Ihre Struktur dürfte vielleicht am besten als „triple decker sandwiches" formuliert werden. Die Bindungsverhältnisse werden im einzelnen diskutiert.

Versuche: *Bis-[cyclopentadienyl]-chrom*, F. 170—172°, aus $Cr(CO)_6$ u. I bei 280—350° in einer N_2-Atmosphäre, das Rohprod. bei 75—90° u. 0,1 Mikron sublimieren; scharlachrote Kristalle; 30% (Ausbeute). $\chi_{mol}^{298°K}$ (+ 3450 ± 50)·10^{-6}. — *Bis-[cyclopentadienyl]-μ-pentacarbonyldbimolybdän* [II; $C_5H_5Mo(CO)_5MoC_5H_5$], F. 215 bis 217° (Zers.), analog aus $Mo(CO)_6$ u. I bei 250—320° in N_2; aus CCl_4 tiefpurpurrote Kristalle; 30%, $\chi_{mol}^{298°K}$ (—210 ± 5)·10^{-6}. — *Bis-[cyclopentadienyl]-μ-hexacarbonylbiwolfram* [III; $C_5H_5W(CO)_6WC_5H_5$], F. 240—242° (Zers.; CCl_4), analog aus $W(CO)_6$ u. I bei 280—320° in N_2; purpurrote Kristalle; 30%; $\chi_{mol}^{298°K}$ (—220 ± 5)·10^{-6}. (J. Amer. chem. Soc. **76.** 209—11. 5/1. 1954. Cambridge, Mass., Harvard Univ., Mallinckrodt Labor.) L. FISCHER. 1810

M. F. Clarke und **L. N. Owen**, *Alicyclische Glykole.* 4. Mitt. *p-Toluolsulfonyl- und Methansulfonylderivate von Cyclohexandiol-(1.3).* (3. vgl. OWEN u. ROBINS, J. chem. Soc. [London] **1949.** 326.) *Cyclohexandiol-(1.3)* (I) wurde über die *Dibenzoate* in *cis-* u. *trans-Form* gespalten (vgl. LINDEMANN u. BAUMANN, Liebigs Ann. Chem. **477.** [1929.] 78). Von beiden Formen wurden reine, gemischte u. Halbester mit p-Toluolsulfonsäure, Methansulfonsäure u. Benzoesäure dargestellt u. deren Verh. gegen $NaOCH_3$, Alkali, Na-Acetat u. -Benzoat, LiCl u. NaJ untersucht. Während bei der alkal. Verseifung der *Dimethansulfonate* neben *Cyclohexadienen* (**XIII** u. **XIV**) nur *Cyclohexen-(2)-ol* (**XII**) gebildet wird, gelingt die Substitution beider Sulfonestergruppen mit NaJ. Alle anderen Rkk. führen zur Eliminierung der Sulfonoxygruppen unter Bldg. von ungesätt. Produkten.

Versuche (trans-Formen = **a**, cis = **b**; alle *Benzoe-* u. *Sulfonsäureester* aus dem Glykol, Säurechlorid u. Pyridin): *trans-* u. *cis-Cyclohexandiol-(1.3)* (**Ia** u. **b**), $Kp._6$ 130—140°, durch Hydrierung von Resorcin mit RANEY-Ni bei 130° u. 120 at neben *Cyclohexanol* (vgl. CONNOR u. ADKINS, J. Amer. chem. Soc. **54.** [1932.] 4678); zähes Öl, n_D^{19} 1,5015; 45% (Ausbeute). *trans-Dibenzoat* (**IIa**), F. 124°, aus vorst. Verb. mit überschüssigem Benzoylchlorid u. Behandeln des öligen Isomerengemisches mit wenig A.; Platten aus Methanol; 36,2%. *cis-Dibenzoat* (**IIb**), F. 67,5°, aus der äthanol.

Mutterlauge von **IIa** durch Eindampfen u. Behandeln mit wenig PAe.; krist. aus wenig Methanol. *trans-Cyclohexandiol-(1.3)* (**Ia**), F. 115,5°, $Kp._{15}$ 140—142°, aus **IIa** mit CH_3OH u. wenig $NaOCH_3$ (24 Std. bei 50°); Platten aus Äthylacetat; 79%. *Bis-phenylurethan*, $C_{20}H_{22}O_4N_2$, F. 72—73°, aus PAe. Nadeln. *cis-Cyclohexandiol-(1.3)* (**Ib**), F. 85,5°, wie **Ia** aus **IIb**; krist. aus Aceton; 84%; liefert bei der Benzoylierung nur **IIb**. — *Cyclohexen-(3)-ol* (**III**), Kp. 160—163°, durch Kochen von **Ia** + **b** über aktiviertem Al_2O_3 u. kontinuierliche Abdest. des gebildeten **III** (240°, 20 Std.); n_D^{20} 1,4810; 45%; lagert sich bei 5 std. Kochen mit wss. KOH (10%) nicht in **XII** um. *α-Naphthylurethan*, F. 128,5°. — **Ia**-*Di-p-toluolsulfonat* (**IVa**), $C_{20}H_{24}O_6S_2$, F. 92°, Platten aus Methanol; 86%. — **Ib**-*Di-p-toluolsulfonat* (**IVb**), $C_{20}H_{24}O_6S_2$, F. 108°; krist. aus Chlf.–PAe.; 88,5%. — **Ia**-*Dimethansulfonat* (**Va**), $C_8H_{16}O_6S_2$, F. 97,5°, Nadeln aus Methanol; 97%. — **Ib**-*Dimethansulfonat* (**Vb**), $C_8H_{16}O_6S_2$, F. 125°, Nadeln aus Methanol; 85%. — **Va** u. **Vb** waren auch durch fraktionierte Kristallisation des Isomerengemisches aus Methanol rein erhältlich. — **Ia**-*Monobenzoat* (**VIa**), $Kp._{0,005}$ 120—130° (Bad), aus **Ia** u. Benzoylchlorid (1 Mol) in Chlf. (erst —10°, dann +20°), neben wenig **IIa**; zähes Öl; 42%. *Phenylurethan*, $C_{20}H_{21}O_4N$, F. 112°, aus Bzl.–PAe. Nadeln. **Ia**-*Benzoatacetat*, $C_{15}H_{18}O_4$, $Kp._{0,0004}$ 85—90°, Öl. — **Ib**-*Monobenzoat* (**VIb**), $Kp._{0,003}$ 130—135° (Bad), wie **VIa**; 60%. *Phenylurethan*, F. 167°. — **Ia**-*Benzoat-p-toluolsulfonat* (**VIIa**), $C_{20}H_{22}O_5S$, F. 89°; Platten aus PAe.; 72%. — **Ib**-*Benzoat-p-toluolsulfonat* (**VIIb**), $C_{20}H_{22}O_5S$, F. 97°; Nadeln aus Methanol; 82,5%. — **VIIa** u. **b** waren sowohl aus **VIa** u. **b** als auch aus **IXa** u. **b** zugänglich. — **Ia**-*Benzoatmethansulfonat* (**VIIIa**), $C_{14}H_{18}O_5S$, F. 65°, Nadeln aus PAe.; 83%. — **Ib**-*Benzoatmethansulfonat* (**VIIIb**), $C_{14}H_{18}O_5S$, F. 104°, aus PAe. Nadeln; 92%. — **VIIIa** u. **b** wurden sowohl aus **VIa** u. **b** als auch aus **Xa** u. **b** dargestellt. — **Ia**-*Mono-p-toluolsulfonat* (**IXa**), $C_{13}H_{18}O_4S$, aus äquimol. Mengen **Ia** (28,6 g) u. p-Toluolsulfochlorid; Öl; 25 g. — **Ib**-*Mono-p-toluolsulfonat* (**IXb**), Öl. — **Ia**-*Monomethansulfonat* (**Xa**), wie **IXa**; Öl, lösl. in W., nicht destillierbar. — **Ib**-*Monomethansulfonat* (**Xb**), wie **Xa**. — **Ia**-*Methansulfonat-p-toluolsulfonat*, $C_{14}H_{20}O_6S_2$, F. 85°, aus **Xa**, aus A. Stäbchen. — **Ib**-*Methansulfonat-p-toluolsulfonat*, Öl. — **III**, aus **IXa** u. $NaOCH_3$ in CH_3OH (2 Tage, 20°). *α-Naphthylurethan*, F. 128°. — *Cyclohexen-(2)-ol* (**XII**), Kp. 160—165°, aus **Vb** mit 5%ig. wss. NaOH (2½ Std. bei 90° Rühren); n_D^{30} 1,4777; 75% (aus **Va** analog; 28%). *Phenylurethan*, F. 107°. *α-Naphthylurethan*, F. 155°. — *Cyclohexadien-(1.4)* (**XIII**), wie **XII** aus **Va** oder **Vb**, isoliert als *Tetrabromid*, F. 188°. — *Cyclohexadien-(1.3)* (**XIV**), wie **XIII** aus **Va**, nachgewiesen durch UV-Spektr. in A. (λ_{max} 2580 Å). — Bei der Rk. von **IVa**, **IVb**, **Va** oder **Vb** mit sd. alkoh. K-Acetat oder Na-Benzoat wurde neben den unveränderten Ausgangsmaterialien nur **XIII** gefunden. — **III**, aus **IXa** u. LiCl in A. (40 Std. Kochen); 49%; das Reaktionsprod. war halogenfrei. — *Cyclohexen-(3)-olbenzoat* (?) (**XI**), $Kp._{0,001}$ 80° (Bad), aus **VIIa** (1,0 g) wie **III**; n_D^{23} 1,5218; 0,53 g. **III** aus **XI** u. wss. KOH. *3.5-Dinitrobenzoat*, F. 100—101°. — Rk. von **IVa**, **IVb** u. **Va** mit LiCl in A. lieferte nur halogenfreie Prodd., darunter **XIII**. — *1.3-Dijodcyclohexan*, $C_6H_{10}J_2$, $Kp._{0,0001}$ 65° (Bad), aus **IVb** mit NaJ in Aceton im Rohr bei 100° (1 Std.); n_D^{23} 1,6225; 47%. **Va** u. **IVa** reagierten ähnlich. Rk. von **VIIa** mit NaJ in Aceton (3 Std., 100°) gab ein Gemisch von jodhaltigen u. ungesätt. Produkten. (J. chem. Soc. [London] **1950**. 2103—08. Aug. London, Imp. Coll. of Sci. and Technol.) PRACEJUS. 1860

M. F. Clarke und **L. N. Owen**, *Alicyclische Glykole*. 5. Mitt. *3-Oxymethylcyclohexanol*. (4. vgl. vorst. Ref.) Vff. stellten *3-Oxymethylcyclohexanol* (**III**) durch Hydrierung von *m-Oxybenzoesäureäthylester* dar u. erhielten *cis-* u. *trans-Form* von **III** über das *Di-p-nitrobenzoat* (**V**), das *Dimethansulfonat* (**X**) oder das *Bis-phenylurethan* (**IX**). Dem einen von beiden Isomeren konnte durch Ringschluß des zugehörigen *3-Chlormethylcyclohexanols* (**XIX**) zu *1.3-Endomethylenoxycyclohexan* (**XX**) die cis-Konfiguration zugeordnet werden. **XX** ließ sich umgekehrt mit HCl wieder in **XIX** oder auch in *3-Chlormethylcyclohexylchlorid* (**XXI**) überführen. *Methan-* u. *p-Toluolsulfonsäureester* von **III** (**X**, **XI** u. **XIII**) reagierten mit Alkali, Alkoholat, Acetat, LiCl u. NaJ am prim. Hydroxyl unter n. Substitution, am sek. dagegen häufig unter Abspaltung von Sulfonsäure. Substitutionen der sek. Sulfonoxygruppe waren stets von ster. Umlagerung begleitet.

V e r s u c h e (*cis-Formen* = **a**, *trans-Formen* = **b**; Ester von **III** aus dem Glykol, Säurechlorid u. Pyridin): *m-Oxybenzoesäure* (**I**), F. 198—200°, durch Schmelzen von Na-m-Sulfobenzoat mit KOH (210—220°, 2½ Std.); 91% (Ausbeute). *Äthylester*, F. 72°; krist. aus PAe.; 89%. — *3-Oxycyclohexancarbonsäureäthylester* (**II**), $Kp._1$ 117 bis 122°, aus **I** mit H_2 + RANEY-Ni bei 140° u. 130 at; n_D^{22} 1,4651; 70%; daneben etwas *Hexahydrobenzoesäureäthylester*. — *cis-* u. *trans-3-Oxymethylcyclohexanol* (**IIIa** + **b**), $C_7H_{14}O_2$, $Kp._{27}$ 165—166°, aus **II** mit Na in A.; n_D^{20} 1,4900; 84%;

daneben etwas *cis-3-Oxycyclohexancarbonsäure* (**IVa**), F. 131—132°; aus Äthylacetat. **IIIa** + **b** auch durch Red. des Esters von **IVa** (*cis-Säure* → *cis-* + *trans-Glykol!*) oder aus **II** mit $LiAlH_4$ (52%). **IIIa** + **b**-*Diacetat*, $C_{11}H_{18}O_4$, Kp.$_{0,005}$ 60—70°; n_D^{25} 1,4511. **IIIa** + **b**-*Dibenzoat*, Öl, Zers. bei Destillation. — **IIIa**-*Di-p-nitrobenzoat* (**Va**), $C_{21}H_{20}O_8N_2$, F. 141°, aus dem öligen Isomerengemisch durch Behandeln mit CH_3OH u. Kristallisation aus Dioxan u. CH_3OH; Nadeln; 55%. — **IIIb**-*Di-p-nitrobenzoat* (**Vb**), $C_{21}H_{20}O_8N_2$, F. 162°, aus den Mutterlaugen von **Va** durch Verdünnen mit CH_3OH; aus A. Prismen. — **IIIa**-*Bis-3.5-dinitrobenzoat* (**VIa**), $C_{21}H_{18}O_{12}N_4$, F. 181°, krist. aus Dioxan oder A.; 83%. — **III**-*ω-3.5-Dinitrobenzoat* (**VII**), $C_{14}H_{16}O_7N_2$, F. 100°, aus den Dioxanmutterlaugen von **VIa** durch Verdünnen mit CH_3OH; aus A. Nadeln. — **III**(**a** oder **b**?)-*Dicinnamat* (**VIII**), $C_{25}H_{26}O_4$, F. 106°, aus A. Nadeln. — **IIIa**-*Bis-phenylurethan* (**IXa**), $C_{21}H_{24}O_4N_2$, F. 162°, aus dem Rohprod. durch Kristallisation aus Bzl.–PAe. (1 : 1); Nadeln; 58%. — **IIIb**-*Bis-phenylurethan* (**IXb**), $C_{21}H_{24}O_4N_2$, F. 122°, aus der Mutterlauge von **IXa**; krist. aus Bzl.-Petroläther. — **IIIa**-*Dimethansulfonat* (**Xa**), $C_9H_{18}O_6S_2$, F. 103,5°, aus dem rohen Isomerengemisch durch Kristallisation aus Äthylacetat u. A.; Nadeln aus Äthylacetat; 61%. — **IIIb**-*Dimethansulfonat* (**Xb**), $C_9H_{18}O_6S_2$, F. 103°, aus der Äthylacetatmutterlauge von **Xa**; krist. aus CH_3OH. — **IIIa**-*Di-p-toluolsulfonat* (**XIa**), $C_{21}H_{26}O_6S_2$, F. 95°, aus dem öligen Rohprod. durch Behandeln mit wenig CH_3OH; Nadeln aus CH_3OH. — **IIIa** + **b**-*ω-Benzoat* (**XII**), $C_{14}H_{18}O_3$, Kp.$_{0,0006}$ 100° (Bad), aus äquimol. Mengen **IIIa** + **b** (2,0 g) in Pyridin u. Benzoylchlorid in Chlf., erst bei —10°, dann 2 Tage bei +20°, 1 Std. bei 100°; zähes Öl, n_D^{20} 1,5287; 2,3 g; gab kein krist. Methansulfonat. — **IIIa** + **b**-*ω-p-Toluolsulfonat* (**XIII**), $C_{14}H_{20}O_4S$, aus äquimol. Mengen **IIIa** + **b** u. p-Toluolsulfochlorid bei 0°; 66%; oder aus den gleichen Komponenten in Chlf. mit KOH bei 0°; 62%. — **IIa** + **b**-*ω-Methansulfanot* (**XIV**), wie **XIII** bei 0° in CCl_4; Öl, lösl. in W., enthielt noch etwas **IIIa** + **b**. — *cis-3-Oxymethylcyclohexanol* (**IIIa**), Kp.$_{0,2}$ 115—117°, aus **IXa** durch Dest. mit NaOH; n_D^{25} 1,4902; oder aus **Va** mit methanol. KOH; 100%; charakterisiert durch **VIa**, **Xa**, **XIa** u. das *Bis-α-naphthylurethan*, $C_{29}H_{28}O_4N_2$, F. 166,5°, aus Bzl.–PAe. Nadeln. — *trans-3-Oxymethylcyclohexanol* (**IIIb**), aus **Vb** wie **IIIa**; 97,5%; zähes Öl, charakterisiert durch **Xb**. — *3-Benzoyloxymethylcyclohexanon* (**XV**), $C_{14}H_{16}O_3$, Kp.$_{0,0001}$ 95° (Bad), aus **XII** u. CrO_3 in CH_3COOH; n_D^{20} 1,5287; 97%. *Semicarbazon*, $C_{15}H_{19}O_3N_3$, F. 145°, Nadeln aus wss. CH_3OH. *2.4-Dinitrophenylhydrazon*, $C_{20}H_{20}O_6N_4$, F. 201°, gelbe Nadeln aus Äthylacetat. — *Äthoxymethylcyclohexen-(2* oder *3)* (**XVI**), $C_9H_{16}O$, Kp.$_{102}$ 103°, aus **Xa** u. alkoh. KOH; n_D^{24} 1,4500; 51%. — **Xa** gab mit wss. NaOH bei 90° **IIIb**, isoliert als **Vb**. — **Xa** + **b** u. sd. wss. KOH lieferte **III**, charakterisiert als **Vb**. — **Xa** reagierte mit sd. alkoh. K-Acetat zu **XVI** (51%) u. **IIIb**-Diacetat, Kp.$_{28}$ 136—138°, n_D^{20} 1,4538 (unrein); 25%; vorst. Verb. gab nach Hydrolyse u. Nitrobenzoylierung **Vb**. — **Xb** u. K-Acetat gaben analog **XVI** (24,5%) u. **IIIa**-*Diacetat*, Kp.$_{30}$ 136—139°, n_D^{22} 1,4522; Hydrolyse u. Nitrobenzoylierung lieferte **Va**. — *3-Jodmethylcyclohexyljodid* (**XVII**), $C_7H_{12}J_2$, Kp.$_{0,0006}$ 65—70° (Bad), aus **Xa** (0,75 g) + NaJ in Aceton im Rohr (2 Std., 100°); Fl., n_D^{17} 1,6233; zers. sich zum Teil beim Aufbewahren. — *Chlormethylcyclohexen* (**XVIII**), $C_7H_{11}Cl$, Kp. 215—220°, durch 40 std. Kochen von **Xa** + LiCl in A.; n_D^{15} 1,4840; 81%. — *cis-* u. *trans-3-Chlormethylcyclohexanol* (**XIXa** u. **b**), $C_7H_{13}OCl$, Kp.$_{0,5}$ 73°, Kp.$_{36}$ 127 bis 130°, aus **IIIa** + **b** mit HCl (D. 1,19) im Rohr bei 110° (14 Std.); n_D^{24} 1,4910; 83%; oder aus 1,0 g **XX** u. 2,3 ml HCl (D. 1,19) (112°, 14 Std.); 83%; oder aus **XIII** u. LiCl in A.; 90%. — **XIXa**-*α-Naphthylurethan*, $C_{18}H_{20}O_2NCl$, F. 142°, aus dem rohen Urethangemisch durch fraktionierte Kristallisation aus Leichtbenzin. **XIXb**-*α-Naphthylurethan*, (?) F. ca. 127—128°, aus den Mutterlaugen von vorst. Verb.; unrein. **XIXa**, Kp.$_{30}$ 119 bis 123°, aus **IIIa** wie das Isomerengemisch; n_D^{21} 1,4858; 47%. *α-Naphthylurethan*, F. 142°. — *1.3-Endomethylenoxycyclohexan* (**XX**), $C_7H_{12}O$, F. 96—97°, durch Sublimation von **XIXa** + **b** mit gepulvertem NaOH bei 60—70° u. 35 mm; 44%; aus **XIXa** ebenso 48%; aus **XIII** 24%; sehr leicht lösl. in kaltem W. u. allen üblichen Solventien, sehr leicht flüchtig, riecht campherartig; wird durch Methansulfonsäure oder p-Toluolsulfonsäure in Ae. bei 20° oder in sd. Bzl. oder durch W. + Spuren $HClO_4$ bei 100° nicht verändert; 16 std. Rk. mit W. bei 195° gibt ein ungesätt. Öl. — *3-Chlormethylcyclohexylchlorid* (**XXI**), $C_7H_{12}Cl_2$, Kp.$_{23}$ 102—104°, durch 21 std. Erhitzen von 1,05 g **XX** + 6,8 ml HCl (D. 1,19) im Rohr auf 115°; n_D^{20} 1,4940; 96%. — *3-Methoxymethylcyclohexanol* (**XXII**), $C_8H_{16}O_2$, Kp.$_{0,1}$ 78—79°, aus **XIII** + $NaOCH_3$ in CH_3OH bei 60° (8 Std.); n_D^{21} 1,4700; 67%. — Bei vorst. Rk. sowie bei der Einw. von wss. NaOH auf **XIII** entstanden nur Spuren von **XX**. (J. chem. Soc. [London] **1950**. 2108—15. Aug.)

PRACEJUS. 1860

David Craig, *Diels-Alder-Reaktionen der Piperylenisomeren mit Maleinsäureanhydrid und Fumarsäure.* Im Gegensatz zu den Addukten aus Butadien u. Isopren (**V**) mit Maleinsäureanhydrid (**II**) läßt sich das *trans-Piperylen* (trans-**I**)–**II**-*Addukt* (**III**) (vgl.

FRANK u. Mitarbeiter, C. **1948.** II. 481) durch geringe Mengen Dibutylanilin (**VI**) bei 280° zu einem isomeren Anhydrid (**IV**) umlagern; **IV** ist ident. mit der aus cis-Piperylen

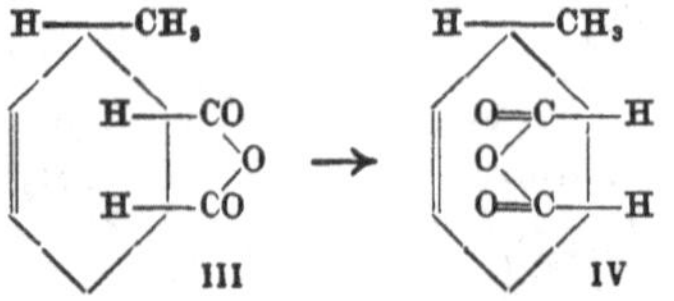

III IV

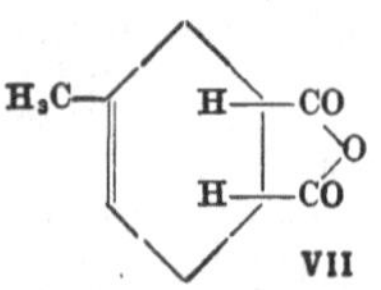

VII

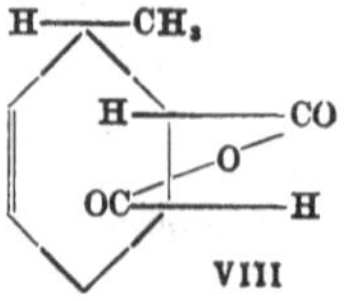

VIII

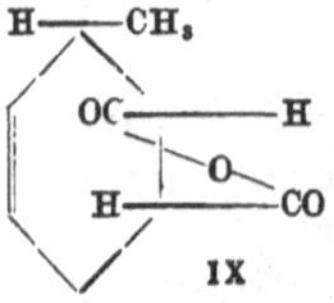

IX

(cis-I) u. **II** erhaltenen Verb. u. gibt dasselbe Hydrierungsprod., wie es aus **III** durch Hydrierung u. nachfolgende Umlagerung entsteht. Hydrierung des **V**–**II**-Adduktes (**VII**) führt zu 2 isomeren Dihydroverbb., von denen die in größerer Menge anfallende instabil ist u. mit **VI** die zunächst in geringerer Menge gebildete liefert, welche in Ggw. von tert. Aminen stabil ist; erstere muß ***cis-4-Methyl-cis.cis-***, letztere ***trans-4-Methyl-cis.cis-hexahydrophthalsäureanhydrid*** sein. Die Umlagerung von **III** verläuft sicher über die entsprechenden trans-Anhydride; diese wurden aus cis- bzw. trans-I u. Fumarsäure gewonnen, wobei trans-I die bei 121 u. 133° schm. Verbb. im Verhältnis 3 : 1, cis-I im Verhältnis 1 : 3 liefert. Der niedriger schm. Verb. muß die Konfiguration **VIII** u. der höher schm. die Konst. **IX** zukommen. Beide liefern mit **VI** dasselbe Umlagerungsprod. **IV** wie **III**. **III** u. **IV** bilden ein Gleichgewichtsgemisch mit 20% **III** u. 80% **IV**. — Vf. stellt fest, daß für alle Rkk. die Regeln von ALDER erfüllt sind. **VI** u. Diamylamin haben keinen merklichen Einfl. auf die Geschwindigkeit der Rk. von Butadien oder trans-I mit **II** bei 50—100°.

Versuche: ***1.2.3.6-Tetrahydro-trans-3-methyl-cis.cis-phthalsäureanhydrid*** (**IV**), $C_9H_{10}O_3$, durch 4std. Erhitzen von **III** mit etwas **VI** auf 175° oder 10 Min. auf 280° u. Dest. (Kp.$_4$ 122—134°); 81% (Ausbeute). *Säure* (**X**), $C_9H_{12}O_4$, F. 161—162°, durch Kochen von **IV** mit W.; 68%; gibt bei Dest. mit der doppelten Menge Acetanhydrid bei n. Druck u. Dest. des Rückstandes bei 5 mm reines **IV**, F. 40—41° (Cyclohexan). Aus dem Filtrat bei der Gewinnung von **X** wurde die **III** entsprechende *Säure*, F. 156 bis 158°, isoliert; beide Säuren entstehen, ebenfalls im Verhältnis 5 : 1, beim Erhitzen von **IV** mit **VI**. **X** entsteht auch aus reinem cis-Piperylen (cis-I) (Kp.$_{745}$ 43,2°; n_D^{20} 1,4368), **II** u. Acetanhydrid durch 8std. Erhitzen auf 94—100°, Einengen im Vakuum, Dest., Kochen mit W. u. Einengen; 4%. — ***Hexahydro-cis-3-methyl-cis.cis-phthalsäureanhydrid***, $C_9H_{12}O_3$, Kp.$_{0,2}$ 105—125°, durch Hydrierung von **III** in Essigester mit RANEY-Ni bei 25° u. 3 at; 86%. Die *Säure*, $C_9H_{14}O_4$, F. 169—170° (W.), entsteht aus dem Anhydrid bes. leicht; 91%; wird auch aus der **III** entsprechenden Säure durch PtO_2-Hydrierung in Essigsäure erhalten; fast 100%. — ***Hexahydro-trans-3-methyl-cis.cis-phthalsäureanhydrid***, $C_9H_{12}O_3$, F. 70° (Cyclohexan), durch Hydrierung von rohem **IV** wie bei **III**; Kp.$_{0,2}$ 100—122°; 83%; entsteht auch aus vorst. Anhydrid durch 10minütiges Erhitzen mit **VI** auf 290—292°; 68%. *Säure*, $C_9H_{14}O_4$, F. 129° (W.), aus dem Anhydrid oder durch PtO_2-Hydrierung von **X**. ***Hexahydro-cis-4-methyl-cis.cis-phthalsäureanhydrid***, $C_9H_{12}O_3$, Kp.$_6$ 125—128°, neben wenig isomerem trans-4-Methylanhydrid durch PtO_2-Hydrierung von **VII**; 90%. Nach $^1/_4$std. Kochen mit wenig W. u. Zugabe von A. krist. die entsprechende *Säure*, $C_{19}H_{14}O_4$, F. 173—175° (Zers.), u. die nachst. Säure. — ***Hexahydro-trans-4-methyl-cis.cis-phthalsäureanhydrid***, durch Erhitzen vorst. Säure mit **VI** über den F. zur Abspaltung von W., dann 10 Min. auf 280—290° u. Dest. bei 2 mm; Öl; 50%. *Säure*, $C_9H_{14}O_4$, F. 177—179° (Zers.), durch Alkalisieren u. Ansäuern; 72%. — ***1.2.3.6-Tetrahydro-cis-3-methyl-cis.trans-phthalsäureanhydrid*** (**VIII**), $C_9H_{10}O_3$, durch 1½std. Kochen von trans-I mit Fumarsäure u. Acetanhydrid u. Dest. (Kp.$_{15}$ 150°); aus Hexan u. etwas Bzl. Nadeln; 99%. Hydrolyse mit W. oder Alkali liefert ein Säuregemisch, aus dem durch Kristallisation aus Bzl. eine *Säure*, $C_9H_{12}O_4$, F. 156—158°, isoliert werden konnte; 30%; diese liefert beim Kochen mit Acetanhydrid reines **VIII**, F. 120—121°, zurück. — Aus den Mutterlaugen von **VIII** werden durch Kristallisation aus Hexan Mischkristalle von **VIII** u. **IX**, F. 125—126°, erhalten. Alkalisieren, Ansäuern u. Ausäthern liefert die *Säure*, $C_9H_{12}O_4$, F. 127—128° (Bzl.); 72%. Daraus mit Acetanhydrid reines ***1.2.3.6-Tetrahydro-cis-3-methyl-trans.cis-phthalsäureanhydrid*** (**IX**), $C_9H_{10}O_3$, F. 133°; Nadeln. Die Mischkristalle aus **VIII** u. **IX** entstehen auch durch 24std. Erhitzen von reinem cis-I mit Fumarsäure u. Acetanhydrid auf 100—124° u. Sublimation bei 0,15 mm; 1%. — Werden **VIII** u. **IX** mit Spuren **VI** auf 280° erhitzt, isomerisieren sie zu einem Gemisch von **III** u. **IV**, merklich aber auch schon beim 10minütigen Erhitzen ohne **VI** auf 150°. (J. Amer. chem. Soc. **72.** 1678—81. April 1950. Brecksville, O., B. F. Goodrich Res. Center.) NITZSCHKE. 2020

Randolph Riemschneider, *Kondensationen mit halogenierten Aldehyden.* 9. Mitt. *β.β.β-Trichlor-α.α-bis-[halogentolyl]-äthane, β.β.β-Trichlor-α.α-bis-[oxy- (oder methoxy-) dichlorphenyl]-äthane und verwandte Verbindungen.* (8. vgl. Mh. Chem. **84.** [1953.] 1228.) *β.β.β-Trichlor-α.α-bis-[halogentolyl]-* u. *-α.α-bis-[oxy-* oder *methoxydichlorphenyl]-äthane* wurden durch BAEYER-Kondensation von Chloral mit halogenierten Toluolen, 2.4-Dichlorphenol oder 2.4-Dichloranisol dargestellt u. ihr Verh. gegen alkoh. KOH untersucht. Die entsprechenden Äthene wurden durch Kochen mit methanol. KOH erhalten. *β.β.β-Trichlor-α.α-bis-[2-methoxy-3.5-dichlorphenyl]-äthan* u. das entsprechende Äthen wurden in Form von zwei Isomeren isoliert. Diese Erscheinung beruht wahrscheinlich auf Aufhebung der freien Drehbarkeit durch ster. Hinderung.

Versuche: Die Darst. nachst. *β.β.β-Trichlor-α.α-bis-[X-phenyl]-äthane* erfolgte durch Rühren von 2,2 Teilen monohalogenierten Toluols mit 1 Teil Chloral u. 98,5% ig. H_2SO_4 bei 10° (1—2° bei Jodtoluolen), Gießen auf Eis u. Entfernung der Ausgangsmaterialien durch Wasserdampfdest.: *X = 2-Methyl-4-chlor,* $C_{16}H_{13}Cl_5$, F. 107,5—108° (A.); 90% (Ausbeute). — *X = 2-Methyl-5-chlor,* $C_{16}H_{13}Cl_5$, F. 158° (A.); 72%. — *X = 3-Methyl-4-chlor,* $C_{16}H_{13}Cl_5$, Kp.$_{1,5}$ 206,5—208°, F. 70—71° (Pentan u. dann CH_3OH); 86%. — *X = 2-Methyl-4-brom,* $C_{16}H_{13}Cl_3Br_2$, F. 100—101° (A.); 90%. — *X = 2-Methyl-5-brom,* $C_{16}H_{13}Cl_3Br_2$, F. 182—183° (A.); 83%. — *X = 3-Methyl-4-brom,* $C_{16}H_{13}Cl_3Br_2$, Kp.$_{0,12}$ 207,5—209°, F. 108—109° (Pentan u. dann CH_3OH); 80%. — *X = 2-Methyl-4-jod,* $C_{16}H_{13}Cl_3J_2$, F. 159° (n-Propanol–A.); 83%. — *X = 2-Methyl-5-jod,* $C_{16}H_{13}Cl_3J_2$, F. 170—171° (n-Propanol–A.); 74%. — *X = 3-Methyl-4-jod,* $C_{16}H_{13}Cl_3J_2$, Kp.$_{0,7}$ 236—232°, F. 112—114° (n-Propanol); 72%. — *X = 2-Methyl-4-fluor* (enthält 4-Methyl-2-fluorisomeres), $C_{16}H_{13}Cl_3F_2$, Kp.$_5$ 191—194°; 91%. — *X = 2-Methyl-5-fluor,* $C_{16}H_{13}Cl_3F_2$, F. 109° (A.); 84%. — *X = 3-Methyl-4-fluor,* $C_{16}H_{13}Cl_3F_2$, F. 58,5—59,5° (A.); 88%. — *X = 2-Oxy-3.5-dichlor,* $C_{14}H_7O_2Cl_7$, F. 187° (A.); 36%. *Diacetat,* $C_{18}H_{11}O_4Cl_7$, F. 178°. — *X = 4-Chlor,* F. 107,5—108,2°. — *X = 4-Methyl,* F. 89°. — *X = 2-Methoxy-3.5-dichlor,* $C_{16}H_{11}O_2Cl_7$, F. 154° (A.), durch Zugabe von 0,06 Mol geschmolzenem 2.4-Dichlorphenol zu 0,03 Mol Chloralhydrat u. 96% ig. H_2SO_4 bei 10°, Gießen auf Eis nach 2std. Stehen u. Behandlung des Äthans mit 4% ig. CH_2N_2 in Ae. bei 0°; *isomere Verb.,* $C_{16}H_{11}O_2Cl_7$, F. 160° (A.), aus Chloralhydrat u. 2.4-Dichloranisol bei Raumtemp.; 31%. — Nachst. *β.β-Dichlor-α.α-bis-[X-phenyl]-äthene* wurden durch 2—3std. Kochen der Äthane mit methanol. KOH, Verdünnen mit W. u. Ausäthern erhalten: *X = 2-Methyl-4-chlor,* $C_{16}H_{12}Cl_4$, F. 99° (CH_3OH). — *X = 2-Methyl-5-chlor,* $C_{16}H_{12}Cl_4$, F. 144° (A.). — *X = 3-Methyl-4-chlor,* $C_{16}H_{12}Cl_4$, F. 92—93,5° (CH_3OH). Liefert durch Kochen mit CrO_3 in CH_3COOH *3.3'-Dimethyl-4.4'-dichlorbenzophenon,* F. 141—142°. *Oxim,* F. 132°. — *X = 2-Methyl-4-brom,* $C_{16}H_{12}Cl_2Br_2$, F. 71—72° (A.). — *X = 2-Methyl-5-brom,* $C_{16}H_{12}Cl_2Br_2$, F. 163 bis 164,5° (A.). — *X = 3-Methyl-4-brom,* $C_{16}H_{12}Cl_2Br_2$, F. 73—73,5° (CH_3OH). — *X = 2-Methyl-5-jod,* $C_{16}H_{12}Cl_2J_2$, F. 149—150° (A.). — *X = 2-Methoxy-3.5-dichlor,* $C_{16}H_{10}O_2Cl_6$, F. 157° (A.), aus dem Äthan vom F. 160°. *Isomere Verb.,* $C_{16}H_{10}O_2Cl_6$, F. 166° (A.), aus dem Äthan vom F. 154°. — Die quantitative Best. der HCl-Abspaltung erfolgte durch Behandlung der Äthane mit n-methanol. KOH bei 15—18° u. Titration mit 0,25 n HCl gegen Phenolphthalein. (J. Amer. chem. Soc. **75.** 4853—55. 5/10. 1953. Berlin, Freie Univ.) HORST BAGANZ. 2210

Reynold C. Fuson und **Jeremiah P. Freeman,** *Alkylierung von Durylphenylketon durch Grignard-Reagens.* Die Umsetzung von Durylphenylketon (I) mit tert.-Butyl-, sek.-Butyl- u. Cyclohexyl-MgCl verlief unter 1.6-Addition. Unter Ausschluß von Luft wurden p-substituierte *Dihydrophenyldurylketone,* in Luftatmosphäre p-substituierte *Phenyldurylketone* erhalten.

Versuche: *Duryl-[p-tert.-butyldihydrophenyl]-keton,* $C_{21}H_{28}O$, F. 150—151°, durch Zugabe von I zu tert.-Butyl-MgCl in Ae., 2std. Kochen, Zers. mit Eis-HCl, Extraktion mit Ae. u. Eindampfen, Plättchen aus A.–Bzl.; 39% (Ausbeute). — *[p-tert.-Butylphenyl]-durylketon,* F. 125—127° (A.), a) durch 45 Min. langes Erhitzen der vorst. Verb. mit 10% ig. Pd-Kohle auf 310—350°, Aufnehmen in Bzl. u. Eindampfen; b) durch Einleiten von Luft in das Reaktionsgemisch von I u. tert.-Butyl-MgCl; 47%. — *[p-sek.-Butyldihydrophenyl]-durylketon,* $C_{21}H_{28}O$, F. 92—94° (CH_3OH); 44%. Geht mit Pd-Kohle in *p-sek.-Butylphenyldurylketon* (F. 68—70°) über. — *p-Cyclohexyldihydrophenyl]-durylketon,* $C_{23}H_{30}O$, F. 107—108° (CH_3OH); 30%. (J. Amer. chem. Soc. **76.** 911—12. 5/2. 1954. Urbana, Ill., Univ. of Illinois, Noyes Chem. Labor.)

HORST BAGANZ. 2360

John A. Beel und **Edward Vejvoda,** *Die Reaktion von Phenyllithium mit Diphenylketen.* Die Addition von C_6H_5Li (I) an Diphenylketen (II) u. Umsetzung des Reaktionsprod. mit Benzoylchlorid ergab *Triphenylvinylbenzoat* (**III**), das durch Verseifung in *Benzoesäure* u. *Triphenylvinylalkohol* gespalten wurde. Dadurch wurde bewiesen, daß die Anlagerung von I ebenso wie die von GRIGNARD-Verbb. an die Carbonylgruppe u. nicht an die Doppelbindung erfolgt. Durch Arbeiten bei —80° u. Zugabe von II zu I konnte die Ausbeute an III erhöht werden. Bei umgekehrter Zugabe u. bei höheren Tempp. wurden polymere Verbb. erhalten. Die bei 0° entstandene *Verb.* $C_{41}H_{30}O_3$ (V) ergab mit alkoh. KOH *Diphenylmethan* (IV) u. *Diphenylessigsäure.* Es wird angenommen, daß die Verb. durch Anlagerung von I an dimeres II u. anschließende Rk. mit Benzoylchlorid entstanden ist. Die bei 20° erhaltene Verb. vom F. 175° lieferte nach alkoh. Verseifung *Benzoesäure* u. IV. Sie wird als Polymeres von II angesehen.

Versuche: *Triphenylvinylbenzoat* (III), F. 151° (A.), durch Zugabe von I zu II in Ae. bei —80° unter N_2, Zugabe von äther. Benzoylchlorid, 15 Min. langes Rühren, Zugabe von W. bei Raumtemp., Abtrennen des Nd. u. Eindampfen der äther. Schicht; 43,6% (Ausbeute). *Triphenylvinylalkohol,* aus den Mutterlaugen; 5,9%. — *Verb.* $C_{41}H_{30}O_3$ (V), F. 258° (Toluol), durch Umsetzung wie vorst. beschrieben bei 0°; daneben aus der äther. Lsg. III (8,3%) u. aus dessen Mutterlauge *Triphenylvinylalkohol* (36,8%). V gibt nach 48std. Kochen mit 10% ig. KOH *Diphenylessigsäure,* F. 146°, u. *Diphenylmethan* (IV), F. 24—26°. *Verb.* $(C_{14}H_{10}O)_x$, F. 175° (A.), durch Rk. bei 20° u. Abdampfen des Äthers. Liefert nach 24std. Kochen mit 10% ig. alkoh. KOH Benzoesäure u. IV. — Zugabe von II zu I bei 20° u. Umsetzung mit Benzoylchlorid ergab 86,4% III. (J. Amer. chem. Soc. **76.** 905—07. 5/2. 1954. Greeley, Col., Colorado State Coll. of Educat., Dep. of Chem.) HORST BAGANZ. 2370

Kurt Rorig, *Kondensationen von substituierten Benzaldehyden mit m- oder p-Acetylphenylacetonitril.* Benzaldehyd u. substituierte Benzaldehyde geben mit 3- oder 4-Acetylphenylacetonitril (I bzw. II) im alkal. Medium u. die entsprechenden *α-Acetylphenylzimtsäurenitrile,* mit methanol. HCl dagegen die substituierten *4'-Cyanmethylchalkone.* Zur Identifizierung wurde *α-[4'-Acetylphenyl]-4-methoxyzimtsäurenitril* mit Na-Hypojodit zu *α-[4'-Carboxyphenyl]-4-methoxyzimtsäurenitril* oxydiert u. dieses mit CH_2N_2 in den bekannten *Methylester* verwandelt. — Die UV- u. Infrarotspektren der Verbb. werden erläutert.

Versuche: Durch 22std. Kochen von Phenylacetonitril mit Acetylchlorid u. $AlCl_3$ in CS_2 entsteht das Gemisch von *m-* (I) u. *p-Acetylphenylacetonitril* (II); Kp.$_{0,5}$ 120 bis 145°; 62% (Ausbeute). Aus ihm krist. II aus, F. 84,5—86,0° (Bzl.-PAe.); das dest. Filtrat, Kp.$_{0,2}$ 118—123°, fällt in etwa gleicher Menge an u. ist reich an I. — *α-[4'-Acetylphenyl]-4-methoxyzimtsäurenitril* (IV), $C_{18}H_{15}O_2N$, F. 150,5—152° (absol. A.), durch Zugabe von festem CH_3ONa zu II u. Anisaldehyd (III) in CH_3OH bei 50°; 79%. — Ebenso wurden folgende α-[4'-Acetylphenyl]-zimtsäurenitrile gewonnen: *3-Methoxy-*, $C_{18}H_{15}O_2N$, F. 124—126° (absol. A.); 38%. — *4-Dimethylamino-*, $C_{19}H_{18}ON_2$, F. 200—201° (Dioxan); 79%. — *2-Brom-*, $C_{17}H_{12}ONBr$, F. 146—147° (absol. A.); 74%. — *4-Cyan-*, $C_{18}H_{12}ON_2$, F. 238—239° (Dioxan); 68%. — *4-Chlor-*, $C_{17}H_{12}ONCl$, F. 145—146,5°; 96%. — *α-[4'-Acetylphenyl]-zimtsäurenitril,* $C_{17}H_{13}ON$, F. 134—139° (absol. A.); 95%. — *α-[3'-Acetylphenyl]-4-methoxyzimtsäurenitril,* $C_{18}H_{15}O_2N$, F. 102,5—103,5° (absol. A.). — *4'-Cyanmethyl-4-methoxychalkon,* $C_{18}H_{15}O_2N$, F. 122,5—123,5° (absol. A.), durch Zugabe von isopropanol. HCl zu II u. III in CH_3OH u. 14tägiges Stehen; 58%. — Ebenso folgende 4'-Cyanmethylchalkone: *3-Methoxy-*, $C_{18}H_{15}O_2N$, F. 107—108,5° (absol. A.); 30%. — *4-Chlor-*, $C_{17}H_{12}ONCl$, F. 169—171° (absol A.); 11%. — *4'-Cyanmethylchalkon,* $C_{17}H_{13}ON$, F. 107—108° (absol. A.); 25%. — *4'-Cyan-4-methoxychalkon,* $C_{17}H_{13}O_2N$, F. 146—147,5°, aus 2,7 g III, 2,9 g p-Cyanacetophenon u. $NaOCH_3$ in warmem CH_3OH; aus A. dünne gelbe Platten; 3 g. — *α-Phenyl-4-methoxyzimtsäurenitril,* F. 94—95°. — *α-[4'-Carboxyphenyl]-4-methoxyzimtsäurenitril,* $C_{17}H_{13}O_3N$, F. 288—290° (Zers.), durch Erhitzen von 1 g IV in Dioxan auf 50°, 1¼std. Erhitzen mit 10% ig. NaOH u. KJ–J_2-Lsg. auf 60—65° u. Verdünnen mit W. als saurer Anteil; aus Eisessig gelbes Pulver; 0,4 g. *Methylester,* mit CH_2N_2; F. 155,5—157° (CH_3OH). — Die UV- u. Infrarotmaxima einiger Verbb. werden angegeben. (J. Amer. chem. Soc. **75.** 5381—83. 5/11. 1953. Chicago, Ill., G. D. Searle and Co., Res. Labors.) LÖFFLER. 2470

Marc Julia (unter techn. Mitarbeit von **Michèle Baillargé**), *Pflanzenwachstumsfaktoren.* 3. Mitt. *Über 2-[Carboxymethoxy]-naphthyl-(1)-essigsäure und 2-[Carboxymethoxy]-5-chlorphenylessigsäure.* (2. vgl. C. **1954.** 7852.) *2-[Carboxymethoxy]-naphthyl-(1)-essigsäure* (I) wurde durch Chlormethylieren von Nerolin (vgl. COOK u. Mitarbeiter, C. **1950.** I. 1222 u. früher), wobei *Methylen-bis-[2-methoxynaphthyl-(1)]* als Nebenprod. entstand, Umsetzen des entstandenen *1-Chlormethylderiv.* mit KCN, Verseifen des *2-Methoxynaphthyl-(1)-acetonitrils* (II), Entmethylieren der entstandenen *2-Methoxynaphthyl-(1)-essigsäure* u. Kondensieren der *2-Oxynaphthyl-(1)-essigsäure* mit Chloressigsäure dargestellt. Der Ringschluß von I mit Na-Acetat u. Essigsäureanhydrid nach dem Verf. von RICHARDS u. Mitarbeitern (J. chem. Soc. [London] **1948.**

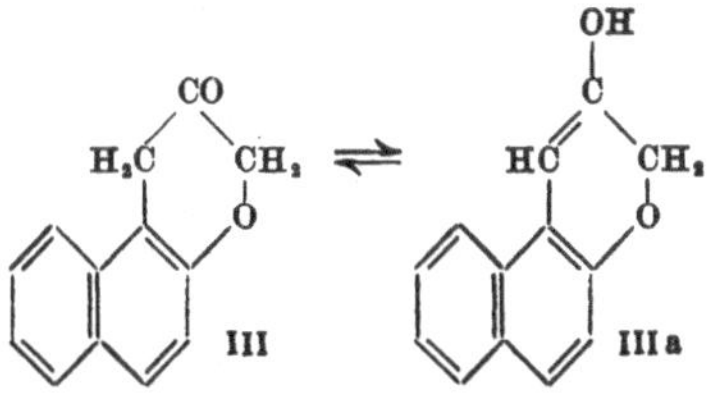
III IIIa

1610), besser mit H_2SO_4 u. Acetanhydrid nach BADGER (J. chem. Soc. [London] **1948**. 999), liefert die O-Acetylverb. des Enols **IIIa** von *5.6-Benzochromanon-(3)* (**III**), die, mit KOH verseift, reines **III** ergab. In analoger Weise wie **I** entstand *2-[Carboxymethoxy]-5-chlorphenylessigsäure* (**IV**) aus p-Chloranisol. **IV** konnte nach den beschriebenen Methoden nicht zu einem Chromanon cyclisiert werden. — Im „pea-test" sind die genannten Verbb. nicht bzw. nur wenig wirksam; **II** ist sehr giftig, während das entsprechende *5-Chlor-2-methoxyphenylacetonitril* nur wenig giftig ist.

Versuche: *1-Chlormethyl-2-methoxynaphthalin*, F. 121°, durch Chlormethylieren von 45 g Nerolin nach BADGER u. Mitarbeitern (C. **1950**. I. 1222); 40 g (Ausbeute). — *Methylen-bis-[2-methoxynaphthyl-(1)]*, $C_{23}H_{20}O_2$, F. 140° (A.), als Nebenprod. der vorst. Verbindung. — *Methylen-bis-[2-oxynaphthyl-(1)]*, F. 189°. *Diacetylverb.*, F. 213°. — *2-Methoxynaphthyl-(1)-acetonitril* (**II**), F. 108°, aus 36 g Chlormethylverb.; 26,5 g. — *2-Methoxynaphthyl-(1)-essigsäure*, F. 198°, durch Verseifen von **II** mit H_2SO_4 in sd. 50%ig. Essigsäure; 74%. — *2-Oxynaphthyl-(1)-essigsäure*, $C_{12}H_{10}O_3 \cdot H_2O$, F. 157° (W.), aus 40 g vorst. Säure mit der 10fachen Menge sd. 48%ig. HBr; Reinigen über das Na-Salz; Täfelchen; 26 g; *wasserfreie Verb.*, F. 146°, durch Kristallisieren aus Xylol. — *2-[Carboxymethoxy]-naphthyl-(1)-essigsäure* (**I**), $C_{14}H_{12}O_5$, F. 180—181° (W.), aus 26 g vorst. Verb. mit Chloressigsäure in wss. KOH auf dem Wasserbad (4 Std.); Täfelchen; 17 g. — *3-Acetoxy-5.6-benzochromen-(3)*, $C_{15}H_{12}O_3$, F. 110° (Essigsäure oder wss. A.), aus **I** a) mit Na-Acetat in sd. Essigsäureanhydrid (10 Min.) u. Gießen in W.; b) mit H_2SO_4 in Essigsäureanhydrid bei 0° (15 Min.), später bei Zimmertemp. (15 Min.) u. Gießen in W.; Täfelchen; 60%. — *5.6-Benzochromanon-(3)* (**III**), $C_{13}H_{10}O_2 \cdot H_2O$, F. 156° (wss. A.), aus 1,6 g vorst. Verb. mit 1 n methanol. KOH bei Zimmertemp.; Täfelchen; 150 mg. — *2-Chlormethyl-4-chloranisol*, $C_8H_8OCl_2$, F. 50° (PAe.), aus p-Chloranisol, Formalin u. $ZnCl_2$ bei 70° unter Einleiten von HCl u. Zers. mit Eis; Nadeln; 88%. — *5-Chlor-2-methoxyphenylacetonitril*, C_9H_8ONCl, F. 63° (wss. A.), aus vorst. Verb. mit KCN in sd. wss. A.; Nadeln; 72%. — *5-Chlor-2-methoxyphenylessigsäure*, $C_9H_9O_3Cl$, F. 129° (wss. A.), aus vorst. Verb. mit H_2SO_4 in sd. 50%ig. Essigsäure; Nadeln; 87%. — *2-Oxy-5-chlorphenylessigsäure*, $C_8H_7O_3Cl$, F. 129—130° (Ligroin), aus vorst. Verb. mit sd. 48%ig. HBr (24 Std.), Verdünnen mit W. u. Extrahieren mit Ae.; Nadeln; 94%. — *2-[Carboxymethoxy]-5-chlorphenylessigsäure* (**IV**), $C_{10}H_9O_5Cl$, F. 165° (Xylol), aus vorst. Verb. mit Chloressigsäure in wss. KOH bei 100° (3 Std.), Ansäuern u. Extrahieren mit Ae.; Nadeln; 45%. (Bull. Soc. chim. France, Mém. [5] **20**. 640—43. Juni 1953. Paris, École Polytechn. u. Inst. Nat. de la Rech. Agronom.)

GOLD. 2700

A. Burawoy und **C. Turner**, *o-Mercaptoazoverbindungen*. 3. Mitt. *Einwirkung von Thiocyansäure auf diazotierte o-Nitroarylamine*. (2. vgl. C. **1954**. 3686.) Während im Einklang mit den Befunden von KORCZYNSKI u. Mitarbeitern (1922) diazotiertes *o-Nitranilin* u. (noch schneller) diazotiertes *2.4-Dinitranilin* mit HSCN bei n. Temp. in Abwesenheit eines Metallsalzkatalysators die Diazoniumgruppe gegen die Thiocyanatgruppe austauschen, ohne daß die Nitrogruppe beseitigt wird, wird diese bei Rk. von *1-Nitronaphthalin-2-diazoniumsulfat* mit NH_4SCN gegen die SCN-Gruppe ausgetauscht, ohne daß die Diazoniumgruppe eliminiert wird. Das erhaltene Diazoniumsalz läßt sich mit β-Naphthol (**III**) quantitativ zu *2-[2-Oxynaphthyl-(1)-azo]-1-thiocyanatonaphthalin* (**I**) kuppeln, womit eine bessere Darstellungsmeth. gegeben ist für *1-[1-Mercaptonaphthyl-(2)-azo]-2-naphthol* als die in der 2. Mitt. (l. c.) angegebene. Bei 100° entsteht aus **I** die isomere Verb. der wahrscheinlichen Konst. **II**. — Diazotiertes *2-Nitro-1-naphthylamin* liefert mit KSCN nebeneinander *1-Thiocyanato-2-nitronaphthalin* u. das *2-Thiocyanatonaphthalin-1-diazoniumsalz*, welches mit **III** hauptsächlich das Isomere des erwarteten 1-[2-Oxynaphthyl-(1)-azo]-2-thiocyanatonaphthalins (**V**) mit der wahrscheinlichen Konst. **IV** u. wenig *Bis-[1-(2-oxynaphthyl-(1)-azo)-naphthyl-(2)]-disulfid* (**VI**) liefert; **V** cyclisiert also leichter u. läßt sich leichter in das Disulfid überführen als **I**. Wird die Kupplung in NaOH durchgeführt, entsteht ausschließlich **VI**. Dieses wird mit alkoh. Na_2S zu dem blauen Na-Salz des *1-[2-Mercaptonaphthyl-(1)-azo]-2-naphthols* (**VII**) red.; das freie Thiol ist leicht rückoxydierbar u. wurde zu der *Methylmercapto-*

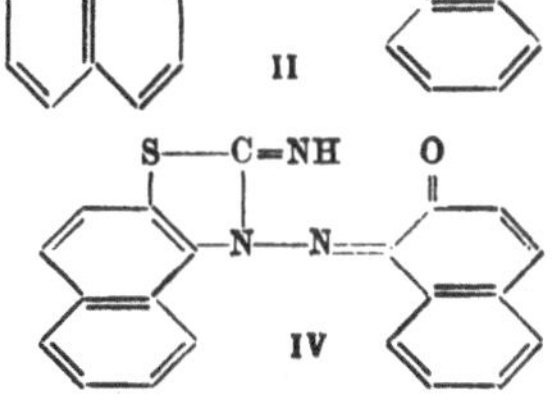
II

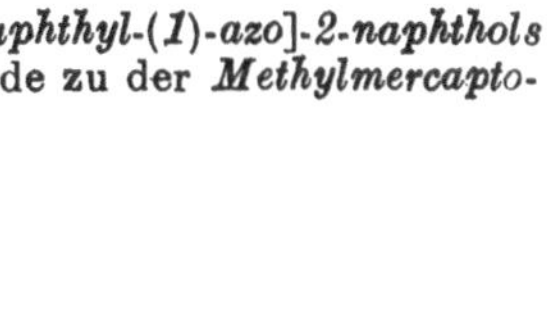
IV

verb. methyliert, die auch durch Kupplung von diazotiertem 2-Methylmercapto-1-naphthylamin mit **III** zugänglich ist.

Versuche: Nach Diazotierung von o-Nitranilin mit $NaNO_2$ in konz. HCl u. Zugabe der Lsg. zu KSCN in W. fällt *o-Nitrothiocyanatobenzol*, F. 132—133°; aus CCl_4 Platten. — Langsame Zugabe von 2.4-Dinitranilin zu Nitrosylschwefelsäure bei 35°, Gießen auf Eis u. Addition der Mischung zu KSCN in W. liefert *2.4-Dinitrothiocyanatobenzol*, F. 138—139°; aus Chlf. hellgelbe Prismen; fast 100% (Ausbeute). — *2-[2-Oxynaphthyl-(1)-azo]-1-thiocyanatonaphthalin* (**I**), $C_{21}H_{13}ON_3S$, durch Diazotierung von 1-Nitro-2-naphthylamin in A. + H_2SO_4 u. Eis, Addition von Harnstoff, Zugabe zu NH_4SCN in W., des Filtrats zu **III**, NaOH u. Soda in W. u. Kristallisation aus Bzl. als Solvat $C_{21}H_{13}ON_3S \cdot C_6H_6$; dunkelrote Nadeln, die bei 148° dunkel werden, bei ca. 215° sintern u. bei ca. 265° schm.; bei 100° entsteht die cycl. Verb. **II**, $C_{21}H_{13}ON_3S$, F. 184—186°. — *1-Thiocyanato-2-nitronaphthalin*, $C_{11}H_6O_2N_2S$, F. 99—100°, durch Zugabe von 2-Nitro-1-naphthylamin zu Nitrosylschwefelsäure bei n. Temp. u. Eintropfen der Lsg. in eiskalte KSCN-Lsg.; aus A. hellgelbe Nadeln; 57%. Zugabe des Filtrats zu **III** + NaOH + Soda + W. führt zu einem roten Nd., der durch Kristallisation aus Toluol *Bis-[1-(2-oxynaphthyl-(1)-azo)-naphthyl-(2)]-disulfid* (**VI**). $C_{40}H_{26}O_2N_4S_2$, F. 252—254°, aus Toluol dunkelrotviolette Nadeln, ergab, die sich in organ. Lösungsmitteln mit violetter u. in konz. H_2SO_4 mit gelber Farbe lösen. Einengen der Toluolmutterlauge führte zu der Verb. **IV**, $C_{21}H_{13}ON_3S$, F. 161—162°, aus Eisessig rote Nadeln, die sich in organ. Lösungsmitteln mit bräunlichroter u. in konz. H_2SO_4 mit blauer Farbe lösen. Alle 3 Verbb. entstehen in etwa gleicher Menge. **VI** entsteht auch aus 2-Thiocyanatonaphthalin-1-diazoniumsulfat mit **III** u. NaOH in Eiswasser; 34%. — *1-[2-Mercaptonaphthyl-(1)-azo]-2-naphthol* (**VII**), als *Na-Verb.*, $C_{20}H_{13}ON_2SNa$, durch 4std. Rk. von $Na_2S \cdot 9\,H_2O$ in W. mit **VI** in A. bei n. Temp.; dunkle, in W. unlösl. Kristalle, die in A. mit blauer Farbe lösl. sind; 70%. Daraus mit HCl **VII**, $C_{20}H_{14}ON_2S$, F. 244—246°, aus Toluol unter N_2 kleine rote Prismen, orangefarben lösl. in organ. Solventien, in konz. H_2SO_4 blau, dann gelb (wahrscheinlich durch Oxydation zu **VI**); wird in Toluol durch Erhitzen im Luftstrom zu **VI** oxydiert. — *1-[2-Methylmercaptonaphthyl-(1)-azo]-2-naphthol*, $C_{21}H_{16}ON_2S$, F. 158—159°, durch Red. von **VI** wie vorst., ½std. Kochen, Zugabe von W., dann von $(CH_3O)_2SO_2$ u. verd. NaOH; aus A. oder Leichtbenzin dunkelrote Nadeln, die sich orangerot in organ. Lösungsmitteln, mit violetter Farbe in konz. H_2SO_4 lösen; fast 100%. — **VII**-*Cu-Verb.* $(C_{20}H_{13}ON_2SCu)_2SO_4$, F. 225—228°, aus **VII** in Aceton mit $CuSO_4 \cdot 5\,H_2O$ in W.; 65%. **VII**-*Co-Salz*, $(C_{20}H_{13}ON_2SCo)_2SO_4$, F. 204—207°, ebenso mit Co-Sulfat; 60%. **VII**-*Ni-Salz*, $(C_{20}H_{13}ON_2S)_2Ni$, F. 158—162°, mit Ni-Sulfat; 65%. Die Salze lösen sich in Chlf., etwas schlechter in Bzl. u. Aceton mit violetter bzw. rötlichbrauner bzw. weinroter Farbe; sie sind in W., A. u. Leichtbenzin unlöslich. (J. chem. Soc. [London] **1953**. 959—62. März. Manchester, Univ., Coll. of Technol.) NITZSCHKE. 2700

Ernest H. Huntress, Edward R. Atkinson, Edward A. Ham und **Merrick S. Tibbetts,** *1-Nitrofluorenon.* Vff. synthetisierten *1-Nitrofluorenon* (**I**) 1. aus 1-Aminofluorenon (**II**) durch Diazotierung u. Rk. mit $NaNO_2$ + Cu-Sulfit, 2. aus 2-Aminodiphenyl über *3-Nitro-2-aminodiphenyl*, *3-Nitro-2-cyandiphenyl* u. *3-Nitrodiphenyl-2-carbonsäure* u. 3. aus 3-Nitrophthalimid über *6-Nitro-2-aminobenzoesäure*, deren *Methylester* u. *3-Nitrodiphenyl-2-carbonsäuremethylester*.

Versuche: *1-Nitrofluorenon* (**I**), $C_{13}H_7O_3N$, F. 190,5—191,5° (Eisessig), durch Rk. von diazotiertem **II** mit $NaNO_2$ u. gemischten Cu-Sulfiten; gelb; 34% (Ausbeute). *Oxim*, $C_{13}H_8O_3N_2$, F. 198—199° (Zers.); 97%. — *3-Nitro-2-cyandiphenyl*, $C_{13}H_8O_2N_2$, F. 131,5—132° (nach Sublimation), aus 3-Nitro-2-aminodiphenyl wie die 5-Nitroverb. (vgl. RAY u. BARRICK, C. **1949**. I. 681); 32% roh. — *3-Nitrodiphenyl-2-carbonsäure*, F. 200—205°, durch Hydrolyse von vorst. Verb. nach der Meth. von SUDBOROUGH [1895]; 35%; liefert bei 10minütigem Erhitzen mit konz. H_2SO_4 **I**; 93%. — *6-Nitro-2-aminobenzoesäure*, aus 3-Nitrophthalimid über die Phthalamidsäure. *Methylester*, $C_8H_8O_4N_2$, F. 105—108° (wss. CH_3OH), aus der Säure mit äther. CH_2N_2; orangefarben; 95% roh. — *3-Nitrodiphenyl-2-carbonsäuremethylester*, F. 121°, durch Diazotierung von vorst. *Methylester* u. GOMBERG-Rk. mit Bzl. (vgl. HEILBRON u. Mitarbeiter, J. chem. Soc. [London] **1938**. 115); 7%; 0,3 g lieferten bei 1std. Erhitzen mit konz. H_2SO_4 auf 100° 50 mg **I**. (J. Amer. chem. Soc. **75**. 743—44. 5/2. 1953. Durham, N. H., Univ., u. Cambridge, Mass., Massachusetts Inst. of Technol.)
PRACEJUS. 2750

Jean Bourdon, *3-Oxy-9.10-diphenylanthrachinon-(1.2).* *3-Oxy-9.10-diphenylanthrachinon-(1.2)* (**III**; $C_{26}H_{16}O_3$, F. 268°, viereckige braunviolette Prismen aus Ae.) wurde neben äquimol. Mengen *9.10-Diphenylanthradiol-(2.3)* (**II**) durch Behandeln des

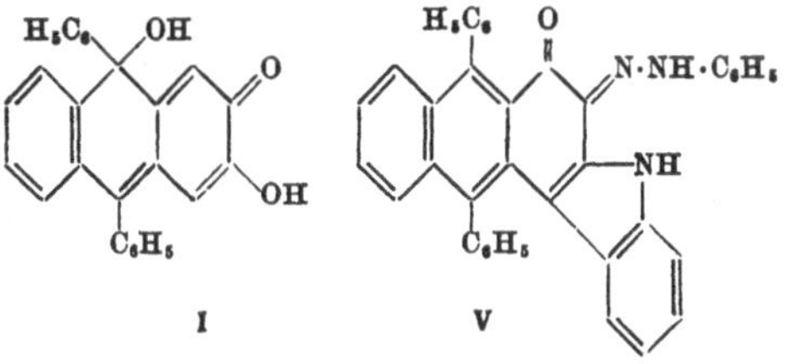

I V

Fuchsons I mit 1%ig. H_2SO_4 in sd. Dioxan erhalten, wobei als Zwischenprod. das *1.2-Dihydro-1.3-dioxy-2-keto-9.10-diphenylanthracen* auftritt. Durch langsame Autoxydation von II wird ebenfalls in geringen Mengen III gebildet. III ist in festem Zustand stabil; seine alkoh. Lsgg. entfärben sich langsam, wobei eine *Verb.* $C_{26}H_{20}O_4$ (F. ca. 282°) ausfällt. Die grünen alkal. Lsgg. von III werden schnell hellbraun, durch Ansäuern läßt sich III nicht wiedergewinnen. Die UV-Spektren von III, seinem *Methyläther* u. seinem (*1*)-*Acetylimin* bestätigen die angenommene Struktur. Red. mit Zn u. CH_3COOH führt zu dem leicht sich autoxydierenden *Anthratriol*-(*1.2.3*), dessen gelbe Lsgg. grün fluorescieren. Dagegen erhält man aus III mit Zn, Acetanhydrid u. CH_3COONa das *Anthratriol*-(*1.2.3*)-*triacetat*, $C_{32}H_{24}O_6$, F. 215 u. 236°, Prismen (Ae.). Mit o-Phenylendiamin in CH_3COOH bildet III das entsprechende *Oxyphenazin*, mit Phenylhydrazinhydrochlorid das *2-Monophenylhydrazon* (**IV**), $C_{32}H_{22}O_2N_2$, F. 317°, violette Nadeln (Chlf.-Ae.); weitere Behandlung mit Phenylhydrazin in CH_3COOH führt zu der grünen *Indolverb.* **V**, $C_{38}H_{25}ON_3$, F. 311°, wobei Vf. annimmt, daß **IV** in der 1.3-Diketoform reagiert, wobei eine Rk. in 1-Stellung wegen ster. Hinderung nicht möglich ist. III-Methyläther, in dem die 3-Stellung blockiert ist, gibt die Rk. nicht. (C. R. hebd. Séances Acad. Sci. **238.** 1518–20. 5/4. 1954.) J. ROTHE. 2800

Ng. Ph. Buu-Hoï und **Pierre Jacquignon,** *Friedel-Crafts-Reaktionen von Triphenylen.* Triphenylen (9.10-Benzophenanthren) (I) wird — vermutlich wegen ster. Behinderung der 1-Stellung — bei FRIEDEL-CRAFTS-Rkk. ausschließlich in 2-Stellung acyliert. Mit Acetylchlorid, Propionylchlorid u. Succinanhydrid wurden *2-Acetyl-* (**II**), *2-Propionyltriphenylen* (**IV**) u. *γ-Keto-γ-[triphenylenyl-(2)]-buttersäure* (**V**) erhalten. **II** ließ sich durch WILLGERODT-KINDLER-Rk. u. nachfolgende Decarboxylierung zu *2-Methyltriphenylen,* durch NaOBr-Oxydation zu *Triphenylen-2-carbonsäure* abbauen; damit ist gleichzeitig bewiesen, daß die von COOK u. Mitarbeitern (vgl. J. chem. Soc. [London] **1933.** 395) aus **I** u. ClCOCOCl gewonnene Säure die COOH-Gruppe in 2-Stellung enthält. WOLFF-KISHNER-Red. von **II, IV** u. **V** gab *2-Äthyl-* (**III**) u. *2-Propyltriphenylen* bzw. *γ-Triphenylenylbuttersäure. 2-[Indolyl-(2')]-triphenylen* wurde durch Cyclisierung des **II**-*Phenylhydrazons* erhalten. Die Homologen von **I** zeigten ebensowenig wie **I** cancerogene Aktivität.

Versuche: *2-Acetyltriphenylen* (**II**), $C_{20}H_{14}O$, F. 152° (CCl_4), Kp.$_{15}$ 310–315°, aus 10 g **I**, 60 cm³ CH_3COCl u. 10 g $AlCl_3$ in CS_2 (über Nacht stehenlassen, dann 1 Std. Kochen); Nadeln; 6 g (Ausbeute). *Oxim,* $C_{20}H_{15}ON$, F. 202° (A.). *2.4-Dinitrophenylhydrazon,* $C_{26}H_{18}O_4N_4$, F. >325°, orangefarbene Nadeln aus Eisessig. — *2-Methyltriphenylen,* F. 105° (A.), durch 12std. Kochen von **II** mit Morpholin u. S, NaOH-Hydrolyse u. trockene Dest. des Ca-Salzes der erhaltenen rohen *Triphenylenyl-(2)-essigsäure. Pikrat,* F. 193°. — *Triphenylen-2-carbonsäure,* $C_{19}H_{12}O_2$, F. 326° (A.), aus 0,5 g **II** in Dioxan mit NaOBr; 0,4 g. — *2-Äthyltriphenylen* (**III**), $C_{20}H_{16}$, F. 90° (A.), Kp.$_{16}$ 280–282°, durch 5minütiges Erhitzen von 2 g **II** mit 5 g 85%ig. $N_2H_4 \cdot H_2O$ in Diäthylenglykol auf 100°, Zusatz von 5 g KOH, Abdest. des W. u. 4std. Kochen; 1 g. *Pikrat,* $C_{26}H_{19}O_7N_3$, F. 144° (A.), orangegelb. — *2-[Indolyl-(2')]-triphenylen,* $C_{26}H_{17}N$, F. 225° (Bzl.), durch Erhitzen des rohen **II**-Phenylhydrazons mit $ZnCl_2$ auf ca. 200°; blaßgelb. *Pikrat,* F. 227–228° (Zers., aus A.); violettbraun. — *2-Propionyltriphenylen* (**IV**), $C_{21}H_{16}O$, F. 123° (CCl_4, dann A.), aus 7 g **I** u. 50 cm³ Propionylchlorid wie **II**; 5,8 g. — *2-n-Propyltriphenylen,* $C_{21}H_{18}$, F. 78° (A.), Kp.$_{0,5}$ 212 bis 214°, aus 4,5 g **IV** wie **III**; 2,3 g. *Pikrat,* F. 147–148° (A.), gelb. — *γ-Keto-γ-[triphenylenyl-(2)]-buttersäure* (**V**), $C_{22}H_{16}O_3$, F. 224° (Chlorbenzol, dann A.), aus 15 g **I**, 7 g Succinanhydrid u. 15 g $AlCl_3$ in Nitrobenzol (4 Tage bei Raumtemp.); 12 g. — *γ-[Triphenylenyl-(2)]-buttersäure,* $C_{22}H_{18}O_2$, F. 168° (Bzl.), aus 10 g **V** mit $N_2H_4 \cdot H_2O$ wie **III**; 8,5 g. (J. chem. Soc. [London] **1953.** 941–42. März. Paris, Univ., Radium-Inst.) PRACEJUS. 2950

Marvin A. Stolberg, John J. O'Neill und **Theodor Wagner-Jauregg,** *Die Reaktion von α.β-Dibromsäureestern mit Benzylamin.* Bei der Einw. von 3 Mol Benzylamin (**IV**) auf 1 Mol *α.β-Dibrompropionsäuremethylester* (**V**) entstand neben **IV**-Hydrobromid *1-Benzyl-2-carbomethoxyäthylenimin* (**I**). Bei Anwendung von nur 1 Mol **IV** u. 2 Mol Triäthylamin wurden bessere Ausbeuten erzielt. Als Nebenprod. entstand das *Benzylamid des 1-Benzyl-2-carboxyäthylenimins* (**II**). Die Ringstruktur von **I** folgt aus dem Wert seiner Mol.-Refr., auch das Infrarotspektr. schließt eindeutig die ebenfalls möglichen Strukturen einer SCHIFFschen Base oder eines α-Aminoacrylsäurederiv. aus. Bei der Rk. von **IV** mit *α.β-Dibrombuttersäuremethylester* (**VI**) wurde analog *1-Benzyl-2-methyl-3-carbomethoxyäthylenimin* (**III**) erhalten. Vff. vermuten, daß **III** in der trans-Form vorliegt, da sein Infrarotspektr. keine Bande bei 9,2 μ zeigt (vgl. CROMWELL u. Mitarbeiter, C. **1953.** 7796. 7798). Die C—CH_3-Gruppe in **III** wurde nach KUHN-ROTH nachgewiesen. **I** u. **III** reagieren nur ganz langsam mit Permanganat oder Br_2 in Chlf., gegen Lackmus reagieren sie nicht alkal., **I** konnte aber mit $HClO_4$ titriert werden. Verss., die Benzylgruppe am N von **I** hydrierend abzuspalten, scheiterten. Bei der Behandlung des in Aceton gelösten **I** mit HCl erfolgte Ringspaltung, wahrscheinlich unter Bldg. von *$C_6H_5CH_2NH(\cdot HCl)\cdot CH(CH_2Cl)\cdot COOCH_3$*. Beim Kochen von **I** mit wss. HCl erfolgte Abspaltung von **IV**-Hydrochlorid (F. 256—257°). Beim Kochen von **II** mit einer Mischung von HCl u. Essigsäure erfolgte Aufspaltung des Dreiringes unter Wasseranlagerung; ob dabei ein α- oder β-Oxypropionsäurederiv. entstand, blieb ungeklärt. **III** spaltete beim Kochen mit Benzylbromid seine Benzylgruppe am N ab unter Bldg. von Dibenzylamin·HBr (F. 257—258°). Zum Vgl. der Infrarotspektren wurde *1-Benzyl-2-methyläthylenimin* hergestellt.

Versuche: *1-Benzyl-2-carbomethoxyäthylenimin* (**I**), $C_{11}H_{13}O_2N$, Kp.$_{0,2}$ 96 bis 98°, aus **V**, **IV** u. Triäthylamin in Bzl.; $D.^{25}$ 1,1074; n_D^{25} 1,5238; 74% (Ausbeute). **I**-*HCl-Additionsprod.* $C_{11}H_{15}O_2NCl_2$, F. 138—140°, aus **I** in Aceton mit äther. HCl. — *Benzylamid des 1-Benzyl-2-carboxyäthylenimins* (**II**), $C_{17}H_{18}ON_2$, F. 252—254°; aus dem Destillationsrückstand von **I** durch Extraktion mit Bzl.; 0,5—1%. *Hydratationsprod.* $C_{17}H_{20}O_2N_2\cdot HCl$, F. 207—209° (Eisessig-Ae.), aus **II** durch Kochen mit 6 n HCl in Eisessig. — *1-Benzyl-2-methyl-3-carbomethoxyäthylenimin* (**III**), $C_{12}H_{15}O_2N$, Kp.$_{0,4}$ 91 bis 93°, aus **VI** analog **I**; $D.^{25}{}_4$ 1,067; n_D^{25} 1,5144; 50%. — *N-Benzylisopropanolamin*, $C_{10}H_{15}ON$, Kp.$_{0,2}$ 93—95°, aus Propylenoxyd u. **IV** in A.; n_D^{27} 1,5270. *Sulfat*, mit konz. H_2SO_4 bei 250°. — *1-Benzyl-2-methyläthylenimin*, $C_{10}H_{13}N$, Kp.$_{0,2}$ 58°, aus vorst. Sulfat mit NaOH in der Hitze; n_D^{27} 1,5113. (J. Amer. chem. Soc. **75.** 5045—47. 20/10. 1953. Army Chem. Center, Md., Chem. Corps Med. Labors.) RACHEL. 3030

R. C. Blinn, F. A. Gunther und **R. L. Metcalf,** *Die insekticide Wirkung der heterocyclischen Analogen von 2.2.2-Trichlor-1-[p-chlorphenyl]-äthanol.* Es wurden die folgenden in 1-Stellung aromat. substituierten *2.2.2-Trichloräthanolderivv.* der Zus. *$Cl_3C\cdot CH(OH)\cdot R$* sowie ihre *Acetate* dargestellt u. auf ihre insekticide Wrkg. geprüft: *R* = *4-ClC_6H_4* (**II**), F. 47—48°, Kp.$_1$ 128—132°. *Acetat*, F. 124—125°. — *R* = *C_6H_5*, F. 36—37°, Kp.$_5$ 110—114°. *Acetat*, F. 87—88°. — *R* = *4-$CH_3C_6H_4$*, F. 62—63°, Kp.$_5$ 128—131°. *Acetat*, F. 107—108°. — *R* = *C_4H_3O*, F. 33—34°, aus Chloral (**I**) u. Furan in Eisessig in Ggw. von $ZnCl_2$. *Acetat*, Kp.$_{23}$ 135°. — *2.2.2-Trichlor-1-[thienyl-(2)]-äthanol* (*R*=*C_4H_3S*), $C_6H_5OCl_3S$, F. 28,5—29,5° (PAe.), Kp.$_4$ 128—129°, aus der Mg-Verb. von 2-Bromthiophen in Ae. durch Zusatz von **I** u. sofortige Hydrolyse, Nadeln; 56% (Ausbeute). *Acetat*, $C_8H_7O_2Cl_3S$, F. 61,0—61,6° (PAe.), aus vorst. Verb., Acetanhydrid u. wenig Trifluoressigsäure durch 3½ std. Kochen unter Rückfluß, Plättchen; 93%. — *2.2.2-Trichlor-1-[5-chlorthienyl-(2)]-äthanol* (*R* = *5-ClC_4H_2S*), $C_6H_4OCl_4S$, F. 46,5—47,5° (PAe.), Kp.$_1$ 142—143°, analog der aus Mg-Verb. von 5-Chlor-2-bromthiophen, Nadeln; 50,5%. *Acetat*, $C_8H_6O_2Cl_4S$, F. 90,5—91,5°, Prismen; 95%. — *2.2.2-Trichlor-1-[pyrryl-(2)]-äthanol* (*R* = *C_4H_4N*), F. ≈5° (Zers.), aus Pyrrol u. **I** in Ae. unter Zugabe von $ZnCl_2$ in Ae. bei Tempp. <0°, nach Isolierung erhaltenes Öl zers. sich leicht. *Acetat*, $C_8H_8O_2NCl_3$, F. 69,8—70,8° (PAe., Zers.); 75%. — *2.2.2-Trichlor-1-[N-methylpyrryl-(2)]-äthanol* (*R* = *N-$CH_3C_4H_3N$*), $C_7H_8ONCl_3$, F. 66,5—67,2° (PAe., Zers.), analog aus N-Methylpyrrol, Prismen; 26,5%. *Acetat*, $C_9H_{10}O_2NCl_3$, F. 63,0—64,0° (PAe., Zers.), Prismen; 72%. — Nur **II** war gegen *Paratetranychus citri* McG. wirksam, während bei *Culex quinquefasciatus* SAY, *Heliothrips haemorrhoidalis* BOUCHÉ u. *Musca domestica* L. keine der Verbb. wirksam war. (J. Amer. chem. Soc. **76.** 37—39. 5/1. 1954. Riverside, Calif., Univ., Citrus Exp. Stat., Dep. of Entomol.) L. FISCHER. 3051

R. Riemschneider, *Kondensationen mit halogenierten Aldehyden.* 10. Mitt. *α-Thienylrhodanid und Chloral.* (9. vgl. C. **1954.** 7865.) Für die sich aus α-Thienylrhodanid (**II**) u. Chloral bildende Verb. *N.N'-[β.β.β-Trichloräthyliden]-bis-[thienyl-(2)-mercaptan-S-carbonsäureamid]* (**I**) konnte die Konst. wie folgt gesichert werden: Der Abbau mit Alkali führt zu *α-Thienylmercaptan.* Die Nichtacetylierbarkeit ist für die Diiminoverb. typisch. Eine weitere Synth. von **I** ist aus α-Thienylthiocarbamat durch Zusammenschm. mit Chloral zum *S-α-Thienylester* der *N-[α-Oxy-β.β.β-trichloräthyl]-thiocarbamidsäure* (**III**) u. folgende Umsetzung mit **II** möglich. Letztere ist als eindeutig zu bezeichnen, weil **I** nur allein entsteht u. weil bei der Umsetzung des Methylesters von **III** mit **II** nur ein analog gebautes Prod. gebildet wird. Letztere Verb. wie auch **I** besitzen gegen *Drosophila melanogaster* M. u. *Calandra granaria* L. keine insekticide Wirksamkeit.

Versuche: *α-Thienylthiocarbamat*, F. 118–120° (Pentan), durch Eintropfen von II [α-Chlorquecksilber(II)-thiophen u. Rhodan] bei 0° in 94%ig. H_2SO_4, dann 10std. Stehen bei 0° u. Gießen auf Eis. — *N.N′-[β.β.β-Trichloräthyliden]-bis-[thienyl-(2)-mercaptan-S-carbonsäureamid]* (I), $C_{12}H_9O_2N_2Cl_3S_4$, F. 176–178° (Zers., Essigester), durch Eintragen von 3,1 g II unter Rühren u. Kühlung (Eis–Kochsalz) in eine Mischung von 1,5 g Chloral u. 6 ml 94%ig. H_2SO_4 während 40 Min., nach weiteren 4 Std. Gießen auf Eis; 1,4 g. Aus I in A. entsteht bei Einw. von 8%ig. alkoh. KOH *α-Thienylmercaptan*; *Pb-Mercaptid*, $C_8H_6S_4Pb$. (Mh. Chem. **84.** 883–87; S.-B. öster. Akad. Wiss., math.-naturwiss. Kl., Abt. IIb **162**. 883—87. 1953. Berlin, Freie Univ.) WINTER. 3071

Horst Böhme und **Herbert Opfer**, *Zur Identifizierung von Glykolen und Glykolderivaten.* Pseudosaccharinchlorid (I) bildet mit Glykolen, Glykolsäureestern u. mit Glycerin krist. *Pseudosaccharinäther* (*PSÄ*), die zur Identifizierung dienen können.

Versuche: *Pseudosaccharinchlorid* (I), F. 140–145° (Zers.), aus Benzoesäuresulfimid mit PCl_5; 65% (Ausbeute). — Meth. A: Äthylenglykolmonomethyläther (II; $Kp._{757}$ 123–124°, $Kp._{12}$ 28–29°, n_D^{20} 1,4034) mit I bis zur Beendigung der HCl-Entw. auf 120° erhitzen, in Chlf. aufnehmen u. Chlf. abdunsten: II-*PSÄ*, F. 112 bis 113° (Ae.-Chlf.); 56%. — Meth. B: Zu Äthylenglykol (III; $Kp._{766}$ 196°, $Kp._{12}$ 92 bis 93°, n_D^{20} 1,4319) in Pyridin u. Chlf. eine Lsg. von I in Chlf. zutropfen: III-*Bis-PSÄ*, F. 280–281° (Eisessig); 71%. — Analog nach den in [ ] angegebenen Methoden die *PSÄ* nachst. Glykole u. Glykolderivv.: *Äthylenchlorhydrin* ($Kp._{742}$ 132°, $Kp._{12}$ 33 bis 34°, n_D^{20} 1,4420) -*PSÄ*, F. 184–185°; 63% [A]; entsteht auch aus III nach Meth. A. — *Äthylenglykolmonoäthyläther* ($Kp._{751}$ 135°, $Kp._{12}$ 36–37°, n_D^{20} 1,4084) -*PSÄ*, F. 113–114°; 77% [A, B]. *Äthylenglykolmonopropyläther* ($Kp._{751}$ 149–150°, $Kp._{12}$ 45–46°, n_D^{20} 1,4144) -*PSÄ*, F. 108–109°; 60% [A, B]. *Äthylenglykolmonobutyläther* ($Kp._{751}$ 169–170°, $Kp._{12}$ 64–65°, n_D^{20} 1,4200) -*PSÄ*, F. 96–97°; 60% [A, B]. — *Diäthylenglykol* ($Kp._{763}$ 244–245°, $Kp._{12}$ 128–129°, n_D^{20} 1,4470) -*Bis-PSÄ*, F. 191 bis 192°; 73% [A, B]. — *Diglykolmonomethyläther* ($Kp._{763}$ 190–191°, $Kp._{12}$ 82–83°, n_D^{20} 1,4274) -*PSÄ*, F. 96–97°; 61% [A]. — *Diglykolmonoäthyläther* ($Kp._{764}$ 191–192°, $Kp._{12}$ 87–88°, n_D^{20} 1,4298) -*PSÄ*, F. 81–82°; 62% [A]. — *Diglykolmonopropyläther* ($Kp._{12}$ 97–98°, n_D^{20} 1,4298) -*PSÄ*, F. 49–50°; 55% [A]. — *Diglykolmonobutyläther* ($Kp._{765}$ 226–227°, $Kp._{12}$ 107–108°, n_D^{20} 1,4330) -*PSÄ*, F. 48–49°; 60% [A]. — *Triäthylenglykol* ($Kp._{756}$ 274–275°, $Kp._{12}$ 159–160°, n_D^{20} 1,4554) -*Bis-PSÄ*, F. 138 bis 139°; 63% [A, B]. — *Propandiol-(1.2)* ($Kp._{753}$ 187–188°, $Kp._{12}$ 85–86°, n_D^{20} 1,4331) -*Bis-PSÄ*, F. 233–234°; 66% [A, B]. — *Propandiol-(1.2)-1-monomethyläther* ($Kp._{750}$ 126–127°, n_D^{20} 1,4064) -*PSÄ*, F. 139–140°; 74% [A, B]. — *Propandiol-(1.2)-1-monopropyläther* ($Kp._{750}$ 149–151°, $Kp._{12}$ 50°, n_D^{20} 1,4143) -*PSÄ*, F. 82–83°; 63% [A, B]. — *Propandiol-(1.2)-1-monoisopropyläther* ($Kp._{750}$ 142°, $Kp._{12}$ 40–41°, n_D^{20} 1,4097) -*PSÄ*, F. 106–107°; 62% [A, B]. — *Propandiol-(1.3)* ($Kp._{754}$ 214–215°, $Kp._{12}$ 107°, n_D^{20} 1,4393) -*Bis-PSÄ*, F. 232–233°; 70% [A, B]. — *Butandiol-(1.3)* ($Kp._{762}$ 208°, $Kp._{12}$ 103°, n_D^{20} 1,4402) -*Bis-PSÄ*, F. 201–202°; 62% [A, B]. — *Butandiol-(1.4)* ($Kp._{754}$ 228°, $Kp._{12}$ 119–120°, n_D^{20} 1,4463) -*Bis-PSÄ*, F. 267–273°; 72% [A, B]. — *Glykolmonoacetat* ($Kp._{758}$ 185–186°, $Kp._{12}$ 79–80°, n_D^{20} 1,4209) -*PSÄ*, F. 83 bis 84°; 72% [A, B]. — *Glykolsäurebutylester* ($Kp._{755}$ 191–192°, $Kp._{12}$ 77–78°, n_D^{20} 1,4263) -*PSÄ*, F. 95°; 66% [B]. — *Glycerin* ($Kp._{760}$ 290°, $Kp._{12}$ 174°, n_D^{20} 1,4746) -*Tris-PSÄ*, F. 245–255°; 56% [A, B]. — Die eutekt. Tempp. der *PSÄ* mit Salophen, Dicyandiamid, Benzil, Acetanilid, Azobenzol, Phenacetin bzw. Benzanilid werden mitgeteilt. (Z. analyt. Chem. **139**. 255–63. 1953. Marburg/Lahn, Univ., Inst. für pharmazeut. Chem. u. Lebensmittelchem.) LAMPRECHT. 3142

Ronald H. Henry und **William G. Finnegan**, *Ein verbessertes Verfahren für die Desaminierung des 5-Aminotetrazols.* Vff. untersuchen die Darst. des *Tetrazols* (I) aus 5-Aminotetrazol (II). Durch Diazotieren von II in H_3PO_2 kann die sonst bei Diazoniumsalzen von II vorhandene Explosionsgefahr umgangen werden, da das Diazoniumsalz in dem Maße, in dem es gebildet wird, zu I red. wird. Die Ausbeuten sind gut, II konnte ohne Schwierigkeit in Anfangskonzz. bis zu 15% eingesetzt werden. Analog wurden 3-Amino-1.2.4-triazol sowie Aniline mit negativen Substituenten in 2-Stellung red., während Aniline mit Substituenten in 4-Stellung nur schwer red. werden, das gleiche gilt für α- u. β-Naphthylamin, deren Red. in größerem Maße Nebenprodd. liefert.

Versuche: *Tetrazol* (I), CH_2N_4, F. 156–158° (korr.; Eisessig), durch Diazotieren der Suspension von 1 Mol II-Monohydrat in 1,1 Mol 50%ig. H_3PO_2 + 500 cm^3W. unter kräftigem Rühren bei 33–36° während 1 Std., nach Abkühlen auf 25° mit

50%ig. NaOH-Lsg. auf p_H 3,4—3,6 einstellen u. im Vakuum bis zur beginnenden Kristallisation eindampfen u. den Rückstand mit A.–Aceton (1 : 1) u. nach Abdampfen erneut mit Äthylacetat extrahieren; 77,6% (Ausbeute). Diazotieren von **II** in Ggw. von HCl u. nachträgliche Red. des Diazoniumchlorids mit H_3PO_2 lieferte 42,6% I u. 18,7% *Na-5-Chlortetrazol*, $CN_4ClNa \cdot 1\frac{1}{2} H_2O$, Zers. bei 253—255° (von der Schnelligkeit des Erhitzens abhängig) als in Äthylacetat unlösl. Fraktion. Fällen als Cu-Salz u. Zers. mit H_2S gibt *5-Chlortetrazol*, F. 72—73°. Nach beiden Verff. wurde aus den Mutterlaugen eine P-haltige, in absol. A. fast völlig lösl. Verb. isoliert, die nicht rein erhalten werden konnte. — *1.2.4-Triazol*, F. 120,5—121° (Äthylacetat), wie I nach dem ersten Verf.; 75,3% (roh). — Folgende Aniline wurden analog red.: *o-Nitranilin*, 79%; *p-Nitranilin*, 17%; *o-Aminobenzoesäure*, 64%; *p-Aminobenzoesäure*, 31%, u. *4-Aminodiphenyl*, 33%. (J. Amer. chem. Soc. **76.** 290—91. 5/1. 1954. China Lake, Calif., U. S. Naval Ordnance Test Stat., Chem. Div., Organ. Chem. Branch.)

RUSKE. 3184

Richard H. Wiley, Newton R. Smith, Joseph A. Bauer, LaVerne Duckwall, Edwin L. DeYoung und **J. P. Phillips,** *2-Pyrone.* 5. Mitt. *Neue Derivate der Isodehydracetsäure.* (4. vgl. C. **1953.** 8335.) Vff. haben *Aryl-* u. *Glykol-bis-ester* der *Isodehydracetsäure* (**I**) sowie *Isodehydracetsäureanhydrid* (**II**) durch Rk. des Säurechlorids (**III**) mit Glykolen, Phenolen u. Isodehydracetsäure dargestellt. Die UV-Spektren der Ester zeigten 2 für ungesätt. Ester charakterist. Gebiete bei 248—252 u. bei 290—300 mμ, während die Spektren von **II** u. **III** sich deutlich davon unterschieden. Die geringe Exaltation der Mol.-Refr.-Werte einiger Alkylester von **I** stimmt mit der Resonanzstabilisierung in der 2-Pyronringstruktur überein.

Versuche (Spektren in 95%ig. A.): *Isodehydracetsäure* (**I**), (λ_{max} 248 mμ (log ε = 3,90), 295 mμ (3,92). *Äthylester*, $D.^{30}$ 1,161, n_D^{30} 1,5103, Mol.-Refr. [MR] 50,54; 248 mμ (4,00), 295 mμ (3,98). *n-Propylester*, $D.^{30}$ 1,130, n_D^{30} 1,5054, [MR] 55,17; 248 mμ (3,91), 295 mμ (3,89). *Isopropylester*, $D.^{30}$ 1,123, n_D^{30} 1,5020, [MR] 55,24; 248 mμ (3,80), 295 mμ (3,78). *n-Butylester*, $D.^{30}$ 1,107, n_D^{30} 1,5033, [MR] 59,87; 248 mμ (3,88), 295 mμ (3,82). *Isoamylester*, $D.^{30}$ 1,088, n_D^{30} 1,5005, [MR] 64,53; 248 mμ [3,87), 295 mμ (3,79). *Säurechlorid* (**III**), in Ae.: 276 mμ (3,92), 305 mμ (3,64). — *Isodehydracetsäureanhydrid* (**II**, $C_{16}H_{14}O_7$), F. 145—146° (A.), aus **I** u. **III** in Ae. mit wenig Pyridin bei niederen Tempp. u. Stehen über Nacht; 270 mμ (4,24), 300 mμ (4,00); 66% (Ausbeute). — *Diisodehydracetsäurepentamethylenester*, F. 66—67° (A.), 2 Mol **III** u. 1 Mol Pentamethylenglykol 15 Min. im Ölbad bei 90—100° am Rückfluß kochen, öliges Reaktionsprod. in heißem A. lösen, Kristallisation beim Abkühlen; 248 mμ (4,03), 295 mμ (3,97); 87%. Analog wurden dargestellt: *-trimethylenester*, F. 78°; 248 mμ (4,07), 295 mμ (4,01); 76%. *-tetramethylenester*, F. 98°; 248 mμ (4,12), 295 mμ (4,05); 78%. *m-Methoxyphenylester*, F. 79—80°; 250 mμ (3,95), 290—296 mμ (3,73); 67%. *o-Methoxyphenylester*, F. 98—99°; 250 mμ (3,96), 280—292 mμ (3,79); 72%. *p-Methoxyphenylester*, F. 139° (A.), aus äquimol. Mengen **III** u. p-Methoxyphenol, 15 Min. bei 90—100° am Rückfluß kochen u. festes Reaktionsprod. aus A. umkristallisieren; 250 mμ (4,01), 288—292 mμ (3,80); 78%. Analog wurden dargestellt: *Phenylester*, F. 109°; 250 mμ (3,92), 295 mμ (3,71); 85%. *2.6-Dimethoxyphenylester*, F. 167°; 250 mμ (3,91), 270—300 mμ (3,77); 80%. *β-Naphthylester*, F. 140°; 250 mμ (4,22), 280 mμ (4,00); 60%. *p-Diisodehydracetsäurephenylenester*, F. 244—246°; 85%. *Diisodehydracetsäuredekamethylenester*, F. 96—97°; 248 mμ (4,03), 295 mμ (4,00); 75%. *-äthylenester*, F. 135—136°; 248 mμ (4,12), 295 mμ (4,11); 86%. (J. Amer. chem. Soc. **75.** 3715—17. 5/8. 1953. Louisville, Ky., Univ., Coll. of Arts and Sci., Chem. Dep.)

L. FISCHER. 3211

Richard H. Wiley, Patricia Beasley und **L. H. Knabeschuh,** *2-Pyrone.* 6. Mitt. *Pyridone aus Pyronen. Die anomale Bildung von 1.3-Bis-harnstoffen aus Äthylisodehydracetat und Aminen.* (5. vgl. vorst. Ref.) Isodehydracetsäureäthylester (**I**) reagierte als Vertreter der 2-Pyrone entgegen der allg. Reaktionsweise nicht mit Alkarylaminen zu 2-Pyridonderivaten. Unter drast. Bedingungen (Erhitzen auf 200°) trat lediglich Zers. ein, u. es bildete sich das symm. 1.3-Bis-harnstoffderiv. des Amins. **I** wurde mit Benzylamin, p-Methoxybenzylamin (**II**), β-Phenyläthylamin, β-[3.4-Dimethoxyphenyl]-äthylamin sowie mit Benzedrin (**III**) umgesetzt. Die erhaltenen Prodd. wurden mit denjenigen als ident. gefunden, die aus Harnstoff (**IV**) u. dem gleichen Amin erhalten wurden. — *1.3-Bis-[α-methyl-β-phenyläthyl]-harnstoff*, F. 204 bis 205° (wss. A.), aus **III** u. **I** durch 6std. Erhitzen auf 210—220°; 93,1% (Ausbeute). — *1.3-Bis-[p-methoxybenzyl]-harnstoff*, $C_{17}H_{20}O_3N_2$, F. 178—179,5° (wss. A.), aus **II** u. **IV** in Eisessig; 28%. (J. Amer. chem. Soc. **76.** 311. 5/1. 1954.) L. FISCHER. 3211

Charles Glacet, *Darstellung und Eigenschaften von α-Amylaminotetrahydropyran.* Aus α-Oxytetrahydropyran (**I**) u. Amylamin (**II**) wird *α-Amylaminotetrahydropyran*

(III) hergestellt. Für die Struktur beweisend ist die saure Hydrolyse, wobei III fast quantitativ in II u. *ω-Oxypentanal* gespalten wird, sowie die Red. mittels Na in Isopropylalkohol zu *ω-Amylaminopentanol-(1)* (IV); führt man die Red. jedoch in Methanol oder A. durch, so verlaufen 2 Rkk. nebeneinander: die Bldg. von IV (ca. 65%) u. von II (ca. 33%) u. *Tetrahydropyran* (V). Die Berechnung der Ausbeute bei der 2. Rk. beruht auf der Best. von II; V wurde nicht isoliert. Durch Dehydratation wurde IV in *N-Amylpiperidin* übergeführt. Bei der Hydrierung von III mittels RANEY-Ni können verschied. Reaktionsprodd. entstehen, deren Bildungsmechanismus diskutiert wird.

Versuche: *α-Amylaminotetrahydropyran* (III), $C_{10}H_{21}ON$, $Kp._{0,5}$ 63°, $Kp._{1,2}$ 68 bis 68,2°, $Kp._{10,5}$ 103,5° (leichte Zers.), durch Zufügen von 51 g (82%) II bei 5° zu I (aus 60 g Δ^2-Dihydropyran durch Hydratisierung dargestellt), Zufügen von K_2CO_3 nach $^3/_4$ Std. u. Dest. bei 90° u. 500 mm; quantitativ (Ausbeute). — *ω-Oxypentanal-2.4-dinitrophenylhydrazon*, F. 113,2—113,5° (A.), aus vorst. Verb. in alkoh. wss. Lsg. mittels 2.4-Dinitrophenylhydrazins in Ggw. von etwas HCl; Identifizierung durch Misch-F.; 92%; daneben 65% *Amylamin* (II) (als Pikrat), durch Einengen des Filtrates, Sättigen mit K_2CO_3, Extraktion mit Ae., Vertreiben des Ae. u. Zufügen von Pikrinsäure in alkoh. Lsg.; II wird auch durch Erhitzen von I auf 215—220°/700 mm erhalten; 70% neben 10% Dihydropyran u. Polymeren. — *ω-Amylaminopentanol-(1)* (IV), $C_{10}H_{23}ON$, $Kp._{0,4}$ 99°, F. 35,9—36,1°, aus III durch Red. mittels Na in A. oder Methanol bei 75—85°, Neutralisieren, Abtreiben des A. u. Extrahieren der verbliebenen Lsg. mit Ae.; 64%, daneben 33% II, Kp. 102—104°, aus dem alkoh. Destillat durch Neutralisation mit HCl, Abdampfen u. Dest. über K_2CO_3;b) mittels Na in Isoamylalkohol bei 90—110°; 93,5% neben <0,1% II u. 6% Rückstand; c) durch Hydrierung mittels RANEY-Ni bei 22° in A. oder Cyclohexan; $D._4^{24}$ 0,879; n_D^{24} 1,4618. — *N-Amylpiperidin*, $C_{10}H_{21}N$, $Kp._{15}$ 81°, durch Dehydratation vorst. Verb. über Tonerde bei 280°; $D._4^{21,7}$ 0,828; $n_D^{21,7}$ 1,4553; 70%. *Pikrat*, $C_{16}H_{24}O_7N_4$, F. 105,3—105,5°; 78%. (Bull. Soc. chim. France, Mém. [5] **20.** 1056—59. Nov./Dez. 1953. Lille, Fac. des Sci., Labor. de Chim. Gén. et Organ.) HANSCHKE. 3211

Henry E. Baumgarten, *Einige Reaktionen des Cinnamoylpyridiniumchlorids. Cinnamoylpyridiniumchlorid* (I) als Acylierungsmittel, aus dem Säurechlorid u. Pyridin, bildet in wss. Lsg. das Zimtsäureanhydrid, mit Benzoylessigsäureäthylester (II) den *β-Cinnamoyloxyzimtsäureäthylester.* Die Rk. von I u. Dimethylanilin in Pyridin bei Wasserbadtemp. zu *4-[p-Dimethylaminophenyl]-pyridin* benötigt nur 8 Std., während die Herst. der gleichen Verb. aus Pyridin, Benzoylchlorid u. Dimethylanilin bei Raumtemp. 7 Wochen bzw. bei 100° 6 Tage dauert. Phenol reagiert mit I über eine gelb gefärbte Zwischenstufe zu farblosem *Zimtsäurephenylester*, 2.6-Dimethylphenol in der gleichen Weise zu *Zimtsäure-2.6-dimethylphenylester.*

Versuche (FF. korr.): *Cinnamoylpyridiniumchlorid* (I), $C_{14}H_{12}ONCl$, F. 122 bis 124°, aus Cinnamoylchlorid (Herst. aus Zimtsäure u. $SOCl_2$; $Kp._{15}$ 133—134°; 95%) u. Pyridin in trockenem Ae.; 98%. — *Zimtsäureanhydrid*, F. 135—136°, aus I in wss. Aceton durch verd. HCl; aus absol. A.; 71%. — *β-Cinnamoyloxyzimtsäureäthylester* (im Original irrtümlich -crotonsäure-, der Referent!), $C_{20}H_{18}O_4$, F. 125,4—126,1°, aus I u. II durch 2std. Erhitzen auf dem Wasserbad u. Stehenlassen über Nacht; aus absol. A.; 59%. Zeigt keine Enolreaktion. — *4-[p-Dimethylaminophenyl]-pyridin*, F. 234—235°, durch 8std. Erhitzen von I in Pyridin u. Dimethylanilin auf dem Wasserbad, Zugabe von konz. HCl u. Wasserdampfdest.; nach Filtrieren des Destillationsrückstands Zugabe von Alkali u. Abtreiben des Dimethylanilins mit Wasserdampf; aus A./Chlf. (9 : 1) Blättchen; 35%. Färbt sich an der Luft gelb, hat Indicatoreigg., in Säuren gelb, in neutralen u. alkal. Lsgg. farblos. Aus dem Destillat durch Ae.-Extraktion, Verdampfen des Ae. u. Umsetzung des Rückstands mit Phenylhydrazin in A. *Zimtaldehydphenylhydrazon* (F. 167—168°). — *Zimtsäurephenylester*, F. 75—76°. Zu I in Phenol wird Pyridin zugegeben u. 4 Std. auf dem Wasserbad erhitzt, oder die Lsg. ohne Pyridin über Nacht bei Raumtemp. stehengelassen; in beiden Fällen das Gemisch in W. gießen u. rühren bis zum Festwerden der öligen Schicht; aus 95%ig. A.; 83%. — *Zimtsäure-2.6-dimethylphenylester*, $C_{17}H_{16}O_2$, F. 91—92°, aus I u. 2.6-Dimethylphenol in Pyridin, Stehenlassen über Nacht u. weiter wie vorst.; 76%. (J. Amer. chem. Soc. **75.** 1239—40. 5/3. 1953. Lincoln, Nebr., Univ., Avery Labor.)

SCHOENMANN. 3231

Noel F. Albertson, *Reaktionen des [2-Cyanäthyl]-acetessigsäureäthylesters.* (Vgl. C. **1952.** 7816.) [2-Cyanäthyl]-acetessigsäureäthylester (I) wird mit RANEY-Ni bei 84° (1,5 Std.) in 76%ig. Ausbeute zu *2-Methyl-1.4.5.6-tetrahydronicotinsäureäthylester* (II) neben 10% *2-Methylhexahydronicotinsäureäthylester* (IV) reduziert. Bei 108° u. 8 Std. werden 39% II u. 50% IV erhalten. Die Anwesenheit einer Doppelbindung in II wurde durch Red. zu **IV**, die Lage der Doppelbindung durch das Absorptionsspektr. bewiesen. Mit Benzoylchlorid gibt **II** *[3-Benzamidopropyl]-acetessigsäureäthylester*. Hydrolyse von **II** führt zu 6-Aminohexanon-(2). Konz. HCl cyclisiert **I** zu *1.4.5.6-Tetrahydro-2-methyl-6-oxonicotinsäureäthylester* (**III**). Bei der Bromierung von **I** u. von **III** entsteht dieselbe Monobromverb., wahrscheinlich *2-Brommethyl-1.4.5.6-tetrahydro-6-oxonicotinsäureäthylester* (**VI**), die beim Erhitzen über den F. unter Abspaltung von Äthylbromid *2-Methyl-6-oxynicotinsäure* ergibt.

Versuche: *2-Methyl-1.4.5.6-tetrahydronicotinsäureäthylester* (**II**), $C_9H_{15}O_2N$, $Kp._{0,08}$ 110—121°, F. 45—47,5°, aus **I** in A. bei 84° in Ggw. von RANEY-Ni u. H_2 (1,5 Std.) neben *2-Methylhexahydronicotinsäureäthylester* (**IV**). Katalyt. Hydrierung von **II** (PtO_2 in Äthanol) ergibt **IV**. — *[3-Benzamidopropyl]-acetessigsäureäthylester*, $C_{16}H_{21}O_4N$, beim Erhitzen von **II** mit Benzoylchlorid. — *6-Aminohexanon-(2)-hydrochlorid* (**V**), $C_6H_{13}ON \cdot HCl$, F. 153—155° (Isopropanol), aus 30 g **II** durch 2std. Erhitzen mit konz. HCl u. Eindampfen im Vakuum, 25 g Rohprodukt. *2.4-Dinitrophenylhydrazon*, $C_{12}H_{17}O_4N_5 \cdot C_2H_4O_2$, F. 215—215,7° (Eisessig). — *1.4.5.6-Tetrahydro-α-picolin*, durch Ae.-Extraktion des beim Zugeben von fester NaOH zu **V** in W. entstehenden Öles, $Kp._{761}$ 131—134°. *Pikrat*, $C_6H_{11}N \cdot (NO_2)_3C_6H_2OH$, F. 120,4 bis 121,4°. — *2-Methylpipecolonitril*, $C_7H_{12}N_2$, $Kp._6$ 77—78°, aus 15,1 g **V** u. 5,5 g NaCN in W., n_D^{25} 1,4621; 9,5 g. *Phosphat*, $C_7H_{12}N_2 \cdot H_3PO_4$, F. 126—128°. — *1-Carbanilino-2-methylpipecolonitril*, $C_{14}H_{17}ON_3$, F. 180—182°, aus vorst. Verb. mit Phenylisocyanat. — *1.4.5.6-Tetrahydro-2-methyl-6-oxonicotinsäureäthylester* (**III**), $C_9H_{13}O_3N$, F. 154 bis 156° (Methanol), durch Eintragen von **I** in konz. HCl von 0—5°; 86%. *Freie Säure*, $C_7H_9O_3N$, F. 215—216°. — *1.4.5.6-Tetrahydro-2-brommethyl-6-oxonicotinsäureäthylester* (**VI**), $C_9H_{12}O_3BrN$, F. 118—120°, aus **III** in Chlf. u. Brom, Vakuumdest. u. Umkristallisation des Destillationsrückstandes aus Methanol; 90%; oder durch Bromierung von **I**; 48%. — *2-Methyl-6-oxynicotinsäure*, $C_7H_7NO_3$, F. 252° (Eisessig), durch Erhitzen von **VI** auf 130° (15 Min.), Verrühren des Rückstandes mit NH_4OH, Filtrieren u. Trocknen. — *3.4-Dihydro-6-methylpyridon-(2)*, C_6H_9ON, F. 234—236°, durch Einleiten von HCl in eine Lsg. von 15 g 5-Oxocapronitril in Chlf. (1,5 Std.), Konzentrieren gab 17,6 g Prod., welches erst mit NH_3-haltigem W. u. dann mit Aceton gewaschen wurde. Reinigung über das Hydrochlorid. (J. Amer. chem. Soc. **74.** 3816—18. 5/8. 1952. Rensselaer, N. Y., Sterling-Winthrop Res. Inst.)

E. VOGEL. 3231

R. Long und **K. Schofield**, *Einige Alkylchinolin-5.8-chinone*. *6-* u. *7-Alkylchinolin-5.8-chinone* werden durch Kuppeln von *6-Alkyl-5-* oder *7-Alkyl-8-aminochinolinen* (bzw. weniger gut aus den entsprechenden *Oxychinolinen*, teilweise aus den Aminochinolinen erhalten) mit diazotierter Sulfanilsäure (**II**), Red. der dabei entstehenden *p-Aminoazoverbb.* mit $SnCl_2$ zu den entsprechenden *6-* oder *7-Alkyl-5.8-diaminochinolinen* u. sofortige Oxydation mit $K_2Cr_2O_7$ dargestellt. Die Diamine sind unbeständig. — Durch Einw. von NH_2OH u. Alkali auf einige Alkylnitrochinoline werden *Alkylaminonitrochinoline* in mäßigen bis geringen Ausbeuten erhalten, von denen *8-Amino-6-äthyl-* u. *8-Amino-6-methyl-5-nitrochinolin* (**IV**), bei dessen Darst. außerdem wahrscheinlich *1.2-Bis-[5-nitrochinolyl-(6)]-äthan* entsteht, zu den entsprechenden Diaminen red. werden. 6-Butyl-5-nitrochinolin ließ sich nicht mit NH_2OH + Alkali umsetzen. — 7-Allyl-8-oxychinolin läßt sich zwar kuppeln, u. die entstehende Azoverb. scheint n. red. zu werden, jedoch konnte kein Chinon erhalten werden. — *2.4-Dimethylchinolin-5.8-chinon* wird durch Entmethylierung von 5.8-Dimethoxy-2.4-dimethylchinolin u. Oxydation dargestellt. — Alle Chinone zers. sich schnell bei Einw. von Alkali. — Bei der Unters. der bakteriostat. Eigg. einiger Alkylchinolin-5.8-chinone wird festgestellt, daß die 7-Alkylverbb. aktiver als die 6-Alkylverbb. sind u. daß bei hoher Aktivität einiger Vertreter in vitro weder die Chinone noch die Azoverbb. in vivo wirksam gegen P. berghei oder T. equiperdum sind.

Versuche: *5-Oxychinolin*, F. 218°, durch Rk. von 28,5 g 5-Aminochinolin in HCl mit wss. $NaNO_2$-Lsg. bei 0—5°, Zugabe der Lsg. zu sd. HCl, Neutralisation mit Soda u. Aufnehmen in Ae.; 2,5 g (Ausbeute). — *5-Allyloxychinolin* (**I**), $C_{12}H_{11}ON$, $Kp._{0,7}$ 120—124°, durch tropfenweise Zugabe von 3,8 g Allylbromid zu einer sd. Lsg. von 4,5 g vorst. Verb. u. K in absol. Methanol unter Rühren, 5std. Kochen, Entfernen des Lösungsm., Zugabe von NaOH u. Aufnehmen in Ae.; 3 g. *Pikrat*, $C_{12}H_{11}ON \cdot C_6H_3O_7N_3$, F 168—170°, aus Aceton gelbe Nadeln. — Durch Erhitzen von 2 g **I** bis 200°, Abkühlen u. Verreiben mit Ae. entsteht *6-Allyl-5-oxychinolin*, $C_{12}H_{11}ON$, F. 161°, aus Methanol Nadeln; 1,8 g. *Pikrat*, $C_{12}H_{11}ON \cdot C_6H_3O_7N_3$, F. 222° (Zers.), aus Aceton–wss. Methanol gelbe Nadeln. — *5-Oxy-6-propylchinolin*, $C_{12}H_{13}ON$, F. 178—179°, durch Red. von 0,7 g vorst. Verb. mit H_2 in Ggw. von 5%ig. Pd-Kohle in Methanol, Filtrieren, Einengen u. Zugabe von W.; aus wss. Methanol Platten; 0,68 g. *Pikrat*, $C_{12}H_{13}ON \cdot C_6H_3O_7N_3$, F. 231° (Zers.), aus Aceton–wss. Methanol feine gelbe Nadeln. — *8-Allyloxychinolin*, Kp.$_2$ 158—160°, analog I aus 120 g 8-Oxychinolin; 103 g. — Aus 47 g vorst. Verb. nach MAUDER-JONES u. FRIKOJUS (C. **1938.** II. 3569) *7-Allyl-8-oxychinolin*, Kp.$_{0,5}$ 120°; 45 g. Durch Red. von 30 g dieser Verb. *8-Oxy-7-propylchinolin*, Kp.$_{5-6}$ 147—149°, fest bei 0°; 26,3 g. *Pikrat*, F. 168—169°, aus Methanol gelbe Nadeln. — Durch Behandeln der entsprechenden Oxychinoline a) in wss. NaOH mit II in HCl unter Rühren u. Zugabe von $NaNO_2$-Lsg. bei 5° wurden *8-Oxy-*, 100%, *5-Oxy-6-methyl-*, 86%, u. *8-Oxy-7-methyl-p-sulfophenylazochinolin*, 97%, b) in HCl mit II in W. bei Tempp. bis 20° wurden *8-Oxy-*, *7-Allyl-8-oxy-*, $C_{18}H_{15}O_4N_3S$, aus Pyridin karmesinrote Nadeln, u. *8-Oxy-7-propyl-p-sulfophenylazochinolin*, $C_{18}H_{17}O_4N_3S \cdot H_2O$, aus Pyridin dunkelrote Nadeln, in 90—98%ig. Ausbeute dargestellt. — Durch Gießen einer Lsg. von II, NaOH u. $NaNO_2$ in Eis u. HCl, Zugabe zu den entsprechenden Alkylaminochinolinen in verd. CH_3COOH, Behandeln mit CH_3COONa u. mehrstd. Stehen entstanden *8-Amino-2-methyl-*, *5-Amino-6-methyl-*, *8-Amino-7-methyl-*, *5-Amino-6-äthyl-*, *8-Amino-7-äthyl-*, *5-Amino-6-propyl-*, *5-Amino-6-butyl-* u. *8-Amino-7-butyl-p-sulfophenylazochinolin*; 90—100%. — *Chinolin-5.8-chinon* (**III**), F. 113—115° (Zers.), durch langsame Zugabe der Oxyazoverb. zu einer sd. Lsg. von $SnCl_2$ in HCl, Kochen, Verdünnen mit sd. W., mehrstd. Einleiten von H_2S, Filtrieren, Oxydation mit $K_2Cr_2O_7$ in H_2SO_4 u. Aufnehmen in Chlf.; aus Bzl.–Ligroin braune Nadeln; 30%. — Analog folgende Chinolin-5.8-chinone: *7-Propyl-*, $C_{12}H_{11}O_2N$, F. 75—78°, aus Bzl.–Ligroin ockerfarbene Kristalle; 68%. — *6-Methyl-*, $C_{10}H_7O_2N$, F. 177—180° (Zers.), aus Bzl.–Ligroin braune Nadeln; 34%. — *7-Methyl-*, $C_{10}H_7O_2N$, F. 175—180° (Zers.); aus Bzl.–Ligroin blaßgelbe Stäbe; 45%. Die beiden letzteren Verbb. auch aus den entsprechenden Aminoazoverbb. gewonnen; 34 bzw. 45%. — *2-Methylchinolin-5.8-chinon*, $C_{10}H_7O_2N$, F. 135° (Zers.), aus der Aminoazoverb. wie bei **III**; aus Bzl.–Ligroin hellbraune Nadeln; 27%. Analog folgende Chinolin-5.8-chinone: *6-Äthyl-*, $C_{11}H_9O_2N$, F. 135—137° (Zers.); aus Bzl.–Ligroin gelbbraune Flocken; 73%. — *7-Äthyl-*, $C_{11}H_9O_2N$, F. 123—125° (Zers.), aus Bzl.–Ligroin braune Prismen; 68,5%. — *6-Propyl-*, $C_{12}H_{11}O_2N$, F. 68—70°, aus Ae.–PAe. braune Federn; 50,5%. — *6-Butyl-*, $C_{13}H_{13}O_2N$, F. 49—50°, aus Ae.–PAe. rehfarbenes Pulver; 34%. — *7-Butyl-*, $C_{13}H_{13}O_2N$, F. 67—88°, aus Ae.–PAe. grünlichbraun; 75%. — Durch Behandlung des nach Eindampfen der salzsauren 5.8-Diamino-2- u. 5.8-Diamino-6-methylchinolinlsgg. erhaltenen Rückstandes mit p-Toluolsulfonylchlorid in Pyridin, mehrstd. Stehen, Gießen in kalte HCl, Lösen der Ndd. in NaOH u. Ansäuern entstanden *2-Methyl-5.8-bis-[p-toluolsulfonamido]-chinolin*, $C_{24}H_{23}O_4N_3S_2$, F. 194°, aus wss. Methanol Prismen, u. *6-Methyl-5.8-bis-[p-toluolsulfonamido]-chinolin*, F. 186°, aus wss. Methanol kleine Nadeln. — *5.8-Dimethoxy-2.4-dimethylchinolin*, F. 104—107° (Essigester), durch ½std. Kochen von 18 g 2.5-Dimethoxyanilin u. 13 g Acetylaceton, vorsichtige Zugabe von konz. H_2SO_4, $^1/_4$std. Kochen, Gießen in konz. H_2SO_4, $^1/_4$std. Erwärmen auf 95° u. Alkalisieren der abgekühlten verd. Lsg.; 6 g. — Durch 5std. Kochen von 1 g vorst. Verb. mit HBr, Verdünnen, Neutralisieren mit NH_4OH, Aufnehmen in Ae. u. Behandlung des aus der Lsg. erhaltenen Prod. in 5nHCl mit überschüssiger wss. $FeCl_3$-Lsg. wurde mit Chlf. *2.4-Dimethylchinolin-5.8-chinon*, $C_{11}H_9O_2N$, F. 156° (Zers.), gewonnen; aus Bzl.–Ligroin gelbbraune Nadeln; 0,35 g. — *8-Amino-6-methyl-5-nitrochinolin* (**IV**), $C_{10}H_9O_2N_3$, F. 192—193°, durch Zugabe von KOH in absol. A. zu einer sd. Lsg. von 11,5 g 6-Methyl-5-nitrochinolin (**V**) u. $NH_2OH \cdot HCl$ u. absol. A. unter Rühren, 6std. Kochen, Gießen auf Eis, mehrstd. Stehen u. Aufnehmen in Bzl.; aus Bzl. kurze orangerote Nadeln; 5,3 g. *Semipikrat*, $C_{10}H_9O_2N_3 \cdot ½\, C_6H_3O_7N_3$, F. 177—180° (Zers.), orangefarbene Nadeln. Unter abgeänderten Bedingungen wurde eine Verb. $C_{20}H_{14}O_4N_4$, möglicherweise *1.2-Bis-[5-nitrochinolyl-(6)]-äthan*, F. 282—285°, erhalten; aus Essigsäureanhydrid blaßgelbgrüne Nadeln. — Durch Rk. von **V** mit alkoh. KOH entsteht eine nicht identifizierte Verb., F. 312—315° (Zers.); aus Essigsäureanhydrid goldene Nadeln. — Durch 2tägige Red. von 3 g **IV** mit H_2 in Ggw. von Pd-Kohle in warmem Methanol entsteht *5.8-Diamino-6-methylchinolin*, $C_{10}H_{11}N_3$, F. 161—163°, aus Bzl. goldene Blätter, 2,6 g, das in üblicher Weise zum 6-Methylchinolin-5.8-chinon oxydiert wird. *Pikrat*, $C_{10}H_{11}N_3 \cdot C_6H_3O_7N_3 \cdot C_3H_6O$, F. 197—200° (Zers.), aus Methanol–Aceton verfilzte, lohfarbene Nadeln. — *5-Amino-7-methyl-8-nitrochinolin*, $C_{10}H_9O_2N_3$, F. 207 bis 208°, analog **IV** aus 5 g 7-Methyl-8-nitrochinolin; aus Bzl. gelblichorangefarbene Prismen; 0,55 g. — Ebenso *8-Amino-6-äthyl-5-nitrochinolin*, $C_{11}H_{11}O_2N_3$, F. 128—129°, aus 10 g 6-Äthyl-5-nitrochinolin; Reinigung der benzol. Lsg. des Rohprod. über Al_2O_3; aus Ae. karmesinrote Nadeln; 1,1 g. (J. chem. Soc. [London] **1953.** 3161—67 Okt. Exeter, Washington Singer Labors.) BUCHTA. 3231

P. M. Heertjes, A. A. Knape, H. Talsma und **P. Andriesse,** *Derivate von Benzo-1.4-dioxanen. 1. Mitt. Einige halogenierte Benzo-1.4-dioxane und deren Amino- und Nitroderivate.* Vff. stellen *6-Chlor-, 6-Brom-, 6.7-Dichlor-, 6.7-Dibrombenzo-1.4-dioxan* sowie einige *Nitro-* u. *Aminoderivv.* her, die als Ausgangsmaterial zur Herst. von Farbstoffen geprüft werden sollen.

Versuche: *6-Brombenzo-1.4-dioxan,* $Kp._{23}$ 153—154°, nach GHOSH (J. chem. Soc. [London] **1915.** 1592); 60% (Ausbeute). — *6-Brom-7-nitrobenzo-1.4-dioxan* (**I**), $C_8H_6O_4NBr$, F. 171,9—172,1°, a) aus vorst. Verb. durch Zutropfen der wss. Lsg. zu HNO_3 (D. 1,52) bei 60° u. Umkrist. der Fällung aus A. u. dann aus Essigsäure; schwachgelbe Nadeln; 6%; b) durch Diazotierung von 6-Amino-7-nitrobenzo-1.4-dioxan in wss. H_2SO_4 bei 20° u. Gießen in kochende CuBr-Lsg.; aus A. gelbe Kristalle; 60%. — *6-Brom-5(?).7(?).8-trinitrobenzo-1.4-dioxan,* $C_8H_4O_8N_3Br$, F. 248,2—248,6°, aus vorst. Verb. durch Lösen in HNO_3 bei 0°, 2 std. Stehenlassen bei Raumtemp. u. Gießen in Eiswasser; aus A.–Eisessig (1:1) u. dann aus Isobutanol schwachgelbe Nadeln; 80%. — *6-Amino-7-brombenzo-1.4-dioxan* (**II**), durch kathod. Red. von **I** in einem Cu-Gefäß als Kathode u. mit Bleianode, als Katholyt **I** in A., konz. HCl u. $SnCl_2 \cdot 2H_2O$, als Anolyt wss. H_2SO_4 (1:4); nach Filtration von unverändertem **I**, Alkalisieren mit NaOH, Extraktion mit Ae., Fällung des Amins als Hydrochlorid (24%) u. Acetylierung das *Acetylderiv.*, $C_{10}H_{10}O_3NBr$, F. 179,1—179,4° (W.); 70%; b) aus 6-Acetamidobenzo-1.4-dioxan in wss. Essigsäure durch Zutropfen von Br_2 in Essigsäure bei Rautemp. u. Gießen in W.; aus verd. Essigsäure; keine F.-Depression mit dem nach a) erhaltenen Präp.; 89%. *Hydrochlorid,* durch 15 Min. Kochen des Amids mit konz. HCl in A., Alkalisieren, Extrahieren mit Bzl. u. Einleiten von HCl; 70%. — *6.7-Dibrombenzo-1.4-dioxan* (**III**), F. 139,6—140,0° (A.), a) durch Bromierung von Benzo-1.4-dioxan (**IV**) in Essigsäure bei 30° u. Stehenlassen über Nacht; Nadeln; 80%; b) durch SANDMEYER-Rk. von **II**; aus verd. Essigsäure u. A.; 63%. *5(?).6.7.8(?)-Tetrabrombenzo-1.4-dioxan,* $C_8H_4O_2Br_4$, F. 212,8—213,4°, aus der Mutterlauge bei vorst. Bromierung durch Eindampfen im Vakuum; aus A. Nadeln. — *6.7-Dibrom-5.8-dinitrobenzo-1.4-dioxan,* $C_8H_4O_6N_2Br_2$, F. 318—319° (Zers.), durch Zufügen von **III** zu HNO_3 bei 5° u. Gießen in W. nach 1½ Std.; aus A.–Eisessig (1:5) schwachgelbe Nadeln; 93%. — *5.8-Diaminobenzo-1.4-dioxan,* $C_8H_{10}O_2N_2$, F. 99,1—99,7° (Bzl.), aus vorst. Verb. mittels $SnCl_2$ in konz. HCl u. A. bei 60—70° (½ Std.), Abtreiben des A. im Vakuum, Alkalisieren, Extrahieren mit Bzl. u. Eindampfen; 84%. *Diacetylderiv.*, $C_{12}H_{14}O_4N_2$, F. 287—289°, Nadeln aus A.; 64%. *Monoacetylderiv.*, $C_{10}H_{12}O_3N_2$, F. 141,2—141,9° (Bzl.). — *6.7-Dichlorbenzo-1.4-dioxan,* $C_8H_6O_2Cl_2$, F. 151,4—152,1°, a) durch Chlorierung von **IV** in Essigsäure bei 10—20°; Nadeln aus A.; 71%; b) aus einer Lsg. von 4.5-Dichlorbrenzcatechin u. 1.2-Dibromäthan in Äthylenglykol bei 140° durch Zufügen von K_2CO_3 bis zum Verschwinden der $FeCl_3$-Rk. (3—4 Std.) u. Gießen in W.; 70%. — *6.7-Dichlor-5.8-dinitrobenzo-1.4-dioxan,* $C_8H_4O_6N_2Cl_2$, F. 287,7—288,6°, durch Nitrieren vorst. Verb.; aus Essigsäure oder Isobutanol Kristalle; 84%. — *5.8-Diamino-6.7-dichlorbenzo-1.4-dioxan,* $C_8H_8O_2N_2Cl_2$ (Zers. 137—140°), durch Red. vorst. Verb. mit $SnCl_2$. *Diacetylderiv.*, $C_{12}H_{12}O_4N_2Cl_2$, F. 299,0—300,3° (Zers.), aus A. Nadeln. — *6-Chlorbenzo-1.4-dioxan,* $C_8H_7O_2Cl$, $Kp._3$ 98—100°, durch SANDMEYER-Rk. von 6-Aminobenzo-1.4-dioxan, Extrahieren mit Ae. u. Fraktionieren; 76%. — *6-Chlor-7-nitrobenzo-1.4-dioxan* (**V**), $C_8H_6O_4NCl$, F. 161,7—162,1°, a) aus vorst. Verb. durch tropfenweises Zufügen einer Mischung aus HNO_3 (D. 1,52) u. H_2SO_4 (D. 1,84) u. Gießen auf Eis; aus Aceton–Essigsäure (1:1); b) aus 6-Amino-7-nitrobenzo-1.4-dioxan durch SANDMEYER-Rk.; F. u. Misch-F. 160,2—161,5°. —*6-Acetamido-7-chlorbenzo-1.4-dioxan,* $C_{10}H_{10}O_3NCl$, F. 172,9—173,5°, a) aus 6-Acetamidobenzo-1.4-dioxan durch Chlorieren in Essigsäure u. Fällen mit W.; aus 50%ig. wss. Aceton Nadeln; b) aus **V** durch Hydrieren mittels RANEY-Ni bei Raumtemp., Ansäuern mit HCl (97% Hydrochlorid) u. Acetylieren; 86%. (J. chem. Soc. [London] **1954.** 18—22. Jan. Delft, Holland, Univ., Labor. of Chem. Technol.)

HANSCHKE. 3252

Kurt Alder und **Hans Niklas** (unter Mitarbeit von **Rolf Aumüller** und **Björn Olsen**), *Über einige neue Additionen der Azodicarbonsäureester.* Dien-Rkk. zwischen Azodicarbonsäuredimethyl-(**Ib**) oder -diäthylester (**Ia**) u. *trans.trans-1.4-Diphenylbutadien* (**II**) (vgl. DIELS u. ALDER, Liebigs Ann. Chem. **450.** [1926.] 237) führt zu *3.6-Diphenyl-N.N'-dicarbomethoxy* (bzw. *dicarbäthoxy*-)-*Δ^4-tetrahydropyridazin* (**IIIb** bzw. **IIIa**). Dehydrierung von **IIIb** mit SeO_2 zum *N.N'-Dihydropyridazinderiv.* u. Verseifung unter Decarboxylierung führt über das labile *N.N'-Dihydro-3.6-diphenylpyridazin* zum *4.5-Dihydro-3.6-diphenylpyridazin* (**VIII**), das durch Oxydation in das bekannte *3.6-Diphenylpyridazin* (**IX**) übergeht. — Verseifung von **IIIa** unter Decarboxylierung führt zu einer Base, die nicht, wie früher (l. c.) angenommen, 3.6-Diphenyl-Δ^4-tetrahydropyridazin ist, sondern wohl das Δ^2-Isomere, wie aus den Ergebnissen der Nitrosierung folgt. **IIIa** u. **IIIb** wurden zu den zugehörigen *Piperidazinderivv.* hydriert. — Die Rk. von **Ib** mit Butadien führt zu *N.N'-Dicarbomethoxy-Δ^4-tetrahydropyridazin.* Diese Verb. läßt sich katalyt. hydrieren. Das hydrierte Addukt kann zu *Piperidazin* verseift u. decarboxyliert werden. — Die schon früher von DIELS u. Mitarbeitern (Ber. dtsch. chem. Ges. **71.** [1938.] 1186) untersuchte Addition von **Ib** u. Anthracen liefert ein sehr labiles Primärprod. (**IV**), das sich in Ggw. von HCl in Eisessig in eine stabile Verb. umlagert; letztere hat nicht die von DIELS (l. c.) angenommene Konst. eines 9.10-Bis-[carbomethoxyamino]-anthracens; sie ist vielmehr ident. mit einer von STOLLÉ u. ADAM (J. prakt. Chem. [II] **111.** [1925.] 167) als 1-Hydrazinoanthracen-N.N'-dicarbonsäuredimethylester bezeichneten Verb., doch trifft auch diese Konst. nicht zu, tatsächlich handelt es sich um *9-Hydrazinoanthracen-N.N'-dicarbonsäuredimethylester* (**V**). Die katalyt. Hydrierung von **IV** gibt das *9.10-Dihydroderiv.* von **V**, das ein weiteres Mol **Ib** addiert, das Addukt **VI** entsteht auch glatt aus 9.10-Dihydroanthracen u. 2 Mol **Ib**. Bei der Behandlung von **VI** mit HCl in Eisessig wird unter Abspaltung von Hydrazodicarbonsäuredimethylester **V** gebildet. — Die Addition von von **Ia** u. Furfuroldiacetat führt zu der Verb. **VII**, welche an der Doppelbindung leicht katalyt. hydriert werden kann. Das Hydrierungsprod. kann leicht hydrolysiert werden zu *Hydrazodicarbonsäurediäthylester* u. *α-Ketoglutardialdehyd.* Partielle Verseifung der Diacetatgruppierung in **VII** liefert den entsprechenden *Aldehyd.*

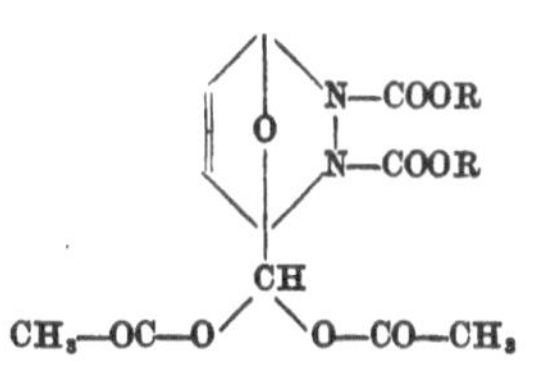

VII R = C_2H_5

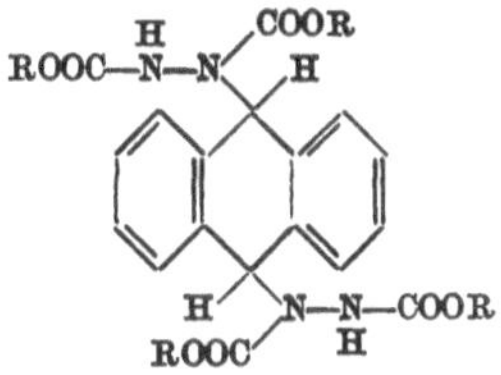

VI R = CH_3

V e r s u c h e: *3.6-Diphenyl-N.N'-dicarbomethoxy-Δ^4-tetrahydropyridazin* (**IIIb**), F. 182° (Eisessig), nach DIELS u. ALDER (l. c.). — *3.6-Diphenyl-N.N'-dicarbäthoxy-Δ^4-tetrahydropyridazin* (**IIIa**), $C_{22}H_{24}O_4N_2$, F. 132° (Essigester), aus **Ia** u. **II** bei 100°. — *N.N'-Dicarbomethoxy-3.6-diphenyl-1.2-dihydropyridazin,* $C_{20}H_{18}O_4N_2$, F. 198° (Essigester), aus **IIIb** mit SeO_2 in Eisessig. — *4.5-Dihydro-3.6-diphenylpyridazin* (**VIII**), $C_{16}H_{14}N_2$, F. 149°, durch 2std. Kochen vorst. Verb. mit KOH in CH_3OH; aus A. hellgelbe Blättchen. — *3.6-Diphenylpyridazin* (**IX**), $C_{16}H_{12}N_2$, F. 222° (Eisessig oder Acetonitril), aus **VIII** u. alkal. Perhydrol in C_2H_5OH. — *N.N'-Dihydro-3.6-diphenylpyridazin,* F. 170—175° (roh), beim Verreiben von **VIII** mit Eisessig; kann auch neben **VIII** erhalten werden, wenn kürzer mit Alkali behandelt wird. Beim Vers. der Umkristallisation wird H_2 unter Bldg. von **IX** abgespalten. — *3.6-Diphenyl-Δ^2-tetrahydropyridazin,* F. 157—158° (Essigester + A.), aus **IIIa** oder **IIIb** durch 1std. Kochen mit KOH in CH_3OH. *Mononitrosoderiv.*, $C_{16}H_{15}ON_3$, F. 108°. Dehydrierung der Base mit PbO_2 oder Einw. von O_3 ergab **IX**. — *N.N'-Dicarbomethoxy-3.6-diphenylpiperidazin,* $C_{20}H_{22}O_4N_2$, F. 93° (Ligroin–Essigester), durch Hydrierung von **IIIb** in Eisessig mit PtO_2. — *N.N'-Dicarbäthoxy-3.6-diphenylpiperidazin,* $C_{22}H_{26}O_4N_2$, F. 87° (Methanol), wie vorst. aus **IIIa**. — *N.N'-Dicarbomethoxy-Δ^4-tetrahydropyridazin,* $C_8H_{12}O_4N_2$, Kp.$_{14}$ 152°, F. 38°, aus **Ib** u. Butadien in Bzl. bei 50°. *Dibromid,* $C_8H_{12}O_4N_2Br_2$, F. 125° (A.), mit Br_2 in CCl_4. — *1.2-Dicarbomethoxypiperidazin* (**X**), $C_8H_{14}O_4N_2$, Kp.$_{14}$ 154°, F. 39°, aus vorst. Verb. durch Hydrierung mit PtO_2 in A. oder Eisessig. — *Piperidazin,* Kp.$_{12}$ 54°, aus **X** durch Verseifung u. Decarboxylierung mit methylalkoh. Alkali. *Dihydrochlorid,* $C_4H_{10}N_2 \cdot 2\,HCl$, F. 137° (Methanol/Essigester). *Bis-phenylharnstoffderiv.*, $C_{18}H_{20}O_2N_4$, F. 281° (Zers.; Eisessig), mit Phenylisocyanat. — *Piperidazin-N.N'-dicarbonsäuremethylesteranilid,* $C_{13}H_{17}O_3N_3$, F. 166° (A.), durch Halbverseifung u. Decarboxylierung von **X** u. Umsetzung des Prod. mit Phenylisocyanat. — *9-Hydrazinoanthracen-N.N'-dicarbonsäuredimethylester* (**V**), F. 267°, durch Umlagerung von **IV** mit wenig HCl in Eisessig. *9.10-Dihydroderiv.*, $C_{18}H_{18}O_4N_2$, F. 175° (A.), aus **IV** durch Hydrierung mit RANEY-Ni in A. neben *Tetrahydroanthracen.* — **VI**, $C_{22}H_{24}O_8N_4$, F. 275—276° (Acetanhydrid), aus vorst. Dihydroverb. u. **Ib** bei 120° oder ebenso aus 9.10-Dihydroanthracen. **VI** gibt mit Eisessig + HCl **V**. — **VII**, $C_{15}H_{20}O_9N_2$, F. 89—90° (Essigester/Leichtbenzin), aus den Komponenten durch 24std. Stehen. *Aldehyd-2.4-dinitrophenylhydrazon,* $C_{17}H_{18}O_9N_6$, F. 217° (A.), durch Verseifung von **VII** mit sd. H_2O. — *Dihydro-*VII, $C_{15}H_{22}O_9N_2$, F. 104° (Essigester/Ligroin), durch Hydrierung mit PtO_2 in Essigester. (Liebigs Ann. Chem. **585.** 81—96. 1954. Köln/Rh., Univ., Chem. Inst.) EBERHARDT. 3272

Kurt Alder und Hans Niklas, *Über einen neuen Weg in die Cinnolin- und N-Aminoindolreihe durch Addition von Azodicarbonsäureester an das Styrolsystem.* Aus α-Methoxystyrol (**I**), dessen Darst. verbessert wurde, u. Azodicarbonsäuredimethylester (**II**) entstehen in annähernd gleicher Menge die Addukte **III** u. **IV**, von denen **III** das Prod. einer „substituierenden Addition an der Doppelbindung" u. **IV** das Prod. einer aufeinanderfolgenden Diensynth. u. indirekt-substituierenden Addition darstellt. Die Struktur von **III** folgt aus seiner Hydrolyse zum Keton **V**, das andererseits aus dem bekannten Addukt aus α-Methylstyrol u. **II** durch Ozonisation erhältlich ist. Säurehydrolyse von **V** liefert das Keton **VI**. **IV** läßt sich mit Hydrazinhydrat in *4-Hydrazino-*

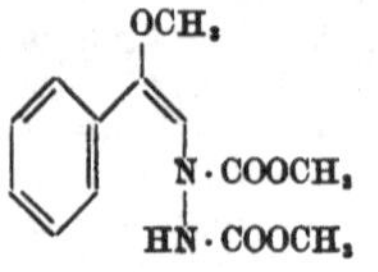

III

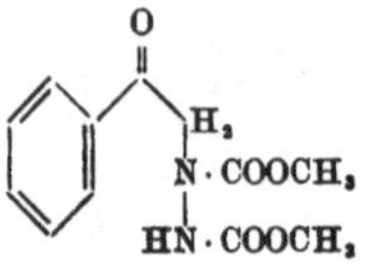

V

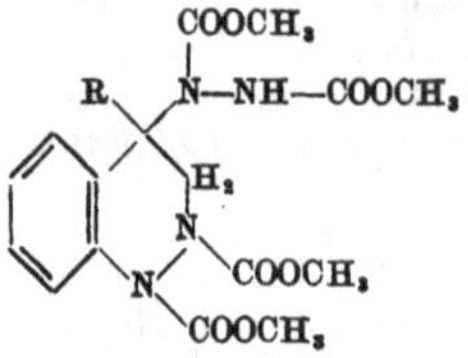

IV R = OCH_3
VII R = C_6H_5
IX R = H

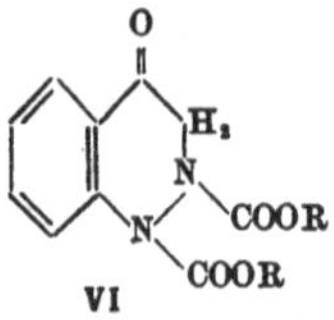

VI

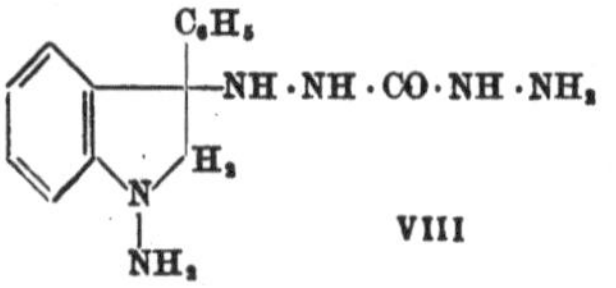

VIII

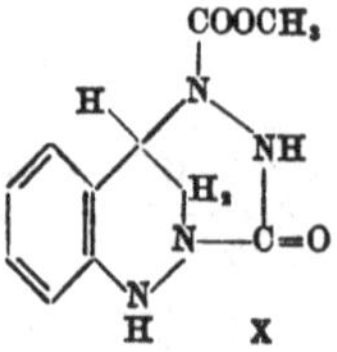

X

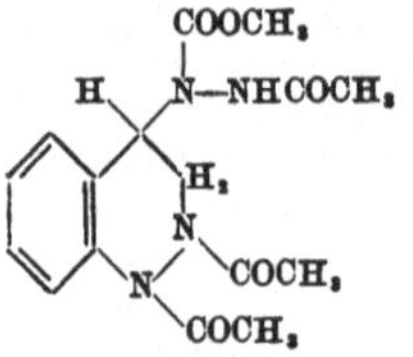

XI

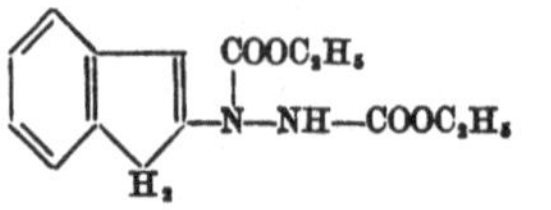

XII

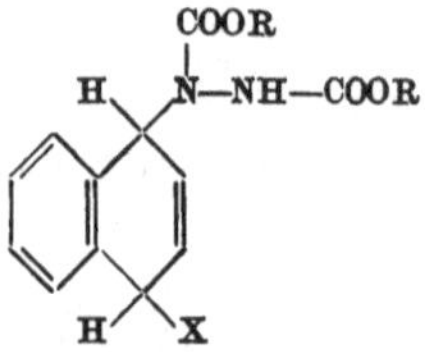

XIII X = H
XIV X = N—NH—COOR (N–COOR)

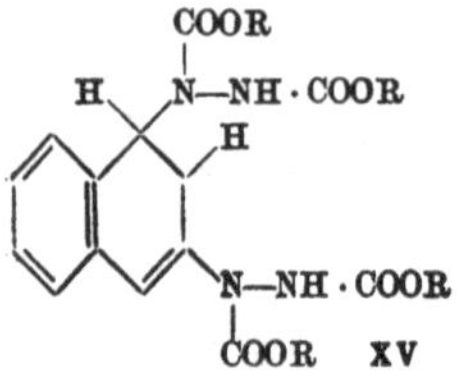

XV

cinnolin überführen, das mit Essigsäureanhydrid ein *Triacetylderiv.* [von SCHOFIELD u. SWAIN (C. **1952**. 3982) für ein Diacetylderiv. gehalten] liefert. — Die Addition von **II** an α-Phenylstyrol erfolgt im Molverhältnis 2:1 zu einer Verb. der wahrscheinlichen Struktur **VII**. Der Abbau von **VII** mit Hydrazinhydrat liefert über das Zwischenprod. **VIII** *1-Amino-3-phenylindol*, welches katalyt. unter NH_3-Abspaltung zu *3-Phenylindol* umgesetzt werden kann. — **II** gibt mit Styrol ein Prod. der wahrscheinlichen Konst. **IX** (vgl. DIELS u. ALDER, Liebigs Ann. Chem. **450**. [1926.] 237), mit Azodicarbonsäurediäthylester (**IIa**) entsteht der analoge Tetraäthylester (**IXa**). Das aus **IX** mit wss. KOH entstandene Prod. wird nicht mehr wie früher (l. c.) formuliert, sondern eher als **X**, da es bei der Acetylierung unter energ. Bedingungen ein Triacetylderiv. (**XI** ?) liefert. — Ohne Angabe der experimentellen Einzelheiten wird für das Addukt aus **IIa** u. Inden (vgl. l. c.) die Struktur **XII** bewiesen, da Dihydro-**XII** verschieden ist von dem Addukt, das aus **IIa** u. Hydrinden entsteht (N-haltiger Substituent in α-Stellung), u. da **XII** bei der CrO_3-Oxydation *Homophthalsäure* u. bei der Hydrolyse *β-Hydrindon* liefert. Mit 1.2-Dihydronaphthalin liefert **II** bzw. **IIa** 3 Addukte, die die Strukturen **XIII**, **XIV** u. **XV** (R = CH_3 bzw. C_2H_5) haben.

V e r s u c h e: *Acetiminomethylätherhydrochlorid*, aus Acetonitril u. Methanol n Ae. durch Einleiten von HCl. — *Acetophenondimethylacetal*, Kp.$_{13}$ 79,5°, aus Acetophenon, n_D^{20} 1,5341), Methanol u. vorst. Verb.; n_D^{20} 1,4917; ~100% (Ausbeute). — *α-Methoxystyrol* (**I**), Kp.$_{12}$ 78°, aus vorst. Verb. durch Erwärmen mit Al_2O_3 auf 160°; n_D^{20} 1,5405; 96%. — **III**, Kp.$_{0,25}$ 156—160°, u. **IV**, $C_{17}H_{22}O_9N_4$, F. 167°, durch 12 std. Stehen von **I** u. **II**, Verreiben mit Ae., Absaugen der viscosen Mutterlauge u. Einengen; Trennung mit Ae., in dem III leicht, IV kaum lösl. ist. III krist. mit 2 Mol I auf 5 Mol III, $C_{13}H_{16}O_5N_2 \cdot {}^2/_5\, C_9H_{10}O$, F. 99—100°; das im Kristallgitter gebundene I läßt sich durch Dest. im Hochvakuum entfernen. — V, F. 109—111° (wss. Aceton), durch ½std. Kochen von III mit 80% ig. Essigsäure. *Phenylhydrazon*, F. 164° (A.). — VI, durch Erwärmen von IV mit 2nHCl auf 70°; Öl. *Phenylhydrazon*, $C_{18}H_{18}O_4N_4$, F. 206° (A.). — *4-Hydrazinocinnolin*, $C_8H_8N_4$, F. 301° unter Zers. (rote Form), F. 229° unter Zers. (gelbe Form), aus A., aus IV u. Hydrazinhydrat beim Erhitzen; 60%. *Triacetylverb.*, $C_{14}H_{14}O_3N_4$, F. 208° (Zers.; A.). *Benzalverb. der gelben Form, Hydrochlorid*, $C_{15}H_{13}N_4Cl$, F. 307° (Zers.; Eisessig), gelb. *Benzalverb. der roten Form, Hydrochlorid*, F. 307° (Zers.; Eisessig), leuchtend rot. — VII, nach DIELS u. ALDER (l. c.). Entsprechender *Tetraäthylester* (VIIa), F. 175° (A.), aus den Komponenten bei 70° während 5 Stunden. — VIII, $C_{15}H_{18}ON_6$, F. 164° (A.), aus 7 g IIIa mit $N_2H_4 \cdot H_2O$ während 7 Std. am Rückfluß u. mehrtägiges Stehen; 1,5 g. *Dibenzalverb.*, $C_{29}H_{26}ON_6$, F. 171° (Acetonitril). *Diacetylverb.*, $C_{19}H_{22}O_3N_6$, Zers. bei 153° (Essigester–CH_3OH). — *1-Amino-3-phenylindol*, $C_{14}H_{12}N_2$, F. 104°, Nadeln aus Methanol/W., aus VIIa u. Hydrazinhydrat in 7 Std. bei 180° im Rohr. *Acetylverb.*, $C_{16}H_{14}ON_2$, F. 179—180° (Methanol). *Benzalverb.*, $C_{21}H_{16}N_2$, F. 108° (A.). — *3-Phenylindol*, F. 88° (Ligroin), aus vorst. Verb. durch katalyt. Hydrierung (A., RANEY-Ni). — IX, F. 178°, aus Styrol u. II in Ae. bei 20°. — IXa, $C_{20}H_{28}O_8N_4$, F. 131—132° (Essigester/Ligroin), analog. — X (?), $C_{11}H_{12}O_3N_4$, F. 197° (A.), durch Hydrolyse von IX mit wss. KOH. *Monoacetylverb.*, $C_{13}H_{14}O_4N_4$, F. 162° (Acetonitril), mit Acetanhydrid während 4 Std. bei Raumtemperatur. *Triacetylverb.* (XI ?), $C_{16}H_{20}O_5N_4$, F. 208 (A.), mit Acetanhydrid während 2 Std. am Rückfluß. (Liebigs Ann. Chem. **585**. 97—114. 1954. Köln/Rh., Univ., Chem. Inst.) EBERHARDT. 3272

Phyllis D. Landauer und **H. N. Rydon**, *Eine bequeme Synthese einiger 4-substituierter 5-Aminopyrimidine*. Durch Kondensation von Harnstoffderivv. mit Isonitrosocyanessigester (I) oder -malonester (II) u. anschließende Red. der NO-Gruppe mit Na-Dithionit (III) oder RANEY-Ni (IV) sind *5-Aminopyrimidine*, die in 4- oder 6-Stellung Hydroxyl- oder Aminogruppen enthalten, einfacher zugänglich als nach der TRAUBEschen Synthese. Das Verf. ist von besonderen Wert für die Darst. von *2.4.5-Triamino-6-oxypyrimidin*.

V e r s u c h e: *2.4.5-Triamino-6-oxypyrimidinsulfat*, $C_4H_7ON_5 \cdot H_2SO_4 \cdot {}^1/_2\, H_2O$, durch Zugabe von Guanidinhydrochlorid (V) zu alkoh. Na-Äthylat (VI), Abfiltrieren des NaCl nach 30 Min., Stehen über Nacht mit I u. Red. des gebildeten *2.4-Diamino-6-oxy-5-nitrosopyrimidins* mit III; Nadeln aus $2\,n\,H_2SO_4$; 59% (Ausbeute). — *4.5-Diamino-6-oxy-2-methylpyrimidin*, aus Acetamidinhydrochlorid u. I mit VI u. Red. des *4-Amino-6-oxy-2-methyl-5-nitrosopyrimidin-Na-Salzes* (79%) mit IV in W.; glänzende Blättchen; 72%. *Sulfat*, $C_5H_8ON_4 \cdot H_2SO_4$, F. 265°, Nadeln aus $2\,n\,H_2SO_4$. — *4.5-Diamino-6-oxypyrimidin*, aus Thioharnstoff, I u. VI u. Red. des *4-Amino-6-oxy-2-mercapto-5-nitrosopyrimidin-Na-Salzes* (77%) mit IV; 63%. *Halbsulfat*, $C_4H_6ON_4 \cdot {}^1/_2\, H_2SO_4$, F. 268°. — *4.5-Diamino-2.6-dioxypyrimidinsulfat*, aus Harnstoff, I u. VI u. Red. der Nitrosoverb. mit III; 46%. — *2.5-Diamino-4.6-dioxypyrimidin (Divicin)-Halbsulfat*, aus V, II u. VI u. Red. der Nitrosoverb. mit III; 45%. *Hydrochlorid*, $C_4H_6O_2N_4 \cdot HCl \cdot H_2O$, abgeflachte Nadeln; 69%. (J. chem. Soc. [London] **1953**. 3721—22. Nov. London, Imperial Coll. of Sci. and Technol., Dep. of Organ. Chem.) GOMPPER. 3272

Michel Polonovski, Marcel Pesson und **Pesia Rajzman**, *Die katalytische Hydrierung des 3-Oxo-5.6-diphenyl-2.3-dihydro-1.2.4-triazins*. Vff. vergleichen die von BILTZ [1905] beschriebene Red. des 3-Oxo-5.6-diphenyl-2.3-dihydro-1.2.4-triazins (I) mit Zn-Essigsäure, die zum *3-Oxo-5.6-diphenyl-2.3.4.5-tetrahydro-1.2.4-triazin* (II), unter energischeren Bedingungen durch Herausspaltung von NH_3 aber zum *4.5-Diphenylimidazolon-(2)* (III) führt, mit der katalyt. Hydrierung von I: RANEY-Ni in wss. alkal. Milieu führt zu II, F. 276° [*Diacetylderiv.* (IV), F. 140—141°], in wss.-alkoh.-alkal. Lsg. zur Aufspaltung des Triazinringes unter NH_3-Abspaltung. Pt nach ADAM in wss.-alkoh.-alkal. Milieu führt ebenfalls zu II; in essigsaurer Lsg. geht die Hydrierung weiter, ohne daß bisher die Reaktionsprodd. identifiziert werden konnten. Pt in essigsaurer Lsg. führt das 2-Acetylderiv. von I in *2-Acetyl-3-oxo-5.6-diphenyl-2.3.4.5-tetrahydro-1.2.4-triazin* (V), F. 207—209°, über, das nach der alkal. Hydrolyse II, mit Acetanhydrid IV liefert. Die Hydrierung von IV mit Pt in Äthylacetat–Essigsäure (8 : 1) i t nicht selektiv. Nach der Aufnahme von 1 Mol H_2 läßt sich jedoch das *2.4-Diacetyl-3-oxo-5.6-diphenylhexahydro-1.2.4-triazin* (VI), F. 218—219°, in 40% ig. Ausbeute isolieren, das durch Acetanhydrid in das *1.2.4-Triacetylderiv.* (VII), F. 203—204°, übergeführt wird. Alkal. Hydrolyse von VI u. VII liefert *3-Oxo-5.6-diphenylhexahydro-1.2.4-triazin*, F. 293° (Zers.), das durch direkte Red. von I oder II nicht erhältlich ist. Mit 1 Mol Br_2 in Essigsäure liefert es nach kurzem Erwärmen **II**, mit 2 Mol Br_2 **I**. (C. R. hebd. Séances Acad. Sci. **238**. 695—97. 8/2. 1954.) RUSKE. 3313

E. C. Taylor jr., W. H. Gumprecht und **R. F. Vance,** *Die Synthese einiger symm.-Triazolo-[4.3:b]-asymm.-triazine.* Vff. synthetisieren einige Derivv. des *symm.-Triazolo-[4.3:b]-asymm.-triazins* (**I**) in Hinblick auf die Purin-Inhibitorwrkg. einiger Derivv. heterocycl., dem Purinringsyst. verwandter Ringsysteme. Von BÜLOW [1909] war beispielsweise die extrem tox. Wrkg. von Derivv. des symm.-Triazolo-[4.3:b]-pyridazins (**II**) berichtet worden. Derivv. von **I** waren von HOGGARTH (C. **1951.** II. 1582 u. C. **1954.** 5292) durch Kondensation von 3.4-Diamino-1.2.4-triazolen (**III**) mit Benzil bzw. Diacetyl dargestellt worden. Da **III** aber nur in geringer Ausbeute erhalten werden, kondensieren Vff. 3.4.5-Triamino-1.2.4-triazol (Guanazin) mit $\alpha.\beta$-Dicarbonylverbindungen. Glyoxal u. Alloxan reagierten jedoch nicht. — 3-Mercapto- u. 3-Methylmercapto-6.7-diphenyl-symm.-triazolo-[4.3:b]-asymm.-triazin konnten weder mit alkoh. NH_3 noch mit KNH_2 in das 3-Aminoderiv. übergeführt werden. Die untersuchten Derivv. zeigten sich gegen *Leuconostoc mesenteroides P–60* sowohl als Purinersatz wie auch als Purinantagonisten unwirksam.

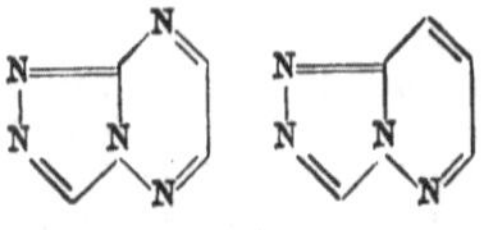

I II

V e r s u c h e (FF. korr.): *Guanazinhydrobromid* (**IV**), nach PELLIZZARI u. CANTONI [1905]. — *3-Amino-6.7-diphenyl-symm.-triazolo-[4.3:b]-asymm.-triazin,* $C_{16}H_{12}N_6$, F. 263 bis 264° (A.; dann Sublimation bei 240°/0,1 mm), rote Nadeln, aus 5,4 g **IV** u. 5,8 g Benzil in W.–Methyläthylketon–A. (1 : 1 : 1) mit NaOH u. $^1/_2$std. Kochen; 53% (Ausbeute). — *3-Amino-6.7-dimethyl-symm.-triazolo-[3.4:b]-asymm.-triazin,* $C_6H_8N_6$, F. 299 bis 300° (A.), aus 15 g **IV** u. 6,8 g Diacetyl in sd. W. u. Einstellen des p_H der Lsg. auf 5 durch Zusatz von NH_4OH; 83%. — *3-Amino-6.7-bis-[p-chlorphenyl]-symm.-triazolo-[4.3:b]-asymm.-triazin,* $C_{16}H_{10}N_6Cl_2$, F. 229—231° (Methylenchlorid–PAe.), aus 5 g p.p'-Dichlorbenzil in Methyläthylketon–A. (1 : 1) durch Zufügen zu 3,5 g **IV** in W. u. NaOH, $^1/_2$std. Kochen; 65%. — *3-Amino-symm.-triazolo-[4.3:b]-phenanthro-[9.10:e]-asymm.-triazin,* $C_{16}H_{10}N_6$, F. 334—336° (Zers.), rote Prismen aus Eisessig, durch Kochen von 5 g Phenanthrenchinon-(9.10) u. 4,7 g **IV** in A.–W. (2,5 : 1), Eingießen in W. u. Extrahieren des Nd. mit Bzl.; 96,5%. — *3-Amino-6*(oder *7*)*-methyl-7*(oder *6*)*-oxy-symm.-triazolo-[4.3:b]-asymm.-triazin,* $C_5H_6ON_6$, F. 317—318° (Zers.; aus W.), aus 5,9 g **IV** u. 2,8 g Brenztraubensäure in 2nH_2SO_4 durch 2std. Kochen u. Eindampfen, dann Neutralisieren mit 3nNaOH; 57%. — *3-Mercapto-6.7-diphenyl-symm.-triazolo-[4.3:b]-asymm.-triazin,* $C_{16}H_{11}N_5S$, F. 305,4—306,6°, orangefarbene Nadeln aus wss. Dimethylformamid, aus 6 g 3.4-Diamino-5-mercapto-1.2.4-triazol u. 9,64 g Benzil in wss. A. durch 1std. Kochen mit NaOH, Absaugen u. Waschen mit A.; das *Na-Salz* wird in rotbraunen Kristallen zu 89% erhalten. Suspendieren in W. u. Versetzen mit Eisessig, dann W. fällt die freie Verb., die mit Methylenchlorid extrahiert wird; 36%. — *3-Methylmercapto-6.7-diphenyl-symm.-triazolo-[3.4:b]-asymm.-triazin,* $C_{17}H_{13}N_5S$, F. 201—203°, gelbe Nadeln aus wss. Dimethylformamid, aus vorst. Na-Salz u. CH_3J in W. durch 3std. Rühren bei Zimmertemp.; 55%. (J. Amer. chem. Soc. **76.** 619—20. 20/1. 1954. Urbana, Ill., Univ., Noyes Chem. Labor.) RUSKE. 3313

Friedrich Weygand und **Emil Rauch,** *Darstellung einiger trifluoracetylierter Zuckerderivate.* 2.3.4.6-Tetraacetyl-β-d-glucose (**I**) läßt sich nach der Meth. von PETTIT u. Mitarbeitern (vgl. C. **1954.** 2381 u. früher) mit Trifluoressigsäureanhydrid (**II**) u. Benzoesäure in ein Gemisch von α- u. *β-2.3.4.6-Tetraacetylbenzoyl-d-glucose* verwandeln; durch Variation der Versuchsbedingungen konnte auch die reine *β-Form* hergestellt werden. Um einen Weg zur Veresterung von Zuckern in 1-Stellung mit beliebigen Carbonsäuren zu finden, wurde *2.3.4.6-Tetrakis-[trifluoracetyl]-benzyl-β-d-glucosid* hergestellt, das nach Abspaltung der Benzylgruppe durch katalyt. Hydrierung auf obigem Weg verestert werden sollte, worauf eine Abspaltung der Trifluoracetylgruppen mit CH_3OH erfolgen könnte. Die Abspaltung der Benzylgruppe auf dem beabsichtigten Wege ist jedoch nicht gelungen. — Die Herst. von *Pentakis-[trifluoracetyl]-β-d-glucose* wird beschrieben.

V e r s u c h e: *α- u. β-2.3.4.6-Tetraacetyl-1-benzoyl-d-glucose,* $C_{21}H_{24}O_{11}$, F. 61 bis 63° (Nadeln aus Essigester + PAe.), aus **I**, das einer gefrorenen Mischung von Benzoesäure u. **II** (Kp. 39—40°) zugesetzt wird, nach 36 Std. bei Raumtemp. bei 40°/40 Torr dest., Rückstand in Ae. aufnehmen, mit $NaHCO_3$-Lsg. waschen, abdampfen u. in CH_3OH aufnehmen; $[\alpha]_D^{20}$ +84,5 ± 2° (c = 1,23; Chlf.); 13% (Ausbeute). Reine *β-Form,* F. 144—145°, wie vorst., aber 12std. Stehen bei 0°, beim Aufnehmen in CH_3OH wird die schwerlösl. β-Verb. abgetrennt; $[\alpha]_D^{20}$ —30,1 ± 1,5° (c = 1,56; Chlf.); 9—12%. — *2.3.4.6-Tetrakis-[trifluoracetyl]-benzyl-β-d-glucosid,* $C_{21}H_{14}O_{10}F_{12}$,

F. 102° (Nadeln aus PAe.), aus Benzyl-β-d-glucosid (F. 121°) u. wasserfreiem Na-Trifluoracetat durch Übergießen mit II u. 15 Min. Kochen unter Wasserausschluß, bei 40°/40 Torr verdampfen, Rückstand mit PAe. extrahieren; $[\alpha]_D^{20}$ $-33,0 \pm 1,5°$ (c = 3,15; Chlf.); $-20,5 \pm 2°$ (c = 2,82; Pyridin); sublimiert bei 100—105°/0,1 Torr (Badtemp.). — *2.3.4.6-Tetraacetylbenzyl-β-d-glucosid*, F. 99—100°, aus vorst. Verb. durch 30 Min. Erwärmen mit CH_3OH u. Acetylieren. — *α- + β-Pentakis-[trifluoracetyl]-d-glucose*, $C_{16}H_7O_{11}F_{15}$, $[\alpha]_D^{20}$ $+30,8 \pm 2°$ (c = 1,12; Chlf.); $+38,9 \pm 2°$ (c = 1,77; Aceton), aus 2,1 g gewöhnlicher Glucose u. Na-Trifluoracetat durch Zusatz von II, 2 std. Kochen, Rückstand mit Ae. extrahieren u. bei 100—105°/0,1 Torr dest., Kristallisation im schwerbeweglichen Destillat; 5,4 g; Zers. bei Zugabe von A. oder W.; *β-Form*, F. 112—113° (CCl_4) aus β-d-Glucose, Na-Trifluoracetat u. II durch 2 std. Kochen u. Stehen über Nacht u. Abheben der über dem Bodensatz ausgeschiedenen β-Form; $[\alpha]_D^{20}$ $+9,3 \pm 2°$ (c = 2,14; Aceton); $-9,4 \pm 3°$ (c = 1,17; Chlf.). Aus α-Glusose entstanden Präpp. mit $[\alpha]_D$ $-3,1$ bis 4,3° (Chlf.). (Chem. Ber. **87**. 211—14. 1954. Heidelberg, Univ., Chem. Inst.) ROSSOW. 3400

Roger W. Jeanloz, *Untersuchungen über Hyaluronsäure und verwandte Substanzen. 8. Mitt. 4.6-Di-O-methyl-D-glucosaminhydrochlorid (2-Amino-2-desoxy-4.6-di-O-methyl-D-glucosehydrochlorid).* (7. vgl. C. **1954**. 3237.) Nicht krist. *4.6-Di-O-methyl-D-glucosaminhydrochlorid* (**VI**) wurde aus Methyl-2-acetamido-4.6-O-benzyliden-2-desoxy-α-D-glucopyranosid (**I**) (NEUBERGER, J. chem. Soc. [London] **1941**. 50) durch Benzoylierung (→**II**) oder Tosylierung (→**IIa**) in $C_{(3)}$-Stellung, Abspaltung der Benzylidengruppe (→**III** u. **IIIa**), Methylierung der 4- u. 6-Stellung (→**IV** u. →**IVa**), Debenzoylierung bzw. Detosylierung (→**V**) u. Hydrolyse mit HCl gewonnen u. in die krist. *2-Desoxy-2-[2'-oxy-α-menaphthylidenimino]-4.6-di-O-methyl-D-glucose* verwandelt.

V e r s u c h e (FF. korr.): *Methyl-2-acetamido-3-O-benzoyl-4.6-benzyliden-2-desoxy-α-D-glucopyranosid* (**II**), $C_{23}H_{25}O_7N$, F. 212—216° (Bzl. + Hexan), aus **I** in trokkenem Pyridin durch Zusatz von Benzoylchlorid bei —20°; nach Stehen über Nacht bei 0° Verdünnen mit Chlf., Filtrieren, Einengen u. Lösen in heißem Bzl.; beim Abkühlen Kristalle (eine *Verb.* vom F. 293—295°, 37% Ausbeute, mit derselben Elementarzus. wie **II**; nicht näher untersucht); aus den Mutterlaugen durch Chromatographie an Al_2O_3 (Bzl./Ae. + Ae.) **II**; $[\alpha]_D^{27}$ $+82°$ (c = 1,04; Chlf.); 65%. — *Methyl-2-acetamido-3-O-benzoyl-2-desoxy-α-D-glucopyranosid* (**III**), $C_{16}H_{21}O_7N$, Sirup, $[\alpha]_D^{26}$ $+99 \pm 2°$ (c = 2,93; Chlf.), aus **II** durch 30 Min. Erhitzen mit Eisessig auf dem Wasserbad u. langsame Zugabe von W., Abtrennung von Benzaldehyd u. Reinigung durch Chromatographieren über Silicagel (Äthylacetat/Aceton); Ausbeute fast quantitativ. *4.6-Di-O-acetylverb.*, $C_{20}H_{25}O_9N$, F. 104—141° (Nadeln aus Ae./Pentan); $[\alpha]_D^{25}$ $+52 \pm 2°$ (c = 0,80; Chlf.); 84%. — *Methyl-2-acetamido-3-O-benzoyl-2-desoxy-4.6-di-O-methyl-α-D-glucopyranosid* (**IV**), $C_{18}H_{25}O_7N$, F. 115—116° (Prismen aus Aceton/Ae./Pentan), aus **III** in Aceton, CH_3J u. Ag_2O durch Erhitzen über Nacht, filtrieren u. über Silicagel chromatographieren; $[\alpha]_D^{25}$ $+63 \pm 2°$ (c = 1,46; Chlf.); 52%. — *Methyl-2-acetamido-4.6-O-benzyliden-2-desoxy-3-O-tosyl-α-D-glucopyranosia* (**IIa**), $C_{23}H_{27}O_8NS$, F. 192—194° (prismat. Nadeln aus Aceton/Ae./Pentan), aus **I** in Pyridin u. Tosylchlorid durch 3tägiges Stehen bei 0°; $[\alpha]_D^{25}$ $-1 \pm 1°$ (c = 1,69; Chlf.); 51%. Beim Arbeiten bei Raumtemp. (2 Tage) u. 30 Min. Erhitzen auf 60° wird *Methyl-4.6-O-benzyliden-2-desoxy-3-O-[p-tosyl]-2-[N-(p-tosyl)-acetamido]-α-D-glucopyranosid*, $C_{30}H_{33}O_{10}NS_2$, $[\alpha]_D^{24}$ $+34 \pm 1°$, als Nebenprod. gewonnen; 11%. — *Methyl-2-acetamido-2-desoxy-3-O-[p-tosyl]-α-D-glucopyranosid* (**IIIa**), $C_{16}H_{23}O_8NS$, F. 158—160° (pentagonale Prismen aus Aceton/PAe.), aus **IIa** durch 24 std. Erhitzen mit Eisessig; $[\alpha]_D^{26}$ $+77 \pm 1°$ (c = 0,86; Chlf.); 66%. *4.6-Di-O-acetylverb.*, $C_{20}H_{27}O_{10}NS$, F. 152—153°; $[\alpha]_D^{29}$ $+72 \pm 3°$ (c = 0,84; Chlf.); 92%. — *Methyl-2-acetamido-2-desoxy-4.6-di-O-methyl-3-O-[p-tosyl]-α-D-glucopyranosid* (**IVa**), $C_{18}H_{27}O_8NS$, Sirup; $[\alpha]_D^{28}$ $+69 \pm 2°$ (c = 1,55; Chlf.); 87%. — *Methyl-2-acetamido-2-desoxy-4.6-di-O-methyl-α-D-glucopyranosid* (**V**), $C_{11}H_{21}O_6N$, F. 199—200° (Nadeln aus CH_3OH/Ae.), durch katalyt. Debenzoylierung von **VI** bei 0° mit $(CH_3O)_2Ba$; $[\alpha]_D^{25}$ $+150 \pm 4°$ (c=0,77; CH_3OH); 95%; oder aus **IVa** durch Schütteln mit 2,5%ig. Na-Amalgam in 90%ig. CH_3OH über Nacht; 80%. — *Methyl-2-acetamido-2-desoxy-3.4.6-tri-O-methyl-α-D-glucopyranosid*, F. u. Misch-F. 152—153°, nach Erstarren F. 167—168°, aus **V** durch Erhitzen mit CH_3J u. Ag_2O; $[\alpha]_D^{23}$ $+133 \pm 3°$ (c = 0,44; Chlf.); 57%. *3-O-Acetylderiv.* von **V**, $C_{13}H_{23}O_7N$, F. 109—110° (Prismen aus Ae./Pentan), aus **V** durch Acetylierung mit Essigsäureanhydrid u. Pyridin; $[\alpha]_D^{25}$ $+102 \pm 3°$ (c = 1,05; Chlf.); 82%. — *4.6-Di-O-methyl-D-glucosaminhydrochlorid* (**VI**), $C_8H_{18}O_5NCl$, $[\alpha]_D^{24}$ $+88 \pm 1°$ (c = 1,83; W.), aus **V** durch 3 std. Erhitzen mit 3 n HCl auf dem Wasserbad; Ausbeute quantitativ. — *2-Desoxy-2-[2'-oxy-α-menaphthylidenimino]-4.6-di-O-methyl-D-glucose*, $C_{19}H_{23}O_6N$, F. 192—194° (Zers.; gelbe prismat. Nadeln aus CH_3OH/Ae./Pentan), durch Behandlung von **VI** mit 2-Oxynaphtaldehyd u. Na-Acetat; $[\alpha]_{D}^{26}{}_{5461}$ + 296 ± 3° (c = 0,80; CH_3OH, Gleichgewicht); 61%. (J. Amer. chem. Soc. **76.** 555—58. 20/1. 1954. Boston, Mass., Gen. Hosp. u. Med. School, Dep. of Biolog. Chem.) Rossow. 3400

Roger W. Jeanloz, *Untersuchungen über Hyaluronsäure und verwandte Substanzen.* 9. Mitt. *6-O-Methyl-D-glucosaminhydrochlorid (2-Amino-2-desoxy-6-O-methyl-D-glucosehydrochlorid).* (8. vgl. vorst. Ref.) *6-O-Methyl-D-glucosamin·HCl* (**VI**) wurde aus Methyl-2-acetamido-2-desoxy-6-O-triphenylmethyl-α-D-glucopyranosid (**I**) (vgl. C. **1954.** 3237) durch Benzoylierung in $C_{(3)}$- u. $C_{(4)}$-Stellung, Abspaltung der Tritylgruppe u. Methylierung in $C_{(6)}$-Stellung, Debenzoylierung u. Hydrolyse der glucosid. Methyl- sowie der N-Acetylgruppe gewonnen. Ein zweiter Weg führt von Methyl-2-acetamido-3.4-di-O-benzyl-2-desoxy-α-D-glucopyranosid (**II**) durch Methylierung in $C_{(6)}$-Stellung, Abspaltung der Benzylgruppen u. Hydrolyse zu **VI**. **VI** wird durch die *N-2-Oxy-α-menaphthylidenverb.* charakterisiert.

Versuche (FF. korr.): *Methyl-2-acetamido-3.4-di-O-benzoyl-2-desoxy-6-O-trityl-α-D-glucopyranosid,* $C_{42}H_{39}O_8N$, glasiges Prod., $[\alpha]_D^{26}$ + 3 ± 1° (c = 4,22; Chlf.), aus **I** in trockenem Pyridin u. Benzoylchlorid bei —20°, nach 24 Std. bei 0° mit Chlf. verdünnen u. wie l. c. aufarbeiten; 95% (Ausbeute). — *Methyl-2-acetamido-3.4-di-O-benzoyl-2-desoxy-α-D-glucopyranosid,* $C_{23}H_{25}O_8N$, glasiges Prod., $[\alpha]_D^{23}$ —21 ± 1° (c = 3,32; Chlf.), aus vorst. Verb. durch Erhitzen mit Eisessig unter langsamen Verdünnen mit W.; 100%. — *Methyl-2-acetamido-3.4-di-O-benzoyl-2-desoxy-6-O-methyl-α-D-glucopyranosid* (**III**), $C_{24}H_{27}O_8N$, glasiges Prod., $[\alpha]_D^{24}$ —8 ± 1° (c = 0,95; Chlf.), aus vorst. Verb., CH_3J u. Ag_2O; 76%. — *Methyl-2-acetamido-3.4-di-O-benzyl-2-desoxy-6-O-methyl-α-D-glucopyranosid* (**IV**), $C_{24}H_{31}O_6N$, F. 197—198° (Aceton/Ae./Pentan), aus **II**, CH_3J u. Ag_2O durch Erhitzen über Nacht u. nach nochmaliger Zugabe weiter 5 Std., oder mit Methylsulfat u. NaOH in Aceton durch 3std. Rühren bei 55°; $[\alpha]_D^{23}$ + 99 ± 2° (c = 0,74; Chlf.); 76 bzw. 83%. — *Methyl-2-acetamido-2-desoxy-6-O-methyl-α-D-glucopyranosid* (**V**), $C_{10}H_{19}O_6N$, F. 189—191° (Nadeln aus CH_3OH/PAe.), aus **III** in CH_3OH durch Stehen über Nacht mit 0,4n$(CH_3O)_2Ba$; $[\alpha]_D^{28}$ + 143 ± 1° (c = 0,72; CH_3OH); 97%. — *Methyl-2-acetamido-3.4-di-O-acetyl-2-desoxy-6-O-methyl-α-D-glucopyranosid,* $C_{14}H_{23}O_8N$, F. 126—127° (Prismen aus Ae./Pentan), aus **IV** u. C_2H_5ONa, Acetylieren des Reaktionsprod. u. Chromatographieren über Silicagel (Ae./Äthylacetat 4 : 1 u. 2 : 1); $[\alpha]_D^{27}$ + 97 ± 2° (c = 0,78; Chlf.); 37—50%. Hieraus **V** durch Desacetylieren mit $(CH_3O)_2Ba$; 97%. **V** verbraucht bei der Oxydation 1,02 Mol $NaJO_4$/Mol u. bildet beim Methylieren *Methyl-2-acetamido-2-desoxy-3.4.6-tri-O-methyl-α-D-glucopyranosid,* F. u. Misch-F. 153—154°; $[\alpha]_D^{24}$ + 124 ± 3° (c = 1,25; Chlf.); 61%. — *6-O-Methyl-D-glucosamin·HCl* (**VI**), $C_7H_{16}O_5NCl$, F. 185—195° (Zers.; CH_3OH + Aceton), aus **V** durch 3std. Erhitzen mit 3nHCl; $[\alpha]_D^{25}$ + 92° (10 Min.) → + 68 ± 2° (24 Std.) (c = 1,00; W.); 83%. — *2-Desoxy-2-[2'-oxy-α-menaphthylidenimino]-6-O-methyl-D-glucose,* $C_{18}H_{21}O_6N$, F. 205—207° (gelbe Plättchen aus CH_3OH/Aceton); $[\alpha]^{24}_{5461}$ + 222 ± 3° (c = 1,05; CH_3OH, Gleichgewicht); 70%. (J. Amer. chem. Soc. **76.** 558—60. 20/1. 1954.) Rossow. 3400

Pierre J. Stoffyn und **Roger W. Jeanloz,** *Untersuchungen über Hyaluronsäure und verwandte Substanzen.* 10. Mitt. *3-O-Methyl-D-galaktosaminhydrochlorid (2-Amino-2-desoxy-3-O-methyl-D-galaktosehydrochlorid).* (9. vgl. vorst. Ref.) *3-O-Methyl-D-galaktosamin·HCl* wird aus Methyl-2-acetamido-2-desoxy-α-D-galaktopyranosid (**I**) (F. 217 bis 219°) durch Methylierung der vorher in $C_{(4)}$- u. $C_{(6)}$-Stellung durch eine Benzylidengruppe geschützten Verb., Abspaltung der Benzylidengruppe u. Hydrolyse der glucosid. Methyl- sowie der N-Acetylgruppe gewonnen. Die Verb. ist nicht krist. u. wird als *N-2-Oxy-α-menaphthylidenverb.* charakterisiert.

Versuche: *Methyl-2-acetamido-4.6-O-benzyliden-2-desoxy-α-D-galaktopyranosid,* $C_{16}H_{21}O_6N$, F. 243—245° (Nadeln aus CH_3OH/Ae.), aus **I**, Benzaldehyd u. $ZnCl_2$ durch Schütteln über Nacht bei Raumtemp., Eingießen in W. u. Schütteln mit Pentan, Filtrieren u. Aufarbeiten; $[\alpha]_D^{29}$ + 149 ± 2° (c = 1,04; Chlf.); 82%. — *Methyl-2-acetamido-4.6-O-benzyliden-2-desoxy-3-O-methyl-α-D-galaktopyranosid,* $C_{17}H_{23}O_6N$, F. 284—285° (Nadeln), aus vorst Verb. in Dioxan durch Methylierung mit Methylsulfat u. NaOH-Lsg. (30%) bei 55—60°; $[\alpha]_D^{29}$ + 172 ± 2° (c = 0.92; Chlf.); 96%. — *Methyl-2-acetamido-2-desoxy-3-O-methyl-α-D-galaktopyranosid* (**II**), $C_{10}H_{19}O_6N$, F. 190 bis 193° (Nadeln aus CH_3OH/Aceton/Ae.), aus vorst. Verb. durch 30 Min. Erhitzen mit 60%ig. Essigsäure auf dem Wasserbad; $[\alpha]_D^{27}$ + 183 ± 2° (c = 1,0; CH_3OH); 68%. *4.6-Di-O-acetylderiv.,* $C_{14}H_{23}O_8N$, F. 137—139°, $[\alpha]_D^{26}$ + 136 ± 2° (c = 0,97; Chlf.). — *Methyl-2-acetamido-2-desoxy-3.4.6-tri-O-methyl-α-D-galaktopyranosid,* $C_{12}H_{23}O_6N$, F. 191—192° (Aceton/Pentan), aus **II** durch weiteres Methylieren mit CH_3J

u. Ag_2O (24 Std., Wasserbad); $[\alpha]_D^{28}$ + 142 ± 3° (c = 0,9; CH_3OH); 44%. — *3-O-Methyl-D-galaktosamin·HCl*, $C_7H_{16}O_5NCl$, Sirup; $[\alpha]_D^{28}$ + 119 ± 2° (c = 1,38; W.), aus **II** durch 3std. Erhitzen mit 3nHCl auf dem Wasserbad; Ausbeute quantitativ. *2-Desoxy-2-[2'-oxy-α-menaphthylidenimino]-3-O-methyl-D-galaktose*, $C_{18}H_{21}O_6N$, F. 205 bis 207° (gelbe Mikrokristalle aus Pyridin/CH_3OH/Ae.); $[\alpha]_D^{26}{}_{5461}$ + 132 ± 5° (c = 0,18; CH_3OH, Gleichgewicht); 39%. (J. Amer. chem. Soc. **76**. 561—62. 20/1. 1954.)
Rossow. 3400

Pierre J. Stoffyn und **Roger W. Jeanloz**, *Untersuchungen über Hyaluronsäure und verwandte Substanzen.* 11. Mitt. *4.6-Di-O-methyl-D-galaktosaminhydrochlorid* (*2-Amino-2-desoxy-4.6-di-O-methyl-D-galaktosehydrochlorid*). (10. vgl. vorst. Ref.) *4.6-Di-O-methyl-D-galaktosaminhydrochlorid* wird aus Methyl-2-acetamido-4.6-O-benzyliden-2-desoxy-α-D-galaktopyranosid (**I**) (vgl. l. c.) durch Tosylierung in $C_{(3)}$-Stellung, Abspaltung der Benzylidengruppe, Methylierung in $C_{(4)}$- u. $C_{(6)}$-Stellung, Detosylierung u. Hydrolyse wie in vorst. Reff. gewonnen. Charakterisierung als *N-2-Oxy-α-menaphthylidenverbindung.*

Versuche: *Methyl-2-acetamido-4.6-O-benzyliden-2-desoxy-3-O-tosyl-α-D-galaktopyranosid*, $C_{23}H_{27}O_8NS$, F. 190—192° (Prismen aus CH_3OH/Ae./Pentan); $[\alpha]_D^{29}$ + 152 ± 2° (c = 1,11; Chlf.); 66%. — *Methyl-2-acetamido-2-desoxy-3-O-tosyl-α-D-galaktopyranosid*, $C_{16}H_{23}O_8NS$, F. 154—157° (Prismen aus Aceton/Ae.); $[\alpha]_D^{27}$ + 100 ± 2° (c = 1,02; Chlf.); 86%. *4.6-Di-O-acetylverb.*, $C_{20}H_{27}O_{10}NS$, F. 152—153° (Aceton/Ae./Pentan); $[\alpha]_D^{27}$ + 90 ± 2° (c = 0,90; Chlf.); 68%. — *Methyl-2-acetamido-2-desoxy-4.6-di-O-methyl-3-O-tosyl-α-D-galaktopyranosid*, $C_{18}H_{27}O_8NS$, Sirup; $[\alpha]_D^{27}$ + 89 ± 2° (c = 1,17; Chlf.), Methylierung mit CH_3J u. Ag_2O; 95%. — *Methyl-2-acetamido-2-desoxy-4.6-di-O-methyl-α-D-galaktopyranosid* (**II**), $C_{11}H_{21}O_6N$, F. 227—229° (Nadeln aus CH_3OH/Ae.); $[\alpha]_D^{29}$ + 141 ± 2° (c = 0,79; CH_3OH); 89%. — *Methyl-2-acetamido-2-desoxy-3.4.6-tri-O-methyl-α-D-galaktopyranosid*, F. u. Misch-F. 191—192°, aus vorst. Verb. durch Methylierung mit CH_3J u. Ag_2O; $[\alpha]_D^{28}$ + 147 ± 2° (c = 1,0; CH_3OH). *3-O-Acetylverb. von* **II**, $C_{13}H_{23}O_7N$, F. 111—112° (Aceton/Ae./Pentan); $[\alpha]_D^{28}$ + 106 ± 2° (c = 0,94; Chlf.); 60%. — *4.6-Dimethyl-α-D-galaktosamin·HCl*, $C_8H_{18}O_5NCl$, F. 190° (Zers.); $[\alpha]_D^{26}$ + 107° (5 Min.) → + 91 ± 2° (48 Std.; c = 1,02; W.); 84%. *2-Desoxy-2-[2'-oxy-α-menaphthylidenimino]-4.6-di-O-methyl-D-galaktose*, $C_{19}H_{23}O_6N$, F. 183—186°; $[\alpha]^{26}_{5461}$ + 223 ± 3° (c = 0,62; CH_3OH, Gleichgewicht); 39%. (J. Amer. chem. Soc. **76**. 563—64. 20/1. 1954.)
Rossow. 3400

G. K. Hughes, K. G. Neill und **E. Ritchie**, *Die Synthese von Melicopicin und einiger Trimethoxy-10-methylacridone.* [Formelbezifferung nach BEILSTEIN in ().] *Melicopicin* aus *Melicope faraena* wird als ident. mit dem neuen *1.2.3.4-Tetramethoxy-10-methylacridon* (**I**) gefunden. Die 4 dem **I** verwandten, im gleichen Kern substituierten *Trimethoxy-10-methylacridone* werden synthetisiert, wobei das *2.3.4(1.2.3)-Trimethoxyderiv.* mit dem aus Evoxanthin erhaltenen ident. ist. Eine neue Darst. von *10-Methylacridon* wird beschrieben.

Versuche (Chromatographie an Al_2O_3 = Chr.): *10-Methylacridon*, F. 203 bis 204° (A.), aus 5(9)-Methoxyacridin u. CH_3J im Druckrohr (3 Std., Wasserbad). — *2.3.4.5-Tetramethoxyjodbenzol*, $C_{10}H_{13}O_4J$, Kp.$_{0,35}$ 141—143°, durch 20 Min. langes Eintragen von 20 cm³ 30%ig. H_2O_2 in eine Lsg. von 17,7 g Tetramethoxybenzol, 114 g J u. 1,5 cm³ konz. H_2SO_4 in 150 cm³ A., 10 Min. erhitzen (Wasserbad), kalt mit W. verdünnen u. ausäthern; orangerotes schweres Öl; n_D^{23} 1,5633; 23,9 g (Ausbeute). — *2.3.4.5-Tetramethoxydiphenylamincarbonsäure-(2')* (**II**), $C_{17}H_{19}O_6N$, F. 159—160°, aus vorst. Verb., Anthranilsäure, K_2CO_3 u. Cu-Pulver in sd. $C_6H_5NO_2$; nach 3 Std. dampfdest., filtrieren u. mit $NaHCO_3$/HCl umfällen; blaßbraune Nadeln aus Bzl./PAe.; 42%. — *1.2.3.4-Tetramethoxy-5(9)-aminoacridin* (**III**), $C_{17}H_{18}O_4N_2$, F. 144—146°, aus **II** nach ALBERT u. RITCHIE (C. **1946**. I. 1232); aus PAe. hellgelbe Nadeln. — *1.2.3.4-Tetramethoxy-10-methylacridon* (*Melicopicin*; **I**), $C_{18}H_{19}O_5N$, F. 131—133°, aus **III** u. sd. $POCl_3$ (3 Std.); evakuieren, die $CHCl_3$-Lsg. mit Eis + NH_4OH alkalisieren, festes 1.2.3.4-Tetramethoxy-5(9)-chloracridin (**IV**) mit CH_3ONa in CH_3OH 2 Std. kochen, CH_3OH verdampfen, verdünnen u. mit Chlf. rohe 1.2.3.4.5(9)-Pentamethoxyacridin (dunkles Öl) isolieren; mit CH_3J im Bombenrohr 4 Std. erhitzen, Chr. des Eindampfrückstandes in Bzl. u. einengen; mit PAe. rechteckige Tafeln; 15%; wird in 1 Std. mit alkoh. HCl zu *1.2.3(2.3.4)-Trimethoxy-4(1)-oxy-10-methylacridon* (*Normelicopicin*, F. 125—127°; aus wss. A. orangefarbene Nadeln) entmethyliert. — *1.2.3.4-Tetramethoxyacridon* (**V**), $C_{17}H_{17}O_5N$, F. 202—203°, aus **IV** u. sd. konz. HCl (1/2 Std.), mit NaOH alkalisch machen u. mit 10%ig. HCl ausziehen; aus verd. A. glitzernde goldgelbe Tafeln. — *5-Nitro-1.2.3-trimethoxybenzol*, F. 95—97°, durch Eintragen von 50 g Trimethylgallussäure in 100 cm³ konz. HNO_3 u. 200 cm³ CH_3COOH (Eis), 1/2 Std. bei Raumtemp. rühren u. in W. gießen; genügend rein; 31,8 g. — *3.4.5-Tri-*

methoxyanilin, F. 114°, aus vorst. Verb., sd. W., Fe-Pulver u. $FeSO_4$ (4 Std.); verdünnen u. heiß filtrieren; 83%. — *3.4.5-Trimethoxydiphenylamincarbonsäure-(2')*, $C_{16}H_{17}O_5N$, F. 164—166°, aus 3.4.5-Trimethoxyjodbenzol wie **II**; aus Bzl./PAe. Nadeln; 23%. — *2.3.4(1.2.3)-Trimethoxy-10-methylacridon*, $C_{17}H_{17}O_4N$, F. 168,5—170°, aus vorst. Säure wie **I**; Chr.; aus Bzl./PAe. gelbe Platten. Geht durch Demethylierung mit alkoh. HCl (3/4 Std.) in *2.3-Dimethoxy-4(1)-oxy-10-methylacridon* (F. u. Misch-F. mit einem aus Evoxanthin erhaltenen Präp. 176—177°, aus A. goldgelbe Nadeln) über. — *2.3.4(1.2.3)-Trimethoxyacridon*, $C_{16}H_{15}O_4N$, F. 208—209°, wie **V**; aus wss. A. oder Bzl./PAe. blaßgelbe Nadeln. — *2.4.5-Trimethoxyjodbenzol*, $C_9H_{11}O_3J$, F. 71—72°, aus 5 g 1.2.4 Trimethoxybenzol, 4,9 g gelbem HgO in A. u. 7,6 g J in 3 Portionen bei 45—55°, Filtrat verdünnen u. mit $NaHSO_3$ versetzen; Prismen aus verd. A. oder PAe.; 6,2 g. —*2.4.5-Trimethoxydiphenylamincarbonsäure-(2')* (**VI**), $C_{16}H_{17}O_5N$, F. 183 bis 183,5°, aus vorst. Verb. wie **II**; hellbraune Nadeln aus Toluol; 41%. — *1.3.4(1.2.4)-Trimethoxy-10-methylacridon*, $C_{17}H_{17}O_4N$, F. 113—115°, aus **VI** wie **I**; hellgelbe Nadeln aus Bzl./PAe.; in Bzl. intensiv gelbgrüne u. in A. gelbe Fluorescenz. — *1.3.4(1.2.4)-Trimethoxyacridon*, $C_{16}H_{15}O_4N$, F. 162—163°, aus **VI** wie **V**; aus W. gelbe Nadeln. — *1.3.4(1.2.4)-Trimethoxy-5(9)-aminoacridin*, $C_{16}H_{16}O_3N_2$, F. 185—187°, aus **VI** wie **III**; aus Bzl./PAe. dunkelrote Prismen. — *2.3.5-Trimethoxybrombenzol*, $C_9H_{11}O_3Br$, $Kp._{0,3}$ 106—178°, $Kp._{25}$ 170—173°; in die Lsg. von 53 g 5-Bromvanillin in n/10 KOH unter Leuchtgas auf einmal 49 cm³ 30%ig. H_2O_2 u. in 1 Std. 245 cm³ 6%ig. H_2O_2 zufügen, 2 Std. rühren, mit SO_2 sättigen, ausäthern u. den Ae. ab dest.; in 10%ig. NaOH mit 4—5 g $Na_2S_2O_4$ lösen, überschüssiges $(CH_3)_2SO_4$ zusetzen u. ausäthern; 25,5 g. — *2.3 5-Trimethoxydiphenylamincarbonsäure-(2')* (**VII**), $C_{16}H_{17}O_5N$, F. 166—167°, aus vorst. Verb. wie **II**; aus Bzl. blaßbraune Würfel; 70%. — *1.2.4(1.3.4)-Trimethoxy-10-methylacridon*, $C_{17}H_{17}O_4N$, F. 141—142°, aus **VII** wie **I**; Chr.; aus Bzl./PAe. goldgelbe Nadeln. — *1.2.4(1.3.4)-Trimethoxyacridon*, $C_{16}H_{15}O_4N$, F. 221—223°, aus **VII** wie **V**; aus wss. A. gelbe Nadeln; 79%. — *2.3.4-Trimethoxydiphenylamincarbonsäre-(2')-* (**VIII**), $C_{16}H_{17}O_5N$, F. 160—161°, aus 3.4.5-Trimethoxyjodbenzol (aus Pyrogalloltrimethyläther) wie **II**; aus Bzl./PAe. blaßbraune Nadeln; 27%. — *1.2.3(2.3.4)-Trimethoxy-10-methylacridon*, $C_{17}H_{17}O_4N$, F. 116—118°, aus **VIII** wie **I**; Chr.; aus Bzl./PAe. gelbe Stäbchen. — *1.2.3(2.3.4)-Trimethoxyacridon*, $C_{16}H_{15}O_4N$, F. 195—197°, aus **VIII** wie **V**; aus wss. A. cremefarbene u. aus Bzl./PAe. gelbe Nadeln. (Austral. J. sci. Res. Ser. A 3. 497—503. Sept. 1950. Sidney, Univ., Dep. of Org. Chem.) LEHMSTEDT. 3500

R. G. Cooke und **T. C. Somers**, *Dunnion und verwandte Naphthochinone. 1. Mitt. Die Isodunnionreihe.* (Vgl. PRICE u. ROBINSON, Nature [London] **142.** [1938.] 147; J. chem. Soc. [London] **1939.** 1522 u. **1940.** 1493.) Die Konst. von *Oxyhydroisodunniol* [**I**; 2-Oxy-3-[1.2.2-trimethyl-2-oxyäthyl]-naphthochinon-(1.4)] wird durch Synth. aus *2-Oxy-3-[2.3.3-trimethylallyl]-naphthochinon-(1.4)* (**II**) u. damit zugleich die Konst. von α- u. *β-Isodunnion* bewiesen. Verss. zur Synth. von Isodunniol bestätigen seine bisher angenommene Konst. nicht, sondern lassen es als *2-Oxy-3-[1.2-dimethylallyl]-naphthochinon-(1.4)* erscheinen. Es wird gezeigt, daß in gewissen 2-Oxy-3-alkylennaphthochinonen-(1.4) die Resonanz ster. behindert wird (hellere Färbung). Synthet. Homologe der Lapachol- u. Dunnionreihe werden beschrieben.

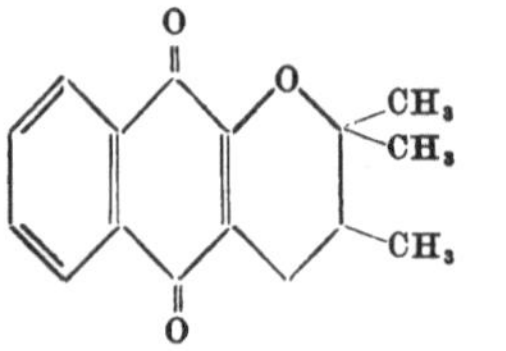

V

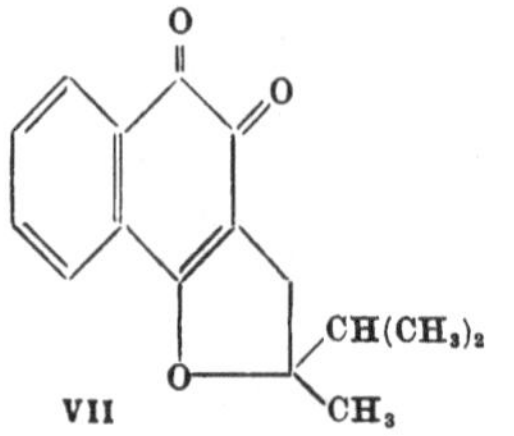

VII

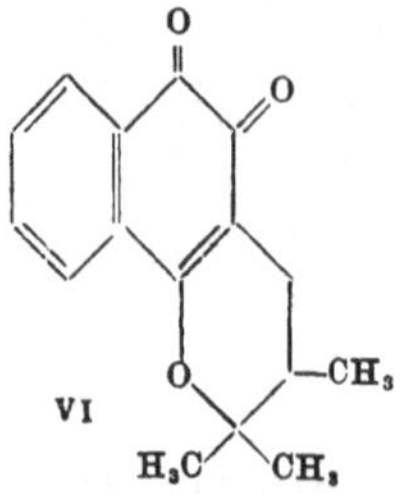

VI

Versuche (FF. korr.): *2-Oxy-3-[2.3.3-trimethylallyl]-naphthochinon-(1.4)* (**II**), $C_{16}H_{16}O_3$, F. 171—173°, durch 75 Min. langes Einrühren von 40 g Ag-Salz von 2-Oxynaphthochinon-(1.4) (**III**) in die Lsg. von 25 g 2.3.3-Trimethylallylbromid in trockenem Bzl. bei 0—5°, 1 std. Rühren u. Stehenlassen über Nacht; die Benzolextrakte (**A**) des Nd. mit 2%ig. NaOH u. den Nd. mit 5%ig. NaOH extrahieren u. mit CH_3COOH neutralisieren; aus A. seidige, gelbe Nadeln; 12% (Ausbeute); aus dem roten Filtrat mit HCl **III**; ca. 45%. — *2-[2.3.3-Trimethylallyloxy]-naphthochinon-(1.4)* (**IV**), $C_{16}H_{16}O_3$, F. 129—130°, den Vakuumrückstand von **A** mit PAe. fällen; aus Bzl. gelbe Nadeln. — *Rote Verb.* $C_{22}H_{26}O_3$, F. 145—146°, manchmal aus dem konz. PAe. Filtrat von **IV** im Kühlschrank; orangerote Plättchen aus CH_3OH; wohl ein β-Chinon. — *β.γ.γ-Trimethyldihydropyranonaphthochinon-(1.4)* (**V**), $C_{16}H_{16}O_3$, F. 92—93°, aus **II** u. CH_3COOH + konz. HCl (2,5 : 1 Vol., 75 Min., 100°); in W. gießen u. kühlen; Nadeln aus CH_3OH. — *β.γ.γ-Trimethyldihydropyranonaphthochinon-(1.2)* (**VI**), $C_{16}H_{16}O_3$, F. 147—148°, durch 20std. Hinstellen der Lsg. von 0,1 g **II** in 4 cm³ konz. H_2SO_4 (Stöpselflasche) u. Gießen in Eis + W.; aus wss. A. orangefarbene Tafeln; mit NaOH aus $NaHSO_3$-Lsg. regenerierbar. — *β-Isopropyl-β-methyldihydrofuranonaphthochinon-(1.2)* (**VII**), $C_{16}H_{16}O_3$, F. 126—127°; 0,5 g **II** in 6 cm³ konz. H_2SO_4 nach 12 Min. auf Eis gießen u. die alkoh. Lsg. des Nd. mit W. in 3 Teile zerlegen: der 1. u. 2. bestanden hauptsächlich aus **VI**; aus der 3. Fraktion durch Kristallisation aus Bzl./PAe. orangerote Nadeln; aus dem Filtrat etwas **VI**; **VII** (Fünfring) ist tiefer farbig als **VI** (Sechsring). — Lange Behandlung von **V** mit konz. H_2SO_4 gibt nur **VI**, kurze **VI** u. **VII**. Aus **VI** + **VII** oder reinem **VI** u. sd. konz. HCl entsteht nur **V**. Unters. der FF. bzw. der Rk. mit NaOH (s. unten). — *2-Oxy-3-[2.3-dimethyl-3-oxybutyl]-naphthochinon-(1.4)*(**VIII**), $C_{16}H_{18}O_4$, F. 135—136°, aus **V** oder **VI** u. 4%ig. NaOH (1 Std., 100°) u. Neutralisieren mit CH_3COOH; aus Bzl. gelbe Prismen. Gibt mit sd. konz. HCl **V**, mit kalter konz. H_2SO_4 **VI** u. **VII** oder, je nach der Dauer, nur **VI**; aus der tiefroten NaOH-Lsg. fällt HCl **VI**; **VIII** spaltet in sd. 1,5%ig. NaOH beim Zutropfen von 3%ig. H_2O_2 *Aceton* ab [Aceton-2.4-dinitrophenylhydrazon (**IX**), F. 124—125° (C_2H_5OH)]. — *2-Oxy-3-[2.3-dimethyl-2-oxybutyl]-naphthochinon-(1.4)*, $C_{16}H_{18}O_4$, F.120; bis 121°, **VII** in 5%ig. NaOH erwärmen u. das Filtrat mit CH_3COOH neutralisieren; aus PAe. gelbe Blättchen; entsteht auch zusammen mit **VIII** durch Fraktionieren des Gemisches aus NaOH, rohem **VI** u. **VII** (durch kurze Einw. von konz. H_2SO_4 auf **II**); Ringschluß durch Säure ähnlich **VIII**; Oxydation wie bei **VIII**, aber mit 1,5% ig. H_2O_2 gibt *Methylisopropylketon. 2.4-Dinitrophenylhydrazon*, F. 122—123°, mehrfach aus A., dann Chlf./PAe., gelborangefarbene Tafeln. — *Oxyhydroisodunniol* (**I**), F. 112 bis 113°, aus 0,6 g **VIII** in 15%ig. NaOH u. 0,6 g $KMnO_4$ in Eiswasser; nach 3 Std. bei 0° filtrieren, über Nacht stehenlassen, mit CH_3COOH neutralisieren, ausäthern u. den Ätherrückstand mit W. anreiben; 2mal aus A., dann Bzl./PAe. gelbe Prismen. *Monohydrat*, $C_{15}H_{16}O_4 \cdot H_2O$, F. 83°, aus wss. A. rechteckige gelbe Prismen; **I** gibt mit starken Säuren α- u. β-Isodunnion. — *2-Oxy-3-[1.1.2-trimethylallyl]-naphthochinon-(1.4)* (**X**), $C_{16}H_{16}O_3$, F. 82—83°, aus **IV** in sd. absol. A. (30 Min.), den A. einengen u. mit W. verdünnen; hellgelbe Nadeln aus wss. A.; fast 100% roh; **IV** reagiert in sd. C_6H_6 kaum. — *α.α.β.β-Tetramethyldihydrofuranonaphthochinon-(1.2)* (**XI**), $C_{16}H_{16}O_3$, F. 106—107°; **X** in konz. H_2SO_4 nach 15 Min. in Eis + W. gießen; aus PAe. orangerote Nadeln; gibt mit sd. NaOH u. H_2O_2 **IX**. — *α.α.β.β-Tetramethyldihydrofuranonaphthochinon-(1.4)*, $C_{16}H_{16}O_3$, F. 107—108°, a) durch 2std. Sieden von **X** in konz. HCl u. Dampfdest.; aus PAe. hellgelbe Prismen; b) durch 3std. Sieden von **XI** in konz. HCl; c) aus **XI** in sd. 5%ig. NaOH; rote Lsg. → orange; Nd.; bleibt in konz. H_2SO_4 bei Raumtemp. (15 Min.) unverändert, bei 100°/15 Min. Bldg. von **XI**. — *2-Oxy-3-[2-methylallyl]-naphthochinon-(1.4)* (**XII**), $C_{14}H_{12}O_3$, F. 128°, durch 1std. Sieden von 15 g 2-Methylallylchlorid, 50 cm³ Aceton u. 25 g NaJ, Zugabe von 20 g K-Salz von **III** in 400 cm³ Aceton u. 100 cm³ W. u. 36std. Sieden; den Eindampfrückstand ausäthern, den Ae. mit verd. NaOH ausschütteln u. diese mit CH_3COOH neutralisieren; aus A. gelbe Nadeln; 17%. Aus dem Filtrat mit HCl **III**. Aus dem Ätherfiltrat nach Waschen mit wss. $NaHSO_3$, Trocknen u. Eindampfen wohl *2-[2-Methylallyloxy]-naphthochinon-(1.4)*, F. 116—117°, blaßgelbe Nadeln aus PAe.; bei 1/2std. Erhitzen auf 122—123° Umlagerung in **XII**. Dieses wird in konz. H_2SO_4 zu *β.β-Dimethyldihydrofuranonaphthochinon-(1.2)* isomerisiert. — 2stufige HOCKER-Oxydation nach FIESER u. FIESER (J. Amer. chem. Soc. **70**. [1948.] 3215): *Ketol aus* **II**, $C_{16}H_{18}O_5$, F. 177° (Zers.). **II** in wss. Dioxan + Soda bei 70° lösen, unter N_2 30%ig. H_2O_2 zufügen (1 Std.) u. mit 1/6 des H_2O_2 30 Min. bei 70° halten; mit Eis kühlen, mit W. verdünnen u. mit HCl fällen; 2mal aus Bzl./PAe., dann Bzl., Nadeln. — Vorst. Verb. in 50%ig. Dioxan, Soda, 25%ig. NaOH u. wss. $CuSO_4$ 10 Min. stehenlassen u. 10 Min. auf dem Wasserbad schütteln, das Filtrat mit HCl ansäuern u. ausäthern; als Eindampfrückstand ein Öl; daraus aus wss. CH_3OH goldgelbe Nadeln, F. 92—95°; Reinigungsverss. erfolglos; das rohe Öl wird leicht durch kalte konz. H_2SO_4 zu *β-Isodunnion* cyclisiert. — *Ketol aus* **XII**, $C_{14}H_{14}O_5$, F. 157°; 0,75 g in je 7 cm³ Dioxan, W. u. 0,4 g Na_2CO_3 auf 70° erhitzen, unter N_2 0,8 cm³ 30%ig. H_2O_2 zufügen u. 40 Min. bei 70° halten, in Eis mit 10 cm³ W. verdünnen, mit verd. HCl ansäuern u. nach 30 Min. filtrieren; aus Bzl. Nadeln. — *2-Oxy-3-isopropenylnaphthochinon-(1.4)*, $C_{13}H_{10}O_3$, F. 86° vorst. Verb. in Dioxan/W., 25%ig. NaOH u. wss. $CuSO_4$ je 10 Min. bei Raumtemp.; u. auf dem Wasserbad erhitzen u. das Filtrat mit verd. HCl eben ansäuern; aus PAe. orangegelbe Nadeln; aus **XII** 31%. In A. über PtO_2 mit H_2 Red. zu *2-Oxy-3-isopropyl-*

naphthochinon-(1.4), F. 93—94°, in CH_3COOH/konz. HCl (1 : 4 Vol., 12 Std., Stöpselflasche) → **III**; Filtrat verdünnen u. mit 2.4-Dinitrophenylhydrazin in 57%ig. H_2SO_4 dest. → **IX**. (Austral. J. sci. Res., Ser. A **3**. 466—80. Sept. 1950. Melbourne, Univ., Dep. of Chem.) LEHMSTEDT. 3550

R. G. Cooke, *Dunnion und verwandte Naphthochinone*. 2. Mitt. *Synthese von Isodunniol und dl-Dunnion*. (1. vgl. vorst. Ref.) Die Herst. von *2-[3.3-Dimethylallyloxy]-naphthochinon-(1.4)* (**I**) u. *Lapachol* wird verbessert. Durch CLAISEN-Rk. lagert sich **I** in *2-Oxy-3-[1.1-dimethylallyl]-naphthochinon-(1.4)* (**II**) u. *2-Oxy-3-[1.2-dimethylallyl]-naphthochinon-(1.4)* (**III**; *Isodunniol*) um, das sich in H_2SO_4 zu *β-Isodunnion* (**IV**) isomerisiert, während sich **II** in H_2SO_4 in *dl-Dunnion* (**V**) umlagert, der Racemform des Naturfarbstoffs d-Dunnion. Es wird als *α.α.β-Trimethyldihydrofuranonaphthochinon-(1.2)* bestätigt. *dl-α-Dunnion* u. *dl-Allodunnion* werden synthetisiert u. alle Präpp. mit den Naturprodd. verglichen.

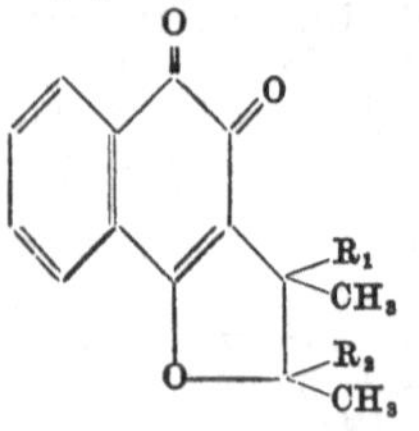

IV $R_1 = H$; $R_2 = CH_3$
V $R_1 = CH_3$; $R_2 = H$

V e r s u c h e (FF. korr.): *2-[3.3-Dimethylallyloxy]-naphthochinon-(1.4)* (**I**), F. 148—149°, aus 43 g K-Salz von 2-Oxynaphthochinon-(1.4) (**VI**), in 320 cm³ trockenem Aceton suspendiert, u. 36 g 3.3-Dimethylallylbromid (12std. Sieden) u. den Eindampfrückstand mit 1%ig. NaOH öfter extrahieren (**A**); aus Bzl./PAe. blaßgelbe Nadeln; 12% (Ausbeute). — *Lapachol*, F. 140—141°, **A** mit CH_3COOH neutralisieren; 14% roh; aus dem Filtrat u. HCl **VI**; 70%. — *2-Oxy-3-[1.1-dimethylallyl]-naphthochinon-(1.4)* (**II**), $C_{15}H_{14}O_3$, F. 70 bis 71°, aus **I** in sd. absol. A. (7 Std.) u. den Vakuumrückstand mit 0,5%ig. NaOH verreiben; Rückstand **I** (95%); das Filtrat mit CH_3COOH über Nacht stehenlassen; gelbe Nadeln aus wss. CH_3OH. — *2-Oxy-3-[1.2-dimethylallyl]-naphthochinon-(1.4)* (*Isodunniol*; **III**), F. 118—119°, aus **I** in sd. Xylol (45 Min.), den NaOH-Extrakt mit CH_3COOH eben neutralisieren u. den Nd. mit A. in **II** u. das schwerer lösl. **III** zerlegen; gelbe Nadeln; 20%. *Acetat*, $C_{17}H_{16}O_4$, F. 73°, mit $(CH_3CO)_2O$ u. Pyridin (30 Min., Zimmertemp.); aus wss. A. blaßgelbe Nadeln. *Leukotriacetat*, $C_{21}H_{22}O_6$, F. 124—126°, mit $(CH_3CO)_2O$, Pyridin u. Zn-Staub bis zur Entfärbung in verd. HCl filtrieren u. rühren; Prismen aus wss. Aceton. **III** in konz. H_2SO_4 (24 Std., Raumtemp.) → *β-Isodunnion* (**IV**), F. 129—131°. **II** u. **III** entstanden auch in geringer Menge aus **II** durch Erhitzen (20 Min., 153°); nur **III** isoliert. — *dl-Dunnion* (**V**), $C_{15}H_{14}O_3$, F. 93—94°, 3 g **II** in 30 cm³ konz. H_2SO_4 innerhalb 15 Min. in Eis + W. einrühren; am nächsten Tage aus PAe. flache hellorangerote Nadeln; 86%. — *dl-α-Dunnion*, $C_{15}H_{14}O_3$, F. 110—111°, aus 0,2 g **V** u. 50 cm³ 5%ig. NaOH (17 Std., rot → gelb, Nd.); aus PAe. gelbe Tafeln (Filtrat **C**); daraus in konz. H_2SO_4 (100°, 30 Min.) **IV**. — *dl-Allodunnion*, $C_{15}H_{14}O_3$, F. 142—143°, aus **C** u. HCl (einige Std.); aus A. gelbe Tafeln; in A. λ_{max} 246 mμ (log ε = 4,41), 335 (3,52), 411 (2,69). (Austral. J. sci. Res., Ser. A **3**. 481—86. Sept. 1950.) LEHMSTEDT. 3550

R. G. Cooke und **T. C. Somers**, *Dunnion und verwandte Naphthochinone*. 3. Mitt. *Umlagerung von Oxynaphthochinonen in Indenoncarbonsäuren · Allodunnion*. (2. vgl. vorst. Ref.) Gewisse 2-Oxy-3-tert.-alkylnaphthochinone-(1.4) lagern sich schnell in sd. wss. Alkalien in 2-Alkylindenon-(1)-carbonsäuren-(3) um. Langsamer ist die Rk. bei *2-Oxy-3-isopropylnaphthochinon-(1.4)* (**I**), die zu *2-Isopropylindenon-(1)-carbonsäure-(3)* (**II**) führt. Die Konst. von **II** wird durch eine andere Synth. gesichert. Ihr *Äthylester* (**IIa**) zeigt dem *Allodunnion* (**III**) ähnliche Absorption. Die Umlagerung wird mit der von Dunnion in **III** in Beziehung gebracht. *2-Oxy-3-[1.1-dimethylallyl]-naphthochinon-(1.4)* (**IV**) isomerisiert sich zu *2-[1.1-Dimethylallyl]-indenon-(1)-carbonsäure-(3)* (**V**), die mit H_2SO_4 **III** u. ein neues Isomeres gibt, welches wohl durch Retropinakolinumlagerung entstanden ist. Diese Beobachtungen bekräftigen die ursprünglich angenommene Konst. von **III**.

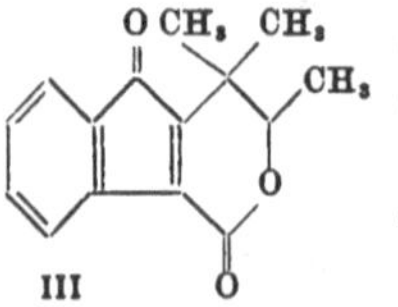

III

V e r s u c h e (FF. korr.): *2-Oxy-3-tert.-butylnaphthochinon-(1.4)* (**VI**), F. 91°, a) 0,6 g 2-tert.-Butylnaphthochinon-(1.4) in 5 cm³ CH_3COOH, 11 g CH_3COONa u. 0,45 g Br_2 in 2 cm³ CH_3COOH 8 Tage stehenlassen u. mit W. fällen, den Nd. in 25 cm³ CH_3OH + 0,6 g NaOH auf dem Wasserbad 1 Std. erhitzen, das Kaltfiltrat mit HCl versetzen u. ausäthern; aus dem Ätherrückstand (0,4 g) durch Umkristallisation aus CH_3OH, dann PAe. gelbe Nadeln; b) aus 2-Oxynaphthochinon-(1.4), Pivalinsäure u. Pb_2O_3 mit Acetessigester als Promotor u. Dampfdest.; 2% (Ausbeute). — *2-Oxy-3-isopropylnaphthochinon-(1.4)* (**I**), F. 90—92° (wss. A.), analog **VI** nach b) mit Isobuttersäure; ca. 1,5%. — *2-tert.-Butylindenon-(1)-carbonsäure-(3)* (**VII**), $C_{14}H_{14}O_3$, F. 165°, 0,1 g **VI** in 15 cm³ 4%ig. NaOH 10 Min. kochen, filtrieren (Kohle) u. mit HCl fällen; gelbe Tafeln aus PAe.; in wss.

$NaHCO_3$ orangegelbe Lösung. — *2-[1.1-Dimethylallyl]-indenon-(1)-carbonsäure-(3)* (**V**), $C_{15}H_{14}O_3$, F. 152,5°, aus **IV** u. 5%ig. NaOH wie **VII**, aber 1std. Sieden; aus Bzl./PAe. hellgelbe Blättchen; 20%. — *2-[1.1.2-Trimethylallyl]-indenon-(1)-carbonsäure-(3)* (**VIII**), $C_{16}H_{16}O_3$, F. 123,5—124,5°, aus 2-Oxy-3-[1.1.2-trimethylallyl]-naphthochinon-(1.4) wie **V** (2 Std.); aus PAe. hellgelbe Nadeln; 90%. — *2-Isopropylindenon-(1)-carbonsäure-(3)* (**II**), $C_{13}H_{12}O_3$, F. 146—147°, durch $2^1/_2$std. Sieden von 0,2 g **I** in 5%ig. NaOH, das blaue Nebenprod. ausäthern, die wss. Schicht ansäuern u. ausäthern, die äther. Lsg. mit wss. $NaHCO_3$ ausziehen u. mit HCl ausfällen; aus PAe. gelbe Nadeln; 70%. — *α-Phenyl-β-isopropylsuccindiamid*, $C_{13}H_{18}O_2N_2$, F. 330° (Zers.; unkorr.), aus α-Phenyl-β-isopropylsuccindinitril (**IX**) u. konz. H_2SO_4 (1 Std., Dampfbad) u. kalt in Eis + W. gießen; hexagonale Kristalle aus CH_3OH. — *α-Phenyl-β-isopropylbernsteinsäure*, F. 178—179° (W.), a) aus vorst. Verb. u. sd. wss.-alkoh. NaOH, Ausschütteln mit Bzl. u. Einengen; b) mit Eisessig/konz. HCl (25std. Sieden); Verseifung unvollständig; Ausbeuten bei a) u. b) schlecht. — *2-Isopropylindanon-(1)-carbonsäure-(3)* (**X**), $C_{13}H_{14}$-O_3, F. 103—104°, durch Erhitzen von 10,4 g **IX** in 74 cm³ konz. H_2SO_4 auf dem Dampfbad, langsame Zugabe von 137 cm³ W. unter Schütteln u. 10std. Kochen; 11,6 g Säuregemisch (Nadeln u. Tafeln), das mit 35 cm³ konz. H_2SO_4 ($2^1/_2$ Std., Dampfbad) erhitzt u. in 140 cm³ Eis + W. gegossen wurde; aus Bzl./PAe. Nadeln; das wss. Filtrat gab mit Bzl. weitere **X**; 71% (bezogen auf **IX**). *Äthylester* (**Xa**), $C_{15}H_{18}O_3$, F. 35—36°, aus **X** u. sd. A. + HCl-Gas (4 Std.) u. Ausäthern; Prismen aus PAe.; 95%. *Semicarbazon*, $C_{16}H_{21}O_3N_3$, F. 226° (Zers.); aus wss. A. Nadeln. — *2-Isopropyl-2-brom-3-carbäthoxy-indanon-(1)*, $C_{15}H_{17}O_3Br$, aus 7,65 g **Xa** u. 5 g Br_2, beide in je 15 cm³ CCl_4, die Rk. bei 45° mit einigen Tropfen der Br_2-Lsg. einleiten, den Rest in 30 Min. bei 20° zutropfen, noch 30 Min. rühren u. nach Waschen mit W. evakuieren; fast farbloses, dickes Öl; 10,1 g; roh verwendet. — *Äthylester von* **II** (**IIa**), $C_{15}H_{16}O_3$, Kp.$_{0,75}$ 146,5—147°, aus 10 g vorst. Verb. u. frischem sd. Diäthylanilin (1 Std.); mit verd. H_2SO_4 ansäuern u. ausäthern; viscoses orangefarbenes Öl, Kp.$_{0,5}$ 140—143°; 82%; zur Analyse in Bzl. an Al_2O_3 chromatographiert u. dest.; hellorangefarbenes Öl; $<0°$ gelborangefarbene Nadeln; in A. λ_{max} 244 mμ (log ε = 4,43), 323 (3,13), 405 (2,65), „offenes" **III** (vgl. vorst. Ref.). — **II**, durch 3 Min. langes Sieden von 0,4 g **IIa** in 7 cm³ sd. A. u. 10 cm³ 5%ig. NaOH, mit verd. HCl kalt ansäuern u. ausäthern, aus dem Ae. mit 5%ig. NaOH ausziehen u. mit HCl fällen; aus PAe. gelbe Nadeln; 90%. *Methylester*, $C_{14}H_{14}O_3$, F. 46—47°, mit CH_3OH u. HCl-Gas; aus wss. A. gelborangefarbene Nadeln. — *dl-Allodunnion* (**III**), F. 142—143°, a) 20 mg **V** in 0,5 cm³ 5%ig. NaOH mit 10 cm³ konz. HCl ansäuern, nach 5 Tagen ausäthern u. den Ae. nach Ausziehen mit 2%ig. NaOH verdampfen; aus PAe. orangegelbe Prismen; b) **V** in konz. H_2SO_4 nach 1 Min. auf Eis gießen, dann wie a). — *Lacton von 2-[1.2.2-Trimethyl-2-oxyäthyl]-indenon-(1)-carbonsäure-(3)* (?; **XI**), $C_{15}H_{14}O_3$, F. 117—118°, **V** in konz. H_2SO_4 nach 24 Std. auf Eis gießen, ausäthern, die äther. Lsg. bis zur dauernden Entfärbung mit 2%ig. NaOH waschen u. den Ätherrückstand in PAe. an akt. Al_2O_3 chromatographieren; aus wss. Aceton gelborangefarbene Tafeln; aus wss. NaOH-Lsg. mit HCl **XI** zurück; mit wss. H_2O_2 u. NaOH in den Dämpfen Aceton, beim Ansäuern eine *Säure vom F. 125—126°*. — *Lacton von 2-[1.1.2.2-Tetramethyl-2-oxyäthyl]-indenon-(1)-carbonsäure-(3)* (**XII**), C_{16}-$H_{16}O_3$, F. 111—112°, die Rk. von **VIII** mit konz. H_2SO_4 oder wenig verd. HCl gab nur **XII**; aus wss. A. gelborangefarbene Nadeln; Verh. wie **XI**; gibt eine *Säure vom F. 125—126°* (aus W. Nadeln), keine Depression mit dem Prod. aus **XI**. — *Prod. C_{13}-$H_{11}O_3$* (? der Referent), F. 210° (Zers.), aus α.α.β.β-Tetramethyldihydrofuranonaphthochinon-(1.2) in sd. wss.-alkoh. NaOH (rot Lsg.); dicke gelbe Nadeln aus PAe.; in sd. wss. NaOH fast farblos lösl., mit HCl regenerierbar. (Austral. J. sci. Res., Ser. A **3**. 487—96. Sept. 1950.) LEHMSTEDT. 3550

B. R. Brown, A. W. Johnson, J. R. Quayle und **A. R. Todd**, *Farbstoffe der Aphiden. 8. Mitt. Die Natur des aromatischen Ringsystems in aen Erythroaphinen.* (7. vgl. C. **1954**. 1026.) Beim Zusammenschmelzen von *Erythroaphin-sl* (**I**) mit Zn-Staub bildet sich ein Gemisch von KW-stoffen, aus dem durch mehrfache chromatograph. Trennung Fraktionen mit dem charakterist. UV-Absorptionsspektr. von *Perylen-*, *1.12-Benzperylen-* u. *Coronenderivv.* isoliert wurden. Die genaue Struktur der erhaltenen Verbb. in bezug auf Anzahl, Art u. Stellung der Alkylsubstituenten konnte noch nicht geklärt werden, auch nicht die Frage, welches der 3 Ringsysteme dem **I** zugrunde liegt, wahrscheinlich ist es das Perylensyst., die höherkondensierten Systeme werden dann durch Ringschluß unter Beteiligung von Methylgruppen in entsprechender Stellung bei der Schmelze gebildet. Für das Perylensyst. spricht auch die Ähnlichkeit der Spektren von Tetraacetyldihydroerythroaphin-sl u. Perylen. (J. chem. Soc. [London] **1954**. 107—12. Jan. Cambridge, Univ., Chem. Labor.)

BRATFISCH. 3550

V. Prelog und **M. Osgan,** *Veilchenriechstoffe.* 53. Mitt. *Über die Umsetzung von Dihydro-α-jonolen mit N-Bromsuccinimid.* (52. vgl. C. **1953.** 3413.) Bei der Behandlung des Gemisches der beiden stereoisomeren Dihydro-α-jonolacetate (**I**) mit N-Bromsuccinimid (**II**) in Eisessig (in CCl_4 verläuft die Rk. sehr träge unter Bldg. komplizierter Reaktionsgemische), Umsetzung von $AgOCOCH_3$ in Eisessig, alkal. Verseifung u. chromatograph. Trennung wurden zwei *ungesätt. Diole* $C_{13}H_{24}O_2$ (**III** u. **IV**) erhalten, von denen

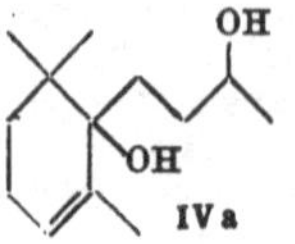
IVa

sich das ölige **III** als *4-Oxydihydro-β-jonol* erwies, während das krist. **IV** wahrscheinlich die Konst. **IVa** hat. **III** gibt bei der Oxydation mit CrO_3 *4-Oxodihydro-β-jonon,* das sich katalyt. zum bekannten *4-Oxotetrahydrojonon* (**V**) hydrieren läßt. Bei der Hydrierung von **IV** wird die Doppelbindung abgesättigt u. außerdem eine OH-Gruppe hydrolyt. abgespalten, diese OH-Gruppe dürfte daher in Allylstellung stehen u. tert. sein; CrO_3-Oxydation des Hydrierungsprod. von **IV** liefert *cis-Tetrahydrojonon.* — Unter dem Einfl. von Säuren u. Al_2O_3 erleidet **V** leicht intramol. Aldolkondensation, so wurden beim Regenerieren von **V** aus seinem Bis-phenylsemicarbazon außer **V** 2 *Oxyketone* isoliert, deren genaue Struktur noch nicht angegeben werden kann.

V e r s u c h e (FF. korr.): *Gemisch von Acetoxydihydrojonolacetaten,* $C_{17}H_{28}O_4$, Kp.$_2$ 120—125°, durch Hydrierung von α-Jonon in Feinsprit mit $Pd/BaCO_3$ zu *Dihydro-α-jonon,* dessen Red. in Ae. mit $LiAlH_4$ zum *Gemisch der stereoisomeren Dihydro-α-jonole* (Kp.$_{12}$ 126°), Acetylierung mit Acetanhydrid/Pyridin zu **I**, Versetzen von **I** in Eisessig <20°, 15std. Schütteln mit $AgOCOCH_3$ in Eisessig bei Zimmertemp., Filtration, Eindampfen im Vakuum, Aufnehmen in Ae. u. Dest. im Hochvakuum. — 2std. Verseifung des vorst. Gemischs mit 2n alkoh. NaOH, Chromatographie an Al_2O_3 u. Elution mit Bzl./PAe. (4 : 1), Bzl., Ae. u. Ae./CH_3OH (10000 : 1, 50 : 1 u. 20 : 1) ergab 42 Fraktionen; aus den Fraktionen 39 u. 40 wurde das *krist. ungesätt. Diol* $C_{13}H_{24}O_2$ (**IV**) isoliert, F. 96° (Ae./PAe.), aus den Fraktionen 15—22 *4-Oxydihydro-β-jonol* (?; **III**). — 0,193 g **IV** lieferten bei der Hydrierung mit PtO_2 in Eisessig (Aufnahme von 2 Mol H_2), Verseifung mit alkoh. NaOH u. Oxydation mit CrO_3 in Eisessig 0,157 g *cis-Tetrahydrojonon; Phenylsemicarbazon,* $C_{20}H_{31}ON_3$, F. 108—109°. — Die Oxydation von 0,1 g **IV** in Eisessig mit CrO_3 bei 20° ergab 0,098 g neutrales, öliges *Oxydationsprod.* $C_{13}H_{22}O_3$, das mit Phenylsemicarbazid kein krist. Deriv. lieferte. — *4-Oxodihydro-β-jonon,* $C_{13}H_{20}O_2$, Kp.$_{0,05}$ 120—130° (Bad), durch Oxydation von **III** in Eisessig mit CrO_3; *Bis-phenylsemicarbazon,* $C_{27}H_{34}O_2N_6$, F. 230—233°, aus Chlf./CH_3OH feine glänzende Nadeln. — *4-Oxotetrahydrojonon* (**V**), $C_{13}H_{22}O_2$, Kp.$_{0,001}$ 120°, durch Hydrierung vorst. Verb. in Feinsprit in Ggw. von $Pd/BaCO_3$. *Bis-phenylsemicarbazon,* $C_{27}H_{36}O_2N_6$, F. 208° (Chlf./CH_3OH). Spaltung von 1,3 g dieses Deriv. mit Oxalsäure im Wasserdampfstrom u. fraktionierte Dest. lieferte 0,04 g Vorlauf, 0,11 g *Oxyketon* $C_{13}H_{22}O_2$ [Kp.$_{0,001}$ 90—100° (Bad); *Phenylsemicarbazon,* F. 180°], 0,1 g *Oxyketon* $C_{13}H_{22}O_2$ [Kp.$_{0,001}$ 100°, F. 111°, aus Hexan Nadeln oder glänzende Blättchen] u. 0,18 g **V**. Ähnliche Ergebnisse lieferte die Isomerisierung von **V** mit Al_2O_3, es wurde ein *Phenylsemicarbazon* $C_{20}H_{29}O_2N_3$ vom F. 193—194° (CH_3OH) isoliert. (Helv. chim. Acta **36.** 1640—48. 15/10. 1953. Zürich, ETH, Organ.-chem. Labor.) SPAETH. 3600

A. J. Birch, K. M. C. Mostyn und **A. R. Penfold,** *Die Sesquiterpenalkohole von Eucarya spicata Sprague & Summ.* Die abweichenden physikal. Konstanten des westaustral. *Sandelholzöls* wurden durch den Nachw. eines erheblichen Anteils an *Farnesol* aufgeklärt, das durch die Red. zu *Dihydrofarnesen,* die Unters. der bei der Ozonolyse auftretenden Bruchstücke u. die Oxydation zum *Farnesal* nachgewiesen wurde.

V e r s u c h e: Die Druckdampfdest. der Sägespäne von *Eucarya spicata* gab 2% Öl; $D.^{15}_{15}$ 0,9504; n_D^{20} 1,5040, $[\alpha]_D^{20}$ +0,5°; EZ. 17, nach Acetylierung 200. Die Fraktion prim. Alkohole wurde durch Behandeln mit Phthalsäureanhydrid in Bzl. gewonnen: Kp.$_{2-3}$ 138—139°; $D.^{15}_{15}$ 0,9353; n_D^{20} 1,5041; $[\alpha]_D^{20}$ ±0°. — Die unvollständige Red. der alkoh. Lsg. mit K in fl. NH_3 wurde durch Dest. über Na ergänzt u. lieferte eine KW-stoff-Fraktion von Kp.$_{0,5}$ 82—88°. Die Sättigung der Lsg. in Ae. mit HCl-Gas bei 0° ergab das *Trihydrochlorid* des *Dihydrofarnesens,* $C_{15}H_{19}Cl_3$, F. 52°; Platten aus Methanol; ident. mit dem analog erhaltenen Reduktionsprod. des Nerolidols. — Die früher von SIMENSEN [1936] ausgeführte Ozonolyse, die als Spaltprodd. CH_2O, Aceton, Geranylaceton, Lävulinsäure u. Oxyaceton wahrscheinlich gemacht hatte, wurde wiederholt u. lieferte nach der Aufarbeitung das *2.4-Dinitrophenylhydrazon* des *Oxyacetons.* F. 127°, (Literatur: F. 129°), orangefarbene Nadeln, vermutlich das des *Glyoxals,* $C_8H_8O_5N_4$ (?), (F. 246—246,5°, orangefarbene Nadeln aus Äthylacetat) u. des *Lävulinaldehyds* (*Bisderiv.*), $C_{17}H_{16}O_8N_8$, F. 231—232°, tief orangefarbene Nadeln aus Chlf.; UV-Absorption bei λ_{max} 358 mμ (ε = 36,376; in Chlf.); daneben noch ein schwach gelbes *2.4-Dinitrophenylhydrazon vom F. 196°.* —

Die Oxydation von *Farnesol* mit MnO_2 in PAe. (3 Std. unter Schütteln) gab mit Semicarbazidacetat das *Semicarbazon* des *Farnesals*, F. 128—139°, mattglänzende Nadeln aus PAe. u. dann aus wss. Methanol. Die analoge Oxydation der Sesquiterpenalkohol-Fraktion führte zum gleichen Produkt. (Austral. J. Chem. **6.** 391—94. Nov. 1953. Sydney, Univ., Dep. of Organ. Chem.; Museum of Appl. Arts and Sci.)

SCHULENBURG. 3600

T. Kuusinen, *Reduktion des Camphenonsäureäthylesters zu 1-Oxymethylcamphenilol mit Aluminiumisopropylat.* Durch längere Red. des Camphenonsäureäthylesters (**I**) mit Al-Isopropylat entsteht *1-Oxymethyl-2-oxy-3.3-dimethylbicyclo-[1.2.2]-heptan* (*1-Oxymethylcamphenilol;* **II**), das als endo- oder exo-Isomeres auftreten kann. Hier bildet sich, ebenso wie durch Red. des Äthylesters der Camphenolsäure (**III**; B-Form) mit $LiAlH_4$, **II**B; der Äthylester von **III** (A-Form) liefert analog **II** A, das auch ausschließlich u. fast quantitativ mit $LiAlH_4$ aus **I** hervorgeht.

Versuche: **I**, mit Al-Isopropylat (1 : 2 Mol) in Isopropanol 3 Wochen auf 85—93° u. 2 Wochen auf 130° erhitzt, liefert durch Vakuumdest. des aufgearbeiteten Reaktionsprod. bei $Kp._8$ 125—202° *1-Oxymethylcamphenilol* (**II** B), $C_{10}H_{18}O_2$, F. 103,5 bis 104°, Kristalle aus Bzl. + PAe.; 10 g auf 52,4 g **I**. Aus dem Reaktionsprod. wurden nach Verseifen noch wenig *Camphenolsäure* (**III** B) u. sehr wenig **III** A erhalten. *Bis-3.5-dinitrobenzoat von* **II** B, $C_{24}H_{22}O_{12}N_4$, F. 172,5—173°, schwach gelbe Nadeln aus Toluol + A.; aus **II** B u. 3.5-Dinitrobenzoylchlorid durch 1½ std. Kochen in einem Gemisch von Pyridin u. Toluol. Daraus durch 2 std. Red. mit RANEY-Ni bei 71—80° u. einem H_2-Druck von 122 at das *Bis-3.5-diaminobenzoat,* alkal. verseifbar zu **II** B. — 26 std. Oxydation von **II** B mit alkal. $KMnO_4$-Lsg. in Bzl. liefert *Camphenolsäure* (**III** B), F. 132—135°. *Äthylester,* $C_{12}H_{20}O_3$, $Kp._7$ 117,5°, fruchtartig riechendes viscoses Öl. Red. des Esters mit $LiAlH_4$ in Ae. liefert fast quantitativ **II** B. — Red. des *Äthylesters* von **III** A führt analog zu *1-Oxymethylcamphenilol* (**II** A), $C_{10}H_{18}O_2$, F. 79,5—80°, Misch-F. mit **II** B 64°; Platten aus Bzl. + PAe.; Ausbeute fast 100%. *Bis-3.5-dinitrobenzoat,* $C_{24}H_{22}O_{12}N_4$, F. 162,5°; schwach gelbe Kristalle aus Toluol + Äther. — **I** liefert, mit $LiAlH_4$ red., **II** A, F. u. Misch-F. 79,5—80°; 91%. (Suomen Kemistilehti B **26.** 35—37. 1953. Helsinki, Univ., Chem. Inst.) SCHULENBURG. 3600

D. E. White und **L. S. Zampatti,** *Die Chemie westaustralischer Pflanzen.* 7. Mitt. *Oleanolsäureacetat aus Eucalyptus calophylla-Rinde.* (6. vgl. ANSTEE u. Mitarbeiter, J. chem. Soc. [London] **1952.** 4065.) Aus den Rinden von *Eucalyptus calophylla R. Br.* wurde *Oleanolsäure* (**I**)-*Acetat* isoliert.

Versuche (FF. korr.): 3,6 kg trockene, gepulverte Rinden wurden 2 Tage mit Ae. extrahiert; Einengen, Behandeln mit 5%ig. NaOH, 7 std. Extrahieren des unlösl. Salzes (24 g [Ausbeute]) mit Bzl. u. Ansäuern des Unlöslichen (14 g) in CH_3OH mit trockenem HCl lieferte 10 g *Oleanolsäure* (**I**)-*Acetat,* $C_{32}H_{50}O_4$, das mehrfach aus CH_3OH umkrist. wurde; F. 258°; Nadeln- $[\alpha]_D^{17}$ + 77°. **I**-*Methylesteracetat,* F. 222°, aus 300 mg vorst. Verb. mit Dimethylsulfat u. KOH; $[\alpha]_D^{17}$ + 68°; 210 mg. — **I**, F. 309°, aus 50 mg Acetat z. sd. 10%ig. alkoh. KOH; $[\alpha]_D^{17}$ + 82°; 30 mg. (J. chem. Soc. [London] **1952.** 5040. Dez. Nedlands, Univ. of Western Australia.)

NITZSCHKE. 3600

A. Blumann, M. Michael und **D. E. White,** *Die Chemie westaustralischer Pflanzen.* 8. Mitt. *Das ätherische Öl von Eucalyptus eudesmioides-Rinde.* (7. vgl. vorst. Ref.) Bei Wasserdampfdest. liefert die Rinde von *Eucalyptus eudesmioides F. Muell.* nur wenig äther. Öl; bei Extraktion mit Leichtbenzin u. Ae. u. Dampfdest. des Extraktes wird jedoch ein äther. Öl erhalten, aus dem *Cineol,* eine nicht näher untersuchte KW-stoff-Fraktion, (+)-*Borneol* u. *Globulol* isoliert wurden.

Versuche: 10,65 kg Rinde wurden zunächst mit Leichtbenzin, dann mit Ae., perkoliert; nach Abdest. der Lösungsmittel verblieben 522 g gummiartige M., die mit Dampf dest. wurden u. 109 g flüchtiges Öl ergaben; davon wurden 71 g über eine Kolonne destilliert. Bis 110°/13 mm gingen 22,1 g über (n_D^{17} 1,4372—1,4373 bei der Mittelfraktion), die mit viel 50%ig. Resorcinlsg. behandelt wurden; das Festprod. wurde mit Leichtbenzin gewaschen; Zers. mit Alkali u. Dampfdest. gab 3,1 g *Cineol; Verb. mit Resorcin,* F. 80—75°; *Verb. mit o-Kresol,* F. 55,5°. Aus den Leichtbenzinlsgg. wurden 2 KW-stoff-Fraktionen erhalten (Kp. 158—166°, n_D^{17} 1,4690, $D._4^{17}$ 0,853 u. Kp. 164—174°, n_D^{17} 1,4690, $D._4^{17}$ 0,855, $[\alpha]_D^{17}$ + 27,5°), die keine kristallisierten Oxydationsprodd. lieferten. Die aus dem ursprünglichen Öl bei 110 bis 118°/13 mm erhaltene Fraktion (n_D^{17} 1,4375; 7,3 g) gab bei Rk. mit 3.5-Dinitrobenzoylchlorid u. Pyridin bei 100° (+)-*Bornyl-3.5-dinitrobenzoat,* $C_{17}H_{20}O_6N_2$, F. 150—151°; aus Leichtbenzin rechteckige Platten; $[\alpha]_D^{18}$ + 37° (c = 1,05; Chlf.). Ebenso wurde aus der bei 102—120°/1 mm sd. Fraktion (n_D^{17} 1,5036; 6,2 g) *Globulyl-3.5-dinitro-*

benzoat, $C_{22}H_{28}O_6N_2$, erhalten; F. 139,5°, dann Wiedererstarren u. F. 195–197° (Zers.); aus Leichtbenzin Nadeln. Die bei 130–140°/8 mm übergehende Fraktion ($D.^{17}_4$ 0,949; n_D^{17} 1,5020; $[\alpha]_D^{17}$ –10,4°; 10,3 g) bestand zum Teil aus *Globulol*, F. 87° (Leichtbenzin, dann A.), das beim Animpfen ausfiel; $[\alpha]_D^{17}$ –42,3° (c = 1; Chlf.). *Phenylurethan*, $C_{20}H_{31}O_2N$, F. 144,5°, durch 3tägige Rk. mit C_6H_5NCO bei n. Temp., Zugabe von wenig W. u. Ausziehen mit Leichtbenzin; aus wss. CH_3OH Nadeln; $[\alpha]_D^{15}$ –69° (c = 1,84; Aceton). (J. chem. Soc. [London] **1953.** 788–89. März.) NITZSCHKE 3600.

H. Sarlet, J. Toussaint und **H. Brasseur,** *Strukturanalytische Untersuchung und Molekulargewichtsbestimmung des Actinomycins von Streptomyces S–67. Actinomycin* (I) krist. in monoklinen prismat. Nadeln, Gitterkonstanten a = 21,64 kX; b = 27,30 kX; c = 14,50 kX; β = 110° 43′. Daraus u. aus der mit Torsionswaage bestimmten D. 1,18 ergibt sich ein Zellgewicht von 5730. Das Mol.-Gew. wurde durch mikrobiol. Best. des Prolingeh. des I-Hydrolysats zu 710 ± 35 ermittelt, unter der Annahme des Verhältnisses 1 Mol. Prolin pro Mol. I ergeben sich daraus 8 Moll. pro Elementarzelle; aus dem kryoskop. ermittelten Mol.-Gew. 576 würden sich 10 Moll. pro Zelle ergeben. Dieser Wert scheint jedoch wegen der sehr geringen Löslichkeit des I in Campher ungenauer zu sein als der mikrobiol. bestimmte. (Nature [London] **168.** 469–70. 15/9. 1951. Liège, Univ., Labor. de Biochim. et Labor. d'Applications des Rayons X.) DORNBERGER. 3900

Alejandro Paladini und **Lyman C. Craig,** *Die Chemie des Tyrocidins.* 3. Mitt. *Die Struktur von Tyrocidin A.* (2. vgl. C. **1953.** 6902.) Zur Best. der Aminosäuresequenz in *Tyrocidin A* (I) wurde I partiell hydrolysiert (1std. Erhitzen von 4 g I auf 80° in 10 n HCl); die Hydrolyseprodd. wurden durch Gegenstromverteilung u. Ionenaustauschchromatographie fraktioniert. Jede Stufe der präparativen Fraktionierung, bei der die Isolierung einer Anzahl einfacher Peptide gelang, wurde durch 2 dimensionale Papierchromatographie kontrolliert. Analysiert wurden die *Hydrochloride* des *Tripeptids* aus *2 Phenylalanylresten* u. *Prolin*, $C_{23}H_{27}O_4N_3 \cdot HCl$, des *Dipeptids* aus *Leucin* u. *Phenylalanin*, $C_{15}H_{22}O_3N_2 \cdot HCl$, u. des *Phenylalanylphenylalanins*, $C_{18}H_{20}O_3N_2 \cdot HCl$, sowie das *N-[2.4-Dinitrophenyl]-L-phenylalanin*, $C_{15}H_{13}O_6N_3$, aus Eisessig/W.; $[\alpha]_D^{25}$ –115° (c = 0,914; CH_3OH). Aus der Strukturaufklärung einer ausreichenden Anzahl isolierter Peptide (durch Totalhydrolyse u. Papierchromatographie u. durch Totalhydrolyse der DNP-Derivv. mit nachfolgender Papierchromatographie u. Charakterisierung durch die Verteilungsverhältnisse bei der Gegenstromverteilung) ergab sich folgende Aminosäuresequenz des cycl. Dekapeptids I: *L*-Orn · *L*-Leu · *D*-Phen · *L*-Prol · *L*-Phen · *D*-Phen · *L*-Asp · *L*-Glu · *L*-Tyr · *L*-Val. — Es ist bemerkenswert, daß die Sequenz — *L*-Val · *L*-Orn · *L*-Leu · *D*-Phen · *L*-Prol — mit der des *Gramicidins S* übereinstimmt. (J. Amer. chem. Soc. **76.** 688–92. 5/2. 1954. New York, N. Y., Rockefeller Inst. for Med. Res.) K. F. MÜLLER. 3950

Gunhild Aulin-Erdtman, *Die Ultraviolettspektrochemie des Lignins.* (Vortrag.) An Hand von 22 Literaturstellen wird die Strukturchemie des *Lignins* sowie die Anwendung der UV-Absorptionsspektroskopie auf das Ligninproblem erörtert, dabei ausführlich der Nachw. der aromat. Struktur nativen Lignins durch LANGE (Svensk Papperstidn. **47.** [1944.] 262) sowie FREUDENBERGs Ligninformel behandelt. (Paperi ja Puu B **32.** 51–59. 15/2. 1950. Stockholm, Cellulose-Ind., Zentrallabor.) BORCHERS. 3950

D_3. Makromolekulare Chemie.

Frederick T. Wall, *Die mittleren Abmessungen von kautschukartigen Polymermolekülen.* Vf. gibt in zwei Näherungsverf. eine statist. Theorie über den Zusammenhang des mittleren zeitlichen Fadenendenabstandes von linear gebauten Fadenkettenmoll. in Lsg., $\sqrt{h^{-2}}$, mit der Zahl der frei rotierenden Fadenelemente pro Kette, n (n ist proportional dem Polymerisationsgrad). Vf. berücksichtigt bei seinem Ansatz den Volumeneffekt, der ausschließt, daß zwei Molekülteile denselben Platz einnehmen. Er findet, daß für große n sich der Quotient h^{-2}/n einem Grenzwert nähert, daß also das KUHNsche Wurzelgesetz gilt, abgesehen von einem Faktor für die Knäuelaufweitung durch den Volumeneffekt. Außerdem gibt Vf. in Polarkoordinaten die mittlere Dichteverteilung in einzelnen Knäueln mit bestimmtem n bei verschied. Abstand der Fadenenden an. Je länger h bei konstantem n wird, desto mehr weicht die Dichteverteilung von der Kugelsymmetrie ab, u. es treten zwei Dichtemaxima u. ein -minimum entlang der Verbindungslinie der Fadenendpunkte auf. Die Form der Moll. ähnelt dann der eines Rotationsellipsoids. Vf. gibt auch den Zusammenhang zwischen $\sqrt{h^{-2}}$ u. n für die Fälle der ein- u. der zweidimensionalen statist. Knäuelbewegung unter Berücksichtigung des Volumeneffektes an. Er zeigt, daß dann h^{-2}/n divergiert. (J. chem. Physics **21.** 1914 bis 1919. Nov. 1953. Urbana, Ill., Univ., Noyes Chem. Labor.) CANTOW. 4000

F. Bueche, *Lichtzerstreuung von reinem Polystyrol.* Vf. untersuchte die Lichtzerstreuung an festem, aus reinem Styrol ohne Katalysator bei 100—180° hergestelltem *Polystyrol.* Die Intensität J des unter 90° gestreuten Lichtes war sehr groß, aber von Probe zu Probe stark verschieden. Bei Erhöhung der Temp. von 100 auf 200° fällt J auf J/3. Das hohe J ist auf einen Zersetzungsvorgang während der Polymerisation (bes. oberhalb 150°) zurückzuführen. Wurde nur bei 90° polymerisiert, so war J wesentlich geringer; z. B. betrug J (Polystyrol)/J (Bzl.) 1,45 bei 30°. Lsgg. von Polystyrol in Bzl. zeigen keine ungewöhnlich starke Streuung (vgl. hierzu auch C. **1951.** II. 1592). (J. appl. Physics **23.** 1280—81. Nov. 1952. Laramie, Wyo., Univ., Dep. of Phys.) Fuchs. 4010

L. A. Siegel und **D. L. Swanson,** *Röntgenstrahlenbeugungsdiagramme von Polymethylstyrolen.* Während die physikal. Eigg. von Poly-o-, m- u. p-methylstyrol sowie die der Polydimethylstyrole denen des Polystyrols sehr ähnlich sind, zeigt Poly-o-methylstyrol eine gegenüber den genannten Verbb. um ca. 30° höhere Übergangstemp. 2. Ordnung. Dieser Unterschied ist auf Unterschiede in der Polymerenstruktur zurückzuführen, die sich auch in den Röntgendiagrammen zeigt: *Poly-m-methyl-, Poly-p-methyl-* u. *Poly-3.4-dimethylstyrol* zeigen im Diagramm sin Θ/λ gegen **I** zwei Maxima, deren äußeres bei sin $\Theta/\lambda \cong 0,10$ liegt. *Poly-o-methyl-, Poly-2.4-dimethyl-* u. *Poly-2.5-dimethylstyrol* hingegen zeigen dieses Maximum nicht. Vff. besprechen die idealisierten Modelle der Polymerenketten, deren Unterschiede für das Verschwinden dieses Maximums verantwortlich sein könnten, sie bezweifeln aber, daß sich daraus mehr als qualitative Aussagen treffen lassen. (J. Polymer Sci. **13.** 189—91. Febr. 1954. Stamford, Conn., Amer. Cyanamid Co., Res. Labors.) Ruske. 4010

S. L. Madorsky, *Thermischer Abbau von Polystyrol und Polyäthylen.* Eine Antwort auf *Bemerkungen von H. H. G. Jellinek.* (Vgl. Jellinek, C. **1954.** 567 u. Madorsky, C. **1953.** 2614.) Vf. nennt einige Mängel der Versuchsanordnung von Jellinek, die zu dessen geringeren Werten für die Aktivierungsenergie von *Polystyrol* (**I**) u. *Polyäthylen* führten. Jellinek hatte für **I** 44,7 kcal gegenüber 58 kcal, wie sie Vf. ermittelte, gefunden. Auch Zemany (Nature [London] **171.** [1953.] 391) fand 65 kcal. Von anderen Autoren berichtete Werte liegen zwischen 42 u. 50 kcal. Vf. bringt noch weitere Beispiele für die Zuverlässigkeit seiner Best. der Aktivierungsenergien bei verschied. Polymeren. (J. Polymer Sci. **13.** 185—86. Febr. 1954. Washington, D. C., Nat. Bur. of Standards.) Ruske. 4010

Akira Isihara, Hazime Kusumoto, Hiroshi Nagano und **Keichi Oshima,** *Magnetische Untersuchung an Hochpolymeren.* 1. Mitt. *Diamagnetische Anisotropie von Naturkautschuk.* Vff. messen die magnet. Anisotropie von Naturkautschuk in Abhängigkeit von der Vulkanisationsdauer u. der Temp. mit Hilfe der Schwingungsmeth. von Krishnan. Die Anisotropie als Funktion der Vulkanisationsdauer wird im ungestreckten Zustand untersucht; sie nimmt mit steigender Vulkanisationsdauer ab. Die Temperaturabhängigkeit der Anisotropie wird im Bereich +9,5 bis —180° bei 50% Streckung untersucht. Die Anisotropie nimmt dabei mit steigender Temp. ab, wobei in der Gegend der Umwandlungstemp. 2. Ordnung (—73°) der Abfall steil ist. Eine Deutung des Zusammenhanges zwischen magnet. Anisotropie u. therm. Beweglichkeit der Kautschukmoll. ist durch Nebeneffekte erschwert. (J. chem. Physics **21.** 1909—11. Nov. 1953. Tokio, Univ., Dep. of Phys., Fac. of Sci., u. Inst. of Sci. and Technol.) Cantow. 4030

S. F. D. Orr, R. J. C. Harris und **B. Sylvén,** *Ultrarotspektroskopischer Nachweis für die Zusammensetzung einiger Polysaccharide.* Aus dem Ultrarotspektr. von *Hyaluronsäure* u. ihrem *Na-Salz* (**I**) läßt sich aus charakterist. Schwingungen ablesen, daß eine Carboxylgruppe u. eine monosubstituierte Amidogruppe, aber keine acetylierte OH-Gruppe vorhanden ist. Weiterhin beweist die Abwesenheit von charakterist. SO_4-Banden, die in der *Chondroitinschwefelsäure* u. im *Schwefelsäureester* der *Hyaluronsäure* identifiziert werden konnten, das Fehlen von Schwefel in **I.** (Nature [London] **169.** 544—45. 29/3. 1952. London, Chester Beatty Res. Inst., Roy. Cancer Hosp., u. Stockholm, Cancer Res. Div., Radiumhemmet.) Goubeau. 4050

G. Morris und **A. N. D. Young,** *Eine Methode zur Bestimmung des elektrischen Widerstandes von Faserbündeln.* Zur Messung des elektr. Widerstandes R von Fasern wurden diese vertikal an einem Metallstück, das auf 5 kV aufgeladen war, aufgehängt; nach einer gewissen Zeit t wurden die Fasern in einen Faraday-Käfig gebracht u. die restliche Ladung gemessen. Für *Baumwolle* wurde so für R der Wert $1,3 \cdot 10^{15}$ Ohm gefunden, wobei t von 0,4—3,5 Std. variiert wurde. Enthält die umgebende Luft Feuchtigkeit, so ist R um so kleiner, je höher der Feuchtigkeitsgehalt. R von einzelnen Fasern ist etwas größer als R von Faserbündeln (vgl. auch C. **1950.** I. 2178). (Nature [London] **171.** 220—21. 31/1. 1953. Stevenston, Imp. Chem. Ind. Ltd., Nobel Div. Res. Dep.) Fuchs. 4050

M. Ss. Resnitschenko, *Aus Anlaß der Arbeit von N. I. Gawrilow „Über die chemische Natur des Eiweißes“.* Polemik gegen den Diskussionsbeitrag von GAWRILOW (vgl. C. **1954.** 3035) über die Natur der Eiweißstoffe. Vf. kommt zu der Schlußfolgerung, daß die „Piperazinamidintheorie“ durch GAWRILOW unter veränderter äußerer Form von SSADIKOW u. ZELINSKY (Biochem. Z. **236.** [1923.] 241) übernommen wurde. Auf die „Piperazinpolypeptidtheorie“ GAWRILOWs erhebt der Vf. die Priorität. (Биохимия [Biochemie] **18.** 753—58. Nov./Dez. 1953.) LEBTAG. 4070

A. Tschebotarew, *Die Bestimmung der Aminosäurezusammensetzung des Caseins und Albumins nach der papierchromatographischen Methode.* Vf. bestimmte die R_F-Werte von 24 Aminosäuren einzeln u. in Gemischen beim Arbeiten mit Phenol u. Butanol + Essigsäure oder Phenol + 0,1%ig. NH_4OH (Färbung mit 0,1%ig. Ninhydrin u. Chlf.). Die Ergebnisse werden mit denen anderer Autoren verglichen. Die Auswertung der Chromatogramme von Labcasein, Säurecasein u. Milchalbuminhydrolysat erwies in allen Fällen die Ggw. von *Glutaminsäure, Asparaginsäure, Cystin* (*Cystein*), *Serin, Glycin, Threonin, Alanin, Histidin, Arginin, Valin, Leucin* u. *Isoleucin, Prolin, Phenylalanin, Lysin, Tyrosin, Methioninsulfon* u. einer nicht identifizierten Säure. Die Ggw. von *Diaminotrioxydodecansäure, Oxyprolin, Oxyglutaminsäure, α-Aminobuttersäure* u. *Oxytryptophan* ist wegen ihres Fehlens in den Chromatogrammen zweifelhaft. (Молочная Промышленность [Milch-Ind.] **14.** Nr. 9. 36—38. Sept. 1953. Wologodsk, Milch-inst.) SCHMEISS. 4070

Gyulané Gróh, János Nyilasi und **Zoltán Kováts,** *Untersuchungen über die chemische Struktur von Kollagen und Photogelatine.* Bei der Herst. von Gelatine aus kollagenhaltigen tier. Stoffen (Hautgewebe) wird mit Kalkmilch gearbeitet. Vff. wollten nachprüfen, ob bei der alkal. Behandlung die Peptidbindungen des Kollagenanteils enolisieren, ähnlich wie dies schon DAKIN u. Mitarbeiter bei der Laugebehandlung von Eiweißkörpern (J. biol. Chemistry **13.** [1912.] 358) nachgewiesen haben. Die vergleichende Unterss. zeigten aber, daß bei der Behandlung mit $Ca(OH)_2$ im Gegensatz zur NaOH-Behandlung keine Racemisierung der Aminosäuren feststellbar ist. Der Racemisierungsgrad wurde mit der mikrobiol. Meth. von GRÓH u. NYILASI (Acta chim. Acad. Sci. hung. **2.** [1952.] 1) bestimmt. Es wurde gefunden, daß eine mit NaOH hergestellte Photogelatine besser gelatiniert u. eine höhere Viscosität hat, als die mit Kalkmilch hergestellte. Die Ausbeute verdoppelt sich bei der NaOH-Behandlung u. die Herstellungszeit geht beträchtlich zurück. (Magyar Kémiai Folyóirat [Ung. Z. Chem.] **59.** 54—57. Febr. 1953. Budapest, Univ., u. Vac. Forschungsinst. für Optik.) BIRTHLER. 4070

Leopold Horner und **Walter Emrich,** *Über den Abbau von Haarkeratin mit Chlordioxyd.* Haarkeratine verschied. Herkunft wurden durch 20tägiges Einlegen in wss. ClO_2-Lsg. bei Zimmertemp. abgebaut. Hierbei war der in Lsg. gehende Anteil (**I**) je nach dem angewandten Ausgangsmaterial (Roß-, Schweine-, Kuh-, Kamel- u. Hundehaare) verschieden hoch. Bei Menschenhaaren wurden außerdem noch Unterschiede zwischen Männer- u. Frauenhaaren gefunden. Der unlösl. bleibende Anteil (**II**) schwankt zwischen 28 u. 83%. Der S-Geh. im Unlöslichen blieb während der Einwirkungsdauer des ClO_2 prakt. konstant. Der Geh. an sauren Gruppen nahm hingegen zu. Sowohl in **I** als auch in **II** wurden nach Hydrolyse papierchromatograph. 8 Aminosäuren nachgewiesen: Glykokoll, Alanin, Valin, Leucin, Glutaminsäure, Cysteinsäure, Arginin u. Prolin. Durch Lösen von **II** in Alkali u. Wiederausfällen mit Säure wurde versucht, das Prod. zu vereinheitlichen. Nach einmaligem Umfällen stieg das Äquivalentgewicht stark an, nach weiterem Umfällen nur noch wenig. Das Äquivalentgewicht des einmal umgefällten Prod. nahm mit Erhöhung der Trockentemp. erheblich ab. Diese Befunde konnten durch Adsorptionsverss. mit Methylenblau bestätigt werden. Bei **I** ist das Äquivalentgewicht von der Trockentemp. unabhängig. Aus der Papierelektrophorese nach WIELAND u. FISCHER (Naturwissenschaften **35.** [1948.] 29) ergab sich, daß in **II**, gelöst in Ammoniak, saure, neutrale u. bas. Anteile vorhanden sind. Bei einer präparativen Fraktionierung von 1—2 g **II** aus Menschenhaar wurden mit einer Variante des genannten Verf. 60% saure, 25% bas. u. 10% neutrale Anteile gewonnen. — 3 Abbildungen, 9 Tabellen. (Liebigs Ann. Chem. **579.** 235—44. 1953.) O. ENGEL. 4070

C. H. Lea und **J. C. Hawke,** *Lipovitellin.* 2. Mitt. *Der Einfluß von Wasser auf die Stabilität von Lipovitellin sowie der Einfluß des Gefrierens und des Trocknens.* (1. vgl. Biochem. J. **50.** [1951.] 67.) Schrifttumsüberblick über die Eigg. von Lipoproteinen, bes. von *Lipovitellin* (**I**) aus Eigelb. Darst. desselben wie schon beschrieben; der Lipoidgeh. von 12 verschied. Präpp. von **I** schwankte zwischen 25,7 u. 38,2%. Ermittelt werden die Löslichkeit von **I**, der Geh. an freien Lipoiden, der Einfl. des p_H, von NaCl auf die Löslichkeit der Lipoide, der Einfl. des Gefrierens bei verschied. Tempp., des Gefriertrocknens, des Auftauens, der Lagerung im gefrorenen sowie im getrockneten Zustand auf das Verh. von I. Aus den tabellar. u. graph. dargestellten Ergebnissen wird krit. auswertend abgeleitet, daß die Aufspaltung des Lipoproteinkomplexes durch rasches Gefrieren bzw. Auftauen sowie durch sehr niedrige Temp. herabgesetzt wird. Änderungen treten ein beim Lagern im Bereich bis —29°; bei —3° wird I vollständig unlöslich. Durch Gefriertrocknung ($p_H \sim 7$) erleidet I prakt. keine Spaltung u. ist dann relativ gut lagerfähig, sogar bei 37°, sofern es trocken ist. Im Gleichgewicht mit der feuchten Atmosphäre zers. sich I viel rascher als das trockne Prod. oder das natürlich feuchte bzw. dispergierte Lipoprotein. Etwa $^1/_4$ der Lipoide des frischen gefriergetrockneten I ist mit Ae. leicht extrahierbar, beim Anfeuchten aber (neutrales, nicht saures Milieu) sind die Lipoide nur mit Schwierigkeit herauslösbar. Es besteht nur eine unvollständige Parallelität zwischen der Dispergierbarkeit von I in NaCl-Lsg.–Ae. u. der Extrahierbarkeit der Lipoide aus I mit Äther. (Biochem. J. **52.** 105—14. Sept. 1952. Cambridge, Univ., Low Temp. Stat. for Res. in Biochem. and Biophys., u. Dep. of Scient. and Ind. Res.) TÄUFEL. 4070

M. Frankel, Y. Liwschitz und **A. Zilkha,** *Acylchloride von Aminosäuren und Peptiden als Monomere für die Darstellung polymerer Polypeptide.* 1. Mitt. *Die Synthese von Poly-β-alanin, Poly-DL-alanin, Poly-L-leucin und Polyglycyl-DL-leucin.* Vff. benutzen die nach FISCHER [1905] dargestellten Aminoacylchloridhydrochloride als Ausgangsmaterial für die Darst. von Polypeptiden, indem diese Verbb. (a) im Hochvakuum erhitzt oder (b) in Dimethylformamid unter Trimethylaminzusatz als HCl-abspaltendem Mittel gelöst werden. Dabei werden die Hydrochloride von Polypeptidchloriden erhalten, die durch Lösen in W. u. Fällen mit absol. A. in die Polypeptidhydrochloride übergeführt werden. Diese Meth. ist auch auf Aminosäuren anwendbar, bei denen die LEUCHSsche Meth. über die N-Carbonsäureanhydride versagt, also z. B. bei β-Aminosäuren. Auf diesem Wege wurden dargestellt: *Poly-β-alaninhydrochlorid,* nach (a) bei 135° für ~2 Std., mittlerer Polymerisationsgrad DP 10, nach (b) bei Zimmertemp. für 5 Tage, DP 14, positive Biuret- u. Ninhydrinreaktion. — *Poly-DL-α-alaninhydrochlorid,* nach (a) DP 18; sorgfältige Fraktionierung führt zu Prodd. vom DP bis 32, sehr lösl. in W., stark rote Biuretreaktion. — *Poly-L-leucinhydrochlorid,* nach (a) DP 20, nach (b) DP 10, unlösl. in W. u. verd. Säuren, wenig lösl. in Alkali; positive Biuret-Rk. erst nach langem Stehen; beim Kochen mit wss. Ninhydrinlsg. nehmen nur einzelne Partikel eine blaue Farbe an. — *Polyglycyl-DL-leucinhydrochlorid,* nach (a) DP 4, wenig lösl. in W., leicht lösl. in verd. Alkali u. in Eisessig. Biuret- u. Ninhydrin-Rk. positiv. (Experientia [Basel] **9.** 179—80. 15/5. 1953. Jerusalem, Hebrew Univ., Dep. of organ. Chem.) RUSKE. 4070

S. T. Bayley, *Elektronenmikroskopische Untersuchung von Nucleinsäure.* Elektronenmkr. Aufnahmen von *Thymonucleinsäure* zeigen Kügelchen von verschied. Durchmesser (Mittelwert 100 Å entsprechend einem Mol.-Gew. von ca. 10^6); Vf. diskutiert die Möglichkeit, daß die Kügelchen erst beim Trocknen entstehen. (Nature [London] **168.** 470—71. 15/9. 1951. London, King's Coll., Wheatstone Phys. Labor.) DORNBERGER. 4090

Friedrich Konrad Beilsteins Handbuch der organischen Chemie. Hrsg. u. bearb. v. **Friedrich Richter** 4. Aufl. Erg.-Werk 2. Bd. 22. Berlin, Göttingen, Heidelberg: Springer. 1953. 2. Die Literatur von 1920—1929 umfassend. 22. Als Ergänzung d. 22. Bdes. d. Hauptwerkes XXXVI. (619 S.) DM 237,—.

J. T. Randall ed. Nature and structure of collagen. New York: Academic Press. 1953. (279 S. m. Abb.) $ 6,50.

—, Probleme des Mechanismus organischer Reaktionen. Kiew: Verlag der Akad. der Wiss. der UkrSSR. 1953. (356 S.) 18 Rbl. [russ.]

E. Biologische Chemie. Physiologie. Medizin.

E_1. Allgemeine Biologie und Biochemie.

Erwin Müller und **Annemarie Niklas,** *Neuere Untersuchungen zum Kohlenhydrat-, Fett- und Eiweißstoffwechsel unter besonderer Berücksichtigung der Arbeiten mit radioaktiven und stabilen Isotopen.* 1. Mitt. Übersichtsbericht unter Heranziehung von 76 Literaturzitaten (bis zum Jahre 1949). Aus dem Bereiche des Stoffwechsels der Kohlenhydrate werden behandelt: Bldg. der Pflanze; Stoffwechsel im tier. Organismus unter eingehenderer Berücksichtigung der CO_2-Fixation, der Beziehungen zwischen Fettstoffwechsel u. Tricarbonsäurecyclus, der Glykolyse u. der Resynth. des Glykogens. (Dtsch. Z. Verdauungs- u. Stoffwechselkrankh. **12.** 293—308. 1952. Köln, Univ., Med. Klinik, Isotopenlabor.) TÄUFEL. 4100

H. Drawert, *Vitalfärbung der Plastiden von Allium cepa mit Cölestinblau.* Mit dem amphoteren Oxazinfarbstoff *Cölestinblau* lassen sich Leukoplasten u. Chloroplasten vital färben. Außer einer Plastidenfärbung können auch eine homogene Cytoplasma-, eine Kern-, eine Vakuolen- u. seltener eine Chondriosomenfärbung erhalten werden. Bei längerer Farbstoffeinw. können auch in einzelnen Kernen intensiv gefärbte Entmischungsaggregate entstehen. Cölestinblau ist ein Redoxindicator, mit Red. nehmen seine lipophilen Eigg. ab. Aus der Lokalisation des Farbstoffes in der Zelle kann man nicht auf bestimmte Reduktions- u. Oxydationsorte schließen. (Ber. dtsch. bot. Ges. **67.** 31—42. 1954. Berlin, Freie Univ., Bot. Inst.) PRANG. 4150

Hans von Euler, *Erreger des Wachstums und ihre Antagonisten.* Vortrag. Katalysatorfunktion der Wuchsstoffe (**I**), Vitamine (**II**), pflanzliche **I**, Nucleinsäuren u. Derivv., **II** als Wirkgruppe von Enzymen; Antagonisten von **I** (Antibiotica); **I** u. ihre Antagonisten in Tumoren (Rkk. von Spaltprodd. des Buttergelbs mit Inhaltsstoffen u. Stoffwechselprodd. der Leber; Modell-Rkk.: *p-Aminophenol* + 2 Mol. *Brenztraubensäure* (**III**) → *2-Methyl-6-oxycinchoninsäure, p-Aminobenzoesäure* + 2 Mol **III** → farblose Verb., F. > 312°; *Anthranilsäure* (**IV**) + 2 Mol **III** → *Verb.*, F. 167°, → Salz der *2-Methyl-4.5-diketotetrahydrofurancarbonsäure-(2)* mit **IV**, F. 181°, → *2-Methylchinolin-4.8-dicarbonsäure*). (Chimia [Zürich] **6.** 253—58. 15/11. 1952. Stockholm, Univ., Vitamin-Inst.) K. MAIER. 4160

P. Caselli, *Spektrophotometrische und chemische Untersuchungen über die chemische Konstitution der Perfusionsflüssigkeit von filtrierbarem Hühnersarkom.* Die spektrophotometr. Analyse im UV-Licht ergab, daß das tumorerzeugende ROUS-Tumorperfusat die Bande jener Proteine besitzt, die cycl. Aminosäuren enthalten. Die für diese Absorption verantwortlichen Substanzen sind meist koll. Natur u. ebenso wie das Sarkomagens durch Kollodiummembranen nicht dialysierbar. Diese Tumorproteine sind vom Plasmaeiweiß grundsätzlich verschieden. Der Geh. des Trockenpulvers der Perfusate an Aminosäuren u. Eiweiß wurde näher bestimmt. (Z. Krebsforsch. **58.** 460—77. 1952. Rom, Ist. Regina Elena.) GUMMEL. 4160

H. Limburg und **G. Uhlmann,** *Zur Stoffwechselpathologie des Portiocarcinoms.* Im WARBURG-App. wurde die anaerobe Glykolyse verschied. gutartiger u. bösartiger Veränderungen des Portioepithels bestimmt, wobei statist. gesicherte Unterschiede zwischen entzündlich bedingten Epithelproliferationen u. beginnenden unreifen Plattenepithelcarcinomen gefunden wurden, was u. a. auch als biochem. Beweis für die Existenz des intraepithelialen Carcinoms gedeutet wird. (Z. Krebsforsch. **58.** 478—99. 1952. Hamburg, Univ., Frauenklinik Hamburg-Eppendorf.) GUMMEL. 4160

H. H. Hirsch, *Über den Angriffspunkt des Berberins in der Zelle.* Die Wrkg. des *Berberins* richtet sich hauptsächlich gegen die *gelben Fermente,* in erster Linie durch Blockierung der Atmungskette durch Hemmung der *Diaphorasen.* Die besondere Empfindlichkeit des Tumorgewebes gegen Berberin sei auf den bei Tumoren bestehenden Mangel an gelben Fermenten zurückzuführen. (Z. Krebsforsch. **58.** 504—10. 1952. Heidelberg, Inst. für Krebsforsch.) GUMMEL. 4160

Albrecht Beickert und **Hans Siering,** *Die Wirkung von Cyanat und Thiocyanat (Rhodanid) auf das Mäuseascitescarcinom.* Es konnten keine wesentlichen therapeut. Effekte nachgewiesen werden; bei beiden Stoffen zeigte sich ein Einfl. auf den Mitoseablauf, Anstieg der Gesamtmitosezahlen, Verzögerung des Mitoseablaufes u. Anomalien des Mitosebildes. (Z. Krebsforsch. **58.** 614. 1952. Jena, Univ., Med. Klinik.) GUMMEL. 4160

G. Schulte, *Erfahrungen mit neuen cytostatischen Mitteln bei Hämoblastosen und Carcinomen und die Abgrenzung ihrer Wirkungen gegen Röntgentherapie.* Über Erfahrungen der Behandlung von 150 Patienten mit dem Chemotherapeuticum *HBF 386* (*Actinomycin C* aus Streptomyces chrysomallus; BAYER) wird berichtet. Ähnliche Wrkg. wie Stickstofflost, bes. bei Lymphogranulomatose, jedoch weniger toxisch. (Z. Krebsforsch. **58.** 500—03. 1952. Recklinghausen, Knappschaftskrankenhaus.) GUMMEL. 4160

H. Cramer, H. W. Papst und **A. Treibs.** *Über die Verwendbarkeit radioaktiver Farbstoffe in der Tumordiagnostik.* Die Schwierigkeiten dieser diagnost. Methoden werden dargelegt, die vor allem darin ihre Ursache haben, daß die Affinität der Tumorzelle gegenüber derartigen Farbstoffen keinen qualitativen Unterschied im Vgl. zur Normalzelle zeigt, sondern nur einen quantitativen. Eigene Erfahrungen mit ^{32}P, ^{131}J u. Radiofluorescein werden dargelegt. Schlußfolgerung: Eine allg. Verwendung dieser Farbstoffe zur Tumordiagnostik ist wenig aussichtsreich, obzwar eine meßbare Anreicherung im Tumor stattfindet. (Z. Krebsforsch. **58.** 453—59. 1952. München, Univ., I. med. Klinik; TH, Organ.-chem. Inst.) GUMMEL. 4160

H. Vetter und **H. Vinazzer,** *Eine Gerinnungsstörung nach therapeutischen Dosen radioaktiver Isotope.* Bei intravenöser Injektion von 40 bzw. 70 mC ^{198}*Au* in 4 Leukämiefällen konnten Vff. eine Verlängerung der Antithrombinzeit feststellen, die durch *Protaminsulfat* in vitro u. in vivo aufgehoben werden konnte. Der Gerinnungsdefekt wird auf vermehrte Ausschüttung von Heparin oder einer Heparin-ähnlichen Substanz zurückgeführt. Bei Anwendung von ^{32}P trat ein Faktor-V-Mangel unbekannter Genese auf. Die Erscheinungen sind offenbar nicht spezif. für die Leukämiekranken, da sie auch an einem n. Patienten nachweisbar waren. (Wiener Z. inn. Med. Grenzgebiete **33.** 455—57. Nov. 1952. Wien, Univ., II. Med. Klinik.) REUSSE. 4160

Franz Schrader, Mitosis: the movement of chromosomes in cell division. 2nd. edn. London: Oxford Univ-Press. 1954. (182 S.) 25 s.

E_2. Enzymologie. Gärung.

R. J. P. Williams, *Metallionen in biologischen Systemen.* Zusammenfassende Besprechung: Kennzeichnung der Klasse der Aktivatoren mit spezif. Metallion u. der Klasse derer, die mit verschied. Metallionen unterschiedlich akt. sind; Wechselwrkg. von Metallionen mit Substraten in Modellsystemen; Substrat- oder Ligandenwettbewerb gegenüber Metallionen; katalyt. Wirksamkeit von Metallionen in Modellsystemen; Wechselwrkg. von Metallionen mit Proteinen in Modellsystemen; spezif. Metallionen benötigende Enzyme u. Enzyme mit geringer Metallionenspezifität in biol. Systemen. (Biol. Rev. Cambridge philos. Soc. **28.** 381—415. Nov. 1953. Oxford, Merton Coll.) SCHWAIBOLD. 4200

J. Katz und **I. L. Chaikoff,** *Eine chromatographisch-radioautographische Methode zur Untersuchung der Verwertung von Acetat in tierischen Geweben.* Es wird ein Fraktionierungsverf. angegeben, das die gleichzeitige Unters. der Verwertung des ^{14}C von ^{14}C-*Acetat* (I) in Gewebeschnitten (Rattenleber) u. des Einbaues von ^{14}C in CO_2, *Lipide, Proteine* (II) u. 12—15 wasserlösl. Verbb. ermöglicht. Etwa 90% des angewendeten ^{14}C waren in diesen Substanzen erfaßbar. Die Zus. der wasserlösl. Fraktion wurde mittels 2-dimensionaler Chromatographie in Verbindung mit einer radioautograph. Meth. untersucht u. eine Meth. zur schnellen elektrolyt. Entsalzung isoton. Gewebeextrakte entwickelt, wobei kein Verlust organ. Bestandteile, einschließlich organ. Säuren, eintritt. In Chromatogrammen der wasserlösl., nichtflüchtigen Fraktion wurden 12—15 radioaktive Verbb. nachgewiesen, identifiziert u. deren Aktivität bestimmt. Die Hauptmenge an ^{14}C fand sich in *β-Oxybutyrat, Glucose, Glutamin* u. *Glutaminsäure* (III). Geringe Aktivität zeigten *Glutathion, Alanin, Lactat, Harnstoff, Succinat, Malat* u. *Citrat,* sehr wenig *Asparaginat* u. *Fumarat.* Ein merklicher Anteil des eingesetzten **I** war in **II**, vorwiegend als **III**, eingebaut. (J. biol. Chemistry **206.** 887 bis 900. Febr. 1954. Berkeley, Calif., California School of Med., Univ., Dep. of Physiol.) K. MAIER. 4210

R. M. Hochster und **R. W. Watson,** *Enzymatische Isomerisation von D-Xylose zu D-Xylulose* (Vgl. J. Amer. chem. Soc. **75.** [1953.] 3284.) Es wird über ein Enzym *Xyloseisomerase* (I) berichtet, welches die Rk.: D-Xylose (II) ⇌ D-Xylulose (III) katalysiert. I wird aus Pseudomonas hydrophila-Kulturen gewonnen u. ist in W. lösl., wird durch 1 minütiges Erhitzen auf 100° inakt. u. hat ein p_H-Optimum von 7,5. Es ist spezif. für D-Xylose. Keine Inhibitorwrkg. zeigten *Fluoride, Jodacetat, p-Chlormercuribenzoat, Azide, Fluoracetat, β-Methyl-D-xylosid, Hydroxylamin, Alloxan, Citrat, Urethan, Adenin, Adenosin, Diphosphopyridinnucleotid* u. *Sulfanilamid.* Mit 0,014 mol. *8-Oxychinolin* erfolgte ca. 30%ig., mit 0,01 mol. *2.4-Dinitrophenol* ca. 20%ig. Inhibition. Das Gleichgewichtsgemisch enthielt 84% **II** u. 16% **III** bei p_H 7,5. **III** wurde papierchromatograph. u. durch die Rk. mit $FeCl_3$ u. Orcin identifiziert. R_F 0,51 in Äthylacetat/Essigsäure/W. (3 : 3 : 1) u. 0,61 in Phenol/W. (4 : 1). Die Kennzeichnung von III erfolgt als *p-Bromphenylhydrazon,* seine analyt. Best. spektrophotometr. nach DICHE u. BORENFREUND (J. biol. Chemistry **192.** [1951.] 583) nach der Cystein-Carbazol-Methode.

V e r s u c h e: Darst. der Xyloseisomerase (I). Pseudomonas hydrophila wurde auf synthet. Medium mit D-Xylose gezüchtet. Die Zellen wurden mit 0,9% NaCl gewaschen, mit 50 ml red. Glutathion (0,75 g in 150 ml W. p_H 7,5 mit Bicarbonat) auf Eis 10 Min. beschallt u. 10 Min. bei 10000 Umdrehung/Min. zentrifugiert. Das Zentrifugat wurde zu 7 Vol. kaltem Aceton gegeben, gewaschen u. zu weißem Pulver getrocknet. Anwendung als Suspension in Wasser. D-*Xylose-p-bromphenylhydrazon,* F. u. Misch-F. 128—129°, $[\alpha]_D^{25}$ —32,2° (c = 2,7% in W.). (Arch. Biochem. Biophysics **48.** 120—29. Jan. 1954. Ottawa, Can., Nat. Res. Counc., Div. of Appl. Biol.) GENEST. 4210

M. A. Roulet, *Die Nutzbarmachung von Monosacchariden, Polysacchariden und von Ligninsubstanzen durch einen Stamm cellulytischer Mikroorganismen.* Beschreibung von Verss. mit isolierten u. gereinigten mikrobiellen Pilzstämmen auf Nährböden, die Monosaccharide, Polysaccharide, Cellulose oder Lignin enthalten. Für den Mechanismus des beobachteten Celluloseabbaus wird Ggw. oder Bldg. einer *Cellulase* in den Mikroorganismen vermutet. (Experientia [Basel] **9.** 460–61. 15/12. 1953. Bern, Univ., Inst. et Jardin bot.) GERDA SCHULZE. 4210

H. J. Rogers, *Verschiedene Populationen in einer hyaluronidasebildenden Kultur von Staphylococcus aureus.* Die aus einer Einzelkolonie gezüchteten Kulturen eines Staph. aureus-Stammes zeigen eine stark unterschiedliche *Hyaluronidase* (I)-Bildung. Ursache dafür ist das Vorhandensein einer Anzahl verschied. Bakterienpopulationen, deren jede eine charakterist. Fähigkeit zur Enzymbldg. besitzt. Jede Population ist bei der Weiterzüchtung hinsichtlich I-Bldg. weitgehend stabil. (J. Pathol. Bacteriol. **56.** 545–51. Okt. 1953. London, Mill Hill, Nat. Inst. for Med. Res.) ZELLER. 4210

Ch. Lormand, J. Desbordes und **P. Bonét-Maury,** *Bestimmung der Diffusionswirksamkeit der Hyaluronidase mittels radioaktiver Isotopen. Anwendung auf Natrium-p-Aminosalicylat.* Chem. Blutspiegelunterss. u. Messungen mit dem GEIGER-Rohr in der Carotisgegend zeigen den deutlich fördernden Einfl. von *Hyaluronidase* auf die Resorption von ^{24}*Na-p-Aminosalicylat* bei Hunden. (Ann. pharmac. franç. **10.** 173–77. März 1952. Paris, Fac. de Pharm., Hôp. Bichat.) GIBIAN. 4210

N. J. Berridge und **Cora Woodward,** *Eine einfache Methode zur Gewinnung von kristallinem Rennin.* (J. Dairy Res. **20.** 255–57. Okt. 1953. Reading, Univ., Nat. Inst. for Res. in Dairying. — C. **1954.** 1981.) KRUSEN. 4210

C. V. Ramakrishnan und **B. N. Banerjee,** *Untersuchungen über Lipase. Vergleichende Untersuchung von verschiedenen Lipasen, aus Schimmelpilzen gewonnen, die auf Ricinussaat (Ricinus communis) gewachsen sind.* (Vgl. C. **1953.** 9517.) Unter Hinweis auf frühere Publikationen werden Verss. mit Schimmelpilzen ausgeführt, die auf Ricinussaat von selbst wachsen; davon werden in üblicher Weise Reinkulturen gezogen u. die Ernten in getrocknetem, gepulvertem Zustand auf ihre lipolyt. Aktivität gegenüber Erdnußöl geprüft; die auf Ricinuskuchen (10% Öl) gewachsenen Stämme (Aspergillus niger C_1, A. flavus C_2, A. flavus C_3, A. oryzae C_4) zeigen recht starke lipolyt. Fähigkeit. Die genannten Stämme werden ferner nach der früher veröffentlichten Arbeitsweise (J. Univ. Bombay **19.** [1950.] Part III. 36) auf ihre veresternde Wrkg. geprüft (Bldg. von Butyloleat aus Ölsäure u. Butylalkohol in Ae.-Lsg.); es werden während 7 Tagen Ausbeuten an Butyloleat bis zu 66% erzielt. (J. Indian chem. Soc. **29.** 397–99. Juni 1952. Bangalore, Indian Inst. of Sci., Dep. of Biochem.) TÄUFEL. 4210

G. L. Brown, H. McLennan und **J. E. Pascoe,** *Acetylcholinstoffwechsel der axonektomierten sympathischen Ganglien.* Nach Durchtrennen der postganglionären Nerven verliert das sympath. Ganglion die Eig., auf präganglionäre Impulse zu reagieren. Zur Klärung dieses Funktionsverlustes werden von Vff. manometr. Bestimmungen der *Cholinesterase* in den oberen Halsganglien von Ratten nach einseitigem Durchtrennen der Carotisnerven durchgeführt. Ein 50%ig. Absinken der Aktivität im Vgl. zu den n. Ganglien wird beobachtet. Die Synth. des *Acetylcholins* in vitro durch das axonektomierte Ganglion im KREBS-Bicarbonatmedium wird bei Erhöhung der K-Konz. nicht vermehrt. (J. Physiology **118.** 60 P. 30/12. 1952. London, Univ. Coll., Dep. of Physiol.) NIESWANDT. 4210

E_3. Mikrobiologie. Bakteriologie. Immunologie.

John M. Kingsbury und **Elso S. Barghoorn,** *Silicagel als mikrobiologisches Medium: Möglichkeiten und eine neue Darstellungsmethode.* Zur Verwendung als bakteriolog. Nährboden muß die 30%ig. koll. *SiO_2*-Lsg. (*Ludox;* E. I. DU PONT & Co., Wilmington, Del.) mit Anionen- u. Kationenaustauschern (Amberlite IR–45 bzw. IR–120) zur Entionisierung behandelt werden. Die erhaltene Lsg. hat einen p_H-Wert von 2,5 u. 3,0. Die Nährstoffe werden in W. gelöst, die SiO_2-Lsg. zugesetzt u. der gewünschte p_H-Wert mit einigen Tropfen NaOH eingestellt. Nach der Sterilisation des in PETRI-Schalen ausgegossenen Nährbodens erstarrt dieser beim Abkühlen. Die Gelierungskraft u. die Konsistenz des Geles können durch den Zusatz von NaCl, Senkung des p_H-Wertes u. Veränderung des SiO_2-Geh. beeinflußt werden. (Appl. Microbiol. **2.** 5–8. Jan. 1954. Cambridge, Mass., Harvard Univ., Biol. Labor.) KRUSEN. 4310

C. Lenti und **M. A. Grillo,** *Über den Threoninabbau durch Escherichia coli.* In Suspension von *Escherichia coli* wird sowohl in aeroben als auch anaeroben Bedingungen *Threonin* (I) desaminiert. Die gebildete Menge NH_3 ist in beiden Fällen gleich. Keine Unterschiede bei d-I u. *l*-I. Dieser Abbau wird gehemmt oder verhindert durch

Cyanid, p-Cloromercuribenzoat, o-Jodosobenzoat, Jodacetat, As. (Atti Accad. Sci. Torino, Cl. Sci. fisiche, mat. natur. **86.** 269—87. 1951/52. Torino, Univ., Labor. di chim. Biol.) P. G. SCHEURLEN. 4320

A. Warren Jones jr. und **D. Frank Holtman,** *Synthese von Glutaminsäure und Alanin durch Salmonella pullorum.* Neue Stämme von *Salmonella pullorum* bildeten in synthet. Medium mit Threonin (I) u. Glutaminsäure (III) *Alanin* (II); 5 dieser Stämme konnten in einem Medium, das keine III enthielt unter red. O_2-Druck ebenfalls II bilden. In einigen Verss. wurde die Bldg. von III nachgewiesen, ohne daß es zum Auftreten von II kam. Daher kann angenommen werden, daß III zuerst gebildet werden muß u. daraus dann durch eine Transaminierung II entsteht. (J. Bacteriol. **66.** 147—49. Aug. 1953. Knoxville, Tenn., Univ. of Tennessee, Dep. of Bacteriol.) GOEBEL. 4320

V. Bruckner, J. Kovács und **G. Dénes,** *Struktur der aus verkapselten Stämmen von B. anthracis isolierten Poly-d-glutaminsäure.* Vff. konnten nachweisen, daß die aus dem Nährmedium von B. anthracis (Stamm A 71 T) isolierte Polyglutaminsäure mit einem mittleren Mol.-Gew. von 45000—53000 überwiegend γ-Glutamylbindungen enthält. (Nature [London] **172.** 508. 12/9. 1953. Budapest, Univ., Inst. of Organ. Chem. u. Inst. of Med. Chem.) KRUSEN. 4320

Wolfg. Wilde, *Neuartige Rhodanverbindung zur Tuberkulosebehandlung.* Bericht über pharmakol. u. bakteriol. Prüfung von einem *diazotierten Amidomonorhodanid H* (DR. MED. HUBOLD u. BARSCH, Hamburg) bzw. *Azorhodanid H* (I; PHARMACOLOR, Sandkrug/Oldbg.) sowie über Tierverss. mit I. Nach 2jährigen Verss. wird mit I ein anderer Wirkungsmechanismus angenommen als bei den bisher üblichen Tuberkulosemitteln. Im Selbstvers. wurden bei Tagesdosen von 5 mg/kg innerhalb 24 Std. 70 bis 80% Azofarbstoff wieder ausgeschieden; die *Rhodanid* (II)-Ausscheidung betrug höchstens 20%; im Speichel wurde erhebliche II-Zunahme festgestellt. Bei 1std. Einw. auf den Tuberkelbacillus ergab sich folgende Reihenfolge der tuberkulociden Wirksamkeit: I 1 : 100, *INH* 1 : 10, *PAS* 1 : 10, *Streptomycin* (III) 1 : 3, *Conteben* 1 : 2. Mit H 37 Rv infizierte Meerschweinchen, die mit I, *INH* u. III behandelt wurden, zeigten unter I-Therapie die größte Gewichtszunahme. Der Gesamtbefund wird diskutiert. Die besten Erfolge wurden mit einer I-Lsg. von täglich 500 γ u. mit 30 mg I-Kristallsuspension gesehen. Eine Resistenz gegenüber I trat nicht auf. (Med. Klin. **49.** 445—49. 19/3. 1954. Heilstätte Wilhelmsheim der L. V. A. Württemberg.) DOSSMANN. 4330

T. Kato, *Untersuchung über das Verhalten von säurefesten, nichtpathogenen Keimen wie Proteus gegen Isonicotinsäurehydrazid.* Unter 21 geprüften Stämmen zeigten sich folgende Empfindlichkeiten (Wachstumshemmung) bei γ *Isonicotinsäurehydrazid*(I)/cm^3 1,5—6,2 bei 6 Stämmen humaner Lepra, 1,5—25 bei 4 Stämmen von Maus (Ratten-) lepra, 1,5—12,5 bei 8 unter 9 Stämmen u. 100 bei einem Stamm von Proteus vulgaris, 6,2 bzw. 50 bei 2 Smegmastämmen. Bei 4—5 Generationen wurde die Resistenz auf das 2—4fache, bei 10—20 Generationen auf das 8—250fache erhöht. Nach 20 Generationen zeigten 4 Stämme keine Rückmutation, sonst vereinzelt. Die Wrkg. des I wurde im allg. als bakteriostat. betrachtet. Säurefestes Verh. u. Form zeigten durch Resistenz keine Änderung. Gegen *Streptomycin* (II) resistente Stämme verhielten sich bzgl. I wie II-empfindliche. (Tokyo Jikeikai med. J. **68.** 19—25. 1/5. 1953. Tokyo. [Orig.: japan.].) SCHULER. 4330

W. L. Ryshkow und **N. K. Martschenko,** *Die Unterdrückung von Phagen durch einige Aminosäuren.* In Verss. mit 0,1%ig. Aminosäurelsgg. wurde nachgewiesen, daß die Vermehrung der Phagen von Streptococcus lactis u. Staphylococcus aureus durch *Glutaminsäure* (I), rac. *Cystein,* rac. *Histidin,* rac. *Asparaginsäure* u. *l-Tryptophan* gehemmt wird. Die I-Wrkg. ist eine phagostat., keine phagocide. Durch Dinitrophenol, Methionin, Cholin, Betain u. Na-Formiat wird die hemmende Wrkg. der Aminosäuren aufgehoben, so daß in ihrer Ggw. eine völlige oder teilweise Phagolyse beobachtet wird. Die Wrkg. von I wird durch 1%ig. Na-Nucleinat, Riboflavin, Thiamin u. Folsäure nicht beeinflußt. Die hemmende Wrkg. der Aminosäuren auf die Phagolyse hängt mit der Übertragung der Methyl- u. Formylgruppen zusammen. Wie die CH_3-Gruppen blockiert werden, ist nicht restlos geklärt. Es wird angenommen, daß die Anreicherung der Aminosäuren mit einer Methylierung u. damit mit einer Bindung der CH_3-Gruppen zusammenhängt, wodurch die für die Phagenvermehrung u. Phagolyse notwendigen Stoffe nicht mehr synthetisiert werden. (Доклады Академии Наук СССР [Ber. Akad. Wiss. UdSSR] [N. S.] **91.** 1389—92. 21/8. 1953. Iwanowski-Inst. für Virusol. der Akad. der Med. Wiss. der UdSSR.) LEBTAG. 4331

T. Kato, *Untersuchung über das Verhalten von Bacillus pertussis gegen Aureomycin.* Von 11 geprüften Stämmen von B. pertussis zeigten 8 eine Empfindlichkeit (Fortpflanzungshemmung) bei 0,6 γ *Aureomycin* (I), je 1 bei 0,3, 1,2 u. 2,5 γ I/cm³. Die Resistenz wurde in 25 Generationen auf das 2—4-fache gesteigert, also wenig im Vgl. zu Penicillin u. Streptomycin. Das Verh. der resistenten Stämme bzgl. Form, Anfärbung, Präcipitation, Hämolyse, Agglutination, Toxizität (Gehirn, Peritoneum) zeigte keine bemerkbaren Unterschiede. — 6 Tabellen, 22 Literaturangaben. (Tokyo Jikeikai med. J. **68.** 6—11. 1/5. 1953. Tokyo. [Orig.: japan.]) Schuler. 4340

E. Watanabe, *Untersuchung über das Verhalten von Salmonella typhosa gegen Chloromycetin.* Die bei 13 Stämmen von *Salmonella typhosa* geprüfte Empfindlichkeit (Fortpflanzungshemmung) betrug 5—20 γ *Chloromycetin*/cm³. Die Resistenz ließ sich in 30 Generationen auf das 20—100fache erhöhen. Durch Rückmutation sank sie in ca. 30 Generationen auf ca. $^1/_{10}$. Die Färbeeigg. der resistenten Stämme waren unverändert, aber es zeigten sich spindelförmig geschwellte Formen. Die glykolyt. Fähigkeit ist unverändert, ebenso die meisten andern Eigenschaften. Die Penicillinempfindlichkeit ist auf das 2—10fache vermindert, die gegen Streptomycin auf das 4fache herabgesetzt bzw. unverändert. — 10 Tabellen, 16 Literaturangaben. (Tokyo Jikeikai med. J. **68.** 79—86. 1/5. 1953. Tokyo. [Orig.: japan.]) Schuler. 4340

T. Kato, *Untersuchungen über das Verhalten von Bacillus pertussis gegen Chloromycetin.* Von 11 geprüften Stämmen zeigten 9 bei 0,6, je einer bei 0,3 u. 2,5 γ *Chloromycetin*/cm³ Fortpflanzungshemmung. Nach 15—25 Generationen zeigte sich eine Resistenzerhöhung auf das (durchschnittlich) 16fache. Auch Rückbldg. der Resistenz wurde beobachtet. Das Verh. der resistenten Stämme war wie bei Aureomycin (vgl. vorst. Ref.) — 28 Literaturangaben. (Tokyo Jikeikai med. J. **86.** 12—18. 1/5. 1953. Tokyo. [Orig.: japan.]) Schuler. 4340

John C. Ayres, *Methodik zur Isolierung von Salmonella aus Trockeneiprodukten.* Literaturübersicht über Bedeutung, Gewinnung aus Eiprodd. u. bakteriol. Verh. des Bakteriums Salmonella. Vorschlag eines qualitativen u. quantitativen Testes auf Salmonella auf Brilliantgrün- u. Wismutsulfitagarböden. — 42 Literaturangaben. (Iowa State Coll. J. Sci. **27.** 479—89. Juli 1953. Iowa State Coll., Dep. of Bacteriol.) Genest. 4350

Jose Gutierrez, *Zahl und Charakteristica von lactatverbrauchenden Organismen im Rinderpansen.* Aus dem Pansen von Rindern wurden 24 Stämme *Propionsäure*-bildender Bakterien isoliert, aus Heu konnten 7 Stämme u. aus dem Boden 4 Stämme rein isoliert werden, die Ähnlichkeit mit Propionibacterium acnes haben. Die Bakterien sind weit verbreitet u. dürften eine Rolle für die Bldg. von *Propion-* u. *Essigsäure* im Rinderpansen spielen. (J. Bacteriol. **66.** 123—28. Aug. 1953. Pullman, Wash., State Coll. of Washington, Dep. of Bacteriol and Public Health.) Goebel. 4350

H. Bortels und **C. Wetter,** *Fortgeführte mikrobiologische Untersuchungen über die Mikronährstoffe Mangan und Molybdän.* Beschreibung einer mikrobiol. Meth. zum Nachw. von Mn in wss. Bodenauszügen. Sie wird unter Verwendung von Ammoniumchlorid (p_H 3, Kulturdauer 90 Tage) oder Nitrat (p_H 7) als Stickstoffquelle mit Aspergillus niger als Testorganismus durchgeführt. Verss. mit verschied. Konzz. von Fe, Zn, Cu u. Mo zeigten keine Beeinflussung des Mn durch diese Spurenelemente. Zur Mo-Best. scheint Aspergillus niger weniger geeignet zu sein, da er in seinem Nährmedium stark Säure bildet, in dem wenig Mo gelöst wird, u. es wird vorgeschlagen, dafür gegebenenfalls eine Azotobacterart zu verwenden. Ferner wird über einen Mo-Düngungsvers. mit Leguminosen berichtet. (Nachrichtenbl. dtsch. Pflanzenschutzdienstes [Braunschweig] **6.** 2—5. Jan. 1954. Braunschweig, Inst. für Bakteriol. u. Serol. der Biol. Bundenanstalt für Land- u. Forstwirtschaft.) Gerda Schulze. 4360

Eva S. Orlans, *Die Wirkung einer Lipoidextraktion auf die Eigenschaften von Immunsystemen.* Die Extraktion der Lipoide mit A. u. Ae. beraubt präcipitierende Seren ihrer Flockungsfähigkeit. In Ggw. kleiner Mengen nicht extrahierten Serums wird diese wiederhergestellt, dagegen nicht durch Zugabe der extrahierten Lipoide, Cephalin, Lecithin oder Normalserum. Die quantitativen Beziehungen zwischen lipoidfreien u. -haltigen Serumantikörpern zum Antigen in den Präcipitaten beweisen, daß die Lipoidextraktion eine Umwandlung kompletter Antikörper in inkomplette bewirkt. Der Verlust der Flockungsfähigkeit inkompletter Antikörper kann auf ihrer Einwertigkeit oder auf der Löslichkeit der Antigenkörperkomplexe beruhen. (Brit. J. exp. Pathol. **33.** 451—61. Okt. 1952. London, Hosp. Med. Coll., Dep. of Chem. Pathol.) Fischoeder. 4370

W. W. Kusmin und **M. F. Iwantschikow,** Praktische Laboratoriumsaufgaben zur Mikrobiologie in der Veterinärmedizin. Moskau-Leningrad: Sselchosgis. 1953. (116 S. m. Abb.) 3 Rbl. [russ.].

E5. Tierchemie. Tierphysiologie. Tierpathologie.

A. A. Smirnow und **D. A. Tschetwerikow,** *Die Anwendung radioaktiver Isotope bei der Untersuchung des Stoffwechsels des Gehirns.* Allg. über die Anwendung von markierten Atomen bei der Unters. des Stoffwechsels im Gehirn, bes. über den Umsatz von *Adenosintriphosphat, Kreatinphosphat, Nucleinsäuren* u. *Phospholipiden* unter Anwendung von ^{32}P. (Природа [Natur] **43.** Nr. 2. 23—29. Febr. 1954.) LEBTAG. 4500

Carl Georg Schirren, *Vergleichende p_H-Messungen an der Hautoberfläche mit einer Chinhydron- und einer Glaselektrodenkette.* Auf Grund von 2000 Einzelmessungen an hautgesunden u. -kranken Patienten an der Unterarmbeugeseite, Unterarmstreckseite, in der Handinnenfläche u. am Handrücken fand Vf., daß die p_H-Messung der Hautoberfläche mit der Chinhydron- bzw. Glaselektrode gleiche p_H-Werte ergab. Kuglige Glaselektroden eignen sich nicht zur Haut-p_H-Messung. (Arch. Dermatologie Syphilis **197.** 73—84. 1953. Zürich, Univ., Dermatol. Klin.) BRATFISCH. 4500

J. D. Biggers, *Die Kohlenhydratkomponenten der Vagina der normalen und der ovarektomierten Maus.* Je 20 Mäuse bekamen 0,5 µg *Östron* subcutan bzw. 0,002 µg intravaginal in wss. Lösung. Die Vaginalschnitte wurden histochem. untersucht u. mit denen von Kontrolltieren verglichen. Aus den histochem. Rkk. schloß Vf. auf ein *Mucopolysaccharid, Glykogen* u. ein *Glykoprotein.* Ggw. von *Hyaluronsäure* ist nicht ganz sicher. Die Keratinisierung der Vaginalzellen wird diskutiert. Die Kontrolltiere zeigten keinen Unterschied zu den ovarienlosen Tieren. (J. Anatomy **87.** 327—36. Okt. 1953. Sydney, Univ., Dep. of Veterin. Physiol.) GENEST. 4520

Bruce L. Larson und **G. W. Salisbury,** *Die Proteine des Rindersamenplasmas.* 1. Mitt. *Einleitende und elektrophoretische Untersuchungen.* Ca. 90% des Gesamt-N von Rindersamenplasma (I) ist eiweißartiger Natur u. nicht dialysierbar; 76% dieses Proteins sind hitzekoagulierbar. Nach erschöpfender Dialyse gab I nur außerordentlich geringe Rk. auf Kohlenhydrate u. Fett u. enthielt 14,4% N (bezogen auf fett- u. wasserfreie Substanz). Elektrophoret. Unterss. ergaben die Ggw. von mindestens 11 Komponenten, wobei jedoch 3 mengenmäßig überwiegen. Die elektrophoret. Bilder des I von Bullen verschied. Rassen u. verschied. Alters waren sehr ähnlich. Die vergleichende Unters. von Rinderblutserum u. I ergab wenig quantitative Beziehungen zwischen den beiden Systemen. Der Hauptteil der Proteinbestandteile von I zeigte elektrophoret. Beweglichkeiten, die den α-Globulinen des Blutes entsprechen, die chem. Unters. ergab jedoch, daß Glyko- oder Lipoproteine fehlen oder in geringer Konz. vorhanden sind. (J. biol. Chemistry **206.** 741—49. Febr. 1954. Urbana, Ill., Univ. of Illinois, Dep. of Dairy Sci., Labor. of Biochem.) NEHRING. 4520

O. Erik Virtanen und **O. Kalevi Tanskanen,** *Isolierung von gereinigtem „intrinsic factor" aus der Magenpförtnerschleimhaut von Schweinen und aus einem Nebenprodukt der Labherstellung.* Aus einem Nebenprod. der Labherst. aus Kälbermagen, den sogenannten „mucins", wurde — unter Benutzung von $(NH_4)_2SO_4$ u. kaltem Aceton als Fällungsmittel, nach Inaktivierung des Pepsin–Kathepsins durch Alkali — eine 50% $(NH_4)_2SO_4$ enthaltende Fraktion erhalten, die der aus der Pylorusschleimhaut frischer Schweinemagen gewonnenen sehr ähnlich war. — Vorläufige klin. Unterss. zeigten, daß die Kälbermagenmucinpräpp. bestimmte hämatolog. Wirkungen hervorrufen, die mit denen aus der Pylorusschleimhaut von Schweinen nicht übereinstimmen. (Suomen Kemistilehti **26.** B72. 1953. Turku, Lääke Oy, Pharmac. Manufacturers.) SPITALER. 4520

B. K. Forscher und **L. S. Fosdick,** *Untersuchungen über physikalisch-chemische Vorgänge in Beziehung zur Zahncaries.* 1. Mitt. *Die Wirkung von Zucker auf die Diffusionsgeschwindigkeit des Wasserstoffions.* Im Zusammenhang mit der Frage nach der Entstehung der Caries (enzymat. Zers. von Zucker, Säureentw., Decalcifikation usw.) wird in einem Modellvers. die Diffusion von *H*-Ionen aus verschied. konz. *Saccharose*-Lsgg. durch eine semipermeable (Kollodium-) Membran geprüft u. festgestellt, daß die Diffusionsgeschwindigkeit umgekehrt proportional der Konz. der Zuckerlsg. ist. (J. Dental Res. **33.** 206—11. April 1954. Chicago, Ill., Northwestern Univ., Dental School, Chem. Dep.) KLESSE. 4550

L. S. Fosdick und **B. K. Forscher,** *Untersuchungen über physikalisch-chemische Vorgänge in Beziehung zur Zahncaries.* 2. Mitt. *Die Wirkung von Zucker auf die Diffusionsgeschwindigkeiten von Calcium- und Phosphationen.* (1. vgl. vorst. Ref.) Bei Ggw. von 1 mol. *Saccharose*-Lsg. nimmt die Schnelligkeit der Diffusion von *Ca*- u. PO_4-Ionen durch eine semipermeable Membran im Vgl. zu W. ab. Anfänglich diffundiert $Ca^{••}$ schneller, später stellt sich das Verhältnis Ca/P auf annähernd den theoret. Wert von 1,5 ein. (J. Dental Res. **33.** 212—17. April 1954.) KLESSE. 4550

Martti Koivusalo und **Aimo Pekkarinen,** *Über den Chloridgehalt des Wärmeschweißes hyperthyreoider Patienten.* Vff. untersuchten die Chloridkonz. im Wärmeschweiß von 16 schwer u. 7 leicht hyperthyreoiden Patienten u. verglichen sie mit den Kontrollergebnissen von 11 Gesunden. Durchschnittswert der Kontrollunterss. 37,5 Milliäquivalente/Liter (mÄq/Liter). Die Werte bei der Gruppe der schwer hyperthyreoiden Patienten liegen zwischen 9 u. 60, Schwerpunkt zwischen 9 u. 19, Durchschnittswert 19,4. Bei den leicht Hyperthyreoiden ergaben sich Werte von 19—52, im Durchschnitt 32,0 mÄq/Liter. (Acta endocrinol. [Copenhagen] **13.** 138—43. Juni 1953. Helsinki, Univ., Dep. of Med. Chem. u. 1. Surg. Clin.) v. KEREKJARTO. 4555

J. Murray Luck, A. Clark Griffin, G. Boer und **M. Wilson,** *Über die endokrine Regulation des Blutaminosäuregehaltes.* Die subcutane Zuführung physiol. NaCl-Lsg. bewirkte bei n. hypophysektomierten Ratten einen geringen Rückgang des Blutaminosäuregehaltes. *Hexamethylen-bis-trimethylammoniumbromid* (*Hexamethoniumbromid*) wurde als ein mögliches Reagens zur Unterdrückung dieser „Kontroll"-Hypoaminoacidämie untersucht. Die Fähigkeit von subcutan injiziertem *Epinephrin*, die Aminosäurekonz. des Blutes n. Tiere wesentlich herabzusetzen, wurde bestätigt u. ließ sich auch bei hypophysektomierten Ratten nachweisen. *L-Norepinephrin* ist bei n. Tieren unwirksam, führt jedoch bei hypophysektomierten Ratten zu Hypoaminoacidämie. Von den untersuchten Adrenocorticotropinpräpp. waren nur *ACTHAR* ohne Wrkg. auf den Blutaminosäurespiegel. Dieser Befund wird im Hinblick auf die Reinheit der Präpp. diskutiert. *Cortison, Desoxycorticosteron* u. *Testosteron* waren unwirksam. *Wachstumshormone* führten bei n. u. hypophysektomierten Ratten zu Hypoaminoacidämie, jedoch nicht bei adrenalektomierten Tieren. *Diäthylstilböstrol* führte nur bei hypophysektomierten Ratten, nicht aber bei n. Tieren zu Hypoaminoacidämie. (J. biol. Chemistry **206.** 767—77. Febr. 1954. California, Stanford Univ., Dep. of Chem.) NEHRING. 4558

Mitsuo Fujisaki, Yuji Arai Tsurujiro Kon und **Masao Itoh,** *Über Papierchromatographie der Hormone der Steroidreihe.* Das Verf. von ZAFFARONI u. Mitarbeiter (J. biol. Chemistry **177.** [1949.] 109) wurde so verbessert, daß konstante R_F-Werte auch in Gemischen erhalten wurden. Dies wurde erreicht durch Vorbehandlung des Papiers mit Propylenglykol–Methanol u. entsprechende Trocknung, wodurch die Mittelfront erkennbar wird. Zur Identifizierung wurden Farb-Rkk. mit $SbCl_3 + ZnCl_2 + CH_3OH$ (20:8:25), $SbCl_3 + CH_3OH$ (5:10) u. J_2 benutzt. R_F-Werte: *Δ^4-Androstendion* 1,0—0,97; *Dehydroisoandrosteron* 0,82 ±0,02; *Δ^5-Androstendiol* 0,42 ±0,02; *Östron* 0,30 ±0,02; *α-Östradiol* 0,16 ±0,02; *Testosteron* 0,72 ±0,02; *Methyltestosteron* 0,82 ±0,02, *Methylandrostendiol* 0,55 ±0,02; *Progesteron* 0,94 ±0,01; *Desoxycorticosteronacetat* 0,95 ±0,01 u. *Cortisonacetat* 0,01. (Folia endocrinol. japon. **29.** 148—51. 20/9. 1953. Tokyo, Univ. of Educat., Sanzen Co. [Orig.: engl.]) SCHULER. 4559

Henry S. Bloch, Bernard Zimmermann und **Saul L. Cohen** (unter techn. Mitarbeit von **Margaret J. Mohaupt** und **Betty J. Oseid**), *Papierchromatographie von Pregnandiol und verwandten Verbindungen.* Es wurden die R_F-Werte u. die Färbbarkeit mit $SbCl_3$ u. $ZnCl_2$ von 8 Steroiden der Pregnandiolfraktion des Harnes untersucht: *Pregnan-3α.17α.20α-triol, Pregnan-3α.20α-diol, Allopregnan-3α.20α-diol, Allopregnan-3β.20β-diol, Allopregnan-3β.20α-diol, 17α-Oxyprogesteron, 5-Pregnen-3β-ol-20-on, Allopregnan-3β-ol-20-on.* Mit Propylenglykol imprägniertes Papier u. Toluol als Lösungsm. eignen sich besser als W.–Methanol–Toluol. *Progesteron* gab bis 25 µg weder mit $SbCl_3$ noch mit $ZnCl_2$ eine Farbreaktion. (J. clin. Endocrinol. Metabolism **13.** 1206—12. Okt. 1953. Minneapolis, Minn., Univ. of Minnesota, Med. School, Dep. of Surgery.) LEUSCHNER. 4559

Amiya B. Kar und **R. N. Sur,** *Die Wirkung von Testosteronpropionat auf die Bildung von Ovarialcysten bei experimentell hypothyreoiden Ratten.* Experimentell hypothyreoide (durch 10 mg Thioharnstoff täglich über 18 Tage) Ratten zeigten alle Ovarialcysten. Bei gleichzeitiger Behandlung mit *Testosteronpropionat* (5 mg zweimal wöchentlich) waren keine Ovarialcysten nachweisbar. (Acta endocrinol. [Copenhagen] **13.** 173—76. Juni 1953. Lucknow, India, Centr. Drug Res. Inst.) v. KEREKJARTO. 4559

W. H. Pearlman und **Emily Cerceo,** *Der Progesterongehalt im Placentagewebe.* Ein Beitrag zur Klärung der Frage, ob *Progesteron* im Placentagewebe einen stabilen Proteinkomplex bildet, dessen Bindung durch Extraktion mit organ. Lösungsmitteln nicht gesprengt wird (vgl. NOALL u. Mitarbeiter, J. biol. Chemistry **201.** [1953.] 321). Vff. erhalten bei der Extraktion mit Aceton u. bei Behandlung des Gewebes mit Alkali u. nachfolgender Extraktion mit Ae. ein Gemisch von α.β-ungesätt. Ketonen, deren Thiosemicarbazone durch UV-Spektren untersucht werden. Das im Gemisch enthaltene *Progesteron* wird chromatograph. isoliert. (Endocrinology **53.** 599—603. Dez. 1953. ladelphia, Pa., Jefferson Med. Coll., Dep. of Biochem.) U. BAUMANN. 4559

Robert A. Lyon, Miriam E. Simpson und **Herbert M. Evans,** *Qualitative Änderungen der im Urin ausgeschiedenen Gonadotropine während der Periode des rapiden Anstiegs des Hormontiters bei Schwangeren.* Im biol. Test wird ermittelt, daß bei Schwangeren 35 Tage nach der Ovulation die im Urin ausgeschiedene Hormonmenge auf das 100fache des Normalen ansteigt. (Endocrinology **53.** 674–86. Dez. 1953. Berkeley, Calif., Univ. of California, School of Med., Dep. of Anat., u. Inst. of Exp. Biol.) U. BAUMANN. 4559

William W. Robinson, *Östradiolcyclopentylpropionsäureester: Ein neues lang wirkendes, injizierbares Östrogen.* 235 Patientinnen in der Menopause erhielten über ein Jahr *Östradiolcyclopentylpropionsäureester* kombiniert mit wechselnden Dosen *Testosteroncyclopentylpropionsäureester.* Die gut kontrollierbaren Einzeldosen von 1–3 mg erleichterten die Beschwerden der Menopause für 3–6 Wochen. Die Injektionen wurden reizlos vertragen. (J. clin. Endocrinol. Metabolism **13.** 1279–80. Okt. 1953. Spokane, Wash., Rockwood Clin.) LEUSCHNER. 4559

M. X. Zarrow und **B. Rosenberg,** *Relaxinvorkommen im Kaninchen.* Es wird festgestellt, daß bei Kaninchen sowohl im Ovar (20–30 E./g Frischgewebe) als auch im Uterus (15–50 E.) u. der Placenta (mütterliche Placenta 10–25 E., Placenta fetalis 250–350 E.) *Relaxin* entsteht. Tragende, dann kastrierte u. mit *Progesteron* behandelte Tiere bilden die Hauptmenge Relax in im Placentagewebe, pseudoschwangere (elektr. Stimulation der cervix uteri) im Uterus u. im Ovar. Nach gleichzeitiger Ovar- u. Hysterektomie längere Zeit mit Östrogen behandelte Kaninchen bildeten 5 E. Relaxin/g Gewebe in der Vagina. (Endocrinology **53.** 593–98. Dez. 1953. Lafayette, Ind., Purdue Univ., Dep. of Biol. Sci.) U. BAUMANN. 4559

F. N. Andrews, W. M. Beeson und **F. D. Johnson,** *Die Wirkungen von Stilböstrol, Dienöstrol, Testosteron und Progesteron auf das Wachstum und die Mast von Ochsen.* Bei der subcutanen Anwendung von 60, 108 oder 120 mg *Stilböstrol* (**I**; Implantat) von 60 mg in Verbindung mit 200 mg *Progesteron* oder 80 mg *Dienöstrol* (**II**) war die Gewichtszunahme signifikant erhöht. Die Futterausnutzung war bei allen **I**- u. **II**-Implantaten übereinstimmend verbessert. Beschreibung unerwünschter Nebenwirkungen. (J. Animal Sci. **13.** 99–107. Febr. 1954. Purdue Univ., Agric. Exp. Stat.) PATZSCH. 4559

L. J. Bratzler, R. P. Soule jr., E. P. Reineke und **Pauline Paul,** *Die Wirkung des Testosterons und der Kastration auf das Wachstum und die Körpereigenschaften des Schweines.* Zwischen dem Gewicht der Geschlechtsdrüsen u. der Nieren n. kastrierter Eber einerseits u. den Kastraten, denen 193 mg *Testosteronpropionat* implantiert waren, bestanden keine signifikanten Unterschiede. Ein objektiv feststellbarer Geruch oder Geschmack im Fleisch von den Tieren, die durchschnittlich 8 Wochen vor dem Schlachten kastriert wurden, wurde nicht gefunden. Wachstumsrate u. Höhe der Zunahme, bezogen pro lb verabreichtes Futter, wurden durch Implantation von Testosteron nicht beeinflußt. (J. Animal Sci. **13.** 171–76. Febr. 1954. Michigan Agric. Exp. Stat.) PATZSCH. 4559

A. M. Pearson, G. E. Combs jr., H. D. Wallace, R. B. Sleeth, J. W. Stroud, J. M. Shepherd und **Marvin Koger,** *Die Wirkung von Stilböstrolimplantaten auf Schweine verschiedenen Geschlechtes.* Die an 30 Schweinen von je ca. 17 kg Gewicht durchgeführten Verss. ergaben, daß *Stilböstrol*-Implantate (2 mal 25 mg pro Monat) keinen Einfl. auf die Gewichtszunahme von ♀- u. ♂-Schweinen haben, vielmehr an Jungtieren eine gewisse Wachstumshemmung bewirken. Der Futterverbrauch pro 100 lbs. Gewichtszunahme war bei allen Tieren prakt. gleich; die Fleischqualitäten wurden durch Stilböstrol nicht verbessert. (J. Animal Sci. **11.** 251–60. Mai 1952. Florida Agric. Exp. Stat.) RUPPERT. 4559

M. T. Clegg und **H. H. Cole,** *Die Wirkung des Stilböstrols auf das Wachstum von Wiederkäuern.* Es werden die Wirkungen von *Stilböstrol*-Implantaten auf die Wachstumszunahme, die Futterausnutzung, das Gewicht der endokrinen Drüsen, die Wachstumshormone u. den ACTH-Geh. der Hypophyse, die Histologie der endokrinen Drüsen, N-Retention u. das Differentialblutbild beschrieben. Die vorherrschenden Zeichen der Behandlung waren Maskulinisierung u. Entw. der Milchdrüsen bei **Färsen.** Diskussion der Rolle der Hypophyse. (J. Animal Sci. **13.** 108–30. Febr. 1954. Univ. of California.) PATZSCH. 4559

M. A. Vernon, *Das Guillain-Barre-Syndrom und seine Behandlung mit ACTH und Cortison.* Bericht über 1 Fall von GUILLAIN-BARRE-Syndrom mit Bewegungsschwäche, Muskelschwäche u. -schmerzen u. Kopfhautschmerzen. Dramat. Wiedergewinnung der Muskelkraft trat durch täglich 20 mg *ACTH* in 1000 ml 5%ig. Glucoselsg. ein. Nach 10 Tagen täglich 200 mg *Cortison* peroral, zurückgehend auf Erhaltungsdosen von täglich 25 mg. (Canad. med. Assoc. J. **70.** 75—76. Jan. 1954. Calgary, Alta., Assoc. Clin.) KRUSEN. 4560

G. Lenti, G. M. Molinatti, A. Pizzini, G. C. Beccaria und **R. Nejrotti,** *Über die funktionelle Aktivität der Nebennierenrinde im Verlauf der ACTH-Behandlung. Physiopathologische, klinische und therapeutische Betrachtungen.* Im Verlauf der Behandlung mit *ACTH* können die Nebennieren in einen Zustand der Erschöpfung ihrer funktionellen Reserven geraten, was sich in einer Schwäche oder dem Fehlen der klin. u. biol. Rk. auf die Hormonzufuhr zeigt. Es wird auf die physiopatholog. Wichtigkeit dieses Zustandes verwiesen u. gezeigt, daß *Cortison* period. alternierend mit ACTH gegeben in solchen Fällen erlaubt, die Reserven der Nebennierenrinde wieder zu bilden. (Presse méd. **62.** 382—83. 10/3. 1954. Turin, Univ., Clin., Ist. de Pathol. Méd. Spéciale et de Méthodologie.) K. BÖHM. 4560

M. Lawrence Heideman jr., *Reinigung des von Rindern stammenden thyreotropen Hormons durch Ionenaustauschchromatographie.* Eine Meth. zur Reinigung von rohem Rinder-*Thyreotropin* durch Chromatographie an einem Austauscherharz Amberlit IRC-50 wird beschrieben. Die Verss. werden bei p_H 7,0—8,0 durchgeführt u. ergeben eine Reinigung um das 14—16fache bei geringem Aktivitätsverlust. (Endocrinology **53.** 640—52. Dez. 1953. Boston, Mass., Harvard Med. School, Dep. of Pharmacol.) U. BAUMANN. 4560

C. E. Hall und **J. G. Bieri,** *Änderung des Cholinmangelsyndroms bei Ratten durch Behandlung mit Somatotrophin und Hydrocortison.* Verabreichung von *Somatotrophin* verschlimmert die bei cholinarm ernährten Ratten auftretenden Nierenschäden, während *Hydrocortison* sie verhindert. Andere Symptome, wie Leberverfettung, anomales Zellenwachstum u. Gewichtsabnahme, werden durch die Hormonbehandlung nicht beeinflußt. (Endocrinology **53.** 661—66. Dez. 1953. Calveston, Tex., Univ. of Texas, Med. Branch, Dep. of Biochem. u. Nutrit., and Carter, Physiol. Labor.) U. BAUMANN. 4561

Dixon M. Woodbury (unter techn. Mitarbeit von **Maurine S. Naisbitt,**) *Einfluß von Nebennierenrindensteroiden und adrenocorticotropem Hormon auf die Krampfschwelle beim Elektroschock.* An Ratten wurde der Einfl. folgender Verbb. bei täglicher Gabe 4 Wochen hindurch auf die Krampfschwelle beim Elektroschock untersucht: *Adrenocorticotropes Hormon* (*ACTH*; **I**), *Desoxycorticosteronacetat* (*DCA*; **II**), *Cortisonacetat* (*Compound-E-Acetat*; **III**), *17-Oxycorticosteronacetat* (*Compound-F-Acetat*; **IV**), *Dehydrocorticosteronacetat* (*Compound-A-Acetat*; **V**), *Corticosteronacetat* (*Compound-B-Acetat*; **VI**), *11-Desoxy-17-oxycorticosteronacetat* (*Compound-S-Acetat*; **VII**). Die Krampfschwelle wird erhöht durch **II** u. **VII**, nicht verändert durch **VI**, herabgesetzt durch **V**, stärker durch **IV**, am meisten durch **III**. Die Wrkg. von **II** wird durch **I** aufgehoben, **II** hemmt die Wrkg. von **III** völlig, **V** teilweise, **VII** hat keinen Einfluß. **I** allein erhöht die Krampfschwelle etwas, zusammen mit **III** wurde einmal Hemmung der **III**-Wrkg., in anderen Verss. kein Einfl. gesehen. (J. Pharmacol. exp. Therapeut. **105.** 27—36. Mai 1952. Salt Lake City, Utah, Univ. of Utah, Coll. of Med., Dep. of Pharmacol.) DAUTZENBERG. 4561

M. Frances McCall und **Bertha Singer,** *Studien über Nephrose: Chemische Corticoide, salzretinierender Faktor und Wirkung von ACTH.* Kinder mit Nephrose, bei denen nach intramuskulärer Injektion von *ACTH* eine prompte u. vollständige Ausschwemmung der Ödeme eintrat, zeigten eine deutliche Erhöhung der *Corticoide* im Harn, aus denen durch Oxydation mit Perjodsäure Formaldehyd befreit werden kann (Corticoide mit Ketolseitenkette). Die Fälle, die nur mit verzögerter oder unvollständiger Ausschwemmung reagierten, zeigten auch keine erhöhte Ausscheidung formaldehydogener Corticoide. Die Größe der Corticoidausscheidung zeigte keine Beziehung zur Länge der auf ACTH folgenden Remission des nephrot. Krankheitsbildes. Die Corticoidausscheidung von nephrot. Kindern mit Pneumokokkenperitonitis war der nach ACTH-Injektion adäquat. Die Harnausscheidung eines Na-retinierenden Faktors (Best. nach der Meth. von SINGER u. VENNING) wurde bei 8 Patienten mit ausgeprägten Ödemen entdeckt. Bei 3 Patienten mit Ödemausschwemmung konnte keine salzretinierende Aktivität beobachtet werden, ebenso bei 5 von 6 Patienten mit chron. Ödemen. Die Zusammenhänge mit Nebennierenrinde u. Hypophyse werden diskutiert. (J. clin. Endocrinol. Metabolism **13.** 1157—68. Okt. 1953. Montreal, Can., Children's Memorial Hosp., u. McGill Univ. Clin., Royal Victoria Hosp.) LEUSCHNER. 4561

D. Dexter und **H. B. Stoner,** *Die Rolle des Nebennierenmarkes bei der Wasserdiurese der Ratte.* Verss. an n., medullektomierten u. adrenalektomierten Tieren führen zum Ergebnis, daß das Nebennierenmark eine wesentliche Rolle bei der Wasserdiurese der Ratten spielt. (J. Physiology **118.** 486—99. 30/12. 1952. Sheffield, Univ., Dep. of Pathol.) NIESWANDT. 4561

J. Groen, H. E. Pelser, A. F. Willebrands, W. L. C. Veer und **G. J. M. van der Kerk,** *Der Einfluß von Derivaten und Analogen der Glycyrrhetinsäure auf den Wasser- und Salzhaushalt bei der Addisonschen Krankheit.* (Vgl. C. **1953.** 3909.) Die Therapie des Ulcus ventriculi mit *Succus liquiritiae* hat zuweilen Ödembldg. zur Folge (Na- u. Cl-Retention u. erhöhte K-Ausscheidung, klin. Bild der Dehydrierung u. erhöhter Blutdruck). Es lag nahe, diese Wrkg. bei der ADDISONschen Krankheit auszunutzen. Es reagieren nur Patienten, die noch Reste der Nebennieren besitzen, da keine Regeneration stattfindet. Der wirksame Bestandteil dürfte die *Glycyrrhizinsäure* (I) sein. I u. *Glycyrrhetinsäure* haben in äquivalenten Mengen etwa gleiche Wirkung. *Monoacetylglycyrrhetinsäure* u. *Glycyrrhetinketoldiacetat* sind in geringerem Maße wirksam, *2-Ketoglycyrrhetinsäure* fast, *Oleanolsäure* u. *Ursolsäure* völlig inaktiv. Die Ketogruppe am $C_{(11)}$-Atom scheint also von besonderer Wichtigkeit zu sein. Zwei dem *Lanosterin* des Wollfetts nahestehende Verbb. waren gleichfalls inaktiv. Die Bedeutung der hauptsächlich in trop. Gebieten in Pflanzen vorkommenden Triterpene für den Organismus der Pflanze ist noch ungeklärt. (Nederl. Tijdschr. Geneeskunde **97.** 3290—3300. 19/12. 1953. Amsterdam, Wilhelmina-Gasthuis; Oss, Researchlabor. van de N. V. Organon en Utrecht, Org. Chem. Inst. T. N. O.) HANS THIELE. 4561

J. R. Martin und **C. J. Pattee,** *Dystrophia myotonica — eine Stoffwechseluntersuchung.* 2 Fälle von myoton. Dystrophie konnten durch täglich 100—150 mg *Cortison* peroral deutlich gebessert werden, ohne daß eine Änderung der urinalen Kreatinexkretion eintrat. (Canad. med. Assoc. J. **70.** 72—75. Jan. 1954. Montreal, Can., Queen Mary Veterans' Hosp.) KRUSEN. 4561

F. R. Magarey und **J. Gough,** *Die Wirkung von Cortison auf experimentell hervorgerufene silicotische Knötchen des Peritoneums. Cortison* hat auf silicot. Knötchen, die sich nach Injektion von Quarz auf dem Peritoneum der Kaninchen bilden, keine rückbildende Wirkung. Eine Verzögerung der fibrösen Umwandlung u. die Entstehung einer gefäßreichen Randzone wurde festgestellt. (Brit. J. exp. Pathol. **33.** 510—12. Okt. 1952. Cardiff, Welsh Nat. School of Med., Dep. of Pathol. and Bacteriol.) FISCHOEDER. 4561

J. D. P. Graham und **Dinah M. James,** *Die glykämische Reaktion von Kaninchen auf l-Adrenalin und l-Noradrenalin und die Wirkung von Dimercaprol. l-Adrenalin* (I) u. *l-Noradrenalin* (II) erhöhen nach intravenöser oder subcutaner Injektion den Blutzuckergeh. von Kaninchen. I erweist sich wirksamer als II, bes. wenn subcutan injiziert wird. *2.3-Dimercaptopropanol, BAL* (III), verursacht eine vorübergehende Hyperglykämie. Durch vorhergehende Verabreichung von III wird die hyperglykäm. Rk. von I u. II verstärkt. (J. Physiology **118.** 479—85. 30/12. 1952. Cardiff, Welsh Nat. School of Med., Dep. of Pharm.) NIESWANDT. 4561

J. L. Mongar und **R. F. Whelan,** *Adrenalin als Histaminauslöser im Menschen.* Auf Grund klin. Verss., bei denen nach intravenöser Infusion von 10 u. 20 µg/Min. *Adrenalin* (I) kein vermehrter Geh. an *Histamin* (II) im Blutplasma festgestellt wurde, vertreten Vff. die Ansicht, daß der cardiovasculäre Effekt von I nicht durch Freisetzen von II erklärt werden kann. (J. Physiology **118.** 66P. 30/12. 1952. London, Univ. Coll., u. Sherrington School of Physiol., St. Thomas Hosp., Dep. of Pharm.) NIESWANDT. 4561

Adolfo Bisso, *Vergleich der Wirkungen von Adrenalin und Noradrenalin auf die zirkulierenden Eosinophilen.* Patienten ohne sichtbare endokrine Störungen zeigten eine stärkere Eosinopenie nach Verabreichung von *Adrenalin* als nach *Noradrenalin.* Bei Kranken mit Nebennierenrinden- oder Hypophyseninsuffizienz fehlte eine signifikante Erniedrigung der zirkulierenden Eosinophilen. (J. clin. Endocrinol. Metabolism **13.** 1226—31. Okt. 1953. Philadelphia, Pa., Univ. of Pennsylvania, Hosp., Endocrine Sect. of the Med. Clin.) LEUSCHNER. 4561

Kristen Eik-Nes, Don H. Nelson und **Leo T. Samuels,** *Bestimmung von 17.21-Oxycorticosteroiden im Plasma.* Es werden Einzelheiten u. Erweiterungen zur Best. von 17.21-Oxycorticosteroiden nach NELSON u. SAMUELS (vgl. J. clin. Endocrinol. Metabolism. **12.** [1952.] 519) mitgeteilt. (J. clin. Endocrinol. Metabolism. **13.** 1280—82. Okt. 1953. Salt Lake City, Univ. of Utah, Coll. of Med., Dep. of Biol. Chem.) LEUSCHNER. 4561

Paul Starr und **Ruth Liebhold-Schueck,** *Theorie der Schilddrüsenhormonwirkung. Folgerungen aus Differenzen in der Wirkung von Na-l-Thyroxin, Na-d-Thyroxin, Trijodthyronin und Kaliumjodid auf die Aufnahme von radioaktivem Jod durch die Schilddrüse normaler Versuchspersonen.* Die Wrkg. von *Na-l-Thyroxin* (I), *Na-d-Thyroxin, Trijodthyronin* (II) u. *KJ* auf die Aufnahme von radioakt. Jod wurde untersucht.

Alle Substanzen führten zu einer Erniedrigung der Aufnahme, jedoch wurde I von einer Erhöhung u. II von einer Erniedrigung des eiweißgebundenen Jods im Serum begleitet. II zeigte die stärkste Wirkung. Um eine Erniedrigung mit KJ zu erreichen, wurde die zehnfache Menge Jod benötigt. Es wird eine Theorie der „Notfallsfunktion" des Trijodthyronin diskutiert. (A. M. A. Arch. intern. Med. **92.** 880—88. Dez. 1953, Los Angeles, Calif., Univ. of Southern California, School of Med., Dep. of Med., u. Los Angeles County Gen. Hosp.) LEUSCHNER. 4562

G. A. Lindeboom, *Radioaktives Jod und Schilddrüse.* Vf. bespricht die Therapie von Schilddrüsenerkrankungen mit ^{131}J, wobei die latente Phase der Wrkg. durch Verabfolgung, bes. von *1-Methyl-2-mercaptoimidazol* (*Tapazol*) überbrückt wird. (Geneeskund. Gids. **32.** 127—32. 1/4. 147—52. 15/4. 1954. Amsterdam, Vrije Univ., Radio-chem. Labor., Pieter van Foreestkliniek.) PATZSCH. 4562

Norbert Lang, *Radiojodstoffwechseluntersuchungen bei Adipositas.* Bei 47 Fällen von Adipositas prüfte Vf. nach Verabreichung von ^{131}J die Gesamtausscheidung von ^{131}J mit dem Harn, die Ausscheidungsgeschwindigkeit, bei einem Teil der Fälle die J-Aufnahme der Schilddrüse u. die Thyroxinbildungsrate. 26 Patienten zeigten einwandfrei n. Ausfall der Teste, 13 zeigten divergierende Ergebnisse, während 2 deutlich hyperthyreot. u. 4 hypothyreot. waren. Durch diese Ergebnisse wird die Annahme bestätigt, daß bei der Mehrzahl der Fettsüchtigen eine Störung der Schilddrüsenfunktion nicht vorliegt. (Klin. Wschr. **31.** 1084—87. 1/12. 1953. Marburg, Univ., Med. Poliklin.) KRUSEN. 4562

B.-A. Lamberg, *Das Aufnahmeverhältnis von ^{32}P zwischen Schilddrüse und Thymusdrüse als Maß für die Schilddrüsenfunktion in Versuchen mit thyreotropem Hormon.* Die Behandlung von 1—3 Tagen alten Hühnchen mit *thyreotropem Hormon* (I) in einer Dosis von 0,5 JS-Einheiten (JUNKMANN u. SCHOELLER, Klin. Wschr. **11.** [1932.] 1176) beeinflußt die ^{32}P-Aufnahme der Thymusdrüse nicht. Ebenso schienen indifferente Proteine (Gelatine u. Ovalbumin zu 0,5—30,0 mg) ohne Wirkung. Dagegen beträgt die ^{32}P-Aufnahme der Schilddrüse bei Injektion von 0,5 JS-Einheiten I im Maximum (8 Std. nach der Injektion) 450% der unbehandelten Kontrolltiere. Das Aufnahmeverhältnis von ^{32}P zwischen Schilddrüse u. Thymusdrüse wird als brauchbares Maß für die Schilddrüsenaktivität bei Injektion von kleinen Dosen I (untere Empfindlichkeitsgrenze bei 0,001 JS-Einheiten) angesehen. (Acta endocrinol. [Copenhagen] **13.** 145—55. Juni 1953. Helsinfors, Univ., Inst. of Pharm.) v. KEREKJARTO. 4562

C. Francke und **W. N. Robert,** *Erfahrungen mit einer einfachen Methode zur Untersuchung der Schilddrüsenfunktion mit Radiojod.* Vff. schlagen eine gegenüber den bekannten Verff. vereinfachte Meth. zur Diagnose von Schilddrüsenerkrankungen mit ^{131}J vor. Der Patient erhält per os 4—8 μC ^{131}J in 15 cm^3 Lösung. Die Ablagerung in der Schilddrüse wird 3 u. 27 Std. nach der Applikation bestimmt, außerdem wird die Menge ^{131}J in der während der 27 Std. gesammelten Urinmenge gemessen. Die erforderliche Dosis kann infolge Anwendung eines Scintillationszählers hoher Empfindlichkeit klein gehalten werden. Aus den ermittelten Meßproben kann eindeutig auf den Befund der Schilddrüse geschlossen werden (Euthyreose oder Hyperthyreose). (Nederl. Tijdschr. Geneeskunde **97.** 2578—82. 3/10. 1953.) REUSSE. 4562

Helmut Ferner, *Die A- und B-Zellen der Pankreasinseln als Ursprung der antagonistischen Hormone Glukagon und Insulin. Die Veränderung der A-B-Relation bei Diabetes mellitus.* Das Verhältnis der *Glukagon*-bildenden A- u. der *Insulin*-bildenden B-Zellen der LANGERHANSschen Inseln des Pankreas beträgt beim Erwachsenen 20 zu 80. Bei tierexperimentellem u. humanem Diabetes mellitus kommt es zur Vermehrung der A- auf Kosten der B-Zellen. Die Entw. der A-Zellen wird durch ein Hypophysenhormon, wahrscheinlich durch das Wachstumshormon, stimuliert. Beim Embryo u. Neugeborenen überwiegen die A-Zellen, mit zunehmendem Alter erfolgt allmähliche Einstellung des genannten Verhältnisses. — 29 Literaturangaben. (Amer. J. Digest. Diseases **20.** 301—06. Okt. 1953. Hamburg, Univ., Anatom. Inst.) KRUSEN. 4564

J. K. Hill, *Die Wirkung von Insulin auf die Sekretion des Magensaftes bei der Ziege.* Bei der Ziege kommt es 1—2 Std. nach intramuskulärer Injektion von 50 E. *Insulin* zur Verminderung von Vol. u. Acidität des Magensaftes u. zur Senkung des Blutzuckers. (Quart. J. exp. Physiol. cognate med. Sci. **37.** 143—47. Aug. 1952. Liverpool, Univ., Dep. of Physiol. and Histol.) KLINGMÜLLER. 4564

James Hillier und **Joseph F. Hoffman,** *Über die Untersuchung der Ultrastruktur von Plasmamembranen mit dem Elektronenmikroskop.* Normale rote Blutkörperchen sind für Elektronenstrahlen undurchdringbar. Durch sukzessive Hämolyse in NaCl-Lsg.

steigender Hypotonie werden hämoglobinfreie Zellhäute (I) erhalten. Der ursprüngliche Tonus wird wieder eingestellt u. I auf einen Kollodiumfilm aufgetragen. Die Oberfläche hat Mosaikstruktur u. läßt zylindr. Platten (II) von 30 Å Höhe u. 200 Å Durchmesser erkennen. Die gesamte Membrane hat eine Dicke von 50 Å. — Behandlung mit Phosphorwolframsäure fixiert u. erweitert I, so daß eine folgende Einw. von Formalin/A. keinen Einfl. hat. Nicht kontrastierte Präpp. zeigen eine Faserkomponente (III) von 20 Å Durchmesser u. 200 Å Länge. Sie wird von OsO_4, das auch als Fixiermittel verwendet wird, nicht angegriffen. II ist mit III durch eine Fetteiweißkomponente verbunden, die durch Ae./A. extrahiert werden kann. Kältegetrocknete I bewahren gegenüber luftgetrockneten I ihre Form, so daß eine strukturlose Innenschicht festgestellt wurde. Der wahrscheinliche Aufbau ist: Faserschicht–Protein–Lipoid–Plattenschicht. Die Räume zwischen II sind Poren, deren Größe von der Plattenform abhängt. Die Plattentheorie läßt sich vielleicht mit der Paucimolekulartheorie vereinen. (J. cellular comparat. Physiol. **42.** 203—47. Okt. 1953. Princeton, N. J., Univ.) W. LAMPRECHT. 4573

Th. Halse und **K. Hummel**, *Neue Wege in der medikamentösen Hämostase.* Ausgehend von der Feststellung, daß eine lokale Blutstillung in der Wunde vorwiegend durch Agglutinationsvorgänge (Thrombagglutination), die durch Thrombokinase gesteuert werden, zustande kommt, wurde von über 100 verschied. koll. Stoffen das Polygalakturonsäurederiv. *Stypturon* als bes. geeignet gefunden, am Verletzungsort über einen thrombokinaseähnlichen Effekt eine Thrombagglutination zu beschleunigen u. zu verstärken. In vitro u. in vivo sowie unter erschwerten experimentellen Bedingungen ließ sich damit bei arteriellen u. venösen Blutungen eine sehr gute Wrkg. erzielen. Die Thrombocytenzahl im Blut blieb dabei unbeeinflußt. Nebenwirkungen wurden nicht beobachtet. (Med. Klin. **49.** 403—09. 12/3. 1954. Freiburg/Br., Univ., Chirurg. Klin. u. Hygiene-Inst.) JORDAN. 4574

H. Greiling, *Hyaluronidasehemmstoff als antikonzeptionelles Mittel?* Bemerkungen zu: Über eine kontrazeptionelle Methode auf biologischer Grundlage, von P. BUCHNER, W. HERBRAND u. W. RÖCKL. (Vgl. C. **1953.** 8411.) Auf Grund der Literatur wird die l. c. vertretene Auffassung kritisiert, wonach *Celluloseschwefelsäureester* über die Hemmung der *Hyaluronidase* antikonzeptionell wirken sollen. (Dtsch. med. Wschr. **79.** 257. 12/2. 1954.) GIBIAN. 4582

W. Herbrand, *Schlußwort zur Diskussionsbemerkung von H. Greiling: Hyaluronidasehemmstoff als antikonzeptionelles Mittel?* (Vgl. vorst. Ref.) Es wird eingeräumt, daß die antifructolyt. Wirksamkeit des *Celluloseschwefelsäureesters* im Vordergrund stehe. (Dtsch. med. Wschr. **79.** 257. 12/2. 1954.) GIBIAN. 4582

H. Zucker, *Untersuchungen über den Einfluß eines Mineralbeifutters auf den Calcium- und Phosphorgehalt des Blutserums von Milchkühen.* Zufütterung von *Ramikal* (HANS MICHELSEN, Hamburg-Bahrenfeld; Mineralgemisch) verbessert bei Milchkühen Fruchtbarkeit, Milch- u. Fettleistung, sowie die Entw. der Kälber. Organ. gebundener P im Serum wird durch Ramikal erhöht. (Tierärztl. Umschau **8.** 453—55. Dez. 1953. München, Univ., Inst. für Physiol. u. Ernährung der Tiere.)
PATZSCH. 4585

P. B. Starks, W. H. Hale, U. S. Garrigus, R. M. Forbes und **M. F. James,** *Reaktion von Lämmern, die mit wechselnden Mengen von elementarem S, Sulfatschwefel und Methionin gefüttert wurden.* Grundfutter, das 0,054 (%) S mit 92 N aus Harnstoff enthielt, wurde mit 0,2, 0,4 u. 0,6 elementarem *S* oder mit 0,89, 1,33 u. 1,78 Na_2SO_4 oder mit 0,2, 0,5 u. 0,7 *dl-Methionin* ergänzt. Gewichtszunahme u. Wollwachstum nahmen zu. Ein statist. signifikanter Unterschied zwischen den S-Quellen oder der Höhe der Zugabe innerhalb jeder S-Quelle bestand nicht. Unter den Versuchsbedingungen hatte die hohe Harnstoffgabe keine Wrkg. auf die Höhe des Harnstoffspiegels im Blut. Der Wirkungsmechanismus der 3 S-Quellen wird kurz diskutiert. (J. Animal Sci. **13.** 249—57. Febr. 1954. Univ. of Illinois.) PATZSCH. 4585

Benjamin B. Kamrin, *Die Wirkung einer Diät mit hohem Kohlenhydratgehalt auf die Zähne von Albinoratten in Parabiose.* Sowohl bei Einzeltieren eines cariesresistenten Stammes von Albinoratten wie auch ganz gleichmäßig bei je 2 Parabionten traten nach zusätzlicher Gabe von *Dextrose* (72% Kohlenhydrate im Futter statt 42% bei den Kontrollen) deutlich cariöse Stellen an den Molaren auf. — Diskussion des Wertes der Parabiose für cariesbezügliche Untersuchungen. (J. Dental Res. **33.** 175—80. April 1954. Brooklyn, N. Y., State Univ. of New York, Coll. of Med., Dep. of Anatomy.)
KLESSE. 4585

Grunhofer, *Über den Einfluß der Dyspepsieheilnahrung auf die Aminoacidurie des Säuglings.* Kohlenhydratzusatz zur Dyspepsieheilnahrung bewirkt bessere Ausnützung des Eiweißes u. Verringerung der Stickstoffverluste durch Verminderung der Aminosäurenausscheidung im Harn. (Mschr. Kinderheilkunde **101.** 124—25. März 1953. Würzburg.) L. BERGER. 4585

R. K. Waugh, J. L. Moore, H. L. Lucas und **E. W. Faires,** *Holzmelasse als Futterbestandteil für lactierende Milchkühe.* Bei der Verfütterung von 6 lbs./Tag *Holzmelasse* (I) an lactierende Milchkühe wurden gute Ergebnisse erzielt. 1 lb. I entspricht 0,5 lb. Getreide. Länger als 112 Tage I zu verfüttern, zeigt keine bessere Wirkung. (J. Animal Sci. **13.** 44—48. Febr. 1954. N. C. Agric. Exp. Stat. and U. S. Dep. of Agric.) PATZSCH. 4585

H. M. Cunningham und **J. K. Loosli,** *Die Wirkung fettfreier Futtermittel auf Lämmer und Ziegen.* Entwöhnte Lämmer wurden über 7 Monate mit fettfreiem Futter gefüttert, ohne daß sich Hautschäden oder andere für ein Fettdefizit charakterist. Symptome zeigten. Obgleich die Unters. von Panseninhalten dieser Tiere zeigte, daß nur Spuren an *Linol-* u. *Linolensäure* vorhanden waren, nahm die Konz. dieser Säuren mit fortschreitender Versuchsdauer ab. *Arachidonsäure* wurde nicht gefunden. Unter den aus dem Pansen einer Kuh isolierten Bakterien wurde kein Bakterium festgestellt, das eine essentielle Fettsäure synthetisieren konnte. Lämmer, die eine fettfreie synthet. Milch erhielten, wurden schwach u. starben, während die Kontrollen erfolgreich mit derselben Milch, der 2% Schmalz zugesetzt war, aufgezogen wurden. Bei Zickleins wurden dieselben Ergebnisse erzielt, jedoch genügte hier die Zugabe von 0,25% Schmalz oder 0,36% Linolsäure. Die Zugabe von 0,05% Schmalz blieb ohne Wirkung. (J. Animal Sci. **13.** 265—73. Febr. 1954. Cornell Univ.) PATZSCH. 4585

H. D. Wallace, M. Milicevic, A. M. Pearson, T. J. Cunha und **M. Koger,** *Der Einfluß des Aureomycins auf die Proteinversorgung und die Körpereigenschaften des Schweines.* Zulage von *Aureomycin* zu einem adäquaten Futter (Mais, Sojabohne, Vitamine, Salze) mit 14,3% Rohprotein führte bei Ferkeln zu keiner besseren N-Ausnutzung, dagegen zu dickerem Rückenspeck (nicht signifikant). (J. Animal Sci. **13.** 177—83. Febr. 1954. Florida Agric. Exp. Stat.) PATZSCH. 4585

T. W. Perry, W. M. Beeson, E. C. Hornback und **M. T. Mohler,** *Aureomycin für wachsende und Mastrinder.* Die Anwendung von 24 mg *Aureomycin* (I) bei Saugkälbern rief eine deutliche Wachstumsstimulation hervor. Jährlinge nahmen bei 75 mg I je Tier/Tag um 43 lbs. mehr zu als die Kontrollen. Mit I gefütterte Ochsen erforderten 18% weniger Futter pro Zunahmeeinheit. I hat keine Wrkg. auf die Wachstumsrate u. Futterausnutzung bei Mastochsen. (J. Animal Sci. **13.** 3—9. Febr. 1954. Purdue Univ., Agric. Exp. Stat.) PATZSCH. 4585

W. M. Beeson, T. W. Perry, W. A. Stitt und **J. R. Outhouse,** *Antibioticaimplantate für Sauglämmer.* Die subcutane Implantation von 44 (mg) *Bacitracin* (I), 88 I, 22 I + 9,4 *Penicillin* (II), 44 I + 18,8 II, 140 *Aureomycin-HCl* (III) u. 132 II bei 2 Tage alten Lämmern hatte keine signifikante Wrkg. auf die Wachstumszunahme. Bei Implantation von 140 III bei durchschnittlich 44 Tage alten Lämmern wurde gleichfalls keine Wrkg. gesehen. (J. Animal Sci. **13.** 242—45. Febr. 1954. Purdue Univ., Agric. Exp. Stat.) PATZSCH. 4585

E. M. Kesler, *Wirkung von Terramycin, das an Holstein-Kälber verfüttert wurde, auf das Wachstum, die in vitro-Celluloseverdauung und Vitamin-B-Synthese.* Die Zugabe von *Terramycin* (I) zu einem Milchersatzfutter für junge Kälber stimulierte signifikant das Wachstum (gemessen an der Körpergewichtszunahme). Die Konz. an *Thiamin* u. *Riboflavin* in der Pansen-Fl. dieser Kälber (6, 12 u. 16 Wochen alt) wurde nur wenig beeinflußt. Der Geh. an diesen Vitaminen war jedoch beträchtlich höher als im den Kälbern gegebenen Futter. I, in Milchersatz oder in Kapseln gegeben, setzt den in vitro-Abbau der Cellulose durch Mikroorganismen der Pansen-Fl. (gemessen in einem künstlichen Pansen) herab. (J. Animal Sci. **13.** 10—19. Febr. 1954. Pennsylvania Agric. Exp. Stat.) PATZSCH. 4585

J. L. Fletcher und **B. F. Barrentine,** *Ergänzung von Mais–Baumwollsamenmehl-Futter für wachsende Ferkel durch Antibiotica. Aureomycin* u. *Penicillin* scheinen den Futterverzehr u. die Futterausnutzung bei wachsenden Ferkeln zu steigern. Die Wachstumszunahme war knapp, erreichte aber nicht die für die statist. Sicherheit erforderliche Höhe. (J. Animal Sci. **13.** 201—05. Febr. 1954. Mississippi Agric. Exp. Stat.) PATZSCH. 4585

W. A. Stitt, T. W. Perry und **W. M. Beeson,** *Ergänzung des bäuerlichen Rauhfutters für trächtige Mutterschafe im Trockenstall.* Maiskolben, Maissilage oder Alfalfaheu wurden als einzige Rauhfutterquelle, ausgeglichen durch Protein u. Kraftfutter, an trächtige Mutterschafe verfüttert. Eine übereinstimmende günstige Wrkg. durch Zugabe von *Vitamin-B-Komplexen* einschließlich B_{12} wurde nicht festgestellt. Mit ergänzter Maissilage gefütterte Mutterschafe produzierten höhere Vliesgewichte als Tiere, die mit Maiskolben u. Ergänzung oder Alfalfaheu während der Gestation u. Lactation gefüttert wurden. Lämmer von Mutterschafen, die mit Alfalfaheu gefüttert wurden, zeigten eine niedrigere Mortalitätsrate. (J. Animal Sci. **13.** 234—41. Febr. 1954. Purdue Univ., Agric. Exp. Stat.) PATZSCH. 4585

S. J. Myburgh und **J. W. Groenewald,** *Einfluß der Anreicherung von Maismehl auf das Wachstum der Ratte.* Bericht über den Einfl. von *Vextram* (I) als Zusatz zu 2 handelsüblichen Maisprodd. a) grobes weißes Maismehl (whole white maize meal) u. b) Maisfeinmehl (white processed maize flour) bei der Verfütterung an 4 Gruppen von Albinoratten. In I sind enthalten: Thiaminmononitrat, Riboflavin, Niacin, Fe gemischt mit Stärke, Mono- u. Triphosphat u. Talcum; zu 100 lb. Maismehl wurden 0,5 oz. I zugesetzt. Die Grundnahrung der Tiere enthielt Casein, Saccharose, Salze, Maisöl, Fischleberöl, Cystin, Pyridoxin, Ca-Pantothenat, Cholinchlorid, Inosit, Vitamin K, Folsäure u. α-Tocopherol als Weizenkeimöl. Je 2 Gruppen a) oder b) erhielten Grundnahrung + je 60 Teile Maismehl, außerdem erhielt je eine Gruppe zusätzlich 244 mg I pro 100 g Ration. Zusatz von I zu b) ergab 3,19 g Gewichtszunahme der Tiere pro Woche, zu a) 2,59 g gegenüber den Kontrollen ohne I. (Onderstepoort J. veterin. Res. **26.** Nr. 2. 235—39. Nov. 1953. Onderstepoort Labor.) DOSSMANN. 4587

F. A. Bacigalupo und **R. W. Luecke,** *Einige Mineralveränderungen in den Skelett- und Herzmuskeln von Lämmern mit Vitamin-E-Defizit.* Skelett- u. Herzmuskeln von Lämmern, die mit Futter mit *Vitamin-E*-Defizit u. mit durch Vitamin E ergänztem Futter gefüttert wurden, wurden auf verschied. anorgan. Elemente (*Na, K, Ca, Mg, P*) untersucht. Die Ergebnisse zeigten, daß Skelettmuskeln von Lämmern mit Vitamin-E-Defizit eine höhere Konz. an Na u. Ca u. eine niedrigere an K als die der Kontrolltiere hatten. Herzmuskeln von Lämmern mit Vitamin-E-Defizit enthielten mehr Ca u. P als die der Kontrolltiere. (J. Animal Sci. **13.** 245—48. Febr. 1954. Michigan Agric. Exp. Stat.) PATZSCH. 4587

P. Dalle Coste und **R. Klinger,** *Betrachtungen über die klinische Verwendung des dl-α-Tocopherols (Vitamin E oral) beim Diabetes mellitus und seinen Komplikationen während zweijähriger Prüfung. Vitamin E* wurde in 70 Fällen von Gefäßstörungen bei Diabetes mellitus gegeben (oral 300 mg täglich). Gute Erfolge bei venösen Durchblutungsstörungen. Mäßiger Einfl. auf Hypertonien. Kaum eine Besserung bei arteriellen Durchblutungsstörungen. (Minerva med. [Torino] **44.** II. 10—13. 4/7. 1953. Milano, Ufficio di Igiene.) GERBER. 4587

A. Bonfert und **J. Arp,** *Beitrag zur Anwendung von Vitamin-E-Präparaten gegen bestimmte Sterilitätsfälle beim Rind.* Eine Reihe von Störungen der Eierstockfunktionen (schwache Brunst, Brunstlosigkeit usw.) kann durch *Vitamin-E*-Präpp. (I) günstig beeinflußt werden. Auch bei symptomenloser Sterilität ist die Anwendung von I angebracht. Die Art der I-Wrkg. ist noch nicht mit Sicherheit bekannt. Vermutlich beeinflußt I den Stoffwechsel günstig. (Tierärztl. Umschau **8.** 455—58. Dez. 1953. Schönböken, Holstein, Zentralbesamungsstat. für Rinder.) PATZSCH. 4587

A. Brzezinski, Y. M. Bromberg und **K. Braun,** *Riboflavinausscheidung während der Schwangerschaft und der frühen Lactation.* Nachdem früher bei Schwangeren häufig Zeichen von *Riboflavin* (I)-Mangel beobachtet worden waren, wurden nun Unterss. über die Beziehung der I-Ausscheidung mit den klin. Symptomen durchgeführt. Bei 2 Gruppen (29 Personen mit 0,7—1,3 mg täglicher I-Zufuhr, 18 Personen mit 3,5 bis 4 mg) wurde eine Erhöhung des I-Bedarfs während der Schwangerschaft u. Lactation nachgewiesen, da bei der 2. Gruppe die I-Ausscheidung deutlich niedriger war als bei n. Personen mit gleicher I-Zufuhr. Ferner nahm die I-Ausscheidung in beiden Gruppen im letzten Drittel der Schwangerschaft ab; klin. Erscheinungen von I-Mangel waren bei der niedrigeren I-Zufuhr häufig u. fehlten bei n. Personen mit gleicher I-Zufuhr. Die I-Ausscheidung stieg nach der Entbindung bei gleichbleibender I-Zufuhr. Während der Lactation zeigten Personen mit ausreichender I-Zufuhr eine deutlich niedrigere I-Ausscheidung als n. Personen mit gleicher I-Zufuhr. Bei beiden Gruppen war die I-Ausscheidung während der Lactation höher als während der Schwangerschaft. (J. Lab. clin. Med. **39.** 84—90. Jan. 1952. Jerusalem, Univ. Hosp., Deps. of Obstet. and Gynecol.) SCHWAIBOLD. 4587

Tom D. Spies, Samuel Dreizen, Catherine Currie und **Clara C. Buehl,** *Die Wirkung von Vitamin-B_{12}-Zusatz auf das Wachstum von Kindern mit Mangelkrankheiten.* Es wird an 9 Kindern mit Mangelkrankheiten die wachstumsfördernde Wrkg. von *Vitamin B_{12}* untersucht. Es ergab sich durch die Behandlung keine spezif. Besserung. Es wird der Schluß gezogen, daß die Kinder mehr der gesteigerten Zufuhr einer ausgeglichenen Kost bedürfen als einer besonderen Vitaminzufuhr. (Int. Z. Vitaminforsch. **23.** 414—29. Birmingham, Ala., Hillman Hosp.) NEHRING. 4587

Warren F. Gorman, *Alkoholische Neuritis.* Vf. empfiehlt zur Therapie reichliche Vitaminzufuhr, 2 mal wöchentlich 2 ml rohen Leberextrakt intramuskulär u. entsprechende Diät. — 49 Literaturangaben. (Ann. intern. Med. **37.** 566—73. Sept. 1952. New York, N. Y.). KRUSEN. 4587

M. N. Saprometow, *Über das Vitamin, das die Wandungen der Blutgefäßcapillaren verstärkt.* Allg. über Zus. u. Wrkg. von *Vitamin P.* (Природа [Natur] **43.** Nr. 2. 103—06. Febr. 1954. Bach-Inst. für Biochem. der Akad. der Wiss. der UdSSR.) LEBTAG. 4587

G. P. Lofgreen und **Max Kleiber,** *Weitere Untersuchungen über die Ausnutzbarkeit des Phosphors im Alfalfaheu.* (Vgl. C. **1954.** 3503.) Zur Best. der Ausnutzbarkeit des *P* in Futtermitteln wird eine Meth. beschrieben, bei der nur eine subcutane Injektion von ^{32}P erforderlich ist. Vom 7. bis zum 13. Tag zeigte die spezif. Aktivität des anorgan. Plasma-P u. des Fäces-P eine lineare Beziehung zur Zeit. Diese Beobachtung soll es ermöglichen, die durchschnittliche spezif. Aktivität des anorgan. Plasma-P durch Sammeln von Blutproben vom 7. u. 13. Tag zu bestimmen. Die fäkale spezif. Aktivität wird an Mischproben bestimmt, die vom 8. bis zum 14. Tag gesammelt wurden. Das Verhältnis der spezif. Aktivität der Fäces zur mittleren spezif. Aktivität des anorgan. Plasma-P am 7. u. 13. Tag stellt den Anteil des fäkalen P dar, der metabol. Ursprungs ist. Ca. 92% des fäkalen P von einjährigen Hammeln, die mit Alfalfaheu gefüttert wurden, war metabol. Ursprungs u. 94% des aufgenommenen P wurden resorbiert. Diese Ergebnisse sollen auf eine hohe Ausnutzbarkeit des P im Alfalfaheu hindeuten. (J. Animal Sci. **13.** 258—64. Febr. 1954. Univ. of California.) PATZSCH. 4594

Ralph J. Wedgwood, David E. Bass, Julie A. Klimas, Charles R. Kleeman und **Murray Quinn,** *Beziehung zwischen Körperbeschaffenheit und Grundumsatzgeschwindigkeit beim gesunden Menschen.* An 17 jungen Männern wurden Grundumsatzbestimmungen u. Best. der Körper-Fl. durchgeführt u. statist. analysiert. Es besteht ein direkter Zusammenhang zwischen extracellulärer oder interstitieller Fl. (Vol.) u. Grundumsatz, welcher von Körpergröße oder Körperzus. unabhängig ist. Ebenso besteht eine Korrelation zwischen intracellulärer Fl. u. Grundumsatz. Die Beziehungen zwischen extracellulärem u. intracellulärem Flüssigkeitsvol. u. Grundumsatz sind unabhängig voneinander. Die Möglichkeit, die Grundumsatzgeschwindigkeit auf das Vol. der Körper-Fll. an Stelle der Körperoberfläche zu beziehen, wird diskutiert. (J. appl. Physiol. **6.** 317—34. Dez. 1953. Lawrence, Mass., Natick QM Res. and Developm. Labor.) WOLFGANG ALBRECHT. 4595

C. H. Beek, *Blutzuckertoleranzteste bei Psoriasis vulgaris.* Bericht über Blutzuckertoleranzbest. an 54 Fällen mit Psoriasis vulgaris u. 50 n. Kontrollen. Es wurden völlig ident. Ergebnisse erzielt; ein Schluß auf einen gestörten Zuckerstoffwechsel bei dieser Krankheit konnte nicht gezogen werden. (Dermatologica [Basel] **104.** 171—75. 1952. The Hague, Hosp. St. Joannes de Deo u. Vooburg, Holland, St. Antoninshore.) DOSSMANN. 4596

S. P. Cheu, *Veränderungen des Fett- und Eiweißgehaltes der afrikanischen Wanderheuschrecke Locusta migratoria migratorioides (R. und F.).* Unters. über die Bldg. von Fett- u. Eiweißdepots u. deren Verwendung bzw. Abbau bei der afrikan. Wanderheuschrecke. (Bull. entomol. Res. **43.** 101—09. März 1952. Cambridge, Univ., Dep. of Zool.) LÜPNITZ. 4596

T'sai Fan Yü, Louis R. Wasserman, Jean D. Benedict, Edward J. Bien, Alexander B. Gutman und **De Witt Stetten jr.,** *Gleichzeitige Untersuchung des ^{15}N-Glykokolleinbaues in Harnsäure und Häm, sowie der Verwertung von ^{59}Fe bei einem Fall von Gicht in Verbindung mit Polycythämie infolge kongenitaler Herzkrankheit.* Unter gleichzeitiger Verwendung von *^{15}N-Glykokoll* (**I**) u. *^{59}Fe* als Tracersubstanzen wurden bei einem Patienten mit sek. Gicht in Verbindung mit einer Polycythämie infolge angeborener Erkrankung des Herzens die Beziehungen zwischen *Purin-*, *Porphyrin-* u. *Fe*-Stoffwechsel untersucht. Der zeitliche Ablauf des I-Einbaues in *Harnsäure* (**II**) unterschied sich von dem n. Personen u. von Patienten mit prim. Gicht, bei denen maximale ^{15}N-Anreicherung in II 2—4 Tage nach der Isotopenzuführung erfolgt. Im untersuchten Fall nahm der ^{15}N-Geh. der Urin-II progressiv bis zum 10. Tag zu. Anscheinend beruht die protrahierte II-Synth. auf dem I-Einbau in die *Purine* (**III**) der Erythrocytenvorstufen, der Abgabe von *Nucleinsäuren* (**IV**) nach der Reifung u. Oxydation der darin enthaltenen III zu II, wobei infolge der für den polycythäm. Zustand charakterist. vermehrten Erythropoiese die IV-Abnahme abnorm erhöht ist. Der zeitliche Ablauf des ^{15}N-I-Einbaues in das *Häm* des Erythrocytenhämoglobins wich nicht erheblich von der Norm ab. Wie in anderen Fällen von vermehrter Erythropoiese infolge prim. u. sek. Polycythämie war die anfängliche Halbwertszeit des Verschwindens von injiziertem ^{59}Fe (intravenös als *$^{59}Fe^{3+}$-β-1-Globulinat*) aus dem Blutplasma verringert, die Geschwindigkeit der *^{59}Fe*-Aufnahme in die zirkulierenden Erythrocyten entsprechend beschleunigt u. die Verwertung von *^{59}Fe* für die Erythrogenese vergrößert (am 7. Tag auf 90% der injizierten Menge). Die Austauschgeschwindigkeit von *^{59}Fe* war in Plasma u. Erythrocyten erhöht. (Amer. J. Med. **15.** 845—56. Dez. 1953. New York, Mount Sinai Hosp., Dep. of Med. and Hematol. Labor., Columbia Univ. Coll. of Phys. and Surg., Dep. of Med., u. Publ. Health Res. Inst., Div. of Nutr. and Physiol.) K. MAIER. 4596

Leonard Laster und **Alex F. Muller,** *Die bei einem mit Gelenkgicht verbundenen Fall myeloider Metaplasie mittels ^{15}N-markierten Glykokolls untersuchte Harnsäurebildung.* Ein Patient mit ätiolog. ungeklärter myeloider Metaplasie, Hyperuricämie u. dem klin. Bild einer Gelenkgicht erhielt bei purin- u. eiweißarmer Diät eine Einzeldosis von *^{15}N-Glykokoll* (**I**). Der %-Satz des als Urin-*Harnsäure* (**II**) ausgeschiedenen ^{15}N betrug nach 15 Tagen das Doppelte wie bei einer n. Versuchsperson. Die tägliche ^{15}N-Ausscheidung als **II** nahm langsam zu, erreichte am 15. Tag ein Maximum u. fiel dann allmählich ab. Vff. nehmen auf Grund der Ergebnisse an, daß das Nahrungs-**I** verstärkt in die Blutzellennucleoproteine aufgenommen u. als **II** mit einer zur Lebensdauer der roten u. weißen Blutkörperchen in Beziehung stehenden Geschwindigkeit ausgeschieden wurde. (Amer. J. Med. **15.** 857—61. Dez. 1953. Boston, Mass., General Hosp., Med. Serv., Harvard Med. School, Dep. of Med. u. Dep. of Publ. Health.) K. MAIER. 4596

Habeeb Bacchus, *Faktoren, die den Stoffwechsel der Nebennierensteroide in Lebergewebe beeinflussen.* Frisches Lebergewebe von Ratten wurde mit *Cortison*, dessen *Acetat, Desoxycorticosteron* oder dessen *Acetat* incubiert u. danach mit Ae. extrahiert. Die Extrakte wurden spektroskop. bei 240 mμ (spezif. für das konjugierte Syst. Δ^4-3-Keton) nach PORTER-SILBER (C. **1953.** 5206), um Veränderungen der Seitenkette (17-OH, 20.21-Ketal) zu erkennen, nach HEARD-SOBEL (J. biol. Chemistry **165.** [1946.] 687), wonach die Unversehrtheit der Δ^4-3-Keto- u. die α-Ketolgruppierung (in der Seitenkette) festgestellt werden kann, u. nach dem H_2SO_4-Chromogenverf. von ZAFFARONI (J. Amer. chem. Soc. **72.** [1950.] 3828) untersucht. — Von 200 γ Cortisonacetat, die zu 60 mg Lebergewebe zugesetzt waren, wurden nach 3 Std. bei 101 γ ein Verlust der 17-OH, 20.21-Ketolgruppierung u. bei 126 γ ein Verlust der Δ^4-3-Ketogruppierung festgestellt. Lebergewebe von Tieren, die vorher *Ascorbinsäure* (**I**)-Injektionen erhalten hatten, zeigten deutlich geringere Umsätze. Dagegen war bei Lebergewebe nicht vorbehandelter Ratten durch Zusatz von Ascorbinsäure zum Incubationsgemisch nur bzgl. des Abbaues der Δ^4-, 3-Ketogruppierung eine Verminderung zu beobachten. **I** verminderte auch (in vitro u. in vivo) den Abbau der Δ^4-3-Ketogruppierung bei Desoxycorticosteronacetat. Auch der Abbau der freien Alkohole erfuhr durch **I** eine Erniedrigung. Die Ggw. einer N_2-Atmosphäre oder der Zusatz von KCN beeinflußte den Abbau in der Seitenkette nicht, verminderte jedoch den Δ^4-3-Ketonmetabolismus. Die Ergebnisse weisen darauf hin, daß die Steroidausscheidung nicht nur eine Funktion der Leber, sondern auch eine der endokrinen Drüsen ist. Die unterschiedlichen Einflüsse der einzelnen Faktoren (N_2, KCN, **I**, in vivo, in vitro) werden diskutiert u. auf die verschied. Möglichkeiten (Oxydationsvorgänge, Ggw. mehrerer Enzyme) wird hingewiesen. (Endocrinology **53.** 617—29. Dez. 1953. Washington, D. C., George Washington-Univ., School of Med., Res. Labor., Dep. of Physiol.) U. BAUMANN. 4596

M. P. Lacroix, *Über den Calciumstoffwechsel im massiven Knochen des erwachsenen Hundes.* Im Querschnitt der radialen Diaphyse eines erwachsenen Hundes, der 7 Tage vor der Tötung 6 mC ^{45}Ca als $CaCl_2$ intraperitoneal erhalten hatte, konnte Vf. autoradiograph. nachweisen, daß ein intensiver Ca-Stoffwechsel nur in den unvollständig calcifizierten jungen *Osteoklasten* stattfindet. (Bull. Acad. roy. Méd. Belgique [6] **18.** 489—95. 1953. Louvain, Univ., Inst. d'Anatom.) Krusen. 4596

J. Davies, *Cytologischer Nachweis der Proteinresorption an fötalen und ausgewachsenen Säugetiernieren.* Es lassen sich in den Nieren fötaler, jugendlicher u. ausgewachsener Säuger (Mensch, Hund, Meerschweinchen, Schwein, Kaninchen, Schaf, Ratte) Perjodsäure-SCHIFF-positive Granula (G) nachweisen, die nach Ansicht des Vf. Glykoproteid darstellen, die die glomerulären Gefäße passiert haben u. dann reabsorbiert wurden. Vf. stützt diese Ansicht durch die Beobachtungen: 1. einer engen Beziehung zwischen G u. Proteinurie bei physiol. proteinur. Ratten, 2. eines gehäuften Auftretens von G in fötalen Nieren, wenn sich Protein regulär im Harn findet; 3. einer Zunahme von G nach parenteraler Zufuhr von Eialbumin u. 4. eines verstärkten Auftretens von G als sogenannte „hyaline Tropfen" in der Niere menschlicher Patienten mit Arteriosklerose u. Glomerulonephritis in Verbindung mit Proteinurie. Die Färbungs-Rk. der G wird bes. in Beziehung zur GRAM-Rk. u. der Frage einer möglichen Beteiligung von Mitochondrien oder Nucleinsäure bei dem Prozeß der Proteinresorption diskutiert, wobei für eine derartige Beteiligung kein Nachw. erbracht werden konnte. (Amer. J. Anatomy **94.** 45—71. Jan. 1954. Iowa City, Io., State Univ. of Iowa, Dep. of Anat.) NEHRING. 4597

Curt von Euler und **Ulf Söderberg,** *Chemosensitive Receptoren der Medulla.* Die Respirationsaktivität großhirnloser Katzen unter Tubocurarin u. künstlicher Atmung wird am Neurogramm der efferenten Fasern des Phrenicus untersucht. Vff. finden, daß Chloralose, die den zentralen Effekt von CO_2 blockiert, die Respirationsreflexe nicht beeinträchtigt. Aktionsströme, aufgezeichnet vom Inneren der Respirationszentren des völlig entnervten Rhombencephalons, bestätigen die rhythm. Eigg. der Medulla oblongata u. zeigen, daß rhythm. u. gleichmäßige Entladungen vom p_{CO_2} abhängig sind. Es wird angenommen, daß die „centrogene" Respirationswrkg. des CO_2 durch spezielle chemosensitive Receptoren innerhalb der Respirationszentren verursacht wird. (J. Physiology **118.** 545—54. 30/12. 1952. Stockholm, Karolinska Inst., Nobel Inst. for Neurophysiol.) NIESWANDT. 4598

Caroline E. Stackpole and **Lutie Clemson Leavell,** Textbook of physiology; the activities of the living body. New York: Macmillan. 1953. (426 S. m. Abb., Diagr.) $ 5,—.

E6. Pharmakologie. Therapie. Toxikologie. Hygiene.

J. Schmid, A. Neumayr, F. Leonhartsberger und **G. Hoffmann,** *Über intravenöse Injektionen von ¹⁹⁸Au bei Polyarthritikern.* An 8 Patienten mit Polyarthritis wurde nach intravenöser Injektion von 5 oder 15 mC ^{198}Au nach der Meth. von LANDIS die Capillarpermeabilität bestimmt. Es zeigte sich, daß in den ersten 4 Std. nach der Injektion eine Erhöhung der Permeabilität eintritt, 24—48 Std. später wird eine Verminderung der Eiweißdurchlässigkeit der Capillaren festgestellt. Nach 7 Tagen werden meist wieder die Ausgangsverhältnisse gefunden. Bei gleichzeitigen Bestimmungen der Blut-Liquor-Schranke wird nach 48 Std. ebenfalls eine beträchtliche Verminderung der Bromdurchlässigkeit festgestellt. Einen ähnlichen Gang mit der Zeit zeigt schließlich die Cholinesteraseaktivität. Eine Besserung des Krankheitszustandes von Bestand war nicht nachweisbar. Erhöhung der Goldbasis mit dem Ziel einer wirksameren Therapie war wegen Unverträglichkeit des Präp. nicht durchführbar. (Wiener Z. inn. Med. Grenzgebiete **33.** 447—55. Nov. 1952. Wien, Univ., II. Med. Klinik.) REUSSE. 4601

Emil Heinz Graul, *Untersuchungen über den wellenförmigen Reaktionsablauf in der Haut nach Röntgenstrahleneinwirkung.* Der wellenförmige Verlauf der Haut-Rk. auf Bestrahlungen mit Röntgenstrahlen wird eingehend behandelt, u. es wird über Messungen zum p_H-Wert, der Gleichstromleitfähigkeit u. der Phasenverschiebung bei Behandlung der Epidermis mit tonfrequentem Wechselstrom berichtet. Die eigenen Meßergebnisse u. in der Literatur mitgeteilte einschlägige Befunde werden eingehend diskutiert. (Strahlentherapie **90.** 446—64. 1953. Münster, Westfäl. Landesuniv., Hautklinik.) REUSSE. 4601

Alvan G. Foraker, Sam W. Denham und **M. Harlan Johnston,** *Histochemische Veränderungen an bestrahlten Ovarien.* 1. Mitt. *Succindehydrogenaseaktivität.* 12 weibliche junge Kaninchen erhielten eine einmalige Röntgenbestrahlung des linken Ovariums (200 kV, 18 mA, HWS 1,2 mm Cu, FHA 50 cm, Dosisleistung 50 r/Min.). Die Gesamtdosis in der Tiefe betrug 600 r. Nach 4 Wochen erhielten die Tiere intravenöse Injektionen von Harn von Frauen ohne u. mit Schwangerschaft (FRIEDMAN-Test). Gewebeproben der Ovarien wurden mit *Neotetrazolium* behandelt, um ihre *Succindehydrogenase*-Aktivität zu bestimmen. Die histochem. Unters. ergab keine Bestrahlungsschäden an den stromalen Zellen (Formazanbldg. sowohl in bestrahlten wie unbestrahlten Zellen). Die meisten Ova im bestrahlten Ovarium sind zerstört. Das Ovarium zeigt nur wenig Rk. auf hormonale Stimulation (FRIEDMAN-Test). (A. M. A. Arch. Pathol. **55.** 147 bis 153. Febr. 1953. Atlanta, Emory Univ., School of Med., u. Grady Mem. Hosp., Dep. of Pathol., Obstat., Gynecol. u. Radiol.) REUSSE. 4601

Hanns Langendorff, *Der Wert des Blutbildes als Indicator eines Strahlenschadens.* Von 30 ♂ weißen Ratten, die bis zu einer Dauer von 604 Tagen mit Tagesdosen von 2,5 r röntgenbestrahlt wurden, wurden insgesamt 1574 Blutausstriche gefertigt, sowie bei einigen moribunden Tieren Milz u. Hoden extrahiert u. histolog. untersucht. Eine Änderung der Anzahl weißer Blutzellen, bes. der Lymphocyten, die auf eine Strahlenschädigung zurückzuführen wäre, trat nicht ein, dagegen zeigten sich gewisse histolog. Abweichungen geringen Ausmaßes an Milz u. Hoden. (Strahlentherapie **90.** 408—20. 1953. Freiburg, Univ., Radiol. Inst., u. Heiligenberg/Bodensee, Heiligenberg-Inst.) REUSSE. 4601

Edmund Güttes, *Über die Beeinflussung der Pigmentgenese im Auge des Hühnerembryos durch Röntgenstrahlen und über die Herkunft der Pigmentgranula.* 67 Std. alte Embryonen werden mit 1200—1500 r bestrahlt. Der Einfl. der Bestrahlung auf Gestalt der Augen, Bau des Pigmentepithels, Mitochondrien u. Pigment wird beschrieben. Die Melanin- u. Promelaninbldg. geht bei den angewandten Dosen, wenn auch in geringerem Ausmaß, weiter. (Z. Zellforsch. mikroskop. Anatom. **39.** 260—75. 1953. Bonn, Univ., Zool. Inst.) GENEST. 4601

Werner Lorenz, *Wege zur besseren Verträglichkeit ionisierender Strahlen.* Das Problem der Erhöhung der Strahlenresistenz von biol. Objekten wird zusammenfassend behandelt. In diesem Zusammenhang werden kurz eigene Verss. des Vf. gestreift, bei denen durch ein Zwischenhirnnarkoticum eine Unterbrechung des Reizkreislaufes Zwischenhirn–Hypophyse–Nebenniere hervorgerufen wird, als deren Folge bei totalbestrahlten Ratten u. Mäusen eine erhebliche Erhöhung der Überlebenszahl gefunden wurde. Weitere Möglichkeiten sieht Vf. in Verss., durch erhöhte Betriebsstoffzufuhr bestimmte Organe zu stützen oder Organextrakte zu geben, wobei durchweg erhöhte Überlebenszahlen resultierten. Die auf diesem u. anderen Wegen erzielten Ergebnisse werden in Verbindung mit Fragen der Krebsprophylaxe diskutiert. (Strahlentherapie **90.** 421—28. 1953. Heiligenberg-Inst., Strahlenbiol. Abt.) REUSSE. 4601

B. Rajewsky und **O. Hug,** *Biophysikalische Gesichtspunkte zur medizinischen Isotopenforschung.* Vff. stellen die gegenwärtige Lage auf dem Gebiet der medizin. Anwendung radioakt. Isotope dar, wobei neben den Möglichkeiten u. Grenzen vor allem das Strahlenrisiko eingehend behandelt u. die Notwendigkeit organisator. Maßnahmen auf diesem Gebiet betont wird. (Strahlentherapie **90.** 361—72. 1953. Frankfurt/M., Max-Planck-Inst. für Biophys.) REUSSE. 4601

G. Breitling und **R. Glocker,** *Die Messung der β- und γ-Strahlendosis von radioaktiven Stoffen in Röntgeneinheiten.* Vff. behandeln eine Meßmeth., mit der unter Verwendung eines Kristallscintillationszählers aus luftäquivalentem Material (C. **1953.** 4323) die β- u. γ-Strahlung eines Präp. getrennt gemessen werden kann. Verss. wurden an einer aktivierten ^{198}Au-Kugel von 1 mm Durchmesser u. an therapeut. gebräuchlichen Ra-Zellen in Pt- oder Monelkapseln durchgeführt. Der in veränderbarem Abstand von dem Leuchtstoff (Gemisch von 75% Anthracen u. 25% 2-Chloranthracen) montierte Strahler regt diesen an, die Fluorescenzstrahlung wird in einem Plexiglasstab einem Photomultiplier zugeführt. Die in W. u. Luft durchgeführten Messungen ergeben abstandsabhängige Dosisleistungen, der Verlauf der Kurven erlaubt, unter Berücksichtigung der unterschiedlichen Absorption beider Strahlenarten, graph. das Verhältnis von β- zu γ-Dosis als Funktion der Entfernung anzugeben. Damit erhält man ein Bild der Absorption im biol. Gewebe u. somit der therapeut. Wirksamkeit. (Strahlentherapie **90.** 390—98. 1953. Stuttgart, TH, Röntgeninst.) REUSSE. 4601

Antoine Lacassagne, *Rückblick auf die Entwicklung der Methoden zur medizinischen Nutzbarmachung der Radioelemente.* Histor. Darst. der verschied. Entwicklungsstadien der medizin. Anwendung natürlicher u. künstlicher Radioelemente für diagnost. u. therapeut. Zwecke. — 49 Literaturangaben. (Strahlentherapie **90.** 353—60. 1953.) REUSSE. 4601

Byron M. Bloor, Frank R. Wrenn jr. und **George Margolis,** *Die Wirkung von Jodopyracet- (Diodrast-) Injektionen in die Carotis auf die Hirndurchblutung.* Injektion von *Jodopyracet* in die Halsschlagader eines Versuchstieres verursachte Erweiterung der Hirngefäße. (A. M. A. Arch. Neurol. Psychiatry **71.** 358—61. März 1954.) ZEMKE. 4601

John P. Wyatt und **John Howell,** *Experimentelle Herbeiführung von Eisenüberladung bei der Ratte.* 1. Mitt. *Morphologische Veränderungen infolge von Ernährungssiderosis.* Als weiterer Beitrag zur Kenntnis des Fe-Stoffwechsels wurden Organunterss. bei Ratten nach Fütterung mit proteinarmer Maisnahrung ohne u. mit 2% Fe-Citrat, Kastration u. Cu-Acetat durchgeführt. In der Leber der Tiere mit Fe-Zulagen wurde eine starke Fe-Speicherung festgestellt, aber keine pigmentäre Cirrhose auch nach 150 Tagen Versuchsdauer. Bei bestehender Gewebssiderose trat unter den übrigen Versuchsbedingungen keine progressive parenchymale Fibrose auf. Abb. der histochem. Reaktionen. Die Beziehung dieser Befunde mit dem Problem der Hämochromatose wird dargelegt. (A. M. A. Arch. Pathol. **55.** 466—74. Juni 1953. St. Louis, Univ., School of Med., Dep. of Pathol.) SCHWAIBOLD. 4606

Helen N. Duke, J. H. Green und **E. Neil,** *Impulsaktivität der Chemoreceptoren der Carotis während der Inhalation von Kohlenmonoxydgemischen.* Die Ergebnisse der Verss. an Katzen unter Anästhesie sind folgende: 70—80%ig. Sättigung des Bluthämoglobins mit CO, die durch Inhalation von 1—2% ig.CO–Luft- oder $CO^{-}O_2$-Gemischen hervorgerufen wird, bewirkt trotz Verminderung des Blut-O_2-Geh. keine Stimulation der Chemoreceptoren der Carotis, solange der arterielle O_2-Druck durch spontane Respiration aufrechterhalten wird. Erniedrigung des arteriellen O_2-Druckes durch nachfolgende Inhalation von 5% O_2 in N_2 steigert die Impulsaktivität der Chemoreceptoren beträchtlich. Selbst fortgeschrittene Bldg. von CO-Hämoglobin beeinträchtigt nicht die Fähigkeit der Chemoreceptoren auf Erniedrigung des O_2-Druckes zu reagieren. (J. Physiology **118.** 520—27. 30/12. 1952. London, Roy. Free Hosp., School of Med., Dep. of Physiol.) NIESWANDT. 4606

Arnold Loeser (unter Mitarbeit von **G. Bornmann, L. Grosskinsky, G. Hess, R. Kopf, K. Ritter, A. Schmitz, E. Stürmer** und **H. Wegener**), *Diäthylenglykol. Neuere Beiträge zur Pharmakologie und Toxikologie der Polyglykole.* Ausführlicher Bericht über akute u. chron. Verss. an Tieren u. am Menschen mit *Diäthylenglykol*, $HO(CH_2)_2 \cdot O \cdot (CH_2)_2OH$ (I). Im Vgl. mit *Glycerin* (II) ergab sich eine weitgehend übereinstimmende Wrkg.; gewisse Abweichungen werden auf Unterschiede in der Elimination zurückgeführt. Die Diurese ist nach Verabreichung von I stärker als nach **II.** Während Kaulquappen in verd. **II**-Lsg. schneller wachsen als in Teichwasser, ist dies bei Anwendung einer I-Lsg. nicht der Fall. Ratten, die als einzige Fl. nur 5, 10 u. 20% ig. I-Lsg. erhalten, gingen nach erheblichen Gewichtsverlusten zugrunde. Beim Menschen wurde keine Hautwrkg. festgestellt, auch eine I-haltige Zahnpaste war ohne nachteiligen Effekt. Die toxikolog. Beobachtungen müssen in Einzelfällen zwar beachtet werden, stellen aber keine allg. Kontraindikation für die Anwendung von I dar. (Naunyn-Schmiedebergs Arch. exp. Pathol. Pharmakol. **221.** 14—33. 1954. Münster/Westf., Univ., Pharmakol. Inst.) RODERICH KÖNIG. 4607

Claus Klotzsche, *Zur Frage der Allgemeinwirkung thioglykolsäurehaltiger Dauerwellmittel.* Bei Kaninchen wurden auf eine handtellergroße enthaarte Rückenfläche 10 Tage lang täglich 3 ml eines handelsüblichen Dauerwellpräp. (81,1 g *Thioglykolsäure* [I] u. 42 ml 25% ig. NH_4OH in 1 Liter; p_H 9,3) eingerieben. Es bildeten sich auf der Haut nach punktförmigen Blutungen borkige Beläge, die nach Abschluß der Behandlung abgestoßen wurden. Das cytolog. Blutbild zeigte keine signifikanten Veränderungen, jedoch kam es zu einem starken Absinken des Fibrinogengeh. auf 37—45% der Ausgangswerte. Gleiche Erscheinungen wurden nach intravenöser Injektion von 20—60 mg/kg I beobachtet; die alleinige Applikation von I oder NH_4OH hatte ähnliche, jedoch wesentlich schwächere Wirkungen. Aus der Verminderung des Fibrinogenspiegels im Blut unter dem Einfl. von I schließt Vf. auf eine Leberschädigung, die bei ungünstigen Umständen auch bei beruflich häufig mit I umgehenden Personen auftreten könnte. Auf die Gefährdung durch Heimpräpp. wird hingewiesen u. Genehmigungspflicht zur Herst. von I-haltigen Kaltdauerwellpräpp. gefordert. (Samml. Vergiftungsfällen, Arch. Toxikol. **14.** 372—80. 1953. Berlin-Dahlem, Bundesgesundheitsamt, Max-von-Pettenkofer-Inst., Abt. für Physiol. u. Pharmakol.) KRUSEN. 4607

Tom S. Miya und **L. D. Edwards,** *Pharmakologische Untersuchung gewisser Alkoxyalkylamine.* Vff. untersuchten Derivv. des *2-Aminopropans, 2-Aminobutans* u. *2-Aminopentans*, die vasopressor. Wirkungen haben. *2-Amino-3-[2'-methylpropoxy]-propan* ist am wirksamsten. Es hat keine analept. Wrkg. gegenüber Pentobarbituratnarkose bei Mäusen, trocknet die Nasenmucosa des Hundes aus, retrahiert die Nickmembran der Katze durch Ganglionblockade, schränkt den Durchfluß durch die isolierte Hinterpfote des Frosches u. der Ratte ein u. kontrahiert die isolierte Carotis des Schweins u. des Rindes. Akute u. chron. Toxizität an Mäusen u. Ratten im Vgl. mit *Tuamine* u. *Forthane* sind für I am geringsten. (J. Amer. pharmac. Assoc., sci. Edit. **42.** 107—10. Febr. 1953.) K. BÖHM. 4607

John S. Hirschboeck, Frederick W. Madison und **Anthony V. Pisciotta,** *Haarausfall und andere toxische Wirkungen durch Heparin und synthetische heparinähnliche Verbindungen.* Es wird über Erfahrungen mit dem Antikoagulans *Treburon*, Na-Salz des sulfurierten Polygalakturonsäuremethylestermethylglucosids (I; HOFFMANN-LA ROCHE) an 240 Patienten berichtet. I besitzt ca. $^1/_3$ der Wirksamkeit von *Na-Heparin* (II) u. wurde intramuskulär (alle 12 Std., Gesamtdosis 3000 mg oder mehr) oder intravenös gegeben. Bei 19% der Patienten wurde nach der Applikation von I Haarausfall beobachtet, bei Patienten, die mehr als 3000 mg I erhalten hatten, lag die Zahl bei 35,5%. Weiterhin wurden als Nebenerscheinungen ein Brüchigwerden der Nägel, Diarrhoe u. Nasenbluten festgestellt. Über Haarausfall nach Anwendung von **II**, *Paritol-C, Thrombocid* u. *Cumarin*-Derivv. wurde bereits früher berichtet. (Amer. J. med. Sci. **227.** 279—82. März 1954. Milwaukee, Wis., Marquette Univ., School of Med. u. County Hosp.) RODERICH KÖNIG. 4607

H. Kolder, *Hexachlorcyclohexanwirkung auf das Elektroretinogramm des Frosches.* Bericht über elektroretinograph. Unterss. am Froschauge. *γ-Hexachlorcyclohexan* (I; *Lindane*, EPRO, Wien) wurde in Dosen von 1 u. 5 mg in wss. Suspension bzw. von 1 mg in öliger Lsg. injiziert. I bewirkt den Zerfall der b-Welle in mehrere Teilkomponenten u. stört somit gewisse intraretinale Synchronisierungsvorgänge. (Naunyn-Schmiedebergs Arch. exp. Pathol. Pharmakol. **220.** 433—36. 1953. Wien, Univ., Physiol. Inst.) RODERICH KÖNIG. 4607

Thomas C. Butler und **William J. Waddell,** *Die Rolle der Leber bei der Entmethylierung von N-Methylderivaten von Hydantoin und von Oxazolidindion-(2.4).* Die Entmethylierung von *Mesantoin* (*3-Methyl-5-äthyl-5-phenylhydantoin*; 100 mg/kg) zu *Nirvanol* (*5-Äthyl-5-phenylhydantoin*) bzw. von *Trimethadion* (*3.5.5-Trimethyloxazolidindion-(2.4)*; 500 mg/kg) zu „*DMO*" (*5.5-Dimethyloxazolidindion-(2.4)*) ist nach partieller Hepatektomie (ca. $^3/_4$ der Leber) bedeutend herabgesetzt, wie auf Grund der gegenüber den Kontrolltieren auf etwa die Hälfte erniedrigten Plasmakonzz. der Entmethylierungsprodd. 5 Std. nach der subcutanen Injektion gefunden wurde. (J. Pharmacol. exp. Therapeut. **110.** 241—43. Febr. 1954. Chapel Hill, N. C., Univ. of North Carolina School of Med., Dep. of Pharmacol.) H.-J. KOCH. 4607

G. Neuroth, K. Wezler und **G. Sieglitz,** *Die Wirkung der Purine und ihrer Substituenten auf die Dynamik des isolierten, spontan schlagenden Froschherzens.* Unter Verwendung einer nach FRANK modifizierten Meth. zur Druck-Vol.-Registrierung am isolierten spontan schlagenden Froschherzen wurde gefunden: *Coffein* 1 : 40000, *Paraxanthin* 1 : 10000 u. *Theophyllin* 1 : 40000 führen zu einer Abnahme der Anfangsfüllung, des Restvol. u. zu einer Zunahme des Schlagvol. u. der Frequenz. *Oxyäthyltheophyllin* 1 : 30000 u. *Oxyäthyltheobromin* 1 : 40000 bewirken eine stärkere Zunahme des Schlagvol. bei vergrößerter Anfangsfüllung. Die Ergebnisse werden mit denen anderer Autoren verglichen. (Naunyn-Schmiedebergs Arch. exp. Pathol. Pharmakol. **220.** 378—90. 1953. Frankfurt/M., Univ., Inst. für animal. Physiol.) RODERICH. KÖNIG. 4607

Vittorio Erspamer, *Über die enteraminolytische Wirkung einiger Indolalkylamine, des 2-Methyl-3-äthyl-5-aminoindols und der Alkaloide der Harmingruppe.* Die untersuchten Indolalkylamine: *Gramin, 2-Methylgramin, N-Methyltryptamin, N.N'-Dimethyltryptamin* sowie *2-Methyl-3-äthyl-5-aminoindol* beeinflussen die antidiuret. u. die uteruserregende Wrkg. des Enteramins in mäßigem u. reversiblem Maße. Die Alkaloide der Harmingruppe haben keine nachweisbare Antienteraminwirkung. (Ricerca sci. **23.** 1203—07. Juli 1953.) ALTPETER. 4607

Gaetano Di Maggio, *Physiopharmakognosie von Petroselinum hortense Hoffm.* Beschreibung der durch die Petersilie hervorgerufenen Vergiftungserscheinungen. Eigene Unterss.: Auf Getreidekeimlinge wirkte *Apiol* deutlich hemmend, während *Apiin* eine deutlich wachstumsfördernde Wrkg. zeigte. Die *Apiin*-Wrkg. erklärt sich nach Ansicht des Vf. möglicherweise daraus, daß es Bestandteil des für den Aufbaustoffwechsel wichtigen Fermentsyst. ist u. damit Beziehungen zu den Vitaminen der P-Gruppe besitzt. (Fitoterapia **23.** [N. S.] 307—12. Juli/Sept. 1952.) IPPEN. 4608

D. P. N. Tsao, A. Farah und **H. W. Youngken jr.,** *Der Einfluß einer kontinuierlichen Injektion von Digitalistinktur auf deren letale Dosis bei Tauben.* Vff. zeigen, daß kontinuierliche Injektion von *Digitalistinktur* bei Tauben keine signifikante Änderung in der letalen Dosis bei Werten von 0,0025—0,0226 cm³/kg/Min. während eines Versuchszeitraums von 42—340 Min. bewirkt. (J. Amer. pharmac. Assoc., sci. Edit. **42.** 70—72. Febr. 1953.) K. BÖHM. 4608

A. H. Mohammed, H. Rohayem und **O. Zaky,** *Der Einfluß des Giftes des ägyptischen Skorpions und der Kobra auf Säugetiererythrocyten in vitro.* Vff. untersuchen den Einfl. des Giftes des ägypt. *Skorpions* (*Buthus quinquestriatus*) u. der ägypt. *Kobra* (*Naja tripudians*) in vitro auf Erythrocyten vom Menschen u. Kaninchen. *Skorpion*-Gift (I) in einer Konz. von $^1/_{640}$ oder mehr u. *Kobra*-Gift (II) in einer Konz. von $^1/_{2560}$ oder mehr hämolysieren menschliche Erythrocyten. Menschliches Serum hemmt die hämolyt. Wrkg. von I, nicht aber von II. I in einer Konz. von $^1/_{320}$ oder mehr u. II in einer Konz. von $^1/_{640}$ oder mehr hämolysieren Kaninchenerythrocyten. Kaninchenserum hemmt weder die hämolyt. Wrkg. von I noch von II. Erklärungen zu diesen Befunden werden erörtert. (Nature [London] **173.** 170. 23/1. 1954. Cairo, Univ. of Ibrahim; Abbassia, Dep. of Physiol.) K. BÖHM. 4609

A. N. Bose und **Sripati Bose,** *Untersuchungen mit Arsenoxydderivaten.* 2. Mitt. *Pharmakologie von Amidinoarsenoxyden.* (1. vgl. Indian med. Gaz. **85.** [1950.] 50.) Untersucht wurden *p-Guanylphenylarsenige Säure* (I), *p*-[*α-Phenylaminoäthylidenamino*]- (II), *p*-[*α-(4'-Äthoxyphenylamino)-äthylidenamino*]- (III), *p*-[*α-(4'-Methoxy-*

phenylamino)-äthylidenamino]- (**IV**) u. *p*-[α'-(*4'-Chlorphenylamino*)-*äthylidenamino*]-*phenylarsinige Säure* (**V**). Gegenüber V. cholerae, St. aureus, E. typhosa, S. paratyphi, Sh. sonnei u. E. coli hemmten **II**—**V** in Konzz. von 2—6 mg% das Wachstum, während **I** erst bei 25 mg% wirksam war. Bei subcutaner Verabreichung an Mäuse wurden folgende DL_{100} ermittelt: **I** 0,08 mg/g Körpergewicht, **II** 0,013, **III** 0,01, **IV** u. **V** 0,015. Bei experimentell mit Trypanosoma equiperdum oder Tr. evansi infizierten Mäusen zeigte **I** eine minimale trypanosomicide Dosis von 0,001 mg/g, während **III** erst bei 0,065 mg/g eine trypanosomistat. Wrkg. entfaltete. **II**, **IV** u. **V** hatten keinen Effekt. (Indian J. med. Res. **40.** 517—28. Okt. 1952. Calcutta, Bengal Immunity Res. Inst.) KRUSEN. 4610

E. Grunberg und **R. J. Schnitzer**, *Eine chemotherapeutische Untersuchung von Antimonverbindungen bei der experimentellen Infektion der Maus mit Cryptococcus neoformans.* Aus der Reihe der Carbamylbenzolstibonsäuren erwies sich bei der C. neoformans-Infektion der Maus die *4-*{*N-*[*β-*(*β'-Oxyäthylamino*)-*äthyl*]-*carbamyl*}-*benzolstibonsäure* (**I**) (*RO 2–3094*), In Form des wasserlösl. Diäthanolaminsalzes, als wirksamste Verbindung. **I** wird gut vertragen. Tägliche Dosen von 50, 100 u. 250 mg/kg bis zu 3 Wochen wurden von Mäusen zum größten Teil vertragen. (Yale J. Biol. Med. **26.** 132—38. Nov. 1953. Nutley, N. J., Chemotherapy Labor. of Hoffmann-La Roche Inc.) W. LORENZ. 4610

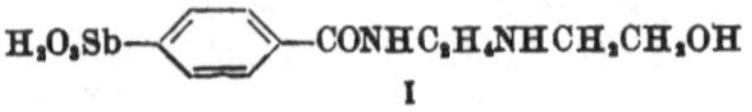

I

Ernst A. H. Friedheim, *MSb und MSbB in der Behandlung der Schlafkrankheit, die durch Trypanosoma gambiense verursacht ist.* Bei 149 Krankheitsfällen von Schlafkrankheit, die durch *Trypanosoma gambiense* hervorgerufen war, wurde *MSb* (**I**) (*polymerisierte p-Melaminophenylstibonsäure* mit 32,6% Sb) u. *MSbB* (**II**) = *4-Melaminyl-*[*1-methylolcyclo-*(*äthylendithiastibia*)]-*benzol* (*p-Melamino-*[*4-oxymethyl-1.3.2-dithiastibolyl-*(*2*)]-*benzol*; sintert bei 175°, F. 175—200° [Zers.]) mit 27,4% dreiwertigem Sb einzeln oder zusammen verabreicht. Jede dieser Verbb. ist einzeln in der Lage, die Krankheit im ersten Stadium zu cupieren. Eine Behandlung mit **I** u. **II** hat nicht nur den Vorteil, die Behandlungszeit auf 3—7 Tage abzukürzen, sondern sie beugt auch der Gefahr einer Arsenencephalitis vor. (Ann. trop. Med. Parasitol. **47.** 350—60. Dez. 1953. New York, N. Y., Labor. E. A. H. Friedheim.) W. LORENZ. 4610

H. Williams Smith, *Die Anwendung von Furazolidon bei der Behandlung des experimentellen Hühnertyphus. Furazolidon* (**I**; *N-*[*5-Nitrofurfuryliden*]-*3-aminooxazolidon-*(*2*)) wird zu 0,02% handelsüblichem Mastfutter zugesetzt. Von 90 Hühnern, die mit Salmonella gallinarum künstlich infiziert wurden, starben nur 2, dagegen 70% der Kontrolltiere. Von den 88 überlebenden behandelten Tieren hatte 1 Agglutinine gegen Salm. gallinarum gebildet u. Keime mit den Fäces ausgeschieden. Bei den 9 überlebenden Kontrolltieren war der Agglutinationstest positiv u. Keime wurden mit den Fäces ausgeschieden. Bei einem **I**-Geh. von 0,02—0,04% wurden bei über 3 Wochen währender Fütterung keine tox. Symptome beobachtet. (Veterin. Rec. **66.** 215. 10/4. 1954. Huntingdon, Houghton Grange, Animal Health Trust.) PATZSCH. 4610

Atilio Macchiavello, Wasfy Omar, M. Amin El Sayed und **Khalil Abdel Rahman**, *Bekämpfung epidemischer cerebrospinaler Meningitis mit Sulfadimidin und Penicillin. Bericht über ein Massenprophylaxeexperiment im Sudan.* Bericht über Verss. in 4 Dörfern an ca. 4000 Fällen zur Best. der prophylakt. Wrkg. von *Sulfadimidin* (**I**) = *2-*[*p-Aminobenzolsulfonamido*]-*4.6-dimethylpyrimidin* bzw. *Procain-Penicillin G* in Öl + Al-Monostearat (**II**) bei epidem. Meningitis. Verabreichung entsprechend: Dorf 1 bei 93% der Bevölkerung je nach Alter 1,5—4 g **I**; Dorf 2 34% 0,5—2 g **I**; Dorf 3 38% 10^5 bis $1{,}5 \cdot 10^5$ E. **II**; Dorf 4 90% 0,75—$1 \cdot 10^5$ E. **II** bei täglicher Überwachung; die unbehandelten Fälle je eines Ortes liefen als Kontrollen. Die **I**- u. **II**-Prophylaxe war gleichwertig wirksam, unabhängig vom Stadium der Epidemie zur Zeit der Behandlung, ihr Ablauf wird durch **I** u. **II** nicht beeinflußt. Keine Immunität durch **I** u. **II**. Je höher der %-Satz der behandelten Gruppe einer Ortschaft, um so kleiner werden die Möglichkeiten einer Reinfektion. Die Dosis von $1{,}5 \cdot 10^5$ E. **II** bedarf einer Erhöhung. (Bull. Organisat. mond. Santé **10.** 1—34. 1954. Regional Off. for the Eastern Mediterranean World Health Organizat., u. Sudan, Ministry of Health.) DOSSMANN. 4610

R. Kooij und **Th. J. Vloten**, *Hautsensitivierung durch Sulfonamide. Gruppen- und Kreuzsensibilität; Photosensibilität; passive Antikörperübertragung; Leftwich-Reaktion.* Angabe der mit Läppchentest erhaltenen Ergebnisse bei 54 Patienten mit Hautausschlägen durch *Sulfonamid* (**I**)-Therapie. Getestet wurden: *Sulfanilamid* (**II**), *Sulfathiazol, Sulfadiazin, Sulfamerazin, Sulfanilsäure, Procain, Anästhesin, Cycloform, p-Aminobenzoesäure, Atoxyl, Neosalvarsan* (**III**), *Marpharsen* (**IV**), *Anilin, p-Phenylen-*

diamin, Pellidol, Orthoform, p-Aminosalicylsäure, p-Aminophenol, Glykokoll, Bzl. u. *Sulfosalicylsäure.* Gruppensensibilität bei allen Sulfapräpp. ist auf den $NH_2C_6H_4SO_2$-Teil des Mol. zurückzuführen, Kreuzsensibilität tritt bei Vorhandensein der $NH_2C_6H_4$-Gruppe im Mol. auf, positive Hautteste werden auch von anderen Substanzen als **I** ausgelöst, wenn sie diese Gruppe im Mol. enthalten, z. B. durch **III** oder **IV**. Photodynam. **II**-Wrkg. ist zu erwarten, wenn mindestens 1% **II** im Gewebe der Haut vorhanden ist; photoallerg. Zustände traten schon bei erheblich geringeren **II**-Konzz. auf. Ferner Besprechung der Rkk. auf UV-Bestrahlung bei Fällen mit festgestellter Photosensibilität. Passive Antikörperübertragung ergab negative Resultate. (Dermatologica [Basel] **104.** 151—67. 1952. Amsterdam, Univ., Dermatol. Clinic.) Dossmann. 4610

Mamoru Furuta, *Die Wirkungen von Benzochinonsemicarbazon, PAS und PAS kombiniert mit Benemid bei experimenteller Mäusetuberkulose.* Bericht über Unterss. an 50 mit einem virulenten Tuberkelbacillenstamm infizierten Mäusen zur Feststellung der nach verschied. Erscheinungen beurteilten antituberkulösen Wrkg. von *Benzochinonsemicarbazon* (**I**), 1 u. 5 mg/Tag insgesamt 23 (115) mg, *PAS* (**II**), 5 mg/Tag insgesamt 115 mg, u. **II** + *Benemid* (**III**) 0,01 mg pro Injektion, gesamt 0,23 mg, im Vgl. zu Kontrollen. Keine Wirksamkeit von **I**, mäßige von **II**, durch **III** wurde die **II**-Wrkg. erhöht. (Sci. Rep. Res. Inst. Tôhoku Univ. Ser. C **5.** 19—26. Juni 1953. Sendai, Japan, Tohôku Univ., Res. Inst. for Tuberculosis and Leprosy.) Dossmann. 4610

P. N. Ananjew, *Versuch einer Heilung von Lungentuberkulose mit Phtivazid.* Bei der Behandlung von 73 Kranken mit Lungentuberkulose mit Komplikationen (Kehlkopfschwindsucht, verschied. Pneumopleuritiden) mit je 0,1 g *Phtivazid* (**I**) dreimal täglich, allmählich auf 2 g täglich ansteigend, wurden gute Erfolge erzielt. Das neue sowjet. **I** ist ein in A. u. W. unlösl., hellgelbes, geschmackloses feinkrist. Pulver. Es ist ein Hydrazid der Isonicotinsäure. **I** bewirkte eine rasche Desintoxikation. Von Kranken mit Cardiopulmonalbeschwerden u. Hypertonie wurde **I** gut vertragen. Bei 7 Kranken trat bei den höchsten **I**-Gaben eine tox. Wrkg. ein, die nach Herabsetzung der Dosis oder Unterbrechung der **I**-Behandlung nach einigen Tagen verschwand. Bei 2 Kranken mit hyperacider Gastritis mußte die **I**-Behandlung wegen Verschlechterung des Gesundheitszustandes unterbrochen werden. Bei seröser u. eitriger Pneumopleuritis konnte keine Besserung erzielt werden. **I** erwies sich als sehr wirksam bei Kehlkopftuberkulose. (Советская Медицина [Sowjet.-Med] **17.** Nr. 2. 38—39. Febr. 1953. Kalinin, „Tschernogubowo"-Tuberkulosesanatorium, Gebietsgesundheitsverwaltung.) Lebtag. 4610

A. W. Capon, *Streptomycin–PAS gegenüber Streptomycin–PAS und Isoniazid in der Behandlung der Lungentuberkulose.* Bei der Behandlung von je 100 Patienten mit Lungentuberkulose mit 2mal wöchentlich 1 g *Streptomycin* u. täglich 14 g *PAS-Na* (Gruppe 1) bzw. mit dieser Medikation u. zusätzlich täglich 115 mg *Isoniazid* (Gruppe 2) 180 Tage lang wurde festgestellt, daß Gruppe 2 hinsichtlich röntgenolog. u. Sputumbesserung u. Cavitätenverschluß bessere Heilungstendenzen zeigte. Vf. empfiehlt, kombinierte Chemotherapie bes. in Fällen, bei denen zuvor keine medikamentöse Behandlung stattfand u. Aussicht auf Erfolg einer derartigen Therapie besteht, anzuwenden. (Canad. med. Assoc. J. **70.** 62—67. Jan. 1954. Weston, Ontario, Can., Toronto Hosp. of Tubercul.) Krusen. 4611

Walter Goeters, *Umstimmung der Bakterienflora des Rachens durch Streptomycintherapie. Auftreten von streptomycinresistenten und streptomycinabhängigen Varianten.* Bei 137 Kindern unter *Streptomycin* (**I**)-Behandlung von 0,1—1 g intramuskulär wurden im Rachen **I**-resistente Organismen nachgewiesen, die 10—20% der Gesamtflora ausmachten; die Anzahl war von der Höhe der **I**-Dosierung abhängig; auffällig war das starke Vorherrschen von Monilia- u. Candidaarten. Diese Keime verschwanden 8—10 Tage nach Abschluß der **I**-Therapie. Außerdem traten in geringer Zahl **I**-resistente Bakterien beim Krankenhauspersonal auf. **I**-empfindliche Bakterien wurden bei maximaler **I**-Dosierung bei 64 Patienten u. 2 Pflegepersonen festgestellt. (Mschr. Kinderheilkunde **101.** 505—10. Dez. 1953. Norderney, Kinderheilstätte Seehospiz „Kaiserin Friedrich".) Dossmann. 4611

Guido Izar, *Über Therapie der akuten und chronischen bronchopulmonalen Infektion mit einem Präparat, das sich in Lungengewebe anreichert.* Das Hydrojodid des *Diäthylaminoäthylesters des Benzylpenicillins* (*Broncopen*) hat eine spezif. Lungenaffinität. Eine gegenüber gewöhnlichem Penicillin gesteigerte Wrkg. konnte an 5 Fällen, die an Bronchopneumonien oder Lungenabsceß erkrankt waren, festgestellt werden. (Minerva med. [Torino] **44.** II. 1—4. 4/7. 1953. Siena, Ist. di Clin. Med.) Gerber. 4611

Heinz Dienz, *Ist Omnacillin in seiner Wirkung den einfachen Penicillinen überlegen?* Vf. berichtet, daß er bei der Behandlung von 150 Fällen verschiedenster gynäkolog. Erkrankungen mit *Omnacillin* bzw. *Omnamycin* (I) bessere Resultate hatte als bei der Behandlung einer gleich großen Zahl von Erkrankungen mit reinen *Penicillin*- u. *Penicillin–Streptomycin*-Präpp. (II). Bei I: 69,3% Heilungen, 24% Besserungen, 6,7% Rezidive; bei II 54,7% Heilungen, 29,3% Besserungen, 16% Rezidive. (Die Medizinische **1954.** 335—36. 6/3. Koblenz.) K. BÖHM. 4611

Niels Danbolt und **Tore Berdal,** *Nachuntersuchungen bei mit Penicillin–Arsenoxyd–Wismut behandelter Frühsyphilis in einer Beobachtungszeit bis 5 Jahren.* Mit *Penicillin* (insgesamt 5 Mill. I.E.), *Arsenoxyd* (6—8 Injektionen à 1 mg/kg) u. *Bi-Öl* (6—12 Injektionen à 1,5 cm³) wurden 192 Frühsyphilisfälle behandelt. Wiederbehandlung war in ca. 4% der Fälle erforderlich, von denen nicht alle als echte Rezidive zu werten waren. Die Resultate werden als sehr gut angesehen. (Acta dermato-venereol. [Stockholm] **33.** 412—20. 1953. Oslo, Univ., Rikshosp., Dep. of Dermatol.) BROSEMANN. 4611

Jan Cap, *Zur Behandlung der Aktinomykose mit Penicillin und Sulfapyrimidin.* Vf. berichtet über 4 Fälle von cervico-facialen Aktinomykosen, die durch 4—6 Wochen lange Behandlung mit *Depot-Penicillin* (I), *Sulfapyrimidin* (II) u. Röntgenbestrahlung geheilt wurden. Vf. glaubt, daß zusätzliche Bestrahlung u. Behandlung mit J überflüssig ist, u. empfiehlt als Gesamtdosis 18 Millionen E. I u. 130 g II. (Dermatol. Wschr. **129.** 321—25. 1954. Heidelberg, Univ., Hautklinik.) KRUSEN. 4611

TJ. L. A. De Bruine und **A. C. J. Rodenburg,** *Heftiger Monilia-Fluor nach vaginaler Behandlung mit Aureomycin.* Bei der Behandlung einer Patientin mit Cervicitis durch vaginale Applikation von *Aureomycin*-Ovula (mit 250 mg Aureomycinhydrochlorid, 200 mg *Methylparaben* u. 50 mg *Propylparaben*; LEDERLE; 10 Tage lang täglich 1 Ovulum) trat ein heftiger Moniliafluor auf. Durch Behandlung der Vagina mit einer 1%ig. wss. Lsg. von Gentianaviolett während 2 Tage verschwand Monilia. (Nederl. Tijdschr. Geneeskunde **98.** 924—25. 3/4. 1954. Utrecht, Univ., Clin. voor vrouwenziekten.) PATZSCH. 4611

Nguyen Dinh Cat, *Bemerkungen zur Trachombehandlung mit Aureomycin.* Auf Grund guter Erfahrungen anderer Autoren versuchte Vf. *Aureomycin* (I) zur Trachombehandlung. Bei einer Gesamtdauer der Behandlung von ca. 14—20 Tagen kann mit zarter Narbenbildung gerechnet werden. Vf. nimmt an, daß bes. der mechan. Effekt der I-Salbe für den Erfolg maßgebend ist, daß aber die antibiot. Wrkg. ihn verstärkt. Die Verträglichkeit von I ist gut. Wenn auch keine völlige Restitution erfolgt, so wird doch die Vernarbung beschleunigt. (Amer. J. trop. Med. Hyg. **1.** 796—98. Sept. 1952. Hanoi, Indochina, School of Med., Ophthalmol. Clinic.) L. BERGER. 4611

B. C. Jansen, *Die parasitenvernichtende Wirkung von Aureomycin (Lederle) gegenüber Babesia equi (Laveran 1899) bei Eseln nach Milzexstirpation.* Bericht über Verss. an Eseln mit experimenteller Infektion durch B. equi nach Exstirpation der Milz. Behandlung mit *Aureomycin* (I) im Vgl. zu *Gonacrin* (II; MAY & BAKER), dem derzeitigen Mittel der Wahl bei Pferdebabesiosis. Mit intravenösen Dosen von 15,6 mg/lbs. I über 6 Tage wurde zwar keine Sterilisation erreicht, aber Rückfälle vermieden; II war tox. in Dosen, die zur Erregerkontrolle nicht ausreichten. (Onderstepoort J. veterin. Res. **26.** Nr. 2. 175—82. Nov. 1953. Onderstepoort Labor.) DOSSMANN. 4611

Warnery, Dumon, Brin, Voisin und **Chanas,** *Antibiotische Aerosole, kombiniert mit Hyaluronidase bei Lungentuberkulose. Ergebnisse bei 15 monatiger Anwendung.* Kurze Diskussion über Erfahrungen in 166 zum Teil therapieresistenten Fällen mit *Antibiotica*-Aerosolen, die durch Kombination mit *Hyaluronidase* sehr wirksam werden. (Rev. Tuberculose [5] **17.** 1225—26. 1953. Les Milles.) DOSSMANN. 4614

Andres-Vesalio Guzman und **Maria Gabriela Stein de Guzman,** *Die enzymatische Beseitigung von Eiterungen, nekrotischen Schäden und Verbrennungen.* Vff. behandelten 20 Fälle von Verbrennungen 2. u. 3. Grades, chron. Unterschenkelgeschwüren, Gangrän, Karbunkel *mit Papainpräpp.* (Streupulver oder feuchte Verbände). Ohne schädliche Nebenwirkungen konnte in 18 Fällen nach 1—5tägiger Behandlung vollständige Beseitigung der Schäden erzielt werden. (J. int. Coll. Surgeons **20.** 695—702. Dez. 1953. San José, Costa Rica, San Juan de Dios Hosp.(KRUSEN. 4614

August W. Spittler und **Robert E. Parmenter,** *Die Anwendung proteolytischer Enzyme bei Kriegsverwundungen. Streptokinase–Streptodornase* (I) u. krist. *Trypsin* (II) sind wertvolle Hilfsmittel in der Behandlung von durch Nekrose u. Infektion komplizierten Kriegswunden. Sie sind aber kein Ersatz für chirurg. Säuberung der Wunden. I u. II verdauen nekrot. Gewebe u. schaffen hierdurch ein ungünstiges Milieu für das Wachstum von Keimen. II-Wrkg. ist schnell, günstig bei oberflächlichen Wunden. I führt bei tiefliegenden Wunden zu besseren Ergebnissen als II. (J. int. Coll. Surgeons **21.** 72—78. Jan. 1954. Washington, D. C.) BRATFISCH. 4614

N. Ambache und **P. A. Robertson,** *Nicotinwirkungen des m-Brom- und des 3,5-Dibromphenyläthers des Cholins (MBF und DBF).* Verkürzte Wiedergabe der C. **1954.** 3275 referierten Arbeit. (J. Physiology **118.** 67 P. 30/12. 1952. London, Inst. of Ophthal.) NIESWANDT. 4620

Henry Dale, *Änderungen und Aussichten der medizinischen Behandlung.* Zusammenfassender Bericht über hemmend oder übertragend wirkende Substanzen am Nervensyst.: *Acetylcholin, Physostigmin, Diisopropylfluorphosphat, Nicotin, Trimethylammoniumbasen,* wie *Dekamethonium* u. *Pentamethonium, Curare* u. *Strychnin.* (J. Roy. Inst. publ. Health Hyg. **17.** 98—109. April 1954. London, Roy. Inst. of Public Health and Hyg.) ZEMKE. 4620

Edward C. Dobbs, Charles W. DeVier und **Leonard Rapoport,** *Ein neues Lokalanästheticum.* In klin. Unterss. hat sich *Ravocaine* (= *Win 3459—2*; I; *β-Diäthylaminoäthyl-2-propoxy-4-aminobenzoat-Hydrochlorid*; WINTHROP STEARNS INC.) mit *l-Arterenol* (*Levophed*), 1 : 30000, als Lokalanästheticum in der Zahnheilkunde (2 cm^3) ausgezeichnet bewährt. DL_{50} (Mäuse) intravenös 8 mal, subcutan 9,5 mal, intraperitoneal 2,5 mal so hoch wie von *Procain* (**II**). Die anästhesierende Wrkg. ist 7 mal stärker als die von **II**, sie setzt bereits 40 Sek. nach Injektion ein u. hält mindestens 50 Min. an; die Analgesie dauert ca. 3 Std. an. Keine Nebenerscheinungen. (J. Amer. Dental Assocl **48.** 409—13. April 1954. Baltimore, Md., Univ. of Maryland; Baltimore, Coll. of Dental Surg., Dental School, Dep. of Pharmacol. and Therapeut.) KLESSE. 4627

H. Weese, *„Potenzierte Narkose" und „Hibernation durch Phenothiazine".* Einführung in die Entw. der neuropleg. wirksamen *Phenothiazinderivv.* u. Betrachtungen zum physiol. Winterschlaf u. zur Unterkühlung. (Naunyn-Schmiedebergs Arch. exp. Pathol. Pharmakol. **222.** 15—20. 1954. Wuppertal, Farbenfabriken Bayer.) LEUSCHNER. 4627

H. Krüger, *Brompemphigus.* Bei einer Epileptikerin kam es nach längerer Einnahme eines kombinierten *Luminal–Bromid*-Präp. zu einem polymorphen, teilweise bullösen Arzneimittelexanthem. In Harn, Speichel u. Inhalt der Hautblasen konnte *Br* nachgewiesen werden, so daß *Br* als Noxe der Hautsymptome anzunehmen ist. (Z. Haut- u. Geschlechtskrankh. **16.** 33—37. 15/1. 1954. Berlin, Freie Univ., Hautklinik.) KRUSEN. 4628

C. J. Kensler, H. Langemann und **C. L. Zirkle,** *Die cholinergische Aktivität von Tetrakis-[dimethylaminomethyl]-methantetramethobromid.* Die cholinerg. Aktivität von *Tetrakis-[dimethylaminomethyl]-methantetramethobromid* (*SKF 2091*; I) ist bedeutend höher, jedoch nicht spezifischer als die des einfachen Tetramethylammoniumions u. ist ebenfalls von kurzer Dauer. Die stimulierende Wrkg. von I auf die Atmung der Katze bei kleinen Dosen (10—100 γ I/kg) wird bei höheren Dosen (1—2 mg/kg) von einem Versagen der Atmung gefolgt, das die Tiere aber nach 5—10 minütiger künstlicher Beatmung überleben. Der neuromuskuläre Block nach I ähnelt in seiner Wrkg. eher dem durch d-Tubocurarin hervorgerufenen u. wird durch das ganglionblockierende Tetraäthylammoniumbromid, jedoch nicht durch Neostigmin oder Tensilon teilweise aufgehoben, während die acetylcholinähnliche Kontraktion am Froschmuskel auch durch d-Tubocurarin blockiert wird. Die blutdrucksenkende Wrkg. kleiner Dosen I wird durch Atropin aufgehoben. *Äthan-1.1.2.2-tetra-[äthyl-2-trimethylammonium]-tetrabromid* (*SKF 2719*) hat in Dosen bis zu 5 mg/kg keine Wrkg. auf Atmung u. Blutdruck bei der anästhesierten Katze. (J. Pharmacol. exp. Therapeut. **110.** 127—34. Febr. 1954. Ithaca, N. Y., Cornell Univ., Med. School, Dep. of Pharmacol.) H.-J. KOCH. 4628

O. Brunner, *Zur kausalen und symptomatischen Behandlung der Dysmenorrhoe.* Eingehende Darst. der patholog.-physiol. Grundlagen der Dys- bzw. Algomenorrhoe. Bei diesen Beschwerden hat sich das Präp. *Dismenol* (*Dimethylaminophenazon* u. *p-Sulfamidobenzoesäure*) gut bewährt. (Die Medizinische **1953.** 785—87. 6/6. Salzburg, Landeskrankenhaus.) L. BERGER. 4628

T. R. Sherrod und **H. I. Zubaidi,** *Atrolactamid (Themison, M-144): seine Bestimmung, Resorption und Ausscheidung. Atrolactamid* (I; *2-Phenyl-2-oxypropionamid,* MALLINCKRODT CHEM. WORKS, St. Louis, Mo.) läßt sich in biol. Fll. leicht durch Umwandlung in Jodoform u. Messung der opt. Dichte des Chloroformextrakts dieser Lsg. mit Hilfe eines BECKMAN-Spektrophotometers quantitativ bestimmen. Das Verf. wird im einzelnen beschrieben. Verss. mit Blut u. Urin zeigten, daß 98—99% des angewandten I wiedergewonnen werden können. Nach oraler Applikation wird I vom Menschen u. Hund rasch resorbiert. Die höchste Konz. im Blut wird innerhalb 2 bis 3 Std. erreicht. Nach oraler Verabreichung von 3 g I werden ca. 43% unverändert im Urin innerhalb von 48 Std. ausgeschieden. Nach wiederholter Anwendung wurde ein kumulativer Effekt beobachtet. (J. Pharmacol. exp. Therapeut. **109.** 148—56. Okt. 1953. Chicago, Ill., Univ., Coll. of Med., Dep. of Pharmacol.) RODERICH KÖNIG. 4628

P. Niesel, E. Weigelin und **H. Mohr,** *Untersuchungen über die Wirkung von Hydergin und DHE 45 am intracraniellen Kreislauf beim „Cold-Pressor-Test“.* Mittels Blutdruckmessung am Oberarm u. der Arteria centralis retinae wurde die hemmende Wrkg. von *Hydergin* (I) u. DHE 45 (II) auf sympathicotone Reize („Cold-Pressor-Test“) untersucht u. diese für I bestätigt, für II als möglich angesehen. Diese vasodilatator. Effekte sind für die Therapie vasomotor. Cephalgien nutzbar zu machen. Der Wirkungsgrad (bes. von I) ist abhängig von der Ausgangslage. (Klin. Wschr. **31.** 948—51. 15/10. 1953. Bonn, Univ.-Augenklinik.) JORDAN. 4630

Thomas J. McGurl jr., *Periarteriitis nodosa: Bericht eines mit p-Aminobenzoesäure behandelten Falles.* Bericht über einen Fall von Periarteriitis nodosa, der durch täglich 4—20 g *p-Aminobenzoesäure* geheilt werden konnte. (Ann. intern. Med. **37.** 606—11. Sept. 1952. Providence, R. I., Veterans Admin. Hosp.) KRUSEN. 4636

Irvine H. Page, *Die Kreislaufwirkung von natürlichem Serotonin, 5- und 7-Oxytryptamin und Tryptamin.* Natürliches *Serotonin* (I), synthet. *5-* (II) u. *7-Oxytryptamin* (III), *5-Oxytryptaminkreatinin* u. *Tryptamin* (IV) wurden hinsichtlich ihrer Gefäßwrkg. an Hunden, Katzen u. isoliert durchströmten Organen untersucht. Während der Blutdruck beim Hund nach anfänglicher Senkung gesteigert wird, wird er bei Katzen durch I u. II gesenkt. Dabei sind (beim Hund) I u. II etwa gleich wirksam, 3 mal stärker als III u. 20 mal stärker als IV. Die pressor. Wrkg. wird erhöht durch Resektion des Carotissinus, Markdurchtrennung u. autonome Blockade mittels *Penta-* u. *Hexamethonium* u. *Tetraäthylammonium.* Die durch die Verbb. I—IV ausgelöste vorübergehende Hyperpnoe wird dagegen durch diese Maßnahmen nicht beeinflußt. Periphere adrenerg. Blockade mit *Piperoxan* u. *Priscolin* sind auf die Wrkg. von I—IV ohne Einfl., dagegen hemmt *1-Hydrazinophthalazin* in großen Dosen die Wrkg. von I u. II. Schlag- u. Minutenvol. des Herzens werden durch I u. II gesteigert. (J. Pharmacol. exp. Therapeut. **105.** 58—73. Mai 1952. Cleveland, O., Cleveland Clin. Found., Res. Div., u. Frank E. Bunts Educat. Inst.) DAUTZENBERG. 4630

W. A. Freyburger, B. E. Graham, M. M. Rapport, P. G. Seay, W. M. Govier, O. F. Swoap und **M. J. Vander Brook,** *Die Pharmakologie des 5-Oxytryptamins (Serotonin).* Die pharmakol. Wirkungen des *Serotonins (5-Oxytryptamin = 5-Oxy-3-[β-aminoäthyl]-indol;* I) wurden untersucht. Verwendet wurde das Kreatininsulfat. Die DL_{50} beträgt bei der Maus intravenös 160, subcutan mehr als 868 mg/kg; bei der Ratte intravenös 30, subcutan ca. 117 mg/kg. Beim Hund wird der Blutdruck gesteigert, doch schwanken die Ergebnisse sehr; in einzelnen Fällen wirkte I depressorisch. *Atropin* hatte keinen Einfl. auf diesen Effekt. Verglichen mit I war *Phenylephrin* 2,5—4, *l-Epinephrin* 10—30 u. *l-Norepinephrin* (II) 15—60 mal stärker vasoconstrictor. wirksam. An der cocainisierten Katze war die pressor. Wrkg. von I ca. 60 mal schwächer als die von II. Adrenerg. Blockierung mit *SY-28* (*α-Naphthylmethyläthyl-β-bromäthylaminhydrobromid*) hatte beim Hund weniger Einfl. auf die Wrkg. von I als von II. An der Katze wurde der Blutdruckanstieg nach I durch *Piperoxan* u. *Dibenamin* lediglich verringert. Bei schnell aufeinanderfolgenden Injektionen von I trat Tachyphylaxie auf. Am isolierten Herzen (Kaninchen) wirkte I positiv chrono- u. isotrop. Die Bronchien (Meerschweinchen) werden durch I verengt, ähnlich wirkt es spast. auf Darm (Kaninchen, Ratte, Meerschweinchen) u. Uterus (Meerschweinchen). Der Abbau erfolgt schnell durch *Aminooxydasen.* (J. Pharmacol. exp. Therapeut. **105.** 80—86. Mai 1952. Kalamazoo, Mich., Upjohn Co., Dep. of Pharmacol.) DAUTZENBERG. 4630

R. Lacassie, *Behandlung des Schlaganfalls durch alleinige intravenöse Injektion von Chloropromazine.* Vf. berichtet über Verwendung von *Chloropromazine* (I) als intravenöse Injektion bei der Behandlung des Schlaganfalls. I vermindert bei frühzeitiger Anwendung die Lähmungsfolgen u. verschafft durch Blockierung des Mechanismus des Schlaganfalls dem Neurochirurgen zusätzliche Möglichkeit zum Eingreifen. (Presse méd. **62.** 383—84. 10/3. 1954. La Teste, Gironde.) K. BÖHM. 4630

R. Kujat, *Über die Behandlung Herzkranker mit einem Glykosid der Convallaria majalis. Convallatoxin* (I) wirkt strophanthinähnlich u. ergab in der mittleren Dosis von 0,2 mg bei 63 Herzkranken gute klin. Resultate. Die Frequenzhemmung ist bei I geringer als bei *Strophanthin* (II). Extrasystolen sind bei I seltener als bei II, Kumulationserscheinungen traten nur in einem Falle auf. In der Besserung der Hämodynamik stand I der Wrkg. von II nicht nach. (Dtsch. med. Wschr. **79.** 45—47. 1/1. 1954. Osnabrück, Städt. Krankenanstalten, Med. Klinik A.) JORDAN. 4630

W. Marx, *Über die Behandlung der Hypertension, Angina pectoris sowie Rheuma mit Sulfartan. Sulfartan* (Pharm. Fabrik Merz & Co., Frankfurt/M.) enthält *koll. Schwefel, $NaNO_2$* u. *Atropinmethylnitrat* u. ist intramuskulär appliziert bei Hypertonie u. Angina pectoris angeblich ebenso wirksam wie bei Arthrosen u. Neuritiden. Die Verträglichkeit ist gut. — 5 kasuist. Mitteilungen. (Med. Klin. **48.** 1589—90. 23/10. 1953. Aachen.) Jordan. 4630

O. Alan Rose, Alfred Vogl und **Arnold I. Turtz,** *Arzneimittelfieber durch Chinidin.* Bericht über das Auftreten von Fieber in 3 Fällen nach *Chinidin* (I)-Behandlung. Daneben traten noch andere Erscheinungen auf (Erbrechen, Hauteruptionen), die ebenso wie das Fieber als allerg. Rk. angesehen werden müssen. Die sich häufenden Berichte über Fieber-Rk. durch I führen Vff. auf die häufigere Anwendung von I bei Arrhythmien des Herzens zurück. (New England J. Med. **248.** 96—98. 15/1. 1953. New York City, Univ.) L. Berger. 4630

John Q. Griffith jr., *Klinische Anwendung von Quercetrin: Vorläufige Mitteilung.* Vf. berichtet, daß die Capillaranfälligkeit (CA.) bei der Hypertonie in 31 von 32 Fällen, die vorher noch nicht behandelt worden waren, durch täglich 30 mg *Quercetrin* (I) behoben werden konnte. 10 Patienten, deren CA. mit *Rutin* (II) behandelt worden war, wurden auf I umgestellt, ohne einen Rückschlag zu erleben. Von 23 Patienten, die nicht auf II ansprachen, reagierten 22 auf I sehr gut. (J. Amer. pharmac. Assoc., sci. Edit. **42.** 68—69. Febr. 1953.) K. Böhm. 4633

William E. Lawrence, Stanley S. Kahn und **Abner B. Riser,** *Vergleich der diuretischen Wirkung von peroral oder parenteral verabreichten Hg-Diureticis bei 70 Personen mit Herzschädigungen.* Von 70 ambulant behandelten Personen mit chron. Herzschäden, denen anfangs Mercuhydrin parenteral verabreicht wurde, erhielten anschließend *Neohydrin (3-Chlormercuri-2-methoxypropylharnstoff)* peroral. Bei 97% war die Wrkg. mindestens ebenso gut. Nur bei 2 Personen war die Wrkg. geringer. Die Nebenerscheinungen der oralen Gabe waren im allg. geringer Art, nur bei 3 Personen waren sie ernster Natur. (Southern med. J. **47.** 105—09. Febr. 1954. Birmingham, Ala.) Carstens. 4634

H. Wild und **G. Wolf,** *Zur Therapie akuter und chronischer Leberparenchymkrankheiten mit Leber–Hefe-Extrakten.* Mit *W 2 Pan-Aminon* (Zellstoff-Fabrik Waldhof: Leber–Hefe-Autolysat mit den lebenswichtigen *Aminosäuren, Vitamin-B-Komplex, Vitamin B_{12},* Leberschutzfaktoren) wurden 200 Fälle akuter u. chron. Hepatitiden u. Lebercirrhosen günstig beeinflußt. (Münchener med. Wschr. **95.** 849 bis 852. 31/7. 1953. Düsseldorf, Med. Akad., II. Med. Klinik.) Brosemann. 4640

A. Halawani, A. Abdallah, M. I. el Kordy und **M. Saif,** *Die Behandlung der Amoebiasis mit Resotren.* Die Behandlung von 27 Patienten mit Amoebiasis mit 35 bis 80 Tabletten *Resotren* (I; *7-Chlor-4-[4'-diäthylamino-1'-methylbutylamino]-chinolin-bis-[7-jod-8-oxychinolin-5-hydrogensulfonat]*, $C_{18}H_{26}N_3Cl \cdot [C_9H_6O_4NSJ]_2$) in 10—20 Tagen führte außer in 2 Fällen zu schneller symptomat. u. klin.-radiolog. Besserung der Dysenterie u. Hepatitis. 2 Rückfälle traten auf. In einigen Fällen kam es zu Beginn der I-Therapie zu leichteren Diarrhoen. I war auch wirksam gegenüber Giardia lamblia, nicht aber gegen Endolimax nana u. Trichomonas hominis. (J. Egypt. med. Assoc. **36.** 747—61. 1953. Cairo, Res. Inst. for Trop. Dis.) Krusen. 4649

Edward Seitz, *Bewertung verschiedener Methoden zur Behandlung der Schistosomiasis des Harntraktes im Küstengebiet von Tanganyika.* Bei *Bilharzia*-Fällen mit positivem Urinbefund konnte durch parenterale Injektionen von *Antimonyltartrat* (12 mg/kg Körpergewicht) meistens in 2 Tagen Verschwinden der Parasiten erzielt werden. Weniger erfolgreich war die orale Behandlung mit *Nilodin* (Burroughs Wellcome & Co.) in Gaben von 60—100 mg/kg Körpergewicht. (J. trop. Med. Hyg. **56.** 2—4. Jan. 1953.) Zopff. 4649

K. B. Kerr, *Butynorate, eine wirksame und gefahrlose Substanz für die Beseitigung von Raillietina cesticillus bei Küken.* Vf. berichtet über Verss. mit *Di-n-butylzinndilaurat = Butynorate* (I), das er als Anthelminticum bei Raillietina cesticillus-Infektion gab. Als minimal wirksame Einzeldosis in Kapseln ergab sich 75 mg/kg Körpergewicht. I ist auch wirksam, wenn es dem Futter zugesetzt wird; die Toxizität scheint sehr gering zu sein. I allein oder in Kombination mit *Nicotin* (II) u. *Phenothiazin* (III) hat keine Einw. auf die Eierproduktion legender Hühner. Zwischen I, II u. III wurde keine Unverträglichkeit gefunden, in einem Gemisch dieser drei Verbb. behielt jede ihre anthelmint. Eigenschaft. Die Beimischung einer Kombination von I, II u. III zum Futter wird gegen Raillietina cesticillus, Ascaridia galli u. Heterakis gallinae empfohlen. (Poultry Sci. **31.** 328—36. März 1952. Charles City, Io., Helminthology Dep., Res. Div. Dr. Salsbury's Labor.) K. Böhm. 4649

A. Erhardt, *Betrachtungen über Oleum chenopodii und Mandelsäureisoamylester als Wurmmittel bei der Ascaridose des Hundes.* Vf. vergleicht die Anwendungsweise von *Oleum chenopodii* (I) mit der von *Mandelsäureisoamylester* (II). Dabei kommt Vf. zu dem Ergebnis, daß II nicht nur leichter zu verabreichen, sondern auch weniger tox. ist. Die Gabe des Laxans wie nach I ist nicht erforderlich. II wirkt nicht nur gegen Spulwürmer des Hundes, sondern auch bei denen des Pferdes, der Katze, des Rot- u. Blaufuchses u. des Schweines. In höherer Dosierung ist II auch wirksam auf die Hakenwürmer der Katze u. des Hundes u. auf die Peitschenwürmer des Hundes. (Tierärztl. Umschau **7.** 239—40. Juli 1952. Brackwede, Parasitol. Abt., Astawerke.) L. Berger. 4649

K. Ullrich, *Zur Entwurmung beim Hunde. Kurze Stellungnahme zu den Ausführungen Erhardts über Ol. chenopodii und Mandaverm.* Vf. lehnt die Ansicht von Erhardt (vgl. vorst. Ref.), der zufolge Mandelsäureisoamylester als Wurmmittel besser verträglich u. ebenso wirksam wie Chenopodiumöl ist, ab. (Tierärztl. Umschau **7.** 284—85. Aug. 1952. Berlin.) Winiker. 4649

H. Paschke, *Tierexperimentelle Untersuchungen über Reaktionen im Verlauf des Trigeminus nach Arseneinlagen im Zahn.* Nach Applikation von As_2O_3 in Pulpennähe (Eckzähne im Hundevers.) traten nach 5 Tagen Liegedauer im 3. Ast des Trigeminus ein fleckenförmiges Ödem, mucoide Verquellung in den inneren Abschnitten des Perineuriums u. eine lockere Lymphocyteninfiltration auf (histolog. Befunde). Dieser Zustand war jedoch völlig reversibel. (Dtsch. zahnärztl. Z. **8.** 707—08. 1/7. 1953. Erlangen.) Klesse. 4655

Ludwig Schubert, *Über die Gewebsverträglichkeit einiger Kunstharzwurzelfüllmittel.* Die geprüften Kunstharzwurzelfüllmittel *Curyl* (I), *Albrecht rapid, Diaket, Palavit* (II) u. *L 253* (Versuchspräp.) führten bei den klin. Verss. (an Hunden) zu keinen Gewebs-Rkk., wenn der Wurzelkanal nur bis zum Apex abgefüllt wird (nur sehr kleine Berührungsfläche mit dem paradentalen Gewebe). Reicht die Füllung bis über das Foramen apicale hinaus, so treten (reversible) klin. Komplikationen auf, die bei I am geringsten sind. Bei II sind sie zeitlich begrenzt bis zur Erschöpfung des ungebundenen monomeren Esters. *Chloropercha* ist jedoch den Kunstharzfüllungen bzgl. der geringsten Gewebsschädigung (klin., im Paramäciumtest u. bei Implantationsverss. am Rattenmuskel) u. auch bzgl. der physikal. Eigg. (Wandbeständigkeit u. dgl.) überlegen. (Dtsch. zahnärztl. Z. **9.** 267—75. 1/3. 1954. Köln/Rh., Univ., Zahnärztl. Klinik.) Klesse. 4655

Jean-Noël Nally, *Einfluß der Füllungsmaterialien auf das Verhalten der Pulpa.* An Hand der Literatur u. aus eigenen klin. u. histolog. Unterss. folgert Vf., daß *Zinkoxyd-Eugenol-Zement* u. *Phosphatzement* ohne Gefahr für die Pulpa verwendet werden können. *Kupfer-, Silicat-, Zinn-Silber-Amalgam-* u. *selbsthärtende Kunstharz-*Füllungen erfordern eine Unterfüllung. — Ausführliche Diskussion der histolog. Befunde mit Deutung der Funktion der Odontoblasten. — Beschreibung von 12 Fällen, 25 Abbildungen, 132 Literaturstellen. (Schweiz. Mschr. Zahnheilkunde **64.** 250—86. März 1954. Genève, Univ., Inst. de Méd. Dent., Labor. d'Histol.) Klesse. 4655

R. Buchholz, *Zur Mastitisprophylaxe.* Bericht über gute Erfahrungen mit der antisept. Wundsalbe *Osmalon* (Farbwerke Hoechst) mit einem Polyäthylenoxyd als Salbengrundlage u. zugesetzten chemotherapeut. wirksamen, hochmol. aliphat. Aminen. (Med. Klin. **49.** 434—36. 19/3. 1954. Düsseldorf, Med. Akademie, Frauenklinik.) Dossmann. 4660

Harold G. Hurst, *Behandlung von pustulärer Akne mit dreifachen Sulfonamiden.* Durch perorale tägliche Verabreichung von 2—3 g dreifachen Sulfonamiden (*Trufalzine,* Frosst; *Sulfose,* Wyeth) konnte Vf. in zahlreichen Fällen von pustulärer Akne gute Erfolge erzielen. (Canad. med. Assoc. J. **70.** 38—41. Jan. 1954. Winnipeg.) Krusen. 4661

O. G. H. Fiedler und **R. du Toit,** *Auswertung der milbentötenden Eigenschaften von Aldrin und Dieldrin zur Bekämpfung der Schafsräude.* Nach Vergleichsverss. an Schafen mit *Aldrin* (I)-, *Dieldrin* (II)- u. *BHC* (III)-Behandlung zur Bekämpfung der Milben ist II ein schnell wirkendes Mittel, der Erreger Psoroptes communis wird durch einmaliges Tauchen der befallenen Tiere in 0,03%ig. Suspension abgetötet; II etwa gleich dem 0,02%ig. III; I in 0,05%ig. Suspension reicht bei einmaliger Anwendung zur Bekämpfung der Räude nicht aus. (Onderstepoort J. veterin. Res. **26.** Nr. 2. 225—30. Nov. 1953. Onderstepoort Labor.) Dossmann. 4665

Max Cremer, *Zur Supronaltherapie bei Augenkranken.* (Klin. Monatsbl. Augenheilkunde augenärztl. Fortbild. **124.** 86—89. 1954. Tuttlingen, Augenklinik Dr. Cremer.) Zemke. 4670

Horst Sachsse, *Ein Phytotherapeuticum zur Stoffwechselregulierung und „Ausleitung" (Orthosichol).* Bericht über die Indikationen für *Orthosichol* (I; DR. DEGEN u. KUTH), einem standardisierten Vollauszug aus *Orthosiphon stamineus*, dessen laxierende, gallensekretionsanregende, stark diuret., NaCl-, Harnstoff- u. Harnsäure ausscheidende Wrkg. besprochen wird. (Med. Klin. **49.** 449—50. 19/3. 1954. Walchstadt/Wörthsee, Obb.) DOSSMANN. 4670

Guido Erluison, *Lactation und Deciduaextrakte.* Mit *Deciduaextrakten* in Trockenform (Kompressen mit 0,15 g, entsprechend 2 g Frischsubstanz). Bei Verabfolgung von 5—6 Tabletten/Tag wurde eine günstige Wrkg. bei Hypo- u. Agalaktie, sowie bei Nachlassen der Lactation nach einigen Wochen beobachtet. (Rass. Clin., Terap. Sci. affini **52.** 90—103. April/Mai/Juni 1953. Modena, Univ., Clin. obstetr. e ginecol.) R. K. MÜLLER. 4670

W. de Boor, *Über Thalliumpsychosen.* Bericht über einen forens. nicht geklärten Fall von *Tl*-Intoxikation (Nachw. von *Tl* in Haaren u. Nägeln) mit Psychosen. Die früher abgelehnte Möglichkeit wiederholter *Tl*-Aufnahmen, die in diesem Fall diskutiert wird, konnte in 2 weiteren Fällen, von denen bei 1 ebenfalls Psychosen auftraten, nachgewiesen werden. (Samml. Vergiftungsfällen, Arch. Toxikol. **14.** 351—56. 1953. Köln/Rh., Univ., Nervenklinik.) KRUSEN. 4675

F. Hauschild, *Tödliche Kalkstickstoffvergiftung und die Frage des gestörten Alkoholabbaues.* Ausgehend von einem zu begutachtenden Fall von Kalkstickstoffvergiftung bei gleichzeitigem Alkoholgenuß mit letalem Ausgang, bespricht Vf. unter Bezugnahme auf die Ähnlichkeit der Antabus-Alkohol-Rk. die Symptome der sogenannten „Kalkstickstoffkrankheit", bei der es sich jedoch wahrscheinlich nicht um eine Störung des Acetaldehydabbaues, sondern eher um eine solche des Cystein-Glutathion-Stoffwechsels handelt. — 27 Literaturangaben. (Samml. Vergiftungsfällen, Arch. Toxikol. **14.** 311—20. 1953. Leipzig, Univ., Pharmakol. Inst.) KRUSEN. 4675

Harold Stevens und **Francis M. Forster,** *Die Wirkung von Tetrachlorkohlenstoff auf das Nervensystem.* An 15 Fällen von CCl_4-Vergiftung werden die neurolog. u. histolog. Beobachtungen geschildert u. ein Literaturüberblick über die Symptomatologie gegeben. Vff. weisen bes. auf die häufig unterschätzte Giftigkeit u. den verstärkenden Effekt von A. hin. (A. M. A. Arch. Neurol. Psychiatry **70.** 635—49. Nov. 1953. Georgetown, Univ., School of Med., Dep. of Neurol.) LEUSCHNER. 4675

Herbert Trautmann, *Trichloräthylenvergiftungen im Bergbau bei Anwendung eines Reinigungsmittels „Urania 2".* Bei Arbeiten mit einem als „*Urania 2*" bezeichneten, aus *Trichloräthylen* bestehenden Reinigungsmittel kam es in einigen Fällen zu leichten Vergiftungserscheinungen, die nach einigen Std. bis Tagen ohne Folgen wieder zurückgingen. (Samml. Vergiftungsfällen, Arch. Toxikol. **14.** 337—38. 1953. Gelsenkirchen-Buer, Krankenanstalt „Bergmannsheil".) KRUSEN. 4675

Guy Nadeau, R. Cote und **F. J. Delaney,** *Zwei Fälle von Äthylenglykolvergiftung.* Bericht über 2 Fälle von Vergiftungen mit *Äthylenglykol* (I) bei Kindern, die 2—3 oz. eines 50% I enthaltenden Frostschutzmittels getrunken hatten. Es traten Krämpfe u. Bewußtlosigkeit auf, das klin. Bild ähnelte dem einer Methanolintoxikation. Die lebensbedrohende Acidose konnte durch reichliche Verabreichung von *Na-Lactat* beherrscht werden. Ausheilung ohne Folgeerscheinungen. (Canad. med. Assoc. J. **70.** 69—70. Jan. 1954. Quebec, Ontario, Can., Hôp. du Sacrement.) KRUSEN. 4675

Ch. Pilz, *Tod durch intravenöse Benzininjektionen.* Durch irrtümliche intravenöse Injektion von 2—3 ml synthet. *Bzn.* trat bei einem Kriegsverletzten innerhalb weniger Sek. der Exitus ein. Verss. an 2 Kaninchen ergaben, daß es nach intravenöser Injektion von Bzn. vermutlich durch dessen direkte Giftwrkg. auf die Gefäßnerven zu örtlichen Stasen u. Erythrocytendurchtritt durch die Gefäßwände kommt. Hierdurch wird der Gasaustausch der Alveolen unmöglich gemacht. (Samml. Vergiftungsfällen, Arch. Toxikol. **14.** 344—48. 1953. Marburg/Lahn, Univ., Pathol. Inst.) KRUSEN. 4675

Joachim Erbslöh, *Anilinvergiftung durch Stempelfarben bei Neugeborenen.* Durch Verwendung von Windeln, die mit einer 56% *Anilin* enthaltenden Stempelfarbe gestempelt waren, traten bei 4 Neugeborenen Intoxikationserscheinungen in Form von livider Hautfarbe u. Benommenheit auf, die nach 24 Std. ohne Folgen zurückgingen. — 24 Literaturangaben. (Samml. Vergiftungsfällen, Arch. Toxikol. **14.** 321—24. 1953. Bad Oldesloe, Kreiskrankenhaus Stormarn.) KRUSEN. 4675

Walther Graubner, *Vergiftungen durch Hexachlorcyclohexan und seine Wirkungsweise beim Warmblüter.* In einer kurzen Zusammenfassung wird darauf hingewiesen, daß das γ-Isomere von *Hexachlorcyclohexan* (I) krampferregende, β- u. δ-I dagegen sedative Eigg. aufweisen, so daß sich ihre Wirkungen antagonist. verhalten u. sogar aufheben können. I wird zu einem hohen Prozentsatz resorbiert u. neigt zu Kumulation in den Fettgeweben von Niere, Leber u. Gehirn. Intoxikationen bewirken Erregung des Zentralnervensyst. u. Leberschäden. I wird als das ungefährlichste Kontaktinsekticid angesehen. (Samml. Vergiftungsfällen, Arch. Toxikol. **14.** 358—61. 1953. Ingelheim/Rh., C. H. Boehringer Sohn.) KRUSEN. 4675

K. Wallner, *Eine Vergiftung mit E 605 forte (Bayer) mit tödlichem Ausgang.* Ein 2jähriges Kind, das 5 ml *E 605 forte* zu sich genommen hatte, konnte trotz 1 ml *Coramin* (I) u. 0,25 mg *Atropin* (II) subcutan, dann 3 ml I u. 0,125 mg *Strophanthin* intravenös u. schließlich 1 ml I u. 0,25 mg II intracardial nicht gerettet werden. (Samml. Vergiftungsfällen, Arch. Toxikol. **14.** 329—30. 1953. Braunschweig, Städt. Kinderklinik.) KRUSEN. 4675

René Fabre, *Die Behandlung der durch Phosphorsäureesterinsekticide hervorgerufenen Intoxikationen.* Die tox. Wrkg. der als Insekticide gebräuchlichen *Phosphorsäureester* (z. B. Tetraäthylpyrophosphat, Diäthylthiophosphat, Oktamethylpyrophosphorsäureamid) besteht im wesentlichen in einem parasympathicomimet. Effekt. Als Antidot zeigte sich *Atropin* von guter Wrkg., jedoch muß es nach Beobachtungen des Vf. in hohen Dosen verabreicht werden, gegebenenfalls in wiederholten Gaben von 2 mg subcutan bis zum Abklingen der Vergiftungssymptome; bei leichteren Fällen empfiehlt Vf. stündlich 0,5 mg peroral. Nachbehandlung mit O_2 ist erforderlich. — 24 Literaturangaben. (Semaine Hôpitaux Paris **29.** 1957—59. 14/6. 1953.) KRUSEN. 4675

W. Hettler und **K. G. Bergner,** *Orthotrikresylphosphatvergiftung. (Ungewöhnliches Zustandekommen einer Lebensmittelvergiftung bei Mutter und Kind.)* Durch Genuß von Cocosfett, das durch Berührung mit einer 9,8% *Trikresylphosphat* (I) als Weichmacher enthaltenden Igelitplatte I aufgenommen hatte, kam es bei einer 32jährigen Frau u. ihrer 8jährigen Tochter zu den bekannten klin. Erscheinungen der I-Vergiftung. Experimentell wurde in einer 6 Std. mit dem Igelit in Berührung gewesenen Fettprobe bereits 1,34% I nachgewiesen. (Samml. Vergiftungsfällen, Arch. Toxikol. **14.** 339—43. 1953. Stuttgart, Städt. Kinderklinik; Chem. Landesuntersuchungsamt.) KRUSEN. 4675

Heinrich Salm, *Todesfall nach einem Abtreibungsversuch mit Movellantabletten.* Inhaltlich ident. mit der C. **1952.** 5456 referierten Arbeit. (Samml. Vergiftungsfällen, Arch. Toxikol. **14.** 357—58. 1953.) KRUSEN. 4675

Helmut Widmann und **Paul Gruner,** *Zur Klinik der Colchicinvergiftung, unter besonderer Berücksichtigung der Leukopoese.* Nach Aufnahme von 20 Zwiebeln der Herbstzeitlose als Abortivum kam es bei einer 28jährigen Frau zu schweren psych. Störungen, zu Meningismus u. Gastroduodenitis. 10 Tage nach Gifteinnahme trat Haarausfall ein, der zu reversibler totaler Alopecie führte. In den ersten Tagen kam es zu einer peripheren Leukopenie mit einem Tiefstand von 1450 Leukocyten u. zu einem Rückgang der kernhaltigen Sternalmarkszellen auf 8500. Außerdem traten polyploide, atyp., übersegmentierte u. Pseudopelgerzellen auf. Anschließend erfolgte eine überschießende Leukocytose mit Höchstwerten von 28750 Leukocyten u. 231000 kernhaltigen Knochenmarkszellen, die dann annähernd auf die n. Werte zurückgingen. Diese Wirkungen werden als direkte Einw. des Colchicins auf die Zellen u. den Mitoseablauf angesehen. (Z. klin. Med. **151.** 51—64. 1953. Tübingen, Univ., Med. Klin. u. Poliklinik.) KRUSEN. 4675

D. P. R. Keizer, *Vergiftung durch Cicuta virosa.* Cicuta virosa (C. v.; Wasserschierling) enthält das Alkaloid *Cicutoxin* (I) in allen Pflanzenteilen, bes. jedoch im Wurzelstock. I wirkt excitierend (Bauchschmerzen, Magen–Darm-Koliken). Vf. beschreibt den Verlauf u. die Behandlung (ausschließlich symptomat.) der Vergiftung bei zwei 3—4jährigen Mädchen u. einem 4- u. einem 10jährigen Jungen, die beim Spielen von Wurzelknollen der C. v. gegessen hatten. Zur Erleichterung der Diagnose sollte der Mageninhalt bzw. das Erbrochene auf das Vorhandensein von C. v. untersucht werden, wobei die Fluorescenz des I im UV einen Hinweis geben kann. (Geneeskund. Gids. **32.** 133—36. 1/4. 1954. Hilversum.) PATZSCH. 4675

Max Leder, *Gewerbliche Hautschädigungen durch Dichlordiäthylmethylamin (Nitrogen Mustard).* Bericht über das Auftreten von Hautschädigungen u. Rezidiven durch *Dichlordiäthylmethylamin* = *N-Yperit* bei 4 Personen, die Dolantinersatz herstellten. Die beschriebenen Erscheinungen entsprechen ähnlichen Fällen, wie sie bei *S-Yperit* beobachtet worden sind. (Dermatologica [Basel] **104.** 176—79. 1952. Zürich.) DOSSMANN. 4681

Robert Beckmann, m-Inosit, chemische, physiol. u. klin. Bedeutung. Aulendorf i. Württb.: Editio Cantor. 1953. (62 S.) DM 4,80.

I. W. Schur, Toxikoinfektionen paratyphösen Charakters durch Nahrungsmittel, 2. Aufl. Moskau: Sselchosgis. 1953. (279 S.) russ.]

F. Pharmazie. Desinfektion.

Walther Kern und **Fritz Neuwald**, *Ergänzungsvorschläge zum Deutschen Arzneibuch.* 2. Mitt. (1. vgl. Wissenschaftl. Arbeitsgemeinschaft der Apothekerkammern, Sprockhövel i. W. 1952). Die Vorschläge betreffen die Artikel *Lebertran, Heilbuttleberöl* u. *Heilbuttleberölkapseln.* (Pharmaz. Ztg. verein. Apotheker-Ztg. **90.** 20—23. 5/1. 1954. Sprockhövel/Westfl.; Schönberg/Holstein.) Barz. 4750

W. Kern und **Neuwald**, *Ergänzungsvorschläge zum Deutschen Arzneibuch. Sulfonamide.* Die von **H. Wojahn** gemachten Vorschläge betreffen im wesentlichen Identitätsnachw., Reinheitsproben, Gehaltsbest. u. Aufbewahrung folgender durch Strukturformeln wiedergegebener Sulfonamide: *Sulfanilamid* (Chemodyn, Gombardol, Prontalbin), *Sulfacetamid* (Albucid), *Sulfaguanidin* (Resulfon, Ruocid), *Sulfathioharnstoff* (Sulfanilthioharnstoff, Badional), *Mafenid* (4-Aminomethylphenylsulfonamid; Hydrochlorid = Marfanil), *2-Sulfathiazol* (2-Sulfanilthiazol, Cibazol, Eleudron), *Sulfäthizol* (2-Sulfanil-5-äthyl-1.3.4-thiodiazol, Globucid), *Sulfamerazin* (2-Sulfanil-4-methylpyrimidin, Debenal M), *Sulfisomidin* (6-Sulfanil-2.4-dimethylpyrimidin, Aristamid, Elkosin), *Azosulfamid* [2'.4'-Diaminoazobenzolsulfonamid-(4), Prontosil]. — 18 Literaturangaben. (Pharmaz. Ztg. verein. Apotheker-Ztg. **90.** 387—91. 6/5. 414—17. 13/5. 435—39. 20/5. 1954. Borstel über Oldesloe.) Barz. 4750

C. H. Price, *Einige neuere Verschreibungen.* Vf. gibt einige ärztliche Verschreibungen der letzten Zeit mit unverträglichen Arzneimischungen bekannt u. macht Vorschläge zu ihrer Abänderung. (Australas. J. Pharmacy [N. S.] **34.** 741—42. 31/8. 1953.) Spitaler. 4750

K. Huber, *Pharmazeutische Groß- und Kleinapparaturen, Hilfsmittel und Utensilien.* 30. Mitt. *Alkrumeter (Alkoholmeter nach Krutzsch).* (29. vgl. Münzel, C. **1953.** 895.) Vf. beschreibt eine App. (Hersteller: Krutzsch, München-Solln) zur Best. des A.-Geh. von reinen A./W.-Mischungen, Tinkturen, Fluidextrakten u. Spirituosen durch Messung der Wärmeausdehnung ohne Destillation. Mit Hilfe dieser Meth. läßt sich der A.-Geh. auf ca. 0,5 Vol.-% genau bestimmen. — 3 Abbildungen. (Schweiz. Apotheker-Ztg. **90.** 493—99. 12/7. 1952. Zürich, ETH, Pharmazeut. Inst., Galen. Abt.) Rangnick. 4758

E. Kühni, *Pharmazeutische Groß- und Kleinapparaturen, Hilfsmittel und Utensilien.* 31. Mitt. *Der Spülvit, ein neuer Flaschenreinigungsapparat.* (30. vgl. vorst. Ref.) Vf. beschreibt eigene Erfahrungen mit diesem Gerät (2 Abbildungen) (Hersteller: W. Gilden, Zürich-Kilchberg) in der Apothekenpraxis. Prinzip der App.: Die zu spülende Flasche wird auf ein Ventilkreuz aufgesetzt u. heruntergedrückt. Der ausgelöste Wasserstrahl spült u. verläßt anschließend die Flasche durch eine eingebaute Spüldüse. Zusätzliche Aufsteckdüsen erlauben Reinigung auch kleiner Tuberkulin- u. Insulinfläschchen mit engem Hals. (Schweiz. Apotheker-Ztg. **90.** 509—11. 19/7. 1952. Zürich, Kantonsapotheke.) Rangnick. 4758

K. Münzel, *Pharmazeutische Groß- und Kleinapparaturen, Hilfsmittel und Utensilien.* 32. Mitt. *Das „Boda"-Universalgerät.* (31. vgl. vorst. Ref.) Ausführliche Beschreibung eines prakt. u. aus haltbarem Material angefertigten Universalgerätes (Hersteller: L. Bodemer, Ofteringen/Baden) für elektr. oder Gasheizung bestimmt für den Apothekenbetrieb, welches als Wasserbad, Dampftopf (für Sterilisation im strömenden Wasserdampf 100°/30 Min.), Wasserdestillationsapp., Autoklav (1 bis 1,5 atü), Wasserdampfdestillationsapp. sowie zur Vakuumdest. verwendet werden kann. — Im Anhang wird der *Elektrohahn* (Hersteller: Voigt & Haeffner Akt.-Ges., Frankfurt/M.) beschrieben, der es gestattet, die Leistungsaufnahme eines Elektrowärmegerätes stufenlos zwischen 0 u. 70% seiner Vollast von Hand einzustellen. — 9 Abbildungen u. 3 Tabellen. (Schweiz. Apotheker-Ztg. **91.** 881—90. 21/11. 901—13. 28/11. 1953. Zürich, ETH, Pharmazeut. Inst.) Rangnick. 4758

Paul Orlowski, *Über Yagé.* Das columbian. Rauschgift *Yagé* entstammt einer wildwachsenden Liane aus der Familie der Malpighiaceen (botan. Name *Banisteria caá-pi*). Aus der Pflanze wurde das Alkaloid *Banisterin* ($C_{13}H_{12}ON_2$) (I) gewonnen. — Überblick über die pharmakol. Wirkungen des I. — 8 Literaturangaben. (Pharmaz. Ztg. verein. Apotheker-Ztg. **90.** 126—28. 15/2. 1954. Berlin-Zehlendorf.) Barz. 4782

L. Rosenthaler, *Zur Darstellung der Dekokte und Infuse.* Nach Vf. kann der Rappsche Vorschlag (Wissenschaftliche Pharmazie in Rezeptur u. Defektur, Berlin 1927), die Herst. der *Dekokte* (I) u. *Infuse* (II) in zwei Phasen vorzunehmen, wegen der in den Drogen vorhandenen Enzyme nicht kritiklos übernommen werden. In einer beschränkten Zahl von Fällen kann man den nachteiligen Einfl. der Enzyme durch Verwendung stabilisierter Drogen (Beispiel: Fol. Digitalis) vermeiden. — Polemik gegen den Vorschlag von BOGS (C. **1954.** 2225), für **I**, **II** u. Macerationen 1 Teil Droge auf 10 Teile W. zu nehmen. (Pharmaz. Ztg. verein. Apotheker-Ztg. **90.** 70—71. 25/1. 1954. Bern.) BARZ. 4790

Holger von Fleandt, *Nobecutan, ein neues Verbandmaterial. Nobecutan,* eine Lsg. von Methacrylsäurepolymerem in Äthylacetat, liefert beim Bestreichen des Operationsfeldes oder bei kleinen, nicht infizierten Wundschäden einen sterilen Film, der bei 0,15 mm Stärke über 1700 Doppelwicklungen u. eine Dehnung von 900% verträgt. Der Film besteht im wesentlichen aus kettenförmigen Makromoll. $-CH_2-C(CH_3)\cdot(COOR)-[-CH_2-C(CH_3)(COOR)-]_n-CH_2-C(CH_3)(COOR)-$ (R = Acrylrest, n = große Zahl). Ein Film von 0,1 mm gestattet einen Wasserdurchgang von ca. 10 mg/cm². (Farmac. Revy **52.** 727—28. 13/11. 1953. AB Bofors Nobelkrut.) R. K. MÜLLER. 4794

Robert S. Smith, *Die Verwendung von Tantalnetzen bei der Beseitigung von Hernien.* Vortrag. Vf. berichtet über Vor- u. Nachteile der Tantalnetze bei der Hernienbeseitigung (43 Fälle). — 18 Literaturangaben. (Western J. Surgery, Obstetr. Gynecol. **62.** 1—6. Jan. 1954. Boise, Id.) BARZ. 4796

A. Greco, *Extraktions- und Syntheseprinzipien in der Arzneimittelentwicklung.* Übersicht über die Entw. der Herst. von Arzneimitteln von den Anfängen bis in die Neuzeit. (Boll. chim. farmac. **92.** 304—10. Aug. 1953.) R. K. MÜLLER. 4800

Harry Barnes, *Übersicht über Arzneimittel aus Steinkohlenteer.* Der Überblick umfaßt antisept. u. baktericide Präpp., Antimalariamittel, Mittel gegen Schistosomiasis u. Trypanosomiasis, Sulfonamide, Antibiotica, Sympathicomimetica, Antispasmodica, Lokalanästhetica, Analgetica, Antihistaminica, Analeptica, Arsenverbb. sowie Röntgenkontrastmittel, Hg-Verbb. u. Stilbenverbindungen. (Chem. Products chem. News [N. S.] **15.** 127—31. April. 171—75. Mai 1952. Boots Pure Drug Co. Ltd.) RANGNICK. 4800

—, *Neue Arzneimittel. Bemocin Capsules* (AYERST, MCKENNA & HARRISON LTD., New York): Thiaminhydrochlorid 25 (mg), Lactoflavin 12,5, Nicotinamid 75, Vitamin C 200, Vitamin B_{12} 3 γ, Folsäure 0,67, Pyridoxinhydrochlorid 1, Ca-Pantothenat 10, Methionin 40, Inosit 40, Cholinbitartrat 60. — *Bristamin Lotion* (BRISTOL LABORATORIES, INC., Syracuse): Enthält Phenyltoloxamindihydrogencitrat. Gegen Pruritus, Dermatosen. — *Dexamyl Elixir* (SMITH, KLINE & FRENCH LABORATORIES, Philadelphia): 5 cm³ enthalten 0,5 (grain) Amobarbital u. 5 mg Dexedrinsulfat. Sedativum. — *Gemonil* (ABBOTT LABORATORIES, Chicago): Tabletten zu 0,1 g 5.5-Diäthyl-1-methylbarbitursäure. — *Hyazyme* (Hersteller wie vorst.): Hyaluronidase. — *Mega-B* (E. S. MILLER LABORATORIES): Injizierbares Vitamin-B-Präparat. — *Neohydrin* (LAKESIDE LABORATORIES, INC., Milwaukee): Diureticum, Zus. nicht angegeben. — *Neo-Penil* (SMITH, KLINE & FRENCH LABORATORIES, Philadelphia): Penicillin-G-diäthylaminoäthylesterhydrojodid. Vermehrte Anreicherung in der Lunge. — *Noctec* (E. R. SQUIBB & SONS, New York): Fl. mit 7,5 grain Chloralhydrat in 5 cm³. Orales Sedativum. — *Novahistine* (PITMAN-MOORE CO., Indianapolis): Orales Antihistaminicum. 1 fluidounce = Phenylephrinhydrochlorid 29,57 (mg), Prophenpyridaminmaleat 80, Chlf. 80, Menthol 6. — *Pyronil* (ELI LILLY CO., Indianapolis): Tabletten zu 15 mg. — *Co-Pyronil* (Hersteller wie vorst.): Kapseln mit Pyronil 15 (mg), Histadyl 25, Clopanhydrochlorid 12,5. Antiallergicum. — *Rhulicream* (LEDERLE LABORATORIES DIVISION, New York): Enthält Zirkonoxyd, kein ZnO. — *Solacthyl Injection* (E. R. SQUIBB & SONS, New York): Enthält im cm³ 40 USP-E. adrenocorticotropes Hormon. — *Tricainal* (CIBA PHARMACEUTICAL PRODUCTS, INC., Summit): Salbe mit Pyribenzamin, Nupercain, Wismutsubgallat, ZnO, Aceton-Na-Bisulfit u. Kakaobutter. Antipruriginosum. — *Trilene* (AYERST, MCKENNA & HARRISON LTD., New York): Trichloräthylen zur Inhalationsnarkose. (J. Amer. pharmac. Assoc., pract. Pharmacy Edit. **13.** 511—13. Juli 1952.) HOTZEL. 4800

—, *Neue Arzneimittel. Butazolidin* (GEIGY, Basel): 3.5-Dioxo-1.2-diphenyl-4-n-butylpyrazolidin-Na. Antirheumaticum, Analgeticum. — *Cilag 61* (CILAG, Schaffhausen): 2.4.6-Tris-[di-(oxymethyl)-amino]-1.3.5-triazin. Cytostaticum. — *Carboxymethylcellulose*: Quellmittel u. Laxans. — *Aldinamid*: Pyrazinamid ≡ Picolinsäureamid, Tuberkulostaticum. — *Thesit* (DESITINWERK u. BADISCHE ANILIN- & SODAFABRIK): Ein Alkylpolyäthylenoxydderiv. mit anästhesierenden Eigenschaften. — *Surital* (PARKE, DAVIS & CO., Detroit): Allylmethylbutylthiobarbitursaures Na. Kurznarkoticum. (Subsidia med. [Wien] **4.** 131—41. Aug. 1952.) HOTZEL. 4800

—, *Neue Arzneimittel. Fortecillin* (BAYER, Leverkusen): Ampullen mit 400000 (I.E.) Procain-Penicillin G, 100000 gepuffertem Penicillin-G-Kalium, 500000 Dihydrostreptomycinsulfat. — *Paratebin* (CHEMIE GRÜNENTHAL GMBH., Stolberg/Rh.): Ampullen mit 400000 (I.E.) Oxyprocain-Penicillin-G u. 1000000 Dihydrostreptomycinsulfat. — *Citocillin* (Hersteller wie vorst.): Ampullen mit 300000 (I.E.) Oxyprocain–Penicillin, 100000 Penicillin-G-Natrium u. 2 cm^3 Echinacin spezial. — *Asgocordin* (RHEIN-CHEMIE, Heidelberg): Tinctura Amni visnagae, Crataegi, Convallariae u. Rutinion. Herzmittel. — *Cynosid compositum* (DR. WILMAR SCHWABE GMBH., Karlsruhe): Cynosid, Convallaria u. Crataegus. 1 cm^3 = 1000 FD. — *Euvalon* (KALI-CHEMIE AG., Hannover): Dispert aus Crataegus u. Valeriana. — *Raupina* (C. F. BOEHRINGER & SOEHNE GMBH., Mannheim): Gesamtalkaloide aus Rauwolfia serpentina. Gegen Hochdruck. Für Nachbehandlung: *Raupinetten*. — *Rivadescin* (GEBRÜDER GIULINI GMBH., Ludwigshafen/Rh.): Präp. aus Rauwolfia serpentina. — *Modulan* (AMERICAN CHOLESTEROL PRODUCTS, INC.): Salbengrundlage, die aus Lanolin durch Neutralisation der OH-Gruppen der Lanolinoxyester gewonnen wird. (Apotheker-Ztg. **5.** 13—14. Jan. 1953.) HOTZEL. 4800

Rune Nylander, *Eine verbesserte Methode für die Herstellung von Nicotinsäurediäthylamid.* Durch Anwendung eines stöchiometr. berechneten Mengenverhältnisses der Ausgangsstoffe Nicotinsäure, Diäthylamin, P_2O_5 (1 : 3 : 1) u. geeignete Versuchsbedingungen (Reaktionszeit, Verdünnungsmittel u. Rühreffekt) konnte eine prakt. quantitative Ausbeute erzielt werden. (Dtsch. Apotheker-Ztg. **93.** 678—79. 10/9. 1953. Ljungaverk, Schweden.) WALLIS. 4806

R. Brunner, *Terramycin.* Überblick über Geschichte, Herst., Chemie, Best., antibiot. Wirksamkeit, klin. Anwendung u. Toxizität des Terramycins. — 7 Literaturangaben. (Scientia pharmac. **22.** 37—43. 31/3. 1954. Kundl, Biochemie G. m. b. H.) BARZ. 4810

J. L. Boyle, *Antikoagulantien.* Übersicht über den Mechanismus der Blutgerinnung mit Ausführungen über die koagulationshemmenden Stoffe *Heparin, Dicumarol, Äthyl-bis-cumacetat, Cumopyran* (*Anticoagulans 63*), *Phenylindandion, Dextransulfat* u. die Antidota Vitamin K_1, Protamin u. Toluidinblau. (Drug Cosmet. Ind. **73.** 472—73. 565—69. Okt. 1953. Edinburgh, Schottland.) SPITALER. 4812

S. J. Hopkins, *Übersicht über koagulationshemmende Stoffe.* Nach kurzem geschichtlichen Überblick folgt Besprechung von Wirkungsweise, Anwendungsform, Verträglichkeit usw. der koagulationshemmenden Stoffe *Heparin, Dextransulfat, Dicumarol, Tromexan* (Äthyl-4.4'-dioxydicumarinylacetat), *Phenylindandion, Cumopyran* (3.4-[2'-Methyl-2'-methoxy-4'-phenyl]-dihydropyranocumarin), LINKs „*Compound 63*“ (2-Methyl-2-methoxy-4-phenyl-5-oxydihydropyrano-[3—2 c]-1-benzpyran) u. *Marcumar* (3-[1'-Phenylpropyl]-4-oxycumarin). Es werden Hinweise für Gegenmaßnahmen u. Gegenmittel (Protaminsulfat, Vitamin K_1) bei Überdosierung gegeben. (Chemist and Druggist **160.** 615—17. 19/12. 1953.) SPITALER. 4812

Ernest Kahane und **Otto Sackur,** *Zur Analyse der Hydrazide der Pyridincarbonsäuren.* Um die genannten, therapeut. verwendeten Verbb. quantitativ erfassen zu können, entwickeln Vff. Vorschriften, die durch die Eigg. der Pyridincarbonsäurehydrazide (alkal. Rk., Reduktionsvermögen, quantitative Bldg. von Methylamin bei der alkal. Permanganatoxydation des zuvor methylierten heterocycl. N) bedingt sind. Dementsprechend ist vorgesehen eine bromometr. Best. der beiden Hydrazin-N, eine acidimetr. Best. der NH_2-Gruppe u. des heterocycl. N in wasserfreiem Milieu u. schließlich eine Best. des heterocycl. N durch Methylierung desselben u. Bldg. des Methylamins durch alkal. Permanganatoxydation. Die Vorschriften werden ausführlich wiedergegeben. Sie können auch zur Strukturbest. unbekannter Verbb. herangezogen werden. (Ann. pharmac. franç. **11.** 175—82. März 1953.) H. P. FIEDLER. 4880

E. Marchetti, *Chemische Bestimmung der fett- und wasserlöslichen, in pharmazeutischen Präparaten gewöhnlich vorhandenen Vitamine.* Für die Best. der einzelnen Vitamine werden folgende Verff. empfohlen u., teilweise mit geringen Veränderungen, beschrieben: A CARR-PRICE; B_1 LODI, B_2 BARAKATM-BADRAN, B_6 BIRD, Nicotinsäureamid MATHEWS, Folsäure HUTCHINGS, p-Aminobenzoesäure TAUBER-LAUFER. (Rass. Clin., Terap. Sci. affini **52.** 75—80. April/Mai/Juni 1953. Ist. naz. med. farmacol. „Serono“.) R. K. MÜLLER. 880

Paul Neumann und **André Cavas,** Frankreich, *Herstellung von Vitamin-Calcium-Präparaten,* dad. gek., daß man in mehrere Zonen unterteilte Bonbons, Pillen, Pastillen usw. herstellt, wodurch die Vitamine von der Ca-Verb. getrennt werden. Man vermengt z. B. ein Gemisch von 4000 E. Vitamin A u. 400 E. Vitamin D (Fischleberöl von Gadidae) mit 1 g Kakaobutter (I) u. 0,75 g Ca-Gluconat (chem. rein) mit 1 g **I.** Die beiden **I**-Gemische werden durch ein bei 37° schm. Gemisch von Wachs u. **I** oder durch ein Häutchen, bestehend aus einem Gemisch von Kolophonium u. Kopalgummi, getrennt. (**F. P. 1 003 214** vom 17/12. 1946, ausg. 17/3. 1952.) OPPERMANN. 4767

Knoll Akt.-Ges. Chemische Fabriken, übert. von: **Ph. Zutaver, A. Gempp** und **W. Mothes,** Ludwigshafen/Rh., *Gewinnung von Opiumalkaloiden* durch Extraktion von wasserfreiem Opium mit fl. SO_2. Der SO_2-Extrakt enthält die nicht morphin. Opiumalkaloide. Der bei der Abtrennung der SO_2-Extraktlsg. zurückbleibende Rückstand wird mit HCl enthaltendem Methanol extrahiert. Der hierbei anfallende Extrakt wird zur Trockne gebracht u. in W. gelöst. Die dabei erhaltene wss. Lsg. wird mit $Ca(OH)_2$ versetzt u. durch Zusatz von Na_2CO_3 wird $CaCO_3$ ausgeschieden u. abfiltriert. Das Filtrat wird auf p_H 3,0 angesäuert u. danach die saure Lsg. auf p_H 9,0 alkal. gemacht. Hierbei scheidet sich *Morphin* ab. — Der andere Teil, nämlich der SO_2-Extrakt, wird durch Abdest. von SO_2 befreit u. der hierbei erhaltene Rückstand wird mit einer verd. wss. Säurelsg. extrahiert. Der Extrakt wird mit NH_3 versetzt u. es werden daraus die nicht morphin. Alkaloide mit einem mit W. nicht mischbaren Lösungsm. extrahiert. Dieser Extrakt wird eingedampft u. der Rückstand mit Bzl. aufgenommen. Aus der benzol. Lsg. krist. *Narcotin.* Nach Abtrennung des Kristallprod. wird die Mutterlauge eingedampft u. der verbleibende Rückstand in einer alkoh. Oxalsäurelsg. gelöst. Aus dieser Lsg. krist. *Papaverinbioxalat.* Die verbleibende alkoh. Mutterlauge davon wird neutralisiert u. durch Zusatz von Weinsäure wird daraus *Thebainbitartrat* abgeschieden. Die hiervon verbleibende Mutterlauge wird alkal. gemacht u. mit Chlf. extrahiert. Der Chloroformextrakt wird mit H_2SO_4 neutralisiert u. danach krist. *Codeinsulfat* aus. (**Can. P. 487 263** vom 24/7. 1951, ausg. 14/10. 1952.) M. F. MÜLLER. 4791

Arthur R. Clark und **Margaret M. Clark,** Mountain Lakes, N. J., V. St. A., *Partiell dehydratisierte Borsäureester der Meta- oder Pyroborsäure* mit Monooxycycloalkanen (**I**), die 4—10 C-Atome enthalten, erhält man aus **I** u. H_3BO_3 bei Tempp., die unterhalb der Kpp. von **I** liegen. Wird Cyclohexanol angewandt, hält man die Temp. unter Rückfluß auf ca. 162°, bei den Homologen auf 160—210°. **I** wird in geringem Überschuß angewandt. Das Reaktionswasser kann mit **I** oder mit einer Hilfs-Fl. abgeführt werden. Verwendung der Ester für *kosmet.* oder *pharmazeut.* Zwecke. (**A. P. 2 613 219** vom 29/10. 1949, ausg. 7/10. 1952.) G. KÖNIG. 4793

Walter Kinttof, Bad Godesberg, *Herstellung eines gelartigen Produktes aus niederen Alkoholen.* Man löst höhere Alkohole (**I**), wie Cetylalkohol, in Mengen von 1,5—10%, bezogen auf die zu gelierende M., in der Wärme in niederen, einbas., ungesätt. u. bas. gesätt. **I** oder **I**-Gemischen in Ggw. eines schutzkolloidartig wirkenden Stoffes, wie er z. B. durch die Behandlung eines höheren **I** mit H_2SO_4 entsteht, u. zwar in Mengen < ca. 10%. Die M. geliert durch Abkühlen; dabei kann man kosmet. oder pharmakol. wirksame, z. B. *antibakteriell wirkende Stoffe zusetzen.* (**D. B. P. 907 769** Kl. 12c vom 9/1. 1951, ausg. 29/3. 1954. Schwz. Prior. 6/1. 1950.) NEBELSIEK. 4793

François Georges Joseph Ponse, Seine, Frankreich, *Verstärkung von Gegenständen,* bes. *Prothesen,* aus Kautschuk, Vinyl-, Acryl-, Phenol-, Äthylenharzen oder Polyamiden durch Einlagen aus lockerem Gewebe oder geflochtenen Fäden aus Mineral-, Natur-, Kunst- oder Metallfasern, die vorher mit einer plast. M. imprägniert sein können. (**F. P. 1 026 486** vom 25/10. 1950, ausg. 28/4. 1953.) PANKOW. 4797

Farbenfabriken Bayer Akt.-Ges., Deutschland, *Tabletten zur Herstellung von Amalgamen für Zahnfüllungen.* Um die Herst. von sich nicht zusammenziehenden, gleichmäßig zusammengesetzten Amalgamen für Zahnfüllungen zu gewährleisten, verpreßt man die aus einem Pulver von gröberen u. feineren Granula bestehenden, zur Herst. der Amalgame dienenden, gebräuchlichen Legierungen mit 60—75% Ag-Geh. zu Tabletten. (**F. P. 1 037 182** vom 17/5. 1951, ausg. 15/9. 1953. D. Prior. 17/5. 1950.) OPPERMANN. 4799

J. R. Geigy Akt.-Ges., Basel, Schweiz, *Herstellung von acylierten aliphatischen Aminocarbonsäureamiden.* N-Crotonyl-α-äthylamino-n-valeriansäuredimethylamid wird bei erhöhter Temp. in Ggw. von RANEY-Ni hydriert. Es bildet sich das *N-Butyroyl-α-äthylamino-n-valeriansäuredimethylamid,* $Kp._{0,02}$ 119—120°. — N-Propionyl-α-allylaminobuttersäuredimethylamid wird in das *N-Propionyl-α-(n-propylamino)-buttersäuredimethylamid,* $Kp._{0,2}$ 119—120°, übergeführt. — N-Acetyl-α-allylaminobuttersäuredimethylamid liefert das *N-Acetyl-α-(n-propylamino)-buttersäuredimethylamid,* $Kp._{0,2}$ 128—130°. — Bei der Red. von N-Propionyl-α-allylaminoisovaleriansäuredimethylamid entsteht das *N-Propionyl-α-(n-propylamino)-isovaleriansäuredimethylamid,* $Kp._{0,1}$ 113—115°, u. aus N-Propionyl-α-allylamino-n-valeriansäuredimethylamid entsteht das *N-Propionyl-α-(n-propylamino)-n-valeriansäuredimethylamid,* $Kp._{0,25}$ 141—142°. — Die erhaltenen Aminocarbonsäureamide finden *therapeut.* Verwendung. (**Schwz. PP. 268 084** vom 7/6. 1944, ausg. 1/9. 1950, **268 085, 268 086, 268 087** u. **268 088** vom 1/7. 1946, ausg. 1/9. 1950. **Zusätze zu Schwz. P. 254 949; C. 1949. E. 1698.**) M. F. MÜLLER. 4807

Ciba Akt.-Ges., Basel, Schweiz (Erfinder: **Charles F. Huebner**, Morristown, N. J., V. St. A.), *Herstellung substituierter S-Carboxyäthyl- und S-Sulfoäthyl-1-benzylidenthioisosemicarbazide* der Formel Y—CH=N—N=C(NH_2)—S—CH_2CH_2—Z, worin Y einen Benzolkern bedeutet, der in m- oder p-Stellung einen niederen Alkoxyrest oder einen niederen aliphat. Acylaminorest besitzt, u. Z für eine COOH- oder SO_3H-Gruppe steht, dad. gek., daß man auf ein 1-Benzylidenthiosemicarbazid, Y—CH=N—NH—C(NH_2)=S, einen reaktionsfähigen Ester eines Alkohols $HOCH_2CH_2Z$ einwirken läßt. — Aus 1-(p-Acetaminobenzyliden)-thiosemicarbazid u. β-Propiolacton erhält man z. B. *S-β-Carboxyäthyl-1-(p-acetaminobenzyliden)-thioisosemicarbazid*, $CH_3\cdot CONH\cdot C_6H_4\cdot CH{:}N\cdot N{:}C(NH_2)\cdot S\cdot CH_2CH_2COOH$; *Hydrochlorid*, F. 210—211° (Zers.) — *S-β-Carboxyäthyl-1-(p-methoxybenzyliden)-thioisosemicarbazid*; *Hydrochlorid*, F. 198 bis 199° (Zers.). — *S-β-Carboxyäthyl-1-(m-äthoxybenzyliden)-thioisosemicarbazid*, F. 98—102° (Zers.). — *S-β-Carboxyäthyl-1-(m.p-methylendioxybenzyliden)-thioisosemicarbazid*, F. 218—220° (Zers.). — *S-β-Sulfoäthyl-1-(p-methoxybenzyliden)-thioisosemicarbazid*, F. 181—184° (Zers.). — *Tuberkuloseheilmittel*. (**D. B. P. 913 169** Kl. 12 o vom 30/4. 1952, ausg. 10/6. 1954. Anmeldung bekanntgemacht 5/11. 1953. A. Prior. 3/5. 1951.) BRÖSAMLE. 4807

Bristol Laboratories, übert. von: **Merrill E. Speeter**, Syracuse, N. Y., V. St. A., *Herstellung von N-haltigen Diphenyläthanolestern*. Man red. z. B. 20 g Amidonhydrochlorid, gelöst in 100 cm³ W. bei 55 lbs./sq.in. in Ggw. von 0,25 ADAMS Pt-Oxydkatalysator (I) mit H_2 3 Std., macht die filtrierte Reaktionslsg. alkal., extrahiert mit Ae. u. erhält nach Umkristallisieren aus Skellysolve C 16,7 90% *2-Dimethylamino-4.4-diphenyl* (II)*-5-heptanol* (III), C_2H_5—CH(OH)—C(C_6H_5)$_2$—CH_2—CH(CH_3)—N·(CH_3)$_2$, $C_{21}H_{29}ON$, F. 101—102°; *Hydrochlorid*, F. 194—195°. Statt mit I u. H_2 kann man auch mit Li-Hydrid in Ae.-Lsg. reduzieren. — Behandelt man 2 III in 100 cm³ absol. Ae. mit 1 cm³ CH_3COCl, so erhält man 1 II*-5-Acetoxyheptanhydrochlorid*, $C_{23}H_{31}O_2N\cdot HCl$, F. 213—214° [Essigester (IV)], II*-5-Benzoyloxyheptan·HCl*, $C_{28}H_{33}\cdot O_2N\cdot HCl$, F. 148—150° (IV); aus W. *Monohydrat*, F. 135—136°. — II*-5-Phenylacetoxyheptan·HCl*, $C_{29}H_{35}O_2N\cdot HCl$, F. 172—173° [Isopropanol (V)]. — II*-5-Propionoxyheptan·HCl*, $C_{24}H_{33}O_2N\cdot HCl$, F. 185—186° (V). — II*-5-Heptanol-N-phenylcarbamat·HCl*, $C_{18}H_{34}O_2N_2\cdot HCl$, F. 150—151° ($CH_3OH$—HCl). — II*-5-(α-Chloracetoxy)-heptan·HCl*, $C_{23}H_{30}O_2NCl\cdot HCl$, F. 195—196° (IV). — III + Chlorkohlensäureäthylester → (II*-5-Heptyl)-äthylcarbonat·HCl*, $C_{24}H_{33}O_3N\cdot HCl$, F. 167—169° (IV). — *1-Dimethylamino-3.3-diphenyl-4-hexanolnitrat*, $C_{20}H_{27}ON\cdot HNO_3$, F. 156—157° (V). — *2-Dimethylamino-4-phenyl-4-cyclohexyl-5-heptanol*, $C_{21}H_{35}ON$, Kp.$_1$ 150—153°. — *1-Morpholino-3.3-diphenyl-4-hexanol*, $C_{22}H_{29}O_2N$, F. 130—131° (Cyclohexan); *Nitrat*, F. 185—186° (V). — *2-Morpholino-4.4-diphenyl-5-heptanol*, $C_{23}H_{31}O_2N$, F. 118—119° (CH_3OH); *Hydrochlorid*, F. 225—226° (IV). — *2-Morpholino-4.4-diphenylacetoxyheptan*, $C_{25}H_{33}\cdot O_3N$, F. 100—101°; *Hydrochlorid*, F. 221—222° (Methylisobutylketon). — *α.α-Diphenyl-γ-morpholinovaleronitril* bzw. *α.α-Diphenyl-β-methyl-γ-morpholinobutyronitril*, $C_{21}H_{24}ON_2$, F. 99—102° (A.). — *2-Morpholino-4.4-diphenyl-5-chloracetoxyheptan·HCl*, $C_{24}H_{32}O_3NCl\cdot HCl$, F. 195—196°, u. andere. — *Therapeutica*. (**A. P. 2 649 445** vom 28/2. 1948, ausg. 18/8. 1953.) MÜLLER-MEININGEN. 4807

Ciba (Soc. An.), Schweiz (Erfinder: **Carl Djerassi** und **Caesar R. Scholz**), *Herstellung von Thymoxyacetamidinen mit atropinartiger Wirkung*. Man läßt Dimethyl- oder Diäthylamin mit einem Deriv. der Thymoxyessigsäure (einem Imino- oder Thioiminoester oder ihrem Nitril) reagieren. — Z. B. schüttelt man eine Suspension von 2,98 Teilen des Hydrochlorids des Iminothymoxyessigsäureäthylesters mit 6 Volumenteilen einer Lsg. von Dimethylamin (I) in A. (Geh. an I 0,636 Teile). Der gebildete Nd. von *N-Dimethylthymoxyacetamidin*, aus einem Gemisch von A. u. Äthylmethylketon umkrist., besitzt den F. 197—198°. Das aus obigem Iminoester u. Diäthylamin herstellbare *N-Diäthylthymoxyacetamidin* hat den F. 212—212,5°. (**F. P. 1 014 020** vom 8/9. 1947, ausg. 7/8. 1952. A. Priorr. 9/9. 1946 u. 19/8. 1947.) OPPERMANN. 4807

Akt.-Ges. Hommel's Haematogen, Zürich, Schweiz, *Herstellung von α-Phenylbuttersäurediäthylaminoäthylester* (I). Man kocht z. B. 16,4 (Teile) α-Phenylbuttersäure mit 17,5 β-Diäthylaminoäthylchloridhydrochlorid u. 35 wasserfreiem K_2CO_3 in 70 Isopropyläther 18 Std. unter Rühren u. Rückfluß, läßt auf 40° abkühlen, gibt 120 W. zu, rührt bei 40° bis zur völligen Lsg. u. erhält aus der organ. Schicht I, CH_3—CH_2—CH·(C_6H_5)—COO—CH_2—CH_2—N(C_2H_5)$_2$, Kp.$_{10}$ 167—169°. — I*-Hydrochlorid*, F. 115 bis 116°; *prim. Citrat*, F. 108—109°. — *Therapeutica* mit *spasmolyt.*, *antihistamin.* u. Hustenreiz stillenden Eigenschaften. (**Schwz. P. 291 375** vom 13/12. 1950, ausg. 16/1. 1953.) MÜLLER-MEININGEN. 4807

Ciba Ltd., Basel, Schweiz, *Phenylthioharnstoffe* erhält man durch Rk. eines p-substituierten Anilins $R_3O\cdot C_6H_4\cdot NH_2$ (R_3 = Alkyl C_{3-7}) mit CS_2 bzw. $CSCl_2$ oder durch Rk. eines p-substituierten Anilins $R_1O—C_6H_4—NH_2$ mit einem p-substituierten Phenylisothiocyanat $R_2O—C_6H_4—NCS$, wobei R_1 u. R_2 KW-stoffreste von <7 C-Atomen darstellen, deren Summe an C-Atomen >4 liegt. Es werden dargestellt Verbb. der allg. Formel $R_1O·C_6H_4·NH—CS—NH·C_6H_4·OR_2$. Nachst. Beispiele in der Reihenfolge R_1, R_2, F.: C_2H_5, iso-C_3H_7, F. 171—172°; C_2H_5, sek.-C_4H_9, F. 153°; C_2H_5, n-C_5H_{11}, F. 152°; C_2H_5, n-C_7H_{15}, F. 143°; C_3H_7, n-C_4H_9, F. 166°; iso-C_3H_7, iso-C_3H_7, F. 144°; sek.-C_4H_9, sek.-C_4H_9, F. 116°; n-C_5H_{11}, n-C_5H_{11}, F. 149°; n-C_6H_{13}, n-C_6H_{13}, F. 155°. — *Tuberkuloseheilmittel.* (**E. P. 703 388** vom 27/5. 1952, ausg. 3/2. 1954. A. Prior. 28/5. 1951.) BRÖSAMLE. 4807

Ciba Ltd., Basel, Schweiz, *p-Substituierte Thioharnstoffe* der Formel $R_1—C_6H_4—NH—C(:S)—NH—C_6H_4—R_2$, wobei R_1 einen Alkoxy-, Alkylmercapto-, Oxyalkoxy-, Alkoxyalkoxy- oder Alkylmercaptoalkoxyrest u. R_2 einen Alkylmercapto-, Oxyalkoxy-, Alkoxyalkoxy- oder Alkylmercaptoalkoxyrest bedeuten u. die Summe der C-, O- u./oder S-Atome in jedem der Reste R_1 u. R_2 >2 u. <7 ist, sind wirksame *Tuberkuloseheilmittel* von geringerer Toxizität wie die Thiosemicarbazone. Sie werden in üblicher Weise dargestellt. — Durch Rk. von p-(2-Äthoxyäthoxy)-anilin (I) mit CS_2 erhält man *1.3-Bis-[p-(β-äthoxyäthoxy)-phenyl]-2-thioharnstoff*, F. 137°; aus I u. p-Phenetylisothiocyanat: *1-(p-Phenetyl)-3-[p-(β-äthoxyäthoxy)-phenyl]-2-thioharnstoff* der Formel $C_2H_5O—C_6H_4—NH—C(:S)—NH—C_6H_4—OC_2H_4OC_2H_5$; F. 145°. — Analog (II = „-2-thioharnstoff"): *1.3-Bis-[p-(β-oxyäthoxy)-phenyl]*-II, F. 165—188°. — *1.3-Bis-[p-(β-äthylmercaptoäthoxy)-phenyl]*-II, F. 130°. — *1-(p-Phenetyl)-3-[p-(β-oxyäthoxy)-phenyl]*-II, F. 173—174°. — *1-(β-Äthylmercapto-p-phenetyl)-3-(p-phenetyl)*-II, F. 139°. — *1.3-Bis-(p-propylmercaptophenyl)*-II, F. 161°. — *1-(p-Phenetyl)-3-(p-propylmercaptophenyl)*-II, F. 160°. — *1.3-Bis-(p-isoamylmercaptophenyl)*-II, F. 130°. — *1-(p-Isoamylmercaptophenyl)-3-(p-phenetyl)*-II, F. 152°. — *1.3-Bis-(p-äthylmercaptophenyl)*-II, F. 174°. — *1.3-Bis-(p-amylmercaptophenyl)*-II, F. 164°. — *1.3-Bis-(p-butylmercaptophenyl)*-II, F. 156°. — *1-(p-Amylmercaptophenyl)-3-(p-phenetyl)*-II, F. 156°. (**E. P. 704 053** vom 17/7. 1952, ausg. 17/2. 1954. A. Prior. 20/7. 1951.) BRÖSAMLE. 4807

Smith, Kline & French International Co., Philadelphia, Pa., V. St. A., *β-Halogenalkylamine* der Formel $A·Y·(CH_2)_n·CH(R)·N(Z)·CH(R^1)·CH(R^2)·X$, worin A Aryl, Y O oder S, Z Alkyl, Aralkyl, Cyclohexyl, Thienylalkyl, R Alkyl, R^1 u. R^2 H oder Alkyl, X Cl oder Br u. n 1—6 bedeuten, wirken *adrenolyt.* oder *sympathicolytisch.* — (*N-Benzyl-2-chloräthylaminhydrochlorid* = I). — *1-Phenoxy-2-chlorpropan* (III). Aus 1-Phenoxy-2-propanol u. $SOCl_2$, Kp_5 93—94°. — *N-(Phenoxyisopropyl)-äthanolamin* (IV), beim Kochen von III mit Äthanolamin, F. 70,5—72°. — *N-(Phenoxyisopropyl)-N-benzyläthanolamin* (V), aus IV u. Benzylchlorid, $Kp._{0,2}$ 163—168°. — *N-(Phenoxyisopropyl)*-I, aus V u. $SOCl_2$, F. 137,5—140°. — *N-(o-Methylphenoxyisopropyl)*-I, F. 153,5—154,5°. — *N-(m-Methylphenoxyisopropyl)*-I, F. 133—134°. — *N-(p-Methylphenoxyisopropyl)*-I, F. 138—140°. — *N-(o-Chlorphenoxyisopropyl)*-I. — *N-(p-Chlorphenoxyisopropyl)*-I, F. 158,5—159°. — *N-(p-Methoxyphenoxyisopropyl)*-I, F. 152—153°. — *N-(p-Phenylphenoxyisopropyl)*-I. — *N-(p-Acetylaminophenoxyisopropyl)*-I. — *N-(o-tert.-Butylphenoxyisopropyl)*-I. — *N-(1-Naphthoxyisopropyl)*-I, F. 177—179°. — *N-(1-Phenoxy-3-butyl)*-I. — *N-(Phenylthioisopropyl)*-I. — *N-(1-Phenoxy-2-butyl)*-I. — *N-(p-tert.-Butylphenoxyisopropyl)*-I. — *N-(o-sek.-Butylphenoxyisopropyl)*-I. — *N-(m-Aminophenoxyisopropyl)*-I. — *N-(p-Dimethylaminophenoxyisopropyl)*-I. — *N-(p-Phenylaminophenoxyisopropyl)*-I. — *N-(p-Cyclohexylphenoxyisopropyl)*-I, F. 189,5—190,5°. — *N-(p-Oxyphenoxyisopropyl)*-I. — *N-(p-Benzyloxyphenoxyisopropyl)*-I, F. 152—154°. — *N-(p-Benzylphenoxyisopropyl)*-I. — *N-(o-Bromphenoxyisopropyl)*-I. — *N-(m-Methoxyphenoxyisopropyl)*-I. — *N-(3.4-Dimethylphenoxyisopropyl)*-I. — *N-(2-Isopropyl-5-methylphenoxyisopropyl)*-I. — *N-(o-Isopropylphenoxyisopropyl)*-I. — *N-(m-Diäthylaminophenoxyisopropyl)*-I. — *N-(p-sek.-Butylphenoxyisopropyl)*-I, F. 131—132°. — *N-(o-Äthylphenoxyisopropyl)*-I. — *N-(o-Propylphenoxyisopropyl)*-I. — *N-(o-Butylphenoxyisopropyl)*-I. — *N-(o-Isobutylphenoxyisopropyl)*-I. — *N-(o-Methoxyphenoxyisopropyl)*-I. — *N-(o-Benzylphenoxyisopropyl)*-I. — (*β-Chloräthylaminhydrochlorid* = II). — *N-(Phenoxyisopropyl)-N-(o-methylbenzyl)*-II. — *N-(Phenoxyisopropyl)-N-(p-methoxybenzyl)*-II, F. 146,5—147,5°. — *N-(Phenoxyisopropyl)-N-(3.4-dichlorbenzyl)*-II, F. 145—146°. — *N-(Phenoxyisopropyl)-N-(3.4-dimethoxybenzyl)*-II, F. 128,5—129,5°. — *N-(o-Methylphenoxyisopropyl)-N-(o-methylbenzyl)*-II. — *N-(2-Methoxy-4-allylphenoxyisopropyl)-N-(2.4-dichlorbenzyl)*-II. — *N-(Phenoxyisopropyl)-N-phenoxyäthyl*-II, F. 99,5—100,5°. — *N.N-Bis-(phenoxyisopropyl)*-II. — *N-(p-Isopropylphenoxyisopropyl)-N-(o-methylphenoxyäthyl)*-II. — *N-(Phenoxyisopropyl)-N-äthyl*-II. — *N-(Phenoxyisopropyl)-N-allyl*-II, F. 75—77°. — *N-(Phenoxyisopropyl)-N-cyclohexylmethyl*-II. — *N-(Phenoxyisopropyl)-N-benzyl-1-*

amino-2-chlorpropanhydrochlorid, F. 146—147°. — *N-(Phenoxyisopropyl)-N-benzyl-2-amino-1-chlorpropanhydrochlorid.* — *N-(Phenoxyisopropyl)-N-benzyl-2-amino-1-methyl-1-chlorpropanhydrochlorid.* — *N-(Phenoxyisopropyl)-N-benzyl-2-bromäthylaminhydrobromid.* — *N-(Phenoxyisopropyl)-N-(p-aminobenzyl)*-**II**. — *N-(Phenoxyisopropyl)-N-(p-dimethylaminobenzyl)*-**II**. — *N-(Phenoxyisopropyl)-N-(o-acetylaminobenzyl)*-**II**. — *N-(Phenoxyisopropyl)-N-(m-oxyphenoxyäthyl)*-**II**. — *N-(Phenoxyisopropyl)-N-(o-methoxyphenoxyäthyl)*-**II**. — *N-(Phenoxyisopropyl)-N-(p-chlorphenoxyäthyl)*-**II**. — *N-(Phenoxyisopropyl)-N-(o-bromphenoxyäthyl)*-**II**. — *N-(Phenoxyisopropyl)-N-(p-aminophenoxyäthyl)*-**II**. — *N-(Phenoxyisopropyl)-N-(p-acetylaminophenoxyäthyl)*-**II**. — *N-(Phenoxyisopropyl)-N-(p-dimethylaminophenoxyäthyl)*-**II**. — *N-(Phenoxyisopropyl)-N-(p-chlorbenzyl)*-**II**, F. 143—144°. — *N-(Phenoxyisopropyl)-N-2-thenyl*-**II**, F. 118,5—120,5°. — *N-(Phenoxyisopropyl)-N-(5-chlor-2-thenyl)*-**II**. — *N-(Phenoxyisopropyl)-N-(3-thienylmethyl)*-**II**. — *N-(Phenoxyisopropyl)-N-(2.4-dichlorbenzyl)*-**II**, F. 116—118,5°. (**E. P. 673 509** vom 25/5. 1950, ausg. 4/6. 1952. A. Prior. 8/6. 1949.) LANGER. 4807

Heinrich Hopff und **Hermann Spaenig**, Ludwigshafen/Rh., *Ca-Cholincitratsalz der p-Aminosalicylsäure*, $[H_2N \cdot C_6H_3(OH) \cdot CO_2 \cdot Ca \cdot O_2C \cdot CH_2]_2C(OH) \cdot CO_2 \cdot N(CH_3)_3 \cdot CH_2 \cdot CH_2 \cdot OH$, aus p-aminosalicylsaurem Ca u. Monocholincitrat in Wasser. — *Therapeuticum.* (**A. P. 2 655 529** vom 31/1. 1952, ausg. 13/10. 1953. D. Prior. 1/2. 1951.) LANGER. 4807

Cilag Akt.-Ges. (Erfinder: **Hans Suter** und **Ernst Habicht**), Schaffhausen, Schweiz, *Basische Thioäther und ihre quaternären Salze* der Formel **I**, worin R Alkyl, R_1 u. R_2 H, Halogen, Oxy oder Alkoxy, R_3 niederes Alkyl, R_4 niederes Alkyl oder Aralkyl, n = 1 oder 2 u. X ein Anion bedeuten, wirken *analgetisch.* — *1-Dimethylamino-3-phenyl-3-(2'-methylmercaptoäthyl)-hexanon-(4)*, aus 1-Dimethylamino-3-cyan-5-methylthio-3-phenylpentanjodmethylat u. $C_2H_5 \cdot Mg \cdot Br$ u. Erhitzen des Reaktionsprod. auf 240—250°, Kp.$_{0,08}$ 125—130°. *Hydrochlorid*, F. 130—131°. (**D. B. P. 901 178** Kl. 12q vom 21/8. 1951, ausg. 18/2. 1954. Schwz. Priorr. 23/8. 1950 u. 26/7. 1951.) LANGER. 4807

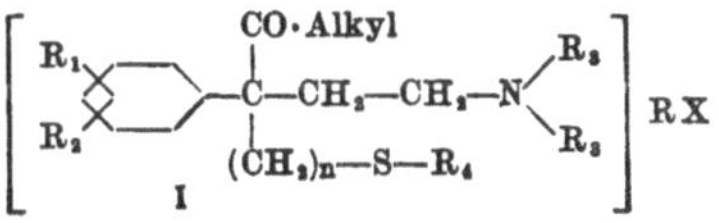

Parke, Davis & Co., Detroit, Mich., V. St. A., *Tertiäre 1-Naphthylmethylamine* der Formel **A**, worin R niederes Alkyl oder Alkenyl, R_1 H oder Methyl u. X Cl oder Br bedeuten, wirken *sympathicolyt.* u. *antihistaminisch.* — *(1-Naphthylmethylamin* = **I**). — *2-Chloräthylmethyl*-**I**, aus 2-Oxyäthylmethyl-**I** u. $SOCl_2$. *Hydrochlorid*, F. 198—199°. — Analog: *2-Chloräthyläthyl*-**I**, *Hydrochlorid*, F. 171—172°. — *2-Bromäthyläthyl*-**I**, *Hydrobromid*, F. 167—168°. — *2-Chloräthyl-n-propyl*-**I**, *Hydrochlorid*, F. 185,5—186,5°. — *2-Chloräthylisopropyl*-**I**, *Hydrochlorid*, F. 182—183°. — *2-Chloräthylallyl*-**I**, *Hydrochlorid*, F. 160—163°. — *2-Chloräthyl-n-butyl*-**I**, *Hydrochlorid*, F. 145—146°. — *2-Chloräthylisobutyl*-**I**. — *2-Chloräthyl-sek.-butyl*-**I**. — *2-Chloräthyl-n-amyl*-**I**. — *2-Bromäthyl-n-hexyl*-**I**. — *2-Chlorpropyläthyl*-**I**. — *2-Chlorpropylallyl*-**I**. — *2-Brompropylisopropyl*-**I**. (**E. P. 642 165** vom 27/11. 1947, ausg. 30/8. 1950. A. Prior. 2/12. 1946.) LANGER. 4807

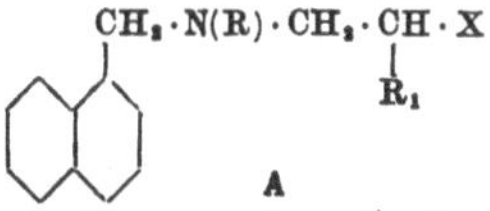

A

National Drug Co., übert. von: **Gustav J. Martin**, Philadelphia, und **Souren Avakian**, Orland, Pa., V. St. A., *Herstellung von β-Diäthylaminoäthylester der Phenyl-3-benzothienyloxyessigsäure.* Phenyl-3-benzothienyloxyessigsäure (**I**) ist erhältlich aus 3-Benzothienyl-Mg-bromid u. Phenylglyoxylsäure oder aus C_6H_5MgBr u. 3-Benzothienylglyoxylsäure. Durch Kochen von **I** mit β-Diäthylaminoäthylchlorid in Isopropylalkohol erhält man das Hydrochlorid des Esters, F. 164—165°. — *Antispasmodicum* u. *Antihistaminicum.* (**A. P. 2 550 017** vom 8/11. 1948, ausg. 24/4. 1951.) LÜTTGEN. 4807

Farbwerke Hoechst Akt.-Ges., vormals Meister Lucius & Brüning, Frankfurt/M. (Erfinder: **Kurt Windisch**, Kelkheim-Münster, Taunus), *Herstellung von Pyrazolonverbindungen*, dad. gek., daß man Alkoxyarylhydrazine mit mindestens 3 C-Atomen in der Alkylgruppe oder ringsubstituierte Alkoxyarylhydrazine mit Acetessigester (**I**) oder substituiertem **I** umsetzt u. die Reaktionsprodd. gegebenenfalls anschließend alkyliert oder daß man 1-(Oxyaryl)-pyrazolone mit entsprechenden Alkyl- oder ringsubstituierten Alkylverbb., z. B. ihren Halogeniden, veräthert. — Man erhält z. B. aus p-Isopropylätherphenylhydrazin (**II**) u. Isopropylacetessigester das *1-(p-Isopropylphenyläther)-3-methyl-4-isopropylpyrazolon-(5)*, F. 128—130°. Durch Methylieren mit CH_3J erhält man daraus *1-(p-Isopropylphenyläther)-2.3-dimethyl-4-isopropylpyrazolon-(5)*, F. 85—87°. Aus **I** u. **II** erhält man *1-(p-Isopropylphenyläther)-3-methyl-*

pyrazolon-(5), F. 135—137°; durch Methylieren mit CH_3J daraus das *1-(p-Isopropylphenyläther)-2.3-dimethylpyrazolon-(5)*, F. 103—104° (III). Durch Rk. von III mittels $NaNO_2$ + H_2SO_4 erhält man die 4-Nitrosoverb., die durch Red. mit $Na_2S_2O_4$ in *1-(p-Isopropylphenyläther)-2.3-dimethyl-4-aminopyrazolon-(5)*, F. 105—107°, übergeführt wird. Hieraus erhält man mit H·COOH u. CH_2O das *1-(p-Isopropylphenyläther)-2.3-dimethyl-4-dimethylaminopyrazolon-(5)*, F. 71—73°. Aus 1-(p-Oxyphenyl)-2.3-dimethylpyrazolon-(5) (**IV**) u. Isobutylbromid erhält man *1-(p-Isobutylphenyläther)-2.3-dimethylpyrazolon-(5)*, $Kp._{10}$ 240—245°, F. 52—56°. Aus **IV** u. Benzylchlorid erhält man *1-(p-Benzylphenyläther)-2.3-dimethylpyrazolon-(5)*, F. 159—163°. — *Arzneimittel* mit analget. u. antiphlogist. Wirkung. (**D. B. P. 897 406** Kl. 12p vom 5/8. 1951, ausg. 19/11. 1953.) DERSIN. 4807

Parke, Davis & Co., Detroit, Mich., V. St. A. (Erfinder: **Robert Michel Jacob**, Ablon-sur-Seine, Seine-et-Oise, und **Jacques Georges Robert**, Paris, Frankreich), *Herstellung von racemischen und optisch-aktiven threo-2-Dichlormethyl-4-oxymethyl-5-(4'-nitrophenyl)-oxazolinen-(2)*, dad. gek., daß man ein threo-2-Dichloracetylamino-1-(4'-nitrophenyl)-1-chlor-3-acyloxypropan (**I**), das in der opt. Konfiguration dem herzustellenden Endprod. entspricht, mit einer verd. Lsg. von NaOH oder KOH behandelt, wobei die Rk. vorzugsweise in einem mit W. mischbaren organ. Lösungsm. derart durchgeführt wird, daß man die wss. Alkalihydroxydlsg. zufügt u. das Reaktionsgemisch bei n. Temp. sich selbst überläßt, bis die Rk. beendet ist; 2. daß man ein solches **I** verwendet, in dem der Acylrest ein Carboxyäthylrest ist. — Man löst z. B. DL-threo-1-(4'-Nitrophenyl)-1-chlor-2-dichloracetylamino-3-acetoxypropan (**II**) in A. u. rührt in der Kälte mit NaOH-Lauge, neutralisiert u. erhält durch Eingießen in W. DL-threo-2-Dichlormethyl-4-oxymethyl-5-(4'-nitrophenyl)-oxazolin-(2) (**III**), F. 127—128°. Analog aus der D-Verb. **II** die D-Verb. **III** mit F. 134°. — *Therapeutica*. (**D. B. P. 898 900** Kl. 12p vom 17/3. 1951, ausg. 7/12. 1953. F. Prior. 21/7. 1950.) DERSIN. 4807

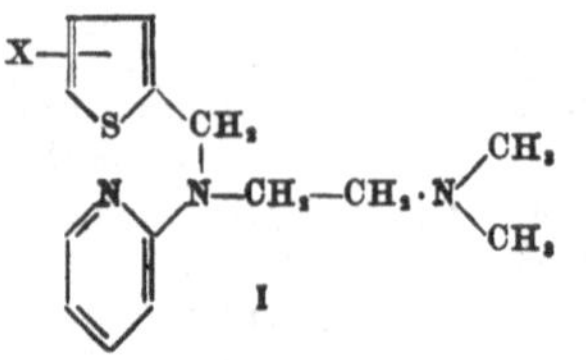

I

American Cyanamid Co., übert. von: **Th. W. Clapper** und **R. C. Clapp**, New York, N. Y., V. St. A., *Herstellung von Salzen der Citronensäure* mit einer Verb. der allg. Formel I, worin X = Halogen ist, z. B. mit *N.N-Dimethyl-N'-(5-chlor-2-thenyl)-N'-(2-pyridyl)-äthylendiamin*. — Vgl. A. P. 2 498 227; C. **1950. II.** 2713. (**Can. P. 488 347** vom 16/1. 1948, ausg. 25/11. 1952. A. Prior. 10/11. 1947.) M. F. MÜLLER. 4807

Farbwerke Hoechst Akt.-Ges., vormals Meister Lucius & Brüning (Erfinder: **Gustav Ehrhart**), Frankfurt/M., *Herstellung von 4-Aryl-N-alkylpiperidin-4-carbonsäurenitrilen und -estern*, dad. gek., daß man Arylhalogenacetonitrile der Formel R·CH(CN)·Y·Hlg, worin R einen substituierten oder unsubstituierten Arylrest, Y eine gesätt. zweigliedrige, gegebenenfalls alkylsubstituierte, C-Atomkette u. Hlg Halogen bedeuten, mit sek. Aminen der allg. Formel NH(Alkyl)·Z·OH, in der Z für eine gesätt. zweigliedrige, gegebenenfalls alkylsubstituierte, C-Atomkette steht, umsetzt, in den Reaktionsprodd. die OH-Gruppe durch Halogen ersetzt, die entstandenen Halogenverbb. mit halogenwasserstoffabspaltenden Mitteln behandelt u. gegebenenfalls die CN-Gruppe in eine Estergruppe überführt. — Man setzt z. B. β-Chloräthylbenzylcyanid mit Methylaminoäthanol zum *N-Äthanolmethylaminoäthylbenzylcyanid* ($Kp._7$ 202—204°) um u. ersetzt die OH-Gruppe mittels Thionylchlorid durch Cl, worauf mit $NaNH_2$ als HCl-abspaltendem Kondensationsmittel das *4-Phenyl-N-methylpiperidin-4-carbonsäurenitril* ($Kp._8$ 158—159°, F. 52—53°) erhalten wird. — *Spasmolytica* u. *Analgetica*. (**D. B. P. 897 561** Kl. 12p vom 29/12. 1942, ausg. 23/11. 1953.) DERSIN. 4807

Smith, Kline & French Laboratories, übert. von: **James F. Kerwin**, Philadelphia, Pa., V. St. A., *Herstellung neuer Benzodioxanaminoalkohole*. Man erhält die als Zwischenprodd. zur Herst. von *physiol. wirksamen Derivv.* verwendbaren Verbb. durch Kochen von 2-Chlormethylbenzodioxan oder 2-Brommethylbenzodioxan mit einem Überschuß von N-substituierten Aminoalkoholen in Ggw. von inerten Lösungsmitteln, z. B. trockenem Xylol, als Hydrohalogenide, die mit NaOH in die freie Base übergeführt werden, z. B. *2-[N-(β-Oxyäthyl)-N-äthylaminomethyl]-benzodioxanhydrochlorid*, F. 126—127,5°, *2-[N-(β-Oxyäthyl)-N-benzylaminomethyl]-benzodioxanhydrochlorid*, F. 134,5—137,5°, *2-[N-(β-Oxyäthyl)-N-methylaminomethyl]-benzodioxan*, *2-[N-(β-Oxyäthyl)-N-allylaminomethyl]-benzodioxan*, *2-[N-(β-Oxyäthyl)-N-cyclohexylaminomethyl]-benzodioxan* u. *2-[N-(β-Oxyäthyl)-N-cyclohexylisopropylaminomethyl]-benzodioxan*. (**A. P. 2 551 013** vom 28/5. 1949, ausg. 1/5. 1951.) LÜTTGEN. 4807

Ciba Ltd., Basel, Schweiz, *Chinoxaline.* Durch Rk. von 4.7-Phenanthrolin-5.6-chinon mit Äthylendiamin in Methanol erhält man nebeneinander *5.6;7.8-Dipyrido-(5'.6';2''.3'')-chinoxalin* (I), F. 270°, u. *5.6;7.8-Dipyrido-(5'.6';2''.3'')-1.2.3.4-tetrahydrochinoxalin* (II), F. 187°; aus 1.7-Phenanthrolin-5.6-chinon analog: *5.6;7.8-Dipyrido-(5'.6';5''.6'')-chinoxalin,* F. 302—303°, u. *5.6;7.8-Dipyrido-(5'.6';5''.6'')-1.2.3.4-tetrahydrochinoxalin* (III), F. 171°. — II erhält man auch durch Rk. von 5.6-Dioxy-4.7-phenanthrolin mit Äthylendiamin; analog III, ausgehend von 5.6-Dioxy-1.7-phenanthrolin. — *Heilmittel* von *carcinolyt.* Wirkung. (**E. P. 704 263** vom 3/5. 1951, ausg. 17/2. 1954. Schwz. Priorr. 5/5. 1950 u. 10/4. 1951.) BRÖSAMLE. 4807

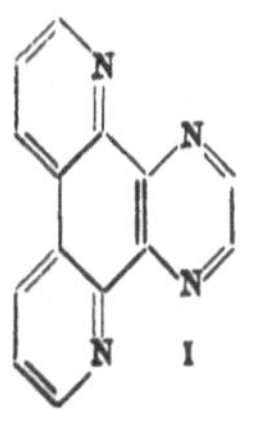

I

University of California, übert. von: **Henry Rapoport,** Berkeley, Calif., V. St. A., *Dihydromorphinon, Dihydrocodeinon* (**V**) *und Dihydroallopseudocodeinon* erhält man aus den entsprechenden sek. Alkoholen durch Rk. mit Benzophenon (I) in Ggw. von tert. K-Butylat (II) unter Luftausschluß. — Man gibt 4 (g) K-Metall zu 50 cm³ absol. tert.-Butanol (III) in 150 cm³ absol. Bzl., Toluol oder Xylol, dest. III-Überschuß azeotrop ab, verdrängt die Luft z. B. mit N_2, gibt 10 Dihydrocodein u. 60,1 I, gelöst in Bzl. oder trocken, zur II-Lsg., erhitzt 2—3 Std. unter Rückfluß, setzt nach Abkühlen 50 cm³ 3nHCl (**IV**) zu, zieht Benzolschicht mit **IV** aus, extrahiert die wss. Auszüge mit Ae., macht wss. Lsg. mit konz. NaOH alkal., extrahiert mit Essigester, Chlf. u. dgl., trocknet, konz. auf dem Wasserbad bis 25 cm³ u. erhält 8,3 (83%) **V**, F. 194—195°. (**A. P. 2 649 454** vom 20/8. 1951, ausg. 18/8. 1953.) MÜLLER-MEININGEN. 4807

Upjohn Co., übert. von: **David I. Weisblat** und **Barney J. Magerlein,** Kalamazoo, Mich., V. St. A., *8-Phenoxymethylpteridine* der Formel I, worin Z H, OH, SH, NH_2, Halogen oder Alkyl bedeutet u. Y H, NH_2, NO_2, Halogen, Alkyl, COOH, SO_3H, Säureester oder -amidrest, erhält man durch Rk. von Verbb. der Formel II (R = Alkyl)

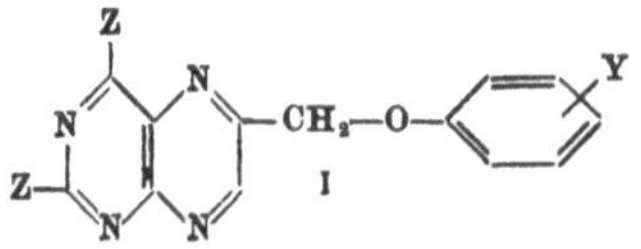

I

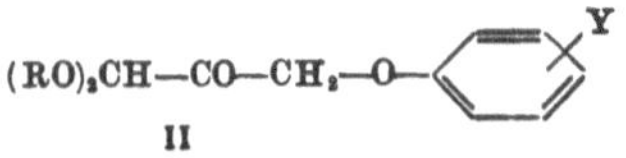

II

mit einem entsprechend substituierten 4.5-Diaminopyrimidin. — Beispiele: Rk. von p-(2-Keto-3.3-diäthoxypropoxy)-benzoesäureesteräthylester mit 2.4.5-Triamino-6-oxypyrimidin (III) führt zu einer dem Pteroinsäureäthylester ähnlich gebauten Verb., von p-(2-Keto-3.3-diäthoxypropoxy)-benzoyl-D-glutaminsäurediäthylester mit III bzw. 2.4.5.6-Tetraaminopyrimidin zu einer dem Folsäure- bzw. Aminofolsäurediäthylester ähnlichen Verbindung. — *Folsäureantagonisten.* (**A. P. 2 656 356** vom 24/2. 1951, ausg. 20/10. 1953.) BRÖSAMLE. 4809

C. F. Boehringer & Soehne G. m. b. H. (Erfinder: **Wilhelm Sepp** und **Helmut Stein**), Mannheim, *Injizierbare Kristallsuspensionen von Steroidhormonen,* wie Progesteron, durch Lösen der Hormone in physiol. Glykolen, wie Propylenglykol, Propandiol-(1.3), Butandiol-(1.3) u. Zugabe von W., bis Kristallabscheidung beginnt. Protrahiert wirkende Prodd. mit Kristallen einer Kantenlänge von 10—30 μ. 10-Tage-Depot. (**D. B. P. 904 938** Kl. 30h vom 6/7. 1951, ausg. 15/3. 1954. Anmeldung bekanntgemacht 7/8. 1952.) K. HEINZE. 4809

Forachemie Gesellschaft für pharmazeutische und chemisch-technische Produkte m. b. H. (Erfinder: **Hermann Klette**), München-Pasing, *2.3-Di-(p-oxyphenyl)-butadiene oder ihre Homologen* erhält man durch Behandeln von 2.3-Di-(p-oxyphenyl)-butandiolen-(2.3) oder ihren Homologen (CH_3 in m-Stellung zur Oxygruppe in den Oxyphenylresten) mit wasserabspaltenden, gegebenenfalls gleichzeitig acylierend auf die phenol. OH-Gruppen wirkenden Mitteln. — m-Kresol gibt in Nitrobenzol mit Acetylchlorid in Ggw. von wasserfreiem $AlCl_3$ bei 40° p-Aceto-m-kresol; daraus mit 2%ig. Na-Amalgam in 5%ig. NaOH Di-(p-oxy-o-methylphenyl)-butandiol, F. 188 bis 196°, das mit Essigsäureanhydrid u. Acetylchlorid beim Erhitzen *Di-(p-acetoxy-o-methylphenyl)-butadien,* F. 127—129°, liefert, daraus durch Verseifung mit 5%ig., alkoh. NaOH *2.3-Di-(p-oxy-o-methylphenyl)-butadien-(1.3),* F. 158—164°; im ALLEN-DOISY-Test an der kastrierten Ratte mit 1,5 γ wirksam. — m-Kresol + Propionylchlorid → Propiokresol, F. 114—115°, → Diol, F. 182—183°, → *3.4-Di-(p-oxy-o-methylphenyl)-hexadien-2.4-diacetat,* F. 166—168°, → *3.4-Di-(p-oxy-o-methylphenyl)-hexadien-(2.4),* F. 187—189°. — *Heilmittel.* (**D. B. P. 884 497** Kl. 12o vom 1/11. 1949, ausg. 27/7. 1953.) KRAUSS. 4809

Lukas Rettenbacher und **Josef Rettenbacher,** Österreich, *Fermentartige Wirkstoffe aus Wachsmottenraupen.* Man extrahiert die Exkremente der Raupen mit physiol. NaCl-Lsg. bei n. Temp. u. gewinnt aus dem Filtrat die Wirkstoffe in an sich bekannter Weise. Die Wirkstoffe lösen die Wachshülle säurefester Bakterien, bes. Tuberkelbacillen, auf. (**Oe. P. 177 522** vom 21/12. 1949, ausg. 10/2. 1954.) HEYNE. 4809

Zoltan Kovacs, Moselle, Frankreich, *Antibiotisches Produkt.* Es besteht aus einem Gemisch von 2 Mol red. Glutathion u. 3 Mol Vitamin C (Ascorbinsäure). (**F. P. 1 042 145** vom 13/9. 1951, ausg. 29/10. 1953.) OPPERMANN. 4811

Edwin L. Gustus, Chicago, Ill., V. St. A., *Magenmittel,* bestehend aus einem Polyamidharzionenaustauscher, der mit einem Schwefelsäuremonoalkylester (Alkylgruppe 6—30 C-Atome) beladen ist, wie Na-Dodecylsulfat. Es können alkal. reagierende Salze, wie Mg- oder Al-Oxyde, -Phosphate, -Aminoacetate, Bi-Salze, Mucin u. Arzneimittel zugesetzt werden. — *Säureabsorption u. Pepsininaktivierung.* (**A. P. 2 645 627** vom 23/4. 1948, ausg. 14/7. 1953.) K. HEINZE. 4815

Hoffmann-La Roche, Inc., Nutley, übert. von: **Arthur Stempel,** River Edge, N. J., V. St. A., *Stabilisieren wässeriger Lösungen von (3-Oxyphenyl)-dimethyläthylammoniumhalogeniden* durch Zusatz von ca. 2% Alkalisulfat. Die Lsgg. können mit Citrat-Citronensäure auf p_H 5,5 gepuffert, mit 0,5% Phenol versetzt u. in der Hitze sterilisiert werden. Herst. der Ammoniumverb. aus m-Dimethylaminophenol u. Halogenäthyl. — *Haltbare Lsgg. mit Anticurarewirkung.* (**A. P. 2 647 928** vom 28/6. 1951, ausg. 4/8. 1953.) K. HEINZE. 4815

Walter A. Winsten, Forest Hills, N. Y., V. St. A., *Haltbare Vitamin-B_{12}-Lösungen* mit einem Geh. an Ascorbinsäure u. Thiamin. Als Stabilisatoren werden nucleinsaures Na u. Fettsäurepartialester von Polyoxyalkylenderivv. von Hexitanhydriden zugegeben. Es können weitere Vitamine u. Chlorophyllderivv., wie Na-, Cu-Chlorophyllin zugegeben werden. (**A. P. 2 662 048** vom 19/12. 1950, ausg. 8/12. 1953.) K. HEINZE. 4815

Jacques Edwin Brandenberger und **François Jean Bossard,** Frankreich, *Herstellung von Zahnreinigungsmitteln,* die zum Schutz des Zahnfleisches eine hohe Konz. von Seesalz (NaCl) enthalten. Ein solches Zahnreinigungsmittel hat z. B. die Zus.: 15 (g) $CaCO_3$, 3 $Ca_3(PO_4)_2$, 20 Kaolin, 4 Bentonit, 2—3 Paraffinöl oder Vaseline, 26 W., 18 Glycerin u. 11 Seesalz. (**F. P. 1 022 172** vom 19/7. 1950, ausg. 2/3. 1953.) OPPERMANN. 4823

André Desaty, Isère, Frankreich, *Herstellung von Zahnpaste.* Man verrührt 5 (kg) Stärke mit 5 W., versetzt das Gemisch mit 3,5 Glycerin, 2 Triäthylenglykol, 100 Glucosesirup u. erhitzt auf 90°. Dann gibt man noch 0,3 Traganth, 4 Na-Ricinoleat, 33,1 $CaCO_3$, 4 Zucker, 4 Liter W. u. Farbstoff hinzu, verrührt das Ganze ca. 1½ Std. u. füllt die Paste in Tuben. (**F. P. 1 039 345** vom 4/7. 1951, ausg. 6/10. 1953.) OPPERMANN. 4823

Sharples Chemicals, Inc., übert. von: **John F. Olin,** Grosse Ile, Mich., V. St. A., *Herstellung quaternärer Ammoniumverbindungen mit oberflächenaktiven und bактericiden Eigenschaften.* Man erhitzt ein Monoalkylphenol mit 5—18 C-Atomen im Alkylrest, ein Epihalohydrin u. ein tert. Amin der Formel $NR_1R_2R_3$ (R_1 u. R_2 = Alkylrest mit 1—3 C-Atomen, R_3 = Allyl-, Benzyl- oder Alkylrest) in Ggw. von inerten Lösungsmitteln auf 20—120° u. erhält z. B. *3-(p-tert.-Nonylphenoxy)-2-oxypropyldimethylbenzylammoniumchlorid* aus Nonylphenol, Epichlorhydrin (I) u. Dimethylbenzylamin; *3-(p-tert.-Octylphenoxy)-2-oxypropyldiäthylbenzylammoniumchlorid* aus Octylphenol, I u. Diäthylbenzylamin. Analog die Amyl-, Decyl-, Dodecyl- u. Hexadecylphenoxyverbindungen. (**A. P. 2 547 965** vom 23/6. 1948, ausg. 10/4. 1951.) LÜTTGEN. 4833

Interagrar A. G., Schweiz, *Herstellung von desinfizierenden Ölemulsionen zur Behandlung von Kühen.* Die Mittel bestehen aus einer wss. Ölemulsion (bes. von Mineralöl) mit einer Viscosität 2—10 (bezogen auf die Viscosität von W. = 1), die Emulgierungs- u. Desinfektionsmittel enthält. Man stellt z. B. eine Emulsion von 20 Teilen Paraffinöl u. 78 2%ig. Traganthschleim her u. verleibt dieser Emulsion 2 Oleylaminsalicylat u. 1 einer 5%ig. Lsg. von Salicylsäure in Isopropylalkohol ein. (**F. P. 1 037 347** vom 21/5. 1951, ausg. 16/9. 1953. D. Prior. 30/5. 1950.) OPPERMANN. 4833

Hermann A. Sandhack, Die Kultur der Heilpflanzen mit kurzer Behandlung der wichtigsten wildwachsenden Heilpflanzen. Radebeul, Berlin: Neumann. 1953. (231 S. m. Abb.) DM 12,—.

—, Pharmacopoea Helvetica. Editio V cum supplemento I. Bern: Eidg. Drucksachen- u. Materialzentrale. Dtsch. Ausg. 1953 (IV+XLVI+1351 S.) u. Ed. française, 1949. (LVI+1344 S.) fr 62,—.

G. Analyse. Laboratorium.

H. A. Sissingh, *Die Überlaufmikropipette, ein Gerät zur genauen und schnellen Abmessung eines bestimmten kleinen Flüssigkeitsvolumens.* Das Flüssigkeitsvol. (0,5 bis 5 cm^3) wird in einem an beiden Enden halbcapillar (0,8—1,5 mm) auslaufenden Glasröhrchen abgemessen, das mittels eines durchbohrten Gummistopfens in einem wesentlich weiteren Glasrohr befestigt ist (Abb.). (Chem. Weekbl. **49.** 722—23. 19/9. 1953. Wageningen, Nederlandse Superfosfaat Ind., Labor. van de Stichting Voorlichtingsdienst voor Superfosfaat.) WESLY. 5014

P. Courtois, *Die Filtration im Laboratorium.* Es werden einige theoret. (Gesetz von POISEULLE) u. prakt. Betrachtungen durchgeführt. (France-Pharmacie **6.** 461 bis 462. Okt. 1953.) BOYE. 5024

Seiichi Ishikawa und **Hirotada Iida,** *Untersuchungen über Diffusionspumpenöle.* 3. Mitt. *Synthese von Diffusionspumpenölen der Esterreihen.* Das aus *3.7-Dimethyloctanol-(1)* u. *Azelainsäure* bzw. *Sebacinsäure* hergestellte *Di-(3.7-dimethyloctyl)-azelainat* bzw. *Di-(3.7-dimethyloctyl)-sebacinat* erwiesen sich als hitzebeständig u. lassen sich gut als Diffusionspumpenöle verwenden. Das Azelainat ist eine farblose Fl., $D.^{29,5}_{4}$ 0,89967, $n_D^{29,5}$ 1,4512, $Kp._3$ 243—246° u. F. unter —16°. Das Sebacinat ist ebenfalls eine farblose Fl., $D.^{29,5}_{4}$ 0,89806, $n_D^{29,5}$ 1,4517, $Kp._3$ 254—257° u. F. unter —16°. (Abstr. Kagaku-Kenkyū-Jo Hōkoku [Rep. sci. Res. Inst.] **26.** 31. 1950. [Orig.: engl.]) OPPERMANN. 5026

Kurt Kulka, *Ein neuartiger Fraktionenschneider für Vakuumdestillationen im Laboratorium.* Ein neuer Hahnvorstoß für fraktionierte Vakuumdest., bes. von leichtflüchtigen Substanzen, wird beschrieben, der durch einfache Konstruktion (nur 2 Schliffhähne) rasches Wechseln der Vorlage gestattet, durch eingebauten Rückflußkühler Substanzverluste verhindert u. eine Kühlfalle zum Pumpenschutz überflüssig macht. (Amer. Perfumer essent. Oil Rev. **61.** 364. Mai 1953. Dodge & Olcott, Inc., Res. Dep.) M. SCHMIDT. 5038

Th. Brouwer, *Tabellen zur Berechnung des spezifischen Gewichtes.* Das Verf. beruht auf demselben Prinzip wie die Tabelle zur Berichtigung von Titerzahlen (C. **1952.** 5143) u. dient dazu, die aus pyknometr. Messungen hervorgehende D. rasch aus den aufgeführten Tabellen zu entnehmen. (Chem. Weekbl. **48.** 397—98. 31/5. 1952. Labor. van het Rijksbureau voor Onderzoek van Handelswaarden.) WESLY. 5042

E. O. Seitz, *Die Labortauchlampe, ein vielseitiges Gerät für das chemische und bakteriologische Laboratorium.* Es wird ein Hg-Hochdruckbrenner von 70 Watt Leistungsaufnahme beschrieben, der zur UV-Bestrahlung kleiner u. kleinster Mengen geeignet ist. (Pharmaz. Ind. **15.** 399—400. Nov. 1953. Hanau.) H. P. FIEDLER. 5048

A. J. Staverman, *Fortschritte in der Untersuchung von mechanischen Eigenschaften.* Übersicht über die Entw. der Verff. zur Unters. von mechan. Eigg. in den Niederlanden (Übergang von empir. zu physikal. begründeten Verff.) u. deren Ausführung. (Ingenieur ['s-Gravenhage] **65.** O. 19—24. 12/6. 1953. Kunststoffeninst., Toegepast Natuurwetenschappelijk Onderzoek.) WESLY. 5052

Niels Harboe, *Elektrophorese. Elementare Einführung in die „Moving boundary"-Methode und die Papierelektrophorese.* Allg. Ausführungen mit Literaturangaben. (Ugeskr. Laeger **115.** 715—19. 7/5. 1953. Kopenhagen, Univ., Inst. für Allg. Pathol.) B. KRAFT. 505

A. Polson, *Eine Elektrophoresezelle zur gleichzeitigen Untersuchung von 4 Proben.* (Vgl. C. **1954.** 3077.) Abb. u. Beschreibung einer App., die nach dem früher für ein 2-Probengerät beschriebenen Prinzip für 4 Proben eingerichtet ist. (Biochim. biophysica Acta [Amsterdam] **13.** 451—52. März 1954. Cape Town, South Africa, Univ., Dep. of Pathol.) FRESENIUS. 5054

M. Mottier und **M. Potterat,** *Fixierung von Chromatogrammen auf Tonerdescheiben.* Tonerdescheiben für die Chromatographie nach der Ringtechnik sind recht zweckmäßig, aber empfindlich gegen Stoß u. Erschütterungen. Vff. begegnen diesem Nachteil durch Tränken mit wenig geschmolzenem Paraffin u. langsames Erkaltenlassen. In Abbildungen werden derartige Chromatogramme von 3 lipoidlösl. Farbstoffen gezeigt. — Bei wärmeempfindlichen Stoffen muß die Tränktemp. so niedrig wie möglich gehalten werden. (Mitt. Gebiete Lebensmittelunters. Hyg. [Bern] **43.** 123—25. 1952.) ENDRASS. 5062

Yvonne M. F. Muller und **D. L. Vogel,** *Trägerdestillationsverfahren zur spektrographischen Analyse linienreicher Elemente.* Das Verf. beruht darauf, daß die Empfindlichkeit des spektrograph. Nachw. von Verunreinigungen linienreicher Elemente, z. B.

von U-Erzen, durch die Ggw. größerer Mengen anderer Verunreinigungen, deren Flüchtigkeit u. Ionisationspotential zwischen den entsprechenden Werten des Elementes u. denen der Verunreinigungen liegt, erhöht wird. Der zu diesem Zweck zugesetzte Stoff wird als „carrier“ (Träger) bezeichnet. Seine Aufgabe besteht also darin, die im Lichtbogen verdampfenden, geringen Mengen Verunreinigungen in den Dampf zu überführen, wobei eine scharfe Trennung zwischen den Verunreinigungen u. der schwer schmelzbaren U-Verb. erzielt wird. U geht nur in minimalen Mengen über. Als „Carrier“ werden angewandt: Ga_2O_3, CaO, Al_2O_3 u. AgCl. Die zu prüfenden U-Erze werden vor der Unters. in Oxyde übergeführt, sofern sie nicht als solche vorliegen. Die zur Unters. angewandte Vorr. wird im einzelnen beschrieben. (Chem. Weekbl. **48.** 395—96. 31/5. 1952. Amsterdam, Univ., Labor. voor Analyt. Scheikunde.)
WESLY. 5063

Harry S. Robertson und **Jean A. Potvin,** *Über eine Modifikation der Eagle-Beugungsgitteranordnung.* (Sitzungsbericht.) Um den Bereich des EAGLE-Spektrographen zu verändern, sind drei unabhängige Eichungen (Gitterdrehung, Plattendrehung u. Entfernung Gitter–Spalt) nötig. Die Umwandlung der photograph. in photoelektr. Aufzeichnung ist umständlich. Die Gitterdrehung läßt sich bei der angegebenen Verbesserung mit Hilfe eines einfachen Kopplungsmechanismus durchführen, der Plattenhalter wird durch eine Photozelle, die neben dem Gitter angeordnet ist, ersetzt. Wird die Schraube, die den Abstand Gitter–Spalt einstellt, durch einen Motor angetrieben, dann kann die Photozelle den gewünschten Spektralbereich anzeigen. (Physic. Rev. [2] **83.** 244. 1/7.; Bull. Amer. physic. Soc. **26.** Nr. 3. 53. 26/4. 1951. Univ. of Miami.)
D. HAHN. 5063

J. C. North, *Ein Projektionskomparator zur Auswertung spektrographischer Platten.* Beschreibung der Konstruktion eines Doppelprojektors, bei welchem alle Teile von zwei verschied. 10 × 4 in.-Platten bei 20facher Vergrößerung miteinander verglichen werden können. Das Gerät ist als Tischinstrument ausgebildet, kann Dispersionsunterschiede von 5% ausgleichen u. besitzt eine Markiereinrichtung für eine Platte. (J. sci. Instruments **30.** 366—68. Okt. 1953. London, Dollis Hill, Post Office Res. Stat.)
EICHHOFF. 5063

P. G. Guest und **W. M. Simmons,** *Ein abgeändertes Michelson-Refraktometer.* Ein Strahlenbündel in einem MICHELSON-Interferometer wird um 90° umgelenkt, wodurch beide Strahlenbündel parallel zueinander verlaufen, was eine weniger störanfällige Konstruktion ermöglicht. Es werden FRESNELsche Streifen benutzt u. ein Bezugssyst. durch Verlauf eines Teiles der Bündel in einem homogenen Medium. Die Einstellgenauigkeit beträgt visuell $\sim ^1/_{100}$ Streifenbreite u. kann bei Verwendung photoelektr. Empfänger auf $^1/_{200}$ gesteigert werden. (J. sci. Instruments **30.** 361—62. Okt. 1953. Sydney, Univ. of Sydney, School of Phys.)
EICHHOFF. 5063

Á. Bardócz, *Elektronisch gesteuerte spektrographische Funkenquelle.* Angabe des Bauprinzips für Erzeuger von kondensierten Hoch- u. Niederspannungsfunken bzw. Abreißbögen. Die Geräte arbeiten mit gleichgerichteter Wechselspannung, Zwillingshilfsfunkenstrecke u. Thyratronsteuerung, welche weitgehende Änderung der Entladungsfrequenz gestattet. (Nature [London] **171.** 1156—57. 27/6. 1953. Budapest, Hungarian Acad. of Sci., Central Res. Inst. for Phys., Dep. of Spectroscopy.)
EICHHOFF. 5063

Horst Greiner, *Über eine einfache und empfindliche Methode, eine Lichtquelle auf ihre Emission in bestimmten Spektralbereichen im Ultraviolett zu untersuchen.* Vf. mißt die spektrale Emissionsverteilung einer kondensierten Entladung (LYMAN-Kontinuum) im UV mittels Leuchtstoffen (hauptsächlich Anthracen), die eine von der Wellenlänge des anregenden Lichts unabhängige Quantenausbeute haben, u. Multiplier. Als Filter werden Glas-, Quarzkristall-, Flußspat- u. LiF-Platten benutzt, deren kurzwellige Durchlässigkeitsgrenze festliegt. Unter 2000 Å müssen die Messungen im Vakuum durchgeführt werden, wobei für opt. Weglängen bis 10 cm^{10-8} Torr. ausreichen. (Naturwissenschaften **40.** 137. Febr. 1953. Berlin, Freie Univ., Physikal. Inst.)
D. HAHN. 5063

Louis P. Cecchini, *Gehäuse zur Aufnahme von Zellen variabler Länge für das Beckman-DU-Spektralphotometer.* Beschreibung eines Küvettengehäuses für das BECKMAN-DU-Spektralphotometer, welches die Verwendung von BALY-Rohren bis 20 cm Schichtdicke erlaubt. Bei entsprechender Eichung ist die Verwendung einer gleichartigen Vergleichsküvette unnötig. (Analytic. Chem. **25.** 457—60. März 1953. Bethesda, Md., Naval Med. Res. Inst., Div. of Chem.)
EICHHOFF. 5064

Robert Houston Hamilton, *Verdrängungsspektralphotometrie.* Bei dem behandelten spektralphotometr. Meßverf. wird die Verminderung der Absorption durch Glasscheiben ausgenutzt, die quer zur Strahlrichtung in die zu untersuchende Lsg. eingetaucht werden u. ein entsprechendes Lösungsvol. verdrängen. Diese Meth. erlaubt die Verwendung von Küvetten, an deren opt. Qualität keine Anforderungen gestellt werden (Reagensgläser), ihr Fehler, der untersucht u. diskutiert wird, entspricht dem der üblichen Verfahren. (Analytic. Chem. **25.** 399–403. März 1953. Philadelphia, Pa., Temple Univ., School of Med.) EICHHOFF. 5064

John W. Sargent, Alan F. Clifford und **Warren R. Lemmon,** *Fluorwasserstoff als Lösungsmittelsystem. Apparat für polarographische Arbeiten. Rotierende Elektrode.* Die außerordentliche Acidität der HF erschwert die Herst. von Apparaten für genaue Messungen. *Polytrifluorchloräthylen* (Kel-F) ist der für solche Fälle geeignete Kunststoff, der korrosionsfest u. zugleich transparent ist. — Es wird die aus sechs Einzeleilen bestehende App. einer polarograph. Zelle mit rotierender Elektrode beschrieben u. in ihren wesentlichen Teilen figürlich dargestellt. Die Teile sind durch Kel-F-Rohre miteinander verbunden; die HF kommt nur an den Elektroden mit Metall in Berührung. — Als typ. Beispiel wird die polarograph. Strom–Spannungs-Kurve einer flußsauren, wss., 0,12 mol. BaF_2-Lsg. angegeben. (Analytic. Chem. **25.** 1727–29. Nov. 1953. St. Paul, Minn., Minnesota Mining & Mfg. Co., Central Res. Dep.) NOACK. 5066

Am. Matagrin, *Das Wasserstoffpotential* (p_H). *Seine Messung und seine exakte Beziehung zur Acidität und Alkalität.* Übersicht. (Papeterie **75.** 469–75. Juli. 533–39. Aug. 1953.) ROSSOW. 5066

Rudolf Hauke, *Metallelektroden zur* p_H*-Messung.* Vf. überprüft das Verh. der *W-* u. bes. der *Sb*-Elektrode bei p_H-Messungen. Die Potentialänderungen u. die Erholungszeiten bei Strombelastung u. Strombeaufschlagung werden gemessen, dabei machen selbst bei kurzer Versuchsdauer (5 Sek.) u. geringen Strömen (5 $\mu A/cm^2$) die auftretenden Polarisationserscheinungen eine lange Erholungszeit von 50–70 Min. erforderlich. Dagegen ist die Kalomelbezugselektrode nahezu unempfindlich. Ferner werden die in elektrolytarmen Lsgg. an den Metallelektroden infolge der Abhängigkeit der EMK. von der Gesamtionenkonz. auftretenden Potentialfehler in Abhängigkeit vom Leitfähigkeitskoeff. k bestimmt. Danach wird das n. Potential erst bei $k = 2300$ erreicht. Schließlich werden verschied. Diaphragmen für die Bezugselektrode auf ihre KCl-Durchlässigkeit geprüft. Diese liegt zwischen 15 mg bei dem *Tonstift* u. 0,7 mg/Std. bei einem *Spezialglasdiaphragma.* Die Ergebnisse werden im Hinblick auf eine einwandfrei arbeitende Dauermeßanordnung diskutiert. (Prakt. Chem. [Wien] **3.** 121–24. Mai 1952. Roitham, O.-Ö.) WEITBRECHT. 5066

Balwant Singh und **Apar Singh,** *Kaliummetaperjodat als volumetrisches Reagens.* 4. Mitt. *Jodcyanidmethode.* (Vgl. C. **1953.** 2167.) Mit einer mol./60 KJO_4-Lsg. können folgende Substanzen in Ggw. von KCN titriert werden: *KJ, Hydrazinsulfat,* $SnCl_2$, $K_4[Fe(CN)_6]$, H_2O_2, As_2O_3, Sb_2O_3, *Hydrochinon, KSCN,* $FeSO_4$, $Na_2S_2O_3$, Na_2SO_3, $NaHSO_3$, H_2SO_3, PbJ_2, HgJ_2 u. *AgJ.* Dazu wird die Lsg. der Substanz mit 8 ml 0,5n KCN-Lsg., 50 ml 2,5n HCl-Lsg. u. ca. 1 g NaCl u. etwas Stärkelsg. versetzt, wobei die gesamte Lsg. ca. 1n an H^+ sein muß; darauf wird mit n/60 KJO_4-Lsg. bis zur völligen Entfärbung titriert. $K_4[Fe(CN)_6]$ u. H_2O_2 müssen vorher in alkal. Medium (mit anschließendem Ansäuern) u. alle anderen Substanzen bis auf KJ, Hydrazinsulfat, $SnCl_2$, PbJ_2, HgJ_2 u. AgJ in HCl-saurem Medium mit 5 ml einer 0,5n JCl-Lsg. voroxydiert werden. Bei der Titration von $S_2O_3^{2-}$ u. SO_3^{2-} soll die Lsg. mit Eis gekühlt u. schnell titriert werden. — Die Rk. des KJO_4 in saurem Medium verläuft nach $2 JO_4^- + 16 H^+ + 14 e = J_2 + 8 H_2O$; $3 J_2 + JO_4^- + 8 H^+ = 7 J^+ + 4 H_2O$. Das J^+ reagiert dann mit CN^- zu JCN, z. B. $KJO_4 + 6 FeSO_4 + 7 HCl + HCN = KCl + 2 Fe_2(SO_4)_3 + 2 FeCl_3 + JCN + 4 H_2O$. AgJ wird bestimmt, indem die Substanz in KCN-Lsg. gelöst u. unter Kochen mit Zn u. OH^--Ionen zu Ag red. wird. Das Filtrat dieser Lsg. wird stark angesäuert u. mit KJO_4-Lsg. titriert. (J. Indian chem. Soc. **30.** 143 bis 146. Febr. 1953. Hoshiarpur, Panjab Univ. Coll.) MOSLÉ. 5066

E. R. S. Jones, *Ein einfaches Quarz-Infrarotspektrometer zur Bestimmung von absorbiertem Wasser in einigen Polymeren.* Das beschriebene Instrument ist bes. für die Schnellbest. von absorbiertem W. in Acrylharzen gebaut. Es verwendet ein Quarzhalbprisma in LITTROW-Anordnung, Linsen aus geschmolzenem Quarz, einen NERNST-Brenner, ein Vakuumthermoelement u. ein Galvanometerverstärkersystem. Gemessen wird in einer Absorptionsbande bei 2 μ, bei welcher für n. Wassergehh. eine lineare Beziehung zwischen Extinktionskoeff. u. dem %-Geh. an absorbiertem W. besteht. (J. sci. Instruments **30.** 132–34. April 1953. Welwyn Garden City, Herts., Imp. Chem. Ind. Ltd., Res. Dep.) EICHHOFF. 5074

M. Ss. Bychowskaja, *Die Bestimmung von Nickel in der Luft.* Die Filter (Watte, Glaswolle oder Filtrierpapier), welche Ni aus der Luft absorbieren, werden mit 20%ig.

HNO_3-Lsg. bei 50—60° gewaschen. Zu 5 ml der Ni-Lsg. werden 0,2 ml 3%ig. $(NH_4)_2 \cdot S_2O_8$- oder 1%ig. alkoh. J_2-Lsg. u. 0,5 ml 20%ig. Seignettesalzlsg. zugefügt u. mit 40%ig. NaOH oder konz. NH_3 neutralisiert (Lackmus). Dann wird 0,5 ml 1%ig. Dimethylglyoximlsg., gelöst in 5%ig. NaOH, zugesetzt, nach 10 Min. colorimetriert u. mit einer Ni-Standardlsg. verglichen. 20 γ Fe, Cu u. Co in 10 ml stören die Rk. nicht; bei größeren Mengen müssen Fe u. Cu durch Lsg. des Ni-Glyoxims in Chlf. entfernt werden. Bei Ggw. von viel Co kann die Best. nicht ausgeführt werden. (Гигиена и Санитария [Hyg. u. Sanitätswes.] **1951.** Nr. 11. 28—33. Nov. Inst. für Arbeitshyg. u. Berufskrankheiten der Akad. der med. Wiss. der UdSSR.) v. SCHROEDER. 5088

Je. A. Peregud und **B. Ss. Boikina,** *Bestimmung von Dämpfen fluororganischer Verbindungen in der Luft.* Die Meth. beruht auf der Verbrennung der Substanz im Quarzrohr bei 900°, Absorption des gebildeten SiF_4 in H_2O u. anschließender colorimetr. Best. des Si als blauen Siliciummolybdänkomplexes. Die Luft wird in evakuierten Pipetten oder Flaschen entnommen u. durch gesätt. NaCl-Lsg. in den Verbrennungsapp. gedrückt. Enthält die Luft gasförmiges HF, so wird sie zunächst durch Gaswaschflaschen mit verd. NaOH-Lsg. geleitet. (Журнал Аналитической Химии [J. analyt. Chem.] **8.** 178—81. Mai/Juni 1953. Wiss. Untersuchungsinst. für Arbeitshyg. u. Berufskrankheiten.) STEINBERG. 5088

a) Elemente und anorganische Verbindungen.

J. Hernández Cañavate, *Neue argentometrische Bestimmungen der Halogenide.* Nach einem Überblick über die verschied. bei der Halogenid- bzw. Silberbest. angewandten Adsorptionsindicatoren hinsichtlich ihrer Verwendbarkeit in Lsgg. verschied. Acidität wird auf die besondere Widerstandsfähigkeit der Oxyadsorptionsindicatoren von SIERRA u. BURRIEL hingewiesen, die aus Fe^{3+} mit den bas. Farbstoffen Benzidin, o-Tolidin u. o-Dianisidin entstehen. Es folgt inhaltliche Wiedergabe der C. **1952.** 2723, C. **1953.** 1858. 1859 referierten Arbeiten. (Inform. Quím. analít. **8.** 1—10. Jan./Febr. 1954. Murcia, Inst. „Alonso Barba", Secc. Quím. analít.) METZENER. G 245

Joseph M. Icken und **Bernard M. Blank,** *Bestimmung von Fluoriden. Spektrophotometrische Abwandlung der Methode der „Association of Official Agricultural Chemists".* Die in den Laboratorien der AOAC übliche, auf Arbeiten von DAHLE u. Mitarbeitern fußende Meth. der F-Best. weist Schwächen auf. Dies veranlaßt Vff., ein spektrophotometr. Verf. für die Best. von F in Nahrungsmitteln auszuarbeiten, beruhend auf dem Bleicheffekt von Th-Alizarin-Lack durch F-Ionen. — Reagentien: n/10HCl; 1%ig. wss. Lsg. von $NH_2OH \cdot HCl$; 0,1%ig. wss. Lsg. von Na-Alizarinmonosulfonat; 0,05%ig. wss. Lsg. von $Th(NO_3)_4 \cdot 4H_2O$; NaF-Standardlsg. von 10 μg F-Ionen/cm³. Die Herst. der letzteren ist angegeben. — Zus. des Farbreagenses: 10 cm³ HCl, 10 cm³ $NH_2OH \cdot HCl$, 40 cm³ Na-Alizarinmonosulfonat, 40 cm³ Th-Nitratlsg.; es muß jeweils frisch angesetzt werden. — Arbeitsgang: Abtrennung der Fluoride durch eines der üblichen Destillationsverff. unter Berücksichtigung etwaiger störender Beimengungen, wie Phosphat usw.; sorgfältige Neutralisation des Enddestillates mittels n/500KOH (Indicator: p-Nitrophenol); Teilmengen der Destillate, mit einem Geh. von 0—50 μg F-Ion, werden in tarierte Flaschen von 50 cm³ Inhalt pipettiert; NaF-Standardlsgg. mit einem Geh. von 0, 10, 20, 30, 40, 50 u. 500 μg F-Ion werden für jede Versuchsreihe vorbereitet; in jede Flasche kommen 10 cm³ Farbreagens; die Flaschen werden bis zur Marke mit dest. W. aufgefüllt, zugestöpselt, geschüttelt u. bleiben 2 Std. stehen; die Lichtabsorption bei 525 mμ Wellenlänge, entsprechend dem Absorptionsmaximum des Th-Alizarinlackes, wird mittels eines BECKMAN-Spektrophotometers bestimmt. Da höhere Konz. die Empfindlichkeit beeinträchtigt, wird empfohlen, nur im Bereich von 0-50 μg Fluorid je Flasche zu arbeiten. Die Farbintensität nimmt mit der Zeit zu; man soll sie daher über 3 Std. sich entwickeln lassen. Soll die Best. colorimetr. vorgenommen werden, so kann in der gleichen Weise verfahren werden; nur bedarf es einer Umstellung in der Zus. u. einer Minderung in der Zugabe des Farbreagenses. Vergleichende Analysen zwischen der in der AOAC üblichen u. der hier besprochenen Meth. zeigen gute Übereinstimmung. Die neue Meth., die nur eine Abwandlung der alten ist, ermöglicht genaue Werte noch in Konzz. von 0,05 μg/cm³, wenn man spektrophotometr., u. 0,1 μg/cm³, wenn man photoelektr.-colorimetr. arbeitet. Ihr Vorteil liegt darin, daß man mit den in den Laboratorien üblichen Apparaten u. nicht mit 20 mm oder 50 mm großen Zellen arbeiten kann. (Analytic. Chem. **25.** 1741—42. Nov. 1953. Long Island City, N. Y., Food Res. Labors.) NOACK. G 246

Anthony P. Scanzillo, *Spektrophotometrische Bestimmung von Natriumhypophosphit als Molybdänblaukomplex.* Unterphosphorige Säure bildet mit $(NH_4)_2MoO_4$-Lsg. u.

H_2SO_3 eine Blaufärbung, die dem BEERschen Gesetz gehorcht. Vf. erzeugte die Färbung aus 10 ml NaH_2PO_2-Lsg. mit höchstens 2,5 mg Salz, 10 ml 10%ig. $(NH_4)_2MoO_4$-Lsg. u. 10 ml H_2SO_3 (6% SO_2), erhitzte 3 Min. auf dem Wasserbad u. kühlte nach 1 Min. Stehen in fließendem Wasser. Die Intensität der Färbung wurde mit einem COLEMAN-Modell 14 Universalspektrophotometer bei 470 mμ gemessen u. mit Hilfe von Vergleichslsgg. ausgewertet. Ni u. Phosphit stören nicht; Phosphat stört. (Analytic. Chem. **26.** 411—12. Febr. 1954. Lynn, Mass., General Electr. Co., Thomson Labor.) PLUSKAL. G 264

T. Ramakrishnan, *Notiz über eine modifizierte Methode zur Magnesiumbestimmung.* Die von HOUGH u. FICKLEN (J. Amer. chem. Soc. **52.** [1930.] 4752) angegebene Meth. zur Mg-Best. mit *8-Oxychinolin* (I) wurde vom Vf. dahingehend geändert, daß aus dem Überschuß des Reagenses mit $FeCl_3$ eine Grünfärbung erzeugt u. colorimetriert wird. Das etwa anwesende Ca muß vorher als Wolframat gefällt werden: 50 cm³ der wss. Lsg. werden in einem 60 cm³-Zentrifugenglas mit 1 cm³ 5%ig. Na-Wolframatlsg. versetzt u. 5 Min. auf dem Wasserbad erwärmt, der Nd. wird abzentrifugiert. 25 cm³ der klaren überstehenden Lsg. werden in ein anderes Zentrifugenglas gegeben u. mit 25 cm³ 0,5%ig. I-Lsg. in absol. A. versetzt, mit konz. NH_4OH wird stark alkal. gemacht. Nach 10 Min. Zentrifugieren werden 20 cm³ abpipettiert u. nach Neutralisation mit verd. HCl mit 5 cm³ n/100HCl u. 1 cm³ 0,15%ig. $FeCl_3$-Lsg. versetzt, auf 100 cm³ aufgefüllt u. nach 10 Min. gegen Standardlsgg. mit 1, 2, 3, 4 u. 5 cm³ I colorimetriert. Metallionen in Konz. des n. W. stören die Best. nicht. (J. Indian chem. Soc. **29.** 713. Sept. 1952. Bangalore, Indian Inst. of Sci., Biochem. Dep.) SIEWERT. G 282

Monisha Bose, *Diphenylcarbazon als colorimetrisches Reagens auf zweiwertiges Chrom.* Diphenylcarbazon reagiert mit Cr^{2+} zu einem rotvioletten Komplex, über den Cr^{2+} colorimetr. bis zu 0,1 γ/cm³ bestimmt werden kann. Das Absorptionsmaximum liegt bei 540 mμ, wird aber durch Erhöhung der H^+-Konz. erniedrigt. Das zur Best. günstigste p_H liegt bei 3. In Ggw. von V, Mo u. Hg muß bei p_H 1—2 gearbeitet werden, bzw. bei Hg-Ggw. mit NaCl-Zusatz. Das BEERsche Gesetz wird in dem Bereich 0,1—2,5 γ/cm³ erfüllt. (Sci. and Cult. **19.** 213—14. Okt. 1953. Calcutta, Univ., Coll. of Sci., Dep. of phys. Chem.) MOSLÉ. G 335

E. Raymond Riegel und **Robert D. Schwartz,** *Reduktion mit Aluminiumpulver in wässeriger Lösung, titrimetrische Bestimmung von Molybdän.* Zur Best. von Mo red. Vff. 1—2 mVal Mo(VI) in 50 ml 1,25 mol. H_2SO_4 mit 14 mVal Al-Pulver (Nr. 400) bis zum Mo(III). Um Oxydation durch Luftsauerstoff zu vermeiden, wurde ein N_2-Strom durch die Mischung geleitet u. mäßig erhitzt. Nachdem das Al gelöst war, wurde noch 5 Min. erhitzt u. dann sofort, während weiter N_2 durchgeleitet wurde, mit $KMnO_4$ titriert. Die mitgeteilten Analysenergebnisse stimmten mit denen nach anderen Methoden erhaltenen bis auf 0,1—0,2% überein. (Analytic. Chem. **26.** 410—11. Febr. 1954. Buffalo, N. Y., Univ. of Buffalo.) PLUSKAL. G 336

Clemente Artero Soteras, *Bestimmung der Gase im Stahl: Stickstoff.* Ausführliche Beschreibung bekannter Verff.: Nach Aufschluß mit $H_2SO_4 + K_2SO_4$ u. Alkalisierung durch Dest. mit Wasserdampf (Abb. eines handlichen u. sich selbsttätig reinigenden Destillierapp.) mit nachfolgender volumetr. oder colorimetr. (NESSLER-Reagens) Best. des NH_3 oder gemäß NEWELL (J. Iron Steel Inst. **215.** [1945.] 333) ohne Dest. im Filtrat der NaOH-Fällung durch colorimetr. NH_3-Best., wobei sich völlige Übereinstimmung der mit u. ohne Dest. erhaltenen Werte ergab. (Inform. Quím. analít. **8.** 11—17. Jan./Febr. 1954. Zaragoza, Labor. de CIESA.) METZENER. G 354

Jean Besson (unter techn. Mitarbeit von **R. Budenz**), *Eine Methode zur polarographischen Analyse von Chrom–Nickel–Kobalt-Stählen.* Es wird die polarograph. Best. von Cr^{6+} in $HClO_4$-Lsg. untersucht u. gezeigt, daß diese Meth. für verschied. Cr–Ni-Stähle gute Ergebnisse liefert. Es ist allein dabei zu beachten, daß bei zu hohem Cr- u. Ni-Geh. die Löslichkeit der Legierung gegenüber dem $HClO_4$–HNO_3-Gemisch beträchtlich abnimmt. Bei Ggw. von V u. auch mitunter von W werden oft zu niedrige Cr-Werte gefunden. Die Ursache hierfür konnte noch nicht geklärt werden. Weiterhin bestimmen Vff. mit gutem Erfolg in derselben Lsg. ebenfalls Co u. Ni polarograph. neben Cr, nachdem die H^+ durch $BaCO_3$ unter Zugabe einiger Tropfen Pyridin unter Komplexbldg. neutralisiert worden sind. Es wird ferner eine genaue Arbeitsvorschrift für die Herst. der für die Analyse verwendeten Lsgg. mitgeteilt. (Bull. Soc. chim. France, Mém. [5] **20.** 725—33. Juli/Aug. 1953. Saarbrücken, Inst. de Rech. Métallurg.) SURAWSKI. G 354

C. L. Waring und **C. S. Annell,** *Halbquantitative spektrographische Methode zur Analyse von Mineralien, Gesteinen und Erzen.* 10 mg der feingepulverten Probe werden mit dem doppelten Gewicht reinen Graphitpulvers gemischt u. in einer Graphitanode bei 5—6 mm Elektrodenabstand im Gleichstrombogen von 12 A angeregt. Durch visuellen Vgl. der Spektren mit Testaufnahmen von reinen Substanzen erfolgt eine Einstufung in Konzentrationsbereiche, deren Grenzen um den Faktor 10 auseinanderliegen; die Auswertung erfolgt mit einer Reihe ausgewählter Linien für 68 Elemente. Vgl. zahlreicher mit dieser Meth. ausgeführter spektrochem. Analysen mit den Ergebnissen rein chem. Analysen von verschiedenartigen Proben. (Analytic. Chem. **25.** 1174—79. Aug. 1953. Washington, D. C., U. S. Geologic. Survey.) Eichhoff. 5290

John M. Hunt und **Daniel S. Turner,** *Bestimmung der Mineralbestandteile von Gesteinen durch Infrarotspektroskopie.* Das zu untersuchende Gestein wird bis zu einer Korngröße von mindestens 5 μ zerkleinert u. als Pulver auf einem NaCl-Fenster als Film von 0,2—1,4 mg/cm^2 zur Unters. gebracht. Die Mineralbestandteile lassen sich durch Vgl. mit den Spektren der reinen Minerale identifizieren u. mit einer Genauigkeit von $\pm$ 10% quantitativ bestimmen, sofern sie scharfe Absorptionsbanden haben wie Quarz, Kaolinit, Orthoklas, Calcit u. Dolomit. Fehler treten auf durch Ungleichmäßigkeiten im Film u. Streuung an zu großen Teilchen. Der günstigste Untersuchungsbereich liegt bei 8—16 μ; für Unterss. im Bereich von 2—4 μ, in welchem Illit, Kaolinit u. Montmorillonit charakterist. Absorption zeigen, muß die Korngröße auf 1—2 μ herabgesetzt u. gegebenenfalls in CS_2-Suspension gearbeitet werden. Behandlung einiger Beispiele u. Vgl. mit Röntgenuntersuchungen. (Analytic. Chem. **25.** 1169—74. Aug. 1953. Tulsa, Okla., Carter Oil Co., Res. Labor.) Eichhoff. 5290

b) Organische Verbindungen.

P. N. Fedossejew und **M. M. Pawlenko,** *Bestimmung von Kohlenstoff und Wasserstoff in Schwefel und Stickstoff enthaltenden organischen Verbindungen in Gegenwart von Katalysatoren.* 3. Mitt. (2. vgl. C. **1952.** 3059.) Es wird eine Meth. zur Analyse organ. Stoffe beschrieben, die außer C, H, O u. N noch S u. Halogene enthalten. Es zeigte sich, daß durch eine metall. *Ag*-Schicht von ca. 10 cm Länge (6—7 g) bei einer Rohrweite von 10—12 cm S u. Halogene bei 650—750° vollkommen absorbiert werden. Das Ag kann durch $PbCrO_4$ ersetzt werden, wenn die Schichtlänge bis auf 20 cm vergrößert wird. Je höher der Halogengeh. liegt, um so schlechtere Resultate werden erhalten. Auf die Genauigkeit der H-Best. wirken die Halogene nicht. Mit frischen Katalysatoren erhält man befriedigende Resultate. Diese Meth. eignet sich zur Analyse von Erdöl, Kohlen, Masut, Ölen u. anderen techn. Materialien. Die Verbrennung wird im O_2-Strom in 2—3 Std. durchgeführt. Die Einwaage 0,06—0,30 g wird in einem oder mehreren Schiffchen untergebracht. Der Inhalt wird mit trockenem durchgeglühtem Cr_2O_3 überschichtet. Es kommen 2 elektr. Öfen zur Anwendung, von denen der kleinere Ofen zum Entzünden des Stoffes u. zum Durchglühen des leeren Rohres dient. (Журнал Аналитической Химии [J. analyt. Chem.] **8.** 158—62. Mai/Juni 1953. Nikolaijew, Schiffbau- u. Pädagog. Inst.) Steinberg. 5352

Walther Ruziczka, *Über eine vielseitig anwendbare Methode der Jodometrie.* Vf. überprüft die Anwendbarkeit des jodometr. Verf. nach Kolthoff zur Best. von schwachen organ. Säuren auf alkal. verseifbare oder hydrolysierbare Substanzen: 0,2—4 g *Öl, Druck-* oder *Lackfarbe, Kohlenhydrate* oder 10 ml *Harn* werden mit 25 ml n/2 alkoh. KOH durch Erwärmen verseift. Dann wird in üblicher Weise mit alkoh. bzw. wss. n/2HCl die VZ. bestimmt u. darauf das gesamte zugesetzte Alkali neutralisiert. Ein aliquoter Teil der mit A. auf 100 ml gebrachten Lsg. wird mit 200 ml W., 10 ml 10%ig. KJ-Lsg., 10 ml 3%ig. KJO_3-Lsg., 5 ml Stärkelsg. u. 10 ml n/10$Na_2S_2O_3$-Lsg. versetzt u. nach 30 Min. mit n/10 J_2-Lsg. zurücktitriert. Die jodometr. SZZ. (ml n/10 J_2-Lsg./g) von *Butterfett, Cocosfett, Kunstbutter, Schweine-* u. *Rinderfett, Leinöl, Leinölstandöl, Lithographenfirnis, Harz-Mineralöl-Firnis, Ricinusöl, Oiticicaöl, weißem Emaillack* für Innen u. Außen, Pigmentfarben: *Hansagelb, Gelblack, Lackrot, Permanentrot R,* Kunstharz *Alkydal, Glucose, Saccharose,* lösl. *Stärke, Gelatine,* Harn werden mitgeteilt. Vgl. der Ergebnisse mit den SZZ. nach Reichert-Meiszl u. Polenske, sowie Diskussion. (Prakt. Chem. [Wien] **3.** 120—21. Mai 1952. Wien.) Weitbrecht. 5360

D. Cavallini und **N. Frontali,** *Quantitative Bestimmung von Ketosäuren durch Papierverteilungschromatographie.* Inhaltlich ident. mit der C. **1954.** 158 referierten Arbeit. (Biochim. biophysica Acta [Amsterdam] **13.** 439—45. März 1954. Rom, Univ., Inst. of Biochem. u. Inst. of General Pathol.) Schellenberger. G 870

I. M. Korenman und **A. A. Beljakow,** *Mikrokristallographische Reaktionen auf Cyanide.* Vff. verwenden Hg-aromat. Aminoverbb. als Reagens auf Anionen. Die Rk.

verläuft nach folgender Gleichung: $RHgAc + X^- \rightarrow RHgX + Ac^-$; X^- = Anion, Ac^- = Anion der CH_3COOH. Untersucht wurden 20 organ. Hg-Verbindungen. $(C_2H_5)\cdot(C_6H_5CH_2)\cdot N\cdot C_6H_4HgAc$; $(CH_3)_2NC_6H_4HgAc$ u. $(CH_3)(NH_2)C_6H_2(HgAc)_2$ geben mit verd. Cyanidlsgg., so auch mit kleinen Mengen in der Gaskammer, krist. Ndd. u. können daher für den Nachw. von CN^- verwendet werden. S^{2-} stört u. muß vorher durch eine 10—15%ig. $Pb(CH_3COO)_2$-Lsg. entfernt werden. Die zweite der oben angeführten Verbb. gibt mit Cyaniden in der Gaskammer farblose oder blaßgrüne Rosetten u. Tafeln (240 μ). Nachweisminimum: 0,25 μg CN^-; Grenzkonz.: 1:8000. Die erste der angeführten Verbb. gibt in wss. u. essigsaurer Lsg. mit Cyaniden in der Gaskammer farblose Tafeln, Stäbchen u. Rosetten. Nachweisminimum in wss. Lsg. 0,03 μg CN^-, Grenzkonz.: 1:65000, in essigsaurer Lsg. 0,25 μg, Grenzkonz.: 1:8000. Das dritte Reagens ist bes. spezif., da es in wss. Lsg. außer mit CN^- mit keinem anderen Anion krist. Ndd. gibt. Die Kristalle bestehen aus Rosetten. Nachweisminimum in der Gaskammer 0,03 μg CN^-; Grenzkonz.: 1:65000. (Журнал Аналитической Химии [J. analyt. Chem.] **8.** 168—71. Mai/Juni 1953. Gorki, Wiss. Inst. für Arbeitshyg.) STEINBERG. G 890

W. R. Fearon und **W. A. Boggust,** *Der Nachweis von Serin und Threonin durch die 1.2-Dinitrobenzol–Endiol-Reaktion.* Verbb., die benachbarte Hydroxyl- u. Aminogruppen enthalten, wie *Serin* (I) u. *Threonin* (II), werden durch alkal. Hypochloritlsg. zu Endiolen desaminiert, die mit 1.2-Dinitrobenzol (III) eine violette Färbung geben. In Abwesenheit störender Verbb. lassen sich I u. II in Konzz. 1:5000 nachweisen. Der Test ist negativ bei den sonstigen üblichen Aminosäuren, die allerdings, ebenso wie Amine u. NH_4-Ionen, die Empfindlichkeit des Nachw. beeinträchtigen. Endiole reagieren bereits ohne Hypochloritzusatz mit III u. stören. Reduzierende Zucker stören meistens; diese Störung wird dadurch vermieden, daß man zunächst mit FEHLINGscher Lsg. behandelt u. den Nachw. im zuckerfreien Filtrat führt. — Ausführung: 1 ml einer neutralen Lsg., die mindestens 1 mg **I** oder **II** enthält, versetzt man mit 2 ml 0,02%ig. wss. **III**-Lsg., 5 Tropfen 20%ig. NaOH u. 3—6 Tropfen 1%ig. NaOCl-Lsg. u. läßt 10 Min. bei Raumtemp. stehen. Es entwickelt sich langsam eine violette Färbung. (Analyst **79.** 101—02. Febr. 1954. Dublin, Trinity Coll., Dep. of Biochem.) K. F. MÜLLER. G 950

D. M. Shepherd und **G. B. West,** *Papierchromatographischer Nachweis einiger Adrenalinvorstufen. m-Oxyphenyläthanolamin* zeigt nach Entw. mit Butanol–Eisessig–W. (4:1:5) u. Behandlung mit 0,66%ig. $K_3Fe(CN)_6$- oder Dichromatlsg. + 40%ig. CH_2O (9:1) u. Erwärmen auf 100° im UV-Licht intensive violette Fluorescenz (Nachweisgrenze 0,5 γ, R_F 0,56). Mittels p-Nitranilinreagenses (dunkelroter Fleck) sind nur 5 γ nachweisbar. *Noradrenalin* (R_F 0,28) gibt mit $K_3Fe(CN)_6$–CH_2O (100°) im UV-Licht eine Türkisfluorescenz (0,2 γ), *Adrenalin* (R_F 0,36) unter gleichen Bedingungen eine gelbgrüne (0,4 γ), *Oxytyramin* (R_F 0,39) u. *Dioxyphenylalanin* (R_F 0,19) eine gelbe (1,0 γ). (Nature [London] **171.** 1160. 27/6. 1953. Dundee, Univ. of St. Andrews, Med. School, Dep. of Pharmacol. and Therapeutics.) K. MAIER. G 1320

Adam Deutsch und **Roy Nilsson,** *Trennung von Adenosin- und Inosinphosphaten durch Papierchromatographie. Adenosintriphosphat, Adenosindiphosphat, Adenosinmonophosphat, Inosintriphosphat, Inosindiphosphat, Inosinmonophosphat, anorgan. Ortho-* u. *Pyrophosphate* lassen sich in 2-dimensionalen absteigenden Chromatogrammen mit n-Propanol/NH_3/W. (60:30:10) u. gesätt. $(NH_4)_2SO_4$-Lsg./W./Isopropanol (79:19:2) auf säuregewaschenem WHATMAN Nr. I-Papier oder auf ungewaschenem MUNKTELL Nr. OB-Papier (dann unter Zusatz von 0,1%ig. Di–Na-Äthylendiamintetraacetatdihydratlsg. zum n-Propanol/NH_3-Gemisch) trennen u. durch UV-Photographie festlegen bzw. durch Besprühen mit Molybdatreagens (vgl. HANES u. ISHERWOOD, Nature [London] **164.** [1949.] 1107) erkennen. (Acta chem. scand. **7.** 858 bis 861. 1953. Lund, Univ., Inst. of Chem.) E. BRINKMANN. G 3272

Jared H. Ford, George C. Prescott, J. W. Hinman und **E. Louis Caron,** *Colorimetrische Bestimmung von Erythromycin.* Es wird eine Meth. zur Best. von *Erythromycin* (I) angegeben, die auf Messung der Absorption bei 485 mμ der mit H_2SO_4 aus I entstehenden intensiv gelben Lsg. beruht. Die Werte sind bei Kultur-Fll. auf $\pm$3%, bei wss. Lsgg. des gereinigten I auf $\pm$1% genau reproduzierbar. Der Wert der Meth. wird infolge von Störungsmöglichkeiten durch gewisse I-Abbauprodd. etwas eingeschränkt. — Ausführung: Feste I-Präpp.: 50 γ I/cm³ in 0,1 mol. Phosphatpuffer, p_H 7,0, lösen, 5 cm³ Lsg. mit 5 cm³ 27n H_2SO_4 mischen, nach 30 Min. bei 485 mμ (1 cm-Zelle) Absorption spektrophotometr. bestimmen; Kultur-Fll.: Filtration entbehrlich, auf ca. 50 γ/cm³ mit 0,1 mol. Carbonatpuffer (p_H 9,5) verd., 20 cm³ mit

20 cm³ Amylacetat 30 Sek. schütteln, zentrifugieren, 10 cm³ der Esterphase mit 10 cm³ 0,1nHCl 30 Sek. schütteln, 5 cm³ der klaren wss. Lsg. mit 5 cm³ 27nH_2SO_4 versetzen u. wie vorst. verfahren; Aufstellung der Standardkurve mit I-Lsgg. (20 bis 200 γ/cm³) in Phosphatpuffer. (Analytic. Chem. **25.** 1195—97. Aug. 1953. Kalamazoo, Mich., Upjohn Co., Res. Labors.) K. MAIER. G 3900

M. C. Foster und **G. C. Ashton,** *Papierelektrophorese von Streptomycinen. Streptomycin* (I), *Mannosidostreptomycin, Streptothricin, Streptidin* u. *Streptamin* werden durch Papierelektrophorese getrennt. Verwendet werden Graphitelektroden mit Platinzuführung. Als Papier bewährte sich WHATMAN Nr. 31, dick. Als Puffer dient eine Na-Acetat–Essigsäure-Lsg. von p_H 5. Nach 16 Std. Laufzeit wird mit wss. Diacetyllsg. + wss. KOH + alkoh. α-Naphthol entwickelt, Färbung bei mindestens 5 γ I oder entsprechenden Mengen. Eine andere Lsg. besteht aus Naphthoresorcin in A. + H_3PO_4. Sie ergibt starke Fluorescenz im UV, in höherer Konz. werden die Flecke bei Tageslicht sichtbar. Ein etwas weniger empfindliches Reagens ist das von PARTRIDGE zum Nachw. von Glucosamin nach der ELSON-MORGAN-Rk. (Biochem. J. **42.** [1948.] 238) beschriebene. Dabei wird das Papier mit alkoh. KOH besprüht, die vorher mit einer Lsg. von Acetylaceton in n-Butanol gemischt wurde. Nach Trocknen wird mit p-Dimethylaminobenzaldehyd in A. + HCl + n-Butanol besprüht. (Nature [London] **172.** 958—59. 21/11. 1953. Stoke Poges, Buckinghamshire, Glaxo Labor. Ltd.)

FRESENIUS. G 3900

William J. Payne, Stephen J. Gagan und **Arthur L. Pollard,** *Vergleich der Methoden für die Untersuchung bakterieller Polysaccharide.* Es werden die gebräuchlichsten Verff. zur Best. von *Uronsäuren* u. *Glucosamin* (I) in bakteriellen Polysacchariden hinsichtlich Genauigkeit u. Trennmöglichkeit geprüft. Hierzu wurden Polysaccharide von *Leuconostoc mesenteroides* u. *Serratia marcescens* benutzt. Das Papierchromatogramm eines Hydrolysats (48 Std. bei 78° mit 2,5%ig. H_2SO_4), entwickelt mit Butanol/Pyridin/W. (3:2:1,5) u. besprüht mit Anilinphthalat, zeigt eine Überlagerung der Flecke von *Galakturonsäure* (III) ($R_{F\,(sauer)}$ 0,09, $R_{F\,(neutral)}$ 0,05), *Glucuronsäure* (II) ($R_{F\,(sauer)}$ 0,09, 0,55 $R_{F\,(neutral)}$ 0,05), *Glucuronlacton* ($R_{F\,(sauer)}$ 0,09, 0,55, $R_{F\,(neutral)}$ 0,05); I zeigte einen R_F-Wert (neutral) von 0,26, I mit II im Gemisch (neutral) 0,05. Die Farb-Rk. mit *Anthron* wird durch andere Verbb., wie z. B. Glucose, gestört. Die Meth. nach MAHER (C. **1950.** II. 1383) zeigt in Hydrolysaten wegen der Stabilität der *Pyranose*-Form der *Uronsäuren* leicht zu niedrige Werte, in nichthydrolysiertem Material zu hohe. Nur die *Naphthoresorcin*-Meth. nach KAPP (J. biol. Chemistry **134.** [1940.] 143) scheint, in Verbindung mit der Papierchromatographie, für die getrennte Best. von II u. III von Wert zu sein. Keine der Methoden ist aber für die Best. kleiner Mengen I bei Ggw. von Uronsäuren brauchbar. (J. Bacteriol. **65.** 446—48. April 1953. Knoxville, Tenn., Univ., Dep. of Bacteriol.) ENDRASS. G 4050

d) Medizinische und toxikologische Analyse.

George W. Gaffney, William A. Williams und **Herbert McKennis jr.,** *Umsetzung von Acetaldehyd mit 5.5-Dimethylcyclohexandion-(1.3).* Vff. untersuchen im Hinblick auf den Nachw. von *Acetaldehyd* (I) in biol. Fll. den Mechanismus u. die optimalen Bedingungen für die quantitative Absorption von I durch Einleiten eines mit I beladenen N_2-Stromes in eine 0,4%ig. Lsg. von *5.5-Dimethylcyclohexandion-(1.3)* (*Dimedon,* II). Die Rk. verläuft danach in 2 Stufen, zuerst unter Bldg. von *2-[α-Oxyäthyl]-dimedon,* dann nach Rk. mit einem weiteren Mol. II zum *α-[5′.5′-Dimethyl-1′.3′-dioxocyclohexyl-(2′)]-α-[5.5-Dimethyl-3-oxy-1-oxocyclohexenyl-(2)]-äthan,* F. 137 bis 139°. Das Absorptionsvermögen der II-Lsg. hat beim p_H 5—6 ein Maximum. (Analytic. Chem. **26.** 588—89. März 1954. Richmond, Va., Med. Coll., Surgical Res. Labor., u. Baltimore, Md., Johns Hopkins Univ., Dep. of Physiol. Chem.)

MOISAR. 5725

M. Herbain, *Anwendung von PAS nach Pesez zur Mikrobestimmung der Sulfonamide im Blute.* Zur Best. von Acylamiden, bes. von *Sulfonamiden,* wird in Ggw. des *Na*-Salzes (I) der *p-Aminosalicylsäure* diazotiert, wobei letztere eine unbeständige Diazoniumverb. gibt, die sich spontan zum entsprechenden Phenol, der *β-Resorcylsäure,* zers., die zur Kupplung dient. — Ausführung: 0,1 cm³ Blut in 1 cm³ dest. W. hämolysieren, mit 0,4 cm³ Trichloressigsäurelsg. (12 g/100 cm³) mischen, zentrifugieren, 1,2 cm³ Fl. mit 0,2 cm³ I-Lsg. (0,10/100 cm³) versetzen, auf 0° kühlen, 0,2 cm³ verd. H_2SO_4 (7,5 cm³/100 cm³) u. 0,2 cm³ Na-Nitritlsg. (0,75 g/100 cm³) zusetzen, nach 3 Min. bei 0° mit 1,7 cm³ Na_2CO_3-Lsg. (10 g/100 cm³) alkal. machen, nach 15 Min. Farbstärke photometrieren (Elektrophotometer nach MEUNIER, Filter 43), unter Berücksichtigung des Blindwertes, bestimmen. *p-Aminophenyl-*

sulfamid wurde, Blut zugesetzt, mit −2,2 bis −7,5% Fehler wiedergefunden. (Bull. Soc. Chim. biol. **34.** 431—34. 1952. Roussel-Uclaf, Services sci.) K. MAIER. 5727

C. Giddey, *Die Papierchromatographie von Aminosäuren in Harn und Blut.* Beschreibung von einfachen Methoden zur Vorbereitung von Harn- u. Blutproben u. zur chromatograph. Best. der Aminosäuren. (Schweiz. med. Wschr. **83.** 331—34. 4/4. 1953.) P. LOCH. 5732

Enrico Cingolani, *Über die Reaktion von Sulfonamiden mit Natriumhypobromit.* Pharmazeut. verwendete Sulfonamide mit einer freien NH_2-Gruppe reagieren mit alkal. Na-Hypobromitlsg. unter Bldg. von *Azoverbb.* u. können durch diese Rk. im Urin der mit diesen Medikamenten behandelten Kranken nachgewiesen werden.

Versuche: p-Aminobenzolsulfonamid kann an der nach Versetzen der wss. Lsg. mit frisch bereiteter NaOBr-Lsg. auftretenden Rotfärbung noch in Mengen von $6{,}25 \cdot 10^{-5}$ g nachgewiesen werden. — Zum Nachw. von Sulfonamiden im Urin wird nach Entfärbung mittels Kohle der Urin mit einem Überschuß NaOBr-Lsg. (Br-W. + 20%ig. NaOH 10 : 5) versetzt. Übersicht über die eine Farb-Rk. gebenden Sulfonamide s. Original. — *Azobenzol-4.4'-bis-[sulfonamid]*, $C_{12}H_{12}O_4N_4S_2$, F. >300° (Zers., aus Eisessig), aus p-Aminobenzolsulfonamid (I) durch Versetzen der Lsg. in 15%ig. NaOH mit Br (Überschuß); 26% (Ausbeute). *Na-Salz*, $C_{12}H_{10}O_4N_4S_2Na_2$, goldgelbe Blättchen. Beim Erhitzen mit $SnCl_2$ + HCl entsteht I. Durch Red. mit $Na_2S_2O_4$ wird *Hydrazobenzol-4.4'-bis-[sulfonamid]* gebildet. — *2.2'-Dibromazobenzol-4.4'-bis-[sulfonamid]*, $C_{12}H_{10}O_4N_4Br_2S_2$, F. gegen 310° (aus 60%ig. wss. Pyridin), aus 3-Brom-4-aminobenzolsulfonamid mit NaOBr; 25%. — *2.2'.6.6'-Tetrabromazobenzol-4.4'-bis-[sulfonamid]*, $C_{12}H_8O_4N_4Br_4S_2$, ebenso aus 1-Amino-2.6-dibrombenzolsulfonamid-(4); 20%. — *Azobenzol-4.4'-bis-[sulfonacetamid]*, $C_{16}H_{16}O_6N_4S_2$, F. 256° (rote Nadeln aus Eisessig), ebenso aus p-Aminobenzolsulfonacetamid oder aus Azobenzoldisulfochlorid-(4.4') (II) u. Acetamid durch Erhitzen in absol. A. (2 Std.); 23 bzw. 65%. — *Azobenzol-4.4'-bis-[sulfonanilid]*, $C_{24}H_{20}O_4N_4S_2$, F. 290° (nach Zers. von 270° an, rotbraune Nadeln aus verd. CH_3COOH), aus p-Aminobenzolsulfanilid oder aus II u. Anilin; 15 bzw. 71%. — *Azobenzol-4.4'-disulfonsäure-bis-[p-sulfamoylanilid]*, $C_{24}H_{22}O_8N_6S_4$, F. 330° (Zers., rote Nadeln aus A.), aus p-Aminobenzolsulfonsäure-[sulfamoylanilid] u. NaOBr (27%) oder aus II u. I. (Gazz. chim. ital. **80.** 376—84. Juni 1950. Rom, Univ., Ist. di Chim. organ.) K. FABER. 5732

R. Beiersdorf, *Der Nachweis von Xanthocillin X in Körperflüssigkeiten und Ausscheidungen.* Das Antibioticum *Xanthocillin* (I) besteht aus 3 Komponenten X, Y u. Z. I färbt eine natronalkal. Lsg. bis herab zu einer Konz. von 0,01 mg% gelb. Die Komponente X läßt sich mit dieser Rk. mit ±3% Genauigkeit nach Ae.- bzw. A. + Ae.-Extraktion aus saurer bis bicarbonatalkal. Lsg. u. Aufnahme in n/10 NaOH photometr. bestimmen. Das Absorptionsmaximum liegt bei 4280 Å. Die Extinktion (E) der alkal. X-Lsg. nimmt bei Hg- u. Tageslicht mit fortschreitender Bestrahlungszeit ab. Auch sinkende Normalität der Lauge bewirkt eine geringe Abnahme von E. Die A.–Ae.-Sättigung der Lauge beim Ausschütteln beeinflußt E ebenfalls. Die quantitative I-Best. in Urin, Blut (Fehler ±10%) u. Kot (Fehler ±15%) wird beschrieben. (Pharmazie **9.** 193—98. März 1954. Dresden, Arzneimittelwerk.) FRESENIUS. 5734

Tso-Yueh Huang, *Die Erkennung von Barbitursäureabkömmlingen in der forensischen Chemie mittels des Röntgendiagramms.* Die Ergebnisse der Unters. verschied. polymorpher Barbitursäureabkömmlinge, ihrer Gemische u. Mischkristalle mit der Meth. der Röntgendiagramme nach DEBYE u. SCHERRER sind zusammengestellt. Das Verf. dient als Ergänzung der sonst üblichen Identifizierungsmeth., nicht als deren Ersatz. Es handelt sich um die in der dän. Pharmakopoe 1948 aufgeführten Barbitursäuren (I): 5.5-Phenyläthyl-I, 5.5-Allylisopropyl-I, 5.5-Diäthyl-I, 5.5-Äthylcyclohexenyl-I, 5.5-Diallyl-I u. 5.5-Methylcyclohexenyl-N-methyl-I. Das Verf. findet Anwendung in forens. Fällen. — 40 Literaturangaben. (Dansk Tidsskr. Farmaci **1953.** Beilage 1. 1—58. København, Royal Danish School of Pharm., Dep. of organ. Chem.) FRESENIUS. 5762

Mounir Halim, La Manganimétrie ménagée, application aux dosages de la pénicilline et de la streptomycine. Strasbourg: Impr. de l'Université. 1953. (97 S. m. Abb.)

H. Angewandte Chemie.

I. Allgemeine chemische Technologie.

L. L. Shreir, *Korrosion für Chemie-Ingenieure.* 1. Mitt. *Elektrochemische Grundlagen der Korrosion.* Einführung in die elektrochem. Grundlagen der Korrosion. —

30 Literaturzitate. (Chem. Process Engng. **35.** 41—45. Febr. 1954. London, Battersea Polytechn.) Spindler. 5808

G. G. Portch und W. Godfrey Waite, *Korrosion und kathodischer Schutz.* Die Ursachen für die Korrosion unterird. verlegter Gasleitungen u. ähnlicher Anlagen, sowie die Anwendung kathod. Schutzes zu ihrer Vermeidung werden zusammenfassend besprochen. (Coke and Gas **16.** 19—23. Jan. 1954. Westinghouse Brake & Signal Co. Ltd. u. F. A. Hughes & Co. Ltd.) Spindler. 5808

R. W. MacDonald und Edgar L. Piret, *Kontinuierlich durchströmte, mit Rührer versehene Systeme von Gefäßreaktoren. Erforderliche Stärke der Bewegung.* In einem Hochdruckpyrexglasreaktor werden die Einflüsse der Flüssigkeitsdurchströmung, ausgedrückt durch die Verweilzeit $\vartheta = V/F$ (V = Gefäßvol., F = Volumgeschwindigkeit der Strömung), u. der Rührgeschwindigkeit n als U/Min. auf die zur vollständigen Durchmischung erforderliche Zeit t_m untersucht, die durch Einführung eines kleinen Vol. Farbstofflsg. mit dem strömenden W. ohne Dichteunterschiede u. Temperaturschwankungen beobachtet werden. Dabei ergibt sich eine krit. Rührgeschwindigkeit, unterhalb deren der Anstieg von t_m mit abnehmendem n steiler erfolgt. Sie entspricht der Reynoldsschen Zahl 10400, die auch bei anderen Beziehungen der Rührgeschwindigkeit eine Unstetigkeit ergibt (Wirbelbldg., Zentrifugalwrkg.). Beim Vgl. des Energieverbrauchs durch Rührung u. durch Strömung, um gleiche Mischwrkg. zu erzielen, zeigt sich, daß jener im allg. größer ist u. sich erst bei kleinen n dem der Strömung entnommenen Energiebetrag nähert. Weiter wurde die Wirksamkeit der Mischung dadurch geprüft, daß man die Rk. 1. Ordnung zwischen *Essigsäureanhydrid* (**I**) u. W. in der strömenden Fl. in Beziehung setzte zu derselben Rk. im gleichmäßig durchmischten System. Als Maß der prozentualen Abweichung („regulation") wurde der Ausdruck $100\,(C_t - C_e) : (C_0 - C_t)$ berechnet, in dem C_0 die **I**-Konz. in der einfließenden Lsg., C_e in der ausströmenden Lsg. u. C_t die theoret. **I**-Konz. bedeuten unter der Annahme, daß während ϑ die Rk. im gleichmäßig durchmischten Syst. abgelaufen sei. Sein Wert ist 0 bei vollständiger Durchmischung, während er bei zu schwacher Mischung (große Werte von $t_m : \vartheta$) gleichmäßig nach beiden Seiten bis zu 20% schwankt. Hierbei wirkt eine Kanalisierung der Strömung infolge des Dichteunterschiedes der wss. **I**-Lsg. u. der gleich konz. Essigsäure (0,18n) mit, wie durch Färbung der einströmenden Lsg. beobachtet werden konnte. (Chem. Engng. Progr. **47.** 363—69. Juli 1951. Minneapolis, Minn., Univ. of Minnesota.) Metzener. 5840

Bruno Waeser, *Adsorption.* Übersichtsarbeit. Behandelt werden im wesentlichen nur die techn. Veröffentlichungen bzw. Patente der letzten 10 Jahre. (Kolloid-Z. **132.** 168—73. Aug./Sept. 1953.) P. Eckert. 5848

Robert H. Perry und Robert L. Pigford, *Kinetik der Reaktionen von Gasen mit Flüssigkeiten. Absorption unter gleichzeitiger chemischer Reaktion.* Mathemat. Behandlung des Problems der Absorption eines Gases in einer Fl. unter gleichzeitiger Rk. zwischen Gas u. Fl., wobei die Rk. von 2. Ordnung sein u. mit meßbarer Geschwindigkeit verlaufen soll. (Ind. Engng. Chem. **45.** 1247—53. Juni 1953. Newark, Del., Univ.) Gerhard Günther. 5848

—, *Ultraschall in der modernen Technik und Chemie.* Die Firma Raytheon Labors. (Waltham, Mass., USA) hat ein aus kaltgewalztem Material oder Messing hergestelltes Ultraschallschneidwerkzeug in Betrieb genommen, das mit 27000 Vibrationen in der Sek. in der Lage ist, härteste Materialien, wie Stahl, Stein, Glas u. Saphire, zu bearbeiten. — Bei der Firma Ventura (Calif., USA) ist ein auf dem Ultraschallprinzip arbeitender Erdölbohrturm eingesetzt worden, bei dem die vor dem Meißel liegenden Gesteine durch die Vibrationen zunächst zertrümmert werden. Der Verschleiß u. Energiebedarf bei diesem Verf. ist erstaunlich niedrig, es arbeitet jedoch noch nicht einwandfrei. Gleichzeitig wird eine Ultraschallpumpe erwähnt, die Vibrationen in das Bohrloch leitet, hierdurch die Gesteinsporen öffnet u. eine 25 bis 35% höhere Ölausbeute ermöglicht. (Chem. Rdsch. [Solothurn] **6.** 401. 16/11. 1953.) Lehwald. 5878

—, *Pumpe für chemisch aggressive Stoffe.* Beschreibung von Bau- u. Wirkungsweise der von der Vanton Pump Corp., New York City, N. Y., hergestellten „*Flex-i-liner*"-Pumpe zum Fördern chem. aggressiver oder empfindlicher Flüssigkeiten. Der Förderteil selbst besteht aus elast., nichtkorrodierenden Werkstoffen; auch der Innenraum der Pumpe ist mit korrosionsbeständigem Material ausgekleidet. Sie kann 75 Liter/Min. bis ca. 5 at leisten u. wird für die chem., pharmazeut. u. Nahrungsmittelindustrie empfohlen. (Chemie-Ing.-Techn. **25.** 227. Mai 1953.) Sander. 5880

C. van Heerden, *Autotherme Prozesse. Ihre Eigenheiten und die Art der dafür verwendeten Reaktionsgefäße.* Vf. charakterisiert generell autotherme Prozesse durch 2 Kurven, die Wärmeerzeugung u. Wärmeverbrauch als Funktion der Temp. darstellen. Die entsprechenden Diagramme lassen die verfahrenstechn. Eigg. autothermer Prozesse leicht verständlich werden. Als prakt. Beispiel wird die Temperatur- u. Konzentrationsverteilung in einem NH_3-Syntheseofen berechnet. (Ind. Engng. Chem. **45.** 1242–47. Juni 1953. Limburg, Niederlande, Staatsmijnen.) GERHARD GÜNTHER. 5906

H. Sobue, K. Matsuzaki und **K. Murakami,** *Bewegung von Fasern in fließenden Flüssigkeiten.* 1. Mitt. Theoret. Erörterung des Bewegungszustands von Fasern in Suspensionen. Versuchsergebnisse von Siebanalysen u. Häufigkeitskurven bzgl. Faserlängen in einer Reihe von Gefäßen mit verschied. Siebmaschen. Tabellen. (J. Soc. Textile Cellulose Ind., Japan [Sen-Gakkaishi] **9.** 251–54. Mai 1953. Tokyo Univ. [Orig.: japan.; Auszug: engl.]) SCHULER. 5906

Gebr. Sulzer Akt.-Ges., Winterthur, Schweiz, *Atomkraftmaschine.* In einem Behälter aus Neutronen reflektierendem Stoff, z. B. aus Fe, sind in größerer Zahl u. mit Abstand voneinander zylinderförmige Reaktoren, die eigentlichen Wärmeerzeuger, untergebracht. In den Raum zwischen diesen werden zur Regelung der Ablaufgeschwindigkeit der Ketten-Rkk. Stäbe aus Neutronen absorbierendem Cd oder Borstahl mehr oder minder tief eingeführt. Außerdem ist dieser Raum mit schwerem W. ausgefüllt. Dieses wirkt als Moderator, d. h. es bremst die Neutronen auf eine zur Atomspaltung ausreichende Geschwindigkeit ab, u. dient als Kühlmittel für die Reaktoren, indem es im Kreislauf über einen Wärmeaustauscher die Wärme z. B. an gewöhnliches W. abführt. Die abgeführte verlorene Wärmemenge kann für Heizzwecke verwandt werden. — Der einzelne Reaktor besteht aus einem U-Stab, der der Länge nach von inertem Gas, z. B. He, umströmt wird. Das Gas ist zur Steigerung seiner Wärmeaufnahmefähigkeit auf 10–30 at vorgespannt u. fließt in einem möglichst hitzebeständigen Rohr, bes. aus Graphit, das von einer Schicht körnigen Graphits, der als Wärmeschutz u. Moderator wirkt, u. von einer von außen durch das schwere W. gekühlten Al-Hülle umgeben ist. — Das He erhitzt sich beim Durchströmen des Reaktors u. gelangt im Kreislauf in einen zweiten Wärmeaustauscher, in dem es seinen Wärmeinhalt an Gas für eine Gasturbine oder an W. zur Dampferzeugung abgibt. — Eine weitere Ausführungsform des Reaktors mit zusätzlichen Gasschichten als Wärmeschutz ist beschrieben. — 3 Zeichnungen. (**Schwz. P. 286 658** vom 9/11. 1950, ausg. 2/3. 1953.) B. SCHMIDT. 5801

Bamag-Meguin Akt.-Ges. (Erfinder: **Willi Bender**), Berlin, *Umlauf einer wärmeübertragenden Flüssigkeit in geschlossenem Kreislaufsystem,* dad. gek., daß zur zwangsläufigen Erhöhung der Umlaufgeschwindigkeit einer im Kreislauf befindlichen wärmeübertragenden Fl., z. B. einer Mischung von *Diphenyloxyd* u. *Diphenyl,* ein oder mehrere Gase unter Druck, z. B. H_2, He, N_2 oder dgl., beigegeben werden. (**D. B. P. 882 694** Kl. 12a vom 10/3. 1951, ausg. 9/7. 1953.) HEINSEN. 5815

Fritz Werner, Leipzig, *Kälte- und Wärmeträger* aus einer wss. Lsg. eines oder mehrerer Metallsalze, der chem. Pufferstoffe (I) zugesetzt sind, gek. durch einen Geh. (0,01–1,2%) an I, die in der Lsg. bei dem eingestellten p_H-Wert (II) unlösl. sind, aber beim Abweichen der H-Ionenkonz. von dem II in Lsg. gehen. Die I können aus Metalloxyden (NiO, MnO) oder aus gegenüber Ammoniak puffernd wirkenden unlösl. Co- oder Ni-Verb. ($Ni_4P_2O_7$) oder aus amphoter wirkenden Metallhydroxyden [$Zn(OH)_2$, $Al(OH)_3$] bzw. einer Verb. der Seltenen Erden bestehen. (**D. B. P. 871 298** Kl. 12a vom 14/7. 1951, ausg. 23/3. 1953.) HEINSEN. 5815

Freeport Sulphur Co., New York, N. Y., V. St. A., *Zuführung von gekörnten Stoffen zu Zerkleinerungsmühlen.* In den Mahlvorrichtungen, in denen das Vermahlen in einem fl. oder gasförmigen Medium erfolgt, das in der Mühle zirkuliert, wird das Mahlgut unmittelbar vor dem Einführen kontinuierlich, z. B. durch eine Schraubenpresse, verdichtet, so daß es als zusammenhängende M. eintritt. Hierdurch wird ein bes. guter Mahleffekt erzielt. (**Dän. P. 74 776** vom 9/2. 1950, ausg. 29/9. 1952. E. Prior. 9/2. 1949.) JÜRGEN SCHMIDT. 5821

Farbenfabriken Bayer Akt.-Ges. (Erfinder: **Fritz Schmidt**), Leverkusen, *Dispergiermittel.* Als solche können verwendet werden Verbb. der allg. Formel MeXY, in der Me ein mindestens 4wertiges Metall u. X eine der Gruppen —OR oder —OOC·R, in denen R ein KW-stoffrest von mindestens 4 C-Atomen, dessen C-Gerüst gegebenenfalls durch Heteroatome, wie O, S oder N, unterbrochen sein kann u. der gegebenenfalls substituiert sein kann, während Y in einer dem verbliebenen Bindungsvermögen des Metalls entsprechenden Vielzahl für X u. bzw. oder für eine oder mehrere der Gruppen —OH, —OR_1 u. —OOC·R_2 steht, in denen R_1 u. R_2 beliebig gleiche oder verschied. KW-stoffreste bedeuten, deren C-Gerüst durch Heteroatome unterbrochen sein kann u. die auch substituiert sein können. — Beispiele: Zr-Tetrastearat, Ti-Tetrastearat, Sn-Tetrastearat, Orthotitansäuretetrakisoctadecylester, Ti-Tristearatmonostearylat u. Titansäuretetraäthylester. Die vorst. Mittel sind vielseitig verwendbar u. können so zum Dispergieren von Ruß, Füllstoffen, Farbstoffpigmenten, Treibmitteln, Kautschukalterungsschutzmitteln, Schädlingsbekämpfungsmitteln u. Heilmitteln in organ. Fll. oder halbfesten bzw. festen schmelzbaren Medien verwendet werden. Weiterhin können sie als Dispersionsträger, z. B. bei der Herst. von Schmierstoffen mit Graphitzusatz, u. zur Dispergierung von Ruß auf Schreibmaschinenbändern Verwendung finden. (**D. B. P. 906 336** Kl. 12s vom 20/7. 1951, ausg. 11/3. 1954.) Herbst. 5825

N. V. de Bataafsche Petroleum Mij., Den Haag, Holland (Erfinder: **Reginald Gordon Mitchel** und **Harold Cecil Tait**, London, England), *Emulgiermittel und lösliche, diese Emulgiermittel enthaltende Öle.* Die Emulgiermittel bestehen aus einem Gemisch eines oder mehrerer Salze von Schwefelsäureestern sek. aliphat. Alkohole, welche mindestens 8 C-Atome im Mol. enthalten, einer oder mehrerer Naphthensäuren bzw. Tallöle oder Fettsäuren mit mindestens 8 C-Atomen im Mol. u. einer oder mehrerer Alkali- oder NH_4-Salze von Naphthensäuren bzw. Tallölen oder Fettsäuren der gleichen Art mit einem Lösungsvermittler, der eine Löslichkeit aufweist, welche zwischen der vollständigen Wasserlöslichkeit u. der Öllöslichkeit liegt, wie Methylcyclohexanol, Kresole oder Alkohole oder Ester mit 6—8 C-Atomen im Molekül. Ferner können denselben noch ein leichtes mineral. Schmieröl, ein aromat. Lösungsm., ein leichtes Erdöldestillat, ein hydriertes Lösungsm. oder ein chlorierter KW-stoff als Ölkomponente zugegeben sein, wobei diese letztere vorzugsweise 70—90 Vol.-% der Gesamtmasse ausmacht. Schließlich können sie noch in der Ölphase lösl. insekticide oder fungicide Verbb. enthalten. Solche Gemische sind leicht in W. dispergierbar zu Öl-in-W.-Emulsionen. Die Emulsionen sind stabil gegenüber hartem W. u. gegenüber Säuren u. zeichnen sich durch Temperaturbeständigkeit aus u. wirken nicht korrodierend auf Metalle. Man erhält so wirksame *Reinigungsmittel*, *Entfettungsmittel* u. Emulsionen, die als *Schneidöle*, *Spülöle*, als *Fettlicker* für Gerbereien, *Desinfektionsmittel* u. *Textilöle* sowie *Schädlingsbekämpfungsmittel* verwendbar sind. (**D. B. P. 904 412** Kl. 12s vom 23/9. 1950, ausg. 18/2. 1954. E. Priorr. 11/7. 1944 u. 18/6. 1945.) Herbst. 5825

Escher Wyss Akt.-Ges., Zürich, Schweiz, *Gewinnung eines festen Stoffes aus einem Gemenge verschiedener Stoffe*, bes. von Erzen. Der zu gewinnende Stoff (I) wird mittels eines Mehrstoffgemisches (II) in einer Extraktionsvorr. gelöst u. nachher der größte Teil von II in einem Kocher ausgetrieben. Dabei fällt I in fester Form aus, das gasförmige II wird in einem Absorber mit dem fl. Teil von II wieder vereinigt. Dabei ist dafür zu sorgen, daß der Druck im Kocher wie auch in der Extraktionsvorr. höher ist als im Absorber. — Zeichnung. (**Schwz. P. 294 011** vom 3/8. 1951, ausg. 4/1. 1954.) Nebelsiek. 5829

Concordia Elektrizitäts-Akt.-Ges. (Erfinder: **Max Jaegert**), Dortmund, *Filterung staubhaltiger Gas- bzw. Luftströme.* Der staubführende Luftstrom (I) erfährt in einem Drehbandfilter eine Vor-, Fein- u. Feinstfilterung, wobei die gereinigten u. frisch benetzten Filterzellen zuerst zur Bindung der Feinststaube aus dem schon vorgereinigten I u. dann erst zur Bindung der groben Staube herangezogen werden. — Weitere Vorrichtungsansprüche. (**D. B. P. 882 540** Kl. 12e vom 30/8. 1951, ausg. 9/7. 1953.) Heinsen. 5831

Edmund Gregory Smith, Verona, N. J., V. St. A., *Flüssigkeitsfilter*, bestehend aus einem auf einer durchlässigen Unterlage angeordneten Filtertuch aus einem dichten Gewebe von synthet. hydrophoben oder metall. Garn. Das Garn von 30—1200 Denier ist aus einer Vielzahl von endlosen Fäden gedreht, so daß die Hohlräume nur für koll. oder halbkoll. Teilchen durchlässig sind; es hat 35 Windungen/inch. (**E. P. 698 751** vom 30/3. 1951, ausg. 21/10. 1953.) Reichelt. 5831

Rudolf Kürth, Berlin, *Herstellung von aktiven Stoffskeletten*, wie *Aktivkohle* oder *Kieselsäuregel.* Die Grundstoffe für die Herst. von Hohlraumskeletten werden vor, während oder nach der Behandlung Wellen des elektromagnet. Frequenzspektr., bes. Kurzwellen, Ultrakurzwellen oder Langwellen, ausgesetzt, z. B. durch Bewegung zwischen den Hochfrequenz-Hochspannungs-Kondensator-Elektroden eines Kurzwellengenerators, beispielsweise im Schwebezustand, bes. in Ggw. inerter Gase (zur Verhütung von Entflammungen). Hierdurch werden die Skelettporen gereinigt; z. B.

bei Kohle werden die meist vorhandenen metall. u. oxyd. Einlagerungsspuren weiter oxydiert u. vergast. (**D. B. P. 884188** Kl. 12g vom 10/3. 1943, ausg. 23/7. 1953.)

MATTHAES. 5849

Byron Elliott Short, Engineering thermodynamics. New York; Harper. 1953. (477 S., Diagr.) $ 6.00.

II. Betriebsschutz. Feuerschutz.

H. F. P. Webber, *Einige gesundheitliche Gesichtspunkte zur Beschaffenheit der Luft und der Industrieluft.* 1. Mitt. In England wird die Luft durch die Verbrennungsprodd. von Kohle u. Koks (Rauch, Asche, Nebel, SO_2, CO) erheblich verunreinigt. Hinzu kommen Abgase aus chem. Fabriken. Die immer stärker gewordene Luftverunreinigung wird im Zusammenhang mit der Entw. der Technik behandelt. (Brewers' J. Hop Malt Trades' Rev. **90.** 43—47. 20/1. 1954.) EISENBARTH. 5930

Heinz Eisenbarth, *Der Auer-Kohlenoxyd-Filter-Selbstretter.* Der neu entwickelte CO-Filter-Selbstretter der AUER-GES. wird beschrieben. Er dient dazu, den Bergmann unter Tage bei Grubenbränden u. nach Kohlenstaub- u. Schlagwetterexplosionen gegen die Einatmung von CO zu schützen. Die Gebrauchszeit des Gerätes beträgt 2 Std. u. mehr bis zu einer CO-Konz. von 2 Vol.-%. Hervorgehoben werden die stabile Tragbüchse für das eigentliche Filtergerät mit gutem Schutz gegen mechan. u. chem. Einfll., die schnelle Betriebsbereitschaft u. die einfache Wartung. (Glückauf **87.** 788—89. 18/8. 1951. Berlin-Charlottenburg.) EISENBARTH. 5936

Allan L. Coleman, *Gefährdungsfreie Verwendung organischer Lösungsmittel in der Industrie.* Kurze Besprechung der nach chem. Gruppen geordneten industriell verwendeten Lösungsmittel, grundsätzliche Ausführungen über ihre allg. Giftigkeit u. Gesundheitskontrolle am Arbeitsplatz. (Connecticut Health Bull. **67.** 275—79. Okt. 1953. Bureau of Industrial Hygiene.) OELSSNER. 5936

D. H. Antonie, *Einige Bemerkungen über Methan und die Vorsichtsmaßregeln gegen Gasexplosionen in den Bergwerken der Goldfelder des Oranje-Freistaates.* In den Goldbergwerken des Oranje-Freistaates besteht die Möglichkeit des Ausbruches von CH_4, das in der Regel mit H_2 vermischt ist, u. damit Explosionsgefahr. Als Explosionsgrenzen in Luft werden bei Wasserdampfsättigung angegeben für CH_4 5,3 u. 13,87 Vol.-% mit Maximum bei 9,45%, für H_2 4,0 u. 74,0% mit Maximum bei 41,5%. Die Entzündungstempp. liegen für H_2 u. CH_4 bei 585° u. 650°. Ein Gemisch von 25% H_2 u. 57% CH_4 explodiert zwischen 4,7 u. 17,35%. Der Nachw. von CH_4 unter Tage, allg. u. spezielle Vorsichtsmaßnahmen u. Bewetterungsfragen bei CH_4-Ausbrüchen werden behandelt. (J. chem., metallurg. Mining Soc. South Africa **54.** 126—38. Okt. 1953. Anglo-Transvaal Consolidated Investment Comp. Ltd.) EISENBARTH. 5936

Ronicke, *Explosion eines freistehenden Mineralöltanks beim Auspumpen der Restflüssigkeit.* Beim Auspumpen der Rest-Fl. aus einem Benzintank (3750 m^3) durch das untere Mannloch mittels eines wenige Schritte davon entfernten Zentrifugalpumpenaggregates entstand gegen Ende der Arbeit, die mit Unterbrechungen durchgeführt wurde, eine heftige Explosion. Die Entzündung der aus dem Mannloch austretenden Benzindämpfe mußte, wie die Unters. ergab, beim Einschalten des Pumpenaggregates an dessen nicht explosionsgeschütztem Schalter erfolgt sein. Eine grundlegende Änderung des Arbeitsverf. erwies sich daher als nicht erforderlich. (Brandschutz **7.** 30—31. Febr. 1953.) EISENBARTH. 5936

—, *Statische Elektrizität als Explosionsursache.* Allg. Ausführungen. (Färber-Ztg. **7.** 27—28. Febr. 1954.) P. ECKERT. 5936

W. B. Griffin, *Eine neue Legierung; ein Feuerlöschmittel.* Eine neue gießbare Mg-Legierung, *AZ 91*, mit 8,1—9,3 (%) Al, 0,4—1,0 Zn u. 0,13 Mn, ist bzgl. ihrer mechan. Eigg. der Legierung *Dowmetal H* mindestens gleichwertig u. übertrifft deren Druckfestigkeit. — Das bisher bei Mg-Bränden verwendete Feuerlöschmittel, feinverteilter Graphit, kann durch das stark wirksame gasförmige BCl_3 ersetzt werden. Obwohl Cl_2 allein unwirksam ist, nimmt man an, daß BCl_3 mit Mg oberflächlich zu $MgCl_2$ reagiert, wodurch das restliche Metall von der Luft abgeschlossen wird. (Mod. Metals **7.** 42—43. Juni 1951.) V. BOGDANDY. 5944

Arthur J. Stokes und **Homer W. Carhart,** Washington, D. C., V. St. A., *Mit Chloramiden imprägnierte Schutzkleidung, z. B. gegen Senfgas,* erhält man durch Imprägnierung mit in W. lösl. Amiden, bzw. Salzen von in W. lösl. machende Gruppen enthaltender Amide, worauf die aufgebrachten Amide mit Cl_2 oder anderen Chlorierungsmitteln behandelt werden. — Geeignet sind 7.8-Diphenyl- oder 7.8-Dimethylacetylendiurein, 2.5-Diimino-7.8-diphenylacetylendiurein (I), 5.5-Diphenylhydantoin, p-Toluol- oder Methansulfonamid, Acetanilid, Dibenzoyläthylendiamin, 2.4-Diketotetrahydrochinazolin, Phthalimid u. Benzimidazolin. — Z. B. wird ein Gewebe mit einer wss. 7%ig. Lsg. des Dihydrochlorids von **I** imprägniert u. das noch feuchte Gewebe 15 Min. in einer mit Cl_2 gefüllten Kammer aufgehängt. (**A. P. 2 628 174** vom 9/10. 1943, ausg. 10/2. 1953.) MÖLLERING. 5937

Drägerwerk, Heinr. & Bernh. Dräger, Lübeck, *Saure Gase, besonders CO_2 absorbierende Masse* zum Beschicken der Reinigungspatronen von Atemschutzgeräten. Gebrannter Kalk wird gelöscht, mit oder ohne Zusatz von Binde- u. Füllmitteln angeteigt u. in ein stückiges Prod. übergeführt. Der gebrannte Kalk wird ohne wesentliche Temperaturerhöhung, z. B. bei nicht über 50°, z. B. durch einmalige Zugabe des erforderlichen W., mittels Wasserdampf enthaltender Luft, alkal. Lsgg. (von Ätzkali oder Ätznatron), organ., Oxy- u./oder Carbonylgruppen enthaltenden Stoffen, gelöscht. (**D. B. P. 893 752** Kl. 61b vom 6/12. 1941, ausg. 19/10. 1953. Anmeldung bekanntgemacht 12/2. 1953.) STEIL. 5937

Drägerwerk, Heinr. & Bernh. Dräger, Lübeck, *Herstellung von durchsichtigen Stellen in an sich trüben Polyamidfolien,* bes. für die Herst. von Gasmasken u. ähnlichen Geräten, durch ein- oder beiderseitiges Bestreichen der durchsichtig zu machenden Stellen mit Lösungs- oder Quellungsmitteln, gegebenenfalls unter Zusatz von Weichmachern, u. anschließendes Verdampfen der Lösungs- oder Quellungsmittel. Dabei kann auf die mit den letzteren Mitteln behandelte, noch feuchte Sichtstelle eine gleichartige Folie in der Größe der Sichtstelle, die in gleicher Weise behandelt worden ist, aufgepreßt u. das Lösungsm. verdampft werden. Als Lösungsmittel sind niedrigsd. Vertreter der 1- oder mehrwertigen Alkohole oder Phenole sowie niedrigsd. 1-wertige aliphat. Carbonsäuren zu verwenden, als Weichmacher die hochsd. Vertreter 1- oder mehrwertiger Alkoholreihen. — Z. B. werden Folien ca. 5 Sek. in eine Lsg. aus 80 (Teilen) Methanol, 10 $CHCl_3$ u. 10 Äthylenchlorhydrin getaucht. In ca. 15 Min. nach dem Herausnehmen ist die Folie getrocknet u. dann durchsichtig geworden. (**D. B. P. 907 129** Kl. 39b vom 20/7. 1940, ausg. 22/3. 1954. Anmeldung bekanntgemacht 16/7. 1953.) HERBST. 5937

Aktiebolaget Kanthal, Hallstahammar, Schweden (Erfinder: **R. Czepek**), *Hochtemperaturbeständige und feuchtigkeitssichere Einbettmasse für elektrische Heizleitungen.* Die M. besteht aus einem mechan. Gemisch von 2 hochschm. Metalloxyden, bes. ZrO_2 u. Al_2O_3 bzw. MgO, u. etwas Bindemittel, z. B. geschlämmtem Kaolin oder Ton. Der Geh. der M. an ZrO_2 u. Al_2O_3 bzw. MgO soll 40—60% betragen. (**Schwed. P. 138 383** vom 12/4. 1947, ausg. 9/12. 1952.) JÜRGEN SCHMIDT. 5945

Anorgana, Gendorf/Obb., und **Total K.-G. Foerstner & Co.,** Ladenburg (Erfinder: **Ludwig Scheichl,** Ladenburg, **Hans Tampke,** Frankfurt/M., und **Willi Seidel,** Wernleiten, Post Siegsdorf/Obb.), *Löschmittel bei schwer benetzbaren Stoffen.* Es werden capillarakt. Stoffe nichtionogenen Charakters verwendet, die infolge Häufung von Oxäthyl-, Carbonsäureamid- oder Hydroxylgruppen wasserlösl. sind (R·Ar·X, wo R = Alkyl-, Ar = aromat. hydroaromat. oder heterocycl. Rest u. X = OH, $CONH_2$ oder COOH oder R'·X, wo R' = gerade oder verzweigte, gesätt. oder ungesätt., gegebenenfalls N oder andere Heteroatome enthaltende Kohlenstoffkette u. X = OH, $CONH_2$ oder COOH ist, z. B. Oxyäthylierungsprodd. von Phenolen, Naphtholen, Alkoholen, Carbonsäureamide oder Carbonsäure). (**D. B. P. 894 813** Kl. 61b vom 1/7. 1950, ausg. 29/10. 1953. Anmeldung bekanntgemacht 17/9. 1953.) STEIL. 5945

Karl Albert, Berndorf, Niederösterreich, *Hochwirksames Feuerlöschmittel,* bestehend aus einem Aufschluß von Roßkastanien mit wss. Ätzalkalilsgg. von 25° Bé. Man läßt dabei zunächst 12 Std. lang quellen u. kocht danach in derselben Lsg. 6 Std. lang bis zur Entstehung einer sirupösen M. von ca. 10° Bé. Sie wird in fl. oder getrockneter Form verwendet. Sie ist unbegrenzt haltbar u. lagerbeständig. (**Oe. P. 174 802** vom 3/11. 1950, ausg. 11/5. 1953.) M. F. MÜLLER. 5945

Torsten Wieslander, Halmstad, Schweden, *Feuerlöschender Schaum.* Bicarbonat, Al-Sulfat u. Erbsenmehl werden mit W. zusammengebracht; außerdem können Borax, Pottasche u. Salmiak jedes für sich oder mehrere zusammen zugesetzt werden. Vorteilhaft werden zwei trockene Mischungen, Bicarbonat mit Erbsenmehl u. Al-Sulfat u./oder Erbsenmehl mit NaCl hergestellt; sie werden je für sich mit W. versetzt u. als Suspensionen zusammengebracht. (**Schwz. P. 286 281** vom 6/6. 1950, ausg. 2/2. 1953.) HOLM. 5945

III. Elektrotechnik.

General Electric Co., New York (Erfinder: **Frank M. Clark,** Schenectady), N. Y., V. St. A., *Flüssiges Isoliermittel* aus einem halogenierten KW-stoff, bes. einem Aryl-KW-stoff (z. B. Diphenylchlorid). Zur Unschädlichmachung des bei der Zers. gebildeten Halogen-H werden 0,05—1% einer metallorgan. Verb. von der Zus. MR_x oder MR_xY zugesetzt, wo M ein Metall, z. B. Sn, Pb oder Hg, R ein KW-stoff-Radikal (bes. ein aromat.), x eine Zahl zwischen 2 u. 4 u. Y ein an das Metall gebundenes Halogen- oder Hydroxylradikal bedeutet; z. B. Sn-Tetraphenyl oder Dibutyldiphenyl-Sn. (**D. B. P. 882 723** Kl. 21c vom 25/3. 1951, ausg. 13/7. 1953. A. Priorr. 16/8. 1943 u. 10/11. 1945.) KESSEL. 5957

Deutsche Hydrierwerke Akt.-Ges., Düsseldorf, *Verbesserung der elektrischen Eigenschaften von Estern* (I), die als Lösungs-, Quellungs-, Gelatinierungs- u. Weichmachungsmittel, bes. für PVC-Verbb. dienen, dad. gek., daß man sie mit wss. Lsgg. starker Säuren u. gegebenenfalls nach einer Zwischenwäsche mit W., anschließend mit wss. Lsg. alkal. reagierender Verbb. unter Vermeidung einer Verseifung der **I** behandelt, dann neutral wäscht u. trocknet, wobei man vor oder nach der Behandlung die **I** mit Adsorptionsmitteln, wie Bleicherden, SiO_2-Gel, akt. Kohle oder dgl. behandeln kann. (**D. B. P. 886 450** Kl. 12o vom 28/2. 1940, ausg. 13/8. 1953.) MÜLLER-MEININGEN. 5957

Radio Corp. of America, Del., übert. von: **Henry T. Swanson**, Lancaster, Pa., V. St. A., *Elektrophoretisch, isolierender Überzug*, bestehend aus Al_2O_3, $Mg(NO_3)_2$, $Al(NO_3)_3$ u. einem Lösungsmittel. Durch Hitzebehandlung wird aus dem handelsüblichen $Al(NO_3)_3 \cdot 9\,H_2O$ das W. u. HNO_3 so weit ausgetrieben, daß in der Mischung $Al(OH)_3$ in einer Menge entsprechend einem Geh. von 20—33% Al_2O_3 gebildet wird. (**A. P. 2 635 995** vom 19/6. 1948, ausg. 21/4. 1953.) REICHELT. 5957

Carl Huber, Zürich, Schweiz, *Verhinderung von Sulfatansatz an Akkumulatorklemmen.* Mit dem mit den Bleiplatten verbundenen, den Akkumulatordeckel durchstoßenden Anschlußpol ist ein auf dem Deckel aufliegender Teller aus Hartblei verlötet, der mit Öl gefüllt wird. — 3 Zeichnungen. (**Schwz. P. 268 656** vom 31/12. 1948, ausg. 1/9. 1950.) B. SCHMIDT. 5971

Yardney International Corp., New York, N. Y., V. St. A., übert. von: **Otto H. Brill** und **Frank Solomon**, *Herstellung von Silberelektroden für Silber-Zink-Akkumulatoren.* Um die Stromableitung zu verbessern, wird dem Ag-Pulver vor dem Sintern bis zu 5% Pulver von Au, Pt, Ir, Rh oder Pd hinzugefügt. Die gesinterte Platte kann auch mit einer Schicht obiger Metalle überzogen werden. Zum Einsintern wird ein Ableiter aus mit Au überzogenem Ag-Draht verwendet. (**A. P. 2 654 795** vom 14/11. 1951, ausg. 6/10. 1953.) LAASS. 5971

Yardney International Corp., V. St. A., *Silber-Zink-Sammler.* Die aus Zn, ZnO oder $Zn(OH)_2$ bestehende negative, akt. M. wird unmittelbar mit Filterpapier u. darauf gegebenenfalls mit Cellophan beschichtet, so daß Zn-Salze in Lsg. durch ihre Schwere nicht absinken u. später durch Zn-Abscheidung in Bodennähe die negative Elektrode nachteilig umgestalten. Die Kapazität eines solchen Sammlers sinkt erst nach 1000 Aufladecyclen (im Gegensatz zu 200—300 bei den üblichen Ag–Zn-Sammlern) auf die Hälfte ab. Die positive Elektrode kann auch in gleicher Weise eingebettet sein. — 4 Zeichnungen. (**F. P. 1 084 910** vom 30/3. 1951, ausg. 7/8. 1953.) B. SCHMIDT. 5971

Accumulatoren-Fabrik Akt.-Ges., Hagen (Erfinder: **Berthold Tegtmeier**, Hannover), *Herstellung von Sinterelektroden für alkalische Akkumulatoren.* Um ein Ablösen von Randpartikeln zu vermeiden, werden die Ränder der porösen Elektrode mit einem U-förmig profilierten Rahmen aus metall. leitendem u./oder nichtleitendem Material, z. B. Kunststoff, versehen, wobei dieser gegebenenfalls mit der eingesinterten Metalleinlage verbunden werden kann. (**D. B. P. 904 200** Kl. 21b vom 25/12. 1951, ausg. 15/2. 1954.) LAASS. 5971

Scopicon, Inc., V. St. A., *Quecksilberdampflampen.* Damit bei Hg-Dampflampen das den Lichtbogen umschließende Quarzrohr nicht von außen durch das das Rohr umfließende Kühlwasser mit einer trübenden Schicht bedeckt wird, die wahrscheinlich aus dem Geh. des W. an O_2, C u. Metallen gebildet wird u. nicht kesselsteinartig ist, wird das Kühlwasser auf seinem Kreislauf durch einen Behälter geleitet, der zwischen einem Sieb u. einem Filter mit körnigen Anionen- u. Kationenaustauschern, bes. im Verhältnis 6 : 4, gefüllt ist. Als Kationenaustauscher sind u. a. genannt: Harze vom Typ der Na-Salze von spezif. schweren Sulfonsäuren („Amberlite IR–120“), als Anionenaustauscher u. a. Kondensationsprodd. von Formaldehyd mit aromat. Aminen, z. B. Anilin, m-Toluidin, m-Äthylaminobenzol oder m-Phenylendiaminen („Amberlite IRA–400“). — 2 Zeichnungen. (**F. P. 1 022 425** vom 24/7. 1950, ausg. 4/3. 1953.) B. SCHMIDT. 5973

Ateliers de Constructions Électriques de Charleroi, Soc. An., Brüssel, Belgien, *Drehbewegliche, vakuumdichte Durchführung für elektrische Entladungsröhren*, bes. für Drehanodenröntgenröhren. Eine der Gleitflächen des Drehlagers besteht aus poröser

Bronze mit bis zu 30% Ölgehalt. Zur Schmierung u. Dichtung dient Siliconöl. (**Belg. P. 503 144** vom 9/5. 1951, ausg. 29/8. 1952. F. Prior. 26/5. 1950.) KESSEL. 5975

Egyesült Izzólámpa és Villamossàgi R. T., Ernö Winter und **Gyula Laskay,** Budapest, *Getter.* Bariumcarbonat wird mit Al_2O_3, bes. im Mol.-Verhältnis 3 BaO : 1 Al_2O_3, mehrmals abwechselnd vermahlen u. bei 1250—1300° geglüht. Das Gemisch erhält dann im Überschuß einen zur Red. des BaO erforderlichen Zusatz von gepulvertem Metall aus der Al-Gruppe, z. B. von Al, wird mit Lsg. von Nitrocellulose zur plast. M. verarbeitet u. zu Stäbchen geformt, die im Vakuum erhitzt einen reines Ba enthaltenden Getterkörper ergeben. Statt Bariumaluminat sind andere Erdalkalialuminate oder Gemische aus solchen verwendbar. Halterung des Getterkörpers u. deren Herst. werden beschrieben. (**Oe. P. 176 270** vom 6/9. 1951, ausg. 10/10. 1953.) B. SCHMIDT. 5975

General Electric Co. Ltd., London, übert. von: **Eric Edward Welch,** Kenton, England, *Aufbringen einer festhaftenden Leuchtschicht* auf den Boden einer *Kathodenstrahlröhre.* Nach dem Reinigen der Glasröhre mit wss. HF, W., Sodalsg. u. dest. W., wird auf den Boden eine wss. Suspension von anorgan. Leuchtpulver (I), dessen Teilchen eine Größe von 5—30 μ haben, gegeben. Die Suspension enthält im Liter 30 g I, 30—50 mg hochpolymerisiertes wasserlösl. Ammoniumalginat u. 5—20 Millimol $MgCl_2$. Nach einer Sedimentationszeit von 1 Std. wird die Suspension entfernt, der Nd. nach dem Waschen u. Trocknen mit einer 3%ig. alkoh. Lsg. von Tetraäthylorthosilicat überzogen u. auf 350—450° für 5 Min. erhitzt. (**A. P. 2 621 134** vom 8/4. 1950, ausg. 9/12. 1952. E. Prior. 12/4. 1949.) LAASS. 5975

Comp. Générale de Télégraphie sans Fil, Frankreich, *Herstellung von Leuchtschirmen, insbesondere für Braunsche Röhren.* Man verwendet als Dispersionsmittel für den Leuchtstoff ein Lösungsmittelgemisch mit einem Kp. unter 200°. Die Zus. eines solchen Gemisches ist z. B. 45 (%) Ä., 40 Aceton, 10 Äthyloxalat u. 5 Äthylacetat. **F. P. 982 545** vom 13/7. 1943, ausg. 12/6. 1951.) OPPERMANN. 5975

Comp. des Lampes, Seine, Frankreich (Erfinder: **Robert Stirling Wells**), *Herstellung von Leuchtstoffen,* bes. für Leuchtschirme für Kathodenröhren. Blau fluorescierende Zinksilicatleuchtstoffe für Leuchtschirme erhält man durch Aktivierung von Zn-Silicat mittels TiO_2 oder TiO_2 u. BeO. — Man stellt z. B. ein Gémisch her von 70 (g) ZnO, 33 SiO_2 u. 0,8 TiO_2 u. glüht es bei 1150°. (**F. P. 999 042** vom 9/11. 1949, ausg. 25/1. 1952. E. Prior. 23/11. 1948.) OPPERMANN. 5975

Comp. pour la Fabrication des Compteurs et Matériels d'Usines à Gaz, Seine, Frankreich, *Leuchtschirme für Kathodenröhren.* Die Schirme enthalten durch eine geringe Menge Pb aktiviertes CaO. Sie luminescieren beim Auftreffen der Elektronen sehr stark im ultravioletten Teil des Spektrums. (**F. P. 1 004 180** vom 17/3. 1947, ausg. 26/3. 1952.) OPPERMANN. 5975

International General Electric Co., Inc., New York, N. Y., V. St. A., *Leuchtschirm für Niederdruck-Hg-Entladungslampen.* Die Leuchtmasse besteht aus Mg-Pyrophosphat, das sowohl mit Ce als auch mit Th aktiviert ist. Die Mengen im Aktivator sollen 0,001—25%, bes. 13% Ce_2O_3 u. 0,001—20% ThO_2 entsprechen. Zusätzlich können 0,001—10%, z. B. 1—5% SiO_2 verwendet werden. Der Leuchtschirm verwandelt die Strahlung der Lampe von 2537 Å in langwelligere UV-Strahlung. (**Schwz. P. 285 776** vom 14/10. 1948, ausg. 5/1. 1953. A. Prior. 15/4. 1947.) KALIX. 5975

General Electric Co. Ltd., London, England, *Ge-Halbleiter* mit 0,01% Sb-Geh. u. einer kleinflächigen Kontaktelektrode aus Au oder einer Au-Legierung, z. B. einer vergoldeten W-Drahtspitze. Bei der Herst. wird das zusammengebaute Element mit einem Stromstoß in Vorwärtsrichtung von ca. 1 A u. ca. 1 Sek. Dauer behandelt. (**F. P. 1 043 853** vom 15/10. 1951, ausg. 12/11. 1953. E. Prior. 19/10. 1950. **E. P. 688 866** vom 19/10. 1950, ausg. 18/3. 1953.) KESSEL. 5977

General Electric Co. Ltd., London, England, *Ge-Halbleiterelement.* Zur Herst. wird eine kleine Menge reinstes Ge auf feuerfestem Träger in inertem Gas zu einer Kugel geschmolzen. Durch chem. Behandlung (bes. mit einer wss. NaClO-Lsg., auch mit Zusatz von NaOH) wird soviel von der Außenzone dieser Kugel abgelöst, daß sich der Durchmesser um mindestens $^1/_4$ verringert. (**E. P. 697 536** vom 3/5. 1951, ausg. 23/9. 1953.) KESSEL. 5977

Bell Telephone Mfg. Co., Soc. An., Antwerpen, Belgien, *Halbleiter-Trockengleichrichter.* Die aus einem Metalloxyd, z. B. TiO_2, bestehende Halbleiterschicht wird red. u. dann oberflächlich wieder oxydiert oder mit einer TiO_2-Schicht versehen, so daß sie einen geringeren O-Geh. aufweist als die sich bildende, aus demselben Metalloxyd bestehende Sperrschicht. (**Belg. P. 497 748** vom 25/8. 1950, ausg. 26/2. 1951. E. Prior. 26/8. 1949.) KESSEL. 5977

Süddeutsche Telefon-Apparate-, Kabel- und Drahtwerke Akt.-Ges. TEKADE (Erfinder: **Hans Neldel**), Nürnberg, *Trockengleichrichter* mit Sperrschicht zwischen Träger u. Halbleiter. Zwischen der Trägeroberfläche u. der Korrosionsschutzschicht (z. B. einer Cr-Schicht) liegt eine Diffusionsschutzschicht, z. B. aus Cu. (**D. B. P. 895 039** Kl. 21g vom 22/7. 1943, ausg. 29/10. 1953. **Zusatz zu D. B. P. 868 318; C. 1954. 396.**) KESSEL. 5977

Westinghouse Brake & Signal Co. Ltd., London, England, *TiO_2-Trockengleichrichter*. Ein TiO_2-Halbleiterkörper wird zusammen mit Tl erhitzt, so daß sich dieses unter Bldg. einer Sperrschicht teilweise in eine oberflächliche Titanatschicht verwandelt. Dann wird der Körper auf eine höhere Temp., z. B. ca. 450°, erhitzt, wieder abgekühlt u. mit einer Gegenelektrode versehen. Während oder nach der 2. Erhitzung wird elektr. formiert. (**E. P. 694 267** vom 10/5. 1951, ausg. 15/7. 1953.) KESSEL. 5977

Siemens & Halske Akt.-Ges., Berlin und München (Erfinder: **Rudolf Böhme**, Berlin), *Elektrolytkondensator*. Die Fe- oder Ni-Elektroden sind in einem alkal. Bad, bes. in KOH, anod. oberhalb der Polarisationsspannung mit einer Umsetzungsschicht versehen. Der Elektrolyt besteht aus KOH oder NaOH. (**D. B. P. 892 938** Kl. 21g vom 10/1. 1945, ausg. 12/10. 1953.) KESSEL. 5983

IV. Wasser. Abwasser.

Énergie des Mers, Frankreich, *Trinkwasser aus Meerwasser*. Das dicht unter dem Meeresspiegel entnommene warme W. wird verdampft u. der Dampf kondensiert, wobei als Kühl-Fl. für den Kondensator kaltes Meerwasser aus größerer Tiefe benutzt wird. Das so gewonnene W. wird gegebenenfalls belüftet u. mit geeigneten Salzen versehen als Trinkwasser verwendet. (**F. P. 1 017 954** vom 15/5. 1950, ausg. 24/12. 1952.) WITTHOLZ. 6015

Allmänna Ingeniörbyran A/B, Helsingfors, Finnland, *Wasserreinigung*. Man setzt dem W. Ausflockungsmittel zu, bes. $Al(OH)_3$, u. führt das W. ohne Sedimentierung rotierenden Filtern zu. Als Flockungshilfe können Fasern zugesetzt werden, die zusammen mit den ausgeflockten Teilchen die Filterschicht bilden. (**Dän. P. 74 845** vom 26/9. 1949, ausg. 13/10. 1952.) JÜRGEN SCHMIDT. 6017

Permutit Co. Ltd., London, England, *Ionenaustausch*. Zur Erzielung eines säurefreien W. wird das über einen H^+-Austauscher geleitete saure W. durch Mischen mit Rohwasser oder mit einem über Na^+-Austauscher geleiteten W. (I) neutralisiert. Ein geringer Teilstrom (II) des vom H^+-Austauscher ablaufenden W. wird über einen Hilfsaustauscher, einen Na^+-Austauscher, geleitet. Die Leitfähigkeiten in I u. II werden verglichen u. bei Abweichungen ein Signal betätigt. (**E. P. 698 190** vom 28/11. 1950, ausg. 7/10. 1953.) REICHELT. 6021

Permutit Co. Ltd., London, England, *Erzielung einer konstanten Alkalität von Wasser* durch Mischung von alkal. W. mit über einen H^+-Austauscher erhaltenem saurem W. — Es werden kontinuierlich Proben entnommen u. jeweils in 2 Proben die zum Farbumschlag von Methylorange bis zur schwach sauren Rk. erforderliche Säuremenge zugesetzt. Die hierbei auftretenden Farbunterschiede werden photoelektr. zur Regelung des Mischungsverhältnisses verwendet. (**E. P. 699 909** vom 4/9. 1950, ausg. 18/11. 1953.) REICHELT. 6021

Carl Holger Visby Pape, Hellerup, Dänemark, *Filtrieren von sauerstoffarmem Grundwasser*. Man filtriert über einem Gemisch aus *Kationenaustauschern* u. $CaCO_3$ oder $MgCO_3$, wobei ein Luftzutritt während des Filtrierens vermieden wird. Auch die Regenerierung muß mit einer luftfreien Regenerier-Fl. erfolgen. Wenn das W. H_2S enthält, mischt man der Filtermasse etwas Aktivkohle bei. CO_2 wird unter Bldg. von Bicarbonat gebunden. (**Dän. P. 74 724** vom 1/7. 1949, ausg. 15/9. 1952.) JÜRGEN SCHMIDT. 6021

Dr. Rickmann & Rappe, Deutschland, *Weichmachen von Wasser* durch Zusetzen von NaF u. $Ca(OH)_2$, wobei auf 100 (Teile) NaF höchstens 88 $Ca(OH)_2$, zweckmäßig 10—70, vorzugsweise 50 $Ca(OH)_2$ entfallen. (**F. P. 1 003 047** vom 26/11. 1946, ausg. 13/3. 1952.) WITTHOLZ. 6025

Albert C. Malzac, Frankreich, *Reinigen von Wasser* unter Verwendung eines bes. leichten Dolomits mit geringem Geh. an $MgCO_3$ u. hohem an $CaCO_3$, dessen Lager sich im Bezirk Salinelles bei Sommieres befinden. Dieser Dolomit wird bei ca. 500° calciniert, wobei sich nur $MgCO_3$ zersetzt. Diese M. ist sehr leicht u. schwammig u. eignet sich bes. für Wasser-Aufbereitungsanlagen. (**F. P. 1 012 599** vom 16/12. 1949, ausg. 15/7. 1952.) WITTHOLZ. 6025

VEB Farbenfabrik Wolfen, Kr. Bitterfeld (Erfinder: **Hellmuth Reichelt** und **Hans Zirngibl**), *Entfernung von Kieselsäure aus Wasser.* Hierzu werden Mg-Aluminate (I) bei p_H-Werten zwischen 7 u. 9 verwendet. Diese I enthalten 2 Mol MgO auf 1 Mol Al_2O_3 u. können gesondert hergestellt oder im W. selbst erzeugt werden. (**D. P.** [**DDR**] **2 304** Kl. 85b vom 20/9. 1938, ausg. 10/1. 1953 [Wirtschaftspatent].) WITTHOLZ. 6025

Josef Stepanek, Wien, Österreich, *Durchführung der Elektroosmose.* Die Elektroosmose zur *Reinigung von Fll.* unter Verwendung von Anodenraum, Kathodenraum u. einem dazwischen liegenden Raum für das Rohwasser (I) u. unter Entfernung der ausgeschiedenen Ionen durch Spülung mit I wird in der Weise durchgeführt, daß die Spülwassermenge L in Litern je Std. für Anoden- u. Kathodenraum bei Einstellung des Durchströmungsquerschnittes in den zwischen den einzelnen Räumen vorgesehenen Durchschnittsöffnungen der Formel $L = (A/I \cdot \sqrt[3]{R}) \cdot K$ genügt wobei A die absol. Strömungsgeschwindigkeit der gesamten Menge I je Liter u. Std., R den elektr. Widerstand des I in Ohm je cm^3, I Volumeninhalt von Anoden- u. Kathodenraum u. K einen Faktor darstellen. Der Faktor K liegt bei einer Stundenleistung der Vorr. von 10—150 Liter zwischen 0,64 + —0,004 bis 0,30 + —0,05 für den Anodenraum. (**Dän. P. 74 731** vom 4/6. 1948, ausg. 22/9. 1952.) JÜRGEN SCHMIDT. 6029

Marcel Jules Verain, Nancy, Frankreich, *Sterilisation von Wasser.* Anschließend an die Chlorierung (bis 2—3 mg/Liter Cl_2) erfolgt Ultraschallbehandlung bei einer Frequenz von 400—1000 kc/Sek. u. einer Energie von 10 Watt/squ.cm. Im W. wird ein p_H-Stufe von <8 eingehalten u. gleichzeitig Luft eingeblasen. — Vorrichtung. (**E. P. 698 287** vom 30/4. 1951, ausg. 14/10. 1953. F. Prior. 16/11. 1950.) REICHELT. 6029

E. F. Drew & Co., Inc., New York, übert. von: **Richard C. Ulmer,** Tuckahoe, N. Y., V. St. A., *Behandlung von Wasser,* bes. von Kühlturmwasser, zur Verhinderung von Steinbldg. u. von Korrosion. Es werden 8—16 mg/Liter Alkali-Polyphosphatmannuronat (I) u. SO_2 (II) bis zur Bldg. einer Alkalität von 10—100 mg/Liter, ausgedrückt in $CaCO_3$, zugesetzt. Durch I wird Steinbldg., durch II, welches frei oder an I gebunden den im W. gelösten O_2 bindet, wird Korrosion verhindert. (**A. P. 2 640 808** vom 5/7. 1947, ausg. 2/6. 1953.) REICHELT. 6031

Anthony L. Nugey, Rahway, N. J., V. St. A., *Neutralisieren von Industrieabwässern,* bes. von Fe u. H_2SO_4 enthaltenden Abwässern, z. B. bei der Gewinnung von TiO_2, mit einem Geh. von 8,5 (%) H_2SO_4 u. 11 $FeSO_4 \cdot 7\,H_2O$. Durch NaOH wird, unter Rühren, $Fe(OH)_3$ ausgefällt, das nach dem Abtrennen durch Glühen in Fe_2O_3 übergeführt wird. In dem Filtrat wird durch CaO, die H_2SO_4 als $CaSO_4$ ausgefällt u. die dabei gebildete Natronlauge zum Teil zurückgeführt oder durch Einleiten von CO_2 in Na_2CO_3 übergeführt. (**A. P. 2 642 334** vom 20/9. 1947, ausg. 16/6. 1953.) REICHELT. 6043

Paul D. McNamee, Allan B. Fay, Thomas S. Derry, Ralph E. Fuhrman, John Rice und **Hugh Schreiber,** übert. von: **Paul D. McNamee,** Washington, D. C., **Allan B. Fay,** Montgomery County, Md., und **Thomas S. Derry,** Washington, D. C., V. St. A., *Ausfaulung von Abwasserschlamm.* Zur Zerstörung der Schwimmdecke wird komprimiertes Faulgas in die Faulwasser-Fl. unterhalb der Schwimmdecke eingeblasen u. dadurch eine Umwälzung der Fl. hervorgerufen u. gleichzeitig die Schwimmdecke aufgerissen. Nach Entweichen des Faulgases sinken die entgasten Feststoffe zu Boden. (**A. P. 2 640 027** vom 12/4. 1948, ausg. 26/5. 1953.) REICHELT. 6049

V. Anorganische Industrie.

Ja. R. Goldstein, *Mechanismus des Kristallwachstums von Natriumbicarbonat.* 3. Mitt. *Zur Untersuchung der Theorie und Praxis des Ammoniak–Soda-Prozesses.* (2. vgl. C. **1952.** 3388.) Wenn bei nicht zu hoher Carbonisationsgeschwindigkeit die Kristallisation vor Erreichen des krit. Carbonisationsgrades (110%) beginnt u. die Bldg. neuer Kristallisationszentren zu Beginn der raschen Umwandlung von Carbamat in Carbonat durch Ausscheidung einer genügenden Menge von $NaHCO_3$ (I)-Kristallen verhindert wird, gelingt die Gewinnung großer Kristalle schon zu Beginn der Kristallisation bei beliebiger Temp.; auch in späteren Stufen darf eine bestimmte Grenzgeschwindigkeit der Carbonisation nicht überschritten werden. Die Mindestdauer der gesamten Carbonisation beträgt 70 Minuten. Die I-Polykristalle entstehen durch Zusammenwachsen einiger 100—1000 Einzelkristalle. Durch Regelung der Geschwindigkeit der CO_2-Absorption, z. B. Hemmung durch Annäherung an das Gleichgewicht, läßt sich der Verlauf der Kristallisation in der Kolonnenhöhe gleichmäßig einstellen.

Durch zunehmenden CO_2-Partialdruck u. abnehmende Flüssigkeitstemp. verschiebt sich stetig u. allmählich das Gleichgewicht der Rk. in der Kolonne u. zugleich damit ändert sich die CO_2-Absorption u. die I-Ausscheidung. Die Konstruktion der Kolonne beeinflußt die Druck- u. Temperatureinstellung u. dadurch die Leistung. (Журнал Прикладной Химии [J. angew. Chem.] **24.** 925—39. Sept. 1951.)
R. K. MÜLLER. H 274

E. Lemaire, *Das Natriumchlorit, neues industrielles Hilfsmittel zum Bleichen, zur Desinfektion, zur Geruchsbekämpfung und zur Entfärbung.* Vf. berichtet über die Eigg., die Herst. nach 5 verschied. bekannten Verff. u. die Verwendung von $NaClO_2$. (Ind. chimique **38.** 105—06. April 1951.) KLEFFNER. H 274

General Electric Co., New York, übert. von: **Robert H. Savage,** Scotia, N. Y., V. St. A., *Reinigen von Edelgasen.* Die Verunreinigungen wie H_2, N_2, CH_4, CO, CO_2, O_2 werden durch Behandlung der Edelgase mit chem. akt., selektiv wirkenden, ultrafeinen Graphitteilchen aus den Gasen entfernt. — Vorrichtung. (**A. P. 2 624 421** vom 12/8. 1948, ausg. 6/1. 1953.) DEMMLER. H 230

Phillips Petroleum Co., Del., übert. von: **Sam P. Robinson,** Bartlesville, Okla., V. St. A., *Herstellung von Wasserstoff.* Ein KW-stoffgas (z. B. CH_4 bzw. Naturgas) wird im Gegenstrom zu heißen Kontaktkörpern, die aus metall. Material [z. B. 80 (%) Ni, 15 Cr, 5 Fe] bestehen, durch eine Reaktionszone bei Cracktemp. (z. B. 1850°F) geleitet u. in H_2 u. C gespalten; die aus der Reaktionszone entfernten Kontaktkörper werden in einer Heizzone mit einem O_2-freien Strom von Wassergas oder dgl. wiedererhitzt u. mit ca. 2200°F in die Reaktionszone zurückgeführt. (**A. P. 2 647 041** vom 15/4. 1946, ausg. 28/7. 1953.) DEMMLER. H 238

E. I. du Pont de Nemours & Co., Wilmington, Del., übert. von: **Jerome W. Sprauer,** Niagara Falls, N. Y., V. St. A., *Herstellung von Wasserstoffsuperoxyd.* Ein alkyliertes Anthrachinon wird in Lsg. in Ggw. eines Katalysators (metall. Pd auf aktiviertem Al_2O_3 niedergeschlagen) mit H_2 behandelt, das erhaltene alkylierte Anthrahydrochinon wird oxydiert, um H_2O_2 zu erzeugen u. das Anthrachinon wiederzugewinnen, wobei letzteres in den Prozeß zurückgeführt wird. (**A. P. 2 657 980** vom 5/11. 1949, ausg. 3/11. 1953.) DEMMLER. H 241

E. I. du Pont de Nemours & Co., Wilmington, übert. von: **Richard Edward Benson,** Claymont, Del., V. St. A., *Herstellung eines sauren Salzes von Hydroxylamin.* Man red. NO mit H_2 in Ggw. von Pd oder Pt unter Einhaltung eines Molverhältnisses NO : $H_2 < 1$, z. B. 1 : 1,5—1 : 6. Bei Verwendung von Pd wird der p_H-Wert <2 gehalten u. die Temp. zwischen dem F. der Reaktionsmischung u. 80° gewählt. Mit Pt soll der p_H-Wert $<2,5$, bes. $<2,25$, u. die Temp. zwischen F. u. 40°, bes. zwischen 0 u. 10°, sein. Man kann das Gemisch von NO u. H_2 in eine wss. Lsg. leiten, die eine starke Säure u. einen Pt-Katalysator enthält. (**A. PP. 2 628 888** vom 8/11. 1950 u. **2 628 889** vom 27/8. 1949, beide ausg. 17/2. 1953.) ZÜRN. H 243

Standard Oil Development Co., Elizabeth, N. J., übert. von: **Albert J. Shmidl,** Houston, Tex., V. St. A., *Ammonsulfatgewinnung.* Ein schwefelsaurer Schlamm, der gelöste C-Verbb. enthält, wird in wasserfreies NH_4OH bei 100—125° F gebracht, wobei kontinuierlich NH_4OH im Überschuß vorhanden ist. Den ausfallenden Schlamm von $(NH_4)_2SO_4$-Kristallen zieht man aus der Reaktionszone ab u. wäscht mit $NH_4 \cdot OH$ aus, wobei man ein $(NH_4)_2SO_4$ erhält, das frei von C-Verbb. ist. (**A. P. 2 659 659** vom 7/12. 1950, ausg. 17/11. 1953.) NEBELSIEK. H 243

Carl Otto, Manhasset, N. Y., V. St. A., *Gewinnung von Ammonsulfat.* Man läßt ein NH_3-haltiges Gas (I) zusammen mit zerstäubter, gesätt. $(NH_4)_2SO_4$-Lsg. (II) abwärts strömen, zerstäubt dann in einer mit der 1. Zone verbundenen 2. Zone weitere II u. läßt diesem neuen II-Strom das I aufwärts entgegenströmen. Die am Boden der 2. Zone angesammelte, übersätt. II wird abgezogen u. zum Auskristallisieren gebracht — Zeichnung. (**A. P. 2 645 559** vom 23/3. 1949, ausg. 14/7. 1953.) NEBELSIEK. H 243

Carl Otto, Manhasset, N. Y., V. St. A., *Gewinnung von Ammonsulfat.* Man zerstäubt eine feinste $(NH_4)_2SO_4$-Kristalle (I) enthaltende $(NH_4)_2SO_4$-Lsg. (II) in ein NH_3-haltiges Gas, trennt die übersätt. II ab u. läßt sie in einen Kristallisator fließen. Hier werden die gröberen I abgeschieden u. die mit feinen I beladene II kehrt in den Kreislauf zurück. — Zeichnung. (**A. P. 2 645 560** vom 18/3. 1950, ausg. 14/7. 1953.)
NEBELSIEK. H 243

Deutsche Gold- & Silberscheideanstalt vormals Roessler, Frankfurt/M. (Erfinder: **Ernst Wagner,** Konstanz), *Herstellung von Chlordioxyd.* Durch eine mit H_2SO_4

angesäuerte u. ein Reduktionsmittel, z. B. Oxalsäure, enthaltende wss. Chloratlsg. wird ein inertes Gas, z. B. Luft, in einer solchen Menge geleitet, daß eine der gesamten Reaktionswärme mindestens entsprechende Wärmemenge durch Wasserverdampfung abgeführt u. eine Reaktionstemp. von 75—90° aufrechterhalten wird. (**A. P. 2 653 079** vom 6/6. 1949, ausg. 22/9. 1953. F. Prior. 10/6. 1948.) Demmler. H 247

Novadel-Agene Corp., Belleville, übert. von: **Henry C. Marks**, Glen Ridge, und **Robert R. Joiner**, Newark, N. J., V. St. A., *Herstellung von ClO_2*. Man läßt eine aus wenigstens 5% NO_2 u. einem Verdünnungsgas bestehende Gasmischung mit einer wss. in Form eines dünnen Films verteilten Lsg. eines Chlorates (wenigstens 5 Mol/Liter) reagieren nach der Gleichung: $NaClO_3 + NO_2 \rightarrow NaNO_3 + ClO_2$, wobei die Reaktionskomponenten in die Reaktionszone in einem Mol-Verhältnis von NO_2 : Chloration 0,5—1,5 : 1 eingeführt werden. (**A. P. 2 616 792** vom 1/4. 1949, ausg. 4/11. 1952.) Demmler. H 247

Farbenfabriken Bayer Akt.-Ges., Leverkusen, *Wasserlösliche Chlorate* werden hergestellt, indem die wss. Lsg. eines Chlorides zwischen einer hohlen, innen gekühlten, wasserdicht imprägnierten Graphitanode u. einer Cr–Ni-Kathode bei einer anod. Stromdichte von ca. 0,02—0,15 A/cm elektrolysiert wird. — Vorrichtung. (**E. P. 679 339** vom 5/2. 1951, ausg. 17/9. 1952. D. Prior. 6/2. 1950.) Demmler. H 247

Mines Domaniales de Potasse d'Alsace, Paris, Frankreich, *Reinigung von Brom*. Das mit flüchtigen organ. Verunreinigungen von hohem Mol.-Gew. durchsetzte Br wird mit einem festen, mit Br chem. nicht reagierenden Adsorptionsmittel, das die Verunreinigungen selektiv adsorbiert, z. B. mit A-Kohle, Knochenkohle oder Silicagel, in Berührung gebracht. (**E. P. 652 460** vom 11/8. 1948, ausg. 25/4. 1951. F. Prior. 12/9. 1947.) Demmler. H 248

Metallgesellschaft Akt.-Ges. (Erfinder: **Rudolf Michels und Ernst Wegener**), Frankfurt/M., *Gewinnung von S*, z. B. aus Erzen, durch Destillation. Das S enthaltende Material wird mittels heißer inerter Wärmeträger, bes. von hoher Wärmekapazität in Gestalt von Kugeln, Zylindern, erhitzt. Hierbei kann ein Spülgas, bes. das Abgas des Aufheizerschachts, hindurchgeleitet werden. (**D. B. P. 886 593** Kl. 12i vom 11/12. 1951, ausg. 17/8. 1953.) Zürn. H 253

Heinrich Koppers G. m. b. H. (Erfinder: **Heinrich Koppers**), Essen, *Gewinnung von S aus H_2S*, das auch Cyan u./oder andere N-Verbb. enthält, durch Verbrennen des Gases mit O_2 (Luft) in beschränkter Menge über Kontakten, wie Bauxit. Die Rk. wird in einer mit Kontaktkörpern ausgesetzten feuerfesten Reaktionskammer (I) durchgeführt, in welcher das Gas ohne wesentliche Wärmeabstrahlung (bei ca. 1000°) oxydiert wird. Das Gas gelangt weiter in einen mit Kontaktkörnern versehenen Reaktionsschacht, der von Kühlrohren, z. B. den Wasserröhren eines Dampfkessels durchsetzt ist u. unten einen Sammelraum für den S hat. In der 1. I wird das Gas bes. durch einen mit kurzflammiger Verbrennung arbeitenden Gas–Luft-Brenner eingeführt. — Abbildungen. (**D. B. P. 874 136** Kl. 12i vom 24/4. 1940, ausg. 11/5. 1953.) Zürn. H 253

Albert Richard James Ramsey, London, England, übert. von: **Heinrich Koppers G. m. b. H.**, Essen, *Gewinnung von S aus H_2S enthaltenden Gasen*, die außerdem HCN u. NH_3 enthalten, durch Verbrennen des H_2S mit einem Gas, das weniger freien O_2 enthält, als zur Überführung des H_2S in SO_2 erforderlich ist bei Tempp. über der Zersetzungstemp. der N-Verbb., bes. $>1000°$. Es wird nur heller S erhalten, wenn man das Reaktionsgemisch nach der Erhitzung durch eine Kontaktmasse führt, dann nur soweit kühlt, daß noch kein S ausgeschieden wird, u. durch einen bei $<400°$ arbeitenden Katalysator leitet, worauf erst die Kondensation des S, bes. an gekühlten Wänden, vorgenommen wird, deren Temp. über dem F. des S liegt. — Vorr., Abbildungen. (**E. P. 686 469** vom 14/3. 1950, ausg. 28/1. 1953.) Zürn. H 253

General Electric Co., übert. von: **Robert H. Savage**, Scotia, N. Y., V. St. A., *Herstellung von chemisch aktivem Graphitpulver*, bes. für die Entfernung von N_2 u. H_2 aus Edelgasen durch Absorption. Graphit wird im Vakuum oder in einem Edelgas zerrieben, bes. indem ein Graphitstab gegen eine rotierende Fläche gepreßt wird. — Abb., Diagramm. (**A. P. 2 626 930** vom 12/8. 1948, ausg. 27/1. 1953.) Zürn. H 260

Maatschappij voor Kolenbewerking Stamicarbon N. V., Heerlen, Holland, *Herstellung von Carbiden und wertvollem Gas*. Ein Gemisch von Kohle u. Zuschlag (CaO, $CaCO_3$ oder Kalkstein) wird in einem Schachtofen mittels O_2-haltigen, zweckmäßig vorgewärmten Gebläsewindes, z. B. ein Gemisch aus techn. O_2, Wasserdampf u. CO_2, in ein wertvolles Gas, z. B. CO, das oben aus dem Schachtofen abgeführt wird, u. in ein unten aus dem Ofen abgelassenes Carbid umgewandelt. Der O_2-Geh. des Gebläsewindes soll mindestens 50% betragen. (**Oe. P. 178 345** vom 12/8. 1952, ausg. 26/4. 1954. Holl. Prior. 25/8. 1951.) WITTHOLZ. H 260

Deutsche Gold- & Silberscheideanstalt vormals Roessler (Erfinder: **Harry Kloepfer**), Frankfurt/M., *Herstellung hochdisperser Oxyde.* Bei der Herst. hochdisperser Oxyde, bes. hochdisperser *Kieselsäure*, durch Zers. der entsprechenden Halogenide in H_2-haltigen Flammen werden die bei der Spaltung der Halogenide zur Erzeugung der erforderlichen Zersetzungstemp. außer H_2 zugeführten Gase, wie Wassergas, Kokereigas, Leuchtgas, durch entsprechende Vorbehandlung von ungesätt. Verbb., wie Acetylen, dessen Homologen oder Olefinen, befreit. (**D. B. P. 891 541** Kl. 12g vom 14/7. 1943, ausg. 28/9. 1953.) MATTHAES. H 261

Carborundum Co., übert. von: **Kenneth C. Nicholson**, Niagara Falls, N. Y., V. St. A., *Herstellung von Formlingen, die aus Si_3N_4 bestehen oder die Si_3N_4 als Bindemittel enthalten.* Si oder ein Gemisch von Si mit feuerfesten oder als Schleifmittel wirksamen Stoffen formt man zusammen mit einer F-Verb., bes. 0,5—5% CaF_2, in der gewünschten Weise u. erhitzt in einer nichtoxydierenden N_2-Atmosphäre. Die Formlinge sind feuerfest, korrosionsfest u. z. B. als Schleifmittel oder als elektr. Isoliermittel geeignet. Man kann dem Gemisch auch Stoffe zusetzen, die sich beim Trocknen oder Erhitzen verflüchtigen, z. B. Naphthalin oder Phenolharze, so daß poröse Formlinge entstehen, die z. B. als Filter, Katalysator, Katalysatorträger oder Isolierstoff geeignet sind. (**A. P. 2 618 565** vom 26/2. 1948, ausg. 18/11. 1952.) ZÜRN. H 261

Kali-Chemie Akt.-Ges., Hannover (Erfinder: **Martin Schmeißer**, München, und **Herbert Jenkner**, Gräfelfing b. München), *Herstellung von Siliciumfluorchloriden, -bromiden oder -jodiden* mit einem gewissen Anteil an den jeweils entsprechenden Si-Tetrahalogeniden. SiF_4 bzw. Salze von H_2SiF_6 werden mit Al-Chlorid, -Bromid u./oder -Jodid bei mäßig erhöhten Tempp., bes. bei ca. 180—300°, umgesetzt. (**D. B. P. 901 412** Kl. 12i vom 8/8. 1951, ausg. 25/3. 1954.) ZÜRN. H 261

Knapsack-Griesheim Akt.-Ges., Knapsack b. Köln, *Herstellung von Trialkaliorthophosphat* durch Rk. eines Gemisches von Metallphosphorverbb., bes. Ferrophosphor, mit Alkalicarbonat in Ggw. eines Luftüberschusses. Die Rk. erfolgt auf dem Sinterband einer Saugzugsinteranlage bei mittleren Saugzuggeschwindigkeiten von z. B. 50 m^3 Luft/m^2 Saugfläche/Min., wobei das Gemisch durch Ausnutzung der frei werdenden Wärme über seinen F. erhitzt u. völlig geschmolzen wird. Nach Abkühlung an der Luft fällt die Schmelze in einer festen, leicht zerkleinerungsfähigen M. an. Auf die Oberfläche des das Sinterband bedeckenden Umsatzgemisches kann man geringe Mengen eines feinkörnigen Brennstoffes, wie Koksgrus, streuen. Bei höheren Sauggeschwindigkeiten setzt man dem Gemisch ca. 2—3% Koksgrus oder dgl. zu. (**D. B. P. 876 400** Kl. 12i vom 3/10. 1943, ausg. 11/5. 1953.) ZÜRN. H 264

Chemische Fabrik Budenheim Akt.-Ges., Mainz (Erfinder: **Hans Heinrich Saenger**, Grenzach, Baden, und **Otto Pfrengle**, Budenheim), *Entwässern von Lösungen oder Schmelzen kristallwasserhaltiger Orthophosphate,* die ein geringeres Alkali–P_2O_5-Verhältnis haben als Na_2HPO_4. Vor der Entwässerung auf Calcinierwalzen wurden der Lsg. oder Schmelze Pyro-, Poly- oder Metaphosphate zugesetzt, wodurch Fladenbldg. verhindert wird. (**D. B. P. 888 685** Kl. 12i vom 22/12. 1949, ausg. 3/9. 1953.) ZÜRN. H 264

Farbwerke Hoechst Akt.-Ges., vormals Meister Lucius & Brüning (Erfinder: **Heinz Schmidt**, Frankfurt/M., und **Jürgen Schaafhausen**, Frankfurt/M.), *Herstellung neutraler Alkalisulfite* durch Rk. von Pyrosulfiten mit Alkalicarbonat oder -bicarbonat in fester Phase. Die Ausgangsstoffe werden getrennt oder gemeinsam, bes. feingemahlen kontinuierlich oder diskontinuierlich einer Reaktionszone zugeführt, die aus einer mittels eines strömenden inerten Trägergases in der Schwebe gehaltenen, vorgelegten Menge von neutralem Alkalisulfit gebildet wird. Man arbeitet bei höheren Tempp., bes. 80—110°, in Ggw. von Feuchtigkeit. Das Alkalisulfit wird in dem Maße, wie es gebildet wird, abgeführt. Als Trägergas wird bes. das bei der Rk. frei werdende CO_2, bes. nach Reinigung in einem Staubabscheider, verwendet. Höheren Reaktionstempp. entsprechen niedrigere Feuchtigkeitsgehalte. Die Feuchtigkeit kann durch Anfeuchtung der Trägergase oder mit den Ausgangsstoffen, z. B. in Form von Kristallwasser, zugeführt werden. Bes. wird bei Unterdruck gearbeitet. (**D. B. P. 900 211** Kl. 12i vom 3/11. 1951, ausg. 21/12. 1953.) ZÜRN. H 272

Robert Sancier Aries und **Arthur Pollak**, New York, N. Y., V. St. A., *Oxydation von Natriumsulfid zu Natriumsulfit.* Eine konz. Na_2S-Lsg. wird mit inerter pulverisierter Trockensubstanz, bes. mit bei der Rk. gebildeten heißem Na_2SO_3, zu einer flockigen, lockeren M. gemischt. Diese M. wird unter Rühren u. Durchlüften bei ca. 120—150° in Ggw. von vorhandenem u. zusätzlich während der Rk. eingeführtem W. oxydiert,

wobei das nicht oxydierte Na_2S für spätere Stufen der Oxydationsbehandlung in Lsg. gehalten wird. Das W. kann zusammen mit Luft zugeführt werden. Die Durchlüftung kann in aufeinanderfolgenden Stufen durch getrennte Zufuhr von Luft u. getrennte Abfuhr der verbrauchten Luft aus den aufeinanderfolgenden Stufen erfolgen. — Abbildung. (**D. B. P. 900 335** Kl. 12i vom 19/7. 1951, ausg. 21/12. 1953.)
ZÜRN. H 274

Ruhrchemie Akt.-Ges., Oberhausen-Holten, *Herstellung von Kaliumsulfat.* Man erhitzt ein stöchiometr. Gemisch aus KCl u. $(NH_4)_2SO_4$ in einer geschlossenen Trommel auf höchstens 300°. Das hierbei sublimierende NH_4Cl wird abgezogen, unmittelbar in Kalkmilch aufgenommen, das entweichende NH_3 zu $(NH_4)_2SO_4$ umgesetzt u. erneut mit KCl zur Rk. gebracht. (**Dän. P. 74 328** vom 20/4. 1949, ausg. 23/6. 1952.)
JÜRGEN SCHMIDT. H 275

Warner Co., Philadelphia, übert. von: **George G. Magrail,** Phoenixville, Pa., V. St. A., *Gewinnung von reiner Magnesia.* Dolomit wird bei 1450—1650° F indirekt bzw. ohne daß er mit den heißen Verbrennungsgasen in Berührung kommt, gebrannt. Dabei werden mehr als 85 (%) $MgCO_3$ in MgO, aber weniger als 2 $CaCO_3$ in CaO übergeführt. Das Prod. rührt man zu einem Schlamm an u. leitet bei 60—120° F H_2S hindurch. Die entstandene $Mg(SH)_2$-Lsg. wird vom Rückstand abgetrennt u. erhitzt. Dabei zers. sich das $Mg(SH)_2$ zu $Mg(OH)_2$, das man abtrennt u. nach dem Trocknen zu MgO calciniert. — Zeichnung. (**A. P. 2 643 181** vom 15/8. 1949, ausg. 23/6. 1953.)
NEBELSIEK. H 282

Steirische-Magnesit-Industrie Akt.-Ges., Wien, Österreich, *Reine Magnesiumsalze.* Mineral. Prodd. oder Industrierückstände oder Halbfabrikate, die MgO, $Mg(OH)_2$ neben CaO, $Ca(OH)_2$, $CaCO_3$ u. $CaSO_4$ enthalten, werden so behandelt, daß die Oxyde u. Hydroxyde in Ggw. von W. in Sulfate übergeführt werden, dann wird mit wasserhaltigen Alkoholen, z. B. Methanol oder Äthanol, das $MgSO_4$ gelöst u. nach Entfernen des Alkohols das kalkfreie Mg-Salz gewonnen. (**Oe. P. 177 406** vom 2/7. 1952, ausg. 25/1. 1954.)
WITTHOLZ. H 282

Chimie dans l'Industrie, Frankreich, *MgO und $CaCO_3$ aus Dolomit.* Calcinierter Dolomit wird mit einem Überschuß von W. hydratisiert, die erhaltene Dolomitmilch gesiebt u. mit NH_4Cl in solcher Menge behandelt, daß ein geringer Überschuß, als zur Bldg. von $CaCl_2$ erforderlich ist, vorhanden ist. Dann wird durch die Lsg. CO_2 geleitet, wobei $CaCO_3$ ausfällt, was abgetrennt wird. Dann wird das im Filtrat enthaltene $MgCl_2$ als $MgCO_3$ gefällt u. erhitzt, wodurch MgO erhalten wird. (**F. P. 1 011 294** vom 10/1. 1949, ausg. 20/6. 1952.)
WITTHOLZ. H 283

Imperial Chemical Industries Ltd., übert. von: **Amy S. Leah,** Runcorn, und **Ronald B. Mooney,** Liverpool, England, *Gewinnung von Urantetrafluorid.* Durch Zusatz von konz. HF zu einer wss. Lsg. von gleichen Teilen $NH_4 \cdot Cl$ u. UCl_4 erhält man $NH_4 \cdot UF_5 \cdot {}^1/_2H_2O$. Durch Erhitzen auf 100° entsteht $NH_4 \cdot UF_5$, welches im inerten Gasstrom bei 400—600° unter Entweichen von $NH_4 \cdot F$ in UF_4 übergeht. (**A. P. 2 654 654** vom 17/12. 1943, ausg. 6/10. 1953. E. Prior. 16/1. 1942.) NEBELSIEK. H 339

United States of America, übert. von: **Jack E. Powell,** Ames, Io., V. St. A., *Gewinnung von Uranbromid* durch Rk. von Urannitrid mit Br_2 bei 450—700°. UBr_4 schlägt man in einem luftgekühlten Kondensator nieder. (**A. P. 2 635 035** vom 5/6. 1946, ausg. 14/4. 1953.)
NEBELSIEK. H 339

Reginald S. Dean, übert. von: **Abraham L. Fox,** Washington, D. C., V. St. A., *Gewinnung von Mangancarbonat.* MnO wird bei n. Druck in einer mit NH_3 gesätt. NH_4-Carbamatlsg. gelöst, die Lsg. vom Rückstand abgetrennt u. auf 50—120° erhitzt. Das ausgefällte $MnCO_3$ wird abgetrennt u. die Restlsg. nach dem Einleiten von CO_2 zu einem neuen Ansatz verwendet. (**A. P. 2 625 462** vom 16/12. 1948, ausg. 13/1. 1953.)
NEBELSIEK. H 350

E. I. du Pont de Nemours & Co., Wilmington, übert. von: **Roscoe H. Sawyer,** Christiana, Del., V. St. A., *Fe_2O_3-Gewinnung.* Man leitet durch eine Schicht eines feingemahlenen Eisenoxydkatalysators gasförmiges $FeCl_3$ u. O_2 mit solcher Geschwindigkeit, daß die Katalysatorteilchen ständig in turbulenter Bewegung sind. Dabei hält man die Reaktionstemp. auf 600—800°. Am Kopf der Reaktionskammer werden durch Zers. entstehendes Fe_2O_3 u. Cl_2 in einen Kondensator geleitet, aus dem sie getrennt gewonnen werden. (**A. P. 2 642 339** vom 6/11. 1948, ausg. 16/6. 1953.)
NEBELSIEK. H 354

C. K. Williams & Co., East St. Louis, Ill., übert. von: **Robert A. Stephens,** Palmer Township, Northampton County, Pa., V. St. A., *Herstellung eines Fe_2O_3,* das bes. als Schminke oder Farbe verwendet wird. Ein Fe_3O_4-Schlamm mit geringen organ. Beimengungen, der durch Red. von organ. Verbb. mit Fe bei 500—900° in saurer Lsg.

erhalten wurde, wird calciniert. Das entstandene Fe_2O_3 enthält neben freiem C noch anorgan. Verunreinigungen u. besitzt eine hohe Schleifkraft. Es wird gemahlen u. angeschlämmt. In Ggw. eines Schaummittels flotiert man u. erhält ein Prod., das nicht >0,15% C neben anorgan. Verunreinigungen enthält, die bes. aus komplexen SiO_2-, Al_2O_3-Verbb. u. Fe–Al-Silicaten bestehen. (**A. P. 2 653 081** vom 6/1. 1948, ausg. 22/9. 1953.) Nebelsiek H 354

C. K. Williams & Co., East St. Louis, Ill., übert. von: **Joseph W. Ayers,** Easton, Pa., V. St. A., *Reinigen von Cu_2O.* Zu einem wss. ZnO-haltigen Cu_2O-Schlamm fügt man unter Rühren nach u. nach verd. H_2SO_4, bis p_H 3 erreicht ist. Das ZnO hat sich dabei mit der H_2SO_4 zu $ZnSO_4$ umgesetzt. Diese $ZnSO_4$-haltige Lsg. zieht man von dem Bodensatz ab, der das reine, ungelöste Cu_2O enthält. (**A. P. 2 626 854** vom 1/6. 1946, ausg. 27/1. 1953.) Nebelsiek. H 358

Siemens-Schuckertwerke Akt.-Ges., Berlin und Erlangen (Erfinder: **Carl Stuckardt** und **Reinhold Reichmann,** Berlin), *Herstellung von spaltbaren, großflächigen Kristallen von synthetischem Glimmer* aus einem fluorhaltigen Schmelzfluß von SiO_2 oder Silicaten u. Verbb. 1-, 2- u. 3-wertiger Metalle, in dem die 2- u. 3-wertigen Metalle in einem Molverhältnis von ca. 4:1 stehen, bes. aus einem Schmelzfluß von SiO_2, K_2SiF_6 u. MgO u. Al_2O_3. Der Tiegel mit dem Schmelzfluß wird durch eine Absenkvorr. allmählich in Zonen niederer Temp. gebracht. (**D. R. P. 753 029** K. 12i vom 16/12. 1939, ausg. 8/3. 1954.) Zürn. 6151

Aluminum Co. of America, Pittsburgh, Pa., übert. von: **James W. Newsome,** Belleville, Ill., V. St. A., *Korundgewinnung* durch Erhitzen von $Al_2O_3 \cdot H_2O$ oder $Al_2O_3 \cdot 3H_2O$ unter Druck auf 400–550°. (**A. P. 2 642 337** vom 9/6. 1948, ausg. 16/6. 1953.) Nebelsiek. 6153

VI. Silicatchemie. Baustoffe.

S. Nagai, *Einiges über die Elektrothermie in der keramischen Industrie Europas.* Vortrag, bes. über die Bearbeitung von *Bauxit* in Frankreich u. Deutschland (z. B. Schmelzzement, Carborund, Silibor, Magnesiaklinker usw.). (J. electrochem. Soc. Japan **21.** 153–57. April 1953. Tokyo, Univ. [Orig.: japan.]) Schuler. 6206

H. Vindreau, *Die Flotation von feldspathaltigen Gesteinen, Sanden, Graniten, Pegmatiten, Syeniten und Feldspaten.* Es werden die Flotationsmittel u. die anzuwendenden Korngrößen zur Trennung der verschied. Gesteine beschrieben. (Ind. céram. **1954.** 85–88. März.) K. Seidel. 6208

J. H. Gray, *Emaillieren in Schweden, Dänemark und Finnland.* (Foundry Trade J. **95.** 679–86. 3/12. 1953.) Markhoff. 6212

A. Dietzel und **N. N. Padurow,** *Einfluß verschiedener Rohstoffsorten auf die mineralische Zusammensetzung und die Transparenz von Porzellan.* Nach ausführlich wiedergegebenen älteren Unterss. ist bei den aus Mullit, Quarzresten u. glasiger Grundmasse bestehenden Scherben letztere Träger der Transparenz, während Mullit u. Quarzreste trübend wirken. Aus 7 Quarzsorten (teils roh, teils roh u. gebrannt angewendet), 2 Kaolinen (Zettlitzer u. China Clay) u. einem nord. Feldspat wurden nach deren eingehender physikal. u. chem. Unters. Prüfplättchen hergestellt u. 1 Std. bei 1400° im Silitstabofen gebrannt. Die Transparenzmessung durch Photozelle ergab, daß reine einheitliche Quarze sich schwerer lösen u. damit stärker trüben als die leichter lösl. uneinheitlichen Quarze (Optimum der Korngröße bei 25 μ). Feinkörnigere Kaoline geben mehr feinkörnigen Mullit u. verschlechtern damit die Transparenz. Gefällte SiO_2 an Stelle von Quarz ergab im Laborvers. verbesserte Transparenz, bei techn. Brand verschlechtert infolge langsamer Abkühlung nachträgliche Ausscheidung von Mullit u. Cristobalit die Transparenz. Phasentheoret. Überlegungen erwiesen die Versuchsergebnisse als übereinstimmend mit den Aussagen des Dreistoffsyst. K_2O–Al_2O_3–SiO_2 nach Schairer u. Bowen (Amer. J. Sci. **245.** [1947.] 193). — 33 Literaturhinweise. (Ber. dtsch. keram. Ges. e. V. **31.** 7–18. Jan. 1954. Würzburg, Max-Planck-Inst. für Silicatforschung.) F. Heinrich. 6214

M. Chaix, *Einige Laboratoriumsversuche über die Trocknung der Tone.* Tone wurden auf verschied. Art entwässert u. ihre Entwässerungskurven in Abhängigkeit von der Zeit wiedergegeben. (Silicates ind. **18.** 130–36. April 1953.) K. Seidel. 6216

A. H. B. Cross, *Die Reproduzierbarkeit des Druckerweichungsversuches.* Feuerfeste Steine verschied. Zus. wurden dem Druckerweichungsvers. unterworfen. Es wurden die Abweichungen festgestellt, welche an Proben, die aus einem feuerfesten Stein geschnitten waren, bei Temperaturerhöhung u. bei konst. Temp. auftreten. (Trans. Brit. ceram. Soc. **53.** 77–94. Febr. 1954.) K. Seidel. 6218

A. H. B. Cross, *Der Einfluß der Erhitzungsgeschwindigkeit auf den Druckerweichungsversuch an einem feuerfesten Stein.* Es wurde eine Reihe von Druckerweichungsverss. an Proben unternommen, die aus einem feuerfesten Stein herausgeschnitten waren. Es wurden Erhitzungsgeschwindigkeiten von 10, 5, 2 u. 1°/Min. angewandt. Es wurde gefunden, daß die Erhitzungsgeschwindigkeit von 10°/Min. zu hoch ist. Über 1000° dürfte die Geschwindigkeit von 2°/Min. zweckmäßiger sein. (Trans. Brit. ceram. Soc. **53.** 95—102. Febr. 1954.) K. SEIDEL. 6218

J. Cléret de Langavant, *Über die Struktur der Schlacke für die Zementherstellung.* Darst. der Struktur der Si-Verbb., des Schmelzens als Zerstörung der Struktur, des Glaszustandes, der Hydratation der Verbb. des Portlandzementes u. der Hochofenschlacke. (Rev. Matér. Construct. Trav. publ., Édit. C **1953.** 1—6. Jan., 89—93. März. 109—13. April. 141—45. Mai. 175—79. Juni.) K. SEIDEL. 6222

A. Dietzel und **L. Tscheischvili,** *Über das Zerrieseln von α-Dicalciumsilicat und seine Verhütung.* α-Ca_2SiO_4 wandelt sich unter starker Volumenzunahme in die γ-Modifikation um. Portlandzementklinker, feuerfeste bas. Steine, die diese Verb. in größerer Menge enthalten, zerrieseln. Nach Verss. des Vf. läßt sich diese Umwandlung u. damit das Zerrieseln verhindern, wenn in dem α-Ca_2SiO_4-Gitter das Verhältnis der Kationengröße zur Größe des Anionenkomplexes vergrößert wird. Dies ist möglich durch Verkleinerung des Anions, z. B. Ersatz von SiO_2 durch B_2O_3, P_2O_5 oder CrO_3 oder durch Vergrößerung des Kations, z. B. Ersatz von CaO durch SrO oder BaO. Fe_2O_3 fördert das Zerrieseln, Sulfat u. Sulfid hilft α-Ca_2SiO_4 stabilisieren. (Ber. dtsch. keram. Ges. e. V. **30.** 151—54. Juli 1953.) HERMANN THIENE. 6222

M. Duriez, *Über einen interessanten Fall der Zerstörung von Beton aus hydraulischem Kalk im Mittelmeer.* Es wird das Untersuchungsergebnis eines zerfallenen Kalkhydratbetons mitgeteilt, nach welchem das im Meerwasser vorhandene $MgSO_4$ mit dem Kalk des Betons einen unlösl. Mg-Nd. u. verhältnismäßig leichtlösl. $CaSO_4$ gebildet hat. Diese Rk. verursachte die Zerstörung des Betons. (Rev. Matér. Construct. Trav. publ., Édit. C **1953.** 105—08. April.) K. SEIDEL. 6224

William Y. Holland und **Roger H. Cook,** *Die Reaktionsfähigkeit der Alkalien in natürlichen Zuschlagstoffen im Westen der Vereinigten Staaten.* Beispiele von Schäden, welche durch die Rk. der Alkalien aus dem Zuschlagstoff von Beton mit dem Zement entstanden sind, u. Aufstellung der Lagerstätten, welche Zuschlagstoffe enthalten, die Alkalien enthalten, welche im Beton mit Zement reagieren. (Mining Engng. **5.** 991—97. Okt. 1953. Denver, Col., Bur. of Reclamation.) K. SEIDEL. 6224

Katharine Mather, *Kalksteinsplitt als Betonzuschlagstoff.* Beschreibung der verschied. Zuschlagstoffe, welche Kalkstein bzw. Dolomit als Hauptbestandteile enthalten, nach ihrer petrograph. u. chem. Zus. u. ihren Eigg. sowie ihrer Eignung als Betonzuschlagstoffe. (Mining Engng. **5.** 1022—28. Okt. 1953.) K. SEIDEL. 6224

Victor Bodin, *Beitrag zur Untersuchung der Ausblühungen.* Es werden einige Beobachtungen mitgeteilt über die Ursachen der Ausblühungen, die sofort nach dem Herausnehmen der Steine aus dem Ofen, nach kürzerer oder längerer Lagerung auf dem Stapelplatz oder nach dem Einbau auftreten. (Ind. céram. **1954.** 65—71. März.) K. SEIDEL. 6228

P. Lapoujade, *Die thermische Differentialanalyse und ihr Wert für die Keramik.* Allg. Übersicht über das Verf. der therm. Differentialanalyse unter besonderer Berücksichtigung der bei der UNION FRANÇAISE DES PRODUITS RÉFRACTAIRES benutzten Ausführungsform. (Bull. Soc. franç. Céram. **1953.** Nr. 19. 4—11. April/Juni.) HENTSCHEL. 6248

Optische Werke C. A. Steinheil Söhne G. m. b. H. (Erfinder: **Karl Hammer**), München, *Oberflächenschicht für optische Gläser oder Kunststoffe.* Zur Herst. einer Oberflächenschicht mit höherem Brechungsindex als die glasartige Unterlage wird CeO_2 verwendet, welches sich durch besondere Wischfestigkeit auszeichnet. Zweckmäßig wird auf die Unterlage zunächst Ce aufgebracht, das dann oxydiert wird. (**D. B. P. 900 489** Kl. 32b vom 1/7. 1944, ausg. 28/12. 1953.) HANS HOFFMANN. 6201

Allgemeine Elektricitäts-Gesellschaft, Berlin (Erfinder: **Albert W. Hull** und **Roy W. Moore,** Schenectady, N. Y., V. St. A.), *Verfahren zum Gießen von mit Metallkörpern nachgiebig verbundenen Glaskörpern.* Zwecks Herst. von Gegenständen aus Glas mit eingebetteten Metallteilen werden in eine Glasgießform dünnwandige metall. Verbindungsstücke eingesetzt, vor deren Oberflächenteilen, soweit sie nicht mit dem Glas verbunden werden sollen, zusätzlich entsprechend geformte Metallteile angebracht sind. In die so vorbereitete Form wird dann das Glas gegossen. — Zeichnungen. (**D. B. P. 902 778** Kl. 32b vom 23/11. 1940, ausg. 28/1. 1954. A. Prior. 22/11. 1939.)

HANS HOFFMANN. 6201

VEB Optik Jenaer Glaswerk Schott & Gen. (Erfinder: **Werner Badke**), Jena, *Herstellung einseitig geschlossener Hohlkörper aus Quarz oder dergleichen hochschmelzenden Stoffen.* Das Schmelzgut wird durch mehrere um seine Mittelachse angeordnete, durch elektr. Widerstand beheizte Stäbe zum Schmelzen gebracht, während sich in Richtung dieser Achse ein unbeheizter Stab befindet, der einen gewissen Abstand vom Boden des Schmelzlings hat. Nach dem Herausziehen der Heizstäbe u. des Mittelstabes wird der Schmelzling durch das von letzterem gebildete Loch aufgeblasen. — Zeichnung. (**D. B. P. 899 850** Kl. 32a vom 13/10. 1951, ausg. 17/12. 1953.)

HANS HOFFMANN. 6205

Porzellanfabrik Kahla, Schönwald, Ofr. (Erfinder: **Werner Rath,** Lauf/Pegnitz), *Herstellung dünner Plättchen aus keramischer Masse.* Ein Schlicker der keram. M. wird auf einer biegsamen glatten Unterlage aus benetzbarem, jedoch nicht saugendem Werkstoff, z. B. aus Kunstharz, Celluloid, Acetylcellulose oder dgl., aufgegossen u. nach dem Ablaufen des Überschusses bis zur Lederhärte getrocknet. Nach dem Unterteilen der Plättchen werden diese weiter getrocknet, so daß sie sich beim scharfwinkligen Umbiegen der Unterlage von dieser selbsttätig lösen. — Zeichnung. (**D. B. P. 902 953** Kl. 80a vom 6/10. 1942, ausg. 28/1. 1954.) HANS HOFFMANN. 6207

Gosling & Gatensbury Ltd., Stoke-on-Trent, und **Clifford Ernest Whatmore,** Bridgnorth, England, *Herstellen glasierter Platten.* Auf die Oberfläche der Platten wird ein Glasurüberzug z. B. durch Eintauchen aufgebracht. Während die Glasurmasse noch feucht ist, wird die Oberfläche der Einw. eines Luftstrahles ausgesetzt, der eine relative Bewegung zu der Plattenoberfläche hat. Hierdurch wird die Glasurmasse ungleich dick auf der Oberfläche verteilt, so daß z. B. beim Brennen eine fleckige Maserung der Oberfläche erhalten wird. Vor oder nach der Luftstrahlbehandlung kann eine andere Glasurmasse in üblicher Weise aufgebracht werden. — Zeichnungen. (**E. P. 698 500** vom 23/11. 1950, ausg. 14/10. 1953.) REINHART. 6213

Corning Glass Works, übert. von: **Rowland D. Smith,** Corning, N. Y., V. St. A., *Einbrennen einer Glasur.* Der feingemahlenen Pb-haltigen Glasurfritte wird als Mühlenzuschlag $BaCO_3$ in Mengen zugesetzt, die ausreichen, um in den Brenngasen enthaltene Schwefeloxyde zu $BaSO_4$ zu binden. Auf diese Weise soll die Bldg. von $PbSO_4$ in den Glasuren u. damit die Entstehung ungenügend gebrannter zerbröckelnder Glasuren verhindert werden. (**A. P. 2 634 219** vom 18/1. 1949, ausg. 7/4. 1953.) REINHART. 6213

Titan Co., Inc., New York, N. Y., V. St. A., *Titanhaltige Emailfritte* besteht aus 6—12 (%) TiO_2, 18—37 P_2O_5, 19—39 Al_2O_3, 7—37 B_2O_3 u. 14—23 Na_2O, wobei die Summe der Alkalioxyde u. P_2O_5 zwischen 58 u. 85% der Summe der Alkalioxyde, P_2O_5 u. B_2O_3 betragen soll. Der Geh. an Al_2O_3 soll mindestens 23% betragen, wenn der Geh. an B_2O_3 geringer als 22% ist. Der Geh. an P_2O_5 soll weniger als 31% betragen, wenn der B_2O_3-Geh. 22 oder mehr % beträgt. — Beispiel: 31,7 (Gew.-%) Al_2O_3, 25,2 P_2O_5, 15,5 B_2O_3, 7 Na_2O, 10,4 K_2O u. 8,2 TiO_2. Derartige Fritten haben einen F. zwischen 650 u. 825°. (**E. P. 697 827** vom 9/8. 1951, ausg. 30/9. 1953. A. Prior. 10/8. 1950.) MARKHOFF. 6213

Deutsche Gold- & Silberscheideanstalt vormals Roessler, Frankfurt/M. (Erfinder: **Klaus Bonath,** Kronberg/Taunus), *Verbessern der chemischen Widerstandsfähigkeit von Aluminiumsintererzeugnissen.* Zum Herstellen von Laboratoriumsgeräten, Pyrometerrohren, Turbinenschaufeln oder Maschinenteilen werden Ausgangsstoffe verwendet, die weitgehend frei von β-Tonerde, Alkali- u./oder Erdalkalialuminat sind. Ebenso werden Alkali oder Erdalkalioxyde ferngehalten, welche die Bldg. der vorst. genannten Stoffe begünstigen. Auch Brenntemp., Brenndauer u. Art der Abkühlung werden so gewählt, daß sie im gleichen Sinne wirken. Die Abwesenheit der β-Tonerde u. dgl. verbessert die chem. Beständigkeit der Produkte. (**D. R. P. 754 192** Kl. 80b vom 21/12. 1941, ausg. 4/1. 1954.) REINHART. 6215

Central Commercial Co., Chicago, Ill., übert. von: **Paul Teetor,** Somerville, **Clinton Grove,** Basking Ridge, und **Charles W. Heller,** Bound Brook, N. J., V. St. A., *Herstellung von weißen wetterfesten Überzügen auf mineralischen Körnern.* Durch Zerkleinern von z. B. rötlichgelbem *Ton* erhaltene u. getrocknete Körner werden mit einer z. B. aus Na-Silicat (Verhältnis von $Na:SiO_2 = 1:2,85$), W., Kaolin u. $CoSO_4 \cdot 7H_2O$ enthaltenden Aufschwemmung überzogen u. schnell auf 1500—2000° F erhitzt, um alle verbrennbaren u. flüchtigen Bestandteile des Tons, wie C u. S, zu entfernen. (**A. P. 2 658 838** vom 1/11. 1948, ausg. 10/11. 1953.) DEMMLER. 6217

General Refractories Co., übert. von: **Russel Pearce Heuer,** Villanova, Pa., V.St.A., *Basische feuerfeste Steine.* 45—70 (%) grobe feuerfeste Körner aus Magnesia, z. B. Sinter- oder Schmelzmagnesia, u. Chromit von ca. 0,5—2 mm Korngröße werden mit 25—50 feinkörnigen Stoffen der gleichen chem. Zus. unter 0,34 mm Größe u. 3 bis 15 Eisenkörnern unter 0,5 mm, sowie ca. 2 eines Bindemittels aus H_2SO_4 u. $MgSO_4$ vermischt u. durch Pressen geformt. Die Formlinge werden zur Härtung mit CO_2 behandelt u. getrocknet. Die ungebrannten Steine dienen zum Auskleiden von Industrieöfen. Die Steine zeigen bei Gebrauchstempp. um 1200° kaum Schwingung u. sind sehr fest. — Zeichnung. (**A. P. 2 639 993** vom 31/12. 1949, ausg. 26/5. 1953.) REINHART. 6219

Canadian Refractories Ltd., Montreal, Can., übert. von: **Frank Eugene Lathe,** *Feuerfeste Masse.* Körner eines bas. feuerfesten Stoffes, die reaktionsfähiges Erdalkali enthalten, das zu 6% im Überschuß über die Menge vorhanden ist, welche unter Gleichgewichtsbedingungen erforderlich ist, um das Orthosilicat dieses Erdalkali, z. B. $2MgO \cdot SiO_2$, mit aller vorhandenen SiO_2 zu bilden, werden innig mit den Ausgangsstoffen für ein nichtfeuerfestes Material, wie $CaO \cdot MgO \cdot SiO_2$, vermischt, die ebenfalls das gleiche Erdalkali enthalten. Die Mischung darf nicht mehr SiO_2 enthalten, als sich mit dem Erdalkali zu Orthosilicat verbinden kann. Die Gesamtoberfläche aller nichtflüchtiger Bestandteile in der M. soll nicht größer sein als das 2,4fache der Oberfläche der freien u. gebundenen SiO_2 in der Masse. Die M. wird bis zum Schmelzen des nichtfeuerfesten Materials erhitzt, wobei es die feuerfesten Körner umhüllt. Bei weiterer Erhitzung bilden sich in der Umhüllung mit dem überschüssigen Erdalkali der Körner feuerfeste Verbb., welche die Bindung der M. bewirken. (**E. P. 697 653** vom 2/5. 1950, ausg. 30/9. 1953. **A. P. 2 647 062** vom 7/4. 1950, ausg. 28/7. 1953.) REINHART. 6219

Porzellanfabrik Kahla, Schönwald, Ofr. (Erfinder: **Werner Rath,** Lauf/Pegnitz), *Elektrischer Isolierkörper.* MgO u. TiO_2 in feinkörniger, kryptokristalliner Form oder Mg- u. Ti-Verbb., aus denen die Oxyde beim Brennen entstehen, werden gemischt u. bei 600—1100° geglüht. Es entsteht $MgO \cdot TiO_2$ je nach den Mengenverhältnissen der Bestandteile mit Überschüssen von MgO oder TiO_2. Aus dem Glühprod. werden durch Formen u. Brennen bei 1200—1350° dicht gesinterte Prodd. hergestellt, die als Isolatoren für Hochfrequenzzwecke, bes. für Kondensatoren, verwendet werden. (**D. B. P. 900 912** Kl. 80b vom 15/12. 1945, ausg. 4/1. 1954.) REINHART. 6221

I. C. Edwards Ltd. und **Martin Withworth,** Ruabon, England, *Behandlung von Mergelton zur Verwendung bei der Herstellung von säurebeständigem Zement.* Der in einen Behälter gefüllte pulvrige oder staubförmige Mergelton wird in einem Ofen auf eine 1100° nicht übersteigende Temp., z. B. 36—120 Std. erhitzt. (**E. P. 674 633** vom 11/2. 1949, ausg. 25/6. 1952.) DEMMLER. 6223

Marcel Rieux und **Léo Delsaut,** Nord, Frankreich, *Spezialzement* zum Ausbessern von Rissen oder anderen Verfallserscheinungen an Bauten aus Beton u. zur Verbindung von Körpern aus Beton. — Z. B. vermischt man 80 (g) Zement, 70 Flußsand, 25 Fe-Pulver, 4,5 NH_4Cl u. 0,8 NaCl innig. Daraus wird ein Mörtel hergestellt, die zu behandelnden Stellen werden mit einem metall. Kratzer aufgerauht, u. dann wird der Mörtel aufgestrichen. (**F. P. 1 041 405** vom 28/8. 1951, ausg. 23/10. 1953.) BEWERSDORF. 6225

André Paul Jules Barran, Seine, Frankreich, *Mit geringerer Menge Zement gut verarbeitbarer Mörtel* durch Zusatz von Na-Hyposulfit u. KNO_3. Man stellt eine konz. Lsg. aus 100 (g) W. mit 300 Na-Hyposulfit u. 20 KNO_3 her. Der Lsg. wird noch ein geringer Prozentsatz $CoSO_4$ zugesetzt. 10% dieser Lsg. werden mit 90% Anmachewasser vermischt. Von dieser Fl. werden 30 mit 100 Portlandzement zusammengemischt, gegebenenfalls können noch Sand oder andere Zuschlagstoffe beigefügt werden. Der möglichst fl. gehaltene Mörtel wird in Formen gegossen. Nach 2 Tagen kann der Formkörper entschalt werden. (**F. P. 1 037 341** vom 21/5. 1951, ausg. 16/9. 1953.) BEWERSDORF. 6227

Plastalgine, Seine, Frankreich, *Behandlung von K- oder Na-Alginatlösungen zur Verwendung als Zusatz zu Gips-, Zement- oder Kalkmörtel.* Bei konz. Lsgg. vermindert man zur Vermeidung der Verdickung der Lsg. den p_H-Wert. Man erwärmt die Lsg. auf 80° zum Zwecke der Depolymerisierung. Dann mischt man ca. 2% NaOH oder Na-Borat ein. Im Verlauf einiger Tage zeigt sich eine Abtrennung. Nach Dekantieren wird eine klare Fl. erhalten, der man 0,1% $B(OH)_3$ zufügt. Die Lsg. wird dann mit einer geringen Menge Öl emulgiert. Beim Zusatz dieser Emulsion zu den Mörtel wird der ganze Mörtel homogener u. läßt sich besser verarbeiten. (**F. P. 1 037 815** vom 29/5. 1951, ausg. 23/9. 1953.) BEWERSDORF. 6227

Wintershall Akt.-Ges., Celle (Erfinder: **Hellmuth Keitel, Wilhelm Jahn-Held,** Kassel-Wilhelmshöhe, und **Wilhelm Appel,** Heringen/Werra), *Sorelzementhaltige Kunststeinmassen.* Zur Herst. sorelzementhaltiger Massen wird eine kaust. Magnesia verwendet, die aus $Mg(OH)_2$ mit Brucitstruktur hergestellt ist. Zu diesem Zweck werden z. B. in 24 Liter einer Kreislauflauge mit der Zus. 30 g/Liter $(NH_4)_2SO_4$, 230 g/ Liter $MgSO_4$ u. 980 g/Liter W. 135 Liter der Lauge mit gleicher Konz. u. 15 kg NH_3 eingeführt. Nach ca. 2½ Std. ist die bei 60—70° durchgeführte Fällung von 10,86 kg $Mg(OH)_2$ beendet. Das kristalline Fällungsprod. hat Brucitstruktur. Es wird durch Zentrifugieren von der Lauge getrennt, ausgewaschen, bei ca. 250° vorgetrocknet u. dann durch 20 Min. langes Erhitzen auf 650—850° in kaust. Magnesia umgewandelt. (**D. B. P. 900 311** Kl. 80b vom 26/6. 1952, ausg. 21/12. 1953.) HANS HOFFMANN. 6229

Alfred Guggenberger, Augsburg, *Herstellung von Bauteilen.* Zur Herst. von Wandplatten, Pfosten, Trägern oder dgl. Bauteilen wird eine Gipsmasse verwendet, der $MgCO_3$ (**I**) u. Wasserglas (**II**) zugesetzt ist. Gebräuchliche Füllstoffe können der M. zugesetzt werden. — Beispiel für eine Zus.: 50 (Teile) Gips, 30 W., 5 **I**, 5 **II** u. 10 Holzspäne. (**D. B. P. 900 434** Kl. 80b vom 23/7. 1944, ausg. 28/12. 1953.)
HANS HOFFMANN. 6229

Ivan Orsini, Cairo, Ägypten, *Herstellung von Formsteinen, die Porphyr oder Granit ähneln.* Man stellt zunächst Zementmassen von verschied. Farbe her, erzeugt durch Befeuchtung mit ca. 8—10 Vol.-% W. getrennt Körner mit verschied. Farbe, trocknet diese an der Luft, vermischt die verschied., auf gewünschte Korngröße ausgewählten Teilchen ohne weitere Zerkleinerung u. verformt durch Pressen ohne Erwärmung. Das Verpressen erfolgt bei ca. 250 kg/cm² u. das Aushärten bei Tempp. unter 25°. (**Dän. P. 74 754** vom 23/3. 1948, ausg. 22/9. 1952. E. Prior. 7/3. 1944.)
JÜRGEN SCHMIDT. 6229

National Lead Co., New York, übert. von: **Warren B. Blumenthal,** Niagara Falls, N. Y., V. St. A., *Gewinnung einer besonders harten Ti–Zr-Verbindung.* Ein Gemisch aus ZrO_2 u. TiO_2 (9:1—1:9) wird unter Zusatz von C so erhitzt, daß eine Schmelze entsteht. Diese läßt man langsam unter O_2-Ausschluß abkühlen u. erhält ein bes. widerstandsfähiges *Schleifmittel.* (**A. P. 2 653 107** vom 30/3. 1950, ausg. 22/9. 1953.)
NEBELSIEK. 6239

Marius Durlez et Jean Arrambide, Liants hydrocarbonés, mortiers et bétons bitumineux. Paris: Dunod. 1954. (XXII + 728 S. m. Abb.) fr. 6300,—.

VII. Agrikulturchemie. Schädlingsbekämpfung.

Vincent Sauchelli, *Oberflächenaktive Mittel („surfactants") in der Düngemittelindustrie.* Erfahrungsbericht der amerikan. Düngemittelindustrie über die Verwendung von oberflächenakt. Mitteln bei der Herst. von Superphosphat u. Mischdüngern. (Agric. Chemicals **8.** Nr. 11. 32—34. 143. 145. 147. Nov. 1953. Baltimore, Md., Davison Chem. Corp., Agric. Res.) RANG. 6272

L. D. Yates, F. T. Nielsson, E. J. Fox und **R. M. Magness,** *Angereicherte und konzentrierte Superphosphate.* Wegen der Möglichkeit, Uransalze als Nebenprod. bei der üblichen Rohphosphatverarbeitung zu gewinnen, wird dieses Verf. auch in Zukunft nicht an Bedeutung verlieren. Die bestehenden Fabriken arbeiten jedoch nach verschied. Verfahren. — In einigen Versuchsreihen wurde das Verhältnis $(P_2O_5 + SO_3)$: CaO, das bei der Herst. von Superphosphat aus H_2SO_4 u. Rohphosphat 57,5—60:100 beträgt, durch fortlaufend steigenden Ersatz der H_2SO_4 durch äquivalente Mengen H_3PO_4 verändert u. der Wassergeh. des Säuregemisches ebenfalls variiert. Hierbei wurden auch die übrigen Bedingungen, wie Zeitdauer des Aufschlusses, des Erhärtens u. a. abgeändert. Die Laboratoriumsverss. wurden dann in großem Maßstabe ausgeführt. Mit Erniedrigung des Wassergeh. stieg die Güte des Produkts. Behandlung mit einer konz. NH_3-haltigen NH_4NO_3-Lsg. führte zu keinen Verlusten an verfügbarem P_2O_5. (Ind. Engng. Chem. **45.** 681—90. März 1953. Wilson Dam, Ala., Tennessee Valley Authority, u. Beltsville, Md., U. S. Dep. of Agric.) STEINER. 6282

M. A. Lugo-López, *Die funktionellen Beziehungen zwischen Wasserkapazität und Lehmgehalt tropischer Böden.* Vf. unterscheidet bei den untersuchten trop. Böden einer humiden Region zwei große Gruppen, nämlich Laterite (**I**) u. Nichtlaterite (**II**). Bei beiden konnte er Beziehungen zwischen Lehmgeh. u. verschied. Beurteilungsmomenten der Bodendurchfeuchtung ermitteln. Für **I** konnten jedoch auf Grund des Lehmgeh. nicht wie für **II** Schlüsse auf die maximale Sättigung gezogen werden. (J. Agric. Univ. Puerto Rico **35.** 66—70. April 1951.) SCHUPHAN. 6300

J. C. F. Tedrow und **Paul MacClintock,** *Löß in Böden von New Jersey.* Es wird die Bodenbeschaffenheit einiger Böden von New Jersey in der Nähe von Trenton beschrieben. (Soil Sci. **75.** 19—29. Jan. 1953. New Jersey, Rutgers Univ., Agric. Exp. Stat., Dep. of Soils, u. Princetown Univ.) W. LORENZ. 6300

A. P. Mazurak, *Aggregation von Kolloidton des Hesperia-Lößbodens durch einwertige und Calciumionen.* Aus Hesperiaboden wurden die Kolloidteilchen $<0,15\ \mu$ abgetrennt u. elektrodialysiert. Proben der Kolloidsuspension wurden mit geeigneten Mengen der Hydroxyde von Li, Na, K, NH_4, Cs, Rb u. Ca versetzt. Die durch Lufttrocknung der Suspensionen erzielten Aggregate wurden im Vakuum benetzt u. bis zu 2000 Min. in W. geschüttelt. Die Korngrößenverteilung der Aggregate in W. wurde über den Bereich von 9400 bis $<0,15\ \mu$ bestimmt. Resultate: Li^+ u. Na^+ bewirkten starke Dispersion der Aggregate; Cs^+ u. Rb^+ bildeten größere Aggregate als die anderen Kationen. Der mittlere Durchmesser der Aggregate nahm im allg. zu in der Reihenfolge Li^+, Na^+, K^+, NH_4^+, Rb^+, Cs^+, H^+. Ca^{2+} setzte die Wasserstabilität der (Aggregate herab. (Soil Sci. **76.** 181—91. Sept. 1953. Nebraska Agric. Exp. Stat.) SCHEIFELE. 6302

P. Lecat, *Isotope und landwirtschaftliche Forschung.* Allg. Ausführungen. (Agric. prat. **117.** 565—67. Dez. 1953. Pari., Univ.) WINIKER. 6304

Henri Vergnaud, *Betrachtungen über das Calciumsuperphosphat.* Überblick über die Bedeutung des Ca-Superphosphats für die Landwirtschaft. (Agric. prat. **117.** 568—69. Dez. 1953.) WINIKER. 6304

Allan B. Prince, *Über die Rückstandswirkung der Superphosphatdüngung auf den Phosphorgehalt von Böden und auf das Wachstum von Crimsonklee.* Während 36 Jahren wurde die Rückstandswrkg. bei jährlicher Anwendung von P durch die Ernteerträgnisse u. durch den P-Geh. des Bodens auf das Wachstum von Crimsonklee untersucht. Eine Anwendung von Superphosphat mit einem Geh. von ^{32}P zeigte, daß in dem Maße, wie der verfügbare P-Geh. des Bodens zunimmt, die Gesamtphosphormenge in der Pflanze abnimmt. Durch zusätzliche Phosphatdüngung wird deshalb die Ernte nicht erhöht. Die Versuchsergebnisse werden diskutiert. (Soil Sci. **75.** 51—57. Jan. 1953. Clemson, S. C., Agric. Exp. Stat.) W. LORENZ. 6304

Donald B. Bradley und **Dale H. Sieling,** *Einfluß organischer Anionen und von Zuckern auf die Phosphatfällung durch Eisen und Aluminium in Abhängigkeit vom p_H.* Lösl. Phosphate bilden mit Fe- u. Al-Verbb. saurer Böden relativ unlösl. Salze. Verschied. Zucker u. organ. Säuren, welche in den Böden durch die Tätigkeit von Mikroorganismen gebildet werden, unterbinden die Ausfällung von Phosphat durch Fe u. Al in einem weiten p_H-Bereich. Jede organ. Säure (Ascorbin-, Galakturon-, Fumar-, Pyruvin,- Gluconsäure) u. jeder Zucker (Glucose, Fructose, Galaktose, Maltose, Arabinose, Rhamnose) besitzt eine spezif. Wrkg., die vom Metall, p_H u. der Fähigkeit zur Bldg. stabiler Ionen oder Molekeln mit dem Metall abhängt. (Soil Sci. **76.** 175—79. Sept. 1953. Amherst, Mass., Massachusetts Agric. Exp. Stat.) SCHEIFELE. 6304

A. S. Ayres und **H. H. Hagihara,** *Über die Wirkung des Anions auf die Sorption des Kaliums durch einige humussaure und wasserhaltige humussaure Latosole.* Es wurden Böden in der feuchten Gegend Hawaiis auf ihre Sorptionsfähigkeit für Kalium aus KCl (**I**), K_2SO_4 (**II**), mehreren K-Orthophosphaten (**III**), KPO_3 u. Gemischen von **I** u. Ammonsulfat, Ammonphosphat u. Superphosphaten untersucht. Die Fixierung des Kalium aus **I** ist gering, aus **II** etwas größer u. aus **III**, z. B. K_3PO_4, 16—21%. Die Versuchsergebnisse werden im einzelnen mitgeteilt. Kationenaustausch scheint bei der Sorption von **II** u. **III**, wenn überhaupt, nur eine untergeordnete Rolle zu spielen. (Soil Sci. **75.** 1—17. Jan. 1953. Honolulu, Hawaii, Exp. Stat., U. S. P. A. Paper 11.) W. LORENZ. 6304

W. H. MacIntire, W. M. Shaw und **B. Robinson,** *Unterschiedliches Verhalten von Kaliummetaphosphat und -sulfatgemischen in Böden.* Es wird über die sich über 8 Jahre erstreckende Unterss. über die Fixierung des K aus K-Metaphosphat u. K-Sulfat an verschied. behandelten Böden bei einmaliger Düngung in größeren Mengen oder bei mehrmaliger Düngung in kleinen Mengen berichtet. (Soil Sci. **75.** 69—80. Jan. 1953. Univ. of Tennessee, Agric. Exp. Stat.) W. LORENZ. 6304

A. E. Kretschmer, S. J. Toth und **F. E. Bear,** *Einfluß von Chlorid- bzw. Sulfationen auf die Nährstoffionabsorption von Pflanzen.* Eine Anzahl von Pflanzenspezies (Bohne, Tomate, Lupine, Rettich, Sojabohne, Rübe u. andere) wurden in Lsg., Sand bzw. Boden, gezüchtet. Bei steigendem Cl-Geh. wurde SO_4 entsprechend herabgesetzt, wobei beide als K- u. Na-Salze zugegeben wurden. Bei einigen Proben wurde der K-Geh. des Substrats konstant gehalten u. N u. P variiert; bei anderen wurde K variiert u. P u. N konstant gehalten. Resultate: Variation von SO_4 im Substrat blieb von geringem Einfl. auf SO_4 der Pflanze sowie auf die Absorption anderer Ionen. Zunehmender Cl-Geh. im Substrat bewirkte lineare Zunahme des Cl-Geh. der Pflanze, u. zwar unabhängig von Substrat oder Pflanzenart. Bei gleichem Feuchtigkeitsgeh. der Pflanzen ergab reine Cl-Behandlung größere Erträge als reine SO_4-Behandlung. Bei 6 von 11 untersuchten Pflanzen nahm der N-Geh. mit steigendem Cl-Geh. im Substrat ab. — 10 Literaturzitate. (Soil Sci. 76. 193—99. Sept. 1953. New Jersey Agric. Exp. Stat., Rutgers Univ.) SCHEIFELE. 6304

F. J. Sowden und Doreen I. Parker, *Aminostickstoff von Böden und einzelnen Bodenfraktionen.* Freie NH_2-Gruppen von Proteinen reagieren mit 1-Fluor-2.4-dinitrobenzol unter Bldg. farbiger Kupplungsderivate. Der Nachw. wurde mittels Papierchromatographie vorgenommen. Resultate: In den untersuchten Böden u. daraus isolierten organ. Fraktionen ließen sich keine freien NH_2-Gruppen nachweisen. Durch partielle Hydrolyse — Behandeln der Bodenfraktionen mit sd. 1%ig. HCl bzw. 5%ig. $NaHCO_3$ bei 50° bzw. mit konz. CH_3COOH–HCl bei 37° — wurde eine geringe Menge NH_2-Stickstoff frei. Es bildete sich eine komplexe Mischung von Dinitrophenylaminosäuren bzw. Peptiden. — 18 Literaturzitate. (Soil Sci. **76.** 201—08. Sept. 1953. Ottawa, Can., Canada Dep. of Agric., Div. of Chem., Sci. Serv.) SCHEIFELE. 6304

C. H. Stinson, *Über die Beziehung von wasserlöslichem Bor in Böden von Illinois zum Borgehalt von Alfalfa.* Der B-Geh. der Böden ist für Alfalfa wesentlich. Der Gesamtgeh. der Pflanze an B ist vom B-Geh. des Bodens abhängig. Ein B-Geh. von weniger als 20 p.p.m. in der Pflanze macht sich durch Mangelsymptome bemerkbar. Verabreichung von Borax fördert das Wachstum von Alfalfa. Die untersuchten Böden waren in ihrem B-Geh. sehr unterschiedlich. (Soil Sci. **75.** 31—36. Jan. 1953. Urbana, Ill., Univ., Coll. of Agric., Dep. of Agronomy.) W. LORENZ. 6304

D. Fouchard, *Chemische Unkrautbekämpfung.* Allg. Ausführungen unter besonderer Berücksichtigung von *2.4-D* u. *2.4.5-T.* (Agric. prat. **117.** 561—62. Dez. 1953.) WINIKER. 6312

B. A. Korowin, *Chemische Methoden zur Bekämpfung der Viruskrankheiten des Tabaks.* Der Tabakthrips als Überträger der Bronzefleckenkrankheit u. die Tabak- oder Pfirsichlaus als Überträger der Gurkenmosaikkrankheit wurden bei Tabaksetzlingen mit einer kombinierten Spritzbrühe aus 1%ig. *Bordeauxbrühe* u. 1%ig. *Mineralöl-DDT-Emulsion* zu 97—98% abgetötet. Damit wurde erreicht, daß die behandelten Pflanzen um 2—7mal weniger vom Virus befallen wurden als Kontrollen. Auch Behandlung von Tabakpflanzen im Freiland mit 20—25 kg 5,5%ig. DDT-Stäubemittel pro ha zur Bekämpfung von saugenden Insekten führte zu einer bedeutenden Verringerung des Virusbefalls. (Табак [Tabak] **13.** Nr. 1. 56—58. Jan./Febr. 1952. Allunions-Wiss. Mikojan Forschungsinst. für Tabak u. Machorka.) LÜBKE. 6312

Enrico Masera, *Kupfersulfat, Schwefel und Formalin als Fungicide bei der Traubenkultur.* Bei den Verss. wirkten $CuSO_4$ u. $ZnSO_4$ nur schwach fungicid, Schwefeldampf braucht zur guten Wirksamkeit ausreichende Mengen W., bei Formalin arbeitet man am besten in Konzz. von 5—10%. (Agric. ital. **53** ([N. S.] **8**). 8—20. Jan. 1953. Padua, Staz. Bacologica sperimentale.) GRIMME. 6312

Frank O. Morrison, *Wirkung der Bodenbehandlung mit BHC und Lindane auf den Gerstenertrag.* Über die durch verschied. Dosierung hervorgerufene phytotox. oder möglicherweise stimulierende Wrkg. des *γ-Isomeren* von Benzolhexachlorid bei der Bodenbehandlung lassen sich nach 3jähriger Anwendung keine Schlüsse ziehen, da die Einflüsse durch Bodenbeschaffenheit u. Wetter zu stark sind. (J. econ. Entomol. **46.** 173—74. Febr. 1953. Province of Quebec, McGill Univ., Macdonald Coll.) GOEBEL. 6312

George C. Decker, *Das Problem der Spritzrückstände.* Um die Ernteprodd. frei von schädlichen Spritzrückständen zu halten, werden folgende Spritzmittel empfohlen: *Pyrethum, Rotenon* u. *Tetraäthylpyrophosphat.* Diese sind leicht zersetzbar u. daher bald ungiftig, während *Arsenik* u. *DDT* lange wirksam bleiben. Bei späten Spritzungen sind die leicht zersetzbaren Spritzmittel vorzuziehen. (Agric. Chemicals **7.** Nr. 4. 67—71. 155. April 1952. Urbana, Ill.) GRÜTZ. 6312

Simone Dormal, *Die synthetischen organischen Insekticide.* In Fortsetzung der C. **1952.** 4363 referierten Arbeit berichtet Vf. über die chem., physikal., tox. u. phytotox. Eigg. folgender Substanzen: *HETP, TEPP; Parathion, Phenothiazin; Laurylthiocyanat, Lethan* (β-Butoxy-β'-thiocyandiäthyläther), *β.β'-Dithiocyandiäthyläther, Thanit* (Isobornylthiocyanacetat), *Fenchylthiocyanacetat; TMTD; Xanthate; SPC, SCN-γ, TTC;* Dinitro-o-kresol (*DN* oder *DNOC*), 2.4-Dinitrophenol (*DNOP*), Dinitro-o-cyclohexylphenol (*DNOCHP*) u. Tetranitrocarbazol (*TNCB*); *Phenazin, Piperin; Azobenzol, Semicarbazone; Xanthon* u. *Neotran* (*K-1875*; Bis-[p-chlorphenoxy]-methan).

— 46 Literaturangaben. (J. Pharmac. Belgique [N. S.] 6. 18—33. Jan./Febr. 1951. Gembloux, Centre national de Phytopharmacie.) LIEBNER. 6312

Danville S. Chadbourne und **C. F. Rainwater,** *Histologische Wirkung von Calciumarsenat, DDT und Dieldrin auf Larvengewebe von Heliothis armigera.* Es wird über histolog. Unterss. zur Best. der Wrkg. von *Calciumarsenat* (I), *DDT* u. *Dieldrin* (II) auf Larven von Heliothis armigera Hbn. berichtet. Der Mitteldarm u. seine Muskulatur zeigten deutliche Degenerierung bei Behandlung von Larven mit I; der Tod war zurückzuführen auf eine Zerstörung des Mitteldarmepithels. II bewirkt Degenerierung des Verdauungskanals, Mitteldarms, der Fettkörperchen, Muskeln u. möglicherweise der MALPIGHIschen Gefäße; auf das Nervensyst. scheint II keine Wrkg. auszuüben. Bei DDT-behandelten Larven fehlten charakterist. histolog. Veränderungen. (J. econ. Entomol. **46.** 44—48. Febr. 1953. U. S. D. A. Agric. Res. Admin., Bur. of Entomol. and Plant Quarantine.) GOEBEL. 6312

S. L. Calhoun und **E. W. Dunnam,** *Heptachlor und andere Insekticide zur Bekämpfung von Baumwollschädlingen.* Es wird über Feldverss. mit *Heptachlor* (I) gegen Anthonomus grandis Boh. u. andere Schädlinge berichtet; eine Anwendungsmenge von 0,25 lb./acre als Staub oder Sprühmittel ist ausreichend., Mischung von I mit Aldrin, Dieldrin u. BHC mit 3% γ-Isomerem bringt keine Vorteile. (J. econ. Entomol. **46.** 157—58. Febr. 1953. U. S. D. A. Agric. Res. Admin., Bur. of Entomol. and Plant Quarantine.) GOEBEL. 6312

E. F. Taschenberg, *Bekämpfung von Polychrosis viteana mit synthetischen organischen Insekticiden.* Es wird über Verss. zur Bekämpfung von Polychrosis viteana [Clem.] mit 6 chlorierten KW-stoffen u. 6 organ. P-Verbb. berichtet. *DDT, Methoxychlor* u. *Q 137* (ein DDT-Analogon) waren wirksam, *Aldrin, Dieldrin* u. *Heptachlor* unwirksam. *Parathion* (I) u. *EPN* zeigten gute Ergebnisse, I hat gleichzeitig gute ovicide u. larvicide Wrkg.; bei dreimaliger Spritzung wirken auch *Metacide* u. der *Diäthoxythiophosphorsäureester* von *4-Methyl-7-oxycumarin* gut. Netzbare Pulver der letzteren Verbb. u. von *Systox* u. *Malathon* geben bei zweimaliger Anwendung schlechte Ergebnisse. (J. econ. Entomol. **46.** 77—84. Febr. 1953. Geneva, N. Y., New York State Agric. Exp. Stat.) GOEBEL. 6312

E. F. Taschenberg, *Wirksamkeit von Erdöl und Pflanzenölen gegen die Eier von Polychrosis viteana.* Es wird über die Laborprüfung von Ölen gegen Eier von Polychrosis viteana Clem. berichtet. Von den Erdölfraktionen (mit Emulgatoren) haben die beste ovicide Wrkg. solche mit hohem Geh. an Paraffin-KW-stoffen. Von den Pflanzenölen Baumwollsaatöl (I), Erdnuß- u. Leinöl hat I die beste Wirkung. Zusatz von Bordeauxbrühe u. Pb-Arsenat verminderte die Wrkg. (wahrscheinlich Adsorptionswrkg.). (J. econ. Entomol. **46.** 85—91. Febr. 1953. Geneva, N. Y., New York State Agric. Exp. Stat.) GOEBEL. 6312

R. N. Jefferson und **G. E. Mack,** *Bekämpfung einiger Gewächshausinsekten und -milben mit Tetraäthyldithiopyrophosphatrauch. Tetraäthyldithiopyrophosphat*(I)-Rauch war wirksam gegen folgende Insekten- u. Milbenarten: Pseudococcus citri, P. adonidum, P. maritimus, Phenacoccus gossypii, Aonidiella aurantii, Hemiberlesia lataniae, Pinnaspis aspidistrae, Coccus hesperidum, Saissetia hemisphaerica, S. oleae, Tetranychus bimaculatus, Aceria paradianthi u. Hemitarsonemus latus; gute Wrkg. auch bei Aphiden. I ist unwirksam gegen Tarsonemus pallidus u. resistente Formen von T. bimaculatus. Mehr als 140 Gewächshauspflanzen wurden durch I nicht geschädigt; Schäden treten auf bei Papaya u. bei Cattleya-Orchideen. (J. econ. Entomol. **46.** 120—23. Febr. 1953. Los Angeles, Univ. of California, u. Montebello, Calif., Trojan Labors.) GOEBEL. 6312

J. C. Schread, *Bekämpfung des Birkenblattminierers.* Die Bekämpfung von Fenusa pusilla erfolgt durch 3maliges Spritzen des befallenen Laubes mit 25%ig. Lindanemulsion am wirksamsten. (Connecticut agric. Exp. Stat., New Haven, Circ. 182. **1952.** 2—5. April.) RANG. 6312

E. V. Abraham, *Kurze Mitteilung über Eupterote canaraica an Cardamom und ihre Bekämpfung.* Zur Bekämpfung von Eupterote canaraica an Cardamomblättern bewährten sich vor allem Spritzungen mit Fischölresinatlsgg. (1 lb/10 gall.) u. 0,025%ig. Parathionlösung. HCH-Spritzungen u. Stäubungen, sowie Lindan, Toxaphen u. DDT waren wirkungsmäßig geringer. (Madras agric. J. **40.** 341—43. Aug. 1953. Coimbatore, Agric. Coll. and Res. Inst.) GRIMME. 6312

R. L. Goulding, R. F. Curran und **G. C. Labrecque,** *Insekticide zur Bekämpfung von Culicoides-Spp. in Florida.* Bericht über Bekämpfungsverss. von Culicoides furens [Poay] an der Küste von Florida. Am besten bewährt haben sich bei der Larvenbekämpfung Dieldrin (I), Chlordan, BHC (γ) oder Aldrin; I besitzt die längste Wirkungsdauer

(1 lb./acre war noch nach 20 Wochen wirksam). Bekämpfung der Larven bringt bessere Ergebnisse als Bekämpfung der Fliegen. (J. econ. Entomol. **46.** 37—43. Febr. 1953. U. S. D. A. Agric. Res. Admin., Bur. of Entomol. and Plant Quarantine.) GOEBEL. 6312

J. C. Schread, *Lebensbedingungen und Bekämpfung des orientalischen Regenwurms.* Bei der Bekämpfung von Pheretima hupeiensis auf einem Golfplatz bewährten sich bestens Parathion, Chlordan, Aldrin, Lindan u. Dieldrin als Spritzmittel oder Stäube. (Connecticut agric. Exp. Stat., New Haven, Bull. **1952.** Nr. 55b. 5—15. April. New Haven, Conn., Connecticut Agric. Exp. Stat.) GRIMME. 6312

Tracy I. Storer, *Bekämpfung von Feldnagetieren in Californien.* Übersicht über die Lebensbedingungen u. Schadensanrichtung durch die in Californien vorkommenden Nagetiere mit Anweisungen für ihre chem. Bekämpfung. — 25 Literaturangaben. (Calif. agric. Exp. Stat., Extens. Serv., Circ. **1953.** Nr. 434. 2—47. Juli.) RANG. 6312

I. Nyholm, *Keimungsversuche mit Weißdorn (Crataegus monogyna, Jacq.) dänischer und italienischer Züchtung.* An Stelle einer 3—4 Monate dauernden Lagerung bei 15—25° kann man das Saatgut 1 Std. in konz. H_2SO_4 legen u. nach 1 Monat Lagerung bei 15—25° im Freien oder in Saatlagern bei 1—5° nachreifen lassen (dän. Saatgut 4—5 Monate, italien. 3 Monate). (Tidsskr. Planteavl **56.** 684—701. 1953.) R. K. MÜLLER. 6312

Hudson Matlock jr., Carl W. Fenske und **Raymond F. Dawson,** *Entlüftete, stranggepreßte Bodenproben für Forschungszwecke und für Auswertung von Testverfahren.* Beschreibung einer Strangpresse u. des Verf. zur Formung von im wesentlichen luftfreien vergleichbaren Bodenproben mit gleichmäßiger D. u. Feuchtigkeit. (ASTM Bull. **1951.** Nr. 177. 51—55. Okt. Austin, Tex., Univ. of Texas.) RANG. 6324

Khazan Singh, *Eine automatische Auslaugapparatur zum Waschen von Böden und Niederschlägen.* Es wird eine automat. Auslaugapp. zum Waschen von Bodenproben u. Ndd. für kontinuierlichen u. diskontinuierlichen Betrieb beschrieben. (J. Sci. Food Agric. **3.** 210—12. Mai 1952. London, Imp. Coll., Agric. Chem. Labor.) W. LORENZ. 6324

C. W. Terry und **H. M. Wilson,** *Das Bodenpenetrometer bei Bodenverdichtungsuntersuchungen.* Es wird das CORNELL-Bodenpenetrometer kurz beschrieben u. auf seine Verwendungsmöglichkeit als Hilfsmittel zur Best. der Bodengüte herausgestellt. Gegenüber ähnlichen Geräten vom Hammertyp besitzt es Vorzüge der einfacheren Handhabung, z. B. sind keine physikal. Vorkenntnisse erforderderlich. (Agric. Engng. **34.** 831. 834. Dez. 1953.) W. LORENZ. 6324

Khazan Singh, *Korngrößenanalyse von Böden.* 1. Mitt. *Apparatur und Methode.* Es wird eine Absiebmaschine für trockne u. feuchte Böden beschrieben, die auch im Freiland verwendbar ist. Die Genauigkeit der Untersuchungsergebnisse beträgt 1,5%. Die mit dem Gerät erzielten Ergebnisse über die Stabilität von Böden gegen W. u. mechan. Einflüsse werden besprochen. (J. Sci. Food Agric. **3.** 205—09. Mai 1952. London, Imp. Coll., Agric. Chem. Labor.) W. LORENZ. 6324

L. N. Lapin und **W. P. Makarowa,** *Eine photometrische Mikromethode zur Bestimmung des Kupfers in Böden.* Die Bodenprobe (500 mg) wird zur Beseitigung der organ. Verbb. mit K_2SO_4 u. H_2SO_4 unter Zugabe von Perhydrol bei hoher Temp. 25—30 Min. lang behandelt, die Lsg. mit konz. NH_3 neutralisiert, von Phosphaten u. Hydraten getrennt; bei Zugabe von Diphenylcarbazon in Bzl. bildet sich eine im W. unlösl. Verb. mit 12% Cu, wobei rote Färbung entsteht, deren Intensität dem Cu-Geh. proportional ist. Die Rk. verläuft optimal bei p_H 4—5. (Почвоведение [Bodenkunde] **1953.** Nr. 8. 82—89. Aug. Usbek. Nawoi-Univ., Biol.-Bodenkundl. Fakultät.) M. GORDIENKO. 6324

Vereinigte Kaliwerke Salzdetfurth Akt.-Ges., Bad Salzdetfurth (Erfinder: **Otto Karsten,** Empelde bei Hannover), *Herstellung von grobkörnigem Kalidüngesalz.* Sehr feinkörniges, bes. durch Vakuumkühlung erhaltenes Kalidüngesalz wird noch feucht unter mäßigem Druck in Walzenpressen zu 4—5 mm starken Salzbändern verpreßt u. unter Umwälzen mit Feuergasen in Trockentrommeln getrocknet, worauf aus dem Prod. der Feinanteil ausgesiebt u. nach Anfeuchtung wiederholt verpreßt u. getrocknet wird. Dichte harte Körner von ca. 0,5 mm Durchmesser. (**D. B. P. 886 751** Kl. 16 vom 29/7. 1951, ausg. 17/8. 1953.) KARST. 6287

Borax Consolidated Ltd., London, England, übert. von: **George A. Connell,** Los Angeles, Calif., V. St. A., *Herstellung von übersättigten Boraxlösungen,* bes. für die Unkrautbekämpfung. Man löst Gemische, die neben Borax mit 1—5 Mol. Hydratwasser noch $B(OH)_3$, Natriumpentaborat, -metaborat oder -perborat enthalten. Mit $B(OH)_3$

soll das Verhältnis von $Na_2O:B_2O_3$ in dem Gemisch zwischen 0,16 u. 0,30 liegen. Die Gemische können auch Chlorate enthalten. Die Lsgg. können auch Chlorat aufnehmen, ohne Erhöhung der Feuergefährlichkeit. — Diagramme. (**A. P. 2 643 947** vom 26/9. 1949, ausg. 30/6. 1953.) Zürn. 6313

Borax Consolidated Ltd., London, England, übert. von: **Donald S. Taylor,** Monrovia, und **George A. Connell,** Los Angeles, Calif., V. St. A., *Herstellung von stabilen übersättigten Lösungen von Borax,* bes. für die *Unkrautbekämpfung.* Zu einer gesätt. wss. Lsg. von Borax setzt man Ferroverbb. u. oxydiert diese z. B. durch Einleiten von Luft oder durch $K_2Cr_2O_7$ oder $KMnO_4$ zu Ferriverbb., bes. $Fe(OH)_3$. Bes. stabilisierend wirkt der Zusatz von Metallsalzen der Fettsäuren (Seifen) oder von oberflächenakt. sulfonierten organ. Verbb., bes. Alkylarylsulfonaten, in Mengen von $>0,1\%$, bezogen auf Borax. Die Lsgg. bleiben stabil, wenn sie solchen Bedingungen ausgesetzt werden, bei denen die gelöste Boraxmenge die n. Löslichkeit übersteigt. — Diagramm. (**A. P. 2 662 810** vom 26/9. 1949, ausg. 15/12. 1953.) Zürn. 6313

Frank J. Sowa, Cranford, N. J., V. St. A., *Unkrautvernichtungsmittel,* bestehend aus 1—50 (Gewichtsteilen) $NH_3 \cdot BF_3$ u. $NH_4 \cdot BF_4$ u. 1—30 einer Verb. der Chlorphenoxyessigsäure, z. B. den NH_4-, NH_2-Salzen u. -Estern der 2.4-Dichlorphenoxy- u. 2.4.5-Trichlorphenoxyessigsäure im Gemisch mit einem geeigneten Netzmittel. (**A. P. 2 626 212** vom 8/2. 1952, ausg. 20/1. 1953.) Nebelsiek. 6313

Imperial Chemical Industries Ltd., übert. von: **Frank Talbot** und **Reginald Thomas Foster,** Widnes, England, *Herstellung von stabilen wasserlöslichen Salzen der 2-Methyl-4-chlorphenoxyessigsäure* (**I**) aus dem Rohprod. der Rk. von Monochlor-o-kresol mit $CH_2Cl-COOH$ in ca. 5—20%ig. wss.-alkal. Lösung. — Man säuert diese im 1. Gefäß unter starkem Rühren bei so hoher Temp. an, daß **I** in geschmolzener Form anfällt, trennt im 2. Gefäß die **I**-Schmelze bei einer Temp. oberhalb des F. von **I** ab u. setzt **I** im 3. Gefäß mit einem 0,5—1,7%ig. Überschuß von Alkali, z. B. 16—100%ig., bes. 60—70%ig., NaOH beim p_H 11 um. Man kann kontinuierlich arbeiten u. entweder feste Prodd. oder mindestens 25%ig. Lsgg. erhalten. Ein Geh. an 1,8—6% freiem Alkali wirkt dabei stabilisierend gegen Ausfallen. — *Herbicid.* (**A. P. 2 637 639** vom 13/3. 1950, ausg. 5/5. 1953. E. Prior. 28/3. 1949.) Müller-Meiningen. 6313

Dow Chemical Co., übert. von: **Keith C. Barrons,** Midland, Mich., V. St. A., *Unkrautbekämpfungsmittel,* bestehend aus einem Petroleumdestillat, in dem α.α-Dichlorpropionsäure oder Salze derselben dispergiert sind. (**A. P. 2 642 354** vom 10/9. 1951, ausg. 16/6. 1953.) Nebelsiek. 6313

Nicholas M. Molnar, New York, N. Y., und **Ernest Segessemann,** Woodridge, N. J., V. St. A., *Mittel zur Bekämpfung von unerwünschten Wasserpflanzen,* bestehend aus einer homogenen Mischung (D. $>1,0$) von ca. 65 (Teilen) Steinkohlenteerdestillat, z. B. Naphtha (D. 0,86), ca. 35 Hexachloräthan u. ca. 5 Emulgiermittel. (**A. P. 2 636 815** vom 27/5. 1949, ausg. 28/4. 1953.) Nebelsiek. 6313

Monsanto Chemical Co., St. Louis, Mo., übert. von: **David T. Mowry** und **Arthur H. Schlesinger,** Dayton, O., V. St. A., *Unkrautvernichtungsmittel,* bestehend aus einem organ. Thiocyanat der Formel I, in der R ein Alkylrest mit 3 bis 9 C-Atomen ist, z. B. 4-Isopropylbenzylthiocyanat, in Verbindung mit einem inerten Trägerstoff. (**A. P. 2 642 353** vom 25/8. 1951, ausg. 16/6. 1953.) Nebelsiek. 6313

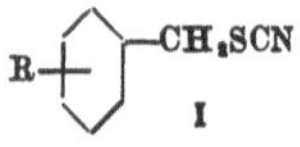

Dow Chemical Co., Midland, Mich., übert. von: **Arthur W. Swazey,** Garden Grove, Calif., V. St. A., *Bekämpfung von unerwünschten Wasserpflanzen* mit Hilfe des δ-Isomeren von 1.2.3.4.5.6-Hexachlorcyclohexan bzw. von 1.1.2.3.4.5.6-Heptachlorcyclohexan in Verbindung mit einem Dispergier- u. Emulgiermittel u. einem gemeinsamen Lösungsmittel. (**A. PP. 2 642 351** u. **2 642 352** vom 15/10. 1949, ausg. 16/6. 1953.) Nebelsiek. 6313

Monsanto Chemical Co., St. Louis, Mo., übert. von: **Joachim Dazzi,** Dayton, O., V. St. A., *Fungicides Mittel,* bestehend aus einer Verb. der allg. Formel I, in der R für H, Cl, Br oder F u. n für 2, 3 oder 4 steht, z. B. 2-Oxyäthyl-2-phenyläthylsulfid, im Gemisch mit einem inerten Verdünnungsmittel. (**A. P. 2 642 373** vom 25/3. 1950, ausg. 16/6. 1953.) Nebelsiek. 6313

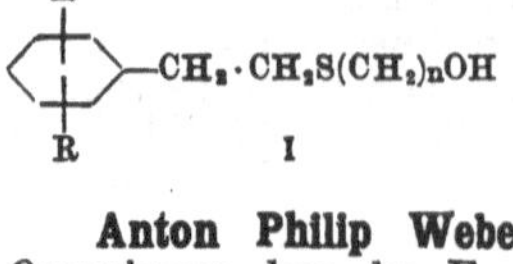

I

Anton Philip Weber, Bennekom, Holland, *Bekämpfung pflanzenschädlicher Organismen,* bes. des Erregers der Kartoffelmüdigkeit. Ein Benzylhalogenid, das im Benzolkern durch ein Halogenatom, eine Nitro-, Cyan- oder Rhodangruppe oder eine ein solches Atom oder eine solche Gruppe enthaltende, aliphat. Kette substituiert ist u.

keine Aminogruppe enthält, wird in den Boden gebracht oder zur Behandlung von Pflanzen(teilen) verwendet. — Beispiel: Nitrobenzylchlorid, p-Nitrobenzylchlorid. (**D. B. P. 899435** Kl. 451 vom 22/8. 1951, ausg. 10/12. 1953. Anmeldung bekanntgemacht 9/4. 1953. Holl. Prior. 22/8. 1950.) NEBELSIEK. 6313

Dow Chemical Co., Midland, Mich., V. St. A., *Hexachlorcyclohexan* erhält man durch Chlorierung von 50—3 (%) Bzl. in Mischung mit 50—97 CH_2Cl_2, Chlf., Äthylenchlorid, Äthylidenchlorid, Tri- oder Tetrachloräthan bei 8—40° im Dunkeln, wobei zum Anspringen der Rk. Äthylen oder Propylen zusammen mit Cl_2 eingeleitet wird. Die Ausbeute an γ-Isomeren beträgt 17—19%. Vgl. E. P. **653 364. C. 1953.** 7389. *Insekticid.* (**E. P. 693 395** vom 13/3. 1951, ausg. 1/7. 1953. A. Prior. 17/4. 1950.) KRAUSS. 6313

Imperial Chemical Industries Ltd., London (Erfinder: **Oswald Albert Marie Ghisleen Roclo** und **George McConnell**), England, *Hexachlorcyclohexan mit wenigstens 20 (%) γ-Isomerem* erhält man durch Chlorierung von Bzl. in fl. Phase bei —50 bis +50° unter Belichtung u. in Ggw. von chlorierten, aliphat. KW-stoffen als Lösungsm., wie Methylchlorid, Methylenchlorid, Chlf., Äthylchlorid, 1.1-Dichloräthan, Äthylendichlorid, 1.1.2-Trichloräthan, symm.-Tetrachloräthan, Propylendichlorid, 1-Chlor-1-methylpropan, n-Butylchlorid, tert.-Butylchlorid, 1.2-Dichlorisobutan, Monofluordichlormethan, 1.1-Difluor-1.2-dichloräthan. In Ggw. von Methylenchlorid bildet sich bei —35° bis zu 28% γ-Isomeres (Tabelle, Diagramm). Vgl. E. P. 653 364; C. **1953.** 7389. (**E. P. 678 577** vom 6/2. 1950, ausg. 3/9. 1952.) KRAUSS. 6313

Monsanto Chemical Co., übert. von: **Oliver De Garmo**, St. Louis, und **Ferdinand B. Zienty**, Brentwood, Mo., V. St. A., *2.2.3.3-Tetrahalogen-1.4-butandiol-bis-benzoesäureester* der allg. Zus. **II** (X, Y, Z = Halogen, m u. n = 0—5) erhält man durch Halogenieren der entsprechenden 2-Butin-1,4-diol-bis-ester der Zus. **I**. — 12,2 g eines unsubstituierten **I** in 250 cm³ CCl_4 (**III**) werden bei 50 mit Cl_2 gesätt., im Vakuum

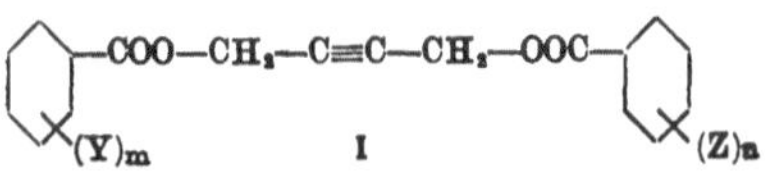

I

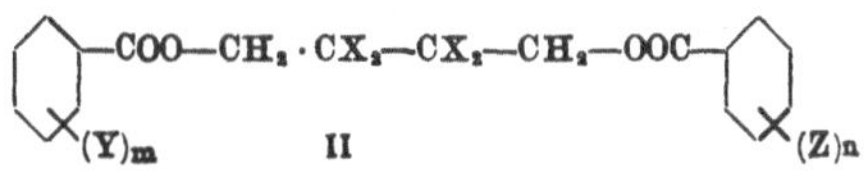

II

abdest.; *2.2.3.3-Tetrachlor-*II, $C_{18}H_{10}Cl_4O_4$, F. 130—133° (Aceton); *Bis-(dichlorbenzoesäureester)*, $C_{18}H_{10}O_4Cl_8$, F. 130—144°, u. andere. — *Herbicide, Fungicide* u. *Insekticide.* (**A. P. 2 648 702** vom 28/9. 1951, ausg. 11/8. 1953.) MÜLLER-MEININGEN. 6313

Farbenfabriken Bayer Akt.-Ges., Leverkusen, *Mittel zur Bekämpfung schädlicher Insekten*, gek. durch einen Geh. an 1.1-Diaryl-2.2-dihalogenäthanen, gegebenenfalls mit einem Zusatz von Netz-, Haft- u. Dispergiermitteln, sowie von bekannten Fungiciden oder Insekticiden. Sie wirken rasch u. sicher, ohne schädliche Wrkg. auf Menschen u. Nutztiere. (**D. B. P. 899 293** Kl. 451 vom 5/5. 1942, ausg. 10/12. 1953.) NEBELSIEK. 6313

Merck & Co., Inc., Rahway, übert. von: **Horace D. Brown**, Plainfield, N. J., V. St. A., *Insekticides Mittel*, bestehend aus einem Ester- der Chlormuconsäure, z. B. dem Benzyl- oder Tetrahydrofurfurylester, in Verbindung mit einem Trägerstoff. (**A. P. 2 636 840** vom 17/4. 1951, ausg. 28/4. 1953.) NEBELSIEK. 6313

Murphy Chemical Co. Ltd., **Max Pianka**, Weathampstead, und **Victor Horace Chambers**, Luton, England, *Herstellen insekticider, im wesentlichen Oktaalkyltetrapyrophosphorsäureamide enthaltender Mischungen.* 2 Mol eines Bis-(dialkylamino)-halogenphosphinoxyds werden in einem Arbeitsgang bei erhöhter Temp. in einem wasserfreien, inerten Lösungsm. mit ca. 2 Äquivalenten eines anorgan., in Ggw. des bei der Rk. gebildeten wasserfreie OH-Ionen in hoher Konz. liefernden Kondensationsmittels, z. B. NaOH, zur Rk. gebracht. (**D. B. P. 899 433** Kl. 451 vom 21/6. 1951, ausg. 10/12. 1953. Anmeldung bekanntgemacht 29/10. 1953. E. Prior. 26/6. 1950.) NEBELSIEK. 6313

Gebr. Borchers A.-G. Chemische Fabrik, Goslar (Erfinder: **Hermann Reisener**, Oker), Harz, *Äther des p-Nitrophenols* werden erhalten durch Erhitzen von p-Nitrophenol-Na (**I**) u. p-Chlorbenzotrichlorid (p-Chlortrichlormethylbenzol) (**II**), die beide weitere Substituenten tragen können, in Ggw. von Xylol auf 130°. p-Nitro-p'-trichlormethyldiphenyläther (NO_2—C_6H_4—O—C_6H_4—CCl_3) wird in 95%ig. Ausbeute durch Rk. von 1 (Mol) I u. 1 II in Ggw. von 3—5 Xylol durch mehrstd. Erhitzen auf 130° am Rückfluß erhalten. Ölige, viscose Fl. von hohem, nicht bestimmbarem Siedepunkt. Es dient, auch im Gemisch mit fungiciden, baktericiden oder insekticiden Stoffen, wie γ-Hexachlorcyclohexan, als *Insekticid.* (**D. B. P. 870 561** Kl. 12q vom 10/6. 1951, ausg. 16/3. 1953.) MATTHAES. 6313

Pennsylvania Salt Mfg. Co., Philadelphia, Pa., übert. von: **Ralph E. Plump**, Haddonfield, N. J., V. St. A., *Schädlingsbekämpfungsmittel*, bes. zum Räuchern, bestehend aus einer Verb. der allg. Formel I, in der R für H u./oder Halogen steht, wobei aber wenigstens 1 R ein Halogen ist, gemischt mit einem anderen bekannten Insekticid u. einem üblichen Trägerstoff. — Beispiele für I: 2-Monochlorthiophen; 2.5-Dibromthiophen. (**A. P. 2 651 579** vom 12/8. 1946, ausg. 8/9. 1953.) NEBELSIEK. 6313

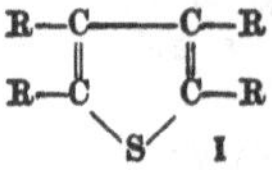
I

Gulf Oil Corp., Pittsburgh, übert. von: **Herschel G. Smith**, Wallingford, **Mark L. Hill**, Boothwyn, und **Troy L. Cantrell**, Lansdowne, Pa., V. St. A., *Insekticides Mittel*, bestehend aus einem bekannten Insekticid, z. B. Pyrethrum, oder Gemischen mehrerer Insekticide, einem Lösungsm. u. ca. 0,01—10,0 Gew.-% eines Kondensationsprod. von CH_2O mit einem prakt. neutralen Ca-Salz einer N-alkylierten Phthalamidsäure der Formel I, in der R eine Alkylgruppe mit 8—20 C-Atomen bedeutet. (**A. P. 2 636 839** vom 17/10. 1949, ausg. 28/4. 1953.) NEBELSIEK. 6313

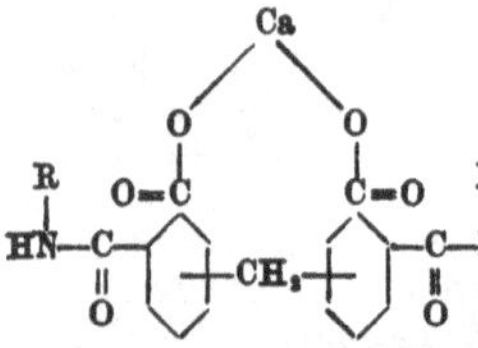
I

Badische Anilin- & Soda-Fabrik Akt.-Ges., Ludwigshafen/Rh. (Erfinder: **William Hennicke**, Mannheim), *Überführen von kolloidal gefällten Schwefel enthaltenden, wässerigen Pasten in ein streubares Trockenprodukt*, bes. solchen, die durch Kochen von Ammonpolysulfidlsgg. gewonnen wurden, durch Zusatz von Celluloseäthern (I), z. B. dem Glykolsäureäthyläther der Cellulose, oder von Gemischen von I u. anderen Dispergiermitteln. Verwendung als *Schädlingsbekämpfungsmittel*. (**D. B. P. 904 958** Kl. 451 vom 3/1. 1950, ausg. 25/2. 1954.) NEBELSIEK. 6313

VIII. Metallurgie. Metallographie. Metallverarbeitung.

Charles N. Jewart, *Wärmöfen*. Regenerativ u. rekuperativ beheizte Öfen für Schienen-, Stab- u. Knüppelstraßen. Verwendung von Si-Carbid u. Cr-Erz zur Verlängerung der Lebensdauer der Herde. (Iron and Steel **23**. 107—08. März 1950.) HAUG. 6370

Mario Barbero, *Übersicht über die häufigsten Gießereifehler in Gußstücken aus Aluminiumlegierungen und ihre Ursachen*. Vf. gibt eine Einteilung der Gußfehler nach 9 Gesichtspunkten (Porosität, Sprünge, sporad. innere oder oberflächliche Hohlstellen, Oxydhäutchen, Aderungen u. Fehlstellen, Schaum u. Schlacken, Unregelmäßigkeiten der Oberfläche, Grobkristallisation u. Liquationen, innere Spannungen u. Verformungen) u. erörtert unter jedem Stichwort die Fehlerursachen. (Metallurgia ital. **43**. 482—86. Nov. 1951.) R. K. MÜLLER. 6382

Karl Bungardt, Rudolf Oppenheim und **Robert Scherer**, *Einfluß der Verformung bei tiefer Temperatur auf die Eigenschaften nichtrostender austenitischer Stähle*. Die $\gamma \rightarrow \alpha$-Umwandlung wird durch die Verformung bei tiefer Temp. begünstigt. Die Verformung austenit. nichtrostender Stähle mit instabilem Austenit bei Tieftemp. ergibt im Vgl. zur Verformung bei Raumtemp. bei gleichen Verformungsgraden höhere Zugfestigkeiten. Durch eine Verformung bei Raumtemp. mit anschließendem Tiefkühlen wird die Austenitumwandlung nur wenig beeinflußt. Durch die Verformung bei tiefer Temp. können durch die verstärkte Umwandlung γ- in α-Mischkristall Zugfestigkeiten erreicht werden, die im Rahmen der üblicherweise anwendbaren Verformungsgrade durch Kaltverformung bei Raumtemp. nicht erzielt werden. Durch Glühen der bei tiefen Tempp. verformten Stähle bei ca. 400° werden Streckgrenze u. Zugfestigkeit noch erheblich erhöht. Die im Vgl. zur 475°-Versprödung der ferrit. Cr-Stähle beobachtete Verschiebung des größten Aushärtungseffektes zu tieferer Temp. wird durch die oberhalb 400° bereits beginnende Rückbldg. der γ-Phase u. Überlagerung durch eine entfestigende Erholung erklärt. Die Entstehung der σ-Phase wird durch die γ–α-Umwandlung bei der Kaltverformung begünstigt. (Arch. Eisenhüttenwes. **24**. 423—30. Sept./Okt. 1953. Krefeld.) HOCHSTEIN. 6410

Hans Rösner, *Die Herstellung von Ferrowolfram*. Ausführliche Darst. des Verfahrens. (Chemiker-Ztg. **76**. 475—79. 20/7. 520—22. 5/8. 1952. Wasserscheide über Burbach, Kreis Siegen/Westf.) WINIKER. 6418

A. Cibula, *Die Kornfeinheit und ihre Einflüsse auf Nichteisengußlegierungen*. Erörtert wird der Einfl. der Korngröße auf die Gieß- u. die Festigkeitseigg. von Nichteisengußlegierungen. Es wird gezeigt, daß die Einschüttung u. der Widerstand gegen Warmrißbldg. während der Erstarrung durch Kornverfeinerung verbessert u. daß die Festigkeitseigg., die Druckwasserdichtigkeit u. die Geschwindigkeit des Ansprechens auf eine Lösungs-Wärmebehandlung des Gußstückes stark erhöht werden. Der Vorgang der Kornverfeinerung wird erörtert. Die Gleichheit u. die Eigg. von Erstarrungskeimen in einigen feinkörnigen Legierungen werden besprochen u. Angaben über die Entwicklungen in der Kornverfeinerung von *Al-* u. *Cu*-Legierungen gemacht. (Foundry Trade J. **93.** 695–703. 18/12. 1952.) HOCHSTEIN. 6420

Carlo Panseri, *Neue Fortschritte in der Anwendung von Leichtmetallen.* Vortrag. (Metallurgia ital. **45.** 253–60. Juli 1953. Novara, Ist. Sper. di Metalli Leggeri.) RUMPF. 6442

A. E. Williams, *Zirkonium und seine Verbindungen.* Übersicht über Vork. von Zr, Herst. von reinem Zr u. synthet. *Zirkon,* Verwendung, Kornverfeinerungseffekt von Zr in *Mg-Legierungen,* geschmiedete Zr-Legierungen u. Gußlegierungen. (Mining J., Ann. Rev. **1950.** 44–49. Mai.) BLUTH. 6448

Werner Borschel und **Otto Müller,** *Hartmetall im Bergbau und sein Einfluß auf Leistung und Wirtschaftlichkeit.* (Glückauf **87.** 1003–10. 27/10. 1951. Essen.) HABBEL. 6476

Helmuth Odenhausen, *Hartmetall im Bergbau.* Begriffsbest., Einteilung, Zus., Eigg., Herst., Verwendung u. Bearbeitung von gegossenen u. gesinterten Hartmetallen. — Schrifttumsangaben. (Glückauf **90.** 35–46. 2/1. 1954. Essen.) HABBEL. 6476

C. A. Zapffe und **C. O. Worden,** *Fraktographische Feststellung von Ermüdung.* Die Bruchflächen von Ermüdungsbrüchen von einer Al-Legierung, eines C-Stahles u. eines schwach legierten Stahles werden fraktograph. untersucht. Hierbei sind zwei Brucharten erkennbar, die als plattenförmige Struktur u. als lamellare Struktur gekennzeichnet werden. Von diesen stellt erstere den Beginn des Bruches, letztere das Endstadium des Bruches dar. Ihre Beziehung zur Zahl der Lastwechsel u. zur Lage bzgl. der Zone höchster Spannungsbeanspruchung wird untersucht. Die Aufnahmen lassen eine unterteilte Mosaikstruktur des Bruchkorns mit einer durch den Ermüdungsvorgang bedingten strukturellen Veränderung erkennen. Die in der 2. Stufe beobachtete lamellare Struktur wird mit der von ZAPFFE vertretenen Micellartheorie des festen Zustandes in Verbindung gebracht. (Trans. Amer. Soc. Metals **43.** 958–69. 1951.) O. WERNER. 6480

P. Grodzinsky, *Untersuchung der Abhängigkeit der Eigenschaften der Metalle von der Walzrichtung mittels der Härteprüfung.* Da Härteunterss. mit symm. Druckkörpern nach BRINELL u. nach VICKERS keinen Aufschluß über den Einfl. der Walzrichtung geben, wurden Verss. mit asymm. Druckkörpern durchgeführt. Vf. gibt einen Überblick über dahingehende Arbeiten anderer Forscher u. berichtet über eigene Verss. mit einem Doppelkegel, der unter verschied. Winkeln zur Walzrichtung der Probe u. verschied. Belastung aufgesetzt wurde, an *Stahl,* kaltgewalztem *Cu* u. Cu-Einkristallen. Dabei wurden bei gewalztem Cu die mit dem Doppelkonus erhaltenen Ergebnisse mit denen einer Diamantpyramide verglichen, wobei sich die erste Meth. als überlegen erwies. Das Verf. eignet sich für metall. Kristalle u. für Mineralien. — Schrifttumsangaben. (Rev. gén. Mécan. **37.** 147–52. Mai 1953.) APEL. 6480

W. Siegfried, *Dauerversuche bei Raumtemperatur an eingekerbten Proben aus Zinnlegierungen.* An Sn-Legierungen mit 6 u. 1,4% Cd wurde der Einfl. der Form der Einkerbung, der Wärmebehandlung u. der Legierungszus. untersucht. Ebenso wie bei entsprechenden früheren Verss. mit hitzebeständigen Stählen zeigte sich ein Minimum der Dehnung in Abhängigkeit von der Dauer der Belastung. Es wurde dabei ein unregelmäßiges Verh. beobachtet, das anscheinend auf eine durch das Fließen des Werkstoffs bedingte beschleunigte Ausscheidung einer in übersättigter Lsg. enthaltenen Komponente zurückzuführen ist. Obgleich bei den Verss. derartige Ausscheidungen nicht einwandfrei nachgewiesen werden konnten, wird angenommen, daß bestimmte Fließgeschwindigkeiten die Rekristallisation im Bereich der beobachteten geringeren Dehnung verzögern. Der Bereich der geringsten Dehnung teilt sich in zwei Zonen u. ist auf Ungleichmäßigkeit der Ausdehnung zurückzuführen, die durch die Form der Einkerbungen bedingt ist, u. zwar ist die Ungleichmäßigkeit der Verformbarkeit der Kristalle an der Oberfläche geringer als im Inneren. Das erste Dehnungsminimum entspricht somit der Zone, in der die Sprödigkeit durch die Verformung der Kristallite bedingt ist, das zweite der Zone, in der dasselbe bei den Korngrenzen der Fall ist. — Schrifttumsangaben. (Rev. Métallurgie **50.** 115–35. Febr. 1953.) APEL. 6480

W. Späth, *Über die Zerspanbarkeit von Leichtmetallen.* Nach einer Erklärung der Begriffe u. Betrachtung der Aufstellung von Kennwerten bei der Prüfung auf das Verschleißverh. u. die Zerspanbarkeit wird über Versuchsreihen mit einer Legierung aus 93 (%) *Al,* 1,23 *Si,* 2,17 *Fe* u. 3,21 *Cu* von einer Zerreißfestigkeit von 24 (kg/mm^2) u. Härte H_n von 70 berichtet. Die Legierung wurde mit drei Hartmetallsorten bis zur Erreichung einer Verschleißmarkenbreite von 0,1 mm zerspant. Die Ergebnisse werden ausgewertet u. der Berechnungsgang gezeigt. Eine weitere Auswertung wird sodann von Zerspanungsverss. einer *AlMgSi*-Legierung (*Fliegwerkstoff 3355,4*) erläutert. Es folgen eine Besprechung von Verss. über die Zerspanung einer Al-Legierung durch Schnellstahl u. abschließend einige Bemerkungen zur Bedeutung von Kurzprüfverfahren. — Schrifttumsangaben. (Aluminium **29.** 292—96. Juli/Aug. 1953. Lustadt/Pfalz.) APEL. 6480

C. Ballhausen, *Funkenerosion als neues Bearbeitungsverfahren.* Überblick über die Entw. u. Geräte des *Elbo-Verfahrens.* — Anwendungsbeispiele. Vgl. C. **1954.** 4933. (Industrie-Rdsch. **8.** Nr. 6. 21—24. 2. Vierteljahr 1953. Krefeld.) HOCHSTEIN. 6490

Kurt Falk, *Wärmebehandlung von Stählen.* Besprechung von Wärmebehandlungsfehlern u. deren Vermeidung. (Fertigungstechnik **3.** 394—96. Okt. 1953. Magdeburg, Härtol-Werk.) HOCHSTEIN. 6492

E. S. Tyler, *Glühen im Salzbad im Gegensatz zum Blankglühen mit Gasen.* Die Vor- u. Nachteile beider Wärmebehandlungsverff. werden gegenübergestellt u. hinsichtlich Wirtschaftlichkeit u. erreichbarer Werkstoffgüte miteinander verglichen. (Wire and Wire Products **28.** 156—57. 219—22. Febr. 1953. Branford, Conn., Atlantic Wire Co.) HOCHSTEIN. 6492

E. F. Green, *Flammenhärten.* Es erfolgt durch Erhitzen der Oberfläche von Eisen- u. Stahlgegenständen über die Umwandlungspunkte mittels einer sehr heißen Flamme u. nachfolgendes Abkühlen. Außer C- u. schwachlegierten Stählen, berechnet mit 0,45—0,50% C, kann auch Graueisen flammengehärtet werden. Selbsttätige transportable Vorrichtungen werden beschrieben. Die Flamme wird meist durch Verbrennen von C_2H_2 mit O_2 gebildet, doch können auch andere Gase benutzt werden. Zunderfreies, auf die Werkstückoberfläche beschränktes Erhitzen der Werkstücke u. Regelbarkeit der Härtetiefe sind besondere Vorteile des Verfahrens. (Canad. Machin. Manufact. News **61.** 428—38. Dez. 1950.) HAUG. 6492

W. C. F. Hessenberg und **E. C. Mantle,** *Blankglühen von Kupfer und seinen Legierungen.* Überblick über die Verff., die verwendeten Schutzgase u. deren Wrkg. sowie Beschreibung der Vorrichtungen. — 19 Schrifttumsangaben. (Metal Ind. [London] **83.** 279—81. 2/10. 301—03. 9/10. 323—24. 16/10. 363—64. 30/10. 377—80. 6/11. 1953.) APEL. 6492

H. Goldschmidt, *Lötversuche mit Hartmetallplättchen.* Durch das Auflöten von Hartmetallplättchen mittels *Cu* auf den Werkzeugschaft wurde mitunter ein schädlicher Einfl. des Cu auf das Hartmetall beobachtet. Durch Diffusionsverss. von Hartmetallplättchen verschied. Arten in einem Bad aus geschmolzenem Elektrolyt-Cu bei 1100, 1200 u. 1300° sowie an Hand von Lötverss. durch Auflöten verschied. Plättchen auf Stahlschäfte ergab sich, daß das Cu bei längerer Erhitzungsdauer erheblich in das Hartmetall eindiffundiert u. dabei gleichzeitig das als Hilfsmetall enthaltene *Co* verdrängt, was einen starken Härteabfall zur Folge hat. Eine Eindringtiefe von 0,15 mm wird als noch tragbar angesehen. Um eine innige Verbindung des Hartmetallplättchens mit dem Schaftwerkstoff zu erreichen, ist eine geringe Cu-Diffusion erwünscht. Die Löttemp. soll nicht wesentlich über dem F. des Elektrolyt-Cu liegen u. nur möglichst kurze Zeit einwirken. (Fertigungstechnik **3.** 389—90. Okt. 1953. Immelborn.) APEL. 6504

E. Meinhardt, *Neuere Untersuchungen zum Bündelschweißen.* Überblick über die bisherigen Kenntnisse u. Erfahrungen u. Folgerungen für die Anwendung des Verfahrens. (Schweisstechnik **3.** 264—69. Sept. 1953. Berlin.) HOCHSTEIN. 6506

O. Broner, *Widerstandsschweißung mit flachen Schweißnähten.* Beschränkung der Überlappung auf das 1½fache der Blechstärke u. Erhöhung des Preßdrucks auf annähernd das Doppelte des sonst üblichen. Die so erzeugten Schweißnähte bedürfen für viele Zwecke keiner weiteren Bearbeitung. — Anwendungsbeispiele. (Materials and Methods **32.** Nr. 4. 77—78. Okt. 1950. Scialey Bros., Inc.) HAUG. 6506

G. Ss. Tjagun-Belouss, *Das Aufschmelzen von Schnelldrehwerkstoff mittels eines aus Pulver gebildeten Drahtes unter einem Flußmittel.* Auf einen Stahlschaft wird durch ein elektr. Aufschweißverf. Schnelldrehstahl mit 0,85—1,6 (%) *C*, 1,6—5,62 *Cr*, 6,3—15,4 *W*, 1,6—4,37 *V* u. 0,65—1,76 *Mn* aufgeschweißt, wobei in den aufgeschweißten Schichten Härten von 56—63 HRc erreicht werden, die durch geringe *B*-Zusätze noch um 1,5—2 Härtegrade gesteigert werden können. (Автоматическая Сварка [Automat. Schweissen] **6.** Nr. 4. 75—81. Juli/Aug. 1953.) HOCHSTEIN. 6506

B. I. Medowar, *Der Einfluß von Wasserstoff, Sauerstoff und Stickstoff auf die Warmrißbildung in den Schweißnähten bei nichtrostenden austenitischen Stählen mit*

18% Cr und 8% Ni. Es wird festgestellt, daß O_2 u. N_2 in den Schweißnähten Warmrisse bilden. Ein positiver Einfl. ferritbildender Elemente auf die Erhöhung der Schweißnahtbeständigkeit gegen Warmrißbldg. ist in geringem Grade mit der reduzierenden Wrkg. dieser Elemente verbunden. Zur Vermeidung der Warmrißbldg. in Schweißnähten von austenit. Cr–Ni-Stählen wird die Verwendung von Schweißdrähten empfohlen, die gegenüber den für solche Stähle üblichen Schweißdrähten (0,06 [%] *C*, 1,5 *Si*, 1,3 *Mn*, 18,5 *Cr*, 8,5 *Ni* u. 2 *Nb*) einen erhöhten Geh. an Si u. Cr besitzen. — 35 Schrifttumsangaben. (Автоматическая Сварка [Automat. Schweissen] **6.** Nr. 4. 3—23. Juli/Aug. 1953.) HOCHSTEIN. 6506

Ju. I. Kasennow, *Warmrisse bei der elektrischen Lichtbogenschweißung mit Hand von Stahl 1 X 18 H 9.* Untersucht wird der Einfl. von Legierungselementen u. von S auf die Schweißnahtbeständigkeit nichtrostender Stähle mit ca. 0,1 (%) *C*, 18 *Cr* u. 9 *Ni* gegen die Warmrißbldg. bei Handschweißung. C, Ni u. Cu erniedrigen, u. Si, V, Mo, W, Ti, Al u. Zr erhöhen die Beständigkeit der Nähte. *Nb* verursacht bei Gehh. bis 1% Warmrißbldg., entfernt diese aber bei höheren Gehalten. Zwecks Erhöhung der Beständigkeit der Stähle wird eine Anreicherung der Nähte an Si u. V empfohlen. Hierdurch werden auch zufriedenstellende Festigkeitseigg. u. Beständigkeit der Schweißnähte gegen interkristalline Korrosion erzielt. (Автоматическая Сварка [Automat. Schweissen] **6.** Nr. 4. 24—44. Juli/Aug. 1953.) HOCHSTEIN. 6506

D. M. Rabkin, *Ein neues Verfahren für die automatische Schweißung von Aluminium.* Das Verf. wird mit einem nackten Schmelzelektrodendraht mit einem leichtschm. Flußmittel ausgeführt. (Автоматическая Сварка [Automat. Schweissen] **6.** Nr. 4. 45—50. Juli/Aug. 1953.) HOCHSTEIN. 6506

A. Neumann, *Dauerfestigkeit der Schweißverbindungen.* Erörterung des dynam. Verh. von Schweißkonstruktionen u. der Dauerfestigkeit von Schweißverbindungen unter Verwendung des wichtigsten in- u. ausländ. Schrifttums. (Schweisstechnik **3.** 171—77. Juni 1953. Könnern/Saale.) HOCHSTEIN. 6506

G. Becker und **F. Rieger,** *Beitrag zur Untersuchung der Dauerfestigkeit des Schweißgutes in Abhängigkeit vom Elektrodentyp.* Aus reinem Schweißgut aus verschied. Elektrodentypen wurden zur Unters. der Dauerfestigkeit u. Streckgrenze Stäbe mit 4 mm Durchmesser in der Versuchslänge mit aller Sorgfalt hergestellt. Die WÖHLER-Kurven (Ermüdungsgrenzen für $2 \cdot 10^6$ Lastspiele) ergaben für das Verhältnis der Schwellfestigkeit u. Wechselfestigkeit zur Streckgrenze Werte von 1—0,65 bzw. von 0,56—0,25 für verschied. Elektrodentypen lag. (Schweisstechnik **2.** 75—76. März 1952. Finsterwalde.) DEUTSCH. 6506

W. R. Hardwick, *Schleifrisse.* Durch beim Schleifen von Stählen entstehende örtliche Überhitzung können weiche Flecken oder Risse erzeugt werden. Bes. gefährlich ist ein überhitztes Härtegefüge. Maßnahmen zur Vermeidung des Verbrennens oder Anlassens der Oberfläche werden angegeben. (Metallurgia [Manchester] **49.** 21—25. Jan. 1954. Sheffield, Arthur Balfour & Co., Ltd.) K. STEIN. 6510

A. Gordet, *Neutralisation verbrauchter Säurelösungen.* Beschreibung der Unschädlichmachung von Säuren u. säurehaltigen Lsgg. durch Neutralisation in Gruben u. durch Filterung. (Galvano [Paris] **20.** Nr. 170. 17—20. März 1951.) ARNDT. 6512

W. Briese, *Die Galvanisierung von Zinkspritzguß.* Überblick. Behandelt werden Vorbehandlung u. Galvanisierung sowie Neugalvanisierung entnickelter Zinkspritzgußgegenstände. (Metallwaren-Ind. Galvano-Techn. **45.** 99—104. März 1954.) WINIKER. 6514

N. B. Rutherford, *Die Verteilung von Aluminium in Verzinkungsbädern.* In Verzinkungsbädern geht die horizontale Diffusion eines Al-Zusatzes sehr schnell vor sich. Vertikale Segregation kann auftreten. Dies muß bei Probenahme für Analysen u. bei der Beurteilung der Wrkg. von Al-Zusätzen auf die Verzinkung beachtet werden. — Diagramme. (Sheet Metal Ind. **30.** 657—60. 680. Aug. 1953. Brit. Non-Ferrous Metals Res. Assoc.) MARKHOFF. 6522

Franz Eisenstecken, *Der Wert von Schutzschichten bei Förderwagen.* Nach einem Überblick über die Ursachen des Korrodierens u. Verschleißens von Förderwagen werden als Schutzmaßnahmen die Feuerverzinkung, Lackierung u. Spritzverzinkung behandelt, die sich jedoch allein nicht bewährt haben. Geeignet erscheinen Sondereinbrennlacke (Mischungen von Siliconharzlacken mit anderen Lacken) zusammen mit einer geeigneten Spritzverzinkung u. mit einer durch Sandblasen gut gereinigten Oberfläche als Haftgrund. (Glückauf **89.** 951—59. 12/9. 1953. Essen.) HABBEL. 6522

S. E. Hadden, *Einfluß einer Glühung auf die Beständigkeit von schmelzflüssig verzinktem Stahl gegen atmosphärische Korrosion.* Durch eine Glühbehanldung wird die

Beständigkeit gegen atmosphär. Korrosion von schmelzfl. verzinktem Draht u. Blech wesentlich erhöht. Bei Drähten wurde durch 30 Min. langes Glühen bei 650° die Lebensdauer um mehr als das 3fache verlängert, wobei der mittlere Fe-Geh. des Überzuges 21,6% betrug. Der %-Geh. Fe in den Zn-Überzügen nimmt mit der Zeit u. Temp. der Glühung zu, u. die ausgeglühten Überzüge bestehen allein aus Zn–Fe-Legierungen, wobei die äußere Zn-Schicht während der Glühbehandlung verschwindet. Für Drähte mit 10–21,6% Fe enthaltenden Überzügen wird die Lebensdauer u. die verbleibende Festigkeit der Drähte am Ende der Prüfung größer, als dem Anstieg des Fe-Geh. entspricht. — Schrifttumsangaben. (J. Iron Steel Inst. **171.** 121–27. Juni 1952. London, Brit. Non-Ferrous Metals Res. Assoc.) HOCHSTEIN. 6522

H. Rückemesser, *Feinblechverzinkung und Weiterverarbeitung zu Well- und Pfannenblechen.* Sorgfältiges Wässern der Bleche nach dem Beizen ist bes. wichtig, da in das Zn-Bad eingeschleppte Fe-Salze bis zu 60% des Hartzinkanfalles ausmachen können. Das Zn-Bad wird mit 0,2–0,3% *Al* legiert, das Flußmittel auf die Fe-Oberfläche u. nicht auf die Zn-Badoberfläche aufgebracht. Als Flußmittel hat sich *Inkrustin-Flux 11* bewährt. (Metall **6.** 695–99. Nov. 1952. Freudenberg/Westf.) MARKHOFF. 6522

R. M. Burns, *Chemische Reaktionen bei der Korrosion von Metallen.* Überblick u. Deutung auf Grund der elektrochem. Vorgänge. (J. chem. Educat. **30.** 318–31. Juni 1953. Murray Hill, N. J., Bell Telephone Laboratories.) MOSLÉ. 6538

K. G. Compton, A. Mendizza und S. M. Arnold, *Faseriges Wachstum auf Metalloberflächen, „Whiskers".* Mkr. dünne Fäden wurden bei massiven Metallen u. metall. Überzügen an Stellen geringer Feuchtigkeit u. bei Abschluß von der freien Luftzirkulation beobachtet. (Corrosion [Houston] **7.** 327–35. Okt. 1951.) TÖDT. 6538

W. G. Renshaw und J. A. Ferree, *Passivierende Merkmale von Edelstählen.* Das Verh. von Edelstählen in verschied. Lsgg. u. Luft wurde nach einer vorherigen chem. Aktivierung untersucht. Eine 30%ig. HNO_3 erzeugt eine schnellere Passivierung als Lufteinwirkung. Die Passivierungseigg. verschied. Edelstahlsorten wurden festgestellt. In gewissen Fällen ist der Korrosionswiderstand, anstatt durch einen passiven Film, durch eine aus Korrosionsprodd. bestehende Schutzschicht verursacht. (Corrosion [Houston] **7.** 353–61. Okt. 1951. New York, N. Y., Nat. Assoc. of Corr. Engng.) TÖDT. 6538

H. R. Copson, *Einfluß der Oberflächengestaltung auf die atmosphärische Korrosion.* Bei der atmosphär. Korrosion ist außer den in der Luft vorhandenen Beimengungen, welche eine wesentlich stärkere Korrosion bei Industrieluft u. Seeluft gegenüber Landluft bewirken, die Form u. Oberflächengestaltung des korrodierenden Metalls von Bedeutung; denn die Menge an angreifenden Stoffen, welche an der Metalloberfläche wirken kann, ist von der absol. Oberflächengröße abhängig. Es werden diese Einflüsse bei einer Reihe von Oberflächenverschiedenheiten beschrieben. (Corrosion [Houston] **7.** 335–39. Okt. 1951.) TÖDT. 6538

K. L. Raymond, *Korrosionsprobleme bei Motorfahrzeugen.* Bei großen Überlandomnibussen tritt Korrosion durch galvan. Berührung verschied. Metalle, hauptsächlich Fe–Al, durch Kondensation von Wasserdampf in Kühlleitungen u. infolge hoher Tempp. beim Betrieb der Motoren auf. Für das Kühlwasser wird ein Enthärtungsfilter vorgeschlagen, das Chromat als Korrosionsschutzmittel enthält. (Corrosion [Houston] **7.** 303–08. Sept. 1951. New York, N. Y., Nat. Assoc. of Corr. Engng.) TÖDT. 6538

Orville W. Zastrow, *Korrosionsprobleme bei elektrischen Fernleitungen.* Über die Bedeutung eines kathod. Schutzes u. die Größe der fließenden Ströme werden nähere Angaben gemacht. (Corrosion [Houston] **7.** 308–12. Sept. 1951. New York, N. Y., Nat. Assoc. of Corr. Engng.) TÖDT. 6538

P.-S. Hedges, *Chemische Behandlungen zum Schutz von Weißblech.* Überblick über die Verff. zur Verhinderung der Korrosion von Weißblech für die Konservenindustrie. Es wird bes. auf das von BRITTON verbesserte *Protectetain*-Verf. eingegangen. Die Tauchlsg. besteht dabei aus 1% NaOH u. 0,3% $Na_2Cr_2O_7$. Die Tauchzeit beträgt nur 3 Sekunden. (Doc. métallurg. **1953.** 85–88. April/Mai/Juni.) J. FISCHER. 6538

A. Wachter, T. Skei und N. Stillman, *Dicyclohexylammoniumnitrit, ein flüchtiger Inhibitor zur Korrosionsverhütung beim Verpacken.* Die schwach flüchtige Substanz mit der Bezeichnung *Dichan* vermag ebenso wie alle Nitrite die Korrosion bereits in einer Konz. von 0,1% völlig zu verhüten u. wird als Zusatz zu Papier beim Verpacken von eisernen Gegenständen zur Korrosionsverhütung verwandt. Angaben über zum Schutz erforderliche Mengen, Verdampfungsgeschwindigkeit u. Prüfungsmethoden. Weiterhin wurde die Wrkg. bei Nichteisenmetallen u. verschied. miteinander galvan. verbundenen Metallen untersucht. (Corrosion [Houston] **7.** 284—94. Sept. 1951. New York, N. Y., Nat. Assoc. of Corr. Engng.) TÖDT. 6538

Eisenwerke Gelsenkirchen Akt.-Ges., Gelsenkirchen (Erfinder: **Herbert Boos**, Gelsenkirchen, und **Roland Wasmuht**, Dortmund), *Stranggießen von Metallen.* Beim Stranggießen von *Eisen*, *Stahl* oder anderen Metallen unter Benutzung waagerecht liegender, oben offener, rinnenartiger Formen wird die gleichmäßige Abkühlung des Stranges dadurch erzielt, daß sowohl die Formwandung als auch die oben frei liegende Strangseite durch regelbare gasförmige oder fl. Mittel gekühlt wird. (**D. B. P. 900 130** Kl. 31c vom 2/10. 1948, ausg. 21/12. 1953.) HANS HOFFMANN. 6383

C. O. J. Bröms, Leksand, Schweden, *Herstellung von Walzen und ähnlichen Körpern aus Verbundmetallen.* Man stellt zunächst eine Mantelschicht durch Zentrifugalguß her, in die der Kern durch gewöhnlichen Guß eingegossen wird. Vorher bringt man jedoch auf der Innenseite des Materials durch Zentrifugalguß eine Schicht an, die als Verbindungsschicht zwischen Material u. Kern dienen soll u. bes. aus dem Kernmaterial besteht. (**Schwed. P. 136 754** vom 21/10. 1946, ausg. 29/7. 1952.) JÜRGEN SCHMIDT. 6383

Metallgesellschaft Akt.-Ges., Frankfurt/M., und **Deutsche Versuchsanstalt für Luftfahrt E. V.**, Berlin-Adlershof (Erfinder: **Gustav Gürtler**, Frankfurt/M., **Walter Hochsattler**, Lorsbach/Taunus, **Artur Seyring**, Frankfurt/M., und **Franz Bollenrath**, Berlin), *Eingießen von Leichtmetallblechen.* Beim Eingießen von Leichtmetallblechen, bes. von Kühlrippen, in einen Gußkörper aus Leichtmetall wird der Metallstrom so geführt bzw. werden die Aussparungen in den einzugießenden, mit einem Flußmittel bestrichenen Blechen so angeordnet, daß die Reaktionsprodd. zwischen Metall u. Flußmittel sich auf dem aufsteigenden fl. Metallspiegel sammeln. Zweckmäßig wird die auf den Blechen aufgebrachte Salzschicht vor dem Eingießen des fl. Metalles getrocknet. (**D. R. P. 752 385** Kl. 31c vom 12/4. 1942, ausg. 1/2. 1954.) HANS HOFFMANN. 6383

Mannesmann-Hüttenwerke Akt.-Ges., Duisburg (Erfinder: **Walter Schneider**, Düsseldorf), *Herstellung von Rohrluppen aus unberuhigtem Stahl, besonders zum Schrägwalzen.* Die Stahlschmelze wird mit niedriger Gießtemp. u. Geschwindigkeit in gebräuchliche Flaschenhalskokillen vergossen. (**D. B. P. 901 231** Kl. 31c vom 21/5. 1937, ausg. 7/1. 1954.) HANS HOFFMANN. 6383

Bochumer Verein für Gußstahlfabrikation Akt.-Ges., Bochum, *Herstellung von Stahlblöcken.* Bei der Erstarrung von Stahl in einer bes. ausgebildeten Blockform wird der Kopf des gegossenen Blockes durch einen elektr. Lichtbogen, bes. nach Aufbringen einer oxydarmen, vorzugsweise Carbidschlacke, beheizt. In der Blockform wird der Innenhohlraum durch einen dünnen Blechmantel begrenzt, während eine den Zwischenraum zwischen Blechmantel u. äußere Bewehrung ausfüllende Silbersandschicht eine mehrfach unterteilte Kühlschlange aufweist, die Anschlüsse für Preßluft u. W. besitzt. Zweckmäßig wird die Kühlschlange mindestens zu Beginn des Gießens mit Preßluft oder dgl. gekühlt u. nach dem anfänglichen Kühlen nur wenig W. der Preßluft zugemischt, während erst nach weitgehender Abkühlung der Spule nur noch mit W. gekühlt wird. (**F. P. 1 037 319** vom 21/5. 1951, ausg. 16/9. 1953. D. Prior. 10/11. 1950.) HOCHSTEIN. 6383

Societa Forni Lubatti, Italien, *Aufkohlen eines geschmolzenen Metallbades.* In das Bad, bes. Stahlbad, wird durch eine feuerfeste, rohrartige u. auf dem Ofenboden aufstehende Führung kontinuierlich oder intermittierend C-haltiges Material, wie Anthracitstaub, grobstückiger brikettierter Koks oder dgl., eingeführt. Das C-haltige Material kann auch aus einer Paste bestehen. (**F. P. 1 038 161** vom 6/6. 1951, ausg. 25/9. 1953. It. Prior. 9/6. 1950.) HOCHSTEIN. 6411

Soc. An. des Hauts Fourneaux, Forges et Aciéries de Pompey, Paris, Frankreich, *Verschleißfester Stahl mit erhöhter Beständigkeit gegen interkristalline und chemische Oberflächenkorrosion* enthält außer Eisen bis 0,20, vorzugsweise 0,10—0,13 (%), *C*, 1—6, vorzugsweise 3,8—4,5, *Cr*, 0,2—2, vorzugsweise 0,6—1,2, *Al*, 0,2—2, vorzugsweise 0,6—1,2, *Ni*, 0,2—0,5, vorzugsweise ca. 0,25, *Si* u. 0,3—0,6, vorzugsweise ca. 0,4, *Mn*. Außerdem kann der Stahl noch 0,1—0,6, vorzugsweise 0,15—0,35, *Mo* u./oder 0,1—0,5, vorzugsweise 0,25, *Cu* u./oder ca. 0,2 eines Beruhigungsmittels enthalten, das aus einem oder mehreren der Metalle *Ti*, *V*, *Sr*, *Nb* u. *Ce* besteht. (**F. P. 1 021 533** vom 5/7. 1950, ausg. 19/2. 1953.) HOCHSTEIN. 6411

Gesellschaft der Ludw. von Roll'schen Eisenwerke Akt.-Ges., Gerlafingen, Schweiz, *Stahl mit hoher Verschleißbeständigkeit bei Beanspruchung in der Wärme* enthält über 1,0 (%) *C*, 8—13 *Cr*, unter 24 *W*, u. die Gehh. an W, *Mo* u. *V* zusammen sind höher als der Geh. an Cr, u. der Geh. an Mo u. V zusammen ist kleiner als der Geh. an W. Zweckmäßig ist der C-Geh. den Legierungsgehh. von Cr u. V nach der Regel angepaßt: % C = 0,1 · % Cr + 0,2 · % W. Auch kann der Stahl noch bis 20 *Co*, bis 2 *Ta* u./oder bis 1 *Ti* enthalten. (**Schwz. P. 292 860** vom 9/5. 1951, ausg. 16/11. 1953. **F. P. 1 037 888** vom 30/5. 1951, ausg. 23/9. 1953. Beide Oe. Prior. 25/9. 1950.) HOCHSTEIN. 6411

Soc. An. de Commentry-Fourchambault et Decazeville (Erfinder: **Michel Javelle**), Frankreich, *Herstellung von Gegenständen, die bei thermischen und mechanischen Beanspruchungen gegen Rißbildung und Verschleiß beständig sein sollen.* Durch geeignete Maßnahmen wird in einem Metall ein Gefüge mit Grübchen oder kugeligen Knötchen erzeugt, die entweder leer oder mit einer inerten M. gefüllt sind. So wird bei einem *Stahl* mit 0,5–1,5 (%) *C*, 0,8–3,5 *Si*, 0,4–0,6 *Mn*, bis zu 5 *Ni* u./oder *Co*, bis 2 *Cr*, bis zu 0,5 *V*, bis zu 4 *W*, bis zu 2 *Mo* durch eine geeignete ein- oder mehrfache Graphitisierungsbehandlung bei einer Dauer von mindestens einer Std. C in Form von feinem Kugelgraphit ausgeschieden. Der so behandelte Werkstoff wird zur Herst. von Druckgefäßen, Kokillen, Schleudergußkokillen, Bremstrommeln verwendet. (**F. P. 1 034 840** vom 29/3. 1951, ausg. 3/8. 1953.) HOCHSTEIN. 6411

Heppenstall Co., V. St. A., *Eisen–Nickel–Molybdän-Legierung* besteht aus 0,05 bis 0,80 (%) *C*, 0,20–1,20 *Mn*, 0,10–1,50 *Si*, 2,00–5,00 *Ni*, 2,00–4,50 *Mo*, Rest Eisen u. anderen Bestandteilen in solchen Mengen, daß sie den Widerstand gegen Rißbldg. durch therm. Spannungen u. gegen Erosion durch Ausfließen eines erhitzten Metalls nicht beeinflussen. Die Legierung eignet sich bes. als Werkstoff für Schmiedepressen. — Kurvenbilder. (**F. P. 1 023 444** vom 1/8. 1950, ausg. 18/3. 1953.) HOCHSTEIN. 6411

Gebr. Böhler & Co. Akt.-Ges., Österreich, *Herstellung von hohlen Gußstücken.* Als Kern wird ein austenit. *Cr–Ni-Stahl* mit bis 0,12 (%) *C*, je 1 *Mn* u. *Si* u. bis je 11–13 *Cr* u. *Ni* verwendet. Der Kern wird nach dem Guß durch Zug gelockert u. entfernt. (**F. P. 1 038 292** vom 9/6. 1951, ausg. 28/9. 1953. Oe. Prior. 9/6. 1950.) HOCHSTEIN. 6411

Siemens & Halske Akt.-Ges., Berlin und München (Erfinder: **Horst Guido Müller**, Berlin), *Vermeidung der Grobkristallisation an magnetisierbaren Werkstücken.* Werkstücke aus *Fe–Ni*-Legierungen mit ca. 40% Ni, die durch Kaltwalzen einen Verformungsgrad von über 90% erhalten haben u. auf Fertigmaß gebracht werden, werden zur Vermeidung der Grobkristallisation an den Rändern nach dem Kaltwalzen, Schmieden, Stanzen oder einem ähnlichen Vorgang unterhalb der Rekristallisationstemp. während 2 Std. bei 475° wärmebehandelt u. darauf weichgeglüht. (**D. B. P. 897 759** Kl. 40d vom 2/11. 1940, ausg. 23/11. 1953.) GÖTZE. 6411

Höganäs-Billesholms Aktiebolag (Erfinder: **Nils Herman Brundin**), Höganäs, Schweden, *Herstellung von Eisenpulver mit niedrigem Gehalt an Verunreinigungen.* Eisenoxyd in feinkörniger Form, z. B. Schlich, wird gemischt mit einem Reduktionsmittel, das von den feinsten Teilchen, z. B. unter 0,19 mm Korngröße, befreit u. daher viel grobkörniger als das Eisenoxyd ist. Darauf wird die Mischung auf die gewünschte Reduktionstemp. erhitzt u. auf dieser so lange gehalten, bis die Red. beendigt ist. Abschließend wird nach dem Abkühlen der erhaltene Eisenschwamm zu der gewünschten Korngröße gemahlen u. darauf magnet. getrennt. (**Oe. P. 175 591** vom 24/1. 1952, ausg. 25/7. 1953.) HOCHSTEIN. 6475

Chemical Construction Corp., übert. von: **Edward S. Roberts**, New York, N. Y., V. St. A., *Gewinnung von Cu-Pulver.* Eine Cu(II)- u. Cu(I)-Ionen enthaltende Lsg. wird red. u. anschließend unterhalb 100° mit CO gesättigt. Dann erhitzt man die Lsg. unter weiterer CO-Zufuhr u. bei erhöhtem Druck auf 110—300°. Dabei fällt ein Cu-Pulver hoher Reinheit an. (**A. P. 2 647 825** vom 8/4. 1949, ausg. 4/8. 1953.) NEBELSIEK. 6475

United States of America, übert. von: **Harley A. Wilhelm** und **Premo Chiotty**, Ames, Io., V. St. A., *Gewinnung von pulverisiertem Thorium.* Man führt metall. Th bei 600—650° mit H_2 unter leichtem Überdruck in ThH_2 über, leitet bei n. Druck u. bei 320—100° weiter H_2 ein u. erhält ThH_x, wobei x 3 oder 4 bedeutet. Unterbricht man nun die H_2-Zufuhr u. erhöht die Temp. auf ca. 500°, so erhält man bei einem Druck von < 1 mm Hg pulverisiertes Th. (**A. P. 2 635 956** vom 27/1. 1950, ausg. 21/4. 1953.) NEBELSIEK. 6475

Alfred Teves Maschinen- und Armaturenfabrik K.-G., Frankfurt/M. (Erfinder: **Bruno Kehl**, Eßlingen/Neckar), *Ausgangswerkstoff für durch Sintern herzustellende Kolbenringe.* Es wird ein Pulver verwendet, welches aus einer im Schmelzfluß gewonnenen Legierung von *Fe* mit andern Metallen oder mit Metalloiden, z. B. mit *Si*, *Mo* oder *Cr*, hergestellt ist. Zweckmäßig wird das legierte Eisen zerkleinert, oxydiert, red. u. gemahlen. Vorzugsweise werden die Kolbenringe gleichzeitig mit dem Sintern oder nach dem Sintern aufgekohlt. (**D. B. P. 903 218** Kl. 18d vom 3/6. 1943, ausg. 4/2. 1954.) HOCHSTEIN. 6475

Simonds Saw and Steel Co., Fitchburg, Mass., übert. von: **Harry A. Pavitt,** Shirley, V. St. A., *Sintermetallurgische Herstellung von Schneidwerkzeugen aus Stahl.* Zur Herst. von Schneidwerkzeugen, wie Sägezähnen, Meißeln, Feilen, Bohrschneiden u. dgl., auf sintermetallurg. Wege wird ein nach Zus., Größe, Form u. Gefüge geeignetes Pulvergemisch aus *Eisen, Graphit* u. Legierungsmetallen, wie *Mn* u./oder *Mo,* sowie ferner *W, V, Cr* u. *Si* in Form von zerkleinerten Ferrolegierungen u. *Ni* u. *Co* in Metallpulverform hergestellt. Das Pulvergemisch wird in geeigneter Form ohne Erzeugung von Scherspannungen an den Schneidkanten vorgepreßt u. das vorgedichtete Material bei einer Temp. gesintert, bei der C u. die Legierungsmetalle mit dem γ-Eisen in fester Austenitlsg. sind. Der vorgesinterte Preßling wird schnell abgekühlt, wobei die Bldg. eines ferrit. u. zementit. Netzwerkes vermieden wird. Darauf wird auf körnigen Zementit geglüht, nochmals nachgepreßt u. im Gebiet der austenit. festen Lsg. gesintert, worauf der Preßling schroff abgeschreckt wird. Im Sinterofen wird die Ofenatmosphäre so geregelt, daß die Legierung im wesentlichen unverändert bleibt u. eine Oxydation vermieden wird. (**A. P. 2 637 671** vom 13/3. 1948, ausg. 5/5. 1953.) HOCHSTEIN. 6475

American Electro Metal Corp., Yonkers, N. Y., übert. von: **Fritz J. Hansgirg,** Black Mountain, N. C., V. St. A., *Reinigen von Leichtmetallpulvern,* deren Teilchen auf der Oberfläche andere Metalle enthalten. Man läßt auf eine wss. Aufschlämmung konz. HNO_3 einwirken, so daß die Verunreinigungen in Lsg. gehen. Dann filtriert man im Vakuum, wäscht nach u. trocknet im inerten Gasstrom. (**A. P. 2 638 424** vom 9/2. 1946, ausg. 12/5. 1953.) NEBELSIEK. 6475

Colvilles Ltd., Glasgow, übert. von: **William Barr,** Hamilton, und **John Erskine,** Burnside, Schottland, *Plattieren von Flußeisen mit Chromstahl.* Auf eine Platine aus Cr-Stahl, z. B. mit 18 (%) *Cr* u. 8 *Ni,* wird durch Abschmelzschweißen eine Schicht aus Flußeisen aufgebracht. Nach Entzundern u. Abschleifen der aufgeschweißten Schicht wird auf die gewünschte Dicke gewalzt. Das so hergestellte Bimetall wird mit der Flußeisenschicht auf das Grundmetall aus Flußeisen aufgewalzt. (**A. P. 2 619 715** vom 26/8. 1947, ausg. 2/12. 1952. E. Prior. 7/1. 1947.) VIER. 6479

Siemens-Schuckertwerke Akt.-Ges., Berlin und Erlangen (Erfinder: **Karl Tamele,** Berlin-Schmargendorf), *Teilweises Nitrieren von langgestreckten Körpern in einem Ofenraum.* Die nicht zu nitrierenden Teile der Körper werden in dem Ofenraum auf eine Temp., die unterhalb der Nitriertemp. liegt, gebracht. — Abbildung. (**D. B. P. 898 451** Kl. 18c vom 17/9. 1941, ausg. 30/11. 1953.) HOCHSTEIN. 6493

Hüttenwerk Rheinhausen Akt.-Ges., Rheinhausen, *Herstellung von vergütetem Stahldraht mit hoher Elastizitätsgrenze.* Der Stahldraht wird über seinem Ac_3-Punkt erwärmt, sodann abgeschreckt u. das anschließende Anlassen so weit verkürzt, bis eine ausgeprägte Streckgrenze auftritt. Zweckmäßig enthält der so behandelte Stahl 0,65—0,75 (%) *C,* 0,6—0,9 *Si* u. 1,2—1,5 *Mn.* (**Schwz. P. 292 869** vom 28/2. 1951, ausg. 16/11. 1953. **F. P. 1 036 248** vom 27/4. 1951, ausg. 4/9. 1953. Beide D. Prior. 14/12. 1950.) HOCHTEIN. 6493

Gebr. Böhler & Co. Akt.-Ges., Wien, handelnd durch die Zweigniederlassung, Stuttgart-Untertürkheim, *Lote zum Verbinden von Sintercarbidschneiden mit Schäften aus Stahl* bestehen aus 15—38,5 (%) *Ni,* 1,5—5 *Mn,* Rest 60—80 *Cu.* Die Lote gewährleisten eine feste u. zähe Verbindung, u. ihre Schmelztempp. liegen etwa um 150—200° über der höchsten Schneidtemperatur. (**D. B. P. 891 485** Kl. 49h vom 3/1. 1945, ausg. 28/9. 1953.) GÖTZE. 6505

Agostino Nepoti, Italien, *Sonderstahl mit geringem Kohlenstoffgehalt und erhöhter Schweißbarkeit.* Beim elektr. Lichtbogenschweißen zum Herstellen einer Stahlschweißverbindung, die im warmen oder kalten Zustande hohe Elastizitätswerte aufweist u. frei von Rißbldg. ist, wird eine Elektrode von der Zus.: über 0,06 bis unter 0,16 (%) *C,* über 0,01 bis unter 0,20 *Si,* über 0,5 bis unter 1,00 *Mn,* 0,3 bis unter 1,20 *Mo,* 0,08 bis unter 0,26 *V,* Rest Eisen mit Gehh. bis maximal 0,025 *S,* 0,03 *P* sowie gegebenenfalls 0 bis 0,50 *Ni* u./oder *Cu* verwendet. Das Elektrodenmaterial wird derart in mehreren Lagen nacheinander auf die Schweißstelle aufgetragen, daß die erste Lage auf die erhitzte Schweißstelle u. die zweite u. folgende Lagen jeweils erst dann aufgetragen werden, wenn die vorher aufgetragene Lage unter Anwendung einer Abkühlungsgeschwindigkeit, die zur Martensitbldg. in der Schweißstelle führt, so weit abgekühlt, daß die sich in 1 cm Abstand von der Schweißstelle befindende Nachbarzone handwarm ist. (**F. P. 1 031 622** vom 31/10. 1950, ausg. 25/6. 1953. It. Prior. 16/11. 1949.) HOCHSTEIN. 6507

Hüttenwerk Oberhausen Akt.-Ges., Oberhausen, Rhld. (Erfinder: **Hubert Hauttmann,** Linz/Donau, Österreich), *Beseitigung des Festigkeitsverlustes an der Verbindungsstelle stumpfgeschweißter stabförmiger Werkstücke.* Der Stab wird an seiner Schweißstelle örtlich so kaltverwunden, daß die Festigkeit des Stabausgangszustandes wieder erreicht oder um ein geringes überschritten wird. Das Verf. eignet sich bes. für die Behandlung kaltverwundener Betonstähle oder vergüteter Stäbe. — Abbildungen. (**D. B. P. 898 923** Kl. 18c vom 9/3. 1943, ausg. 7/12. 1953.) HOCHSTEIN. 6507

Gebr. Böhler & Co. Akt.-Ges., Wien, handelnd durch die Zweigniederlassung, Stuttgart-Untertürkheim, *Herstellung von Schnellstahl- und Sparwerkzeugen mit aufgeschweißter Schnellstahlauflage.* Die Schnellstahlauflage wird über die ganze verfügbare Schaftlänge aufgebracht. Zweckmäßig wird das Werkzeug nach der Auftragsschweißung überschmiedet. (**D. B. P. 894 646** Kl. 49h vom 29/10. 1944, ausg. 29/10. 1953.) HOCHSTEIN. 6507

Bernhard Land, Deutschland, *Reinigen der Oberfläche von Edelmetallgegenständen.* Um die S-haltigen Schichten von Edelmetallen abzulösen, wird eine saure Thioharnstofflsg. verwendet, die das Metall selbst nicht angreift. So löst man 900 (g) *Thioharnstoff* in 10 Liter W. mit einem Geh. von 200 g H_2SO_4 (96%ig). Die Lsg. eignet sich z. B. zum Reinigen von *Ag*-Oberflächen. (**F. P. 1 038 238** vom 8/6. 1951, ausg. 25/9. 1953.) MARKHOFF. 6513

Leo Brannan, Detroit, Mich., V. St. A., *Reinigen von Silberoberflächen.* Die Gegenstände werden in einer rotierenden Trommel aus Zn in einer Lsg. von NaCl behandelt, der noch unlösl. Seife in Form kleiner Kügelchen zugesetzt ist. Der zwischen dem Ag u. dem Zn entstehende galvan. Strom bewirkt eine Entfernung der Oxydschicht. — Abbildung. (**A. P. 2 632 730** vom 29/4. 1950, ausg. 24/3. 1953.) MARKHOFF. 6513

Württembergische Metallwarenfabrik, Geislingen/Steige, *Anlaufschutzmittel für Silberwaren* bestehen aus von den zur Verpackung u. Lagerung der Ag-Gegenstände dienenden Hüllen unabhängigen Einlagekörpern, die mit Metallsalzen, wie *Pb-Acetat, Ag-, Cu-, Zn-* oder *Cd-Salzen,* getränkt sind, die imstande sind, H_2S zu binden. — Abbildungen. (**D. B. P. 886 996** Kl. 48d vom 15/7. 1951, ausg. 20/8. 1953.) MARKHOFF. 6513

United States of America, übert. von: **Elmer Donald Dilling** und **Gordon Lowell Frederic,** Albany, Ore., V. St. A., *Entfernen von Zunder von Zirkonium und seinen Legierungen.* Die Gegenstände wurden in einem Beizbad aus 3 (Vol.-%) einer 60%ig. *HF,* 3 einer 70%ig. HNO_3 u. 93—94 *W.* behandelt, dem ca. 3 Gew.-% $Pb(NO_3)_2$ zugesetzt sind u. in dem sich Pb-Streifen befinden. Die auf der Oberfläche befindlichen Oxyde lassen sich nach dieser Behandlung abwaschen. (**A. P. 2 653 134** vom 10/10. 1950, ausg. 22/9. 1953.) MARKHOFF. 6513

Vereinigte Deutsche Metallwerke Akt.-Ges., Frankfurt/M.-Heddernheim (Erfinder: **Berthold Wenderott,** Altena/Westf.), *Erzeugen von elektrisch isolierenden Schichten auf der Oberfläche von Halbzeugen, wie Drähten, Bändern, aus Legierungen des Chroms mit Nickel.* Die Gegenstände werden nach einer Salzbadbehandlung vom überschüssigen Salz restlos befreit u. dann einer oxydierenden Glühung, z. B. 2 Std. bei 1050°, unterworfen. Als Salzbad wird eine Schmelze aus *NaOH, KOH* oder Gemischen beider verwendet. (**D. B. P. 903 301** Kl. 48d vom 18/1. 1952, ausg. **4/2. 1954.**) MARKHOFF. 6513

Spojené ocelárny, národní podnik, Kladno, Tschechoslowakei, *Elektrolytisches Polieren langer Metallgegenstände.* Die Gegenstände durchlaufen, ohne gebogen zu werden, eine Reihe von galvan. Bädern, wobei der elektr. Strom nur durch die aus leitenden Stoffen bestehenden Badbehälterwandungen zugeführt wird, u. zwar ist ein Teil der Bäder an den positiven u. ein anderer Teil an den negativen Pol einer Stromquelle angeschlossen. Durch das hierbei angewendete Mittelleiterprinzip tritt keine den Gegenstand schädigende Funkenbldg. auf. — Abbildung. (**Schwz. P. 291 213** vom 18/7. 1950, ausg. 1/9. 1953. Tschech. Prior. 22/11. 1949.) MARKHOFF. 6515

Josef Heyes, Düsseldorf-Oberkassel, und **Wilhelm Anton Fischer,** Ratingen bei Düsseldorf (Erfinder: **Josef Heyes,** Düsseldorf-Oberkassel), *Elektrolytisches Polieren von Hohlkörpern.* Der Elektrolyt wird mittels einer Pumpe im geschlossenen Kreislauf durch den Hohlkörper hindurchgeleitet, wodurch eine ständige Erneuerung des Elektrolyten u. eine Kühlung der Innenfläche des Hohlkörpers erzielt wird. Nach der Polierung wird der Elektrolyt abgelassen u. mittels Spülwasser die beim Polieren entstandene viscose Schicht entfernt. — Abbildung. (**D. B. P. 900 404** Kl. 48a vom 3/11. 1943, ausg. 28/12. 1953.) MARKHOFF. 6515

Westfälische Leichtmetallwerke G. m. b. H., Nachrodt/Westf., *Beizen, Glänzen und Polieren von Metallen und Legierungen.* Die Gegenstände werden anod. in einer

Lsg. aus SiO_2 u. H_3PO_4 oder SiO_2, CrO_3 u. H_3PO_4 behandelt. SiO_2 wird hierbei der Lsg. aus Kieselsol unter Rühren zugesetzt. Die SiO_2 verhindert einen unerwünschten Angriff der Lsg. auf die Metalloberfläche. Zweckmäßig ist eine kurze Nachbehandlung der Teile in einer heißen Alkalisilicatlösung. Der Glanz der Oberfläche wird hierdurch erhöht. (**D.B.P. 903297** Kl. 48a vom 4/8. 1943, ausg. 4/2. 1954. **Zusatz zu D. R. P. 763900; C. 1954. 2706.**) MARKHOFF. 6515

George Chandler Cox, Charleston, W. Va., V. St. A., *Elektrode zum kathodischen Entzundern von Metalloberflächen, insbesondere von Schiffswänden, -böden oder ähnlichen Oberflächen,* besteht aus Stäben aus *Mg, Al* oder ihren Legierungen, die mittels flexibler Stricke aus nichtleitenden Faserstoffen zu einer Matte verflochten sind, wobei die Stricke als Abstandshalter zwischen den Elektrodenstäben u. der zu reinigenden Oberfläche dienen. Auch bei Verwendung eines schlechtleitenden Elektrolyten, wie Seewasser, wird bei Verwendung von Mg-Anode u. elektr. Verbindung zwischen Mg u. der zu reinigenden Oberfläche ohne Zufuhr eines Stromes eine Stromdichte von 25 A/sq.ft. erzeugt. — Abbildungen. (**A. P. 2 648 222** vom 24/3. 1949, ausg. 23/6. 1953.) MARKHOFF. 6515

R. A. Beaumont, Mechanical testing of metallic materials. 3rd edn. London: Pitman. 1954. (II + 250 S. m. Abb.) 25 s.

William Minot Guertler, Metallkunde. Eine Vorlesung zur Einführung. 1. Berlin-Nikolassee: Borntraeger. 1954. 1. Die freien Metalle. (VIII + 204 S. m. Abb.) DM 19,60.

IX. Organische Industrie.

C. S. Carlson, P. V. Smith jr. und **C. E. Morrell,** *Trennung von organischen Sauerstoffverbindungen durch extraktive Wasserdestillation.* Zur Trennung der bei der FISCHER-TROPSCH-Synth. anfallenden Gemische von O-haltigen Verbb. wie Aldehyden, Ketonen, Alkoholen, Estern, Äthern u. organ. Säuren, verwenden Vff. eine auf dem Syst. von MERTES u. COLBURN (C. **1947.** 1715) beruhende extraktive Wasserdest.; Anlage, genaue Arbeitsweise u. Einstellung des Gleichgewichts zwischen Fl. u. Dampf sind genau beschrieben. Mit dieser extraktiven Dest. gelingt es, Alkohole von Ketonen, Aldehyden, Estern u. Äthern zu trennen. Auch können prim. Alkohole von verzweigten prim., sek. u. tert. Alkoholen abgetrennt werden. Aldehyde werden von Ketonen mit ungefähr gleichem Kp. geschieden. Die relativen Verdampfbarkeiten von z. B. Alkoholen werden derart geändert, daß die höhermol. Verbb. leichter flüchtig gestaltet werden, z. B. werden Isopropyl-, sek.-Butyl-, Isobutyl- u. andere Alkohole leichter flüchtig als A., wenn 80 Mol-% W. oder darüber zur Anwendung kommen. Das gleiche gilt für Ketone u. Aldehyde. Für Stoffe in etwa dem gleichen Siedebereich ist unter den Bedingungen der extraktiven Wasserdest. die Reihenfolge der relativen Verdampfbarkeit: organ. Säuren, Alkohole, Ketone, Aldehyde, Äther u. KW-stoffe. Das Verf. ist gleichermaßen anwendbar bei Prodd., die bei der Olefinoxydation u. der Oxosynth. anfallen. (Ind. Engng. Chem. **46.** 350—55. Febr. 1954. Linden, N. J., Standard Oil Development Co.) K. O. MÜLLER. H 450

Henri Guinot, *Bemerkungen zur Verwendung von Alkohol in der modernen organischen Chemie.* Kurzer Überblick über die techn. Bedeutung des A. (Ausgangsstoff für Essigsäureanhydrid, Acetaldehyd, Butanol). (Ind. agric. aliment. **70.** 743—49. Nov. 1953.) WINIKER. H 560

J. L. Boyle, *Die Erzeugung von Pyridinbasen.* Vf. bespricht die Grundlagen der Gewinnung von Pyridinbasen aus Teeren. Im einzelnen werden behandelt die vorkommenden chem. Individuen, Abtrennungsprozesse, Reinigungsverff. u. Anwendungsgebiete. (Ind. Chemist **29.** 251—53. 258. Juni 1953.) GERHARD GÜNTHER. H 3231

Texas Co., New York, übert. von: **Howard V. Hess,** Beacon, **George B. Arnold,** Glenham, und **James K. Truitt,** Beacon, N. Y., V. St. A., *Selektive Trennung aliphatischer normaler Kohlenwasserstoffe und ihrer α-substituierten Verbindungen* mit > 6 C-Atomen aus Mischungen mit anderen Verbb. durch Behandeln mit 4.4'-Dinitrodiphenyl, wobei sich Komplexverbb. bilden, die aus der Mischung ausgeschieden u. durch Erhitzen zers. werden. Die Behandlungstemp. für KW-stoffe mit 6—9 C-Atomen liegt zwischen —20 u. 40° F, die für solche mit > 10 C-Atomen zwischen 70 u. 120° F. — Zeichnung. (**A. P. 2 589 380** vom 16/11. 1949, ausg. 18/3. 1952.) G. KÖNIG. H 500

Anglo-Iranian Oil Co. Ltd., London, und **Wilfred Samuel Nathan, Andrew McLean** und **Timothy Arrowsmith Rayne,** Sunbury-on-Thames, England, *Entfernen von C-haltigem Material aus zur Behandlung von Kohlenwasserstoffen benutzter H_2SO_4,* indem letztere im Gegenstrom mit N-Oxyden (N_2O_2—N_2O_5), freiem O_2, z. B. Luft, u. Wasserdampf in Berührung gebracht wird; in einer Kühlzone wird die gebildete HNO_3 vom

Gasstrom abgetrennt u. zur Behandlung weiterer H_2SO_4-Mengen benutzt. (**E. P. 672 728** vom 19/7. 1949, ausg. 28/5. 1952.) DEMMLER. H 500

Gulf Research & Development Co., Pittsburgh, übert. von: **Charles W. Montgomery** und **William A. Horne**, Oakmont, Pa., V. St. A., *Kohlenwasserstoffsynthese.* Bei der Synth. von bes. *olefin.* KW-stoffen aus CO u. H_2 an Fe-, Ni- oder Co-Katalysatoren im nicht aufgewirbelten Bett (z. B. bei 500—700° F u. ca. 150 lbs./sq.in. bei hohem Gasdurchsatz), wobei das nach dem Abscheiden der fl. Bestandteile aus den Reaktionsprodd. verbleibende Gas im Kreislauf zurückgeführt u. im Volumenverhältnis 5 : 1 bis 50 : 1 (bes. 18—23 : 1) mit Frischgas vermischt wird, beobachtet man, daß der Katalysator nach dem Regenerieren brüchig wird, so daß er für die Verwendung im nicht aufgewirbelten Bett unbrauchbar ist. Es wurde gefunden, daß das Brechen des Katalysators durch zu starke C-Einlagerungen in das Kristallgefüge der Metalle bedingt ist. Als Maß für den Grad der C-Ablagerung kann der Abfall des Gasdruckes längs des Weges durch die Katalysatorschicht hindurch genommen werden. Erfindungsgemäß wird die Synth. unterbrochen, wenn der Abfall des Druckes um den Betrag 40 A/B, worin A das Vol. Frischgas u. B das Vol. Kreislaufgas pro Std. bezeichnen, größer ist als der Druckabfall zu Beginn der Synthese. Der Katalysator wird dann durch Abtrennen mit einem O_2-haltigen Gas bei Tempp. unterhalb der Sinterungsgrenze regeneriert. (**A. P. 2 638 477** vom 4/10. 1949, ausg. 12/5. 1953.) W. HEROLD. H 520

Eastman Kodak Co., Rochester, N. Y., übert. von: **William A. Parks**, Longview, Tex., V. St. A., *Trennung von Gasen durch Adsorption und selektive Desorption*, bes. zum Abtrennen von gasförmigen *Olefinen* (I) u. Paraffinen (II) aus Mischungen mit anderen Gasen, wie N_2, H_2, CO_2, CO usw. Zur Trennung wird ein Kieselsäuregel (von bes. 4—20 mesh) benutzt, an welchem zunächst bei —10 bis +30° alle I u. II adsorbiert werden. Dann wird bei ca. 40° II abgespalten, bei ca. 60° ein Gemisch aus I u. II u. schließlich bei 145° der hauptsächlich aus I bestehende Rest, der an einem zweiten SiO_2-Bett bei —10 bis +30° erneut adsorbiert u. durch Erhitzen auf 40° von den II-Resten befreit wird; bei 145° spaltet dann reines I ab. Bei der Trennung von *Propylen* u. *Propan* erfolgt die Adsorption bevorzugt unterhalb 10°, z. B. —5 bis +5°, u. die Abspaltung von II bei 35—50°. (**A. P. 2 642 153** vom 2/4. 1951, ausg. 16/6. 1953.) W. HEROLD. H 520

N. V. de Bataafsche Petroleum Mij., Den Haag (Erfinder: **Aloysius Ignatius Marie Keulemans**, Amsterdam), Holland, *Alkene* mit 5—8 C-Atomen erhält man durch Dest. von Rohalkenen, die durch therm. Spaltung von mindestens 50 Gew.-% Paraffin enthaltenden Rohstoffen in der Dampfphase gewonnen wurden. Die abgetrennte Alkenfraktion wird mit konz. H_2SO_4 bei höchstens 60° behandelt, bis die Temp. nicht mehr ansteigt. Nach dem Auswaschen der sauren Bestandteile gewinnt man die einzelnen Alkenfraktionen durch Destillation. — Das aus Rückstandsparaffin bei 55—135° sd. Spaltdestillat wird mit 96%ig. H_2SO_4 raffiniert. Durch anschließende Fraktionierung erhält man *1-Hexen*, Kp. 63—64°, aus dem durch Hydrierung Hexan, Kp. 68,75°, entsteht. — *1-Hepten*, Kp. 94—95°. — *1-Octen.* (**D. B. P. 867 392** Kl. 12o vom 24/5. 1951, ausg. 16/2. 1953. Holl. Prior. 26/5. 1950.) KRAUSS. H 520

Usines de Melle, Melle (Erfinder: **Henri Guinot**, Versailles, und **André Valet**, Paris), Frankreich, *Olefine und Diolefine* erhält man aus alkoh. Verbb. durch Wasserabspaltung in Ggw. von BPO_4 als Katalysator bei ca. 200—350°. — Aus Methyltetrahydrofuran bei 350° in Ggw. von BPO_4 (hergestellt aus Borsäure + 85%ig. H_3PO_4 u. Erhitzen auf 350°) in 91%ig. Ausbeute: *Piperylen.* — Butanol → *Butylen.* — Butylenglykol-(1.3) → *Butadien.* (**D. B. P. 882 700** Kl. 12o vom 31/7. 1943, ausg. 9/7. 1953. F. Prior. 30/7. 1942.) KRAUSS. H 520

Badische Anilin- & Soda-Fabrik Akt.-Ges., Ludwigshafen/Rh. (Erfinder: **Otto Grosskinsky**, Dortmund, **Nikolaus Roh**, und **Gunthard Hoffmann**, Marl), *Butadien.* Man leitet n-Butylendämpfe zusammen mit Gasen u./oder Wasserdampf im Volumenverhältnis von weniger als 1 (Vol.) Verdünnungsgas zu 1 Butylen oberhalb 600° über prakt. alkalifreien Graphit oder Glanzkohle mit einer Verweilzeit im Katalysatorraum von höchstens 1 Sekunde. (**D. B. P. 898 297** Kl. 12o vom 17/7. 1938, ausg. 30/11. 1953. **Zusatz zu D. B. P. 890 955; C. 1954. 4718.**) KRAUSS. H 520

N. V. de Bataafsche Petroleum Mij., Den Haag, Holland (Erfinder: **Seaver Ames Ballard** und **Richard Roy Whetstone**, San Francisco, Calif., V. St. A.), *Austausch von Halogenatomen in ungesättigten organischen Halogeniden.* Man erhitzt ungesätt. organ. Verbb., die ein oder mehrere Halogenatome in Allylanordnung enthalten, mit einer bes. gesätt. wss. Lsg. eines Alkali- oder Erdalkalihalogenids, das ein anderes Halogen enthält, auf weniger als 200°, bes. 70—120°. Man erhält z. B. *1-Chlor-3-brom-1-propen* durch Erhitzen von 7,16 (Mol) 1.3-Dichlorpropen mit einer wss. Lsg. von 7,16 NaBr auf 95° oder von 3,58 $CaBr_2$ auf 108°. Analog *α-Brommethylacrylnitril* aus α-Chlormethylacrylnitril u. NaBr. (**D. B. P. 843 695** Kl. 12o vom 10/1. 1950, ausg. 10/7. 1952. A. Prior. 11/1. 1949.) LÜTTGEN. H 520

Gesellschaft für Linde's Eismaschinen Akt.-Ges. (Erfinder: **Fritz Rottmayr**), Höllriegelskreuth, *Auswaschen von Verunreinigungen aus Rohgasen*, bes. aus *Rohacetylen*, in einer Waschvorr. mit nicht zirkulierender, sondern nur einmal durchlaufender Wasch-Fl., dad. gek., daß aus den Rohgasen, bes. aus Rohacetylen, Phosphorwasserstoffe, organ. S-Verbb., ungesätt. höhere KW-stoffe u. W. gemeinsam oder einzeln mit einer kleinen Menge konz. H_2SO_4 oder Gemischen von H_2SO_4 u. Phosphorsäuren verschied. Oxydationsstufen ausgewaschen werden. (**D. B. P. 906 005** Kl. 26d vom 23/3. 1950, ausg. 8/3. 1954. Anmeldung bekanntgemacht 6/12. 1951.) DEMMLER. H 530

Badische Anilin- & Soda-Fabrik Akt.-Ges., Ludwigshafen/Rh., *Abtrennen von Acetylen*, das in großer Verdünnung (z. B. 8 %) im Gemisch mit anderen Gasen, wie CO_2, C_2H_4, O_2, CH_4, CO, H_2, N_2, C_6H_6 usw., vorliegt. Man leitet das Gemisch unter ca. 2—10 at in eine Absorptionszone, wo C_2H_2 von einer selektiv absorbierenden Fl., z. B. γ-Butyrolacton oder Pyrrolidon, aufgenommen wird. In einer anschließenden Desorptionszone wird das C_2H_2 durch Erhitzen der Absorptions-Fl., bes. unter gleichzeitiger Anwendung von Unterdruck (0,2 at), wieder frei gemacht u. dann rektifiziert. — Zeichnung. (**E. P. 702 876** vom 2/5. 1952, ausg. 27/1. 1954. D. Priorr. 4/5. 1951 u. 21/2. 1952.) BRÖSAMLE. H 530

Standard Oil Development Co., Delaware, übert. von: **Warren M. Smith**, Baton Rouge, La., V. St. A., *Alkohole mit 4—15 C-Atomen*, erhalten nach der Oxosynth. mit anschließender katalyt. Hydrierung, gewinnt man aus der Reaktionsmischung durch Dest. unter solchen Temperaturbedingungen u. erhöhtem Druck, daß die vorhandenen höher sd. Verunreinigungen zu leichter sd. Verbb. zers. werden u. als Kopfdestillat übergehen. Das Bodenprod. leitet man in eine Fraktionierkolonne u. gewinnt die Alkohole als Kopfdestillat, während die noch vorhandenen Verunreinigungen als Bodenprod. anfallen. — Zeichnung. (**A. P. 2 614 070** vom 16/11. 1949, ausg. 14/10. 1952.) G. KÖNIG. H 550

E. Merck (Erfinder: **Otto von Keussler**), Darmstadt, *Gewinnung reiner sekundärer Alkohole* durch ununterbrochene Reinigung u. Trennung eines aus techn. propylen- u. butylenhaltigen Gasgemischen durch Umwandlung der Olefine in Alkohole erhaltenen wss. Gemisches von sek. Alkoholen mit Begleitstoffen mittels Dest. nach Anspruch 3 des D. B. P. 837 996; C. **1952.** 5485, dad. gek., daß die nach dem Auswaschen der aus der 2. Vorkolonne (8) abgezogenen Nebenprodd. dem Abscheider (11) entnommene obere Schicht in einer Kolonne (30) durch Dest., gegebenenfalls unter Zugabe von wasserfreiem Isopropylalkohol, sek.-Butylalkohol oder Bzl., entwässert wird, wobei das am Kopf der Kolonne (30) übergehende Destillat der Vorkolonne (8) wieder eingeführt wird, während am Fuß der Kolonne (30) die höhersd. Alkohole abgezogen u. gegebenenfalls in einer weiteren Kolonne (34) in mindestens zwei Fraktionen getrennt werden. — Zeichnung. (**D. B. P. 891 544** Kl. 12o vom 18/9. 1940, ausg. 28/9. 1953. **Zusatz zu D. B. P. 837 996; C. 1952. 5485.**) G. KÖNIG. H 560

Comp. Française de Raffinage, Paris, Frankreich, *Alkoholherstellung aus Olefinen* (I). Fl. I werden mit einer wss. H_2SO_4-Lsg. im Gleichstromverf. so lange in Kontakt gebracht, bis eine Konz. von Alkohol (II) erreicht ist, bei der die Geschwindigkeit der II-Bldg. unter den Bestwert sinkt, worauf im Gegenstrom nichtumgesetzte I extrahiert werden. Der erhaltene II wird abdest., die über Aktivkohle gereinigte Säure konz. u. in das Verf. zurückgegeben. — Aus einem Gemisch von 65 (%) Propan u. 35 Propylen werden je Std. 50 (kg) *Isopropanol* u. 0,5 Isopropyläther gewonnen. — Analog verarbeitet man ein Gemisch aus 55 (%) Butan–Isobutan, 25 Isobuten u. 25 n-Buten. (**E. P. 681 934** vom 12/6. 1950, ausg. 29/10. 1952. F. Prior. 27/2. 1950.) MÖLLERING. H 560

Standard Oil Development Co., Delaware, übert. von: **Samuel W. Wilson**, Baton Rouge, La., V. St. A., *Reinen Isopropylalkohol* (I) gewinnt man aus techn. I, der übelriechende Bestandteile enthält, durch mehrfache Destillation. Die 1. Dest. ergibt als Kopfdest. die niedrigsd. Bestandteile. Das Bodenprod. wird mit einem gesätt. aliphat. Äther ein azeotrop. Dest. in einer 2. Kolonne unterworfen, wobei man als Bodenprod. W. u. in einem Seitenstrom Teile der übelriechenden Stoffe abzieht. Das Kopfdestillat wird erneut mit Äther azeotrop. dest., wobei man als Bodenprod. I erhält. — Zeichnung. (**A. P. 2 595 116** vom 20/8. 1949, ausg. 29/4. 1952.) G. KÖNIG. H 560

Badische Anilin-& Soda-Fabrik Akt.-Ges., Deutschland, *Herstellung von organischen, sauerstoffhaltigen Verbindungen, besonders Alkoholen mit mehr als 4 C-Atomen.* Man setzt ein Gemisch von CO u. H_2 bei erhöhter Temp. u. Druck unter Zusatz von Ketonen, bes. Aceton, katalyt. um. — Z. B. leitet man bei 430° u. 250 at Druck ein Gemisch von 1 (Volumenteil) CO u. 2,65 H_2 über einen alkal. Zinkchromatkatalysator u. spritzt 0,1 (bezogen auf 1 Volumenteil gebildetes Reaktionsprod.) Aceton in den Autoklaven ein. Das fl. Endprod. enthält ca. 15% Alkohol mit mehr als 4 C-Atomen u. ist prakt. frei von Aceton. (**F. P. 1 029 975** vom 21/12. 1950, ausg. 9/6. 1953. D. Prior. 29/12. 1949.) OPPERMANN. H 560

Badische Anilin- & Soda-Fabrik Akt.-Ges., Ludwigshafen/Rh. (Erfinder: **Rudolf Kern,** Neustadt a. d. Weinstraße), *Herstellung von Glykol aus Äthylen* durch Behandlung mit wss. H_2O_2, zweckmäßig in Ggw. von Katalysatoren, dad. gek., daß man als Stabilisatoren für das H_2O_2 aliphat. oder cycloaliphat. Glykole oder deren Äther oder Ester, die mindestens noch 1 freie OH-Gruppe enthalten, oder aliphat., aromat. oder hydroaromat., mit W. nicht mischbare organ. Lösungsmittel, wie Alkohole oder KW-stoffe, oder Mischungen dieser Stoffe verwendet. Als Katalysatoren kommen Ag, Cu, Ni oder Co oder deren Oxyde, vorteilhaft auf festen Trägern, in Betracht. Die Reaktionslsg. hält man durch Zugabe von z. B. $CaCO_3$, neutral. Man kann auch Pufferstoffe zusetzen, um den gewünschten p_H-Wert zu halten. (**D. B. P. 906 451** Kl. 12o vom 5/3. 1943, ausg. 15/3. 1954.) G. KÖNIG. H 570

Comp. de Produits Chimiques et Électrométallurgiques Alais, Froges et Camargue, Seine, Frankreich, *Chlorieren von aliphatischen Aldehyden.* Man läßt Cl_2 bei einer Temp. unterhalb 20° in Ggw. von 6n—10nHCl auf Aldehyde einwirken. — Z. B. versetzt man 415 g einer wss. Lsg. von Acetaldehyd (4 Mol Acetaldehyd entsprechend) mit 1000 cm^3 10,2nHCl u. leitet bei 12—14° in schnellem Strom ca. 2 Std. Cl_2 ein. Die Ausbeute an *Monochloracetaldehyd* beträgt 94%. Ebenso kann man aus Butyraldehyd *Monochlorbutyraldehyd,* Kp. 105—107°, u. *Dichlorbutyraldehyd,* Kp. 115—117°, herstellen. (**F. P. 1 012 991** vom 17/2. 1950, ausg. 21/7. 1952.) OPPERMANN. H 670

Soc. An. des Manufactures des Glaces et Produits Chimiques de Saint-Gobain Chauny & Cirey, Frankreich, *Herstellung von Monochloracetaldehydhalbhydrat.* Man gießt unter heftigem Rühren sirupösen, 50° warmen Monochloracetaldehyd (**I**), wie man ihn z. B. durch Dest. einer wss. Lsg. von **I** bei 85° erhält, in eine organ., mit W. nicht mischbare u. **I** nicht oder nur wenig lösende Fl. (z. B. PAe., Bzl., Cyclohexan) u. hält die Temp. durch Abkühlen der Fl. unter 40°. Es scheidet sich am Boden des Gefäßes eine weiche M. von **I** ab, die mit fortschreitender Kristallisation erhärtet. (**F. P. 1 011 755** vom 15/3. 1949, ausg. 26/6. 1952.) OPPERMANN. H 670

Dow Chemical Co., Del., V. St. A., *Herstellung von β-Methylmercaptopropionaldehyd* (**I**) aus CH_3SH (**II**) u. Acrolein (**III**) bei $<50°$ u. <2 at in Ggw. von Diacetylperoxyd (**IV**) als Katalysator. Die Rk. setzt rasch ein u. ist stark exotherm, so daß gekühlt werden muß; bevorzugte Temp. zwischen —5 u. 30°, bes. 10 u. 20°. Bei kontinuierlicher Arbeitsweise werden sofort 0,2—1,5 (%) **IV**, bezogen auf **III**, zugesetzt, bei diskontinuierlicher Arbeitsweise wird mit 0,1 **IV** begonnen u. portionsweise nachgegeben, sobald die Rk. nachläßt. **IV** wird während der Rk. verbraucht; das Reaktionsprod. erhält $<0,05$ **IV** u. 5 **II** oder **III**. Ausbeute an **I** 86%. — Verwendung zur Herst. von Methionin. (**E. P. 687 483** vom 4/7. 1949, ausg. 18/2. 1953.) HEROLD. H 670

Krupp Treibstoffwerke G. m. b. H., Deutschland, *Herstellung von halogenierten Fettsäuren.* Man neutralisiert die bei der Paraffinoxydation anfallenden dunklen Nachlauffettsäuren mit einem Alkali (z. B. NaOH) u. behandelt die wss. Lsg., Emulsion oder Dispersion der fettsauren Salze bei Tempp. unter 100° mit Cl_2 oder Br_2. Die halogenierten Fettsäuren befreit man vom überschüssigen Halogen u. gelöster Halogenwasserstoffsäure durch Einleiten eines inerten Gases u./oder Waschen mit Wasser. (**F. P. 1 002 552** vom 22/10. 1946, ausg. 7/3. 1952.) OPPERMANN. H 800

Eastman Kodak Co., übert. von: **Noel H. Kuhrt,** Rochester, N. Y., V. St. A., *Abtrennung von Teilestern,* wie Monoglyceriden, aus ihren Gemischen mit Di- u. Triglyceriden u. akt. Umesterungskatalysatoren, z. B. Seifen der Erdalkalimetalle u. dgl., durch Dünnschichtdest. bei <100, bes. 1—20 μ, u. $<225°$. (**A. P. 2 634 234** vom 16/7. 1949, ausg. 7/4. 1953.) MÜLLER-MEININGEN. H 800

Armour & Co., Chicago, Ill., V. St. A. (Erfinder: **R. H. Potts** und **C. W. Christensen**), *Herstellung von Nitrilen.* Fettsäuren oder deren Ester werden zusammen mit NH_3 in eine erhitzte Reaktionszone eingeführt, aus der kontinuierlich die Reaktionsprodd. in Dampfphase abgeführt werden. Die Dämpfe werden durch eine 2. Zone mit einem Dehydratisierungskatalysator geleitet, worauf man die Prodd. kondensiert.

In der 1. Zone bilden sich Amide, die in der 2. Zone zu Nitrilen u. Säuren disproportioniert werden. (**Schwed. P. 137 470** vom 6/10. 1941, ausg. 7/10. 1952. A. Prior. 5/10. 1940.) JÜRGEN SCHMIDT. H 800

Sinclair Refining Co., New York, N. Y., übert. von: **John W. Teter** und **Leonard E. Olson**, Chicago, Ill., V. St. A., *Katalysatoren für die Herstellung N-haltiger Verbindungen*, bes. *Nitrile*, durch Rk. von NH_3 mit Olefinen, bestehen aus Co (I) u. MgO (II) auf einem Kieselgurträger (III), wobei das Verhältnis I:II = 1:2—8 bzw. I:II:III = 13,7—35:<40:>10 Gew.-% ist. (**A. P. 2 658 041** vom 11/2. 1949, ausg. 3/11. 1953.) MÜLLER-MEININGEN. H 800

Celanese Corp. of America, New York, N. Y., übert. von: **James S. MacKenzie** und **Oliver H. Axtell jr.**, Corpus Christi, Tex., V. St. A., *Entfernung von Ameisensäure* (I) aus ihren wss. Gemischen, bes. mit CH_3COOH (II) neben Aceton, CH_3CHO, $C_2H_5COCH_3$, I-Methylester, II-Äthylester, CH_3OH u. dgl., erfolgt durch Überleiten des dampfförmigen Gemisches über akt. Al_2O_3 (Maschenweite 2—4) bei 500—650° F u. einer Kontaktberührungszeit von 1 Sekunde. (**A. P. 2 656 379** vom 27/11. 1951, ausg. 20/10. 1953.) MÜLLER-MEININGEN. H 810

Courtaulds Ltd., London, übert. von: **George A. R. Hartley** und **Charles O. Haughton**, Coventry, England, *Gewinnung von Essigsäure* (I) aus ihren wss. Lsgg. erfolgt gemäß A. P. 2 651 604, wobei zur extraktiven Dest. die I-Ester von Diäthylen-, Methoxydi- u. -triäthylen- u. Äthoxytriäthylenglykol verwendet werden. — Vorr., Zeichnung. (**A. P. 2 651 605** vom 6/11. 1951, ausg. 8/9. 1953. E. Prior. 9/2. 1951.) MÜLLER-MEININGEN. H 810

Saargruben-Akt.-Ges., Saargebiet, *Herstellung von nitrierten aliphatischen Carbonsäuren* mit mindestens 5 C-Atomen aus den Hydrierungsprodd. von o- oder m-Kresol oder den entsprechenden hydrierten Ketonen oder Aminen durch Behandlung mit HNO_3 in Ggw. eines Oxydationskatalysators oder mit einem Gemisch von Stickstoffperoxyd u. einem O_2-haltigen Gas in Ggw. von Wasser. — Als Ausgangsstoff sind genannt o- u. m-Methylcyclohexanol u. o- u. m-Methylcyclohexanon. — o-Methylcyclohexanol wird mit 65%ig. HNO_3 in Ggw. von V_2O_5 bei 90—95° behandelt. Es entsteht dabei *Nitrovaleriansäure*. Als Nebenprod. entsteht *Nitrobuttersäure*. (**F. P. 1 002 099** vom 26/7. 1946, ausg. 3/3. 1952.) M. F. MÜLLER. H 810

Camille Dreyfus, New York, übert. von: **Samuel B. McFarlane** und **John Lomartire**, Sumnit, N. J., V. St. A., *Herstellung von Carbonsäurechlorbutylestern* durch Erhitzen eines Gemisches einer organ. Carbonsäure, PCl_3 u. Tetrahydrofuran in Ggw. von $ZnCl_2$ als Katalysator. — Bei Verwendung von Essigsäure entsteht das *Chlorbutylacetat*. (**Can. P. 486 107** vom 22/5. 1948, ausg. 26/8. 1952. A. Prior. 28/6. 1947.) M. F. MÜLLER. H 810

Eastman Kodak Co., Rochester, N. Y., übert. von: **Hugh J. Hagemeyer jr.**, Kingsport, Tenn., V. St. A., *Aliphatische Nitrile* erhält man durch Rk. von Aldehyden $R(CHO)_n$ (n = 1—2, R = C_1—C_8) mit NH_3 bei 350—550° F in Ggw. von Katalysatoren, bestehend aus Cr_2O_3 auf ZrO_2- oder TiO_2-Trägern, deren Mengenanteil 72 bis 88 Gew.-% von I beträgt. — Herst. von *Isobutyronitril*. — Vorr., Zeichnung. (**A. P. 2 653 964** vom 12/4. 1952, ausg. 29/9. 1953.) MÜLLER-MEININGEN. H 810

Badische Anilin- & Soda-Fabrik Akt.-Ges. (Erfinder: **Kurt Eder**, Ludwigshafen/Rh., und **Rudolf Keller**, Mannheim), *Acrylsäurenitril* erhält man aus HCN u. acetylenhaltigen Gasmischungen mit einem hohen Anteil an CO (z. B. durch Oxydation von Methan oder anderen gasförmigen KW-stoffen mit O_2 gewonnen) durch Einleiten in Cu(I)-Salzlsgg. starker Säuren, die zweckmäßig noch NH_4-Salze u./oder Alkalimetallsalze u. starke Säuren u. bes. Salze seltener Erdmetalle ($CeCl_3$, La-Chlorid) enthalten. Man verwendet z. B. eine Lsg., die je Liter 550 (g) CuCl, 280 NH_4Cl, 75 NaCl, 5 HCl (30%ig) u. 25,3 $CeCl_3$ enthält; Ausbeute: 60%. (**D. B. P. 908 856** Kl. 12o vom 15/3. 1952, ausg. 12/4. 1954.) KRAUSS. H 810

Badische Anilin- & Soda-Fabrik Akt.-Ges. (Erfinder: **Walter Reppe**, Ludwigshafen/Rh., **Karl Klager**, Monrovia, Calif., V. St. A., und **Otto Schlichting**), Ludwigshafen/Rh., *Korksäure* erhält man in ca. 70%ig. Ausbeute durch Oxydation von Cyclooctan mit CrO_3, HNO_3 oder $KMnO_4$; F. 141—142° (aus W. oder 6%ig. HNO_3). (**D. B. P. 890 950** Kl. 12o vom 11/7. 1943, ausg. 24/9. 1953.) MÜLLER-MEININGEN. H 820

Farbenfabriken Bayer Akt.-Ges., Leverkusen, *Kontaktmasse* für die Herst. von *Organohalogensilanen* nach dem Direktverfahren. Diese besteht, wie üblich, aus Si + Cu, enthält aber außerdem 1—5% eines desoxydierend wirkenden Metalls, bes. Ca u. Ti, oder Ba, Mg, Sr, Be, Ge, Zr oder Ce. (**E. P. 708 823** vom 21/5. 1951, ausg. 12/5. 1954. D. Prior. 19/5. 1950.) BRÖSAMLE. H 980

Soc. des Usines Chimiques Rhône-Poulenc, Paris, Frankreich, *Herstellung von Hydroperoxyden des Cumols und seiner Homologen* durch Oxydation von Cumol oder dessen Homologen, z. B. p-Cymol, Diisopropylbenzol, Isobutylbenzol, Äthylbenzol, mittels Sauerstoff oder einem O_2-haltigen Gas in Ggw. von Alkali- oder Erdalkaliformiaten, -oxalaten oder -benzoaten als Katalysatoren. (**Oe. P. 175 572** vom 1/2. 1952, ausg. 25/7. 1953. F. Priorr. 2/2. u. 28/4. 1951.) M. F. MÜLLER. H 1050

Chemische Fabrik von Heyden Akt.-Ges., München (Erfinder: **Erich Haack** und **Robert Jacob,** Radebeul), *Acetylsulfanilsäurechlorid* erhält man durch Kondensation von Acetanilid mit $ClSO_3H$ bzw. Oleum u. $ClSO_3H$ in Ggw. von anderen chlorierend wirkenden Säurechloriden, wie $SOCl_2$, PCl_3, PCl_5, Pyrosulfurylchlorid, in fast 100%ig. Ausbeute. — Z. B. verwendet man 2,75 (Mol) bzw. 4 $ClSO_3H$ u. 1,25 bzw. $^2/_3$—1,5 PCl_3 oder 1—1,5 PCl_5. Durch Umsetzung mit NH_3 entsteht Acetylsulfanilamid, F. 205 bis 209°. (**D. R. P. 752 572** Kl. 12o vom 15/7. 1941, ausg. 4/1. 1954.) KRAUSS. H 1090

Sulphite Products Corp., übert. von: **Irwin A. Pearl,** Appleton, Wis., V. St. A., *Vanillin,* 5-Carboxyvanillin, Vanillinsäure u. Guajacol erhält man aus Fichten- oder Tannenlignin, wenn man dieses in wss. Medium in Ggw. von CuO u. überschüssigem Alkalihydroxyd unter Druck auf 160—180° erhitzt. Man verwendet vorteilhaft auf 214 (Gewichtsteile) Lignin ca. 1050 CuO. (**A. P. 2 602 089** vom 12/11. 1949, ausg. 1/7. 1952.) BRÖSAMLE. H 1140

Imperial Chemical Industries Ltd. (Erfinder: **George B. Ingram** und **Sidney A. Lamb**), England, *Veresterung von einwertigen aliphatischen Alkoholen mit organischen Carbonsäuren* oder deren Anhydriden in fl. Phase bei erhöhter Temp. in Abwesenheit eines stark sauren Katalysators u. in Ggw. eines Feststoffes, wie akt. Al_2O_3, SiO_2, Al-Silicat, bes. in Form von Kieselgur, Diatomeenerde, Fullererde, Bimsstein, z. B. Handelsprodd., wie Filtercel oder Superfiltrol. — Hierfür geeignete Alkohole werden z. B. erhalten durch katalyt. Rk. eines Olefins mit CO u. H_2. Sie haben einen Kp. von 160—220°, wenn man von einem Olefin mit gerader C_6—C_8-Kohlenstoffkette ausgeht. Für die Veresterung wird Phthalsäureanhydrid verwendet. (**F. P. 1 017 813** vom 22/3. 1950, ausg. 19/12. 1952. E. Prior. 28/3. 1949.) M. F. MÜLLER. H 1220

Sherwin-Williams Co., Cleveland, O., übert. von: **Joe C. Weaver jr.,** Tulsa, Okla., und **Martin D. Farkas,** Chicago, Ill., V. St. A., *Reinigung von m-Nitro-p-toluidin* (I). Man suspendiert rohes wasserhaltiges I in einem flüchtigen organ. Lösungsm., bes. Toluol (II), dest. ein W.-II-Gemisch ab, trennt im Destillat II vom W., führt II wieder zurück u. dest. so lange, bis kein W. mehr übergeht, filtriert die II-Lsg. über Fullererde oder dgl. u. krist. I durch Kühlen aus. — Zeichnung. (**A. P. 2 623 903** vom 18/10. 1948, ausg. 30/12. 1952.) LANGER. H 1310

Mathieson Chemical Corp., übert. von: **Benjamin B. Schaeffer,** Niagara Falls, N. Y., V. St. A., *Reinigung von Vinylaromaten* (I). Die Mischung aus acetylen. Verunreinigungen u. I wird mit HSCN, $(SCN)_2$ oder deren Salzen behandelt; nach Zusatz von W. werden die sich abscheidenden I abgetrennt. — Monomere Dichlorstyrole mit 0,26 (%) Dichlorphenylacetylen werden 30 Min. mit NH_4SCN in Eisessig bei 25° behandelt. Nach Zusatz von W. wird die ölige Phase über akt. Al_2O_3 filtriert u. enthält dann nur noch 0,03 der Acetylenverbindung. Als I sind genannt: Styrol, p-Methylstyrol, α-Methyl-p-methylstyrol, o-Fluorstyrol, Pentachlorstyrole, Vinylnaphthaline, Divinylbenzol, Vinylthiophen, Vinylcarbazol. (**A. P. 2 589 871** vom 25/9. 1948, ausg. 18/3. 1952.) KRAUSS. H 1410

Monsanto Chemical Co., St. Louis, Miss., V. St. A., *Stabilisierungsmittel für Styrol.* Als solche sind wirksam: Disulfide des o-Benzylphenols, Carvacrols, m-Kresols, o-Kresols, Phenols u. Thymols. Diese Sulfide stabilisieren Styrol, α-Methylstyrol, p-Methylstyrol, Äthylstyrol, Vinylnaphthalin u. p-Chlorstyrol bei n. sowie bei Siedetemperatur. Sie sind in Mengen von 0,001—5% der monomeren Verb. zu verwenden. **E. P. 637 868** vom 25/3. 1947, ausg. 31/5. 1950. A. Prior. 1/3. 1944.) HERBST. H 1410

Atlantic Refining Co., übert. von: **F. G. Ciapetta** und **J. B. Hunter,** Philadelphia, Pa., V. St. A., *Umwandlung von aromatischen Kohlenwasserstoffen in alkylierte Cycloparaffine.* Die aromat. KW-stoffe, z. B. Bzl. oder Toluol, werden bei 450—800° F in Ggw. von H_2 mit einem Katalysator behandelt, welcher im wesentlichen aus 98—40% SiO_2 u. 2—60% Al_2O_3 besteht u. mit einem metallhaltigen Hydrierungskatalysator imprägniert ist. Man verwendet z. B. einen Zusatz von 0,2—20% eines Ni-Katalysators, berechnet auf $SiO_2 + Al_2O_3$. (**Can. P. 487 393** vom 11/8. 1950, ausg. 21/10. 1952. A. Prior. 17/8. 1949.) M. F. MÜLLER. H 1810

E. I. du Pont de Nemours & Co. (Erfinder: **Edward P. Bartlett**), Wilmington, Del., V. St. A., *Gemeinsame Herstellung von Aceton und Cyclohexan* erfolgt aus Isopropanol u. Bzl., bes. im Mol-Verhältnis 3:1, in der Gasphase bei 200—300° unter Überdruck, bes. von mindestens 2 at, in Ggw. von red. Ni, das entweder auf Porzellan oder auf einem Träger niedergeschlagen wurde, der durch Red. von CuO oder von mit MgO aktiviertem CuO erhalten wurde, u. das durch CeO aktiviert sein kann, zweckmäßig in Ggw. von N_2. Dabei können 3 Rkk. erfolgen: $(CH_3)_2CHOH \rightarrow (CH_3)_2CO + H_2$ (I); $C_6H_6 + 3H_2 \rightarrow C_6H_{12}$ (II); $(CH_3)_2CHOH \rightarrow CH_3CH{=}CH_2 + H_2O$ (III). Die Rkk. I u. III werden durch niedrigen Druck u. hohe Temp., die Rk. II durch hohen Druck u. niedrige Temp. begünstigt. Bei n. Druck sind die Hydrierungs- u. Dehydrierungsgeschwindigkeiten weit vom Gleichgewicht entfernt, wobei die Dehydrierung des Isopropanols rascher als die Benzolhydrierung erfolgt. — Tabellen. (**D. B. P. 902 012** Kl. 12o vom 11/4. 1940, ausg. 18/1. 1954.) KRAUSS. H 1810

Allied Chemical & Dye Corp., übert. von: **A. S. Houghton** und **H. E. McNutt**, New York, N. Y., V. St. A., *Hydrierung von Phenolen zu Cyclohexanolen* in der Dampfphase mit H_2 unter Druck mit einem Ni-haltigen Hydrierungskatalysator bei 180 bis 270°. — Es werden z. B. hydriert Xylenol u. Kresol. (**Can. P. 478 463** vom 30/6. 1941, ausg. 13/11. 1951. A. Prior. 2/8. 1940.) M. F. MÜLLER. H 1870

Imperial Chemical Industries Ltd., London, England, *4-Vinylcyclohexendichlorhydrin*, viscose, strohfarbige Fl., Cl-Geh. 32,5—33,5%, erhält man durch Behandeln von 4-Vinylcyclohexen mit unterchloriger Säure oder Hypochlorit u. Mineralsäure in wss. Lsg. oder Dispersion; Ausbeute ca. 70%. (**E. P. 648 456** vom 19/1. 1948, ausg. 3/1. 1951. Can. Prior. 18/1. 1947.) KRAUSS. H 1870

Directie van de Staatsmijnen in Limburg, handelend voor en namens den Staat der Nederlanden, Heerlen, Holland, *Oxime*. Man red. alicycl. Nitroparaffine mittels eines gelösten Sulfids, z. B. einer alkoh. Lsg. von NH_4HS oder NaHS. — Nitrocyclohexan → *Cyclohexanonoxim*. (**Schwz. P. 296 660** vom 30/3. 1951, ausg. 1/5. 1954. Holl. Prior. 31/3. 1950.) BRÖSAMLE. H 1960

Bakelite Co. (Canada), übert. von: **H. L. Bender, A. G. Farnham** und **John W. Guyer**, Toronto, Ontario, Can., *Herstellung von asymmetrischen Diphenylolmethanen* der allg. Formel I, worin die OH-Gruppe in dem mit X substituierten Ring in 2, 4- oder 6-Stellung sitzt, bezogen auf das C-Atom, welches direkt mit dem Methylen-C-Atom verbunden ist. X ist ein einwertiger, an einen Ring-C-Atom gebundener Rest, u. zwar eine Alkyl-, Cycloalkyl-, Aryl-, Alkenyl-, Alkoxy- oder Oxygruppe; n ist 1—4. — Man setzt z. B. Saligenin mit einem Phenol, welches eine reaktionsfähige Gruppe als Substituenten enthält, bei 100—200° u. p_H 4—7 um. (**Can. P. 478 478** vom 22/12. 1949, ausg. 13/11. 1951. A. Prior. 26/1. 1949.) M. F. MÜLLER. H 2260

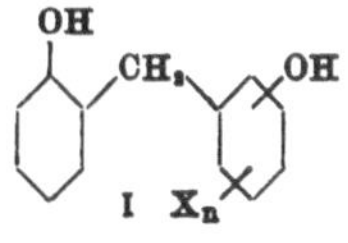

I

P. & H. Appel, Peha-Werk G. m. b. H., Deutschland, *Herstellung von Alkoxybenzoylbenzoesäuren* durch Kondensation von Phthalsäureanhydrid mit Alkoxybenzolen in Ggw. von $AlCl_3$ u. gegebenenfalls einem Verdünnungsmittel. — Mit Methoxybenzol wird dabei die *p-Methoxybenzoylbenzoesäure*, F. 144—145°, u. mit Äthoxybenzol die *p-Äthoxybenzoylbenzoesäure*, F. 133—134°, erhalten. (**F. P. 1 002 568** vom 24/10. 1946, ausg. 7/3. 1952.) M. F. MÜLLER. H 2470

Sinclair Refining Co., New York, N. Y., übert. von: **La Vern H. Beckberger**, East Chicago, Ind., V. St. A., *Herstellung von Aromaten aus Erdöl*, das reich an alkylierten kondensierten Ringen, z. B. *Alkylnaphthalin* (I), ist, bes. zur Gewinnung von *Naphthalin* (II). 1 (Mol) KW-stoff wird mit 1—20 H_2 (oder H_2-reichem Gas) u. 1—20 Wasserdampf mit einer Flüssigkeitsraumgeschwindigkeit von 0,5—5 (bes. unter 1,0) bei 1200—1800° F (bes. 1400—1450° F) u. einem Druck bis zu 100 lbs./sq.in. (bes. 30 bis 40 lbs./sq.in.) über Katalysatoren geleitet, welche den Ersatz von Alkylresten durch H katalysieren, wassergasakt. u. gegen Wasserdampf unempfindlich sind. Die H_2-reichen Abgase u. die unterhalb des II-Kp. sd. Prodd. können im Kreislauf zurückgeführt werden. Geeignete Katalysatoren bestehen aus Oxyden der Fe-Gruppe mit Zuschlägen von Cr-Oxyden u. Aktivatoren aus oxydbildenden Alkali- oder Erdalkalisalzen, gegebenenfalls auf Trägermaterial, z. B. 88 (%) $Fe_2O_3 + 5\,Cr_2O_3 + 7\,K_2CO_3$; $90\,Fe_2O_3 + 6\,Cr_2O_3 + 4\,Na_2CO_3$; 62—75 MgO + 16—19 Fe_2O_3 + 3,5—4,5 CuO + 4 bis 6 K_2O; Calciumphosphat mit 5,1% Ni- u. 1,3% Cr-Gehalt. Der Wasserdampf entfernt durch Wassergas-Rk. die Ndd. auf den Katalysatoren. — 1 Gemisch aus 1 (Mol) an I reichen KW-stoffen mit 4 H_2 u. 10 Wasserdampf wird mit einer Flüssigkeitsraumgeschwindigkeit von 0,39 bei 30 lbs./sq.in. u. einer Höchsttemp. von 1400° F über Katalysatoren aus 88% Fe_2O_3 + 5% Cr_2O_3 + 7% K_2CO_3 geleitet, wobei 84,3% Fl., 5,0% Abgas, 0,06% Koks u. 10,1% Verlust erzielt wurden. Die Fl. bestand zu 19% aus II u. 43,7% aus I; bei Kreislaufführung war die Endausbeute an II 33,8%. (**A. P. 2 653 176** vom 10/5. 1950, ausg. 22/9. 1953.) W. HEROLD. H 2700

Texas Co., New York, übert. von: **Howard B. Hess** und **Louis Kovach**, Beacon, und **George B. Arnold**, Glenham, N. Y., V. St. A., *Azeotrope Destillation zur Gewinnung naphthalinhaltiger aromatischer Fraktionen*, z. B. aus Gasölen oder Crack- u. Reformierprodd., bes. aus Fraktionen von 300—500° F. Das Gemisch wird einer azeotropen Dest. mit Furfurol (I) unterworfen, wobei ein Aromatenkonzentrat als Bodenprod. zurückbleibt. — Z. B. erhält man in dieser Weise aus einer 10% Naphthalin (II) u. 2% Methylnaphthalin (III) enthaltenden Crackfraktion vom Siedebereich 360 bis 450° F durch azeotrope Dest. mit I bei einer Kopftemp. von 320° F in 99%ig. Ausbeute ein 41% II u. 5% III enthaltendes Aromatenkonzentrat, das nur 1,1% I enthält. Das aus I u. den Nichtaromaten (IV) bestehende Destillat scheidet sich in eine I-reiche Phase, welche zur azeotrop. Dest. zurückgeführt wird, u. eine IV-reiche Phase, welche in tern. azeotrop. Dest. mit W. aufgearbeitet wird. Hierbei bleibt IV als Bodenprod., während ein aus I, IV u. W. bestehendes Kopfdestillat übergeht, das sich in 3 Phasen scheidet, von denen die IV-reiche u. die wasserreiche Phase zur tern. azeotrop. Dest. zurückgeführt werden, während die I-reiche Phase einer Dest. unterworfen wird. Bei dieser bleibt wasserfreies I als Bodenkörper, während das aus I + W. bestehende Destillat in eine wasserreiche u. eine I-reiche Phase geschieden wird, von denen die letzte in die Dest. zurückgeleitet u. die wasserreiche Phase durch weitere Dest. u. Absetzungen weiter aufgearbeitet oder der tern. Dest. zugeführt werden kann. — Zeichnung. (**A. P. 2 648 624** vom 10/2. 1951, ausg. 11/8. 1953.) W. HEROLD. H 2700

Centre National de la Recherche Scientifique (Erfinder: **G. Dupont, R. Dulou** und **P. Devillers**), Frankreich, *Herstellung einer Chlormethylverbindung aus Dehydroabietinsäure und ihren Estern sowie von Derivaten davon.* In eine Lsg. von 16,5 g Dehydroabietinsäuremethylester in 10 g Essigsäure gibt man 15 g Trioxymethylen u. 7 cm³ wasserfreie H_3PO_4. Danach wird bei 100° ca. 6 Std. lang HCl durchgeleitet. Dabei entsteht die Chlormethylverb. der Formel I. Mit Na-Äthylat entsteht daraus die entsprechende Äthylätherverbindung. Mit Na-Acetat wird der Essigsäureester II gebildet u. mit KCN das Nitril. — Mit Zn–Cu-Behandlung wird eine Mol.-Verdopplung

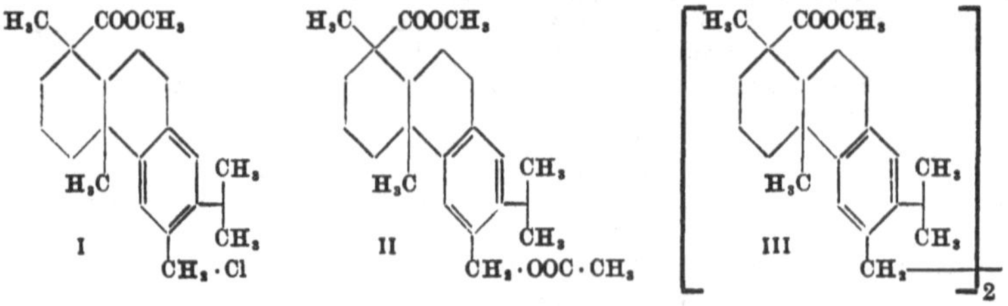

erreicht unter Bldg. von III, welche durch Verseifung die entsprechende Disäure liefert. Die hiernach erhältlichen Prodd. finden industrielle Anwendung. (**F. P. 1 011 104** vom 7/12. 1948, ausg. 19/6. 1952.) M. F. MÜLLER. H 2850

Farbwerke Hoechst, vormals Meister Lucius & Brüning (Erfinder: **Herbert Bestian**), Frankfurt/M.-Höchst, *Stickstoffhaltige Verbindungen* erhält man durch Behandeln von Äthyleniminderivv., die am N durch reduzierbare bzw. hydrierbare Reste substituiert sind, mit katalyt. erregtem H_2 in Ggw. von Hydrierungskatalysatoren, bes. Metallen der 8. Gruppe des Period. Syst. u. zweckmäßig in Ggw. eines Lösungs- oder Verdünnungsmittels. — β-Äthyleniminopropionitril gibt im Druckgefäß bei 20—100 at H_2-Druck in Ggw. von RANEY-Ni u. Methanol bei 40—50° nach 6—8 Std. *N-(γ-Aminopropyl)-äthylenimin*, Kp.$_{19}$ 61—62°, neben *Di-(γ-äthyleniminopropyl)-amin*, Kp.$_{0,2}$ 82°, die mit Säuren u. diese abgebenden Verbb. ein wasserlösl. bzw. wasserunlösl. Polymerisat liefern. — β-Äthyleniminoäthylmethylketon (Anlagerung von Äthylenimin an Methylvinylketon) → *β-Äthyleniminoäthylmethylcarbinol*, Kp.$_{15}$ 82—84°. — N-Butenyläthylenimin (erhalten nach D. B. P. 830 048; C. **1952**. 7256) → *n-Butyl-* u. *Isobutyläthylenimin*, Kp. 95—107°. — Zwischenprodd. oder Hilfsmittel für Kunststoff-, Textil- oder Papierindustrie. (**D. B. P. 870 557** Kl. 12p vom 26/10. 1949, ausg. 16/3. 1953.) KRAUSS. H 3030

Institut de Recherches pour les Huiles de Palme et Oléagineux, Frankreich, *Herstellung von Furfurol*, dad. gek., daß man Palmölpreßrückstände hydrolysiert. Man versetzt z. B. 100 kg Palmfasern mit 35 Litern 13%ig. H_2SO_4 u. hydrolysiert mit überhitztem Wasserdampf, bis sich kein Furfurol mehr bildet. Dann filtriert man das W.-Furfurol-Gemisch (I), wobei 2½ kg lipoide u. andere Substanzen gewonnen werden, u. dest. das I. (**F. P. 995 108** vom 21/7. 1949, ausg. 28/11. 1951.) OPPERMANN. H 3061

J. L. E. Baetz, Frankreich, *Herstellung von Dioxyindolen* aus Dioxyphenyl-1-aminoalkyl- oder -aralkylketonen durch Behandlung mit Oxydationsmitteln oder Dehydrierungsmitteln u. durch anschließende Red. unter Anlagerung von 2 H-Atomen, z. B. mit H_2S oder auf katalyt. Wege. — 1.2-Dioxy-4-α-aminopropiophenon wird in Methanol gelöst u. mit Ag_2O verrührt. Dabei findet Chinonbldg. statt. Die Lsg. wird filtriert, worauf H_2S in das Filtrat eingeleitet wird. Es bildet sich *3-Oxo-5.6-dioxyindol*. (**F. P. 1 002 152** vom 5/8. 1946, ausg. 3/3. 1952.) M. F. MÜLLER. H 3081

General Aniline & Film Corp., New York, N. Y., übert. von: **David I. Randall,** Easton, Pa., und **Edgar E. Renfrew,** Phillipsburg, N. J., V. St. A., *Chlormethylierte N-Arylphthalimide.* Man läßt auf eine Lsg. des Phthalimids in konz. H_2SO_4 Bis-chlormethyläther bei 30—80° unter Rühren einwirken u. erhält die Chlormethylderivv. meist in p-Stellung zum Imid-N, z. B. von N-Phenyl-, N-Naphthyl- oder N-Phenyltetrachlorphthalimid. (**A. P. 2 624 741** vom 11/2. 1950, ausg. 6/1. 1953.) DERSIN. H 3081

Petrolite Corp. Ltd., Wilmington, Del., übert. von: **Melvin De Groote,** University City, und **Bernhard Keiser,** Webster Groves, Mo., V. St. A., *Dipyridiniumverbindungen.* Eine dimerisierte Fettsäure HOOC—R—COOH wird in das Oxyalkyldiamid, z. B. mit Äthanolamin oder durch Oxäthylierung des Amids mit Alkylenoxyden, übergeführt u. dieses mit einem Pyridinhydrohalogenid kondensiert. — 9.11- u./oder 9.12-Octadecadiensäure wird bei 300° zu I polymerisiert, die gebildete Dicarbonsäure wird dann mit Äthanolamin bzw. Äthyläthanolamin zum Oxyäthyldiamid u. dieses mit Pyridinhydrochlorid bei 150° z. B. zu II umgesetzt; **III** entsteht aus **I**, Diäthandacetamid u. Pyridinhydrochlorid. — Netz-,

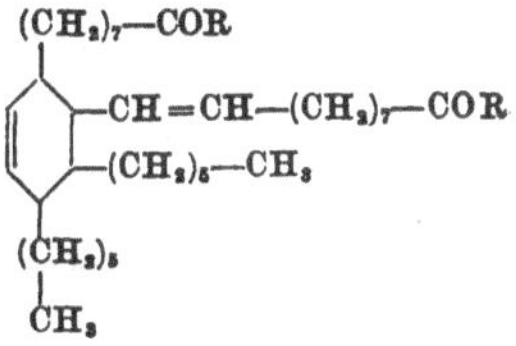

I R=OH   II R=N(C_2H_4OH)($C_2H_4Py^{(+)}Cl^{(-)}$)   III R=OC_2H_4N($COCH_3$)($C_2H_4Py^{(+)}Cl^{(-)}$)

Py = Pyridyl

Reinigungs-, Wasch-, Flotationsmittel, Emulgatoren, Demulgatoren, Germicide, Insekticide. (**A.P. 2 576 002** vom 2/4. 1945, ausg. 20/11. 1951.) KRAUSS. H 3231

Alexis Tschitchibabine, Frankreich, *Herstellung von Chinolinbasen* aus Aminen, welche zur SKRAUPschen Chinolinsynth. befähigt sind, u. einem in β-Stellung substituierten Propionaldehyd, wie β-Oxy- (**I**) oder β-Chlorpropionaldehyd, entsprechenden Ätherverbb. sowie Gemischen mit Acrolein. — 30 (g) Nitrobenzol werden mit 120 rauchender H_2SO_4 (20% SO_3) sulfoniert u. unter Kühlen werden 40 W. u. 18,6 Anilin zugegeben. In dieses Gemisch werden 14 I bei 120—145° eingetropft. Man erhält daraus 17 g reines *Chinolin.* — Aus β-Naphthylamin, H_2SO_4 (65%ig.) u. Arsensäure entsteht durch Zusatz von I *β-Naphthochinolin.* (**F. P. 981 466** vom 15/4. 1943, ausg. 28/5. 1951.) M. F. MÜLLER. H 3231

Ciba Akt.-Ges., Basel, Schweiz, *Spaltung von Thioäthern* der allg. Formel Aryl—CH_2—S—R, worin R = heterocycl. Rest ist, durch Behandlung mit wasserfreiem $AlBr_3$ in einem inerten Lösungsm. u. durch Zers. des gebildeten Al-Komplexes mittels eines OH-Gruppen enthaltenden Lösungsmittels. — 2-Benzyl-5-jodthiouracil der Formel I wird in Toluollsg. mit $AlBr_3$ behandelt u. zersetzt. Man erhält das *5-Jod-2-thiouracil,* F. 219—221°. — 2-Benzylmercaptobenzothiazol liefert bei der Spaltung *2-Mercaptobenzothiazol,* F. 177 bis 178°; 2-Benzylmercaptobenzoxazol bildet *2-Mercaptobenzoxazol,* F. 196°. (**Oe. P. 175 568** vom 3/7. 1952, ausg. 25/7. 1953. A. Prior. 14/7. 1951.)

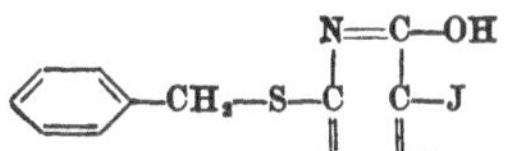

I

M. F. MÜLLER. H 3272

Ciba Akt.-Ges., Basel, Schweiz, *Herstellung von Hydrazinopyridazinen* aus Phthalazinen oder Pyridazinen, welche in wenigstens einer der beiden o-Stellungen zu den Ringstickstoffatomen eine Mercaptogruppe aufweisen, oder aus den entsprechenden Disulfiden durch Umsetzung mit Hydrazin, bes. in Ggw. eines Verdünnungsmittels u. oberhalb 60°. Die Ausgangsstoffe können auch in Form ihrer Salze verwendet werden. Als Ausgangsstoffe sind z. B. 1-Mercaptophthalazin (**I**), 1.4-Dimercaptophthalazin (**II**), 1-Mercapto-4-methylphthalazin u. Bis-phthalazyl-(1)-disulfid genannt. — 1 Gewichtsteil I wird mit 5 Volumenteilen A. u. 5 Volumenteilen Hydrazinhydrat 3 Std. auf dem Wasserbade erhitzt. Es entweicht dabei H_2S unter Bldg. von *1-Hydrazinophthalazin,* F. 172°; Hydrochlorid, F. 265°. — Aus II wird in analoger Weise das *1.4-Dihydrazinophthalazin* gewonnen. Krist. Sulfat, F. 236° (Zers.). — Weiter sind beschrieben das *1-Hydrazino-4-methylphthalazin;* Hydrochlorid, F. 285° (Zers.). —

Gemäß Oe. P. 177422; C. **1954**. 7984 werden Verbb., welche den Pyridazinring enthalten u. welche in wenigstens einer der beiden o-Stellungen zu den Ringstickstoffatomen eine Aminogruppe aufweisen, mit Hydrazin umgesetzt, wobei bes. in Ggw. eines Verdünnungsmittels u. oberhalb 60° gearbeitet wird. Als Ausgangsstoffe sind z. B. 1-Aminophthalazin, 1-Amino-4-methylphthalazin (**III**), 1.4-Diaminophthalazin, 3-Amino-6-aryl- oder -6-alkylpyridazin, wie 3-Amino-6-phenylpyridazin, genannt. — Aus **III** u. Hydrazinhydrat in A. entsteht durch Erhitzen auf dem Wasserbade unter Rückfluß unter Entw. von NH_3 das *1-Hydrazino-4-methylphthalazin*; Hydrochlorid, F. 285° (Zers.). An Stelle von A. kann auch Dioxan als Lösungsm. verwendet werden. — Aus 1-Piperidino-4-chlorphthalazin u. Hydrazinhydrat entsteht *1.4-Dihydrazinophthalazin*, F. 189°. — Weiter ist beschrieben das *1-Hydrazino-4-(p-methoxyphenyl)-phthalazin*; Hydrochlorid, F. 155—160°. (**Oe. PP. 177 421** vom 15/12. 1952 u. **177 422** vom 16/12. 1952, beide ausg. 25/1. 1954.) M. F. Müller. H 3272

Alimentation Équilibrée und **J. É. Matet** (Erfinder: **A. Friedenson**), Frankreich, *Reinigen von Rohphenothiazin* durch Sublimation u. Behandlung mit Wasserdampf, wobei Diphenylamin u. die riechenden Verunreinigungen entfernt werden. (**F. P. 995 485** vom 10/3. 1945, ausg. 3/12. 1951.) M. F. Müller. H 3292

American Cyanamid Co., New York, N. Y., V. St. A. (Erfinder: **J. H. Paden** und **J. S. Mackay**), *Entfernen von Melamin aus Vorrichtungen, in denen Melamin bei hoher Temperatur und hohem Druck hergestellt wurde.* Man schm. das Melamin in einer verhältnismäßig dünnen Schicht u. kratzt den an der Wand bei 130—250° erstarrenden Anteil bei einem NH_3-Druck von mindestens 14,2 at ab. (**Schwed. P. 137 472** vom 23/8. 1948, ausg. 7/10. 1952. A. Prior. 6/9. 1947.) Jürgen Schmidt. H 3313

X. Färberei. Organische Farbstoffe.

A. G. Jemeljanow, *Präparat OS-20.* Das sowjet. Präp. OS-20 (ein Egalisiermittel) wird durch Behandlung höherer Fettalkohole mit Äthylenoxyd hergestellt. Es wird beim Färben von Geweben mit schlecht deckenden Küpenfarbstoffen u. Schwefelfarbstoffen verwendet (0,02—0,05 g/Liter) (Текстильная Промышленность [Textil-Ind.] **13.** Nr. 8. 40. Aug. 1953.) Stscherbina. 7006

—, *Vollsynthetische Fasern und neue Richtungen in der Naßbehandlung. Entwicklungen der Färbe-, Druckerei- und Ausrüstetechnik.* 1. Mitt. *Vorbehandlungen.* Behandlungsmethoden (Reinigen, Bleichen bzw. Anwendung fluorescierender Mittel, Abziehen der Farbe, Vorbehandlung zum Bedrucken) u. Wirkungen auf die bekannten vollsynthet. Fasern. (Brit. Rayon Silk J. **30.** Nr. 358. 49—52. März 1954.) Schoenmann. 7016

—, *Neue Farbstoffe, Musterkarten und Textilhilfsmittel.* Prodd. der Farbwerke Hoechst Akt.-Ges., Frankfurt/M.-Höchst: *Anthrasoldruckgelb 4 G* ist ein einheitlicher Anthrasolfarbstoff von guter bis sehr guter Wasch-, sehr guter Cl- u. guter Lichtechtheit. Die sehr gute Ätzbarkeit u. Reservierbarkeit gestatten seine Verwendung sowohl für den Ätz- als auch für den Reserveartikel. — *Schutzsalz HA* ist ein neues Färbereihilfsmittel für die Halbwollfärberei durch das das Verkochen der Farbstoffe verhindert wird. Er gibt einwandfreie Färbungen auch bei Überschreiten der n. Färbezeit. — *Pelzwaschmittel HTL* spezial ist ein neues Waschmittel für Pelzfelle. Bes. geeignet zum Waschen sehr fettreicher Pelzfelle u. zum Waschen bei niedrigen Tempp. (25—30°). (SVF Fachorgan Textilveredlung **8.** 522. Nov. 1953.) P. Eckert. 7018

W. Widmer und **Krähenbühl**, *Die Cibalanfarbstoffe, eine neue Kategorie von Metallkomplexverbindungen.* Inhaltsgleich mit der C. **1953.** 8210 referierten Arbeit. (Tinctoria [Milano] **50.** 348—53. Sept. 1953.) R. K. Müller. 7020

N. J. Marshall und **R. W. Speke**, *Die Prinzipien der Continuefärberei.* Nach einer kurzen Beschreibung der früheren Färbetechniken gehen Vff. auf ideale Continue-Färbeprozesse ein, wobei bes. der Pad-Steam-Prozeß u. der Molten-Metall-Prozeß behandelt werden. Beschrieben werden ferner das Imprägnieren sowie die Wiederklotzung nasser Gewebe. Abschließend finden sich Hinweise über die Fixierung der Farbstoffe. (SVF Fachorgan Textilveredlung **9.** 119—29. März 1954.) P. Eckert. 7020

R. Paltzer, *Die Metallkomplexverbindungen in der Baumwollfärberei.* Inhaltlich ident. mit der C. **1953.** 8999 referierten Arbeit. (SVF Fachorgan Textilveredlung **8.** 439—44. Okt. 1953.) P. Eckert. 7020

Louis Dryvers, *Das Färben von Textilmaterialien unter statischem Druck.* Inhaltlich ident. mit der C. **1954.** 887 referierten Arbeit. (Textil- u. Faserstofftechn. **4.** 215—18. April 1954.) P. Eckert. 7020

—, *Kunstseide und synthetische Fasern. Färben und Ausrüsten von Viscose, Acetat, Kupferammonium und anderen Kunstseiden- und synthetischen Fasern.* Durch die große Auswahl der verschied. Faserarten u. deren spezif. Verh. gegen Alkali- oder Hitzebehandlung hat sich eine Technik entwickelt, die außer durch Farbgebung die Stoffmusterung durch Krepp- oder Glanzeffekte u. erhabene Muster bereichert. Es werden dazu einige Möglichkeiten beschrieben u. ein Hinweis für die Schwierigkeit des Ausrüsters gegeben, das Maß der fertigen Ware nicht zu verändern. (Dyer, Textile Printer, Bleacher, Finisher **111.** 521—23. 2/4. 1954.) SCHÖNMANN. 7020

N. H. Haddock, *Ein neuer Phthalocyaninfarbstoff: Alcian Blue.* Es wird die Entw. des neuen Farbstoffs von sulfonierten Phthalocyanin (I)-derivv. über I mit reduzierbaren Radikalen, Mercaptoderivv., Amino-I u. die Einführung von Pyridiniumgruppen als Lösungsvermittler geschildert. (Tinctoria [Milano] **50.** Souboh 77—81. 1953.) R. K. MÜLLER. 7072

J. W. Hauss, *Photocolorimetrische Farbbestimmungsmethoden.* 2. Mitt. (1. vgl. DE HAUSS, C. **1953.** 5935.) Es wird das Verh. gefärbter Lsgg. gegenüber dem LAMBERT-BEERschen Gesetz untersucht, um daraus Schlüsse für die Kontrolle von Farbbädern u. die Unters. zusammengesetzter gefärbter Lsgg. zu ziehen. (Reyon, Zellwolle andere Chemiefasern **31.** 141—44. März 1953.) P. ECKERT. 7086

Henkel & Cie. G. m. b. H., Düsseldorf, *Farbstoffpräparationen in dosierter Form,* bestehend aus Folien aus wasserlösl. Cellulosederivv. (I) oder Alginaten von einer Dicke von höchstens 1 mm, in die bei ihrer Herst. Farbstoffe einverleibt sind. Als I sind verwendbar Methyl-, Äthyl-, Oxyalkylcellulose oder Celluloseglykolsäure. Neben den Farbstoffen können die Folien Färbereihilfsmittel, wie Egalisier-, Netz- u. Stabilisierungsmittel, enthalten. Die Folien werden in Form eines Buches gebracht, auf dem die Menge Farbstoff je Folie angegeben ist. Da jede einzelne Folie, die sich in W. klar löst, eine bestimmte Menge Farbstoff enthält, ist es dem Verbraucher möglich, auf bequeme Weise Farbstofflsgg. gewünschter Konzz. bzw. Färbewrkg. anzusetzen. — Eine Lsg. von 4 (Teilen) Methylcellulose in 40 sd. W. wird in eine Suspension von 10 Waschblau in 60 W. gegeben. Die erhaltene wss. Lsg. wird in einer Schichtstärke von 0,5 mm auf eine polierte Platte ausgestrichen u. bei Raumtemp. getrocknet. (**E. P. 694 914** vom 4/6. 1951, ausg. 29/7. 1953. D. Prior. 31/7. 1950.) SCHWECHTEN. 7007

General Aniline & Film Corp., New York, N. Y., übert. von: **Charles Howard Stratton,** Phillipsburg, N. J., V. St. A., *Färben von Cellulosefasern mit Azofarbstoffen.* Man färbt zuerst direkt mit einer wss. Lsg. einer Polyazoverb. (I), die in der freien Säureform die Formel $HO_3S{-}NH{-}Ph{-}B{-}A_1{-}X{-}A_2{-}B{-}Ph{-}NH{-}SO_3H$ besitzt, in welcher A_1 u. A_2 Phenylenreste bedeuten u. X eine einzelne Valenz oder eine acycl. Atombrücke, z. B. —NHCONH—, —CO—NH—, $-\overset{CH_3}{\underset{CH_3}{C}}-$, —CH=CH—, die A_1 u. A_2 verbindet. $Ph{-}NH{-}SO_3H$ ist ein Phenylsulfaminsäurerest (II) u. B eine Azokupplungskomponente, die eine N—CO-Gruppe enthält, z. B. einen 1-Azo-2-oxy-3-naphthoylaminorest. Das angrenzende A ist an ein N-Atom einer der Gruppen gebunden u. die anderen Gruppen sind in m- oder p-Stellung an II gebunden. I darf keine sauren wasserlöslichmachenden Gruppen enthalten außer II. Man behandelt dann mit einer Diazotierungslsg., um II auf der Faser in Diazogruppen umzuwandeln, u. entwickelt mit einer wss. Lsg. einer keine wasserlöslichmachenden Gruppen enthaltenden Kupplungskomponente. — Man färbt z. B. Baumwolle mit einer wss. Lsg. eines Disazofarbstoffes, hergestellt durch Tetrazotieren von N-p'-Aminobenzoyl-m-phenylendiamin → 2 Mol 1-(m-Sulfaminophenyl)-3-methyl-5-pyrazolon in alkal. Lösung. Man erhält eine gelbe Färbung. Der gefärbte Stoff wird mit wss. HNO_2 behandelt, wobei II diazotiert wird. Dann wird mit β-Naphthol gekuppelt. Man erhält eine Orangefärbung von ungewöhnlicher Waschfestigkeit. Der endgültige Farbstoff hat die vorst. Formel.

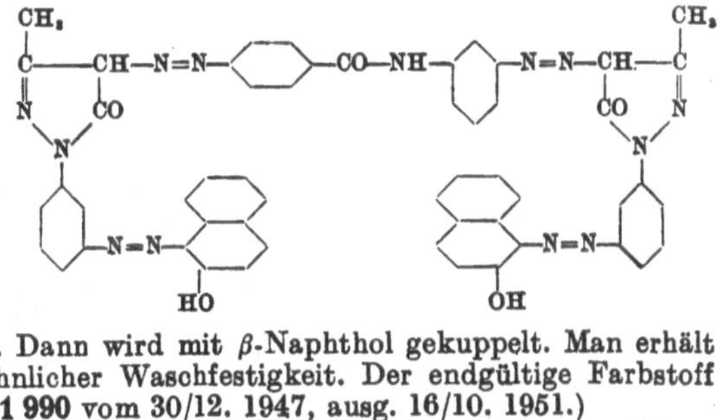

(**A. P. 2 571 990** vom 30/12. 1947, ausg. 16/10. 1951.) V. SCHILLER. 7021

Dan River Mills, Inc., Danville, Va., V. St. A., *Färben von Textilien mit Hilfe von gefärbten Alkylcelluloseäthern* (I). Man färbt die in feinverteilter faseriger Form vorliegenden I mit einem beliebigen gelösten Farbstoff vor u. löst diese in einer wss. Alkalilsg., behandelt hiermit das Textilmaterial u. fällt anschließend in einer sauren Lsg. I aus den Fasern aus, wäscht u. trocknet. Bes. geeignet zum Färben mit Küpenfarbstoffen in hellen Tönen. (**E. P. 649 140** vom 25/2. 1948, ausg. 17/1. 1951.) v. SCHILLER. 7021

Michael Erlenbach und **Adolf Sieglitz**, Deutschland, *Fixierung von in Wasser löslichen organischen Verbindungen, besonders Farbstoffen, auf Textilien und Leder.* Man verwendet Verbb., die ein oder mehrmals die Gruppe $-SO_2-CH(R)-C(R_1)(R_2)-O-Z$ oder die Gruppe $-SO_2-C(R)=C(R_1)(R_2)$ enthalten. Hierbei bedeuten R, R_1 u. R_2 niedrigmol. KW-stoffradikale oder H u. Z das Radikal einer mehrbas. Säure. Ein solcher Farbstoff hat z. B. die Zus.: $C_6H_5-NH-C_6H_4-N=N-C_6H_4-SO_2-(CH_2)_2-O-SO_3H$. Die Fixierung dieser Verbb. erfolgt mittels alkal. Substanzen (Na_2CO_3 u. alkylnaphthalinsulfonsaures Na, $NaHCO_3$, Na-Acetat, Seife u. Na_2CO_3). — 39 Beispiele. (**F. P. 1 024 819** vom 18/7. 1950, ausg. 31/3. 1953. D. Prior. 18/7. 1949.) OPPERMANN. 7021

I. G. Farbenindustrie Akt.-Ges., Frankfurt/M. (Erfinder: **E. Paul Sommer**, Staten Island, N. Y., V. St. A.), *Drucken mit Pigmenten auf Textilgut.* Man verwendet Druckpasten, die als Bindemittel Harnstoff- oder Melamin-CH_2O-Vorkondensate oder deren Komponenten in Verbindung mit Kautschukemulsionen enthalten. (**D. R. P. 767 833** Kl. 8n vom 13/7. 1941, ausg. 23/11. 1953. A. Prior. 27/11. 1940.) v. SCHILLER. 7023

Ciba Akt.-Ges., Basel, Schweiz, *Verbesserte Naßechtheit bei Textilfärbung* erhält man durch Nachbehandlung des Gutes mit einer wss. 0,05—0,4%ig. Lsg. des Kondensates aus einem Aldehyd u. einer biguanidähnlichen Verb., die durch Rk. von Dicyanamid mit Salzen aliphat. oder cycloaliphat. Amine mit >1 prim. oder sek. Aminogruppe erhalten sind. — Z. B. werden 20 (Teile) Äthylendiaminhydrochlorid u. 25,3 Dicyanamid 1 Std. auf 250° erhitzt. 10 Kondensat werden mit 10,8 CH_2O-Lsg. (37%ig.), 9 W. u. 0,8 NaOH-Lsg. (30%ig.) gelöst, 10 Min. auf 95° erwärmt u. unter Vakuum bei 55° getrocknet. Zur Nachbehandlung von gefärbter Baumwolle verwendet man eine 0,06%ig. wss. Lsg. des Produktes. (**Schwz. P. 289 354** vom 27/7. 1950, ausg. 1/7. 1953.) MÖLLERING. 7029

Imperial Chemical Industries Ltd., London, übert. von: **Walter Francis Beech** und **Norman Legg**, Blackley, England, *6-Nitro-4-keto-1.2.3.4-tetrahydro-2-naphthoesäure*, $C_{11}H_9O_5N$, F. 179°, entsteht durch Nitrierung von 4-Keto-1.2.3.4-tetrahydro-2-naphthoesäure, z. B. mit $HNO_3 + H_2SO_4$. Sie läßt sich in 4-Oxy-6-nitro-2-naphthoesäure, z. B. durch Bromierung u. Enthalogenierung, überführen, die bei der Red. mit RANEY-Ni 6-Amino-4-naphthol-2-carbonsäure liefert. Durch Oxydation mit alkal. $KMnO_4$ entsteht 4-Nitrophthalsäure. *Farbstoffzwischenprodukt.* (**E. P. 651 585** vom 28/7. 1948, ausg. 4/4. 1951.) KRAUSS. 7049

Ciba Akt.-Ges., Basel, Schweiz, *Chromhaltige Azofarbstoffe.* Zu F. P. 953 594; C. **1950.** II. 585, ist die Herst. der Chromverbb. folgender Farbstoffe mit ihren Farbtönen in Nitrocelluloselack nachzutragen: *5-Nitro-2-amino-1-oxybenzol* → *5.8-Dichlor-1-oxynaphthalin*, rein blau; *4-Nitro-2-amino-1-oxybenzol* → *4-tert.-Amyl-1-oxybenzol* (I), braunrot; *4-Nitro-6-acetylamino-2-amino-1-oxybenzol* → I, violettstichig braun. Die Behandlung mit chromabgebenden Mitteln wird in Ggw. vom chromsalicylsaurem Natrium-Kalium von 2,6% Cr-Geh. vorgenommen. (**Schwz. PP. 267 263, 267 264** u. **267 265** vom 30/9. 1946, ausg. 1/6. 1950. **Zusätze zu Schwz. P. 261 364; C. 1950. I. 1152.**) HEYNE. 7053

J. R. Geigy Akt.-Ges., Basel, Schweiz, *Azofarbstoff.* 4-Methyl-2-aminophenol-5-sulfonsäureamid wird diazotiert u. mit 1-Carbomethoxyamino-7-oxynaphthalin gekuppelt u. das Reaktionsprod. in eine Cr-Komplexverb. umgewandelt. Dunkelblaues Pulver, das Wolle aus neutralem oder essigsaurem Bade gleichmäßig grau mit guter Wasch-, Walk- u. Lichtechtheit färbt. (**Schwz. P. 289 249** vom 27/4. 1950, ausg. 16/6. 1953. **Zusatz zu Schwz. P. 284 413; C. 1954. 657.**) KALIX. 7053

General Aniline & Film Corp., New York, N. Y., übert. von: **David I. Randall**, Easton, Pa., V. St. A., *Chlormethylierte Derivate von Indigofarbstoffen.* Man löst die Indigo (I)-Verb., z. B. I selbst oder 4.4'-Dichlor-I in konz. H_2SO_4 von mindestens 95, bes. 100%, u. läßt dann bei 0—30° mehrere Std. lang Bischlormethyläther (II) einwirken. Je nach der Einwirkungszeit erzielt man eine Mono- oder Dichlormethylierung. Die erhaltenen relativ unlösl. chlormethylierten I-Verbb. können durch Umsetzen mit Thioharnstoffen oder tert. Aminen in wasserlösl. quaternäre Salze übergeführt werden, die im Druck auf Baumwolle (**A**), Seide, Nylon u. Wolle leuchtende chlor-, wasch- u. lichtechte Töne ergeben; auch zum Färben von Papiermassen sind sie gut geeignet. — 12 (g) **I**-Pulver gibt man langsam zu einer gerührten Lsg. von 16 cm^3 **II** u. 80 cm^3 100%ig. H_2SO_4 bei 0°, rührt 2 Std. bei 0° u. gießt auf Eis. 120 des erhaltenen Monochlormethyl-**I**, 400 cm^3 W., 70 Trimethylthioharnstoff erhitzt man 1 Std. auf dem Dampfbad, verd. das Reaktionsgemisch mit Aceton, filtriert, verreibt den Nd. mehrere Male mit Aceton, filtriert u. trocknet. Das erhaltene Isothiouronium-salz der Zus. **III** ergibt auf **A** blaue Farbtöne, die beträchtlich grüner sind als sie mit **I** beim Verküpen erhalten werden. In ähnlicher Weise kann der Monochlormethyl-**I** umgesetzt werden mit Thioharnstoff, Pyridin, Chinolin oder Picolin. Der Bischlormethyl-4.4'-dichlor-**I** gibt mit Dimethylthioharnstoff umgesetzt ein wasserlösl. Prod., das **A** licht-, wasch- u. chlorecht blau färbt. (**A. P. 2 657 214** vom 10/2. 1951, ausg. 27/10. 1953.) ROICK. 7067

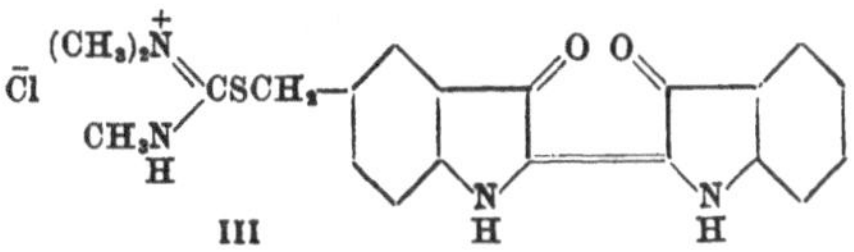

III

Farbwerke Hoechst Akt.-Ges., vormals Meister Lucius & Brüning (Erfinder: **Wilhelm Eckert, Ernst Schlegel†** und **Ferdinand Quint**), Frankfurt/M., *Leukoschwefelsäureester von Küpenfarbstoffen*, gut lösl. u. in üblicher Weise entwickelbar, die auf Baumwolle (**A**), regenerierter Cellulose, den verschied. Kunstseiden u. auf Zellwolle (**Z**) gleich farbstarke Drucke vom gleichen Farbton liefern, erhält man dadurch, daß man Küpenfarbstoffe der allg. Zus. **I**, worin R den Rest eines substituierten oder nichtsubstituierten aromat. KW-stoffs der Benzol- oder Naphthalinreihe, X ein S-Atom oder die —NH-Gruppe u. Y Halogen bedeuten, in an sich bekannter Weise verestert. — So können Leukoschwefelsäureester erhalten werden aus: dem durch Umsetzen von Oxythionaphthen (**II**) u. 4.5-Dichloracenaphthenchinon (**III**) erhältlichen Kondensationsprod. (**K**) (rotorange Nadeln, F. 320—322°, in konz. H_2SO_4 grün lösl., Küpensalz in W. fast unlösl.) im Druck (**F**) auf **A Z** u. Viscosekunstseide (**D**) erhält man naßechte gleichstarke braune Farbtöne; dem aus 6-Chlor-3-oxythionaphthen u. **III** erhältlichen **K** (orangerote Nadeln, F. 403—405°, in konz. H_2SO_4 schwer blaß gelbgrün lösl.) **F** auf **A, Z** u. **D** orange; dem aus 5.7-Dichlor-3-oxythionaphthen u. **III** erhältlichen **K** (rotorange Nadeln, F. 359—361°, in konz. H_2SO_4 schwer blaßgelb lösl.) **F** auf **A, Z** u. **D** orange; dem aus 5.6.7-Trichlor-3-oxythionaphthen u. **III** erhältlichen **K** (orangefarbige verfilzte dünne Nadeln aus Pyridin (**a**), F. 355—359°, in konz. H_2SO_4 blaßgelb lösl.) **F** orange; dem aus 6-Chlor-4-methyl-3-oxythionaphthen u. **III** erhältlichen **K** (scharlachfarbige verfilzte dünne Nadeln aus **a**, F. 239—240°) **F** orange; dem aus 4-Methyl-5.7-dichlor-3-oxythionaphthen u. **III** erhältlichen **K** (rotorange dünne Nadeln aus **a**, F. 359—361°) **F** orange; dem aus 6-Methoxy-3-oxythionaphthen u. **III** erhältlichen **K** (orangerote Nadeln aus **a**, F. 316—319°) **F** scharlachrot; dem aus 6-Äthoxy-3-oxythionaphthen u. **III** erhältlichen **K** (rotorange Nadeln aus **a**, F. 291—292°) **F** rot; dem aus 4.5-Benzo-3-oxythionaphthen u. **III** erhältlichen **K** (rotbraune Nadeln aus **a**, F. 363—364°, in konz. H_2SO_4 rotstichigblau lösl.) **F** kräftig rotbraun; dem aus 8-Chlor-1.2-naphthoxythiophen u. **III** erhältlichen **K** (korinthfarbige Nadeln aus **a**, F. 398—402°, in konz. H_2SO_4 gelbstichiggrün lösl.) **F** ein gedecktes Braun; dem aus Indoxyl u. **III** erhältlichen **K** (korinthfarbige lange Nadeln aus **a**, F. 320°, in konz. H_2SO_4 grüngelb lösl.) **F** bordo; dem aus **II** u. 4.5-Dibromacenaphthenchinon erhältlichen **K** (feine rote Nädelchen aus Nitrobenzol, F. 345—346°, in konz. H_2SO_4 smaragdgrün lösl.) **F** rot. (**D. B. P. 890 250** Kl. 22e vom 20/7. 1941, ausg. 17/9. 1953.) ROICK. 7069

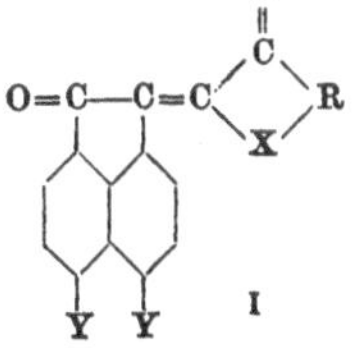

I

Cassella Farbwerke Mainkur Akt.-Ges. (Erfinder: **Emil Schwamberger**), Frankfurt/M., *Schwefelhaltige Küpenfarbstoffe* erhält man durch Behandlung von Verbb. der Dianthronäthylenreihe mit Halogeniden der S u./oder Halogeniden der schwefligen Säure in Ggw. von anderen sauren Kondensationsmitteln als $AlCl_3$, z. B. H_2SO_4 oder $ClSO_3H$ oder in Ggw. dieser Kondensationsmittel im Gemisch mit $AlCl_3$. — Man trägt in 180 (Teile) 98%ig. H_2SO_4 bei 70—80° 5 Chlorschwefel (**I**) u. 5 des aus 2-Chloranthron gemäß D. R. P. 470 501 erhaltenen Dichlordianthronäthylens ein u. rührt ca. $1^1/_2$ Std. bei 70—80°. Der erhaltene Farbstoff färbt Baumwolle aus violetter Küpe in oliven Tönen. Mit $ClSO_3H$ zusammen mit $AlCl_3$ u. **I** u. $SOCl_2$ oder mit H_2SO_4-Monohydrat u. **I** erhält man mit demselben Ausgangsfarbstoff in ähnlicher Weise in olivgrünen Tönen färbende Küpenfarbstoffe. (**D. B. P. 906 480** Kl. 22b vom 1/11. 1951, ausg. 15/3. 1954. **Zusatz zu D. B. P. 848 229; C. 1954. 5181**.) ROICK. 7071

American Cyanamid Co., New York, N. Y., übert. von: **Mitchell Dudnikov**, Elizabeth, N. J., V. St. A., *Phthalocyanine*. Bei der unter Rückfluß durchgeführten Herst. der Phthalocyanine durch Rk. von Phthalsäureanhydrid (I), Harnstoff (II) u. einem Metallsalz in Ggw. einer inerten organ., prakt. nichtflüchtigen Fl. (III), bes. Trichlorbenzol (IV), setzt man dem Reaktionsgemisch, um ein Sublimieren von I während der Umsetzung zu vermeiden, eine geringe Menge, z. B. 10—15% des Vol. von III, einer prakt. wasserfreien unter den Reaktionsbedingungen inerten unter 150° sd. Fl., bes. Monochlorbenzol (V), zu. — Ein Gemisch von 55 (Gewichtsteilen) I, 75 II, 18 wasserfreiem Cu-Sulfat, 0,186 Mo-Trioxyd, 310 IV (Isomerengemisch) u. 27 V erhitzt man unter Rückfluß bis zur Beendigung der Rk., gewöhnlich 4—6 Std., u. arbeitet wie üblich auf. Die Ausbeute ist sehr gut. An Stelle von IV können Amylbenzol, Bromxylolgemische, Tetra- u. Pentachlorbenzol u. hochsd. Paraffine, an Stelle von V Bzl., Toluol, Xylole, Äthylbenzol, Diisobutyläther, Diäthylketon, Pyridin, Acetylentetrachlorid oder N-Methylmorpholin verwendet werden. (**A. P. 2 657 213** vom 3/11. 1951, ausg. 27/10. 1953.) ROICK. 7073

Badische Anilin- & Soda-Fabrik Akt.-Ges. (Erfinder: **Helmut Pfitzner** und **Otto Kaufmann**), Ludwigshafen/Rh., *Kupferkomplexverbindungen von aromatischen o.o'-Dioxyazomethinen* entstehen durch Einw. von Oxydationsmitteln auf aromat. o-Monooxyazomethine, die eine unsubstituierte o'-Stellung enthalten, in Ggw. von Cu-Salzen — Beispiele für die Herst. von Cu-Salzen der Oxydationsprodd. von Azomethinfarbstoffen aus p-Nitroanilin u. Salicylaldehyd (I) bei nachfolgender Sulfonierung; Anilin u. 2-Oxybenzaldehyd-5-sulfonsäure; m-Nitroanilin, I u. Oleum; Metanilsäure u. I; 2-Aminonaphthalin-5-sulfonsäure bzw. Sulfanilsäure u. I; 4-Nitro-2-aminophenol-6-sulfonsäure u. Benzaldehyd (II); 5-Nitro-2-aminophenol u. II. Färben von Textilien u. Leder; Pigmente. (**D. B. P. 870 149** Kl. 22e vom 14/3. 1951, ausg. 12/3. 1953. Anmeldung bekanntgemacht 17/7. 1952.) LANGER. 7077

XIa. Farben. Anstriche. Lacke. Naturharze.

A. Foulon, *Titanpigmente*. Vf. gibt einige Beispiele für ein neuartiges Verf. zur Herst. von Ti-Pigmenten, das darauf beruht, daß durch Hydrolyse einer Lsg. von Ti-Sulfat in Ggw. eines keimhaltigen Mittels Ndd. erhalten werden, welche bei der Calcinierung rutilartige Pigmente liefern. Zur Herst. der keimhaltigen Fll. werden Na-, K-, Zn- oder Mg-Titanat mit einer Halogenwasserstoffsäure, z. B. Salzsäure, oder Na- bzw. K-Titanat mit Salpetersäure derart behandelt, daß Lsgg. mit einem p_H unter 1,5 u. einem Ti-Geh. von 5—80 g/Liter (als TiO_2 berechnet) anfallen. Zur Entw. der keimbildenden Eigg. werden diese Lsgg. während 10 Min. bis 2 Std. auf 50—100° erhitzt, wobei Fällungen zu vermeiden sind. (Farbe u. Lack **60**. 148—49 April 1954. Darmstadt.) WINIKER. 7092

A. W. Pamfilow und **A. D. Botschkow**, *Über die Lichtbeständigkeit von Bleichromgelb*. Verschied. Sorten von Pb-Chromgelb, teils nur mit *Essigsäure* (I), teils mit Ersatz der Hälfte der I durch HNO_3 hergestellt, werden elektronenmkr. untersucht. Dabei zeigt sich, daß sowohl „körnige" als auch „nadlige" Prodd. aus Aggregaten von Stäbchen u. Nadeln bestehen, die sich nur durch ihre Dimensionen (ca. 1 : 8—12) u. infolgedessen auch durch ihre Lichtbeständigkeit unterscheiden. Die Herst. mit HNO_3 begünstigt die Ausbldg. großer u. lichtbeständiger Kristalle. Die Lichtempfindlichkeit der Farbe kleiner Kristalle wird durch topochem. Rkk. erklärt, bei denen die Winkel u. Kanten als Anfangszentren sich entwickelnder Umwandlungen wirken. Für die quantitative Best. der Farbänderungen wird die Anwendung eines rotierenden Colorimeters u. eines Farbatlas empfohlen. (Журнал Прикладной Химии [J. angew. Chem.] **26**. Nr. 7. 681—85. Juli 1953. Tschernowitz, Univ., Labor. für anorgan. Chem.) R. K. MÜLLER. 7092

A. W. Pamfilow und **A. D. Botschkow**, *Veränderung des Glanzes von Nitroüberzügen*. Aus dem Vgl. der Glanzänderung von Anstrichen aus (in Teilen) 1 *Nitrocellulose*, 0,6 *Pigment*, 0,3 *Ricinusöl*, 0,3 *Dibutylsulfat* u. 1 Harz u. von Anstrichen ohne Pigmentzusatz geht hervor, daß durch Ggw. eines Pigmentes die Zerstörung des Filmes beschleunigt wird. Nach zunehmender Wrkg. ergibt sich die Reihe: *Fe-Glasur* (I), *Bleichromgelb* (II), *TiO_2*, *Zinkweiß*, *Fe-Mennige*, *Ruß*. Mit Ausnahme von I u. II besteht eine Proportionalität zwischen der Wrkg. des Pigmentes auf den Glanz des Anstriches u. der Absorption der UV-Strahlen. Es ist wahrscheinlich, daß bei den nicht lichtbeständigen I u. II ein Teil der Energie für Prozesse innerhalb des Pigmentes verbraucht wird. (Журнал Прикладной Химии [J. angew. Chem.] **26**. 227—31. Febr. 1953. Tschernowitz, Univ., Labor. für anorgan. Chem.) LEBTAG. 7092

J. H. Frydlender, *Tabaksamenöl. Natur und Verwendung als trocknendes Öl.* Unter Bezugnahme auf Arbeiten von RAO u. RAMANAYYA [1948] werden zunächst technolog. Daten von *Tabaksamenöl* (I) mitgeteilt: JZ. 141,8; SZ. 0,12; Farbe nach GARDNER: 3; Linolsäure: 70,2%; Linolensäure: 0,8%. Weiterhin wurde I allein u. unter Mitverwendung gewisser Kunstharze (Harzäther, Phenol- u. Alkydharze) zu Firnissen verarbeitet u. geprüft. Es zeigte sich, daß I sehr gut geeignet ist u. in manchen seiner Eigg. durchaus mit Leinöl verglichen werden kann. (Rev. Produits chim. **54.** 245—47. 30/11. 1951.) RODERICH KÖNIG. 7096

S. R. Chakrabarty und **M. M. Chakrabarty,** *Die Zusammensetzung von indischen Tabaksamenölen.* 1. Mitt. Tabaksamenöle der Arten Nicotiana Tabacum u. Nicotiana Rustica sind linolsäurereich u. werden neuerdings als nicht vergilbende trocknende Öle bei der Herst. von Farben, gelegentlich auch in Verbindung mit Alkydharzen, verwendet. Vff. geben Überblick über den Tabakanbau in Indien. Die Inhaltsstoffe der Tabaksamen verschied. ind. Provenienz werden nach der Zerkleinerung u. PAe.-Extraktion der Samen der chem. u. Ultrarot-Spektralanalyse zugänglich. An Fettsäuren wurden neben gesätt. bes. Ölsäure (10—20%), Linolsäure (63—73%) u. Linolensäure (1,4—1,8%) isoliert. Tabaksamenöl mit mehr als 67% Linolsäure soll sich bevorzugt für die Farben- u. Lackherst. eignen, während Öle mit geringerem Linolsäuregeh. als Rohstoffe in der Seifen- u. Speisefettindustrie Eingang gefunden haben. (Indian Soap J. **19.** 165—67. Jan. 1954.) W. MEINE. 7096

Narracott, *Die Bedeutung der Epoxyharze für die Industrie der Oberflächenanstriche.* Allg. Ausführungen. (Chim. Peintures **17.** 120—25. April 1954.) WINIKER. 7096

W. Scheufler, *Melaminharze in der Lack- und Kunststoffindustrie.* (Vortrag.) Überblick über Konst. u. Eigg. der Melaminharze unter besonderer Berücksichtigung ihrer Bedeutung für die Herst. von Lacken. (Dtsch. Farben-Z. **8.** 53—57. Febr. 1954. Frankfurt/M.-Fechenheim.) WINIKER. 7096

J. H. de Wilde, *Reaktionen von Ölen mit Harzen beim Firniskochen.* Beim Verkochen von Harzen u. Ölen dürften vorwiegend zwei Rkk. stattfinden, u. zwar an den Carboxylgruppen der Fettsäureketten u. an den Doppelbindungen der Fettsäuren. Esterharze scheinen mit den trocknenden Ölen unter Esteraustausch zu reagieren. Ölreaktive Harze dürften mit den konjugierten u. nichtkonjugierten Doppelbindungen reagieren u. wahrscheinlich nicht mit den veresterten Carboxylgruppen. Gewisse Malein- u. Alkydharze dürften mit Carboxylgruppen u. Doppelbindungen in Rk. treten u. Lacke von verbesserten mechan. Eigg. ergeben. — 22 Literaturangaben. (Finska Kemistsamfundets Medd. **61.** 81—94. 1952. N. V. Hercules Powder Co., The Hague.) SCHEIFELE. 7106

John R. MacGregor, *Das unerforschte Feld der Außenanstrichfarben.* (Vortrag.) Vf. gibt einen Überblick über die bisher auf dem Gebiet der Außenanstrichfarben erworbenen Erfahrungen. (Off. Digest Federat. Paint Varnish Product. Clubs **1952.** 869—80. Dez. Chicago, Ill., John M. MacGregor Lead Co.) SCHEIFELE. 7106

Werner Zimmermann und **Günther Brummack,** *Über Heißsiegellacke.* Vff. stellten fest, daß zur wetterfesten Lackierung von Zellglas alkohollösl. Collodiumwollen am besten geeignet sind. Wegen ihrer relativ geringen Toluolverträglichkeit ist das Lösungsmittelgemisch so einzustellen, daß die alkohollösl. Collodiumwolle sich darin klar löst, ohne daß eine Beeinträchtigung der Lösefähigkeit für Paraffin eintritt. (Farbe u. Lack **60.** 137—38. April 1954. Aschau u. Wuppertal-Elberfeld.) WINIKER. 7106

H. O. Kölln, *„Reaktionslacke“.* Allg. Ausführungen. Behandelt werden: „säurehärtende“ Kunstharzlacke, D.D.-Lack (Isocyanatlacke), kalthärtende Epoxyharz-Lacke u. Wash-Primer. (Farbe u. Lack **60.** 146—47. April 1954. Friedberg/Hessen.) WINIKER. 7106

Otto Jordan, *Um den Begriff „Latexfarben“.* Allg. Ausführungen. (Farbe u. Lack **60.** 144—45. April 1954. München.) WINIKER. 7106

Heinz Lauterbach, *Das Ausmustern und Nachtönen von Farben bei der Herstellung von Anstrichmitteln.* Zusammenfassender Überblick. — 17 Literaturhinweise. (Dtsch. Farben-Z. **8.** 45—53. Febr. 1954. Berlin-Spandau.) WINIKER. 7106

Standard Oil Development Co., Del., übert. von: **Anthony H. Gleason,** Westfield, und **Stanley E. Jaros,** Rahway, N. J., V. St. A., *Synthetische trocknende Öle.* Polymerisierbare Diolefine (I) oder eine Mischung derselben, wie Butadien-1.3, Isopren, Dimethylbutadiene, Methylpentadiene, Dicyclopentadien, Chloropren, werden in Ggw. eines Katalysators der allg. Formel: $R—C(CH_3)_2—O—O—R'$, worin $R = CH_3$ oder

C_6H_5, R' = H oder Benzoylrest bedeuten, bes. Cumenhydroperoxyd oder tert.-Butylhydroperoxyd, sowie eines Verdünnungsmittels bei 3—30 at u. 80—125° 3—60 Std. in einem Druckkessel polymerisiert. Das erhaltene Polymerisat hat ein Mol.-Gew. 2000—5000. Es kann durch inerte Lösungsmittel (Bzl., Xylol, Solventnaphtha) entsprechend verd. werden, wodurch filmbildende Anstrichmittel, unter Zusatz von trocknenden Ölen u./oder Harzen, Druckfarben u. Klebemittel erhalten werden. (**A. P. 2 581 094** vom 29/9. 1948, ausg. 1/1. 1952.) SEIZ. 7097

Chemische Werke Albert (Erfinder: **Felix Schlenker**), Wiesbaden, *Herstellung von Lacken und Anstrichmitteln.* Man versetzt Lsgg. von Ölen oder Harzen in organ. Lösungsmitteln mit Kunstharzen, gegebenenfalls auch in Lsg., die durch Rk. von metallakt. Verbb., z. B. Alkoholaten oder Halogeniden, bes. Chloriden, 3- oder höherwertiger Metalle, wie Al oder Fe, bes. $AlCl_3$ u. Al-Butylat, mit tautomer reagierenden Verbb., die eine enol. oder ketol. OH-Gruppe zu bilden vermögen, wie Acetessigester, Malonsäureester, β-Diketone, z. B. Formylaceton oder Formylacetophenon, erhalten sind. Die so erhaltenen Kunstharze können auch bei erhöhter Temp., z. B. 160°, mit O_2 geblasen u./oder mit Dicarbonsäuren oder ihren Anhydriden oder höheren einbas. Carbonsäuren, bes. Harzsäuren, oder höhermol. gesätt. oder ungesätt. Fettsäuren oder deren polymerisierbaren Estern umgesetzt sein. (**D. B. P. 878 541** Kl. 22h vom 12/8. 1951, ausg. 5/6. 1953.) GRÄGER. 7107

Pierre Louis Albert Degon und **Josef Lintner,** Seine, Frankreich, *Herstellung festhaftender Überzüge auf Unterlagen,* bes. Metallen. Man überzieht die Unterlage mit einer Schicht aus einer plastikatorfreien plast. M. (Lsg. oder wss. Emulsion von nachchloriertem Polyvinylchlorid, Vinylchloridmischpolymerisat, Polyvinylacetat) u. danach mit der als Überzug dienenden plast. M., z. B. plastikatorhaltigem Polyvinylchlorid, die dann durch Erhitzen in ein Gel übergeführt wird. — Man überzieht einen Kern mit einer Lsg. von Polyvinylacetat, danach mit einer Emulsion von 100 (Teilen) feinpulverigem Polyvinylchlorid in 200 einer Lsg. von 1000 W., 60 Polyvinylalkohol u. 10 Na-Dibutylnaphthalinsulfonat, fixiert den Kern in der Mitte eines weiteren Rohres, gießt den Zwischenraum mit einer Mischung aus 40 Polyvinylchlorid u. 60 Trikresylphosphat aus u. erhitzt auf 160°. Herst. von Druckwalzen, Auskleiden von Behältern. (**F. P. 1 040 051** vom 23/7. 1951, ausg. 13/10. 1953.) PANKOW. 7107

Henri François Meudec, Seine, Frankreich, *Bedecken von Metallflächen mit Vinylharzen.* Auf die Metallfläche bringt man 2 Schichten Kautschuklsg., eine dünne Schicht einer schnell vulkanisierenden Hartkautschukmischung, eine 4—5 mm starke Weichkautschukschicht, rauht diese auf oder macht sie durch Überziehen mit Kautschuklsg. u. Pudern mit Holz- oder Kautschukmehl rauh u. bringt die Vinylharzschicht auf u. gelatiniert u. vulkanisiert. Herst. von Druckwalzen. (**F. P. 1 026 560** vom 26/10. 1950, ausg. 29/4. 1953.) PANKOW. 7107

Rhenania-Ossag Mineralölwerke Akt.-Ges., Hamburg, und **Hermann Basler,** München (Erfinder: **Reinard E. Vogel,** Leutkirch), *Herstellung von Lackharzen* aus hochsd., vorwiegend aus ungesätt. KW-stoffen bestehenden Verbindungsgemischen (I), wie sie durch Extraktion von Mineralöl mit selektiven Lösungsmitteln, z. B. fl. SO_2, Furfurol, Phenol, erhalten werden, die mit konz. H_2SO_4 stark zur Harzbldg. neigen, u. Phenol–CH_2O-Harzen, dad. gek., daß Phenolaldehydkondensationsprodd. (**II**), die aus 1 (Mol) Phenol, Kresol, Xylenol oder deren Mischungen u. im Höchstfall 0,6 CH_2O in Ggw. eines sauren Katalysators hergestellt sind, mit so viel Kolophonium, daß dieses mindestens die Hälfte der **II** beträgt, u. mit **I** bei 150—200° verschmolzen werden. (**D. R. P. 756 573** Kl. 22h vom 14/5. 1938, ausg. 26/5. 1953.) GRÄGER. 7107

Farbwerke Hoechst Akt.-Ges. vormals Meister Lucius & Brüning, Frankfurt/M. (Erfinder: **Karl Dietz,** Kronenberg, und **Heinz Thomas,** Hofheim), *Überzugsmassen* für Metalle, Beton, Glas, Holz, keram. Massen u. dgl., sowie zum Schutze von Apparaten(-teilen) in der chem. Industrie. Phenolharzmassen, bes. solche mit einem niedrigen Elastizitätsmodul (E = 100 000 u. darunter), gegebenenfalls auch mit einem Zusatz von Furfurol, Furfurylalkohol, aliphat. oder aromat. Estern anorgan. Säuren bzw. deren Aryloxyverbb., werden mit solchen Mengen Füllstoffen (Quarzglasmehl, TiO_2 in der Anatasform, Graphit) versetzt, daß der Wärmeausdehnungskoeff. des Überzugs höchstens 50 unter u. nicht $>$100% über dem des zu überziehenden Materials liegt. (**D. B. P. 874 836** Kl. 39b vom 8/6. 1950, ausg. 27/4. 1953. **Zusatz zu D. B. P. 852 906; C. 1953. 4947.**) SALZMANN. 7107

Dow Chemical Co., V. St. A., *Überzüge* aus Mischungen von 10—90% trocknenden Ölen (I) (Soja-, Lein-, Perillaöl, ölmodifizierte Alkydharze, geblasene, gekochte, alkaliraffinierte Öle) u. 90—10% eines Vinylchlorid-Vinylidenchlorid (35—90 : 65—10)-

Mischpolymerisates (II). Die Mischungen mit überwiegenden Mengen I eignen sich für Überzüge auf Metallflächen. Man kann II quellen lassen u. dann mit I zusammenmahlen, oder in I ein Emulgiermittel lösen u. mit II-Latex mischen u. die Mischung entwässern. Die Überzüge zeigen gegen W. u. wss. Alkali u. Feuer erhöhte Festigkeit. (**F. P. 1 038 871** vom 20/6. 1951, ausg. 2/10. 1953.) PANKOW. 7107

Cassella Farbwerke Mainkur Akt.-Ges. (Erfinder: **Karl Keller** und **Otto Hansen**), Frankfurt/M., *Imprägnierungen und Überzüge in der Textil-, Papier- und Lackindustrie.* Man verwendet Kondensate aus Aldehyden, z. B. Trimethylolacetaldehyd (I), Dimethylpropionaldehyd oder Methylolisobutyraldehyd, u. mit Harnstoff substituierte oder heterocycl. Aminoverbb., wie Melamin (II), Aminotriazine usw. — So erhält man eine viscose Lsg. durch Erhitzen von 63 (Teilen) II mit 160 einer I-Lsg. (83,5%ig) in 80 W. auf 80°, wobei mit Soda schwach alkal. gehalten wird. Eine verd. Lsg. des Prod. dient zum Knitterfestmachen von Kunstseide oder zum Leimen von Papier. Der isolierte Rohlack dient als Einbrennlack bei 180°. (**D. B. P. 865 587** Kl. 8k vom 20/1. 1950, ausg. 2/2. 1953.) MÖLLERING. 7107

Soc. des Revêtements Plastiques, Seine, Frankreich (Erfinder: **Jacques Cachetier**), *Herstellung von Kautschuküberzügen,* bes. auf Metallen. Man spritzt zunächst mit der Pistole eine dünne Schicht aus einem gut haftenden Stoff, z. B. Polythen oder dessen Mischung mit Ebonit oder Kautschuk, auf die Unterlage u. auf diese Schicht Ebonitpulver, das durch Aufpressen einer kalten Metallplatte verdichtet wird. Verwendung des Verf. zum Reparieren beschädigter Kautschuküberzüge. (**F. P. 1 030 502** vom 5/1. 1951, ausg. 15/6. 1953.) PANKOW. 7107

British United Shoe Machinery Co. Ltd., Leicester, übert. von: **John Crosby Eldridge,** Brigdewater, und **Francis Aloysius Flaherty,** Boston, N. Y., *Überzugsmittel für Schuhleisten,* bestehend aus einer Mischung aus einer wss. Dispersion (I) mit einem Geh. an 35—40% Glimmer u. einer Emulsion (II) mit einem Geh. an 35—40% Wachs. I enthält als Dispergiermittel: Na-Salze von Alkyl-Arylsulfonsäuren u. Alkylamine, wie Triäthanolamin, Diäthanolamin u. Diäthylamin, in Mengen von 2—3,5%. Zur Herst. von II verwendet man Paraffinwachs (F. 45—70°), Glycerinmonostearat oder Äthylenglykolmonostearat als Emulgiermittel: 1 (Teil) Na-Laurylsulfat auf 3—8 Wachs, als Verdickungsmittel: Methylcellulose oder Traganth in Mengen von 10 Gew.-% der Emulsion. Das so erhaltene Überzugsmittel wird auf die Schuhleisten aufgetragen u. ermöglicht ein leichteres Herauslösen derselben nach der Fertigstellung des Schuhwerks. (**E. P. 699 196** vom 9/3. 1951, ausg. 4/11. 1953. A. Prior. 11/3. 1950.) SEIZ. 7107

S. C. Johnson & Son, Inc., V. St. A. (Erfinder: **Anton E. Budner**), *Mittel zur Herstellung von glänzenden, schützenden Überzügen, insbesondere auf Holzmöbeln, gelackten Metalloberflächen.* Sie bestehen aus einer Fl., die in einem Lösungsm. mit einem Anilinpunkt von —30 bis +85° (z. B. KW-stoffen, chlorierten KW-stoffen, Äthern u. ihren Gemischen) ein Wachs (z. B. Montanwachs, Carnaubawachs, Palmwachs, Bienenwachs), Paraffin u. ein Dimethylpolysiloxan (Viscosität 50—400 Centistokes) gelöst enthält. (**F. P. 1 033 555** vom 3/1. 1951, ausg. 13/7. 1953. A. Prior. 13/1. 1950.) OPPERMANN. 7107

Établissements Bollore-Soehnee, Seine, Frankreich, *Anstrich für Bleche.* Der im wesentlichen aus Phosphorsäure, Kunstharz u. einem oxydierenden Stoff bestehende Anstrich erhält einen Zusatz von elektr. leitendem Stoff, damit das Blech ohne Entfernung des Anstrichs gelötet werden kann. Der leitende Stoff ist koll. Graphit oder Pulver von Al oder einem anderen Metall. Seine Menge beträgt 5—100% der aus Polyvinylharz oder einem Vinylcopolymer bestehenden Harzmenge, der oxydierende Stoff ist ein in W. unlösl. Chromat, u. seine Menge beträgt 50—200% der Harzmenge. Zusätze von Talk-, Kaolin- oder Asbestpulver in Höhe von 0—100% der Harzmenge sind vorgesehen. — Es werden z. B. 70 (kg) Polyvinylacetat in 50 Isobutylalkohol u. 15 Toluol gelöst, dazu 70 Pb-Chromat, 10 Talk oder Asbest u. 20 Al zugegeben u. schließlich 3% 85%ig. Phosphorsäure u. das zum Aufbringen des Anstrichs nötige Lösungsm., z. B. Äthylacetat, zugesetzt. (**F. P. 1 026 348** vom 20/10. 1950, ausg. 27/4. 1953.) B. SCHMIDT. 7107

Kredit- & Verwaltungsbank Zug Akt.-Ges., Zug, Schweiz, *Erzeugung von stumpfmatten bis hochglänzenden abwaschbaren Polituren auf Holz* unter Verwendung von mit organ. Weichmachern plastifizierter Äthylcellulose als Filmbildner in einem Gemisch von organ. Lösungsmitteln, z. B. aus 500 (Teilen) Butylalkohol, 440 A. u. 60 Diacetonalkohol. — Man erzeugt dabei zunächst einen auf Äthylcellulose aufgebauten Porenfüller als Grundierschicht u. darüber eine ebenfalls auf Äthylcellulose aufgebaute Deckschicht. Beide Schichten sind absol. lichtecht. Bei der Herst. von stumpfen u.

matten Oberflächen werden Zn-Stearat oder Aluminiumhydroxyd (Tonerdehydrat) als Mattierungsmittel verwendet. (**Schwz. P. 281 443** vom 8/12. 1949, ausg. 16/6. 1952.) M. F. Müller. 7119

Theodor Knorr, Vättis, St. Gallen, Schweiz, *Metallpolierpaste*, bes. für weiche Metalle u. auch angerostete blanke Stahlteile, z. B. Maschinen oder Waffen, bestehend aus 1—1,2 (kg) Olein (98%), 1,0 White Spirit, 0,6 Tetrahydronaphthalin, 0,6—0,8 Petroleum, 6,5—7,0 Quarzmehl, 0,03—0,5 eines Poliermaterials, z. B. Chromoxyd (Poliergrün) oder Kieselgur, sowie 0,5 Ammoniak von 18°Bé. — Die mit der Paste behandelten Gegenstände erhalten einen schönen Hochglanz u. einen guten Schutz vor raschem Wiederanlaufen. (**Oe. P. 174 316** vom 12/12. 1949, ausg. 25/3. 1953. Schwz. Prior. 29/7. 1939.) M. F. Müller. 7119

Dow Corning Ltd., London, England, übert. von: **Chester Carlyle Currie,** Midland, Mich., V. St. A., *Poliermittel*, bes. für Autos, bestehend aus 2—6 (Gew.-%) eines in KW-stoffen lösl. Organopolysiloxans mit 1—3 KW-stoffresten (Aryl-, Alkyl- oder Alkarylreste) je Silicon; 20—50 KW-stofflösungsm. (Kp. 100—300°); 2—20 SiO_2 ($<10\,\mu$); 1—6 Emulgiermittel (Morpholinoleat, Morpholinstearat, n-Dodecylaminacetat, n-Octadecenylaminacetat, Hexaäthylenglykolmonooleat) u. 40—70 Wasser. (**E. P. 671 806** vom 14/7. 1950, ausg. 7/5. 1952. A. Prior. 26/9. 1949.) Nebelsiek. 7119

XIb. Plaste (Kunstharze. Plastische Massen).

H. Suzuki, *Moderne Kunstharze in gewerblicher Anwendung.* Überblick über die Anwendung bei der Papierherst., Textil- u. Lederausrüstung, Formsandfestigung usw. (Waseda appl. chem. Soc. Bull. **21.** Nr. 1. 52—54. Okt. 1952. [Orig.: japan.]) Schuler. 7170

Georg Schulz, *Ein neuer Fluorkunststoff.* Die allg. mechan. u. Verarbeitungseigg. von *Hostaflon* (Polytrifluorchloräthylen) sowie Anwendungsbeispiele (als thermoplast. Kunststoff u. Dispersion in organ. Medium) werden aufgezeigt u. besprochen. (Ind. Plast. mod. **5.** Nr. 6. 13—16. Juni 1953. Farbwerke Hoechst Akt.-Ges.) Schäff. 7172

—, *Filme aus reinem Polyvinylchlorid, ihre Eigenschaften und Anwendung.* Die Eigg. u. Anwendung der unter dem Namen *Vynan* verkauften Filme aus Hart-PVC (für Verpackungs- u. Kabelindustrie) werden besprochen. (Ind. Plast. mod. **5.** Nr. 6. 49. Juni 1953.) Schäff. 7172

G. Fabre, *Die Furanharze.* Kurze Übersicht über die verschied. durch Kondensation oder Polymerisation hergestellten Furanharze u. deren Anwendung. (Ind. Plast. mod. **5.** Nr. 8. 37—38. Sept./Okt. 1953. Centre d'Étude des Matières Plast.) Schäff. 7176

E. C. Blackard, *Schneckenspritzen von Folien und Rohren aus Celluloseacetat und Celluloseacetobutyrat.* Vf. behandelt techn. Einzelheiten des Verfahrens. (Ind. Plast. mod. **4.** Nr. 10. 30—35. Dez. 1952. Tennessee Eastman Cy.) Burmeister. 7204

H. Spies, *Die Fertigbearbeitung von Preß- und Spritzgußteilen.* Allg. Ausführungen. (Plastverarbeiter **4.** 102—07. April. 135—38. Mai. 162—67. Juni, 200—02. Juli 1953). Winiker. 7204

William I. Beach, *Nachträgliche Verarbeitung von Schichtstoffen auf Basis wärmehärtbarer Kunststoffe.* Vf. behandelt den Einfl. der Härtungsdauer u. der verwendeten Textilgewebe auf die Verarbeitbarkeit von Schichtstoffen. (Machinery [New York] **57.** Nr. 6. 163—66. Febr. 1951. Los Angeles, Calif., North American Aviation.) Winiker. 7204

William I. Beach, *Verfahren zum Erhitzen von Schichtstoffen zwecks Verformung.* Zusammenfassender Überblick. (Machinery [New York] **57.** Nr. 7. 170—72. März; Nr. 9. 185—87. Mai 1951.) Winiker. 7204

William I. Beach, *Die Verwendung bearbeiteter Schichtstoffe.* Überblick. (Machinery [New York] **58.** Nr. 1. 160—66. Sept. 1951.) Winiker. 7204

G. Fabre, *Verbesserung der Dynstat-Apparatur.* 1. Mitt. Die bei der Best. der Schlagbiegefestigkeit von Kunststoffen mittels der Dynstat-App. beobachteten Meßfehler führten zur wesentlichen Verbesserung der Apparatur. Die Ursachen für diese Meßfehler werden krit. untersucht. Die statist. Unters. der modifizierten Dynstat-App. ermöglicht einen Vgl. mit dem klass. Pendelprüfgerät. (Ind. Plast. mod. **5.** Nr. 5. 35—37. Mai; Nr. 6. 69—77. Juni; Nr. 7. 39—45. Juli 1953. Centre d'Étude des Matières Plast.) Schäff. 7210

—, *Der neue Dynstat des C.E.M.P. (Centre d'Étude des Matières Plastiques.) Apparatur für den statischen und dynamischen Biegetest kleiner Prüfkörper.* Beschreibung der App. u. Erörterung der Anwendung. (Ind. Plast. mod. **5**. Nr. 4. 34—36. April 1953.) SCHÄFF. 7210

G. Fabre, *Biegefestigkeitsprüfung an kleinen Prüfkörpern mittels der Methode wiederholter Schläge.* Erörterung des Prinzips u. der Technik der Biegefestigkeitsprüfung bei wiederholten Schlägen u. vergleichende Unters. dieser Meth. u. der Prüfung mit einem Schlag. (Ind. Plast. mod. **5**. Nr. 8. 28—32. Sept./Okt. 1953.) SCHÄFF. 7210

Soc. Civile d'Études des Techniques Nouvelles (S. C. E. T. E. N.) (S. à r. l.) Seine, Frankreich, *Formen für das Spritzgußverfahren,* auch Preßformen. Der Kern, dieser Formen besteht ganz oder zum Teil aus einer Metallegierung, die unterhalb der Deformationstemp. des Harzes zu schm. beginnt. Man kann damit hohle Spritzgußkörper herstellen u. die Metallegierung dann durch Erwärmen aus dem geformten Kunstharzkörper ausschmelzen. (**F. P. 1 032 916** vom 20/2. 1951, ausg. 7/7. 1953.) PANKOW. 7171

Emhart Manufacturing Co., Hartford, übert. von: **Henry Jenett** und **Caroline Louise Maria Jenett,** Montclair, N. J., V. St. A., *Polyäthylendispersion,* die auch als Druckerschwärze für Polyäthylen geeignet ist. Als Lösungsm. verwendet man ein Gemisch von 30—90 (%) einer zwischen 80 u. 300° sd. organ. Fl. u. 70—10 eines zwischen 25 u. 300° sd. Nichtlösers. Die Lsg. wird innerhalb von 3 Min. unter Bldg. einer feinen Dispersion abgekühlt. Geeignet sind Gemische aus Xylol u. Naphtha (Kp. 320—390°) bzw. Butanol bzw. Toluol u. Methylisobutylketon. Eine Druckpaste kann außerdem noch gleiche Teile Phenol- u. Isobutylenharz, Phthalocyaninblau u. TiO_2 enthalten; nach dem Drucken wird kurze Zeit auf 121° erwärmt; die Schriftzeichen lassen sich nicht abziehen. Mit Harnstoffharz, NH_4Cl bzw. $(NH_4)_2HPO_4$ oder Ammoniumlactat, W., einem Emulgiermittel u. Farbstoff erhält man eine Druckpaste für Gewebe. Werkzeuge, Meßgeräte u. elektr. Leitungen können gegebenenfalls nach vorheriger Anwärmung mit der Dispersion überzogen werden. (**A. P. 2 628 172** vom 20/10. 1950, ausg. 10/2. 1953.) SALZMANN. 7173

Ciba (Soc. An.), Schweiz, übert. von: **Ciba Laboratories Ltd.** und **John Guy Bedford,** *Verschweißen von Folien aus Polyäthylen* oder ähnlichem plast. Material. Man bringt die beiden Platten oder Folien mit nach oben gerichteten Rändern zwischen 2 beheizbare Platten von ca. 50°, so daß zwischen den inneren Flächen der Folien ein geringer Zwischenraum ist, u. heizt von oben mit strahlender Wärme, bis sich auf jeder Folie eine Schmelzperle bildet u. die Perlen miteinander verschmelzen, u. hält die Temp. so, daß sich die Schmelze längs der Folienränder ausdehnt. (**F. P. 1 041 702** vom 6/4. 1951, ausg. 26/10. 1953. E. Priorr. 6/4. 1950 u. 21/3. 1951.) PANKOW. 7173

Farbenfabriken Bayer Akt.-Ges., Deutschland, *Polymerisieren von Trifluoräthylen* $CF_2 : CHF$ durch Belichten, bes. mit Licht von 2200—6000 Å; eine Belichtungsdauer von ½—5 Std. gibt ein plast. leicht formbares Polymeres, eine solche bis 40 Std. eine kristalline M., die gepreßt werden kann. Man kann auch in Emulsion unter Zusatz von Peroxyden polymerisieren. Die weißen Polymeren werden bei erhöhter Temp. glasartig u. transparent, sie haben einen F. von $>276°$ u. zers. sich nicht bis 300°; sie sind unlösl. in den üblichen Lösungsmitteln u. werden für gewöhnlich von Mineralsäuren nicht angegriffen. (**F. P. 1 041 351** vom 25/8. 1951, ausg. 22/10. 1953. D. Prior. 26/8. 1950.) PANKOW. 7173

Farbwerke Hoechst Akt.-Ges., vormals Meister Lucius & Brüning, Deutschland, übert. von: **Michael Erlenbach** und **Adolf Sieglitz,** *Herstellung von Gegenständen aus Polytrifluorchloräthylendispersionen.* Man formt die Gegenstände in üblicher Weise, z. B. durch Tauchen, u. erhitzt dann auf das Erweichungsintervall des Polymeren, bes. dessen untere Grenze, zweckmäßig, bis die Polymerenteilchen koalescieren, auch unter Verwendung eines Quellmittels, wie 1.1.3.3.3-Pentachlor-1.2.2-trifluorpropan, 1.3.3.3-Tetrachlor-2.2-difluorpropan oder 1.1.2.3.3-Pentachlor-1.2.3-trifluorpropan, auch unter Druck, u. kühlt schnell ab. — Ein aus der wss. Polymerendispersion hergestellter Film wird nach Trocknen 10 Min. auf 250° erhitzt u. schnell abgekühlt. Homogene Folie hoher Stabilität u. Elastizität. (**F. P. 1 035 182** vom 6/4. 1951, ausg. 18/8. 1953. D. Prior. 8/4. 1950.) PANKOW. 7173

M. W. Kellogg Co., Jersey City, übert. von: **Louis C. Rubin,** West Caldwell, N. J., V. St. A., *Haftmasse zum Verbinden von Polytrifluorchloräthylen* (**I**) mit Metall, bes. mit Cu oder Sn, Ag, Al, Ti, Stahl, Bronze, Messing oder von Metallen untereinander, bestehend aus einer Mischung von 80—95% Cu u. I. Letzteres kann auch mit Vinylhalogeniden, Acrylnitril, Tetrafluoräthylen, Perfluorpropen oder -butadien zusammen polymerisiert sein. Die M., die auch als Lot für zwei Metalle dienen kann, wird unter 350 at bei 240° aufgepreßt. (**A. P. 2 638 523** vom 24/5. 1952, ausg. 12/5. 1953.) SALZMANN. 7173

Diamond Alkali Co., Cleveland, übert. von: **Julius E. Underwood** und **Archie Hille,** Painesville, O., V. St. A., *Emulsionspolymerisation von Vinylchlorid* (**I**). Monomeres **I** wird bei 35—45° unter einem Druck, der zur Verflüssigung ausreicht, in einem wss. Medium suspendiert oder mit einem Emulgator emulgiert, in welchem chlorige u. schweflige Säure oder deren Alkalisalze in einem mol. Verhältnis von 1 : 2 bis 1 : 4 gelöst sind. Das Verhältnis der wss. zur nichtwss. Phase soll 2 : 1 bis 4 : 1 betragen. Der p_H-Wert wird durch nicht oxydierende Säuren, wie H_2SO_3 oder CH_3COOH, auf 2,5—6 eingestellt u. durch nicht oxydierende Puffersubstanzen, wie Na-Acetat, konstant gehalten. Als Emulgatoren werden Verbb. ohne konjugierte Doppelbindungen verwendet, die nicht mitreagieren. Man erhält bei einer Reaktionszeit von 2—3 Std. Polymere vom Mol.-Gew. 80000—115000. (**A. P. 2 604 468** vom 6/11. 1950, ausg. 22/7. 1952.) SEIZ. 7173

Soc. An. des Manufactures des Glaces et Produits Chimiques de Saint-Gobain, Chauny & Cirey, Seine, Frankreich (Erfinder: **Antoine Lichard**), *Emulsionsmischpolymerisation* von Vinylchlorid (**I**) mit Vinylidenchlorid (**II**) mit einem wasserlösl. [$(NH_4)_2S_2O_8$, H_2O_2] u. einem in organ. Phase lösl. Katalysator (Azodiisobutyronitril, Triphenylmethanazoderivv., Benzoylperoxyd). — Man gibt eine Alkylsulfonat-Lsg. vom p_H 7, Katalysatoren u. **II** in einen Autoklaven, entfernt Luft mit N_2 u. leitet **I** ein, so daß die Voll. der organ. u. wss. Phase gleich sind. Man nimmt z. B. 390 (g) Emulgatorlsg., 306 **I**, 60 **II**, 2 $(NH_4)_2S_2O_8$ u. 2 Benzoylperoxyd. (**F. P. 1 038 059** vom 4/6. 1951, ausg. 24/9. 1953.) PANKOW. 7173

Farbwerke Hoechst Akt.-Ges., vormals Meister Lucius & Brüning, Deutschland, übert. von: **Michael Erlenbach** und **Adolf Sieglitz,** *Herstellung plastischer Polymerer* durch Emulsionspolymerisation unter Einführung von Monomeren u. Plastikator in dem Maße, wie sie verbraucht werden. Man kann so 30—100% Plastikator in das Polymere einführen, gegebenenfalls unter Zusatz von Lösungsmitteln, wie Aceton oder Äthylacetat, die die Löslichkeit des Plastikators im Polymeren verbessern. Auch Salze, wie NaCl, Na_2SO_4, $CaCl_2$, $MgSO_4$ oder $Al_2(SO_4)_3$, können zur Verbesserung der Abscheidung anwesend sein. — In einem Rührautoklaven sind 20000 (Teile) W., 30 Na-Acetat, 10 Eisessig, 50 Na-Alkylsulfamidacetat mit einem Alkyl mit 8—20 C-Atomen, 15 $CaCl_2$ u. 20 30%ig. H_2O_2. Man läßt eine Mischung aus 4250 Vinylchlorid, 500 Dibutylphthalat u. 750 Vinylacetat zufließen u. gibt bei 3,6 at u. 30° eine 1%ig. Na-Hyposulfitlsg. zur Polymerisationsregelung zu. Feine Körner. (**F. P. 1 041 663** vom 13/5. 1951, ausg. 26/10. 1953. D. Prior. 14/3. 1950.) PANKOW. 7173

N. V. de Bataafsche Petroleum Mij., Holland, *Plastiziermittel, besonders für Vinylchloridpolymerisate und -mischpolymerisate.* Man verwendet hierfür Prodd., die man bei der Polymerisation von Estern gesätt. Fettsäuren mit ungesätt. Alkoholen erhält, die 7—14 C-Atome im Ester enthalten u. ein Mol.-Gew. bei 1000, bes. 400—800, aufweisen. Man polymerisiert bes. in Ggw. von Modifizierungsmitteln, wie Aldehyden, Ketonen (Aceton, Methyläthylketon) oder KW-stoffen (Cumol, Triphenylmethan). — Man hält 100 g Allylbutyrat mit 1 g tert.-Butylperoxyd 4 Std. bei 200°, dest. Monomeres u. bis $Kp._1$ 200° niedere Polymere ab. Fl. Rückstand, der zum Plastifizieren von Polyvinylchlorid dient. (**F. P. 1 041 378** vom 27/8. 1951, ausg. 22/10. 1953. Holl. Prior. 29/8. 1950.) PANKOW. 7173

N. V. de Bataafsche Petroleum Mij., Holland, übert. von: **Roupert C. Morris** und **De Loss E. Winkler,** *Herstellung von Tricarbonsäureestern und ihre Verwendung als Plastiziermittel in Vinylharzen.* Man läßt aliphat. gesätt. Tricarbonsäuren mit offener Kette mit wenigstens 4, bes. 4—8 C-Atomen, in denen das 1., 2. u. 4. C-Atom eine COOH-Gruppe trägt, oder ein Chlorid solcher Säure mit einem Alkohol mit wenigstens 5 C-Atomen reagieren oder führt solchen Alkoholrest durch Umesterung ein. Als solche Ester sind z. B. genannt: Tris-(2-äthylhexyl)-, Tricyclohexyl-, Trinonyl-, Tridecyl-1.2.4-butantricarboxylat, Tris-(2.5-dimethyloctyl)-3-butylbutan-1.2.4-tricarboxylat. — Man erhitzt eine Mischung aus 190 (Teile) 1.2.4-Butantricarbonsäure, 400 2-Äthylhexanol, 150 Toluol u. 3 p-Toluolsulfonsäure unter CO_2 unter Rückfluß u. Abdest. des W., verd. nach Beendigung der Rk. mit Bzl., entfärbt mit Kohle, wäscht mit W. u. dest. Tris-(2-äthylhexyl)-1.2.4-butantricarboxylat ab, $Kp._5$ 223°, n_D^{20} 1,4540, $D._{24}$ 0,9502. — Die Ester eignen sich als Plastiziermittel für *Vinylchloridpolymere* u. *-mischpolymere,* da sie wenig flüchtig sind u. von W. wenig ausgewaschen werden. (**F. P. 1 036 688** vom 16/2. 1951, ausg. 10/9. 1953. A. Prior. 20/2. 1950.) PANKOW. 7173

Chemische Werke Hüls G. m. b. H., Deutschland, *Stabilisieren von Vinylchloridpolymerisaten und -mischpolymerisaten* mit Epoxyharnstoffen der Formel $H_2N \cdot CO \cdot$

$NH\cdot R\cdot O\cdot CH_2\cdot \overline{CH\cdot CH_2\cdot O}$ (R = aromat. Rest wie Phenylen oder Naphthylen). — Man kondensiert m-Aminophenolhydrochlorid u. KCN u. läßt auf den m-Oxyphenylharnstoff Epichlorhydrin einwirken, wobei die Verb. $H_2N\cdot CO\cdot NH\cdot C_6H_4\cdot OCH_2\cdot \overline{CH\cdot CH_2\cdot O}$ (F. 147°) entsteht. Die aus p-Aminophenol erhaltene Verb. hat F. 158°, die aus 6-Amino-1-naphthol F. 168°. (**F. P. 1 042 148** vom 13/9. 1951, ausg. 29/10. 1953. D. Prior. 18/6. 1951.) PANKOW. 7173

Soc. An. des Manufactures des Glaces et Produits Chimiques de Saint-Gobain, Chauny & Cirey, Seine, Frankreich (Erfinder: **Robert Gacon**), *Färben von Thermoplasten* durch Zusatz von konz. Mischungen aus Farbstoffen mit Polymeren oder Mischpolymeren, deren Erweichungstemp. niedriger als die der zu färbenden Harze ist. Um Polyvinylchlorid (I) zu färben, nimmt man Farbstoffmischungen mit Vinylchloridpolymeren geringeren Polymerisationsgrades, nachchloriertem I oder Mischpolymeren von Vinylchlorid mit Vinylacetat, Vinylidenchlorid, Methyl- oder Äthylmaleat oder -fumarat. — Man walzt 32 (Teile) Vinylchlorid–Vinylacetat (85 : 15)-Mischpolymerisat vom Mol.-Gew. 20000 mit 8 Butylphthalat u. 60 rotem Azofarbstoff auf der Mischwalze 10 Min. bei 80—90°, gegebenenfalls unter Zusatz von 2 eines Schmiermittels, zieht zu einer 1 mm starken Platte aus, die gepulvert wird, u. pudert damit Polyvinylchloridkörner, die aus einer Strangpresse zu gleichmäßig gefärbten Rohren verspritzt werden. (**F. P. 1 041 173** vom 16/8. 1951, ausg. 21/10. 1953.) PANKOW. 7173

Aktiebolaget Isoflex, Schweden, *Vinylharzfolien* erhöhter Weichheit, bes. zur Herst. therm. Isolierungen. Man walzt die Harze, bes. Polyvinylchlorid (I), Polyvinylidenchlorid, chloriertes I oder Vinylchloridmischpolymerisate, bei 160—170° unter teilweisem oder völligem Ersatz des Weichmachers mit Pigmenten wie Graphit u./oder Al in Mengen von 10—30%. Die Walzfolie kann gereckt u. danach wellig gemacht werden. Mehrere solcher Folien werden an den Kontaktstellen miteinander verklebt. (**F. P. 1 042 067** vom 10/9. 1951, ausg. 28/10. 1953.) PANKOW. 7173

Robert Tafanel, Seine, Frankreich, *Herstellung von Pumpenkolben aus Vinylharzen.* Zur Verbesserung der Gleitung mischt man 3—17 Gew.-% Graphit in das Vinylharz. Eine Mischung besteht z. B. aus 50—55 (Gewichtsteilen) Polyvinylchlorid, 40—35 Butyl- u. Octylphthalat, 9—11 Graphit u. 0,5 Ca- oder Pb-Stearat. (**F. P. 1 039 545** vom 10/7. 1951, ausg. 7/10. 1953.) PANKOW. 7173

Dow Chemical Co., übert. von: **Carroll R. Irons,** Midland, Mich., V. St. A., *Röhren aus Polyvinylchlorid,* deren Innenwandungen nicht zusammenkleben. Die geschmolzene M. tritt aus einer ringförmigen Düse als Schlauch (I) in kaltes W., während von oben zentr. Öl eingespritzt wird, um den I bis zur Umlenkwalze prall zu halten. Außerdem wird mikrokristalliner Asbest oder Stärke u. Luft eingeblasen, so daß der I nach Verlassen des Bades vor dem Aufwickeln aufgetrieben wird. — Zeichnung. (**A. P. 2 634 459** vom 3/2. 1951, ausg. 14/4. 1953.) SALZMANN. 7173

Dow Chemical Co., V. St. A., *Herstellung von Folien aus Vinylidenchlorid.* Man spritzt die Polymerisatschmelze nach unten in Schlauchform in ein Kühlbad, etwa aus kaltem W., u. walzt den Schlauch flach, wobei man in das Innere des Schlauches eine indifferente schmierende Fl. wie Öl gibt, u. hält den Öldruck durch Aufdrücken von Luft konstant über Atmosphärendruck, ohne daß ein Zerreißen des frischgespritzten Schlauches erfolgt. Schließlich wird die Folie gereckt. (**F. P. 1 028 199** vom 14/11. 1950, ausg. 20/5. 1953.) PANKOW. 7173

Shawinigan Chemicals Ltd., Montreal, übert. von: **Leo M. Germain,** Shawinigan Falls, Quebec, Canada, *Trocknen von granulierten Polyvinylestern,* hergestellt in wss. Emulsion. Das 18% W. enthaltende Polymerisat wird mit einem wasserunlösl. Nichtlöser vom Kp. 100—150°, z. B. einer Mineralölfraktion vom Kp. 90°, mit 1% eines Alkylsulfonats 4 Std. am Rückflußkühler behandelt, wobei die wasserhaltigen Dämpfe kondensiert u. abgeführt werden. Ein Polyvinylacetat mit 3% W. läßt sich gut zu Polyvinylalkohol verseifen. (**A. P. 2 637 119** vom 27/6. 1950, ausg. 5/5. 1953.) SALZMANN. 7173

B. F. Goodrich Co., New York, N. Y., übert. von: **Robert J. Wolf,** Cleveland, O., V. St. A., *Mischpolymerisate aus Vinylchlorid* (I), *einem Alkylacrylat* (II) u. einem Monoisoolefin. Man polymerisiert eine Mischung aus 45—85 (%) I, 10—50 II mit 8—10 C-Atomen (6—10 in einer Kette) u. 5—30 Isobutylen (III) in wss. Dispersion in Ggw. von Katalysatoren u. Puffersubstanzen bei 0—70°. Man erhält klare Polymerisate, die ohne Zusatz von Weichmachern zur Herst. von *Anstrich-*, *Appretur-* u. *Imprägniermitteln* sowie von *Folien* verwendet werden können. — Z. B. werden 150 (Teile) W., 1,5 K-Persulfat, 4 Emulgator u. 0,7 Na_2SO_3 zunächst in einem Reaktionsgefäß verrührt, evakuiert u. nach der Zugabe von 85 I, 10 2-Äthylhexylacrylat u. 5 III 17 Std. polymerisiert. Nach dem Abkühlen erhält man das Polymerisat in granulierter Form, das bei 80° ohne Zusatz von Weichmachern in Folienform übergeführt werden kann. (**A. P. 2 594 375** vom 1/2. 1950, ausg. 29/4. 1952.) SEIZ. 7173

Hercules Powder Co., V. St. A., übert. von: **John C. Robinson jr.** und **Walter S. Roppe**, *Herstellung von stabilisierten Kolophoniumvinylestern und ihren Polymeren.* Man stabilisiert Kolophonium durch Hydrierung oder Dehydrierung u. erwärmt es dann mit einem mol. Überschuß eines Vinylesters einer gesätt. niedermol. Säure in Ggw. katalyt. Mengen von Salzen von Säuren von einer Dissoziationskonstante von $1 \cdot 10^{-2}$ für das erste H, z. B. $HgSO_4$, $CdSO_4$, $ZnSO_4$. Man entfernt aus dem Reaktionsgemisch Polymere, gemischte Äthylidendiester u. Ausgangsmaterial u. wäscht zur Herst. wasserklarer Stoffe mit Säure, Alkali u. Wasser. — Man hydriert Holzkolophonium in Ggw. von auf Holzkohle niedergeschlagenem Pd, bis das Prod. zu 98% mit H gesätt. ist. 1000 g des Prod. werden in 2200 ml Vinylacetat unter Rückfluß erhitzt, 20 g Hg-Acetat u. 1,5 ml konz. H_2SO_4 zugegeben u. 4 Std. erhitzt. Man entaktiviert den Katalysator in dem kalten Gemisch mit 30 Teilen Na-Acetat, filtriert, dest. Vinylacetat u. Essigsäure ab, nimmt den Rückstand in 1 Liter Ae. auf, wäscht mit verd. HCl, 2%ig. NaOH u. W., trocknet u. dest. bei $Kp._{0,04}$ 140—190°, wobei eine klare wasserhelle Fl. anfällt. Die Polymerisation erfolgt in bekannter Weise; vgl. A. P. 2614997. (**F. P. 1 028942** vom 8/11. 1950, ausg. 28/5. 1953. A. Priorr. 8/11. 1949, 18/2. u. 16/9. 1950.) PANKOW. 7173

Soc. des Usines Chimiques Rhône-Poulenc, Seine, Frankreich (Erfinder: **Maurice Louis Auguste Fluchaire** und **Jean Auguste Phelisse**), *Polymerisieren von Aminoäthylvinyläther* der Formel $CH_2 : CH \cdot O \cdot CH_2 \cdot CH_2\,N(R_1)(R_2)$ (R_1 u. R_2 = H, Alkyl, Alkenyl oder zusammen mit N Teile eines heterocycl. Ringes) mit BF_3 oder dessen Komplexverbb. mit Äthern in Mengen von 1,05—1,1 Mol BF_3 pro 1 Mol Vinyläther. — Man gibt in 15 Min. zu einer Lsg. von 283 (Gewichtsteilen) Diäthylaminoäthylvinyläther in 270 Bzl. 300 eines BF_3-Ae.-Komplexes in 270 Bzl., rührt 2 Std. unter N_2 bei 20 bis 50°, rührt 720 Bzl. ein, dann 2000 einer 25%ig. wss. K-Acetat-Lsg., die 200 K_2CO_3 enthält, dekantiert, filtriert u. dest. Bzl. ab. Rötlichgelbe, hochviscose M., lösl. in Aceton u. Bzl., unlösl. in W. u. Dimethylformamid, lösl. in verd. Mineralsäuren. Verwendung als Appretur, Leim, Schlichtemittel, Plastiziermittel. (**F. P. 1 037 857** vom 30/5. 1951, ausg. 23/9. 1953.) PANKOW. 7173

Cassella Farbwerke Mainkur Akt.-Ges., Deutschland, *Herstellung und Polymerisation von α-Chloracrylamid.* Man gibt 230 (Teile) α-Chloracrylnitril bei 0° in 2 Std. in 520 85%ig. H_2SO_4, die 1 Hydrochinon enthält, rührt 20 Std. bei 25°, 12 Std. bei 40° u. 2 Std. bei 60°, fällt durch Zugabe von Eis, neutralisiert u. erhält α-Chloracrylamid (I) mit F. 93°, 50 I gibt man zu 250 W., setzt 1 25%ig. NH_3 u. bei 80° in ½ Std. tropfenweise 10 3%ig. H_2O_2 zu u. hält noch 12 Std.; das Polymere ist in heißem Dimethylformamid oder Butyrolacton lösl. u. kann zu Fäden oder Folien geformt werden. Beim Erkalten gelatiniert die Lsg., in konz. H_2SO_4, Pyridin, Anilin u. Essigsäureanhydrid ist es unlöslich. (**F. P. 1 041 375** vom 27/8. 1951, ausg. 22/10. 1953.) PANKOW. 7173

Badische Anilin-& Soda-Fabrik Akt.-Ges., Deutschland, *Herstellung von Acrylnitril-Arylamid-Mischpolymerisaten* durch Polymerisation in wss. Lsg. in Abwesenheit von Emulgierungsmitteln. Die Polymeren geben Fäden erhöhter Reibfestigkeit, die hydrophiler sind als Polyacrylnitrilfäden. Als Amide sind genannt: Acrylmethylamid, -dimethylamid, -anilid, -cyclohexylamid, die entsprechenden Meth-, Äth-, Chloracrylamide. — Man gibt bei 60° in 1½ Std. unter N_2 0,35 (Teile) Triäthanolamin, 3,5 Acrylamid u. 31,5 Acrylnitril in eine Lsg. von 0,009 Na-Hydrosulfit u. 0,7 $K_2S_2O_8$ in 250 W., gibt nach weiteren 20 Min. 0,2 Na-Hydrosulfit zu, heizt auf 100°, zentrifugiert ab u. wäscht mit verd. Na_2CO_3-Lsg. nach. (**F. P. 1 040 336** vom 3/8. 1951, ausg. 14/10. 1953. D. Prior. 26/8. 1950.) PANKOW. 7173

Soc. Rhodiaceta, Seine, Frankreich (Erfinder: **Pierre Mosse**), *Lösen von Polyacrylnitril* oder Acrylnitrilmischpolymerisaten mit Dimethylformamid in Mischung mit geringen Mengen eines mit ihm mischbaren fl. KW-stoffes mit Kp. $>$100°, wie n-Octan, Xylol, Tetrahydronaphthalin. Die KW-stoffe, die in Mengen von ca. 2 Gew.-% zugesetzt werden, verringern die Viscosität der Lösung. (**F. P. 1 028 935** vom 6/11. 1950, ausg. 28/5. 1953.) PANKOW. 7173

XII. Kautschuk. Guttapercha. Balata.

Firestone Tire & Rubber Co., Akron, O., V. St. A., übert. von: **Ernest Tennyson Handley**, **John Henry Dillon** und **Frank Stanley Grover**, *Kontinuierliche Koagulation von natürlicher oder synthetischer Kautschukmilch.* In ein schwach geneigtes röhrenförmiges Gefäß wird kontinuierlich am unteren Ende Kautschukmilch u. etwas oberhalb Koagulator eingeführt. Das erzeugte Koagulum wird mittels einer Förderschnecke über das obere Ende entfernt, über einem Sieb von der Hauptserummenge befreit, auf einer Quetschwalze entwässert u. zerkleinert u. dann in einen Trockenraum gefördert. — 9 Zeichnungen. (**E. P. 641 780** vom 24/4. 1944, ausg. 16/8. 1950. A. Prior. 10/5. 1943.) OVERBECK. 7223

Firestone Tire & Rubber Co., übert. von: **Harry E. Albert**, Akron, O., V. St. A., *Alterungsschutzmittel für natürlichen und synthetischen Kautschuk*, bestehend aus den Sn- oder Sb-Salzen von Phenol-Aldehyd- oder Phenol-Keton-Reaktionsprodd. der Formeln I u. II. Es bedeuten: Ar = Phenolrest, auch durch Alkyliden- oder Arylidengruppen zu Phenolketten vereinigt; R = H, Alkyl- oder Arylrest am Aldehyd-C-Atom; R′ u. R″ = Alkyl- oder Arylreste am Keton-C-Atom. (**A. P. 2 581 931** vom 17/3. 1949, ausg. 8/1. 1952.) OVERBECK. 7227

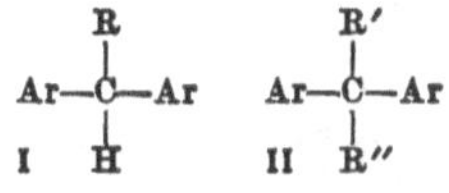

Metallgesellschaft Akt.-Ges. (Erfinder: **Gerhard Roesner, Friedrich Kaysser** und **Rudolf Michels**), Frankfurt/M., *Herstellung eines Kautschukfüllstoffs aus Aluminiumsulfat.* Al-Sulfat (I) mit einem Zusatz von NH_4-Salzen (III), bes. $(NH_4)_2SO_4$, wird unter solchen Bedingungen therm. zersetzt, daß Tonerde (II) in anderer als der α-Form erhalten wird. I soll so feinteilig sein, daß das Schüttgewicht der II $>$0,5, bes. 0,2, ist. I u. III können gelöst oder fest gemischt werden. Die III-Menge soll weniger sein, als zur Alaunbldg. nötig ist; sie kann durch Einleiten von NH_3 in die Lsg. erhalten sein. Das Salzgemisch soll vor der Zers. entwässert sein. Die Zers. soll bei $>$1000°, z. B. bei 800—900°, bes. in reduzierender Atmosphäre erfolgen. Entwässerung u. Zerstäubung können durch Verdüsen geschehen. (**D. B. P. 883 493** Kl. 39b vom 10/12. 1942, ausg. 16/7. 1953.) OVERBECK. 7227

United States Rubber Co., New York, übert. von: **Harry D. Glenn**, Naugatuck, Conn., V. St. A., *Blähmittel für die Herstellung von Schwämmen* aus Natur- oder Kunstkautschuk, Alkydharzen, Harnstoff-Formaldehydharzen, Polymerisaten von Acrylsäurenitril, Styrol, Vinylchlorid oder Mischpolymerisaten, oder Celluloseestern, bestehend aus einer Mischung aus Harnstoff u. Oxalsäure oder aus Harnstoffoxalat. (**A. P. 2 634 243** vom 22/12. 1949, ausg. 7/4. 1953.) OVERBECK. 7227

Pirelli-Sapsa (Soc. per Azioni), Italien (Erfinder: **Giovanni Battista Pedrocchi**), *Herstellung von porösem Kautschuk.* Man schlägt die Kautschukmilchmischung zu Schaum, füllt in eine Form, deren Innenfläche ganz oder teilweise mit Gewebe ausgelegt ist oder kleine, nach außen geschlossene Löcher enthält, u. vulkanisiert. An dem Gewebe oder in den Löchern bleibt Luft, die sich bei der Vulkanisation ausdehnt u. dabei die an sich dichte Haut auf dem Kautschukmilchschaum porös macht. (**F. P. 1 039 522** vom 10/7. 1951, ausg. 7/10. 1953. It. Prior. 18/6. 1951.) PANKOW. 7231

Joseph Arthur Howard, London, England, und **Joseph Anton Talalay**, New Haven, Conn., V. St. A., *Herstellen von Schaumkautschuk.* Eine mit einer verschäumten Kautschukmilchmischung gefüllte u. in ihrem Mantel mit Zirkulationsröhren (I) versehene Form wird durch letztere zunächst mit einer Kühl-Fl., z. B. Äthylenglykol u. W. oder wasserfreiem Diäthylenglykolmonobutyläther, bis zum Gefrieren des Schaumes gekühlt. Dann wird in den Schaum ein Koagulator, z. B. CO_2, eingeführt, worauf durch die I eine Temperier-Fl. bis zum Auftauen geleitet wird. Dann wird zur Vulkanisation durch die I eine heiße Fl. geleitet. — Apparatur. (**E. P. 692 132** vom 23/8. 1951, ausg. 27/5. 1953. A. Prior. 2/9. 1950.) OVERBECK. 7231

Dunlop Rubber Co. Ltd., London (Erfinder: **Douglas Jackson McKeand**, Liverpool, und **John Leathem Matthew Newnham**, Epsom), England, *Herstellen von Schwammkautschuk.* Durch Einschlagen von Luft hergestellter negativ geladener Kautschukmilchschaum, der eine Seife, ein Gelierungsmittel, bes. Alkali- oder NH_4-Silicofluorid, Vulkanisiermittel u. eine in dem Serum lösl., kation. langkettige Verb. in einer für die Umladung nicht ausreichenden Menge enthält, wird geliert. Vulkanisation wie üblich. (**D. B. P. 904 588** Kl. 39b vom 21/9. 1951, ausg. 22/2. 1954. E. Prior. 27/9. 1950.) OVERBECK. 7231

E. I. du Pont de Nemours & Co., übert. von: **Winston J. Wayne**, Wilmington, Del., V. St. A., *Zellkörper.* Neben $CaCO_3$ wird als zusätzliches Treibmittel für Dispersionen von Natur- u. Kunstkautschuk, Guttapercha, Balata, Polyester oder Polyamiden (namentliche Aufzählung!) in einem Weichmacher oder Mineralöl mit Füllstoffen, Papiergewebe u. dgl. cycl. Äthylencarbonat oder seine Derivv. in Mengen von 0,5—20% (berechnet auf das Polymerisat) verwendet. Verwendung der Massen als Schallisolatoren bzw. Stoßdämpfer. (**A. P. 2 628 945** vom 24/3. 1949, ausg. 17/2. 1953.) SALZMANN. 7231

Vorwerk & Sohn (Erfinder: **Hermann Pfleumer**), Wuppertal-Barmen, *Herstellen von Formkörpern aus Kautschuk* oder Kunststoffen mit geschlossenen, gasgefüllten Zellen unter Anwendung von Hitze u. hochgespanntem Gas. Das Vorprod. wird außerhalb des Druckgefäßes im heißen Zustand ausgedehnt, indem das Öffnen der Form zur plötzlichen Freigabe des heißen Vorprod. allseitig gleichzeitig durch den Innendruck der Formfüllung bewirkt wird. — Abbildungen. (**D. B. P. 905 670** Kl. 39a vom 8/7. 1942, ausg. 4/3. 1954.) SCHLITT. 7231

Dunlop Rubber Co. Ltd., London (Erfinder: **James Douglas Sumner,** Erdington), England, *Herstellung von auswaschbaren Formkernen für Kautschukformartikel* aus zu einer festen M. niedergeschmolzenen wasserlösl. Metallsalzen, bes. mit einem F. von 200—300°, z. B. Na_2CO_3, $NaNO_3$ u. KNO_3, oder KCl, NaCl, wasserfreies $ZnCl_2$ u. $MnCl_2$, oder $MgCl_2$ u. $FeCl_3$, oder $NaNO_3$. (**D. B. P. 883 494** Kl. 39b vom 23/1. 1951, ausg. 16/7. 1953. E. Prior. 25/6. 1947.) OVERBECK. 7231

Theodore A. Te Grotenhuis, Olmsted Falls, O., V. St. A., *Leicht spritzbare formbeständige Kautschukmischung.* Eine Dispersion von vulkanisiertem synthet. Kautschuk wird mit einer Dispersion von unvulkanisiertem natürlichem oder synthet. Kautschuk vermischt u. koaguliert. Das Koagulat wird wie üblich verarbeitet. (**A. P. 2 610 163** vom 17/12. 1948, ausg. 9/9. 1952.) OVERBECK. 7231

Dunlop Rubber Co. Ltd., London (Erfinder: **E. W. Madge, K. G. Burridge,** Sutton, Coldfield, und **H. Harcourt,** Sheldon), England, *Herstellen von künstlichen Velour- oder Samtstoffen.* Fasern werden in eine auf einer Unterlage befindliche Schicht von verschäumter Kautschukmilch (**I**) noppenartig eingebettet u. **I** zu Schaumkautschuk umgewandelt. Die Fasern werden in einem elektrostat. Feld der mit **I** überzogenen Unterlage zugeführt. — Vorrichtung. (**D. B. P. 906 511** Kl. 39a vom 24/10. 1951, ausg. 15/3. 1954. E. Prior. 28/5. 1951.) SCHLITT. 7231

B. F. Goodrich Co., V. St. A., übert. von: **Edwin Morgan Maxey** und **Carroll Peter Krupp,** *Heißverklebbare Kunstkautschukplatten.* Eine Kautschukmischung aus Nitrilkautschuk (z. B. Butadien-Acrylnitrilmischpolymerisat) wird ein- oder beidseitig mit einer Schicht aus einer Mischung aus 10—60 (Gewichtsteile) des Kunstkautschuks u. 90—40 Vinylchlorid- oder Vinylidenchloridpolymeren oder -mischpolymeren belegt. Man erhält nach dem Vulkanisieren so eine unvulkanisierte heiß klebende Außenschicht, deren Klebkraft durch Aufbringen einer dünnen Schicht aus Vinylchlorid- oder Vinylidenchloridmischpolymerisat z. B. aus Vinylidenchlorid–Vinylchlorid–Methylacrylat (7:1:1)-Mischpolymerisat noch erhöht werden kann. Die Außenschicht kann z. B. aus 60 (Gewichtsteilen) Butadien–Acrylnitril (67 : 33)-Mischpolymerisat, 40 hochmol. Polyvinylchlorid, 50 Channelruß u. 1 Antioxydans bestehen. (**F. P. 1 031 111** vom 17/1. 1951, ausg. 19/6. 1953. A. Prior. 19/1. 1950.) PANKOW. 7231

Edward D. Andrews und **Sterling W. Alderfer,** Akron, O., V. St. A., *Poröse, luftdurchlässige Kautschuk-Textilbahnen* werden hergestellt, indem man Kautschukmilchschaum auf einem glatten, sich bewegenden Band unter einem Streichmesser hindurchführt, wobei man gleichzeitig über die Schneide des Streichmessers in Berührung mit dem Schaum ein offenes unelast. Gewebe u. in Berührung mit dem Messer ein elast. Gewirk führt. Das Gewirk kann auch gesondert hinter dem Messer auf das Gewebe aufgelegt werden. Der Schaum durchdringt das Gewebe u. tränkt zum Teil das Gewirk. Das Gebilde wird zur Gelatinierung des Schaums erwärmt, getrocknet u. vulkanisiert. — Abbildungen. (**A. P. 2 648 619** vom 1/5. 1952, ausg. 11/8. 1953.) OVERBECK. 7231

Stop, Seine, Frankreich, *Kautschukfaserstoffmischung* für Reifen, Schläuche, Treibriemen. Man mischt Resorcin u. Hexamethylentetramin in Kautschuk u. bettet die Fäden, Fasern oder das Gewebe in diese Mischung oder friktioniert die Kautschukmischung auf die Fasern usw. auf oder imprägniert letztere mit einer Lsg. aus dieser Mischung u. bringt die so behandelten Fasern usw. in die eigentliche Kautschukmischung. Die Haftfestigkeit zwischen den Textilien u. der Kautschukmischung wird durch diese Zusätze verbessert. (**F. P. 1 021 959** vom 12/7. 1950, ausg. 26/2. 1953.) PANKOW. 7231

Lastex Yarn & Lactron Thread Ltd., London (Erfinder: **Stanley Edwart Lawton** und **Robert Gilbert James,** Erdington), England, *Herstellen eines Bandes aus einer Mehrzahl von trennbaren Kautschukfäden.* Eine wss. Dispersion von natürlichem oder künstlichem Kautschuk wird durch Öffnungen in ein fl. Koaguliermittel ausgespritzt, die so gebildeten Fäden werden unvollständig getrocknet u. teilweise vulkanisiert. Dann werden sie in paralleler Lage in Berührung gebracht u. die Trocknung u. Vulkanisation vollendet, während sie in Berührung miteinander gehalten werden. (**D. B. P 893 577** Kl. 39a vom 29/3. 1951, ausg. 19/10. 1953. E. Prior. 27/9. 1949.) SCHLITT. 7231

Theodore Alcott Te Grotenhuis, Olmsted Falls, O., V. St. A., *Herstellen einer Laufflächenmischung.* Eine Mischung I wird unter Vermeidung des mechan. Abbaus hergestellt aus natürlichem oder synthet. Kautschuk, bes. durch Koagulation einer Kautschuk–Aktivruß-Dispersion zu Koagulatkrümeln. Eine Mischung II wird wie üblich auf der Walze aus Kautschuk u. halbakt. Ofenruß so hergestellt, daß sie weicher als I ist. I wird nach u. nach als disperse Phase in II als kontinuierliche Phase eingemischt, unter Vermeidung der Phasenvereinigung. Verarbeitung wie üblich. (**E. P. 635 213** vom 24/6. 1946, ausg. 5/4. 1950.) OVERBECK. 7231

Soc. An. Manufactures de Caoutchouc Industriel P. Lacollonge S. A., Rhône, Frankreich (Erfinder: **Gabriel Georges Dominique Simonin**), *Herstellung elastischer, bei Verletzung sich schließender Decken* (Reifendecken, Hüllen für Spielbälle). Man stellt sie aus mehreren Lagen von Kautschukmischungen her, von denen abwechselnd eine vulkanisiert u. während des Aufbaues gedehnt, die andere ungedehnt u. unvulkanisiert ist, u. vulkanisiert sie zusammen. (**F. P. 1 022 127** vom 18/7. 1950, ausg. 27/2. 1953.) PANKOW. 7231

Edward D. Andrews und **Sterling W. Alderfer,** Akron, O., V. St. A., *Poröse, luftdurchlässige Kautschuk-Gewebebahnen* werden hergestellt, indem man auf ein glattes, sich bewegendes Band Kautschukmilchschaum aufträgt u. diesen unter einem Streichmesser hindurchführt, wobei gleichzeitig unter der Streichmesserschneide eine Gewebebahn hindurchgeführt wird, die sich dabei mit einem Teil des Kautschukmilchschaumes tränkt. Das Gebilde wird zur Gelatinierung des Schaums erwärmt, getrocknet u. vulkanisiert. — Abbildungen. (**A. P. 2 649 391** vom 15/4. 1950, ausg. 18/8. 1953.) OVERBECK. 7231

Vorwerk & Sohn (Erfinder: **Kurt Koenig, Edgard Baschant** und **Wilhelm Kunst**), Wuppertal, *Kautschuk- oder Kunststoffbelag,* bestehend aus einer Schwamm-, Zellplatte oder dgl., die 1- oder 2-seitig ganz oder teilweise unter Zwischenschaltung einer Haftschicht mit Textilfasern überzogen ist. Diese können durch Aufspritzen, elektrostat. Aufladung usw. aufgebracht u. verschiedenartig in Länge, Lage, Farbe usw. sein. (**D. B. P. 883 341** Kl. 39b vom 9/1. 1951, ausg. 16/7. 1953.) OVERBECK. 7231

Chemische Werke Hüls G. m. b. H., Deutschland, *Herstellung von Fußbodenbelag* mit Styrol–Butadien-Mischpolymerisaten mit überwiegendem Styrolanteil als Bindemittel für die Füllmittel, einem Alterungsschutzmittel u. gegebenenfalls Leinölfirnis, Linoxyn oder Alkydharzen. — Man plastiziert 250 (Teile) Styrol–Butadien (70 : 30)-Mischpolymerisat mit 1% Alterungsschutzmittel u. 40 Dibutylphthalat u. gibt auf der Walze 500 Korkpulver u. 200 Ocker zu. (**F. P. 1 026 694** vom 30/10. 1950, ausg. 30/4. 1953. D. Prior. 21/1. 1950.) PANKOW. 7231

Metallgesellschaft Akt.-Ges. (Erfinder: **Günther Hanke**), Frankfurt/M., *Verbinden von Kautschuk mit Leichtmetallen* mittels halogenierten Kautschuks unter Vorbehandlung der metall. Oberfläche mit auf die Leichtmetalloberfläche oxydierend wirkenden sauren Mitteln, z. B. einem Gemisch aus Chromsäure oder deren Salzen u. starken Mineralsäuren. (**D. R. P. 758 728** Kl. 39b vom 11/1. 1940, ausg. 22/2. 1954.) OVERBECK. 7231

B. F. Goodrich Co., New York, N. Y., übert. von: **Harold A. Hussey,** Belmont, und **Donald D. Wright,** Watertown, Mass., V. St. A., *Verkleben von Metallen und flexiblen Kunstharzen.* Das Metall bekommt einen Überzug aus einem vulkanisierbaren Butadien (I)–Acrylnitril (II)-Copolymeren mit 10—45 (%) II, einem Vinylchlorid (III)-Vinylidenchlorid (IV)-Copolymeren mit 70—95 III, 4—25 Vinylacetat u. 1 Maleinsäure u. wird mit dem Kunstharz, bes. plastiziertem III, mittels eines Gemisches aus vulkanisierbarem I–II-Copolymeren mit 10—45 II u. III–IV-Copolymeren verklebt. — Zeichnung. (**A. P. 2 653 884** vom 9/11. 1950, ausg. 29/9. 1953.) LÜTTGEN. 7231

Continental Gummi-Werke Akt.-Ges. (Erfinder: **Otto Hainbach** und **Bruno Hauschulz**), Hannover, *Verbinden von Kautschuk mit Metallen.* Auf das Metall wird zuerst ein lackartiger Isocyanatfilm aufgebrannt; dann wird eine zweite Isocyanatschicht aufgestrichen, die Kautschukrohmischung aufgebracht u. das ganze wie üblich vulkanisiert. (**D. B. P. 904 823** Kl. 39b vom 17/12. 1950, ausg. 22/2. 1954.) OVERBECK. 7231

General Motors Corp., Detroit, Mich., übert. von: **Gerard Kraus** und **Anthony Conciatori,** Cincinnati, O., V. St. A., *Verbinden von Kautschuk mit Metall* unter Vulkanisation. Auf das Metall (auch Glas, Holz usw.) wird eine Haftschicht aus chloriertem Polymethylpentadien mit einem Cl-Geh. von 32—53, bes. 37—50 (%), aufgebracht. Das Cl kann bis zu 15 durch Br ersetzt sein. Darüber bringt man eine Zwischenschicht aus einer mit z. B. Gasruß verstärkten Kautschukmischung u. darauf die zu bindende Weichkautschukmischung, die unter Druck vulkanisiert wird. (**A. P. 2 606 852** vom 16/11. 1946, ausg. 12/8. 1952.) OVERBECK. 7231

Firestone Tire & Rubber Co., übert. von: **Harry E. Albert,** Akron, O., V. St. A., *Regenerieren von natürlichem oder synthetischem Kautschuk* bei $\geq 150°$ mit einem Bis-(trialkylphenol)-sulfid der Formel I, wobei R_1, R_2 u. R_3 = Alkylgruppen mit 1—9 C-Atomen bedeuten u. so angeordnet sind, daß wenigstens eine o- oder p-Stellung für die S-Bindung frei ist; x = 1—4, bes. 1 oder 2; die Gesamt-C-Atomzahl in R_{1-3} ist ca. 3—20. Bevorzugt sind: die Bis-(3.4.6-trialkylphenol)-sulfide, bes. die Bis-(4.6-dialkyl-m-kresol)-sulfide. (**A. P. 2 605 241** vom 7/6. 1947, ausg. 29/7. 1952. Can. Prior. 22/11. 1946.) OVERBECK. 7233

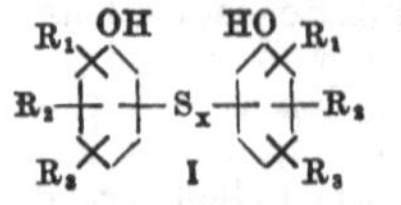

Fernando Mazzoni, Belgien, *Kautschukregeneration.* Die Textilien enthaltenden Altkautschukabfälle werden mit wss. Lsgg. von Mineralsäuren u. Alkali- u./oder Erdalkalisalzlsgg. (auch Meerwasser, Abwässer von Kokereien u. Gasanstalten) erhitzt, bis die Textilien genügend zerstört sind, worauf der Altkautschuk in bekannter Weise regeneriert wird. (**F. P. 1 038 502** vom 18/6. 1951, ausg. 29/9. 1953. Belg. Prior. 10/5. 1951.) PANKOW. 7233

XIV. Zucker. Kohlenhydrate. Stärke.

Je. A. Tonkal und **F. F. Kudarenko,** *Die Wirkung von granuliertem Dünger auf den Ernteertrag und den Zuckergehalt der Zuckerrübe.* Verss. mit granuliertem *Superphosphat* verschied. Korngröße (1—4 mm: **I**; 8—10 mm: **II**) ergaben mit Zuckerrüben folgendes: **I** zeigte auf Waldböden u. auf ausgelaugtem Tschernosem die gleiche Wrkg. wie das gewöhnliche (pulverförmige) Superphosphat (**III**); **II** bewirkte auf ausgelaugtem Tschernosem eine Ertragssteigerung von 16 dz/ha gegenüber **III**. Es wird empfohlen, **III** als Grunddüngung zu Zuckerrüben u. **I** zur Düngung in die Reihen anzuwenden. — Weitere Verss. erstreckten sich auf die mit Stallmist granulierte NPK-Düngung. Diese bewirkte auf podsoliertem Tschernosem u. auf podsoliertem grauem Waldboden im Vgl. zur ungranulierten Volldüngung eine Ertragssteigerung von 13—38 dz/ha bei einer Erhöhung des Zuckergeh. um 0,2—0,5%. (Земледелие [Ackerbau] **1953.** Nr. 4. 43—50. Sept.) M. GORDIENKO. 7406

Oscar S. Mallea und **David Varas,** *Kolloidaler Bentonit in der Weißzuckerindustrie.* Auf Grund prakt. Erfahrungen wird die Anwendung von Suspensionen von argentin. Bentonit (**I**), der unter der Bezeichnung „*Clarigel*" im Handel ist, in Konzz. von 3 bis 6% zur Klärung von Zuckersäften empfohlen. Der S-Verbrauch kann um die Hälfte gesenkt werden. Für 1 t Zuckerrohr benötigt man 150—500 g **I**. (Sugar **49.** Nr. 1. 49—51. Jan. 1954.) ULMANN. 7412

P. Smit, *Die Adsorption von Ionenaustauschern in unreinen Flüssigkeiten.* Vf. führt an einigen Adsorbentien Verss. mit Dünnsaft durch. Verwendet werden u. a. Diatomeenerde, Aktivkohle, Collactivit, das durch Einw. von H_2SO_4 auf Sägespäne hergestellt wird, Kationenaustauscher auf Phenol- u. Polystyrolbasis. Die Kationenaustauscher, die durch Oxydation natürlicher Rohstoffe hergestellt werden, adsorbieren organ. Stoffe meist stärker als Aktivkohle. Die Schwierigkeiten liegen in der Regeneration der mit Verunreinigungen beladenen kationenaustauschenden Adsorbentien. (Z. Zuckerind. **4** (**79**). 61—63. 20/2. 1954.) BLASIUS. 7412

Harry S. Owens, Alan E. Goodban und **J. Benjamin Stark,** *Fraktionierung der in Zuckerrüben enthaltenen organischen Säuren durch Ionenaustauschharze.* Der auf 10% Feststoffgeh. verd. Zuckerrübendiffusionssaft wird auf einer Kationenaustauschersäule *Dowex 50* von den Aminosäuren befreit. Die *Citronen-* (**I**), *Oxal-*(**II**), *Apfel-* (**III**), *Glykol-* (**IV**), *Pyrrolidoncarbon-* (**V**) u. *Milchsäure* (**VI**) werden auf einer Säule mit dem Anionenaustauschharz *S* bzw. A_4 von 60—80 mesh getrennt, die im unteren Teil mit HCl auf p_H 2,2—2,6 u. im oberen Teil mit Ameisensäure auf p_H 2,8 bis 3,2 eingestellt ist. **I** wird als Pentabromaceton, **II** als Ca-Salz durch $KMnO_4$-Oxydation, **III** u. **IV** mittels 2.7-Dioxynaphthalin, **V** durch N_2-Analyse u. **VI** colorimetr. mit p-Oxydiphenyl bestimmt. Ferner wird die Adsorptionskapazität weiterer Harze für die obigen Säuren u. für *Bernsteinsäure, Essigsäure, HCl* u. *Ameisensäure* angegeben. (Analytic. Chem. **25.** 1507—11. Okt. 1953. Albany, Calif., Western Reg. Res. Labor.) BRINKMANN. 7412

Victor R. Deitz, *Laufende Probleme der Raffination mit Knochenkohle.* Allg. Ausführungen. (Sugar **49.** Nr. 1. 44—45. Jan. 1954.) ULMANN. 7414

Salvador B. Oliveros, *Erfahrungen mit Düngemitteln in den Hauptzuckeranbaugebieten der Karibischen See.* Nach Beschreibung der Bodenverhältnisse auf Barbados i Jamaica, Trinidad u. Britisch-Guyana wird über die dort gemachten Erfahrungen be, der Düngung der Böden mit Ammonsulfat, Phosphaten u. Kali berichtet. Der Zuckeranbau in Peru u. in den Landstrichen der USA, die um die Karibische See liegen, wird kurz erwähnt. (Sugar News **29.** 626—29. Dez. 1953.) W. LORENZ. 7440

Éva Magyar-Pichler, *Anwendung der Rundfilterpapierchromatographie bei der Analyse der Melasse.* Zur schnellen Betriebskontrolle wurde die RUTTERsche Meth. erfolgreich angewendet. Mit W. gesätt., frisch dest. Phenol diente als Lösungsmittel. Entwickelt wurden Glutaminsäure, Asparaginsäure u. Asparagin mit 0,1% alkoh. Ninhydrinlsg., Betain mit alkoh. Jodlösung. Bei der Melasseanalyse erschienen mit Ninhydrin entwickelt noch zwei Ringe. Einer konnte als Pyrrolidoncarbonsäure identifiziert werden, der zweite ist noch nicht erforscht. Bei Raumtemp. ist die Anlaufzeit 1—1,5 Std., diese kann bei 60° auf 25 Min. verkürzt werden. (Magyar Kémiai Folyóirat [Ung. Z. Chem.] **58.** 168—70. Juni 1952. Budapest, Forsch.-Inst. der Zuckerindustrie.) PLANK. 7476

D. Gross und N. Albon, *Chromatographische Trennung größerer Mengen von Rübenzucker–Raffinose-Gemischen auf Cellulosepulver für die Bestimmung von Raffinose in Rohzucker.* In mehreren, reproduzierbare u. übereinstimmende Ergebnisse bringenden Verss. zeigen Vff., daß durch Chromatographieren von Rohzuckerlsgg. auf Säulen mit Cellulosepulver die *Raffinose* (I) glatt u. sauber abgetrennt werden kann. Mit Säulen von 30 cm Höhe u. 7,5 cm Durchmesser konnten bis zu 20 g Zucker prakt. ohne Überlappen der Zonen getrennt werden. Es wurde folgende Arbeitsweise angewandt: 15 g eines Gemisches von 15 g *Rohrzucker* (II) u. 0,1 g I wurden in 300 ml eines Gemisches Isopropanol–n-Butanol–W. (7 : 1 : 2) gelöst auf die Säule gebracht, mit dem gleichen Gemisch entwickelt u. mit einer Fließgeschwindigkeit von 60 ml/Std. eluiert. I wurde nahezu quantitativ wiedergefunden. In einem Vers. mit 20 g Rübenrohzucker in 400 ml des genannten Lösungsmittelgemisches erschien II bei 30 Fraktionen in den Fraktionen 4—12 mit einem Maximum in der 6., I in den Fraktionen 13 bis 23 (Maximum in der 17.) u. *Stachyose* in der 25.—29. mit einem Maximum in der 28. Wichtig ist für gute Trenneffekte sauberes Packen der Säule, eingestellter Wassergeh. des Entwicklergemisches, vorheriges Entfernen größerer Verunreinigungen, speziell anorgan. Salze. Die einzelnen Trennzonen wurden durch direkte Polarisation, doppelte Polarisation (2 Enzym-Meth.) u. papierchromatograph. auf Reinheit u. Konz. geprüft. Die erzielbare Genauigkeit der Trennung genügt, um auf diese Weise *Raffinose*-Bestimmungen in Rohzuckerlsgg. auszuführen. (Analyst **78.** 191—200. April 1953. Keston Ravensbourne, Kent, Tate & Lyle Lim., Res. Labor.) ENDRASS. 7488

Maschinenfabrik Buckau R. Wolf Akt.-Ges., Grevenbroich (Erfinder: **Max Stuntz,** Magdeburg), *Verkochen dicker Flüssigkeiten,* gek. durch die Verkochung (I) in drei Abschnitten, wobei die I im ersten Abschnitt (II) durch Rücknahme der Brüden (III) erfolgt, die I im zweiten II durch Abdampf (IV) unter Angabe verdichteter III für Heizzwecke vorgenommen wird u. im dritten II durch IV verkocht wird, wobei der unverdichtete III in bekannter Weise zur Voreindickung von Klären bzw. *Dicksaft* dient. (**D. B. P. 882 537** Kl. 12a vom 9/4. 1944, ausg. 9/7. 1953. **Zusatz zu D. B. P. 851 049; C. 1953. 3965.**) HEINSEN. 7415

XV. Gärungsindustrie.

Harold A. Golle, *Die Züchtung von Mikroorganismen. Theoretische Betrachtungen über ein kontinuierliches Kultursystem.* Mathemat. Begründungen zu kontinuierlichen Züchtungsverff. für Mikroorganismen, die eine Beurteilung der erzielten Ergebnisse u. Voraussagen über die Verfahrensbedingungen gestatten. Drei Gesichtspunkte werden berücksichtigt: das Wachstum der gewünschten Organismen, das Auftreten von Mutationen u. das Auftreten von unerwünschten Fremdorganismen. (J. agric. Food Chem. **1.** 789—93. 2/9. 1953. Camp Detrick, Frederick, Md., Chem. Corps Biol. Labor.) FRESENIUS. 7500

Marcel Sainclivier, *Wissenschaftliche Aspekte der Verwendung der überschüssigen Zuckerrohstoffe.* Übersicht über den gegenwärtigen Stand der A.- u. Futterhefegewinnung in Frankreich. — 90 Literaturangaben. (Ind. agric. aliment. **70.** 995—1019. Dez. 1953. Rennes, Univ., Écoles Nat. d'Agricult.) KRUSEN. 7500

Eric G. Snyder, *Neue Enzyme eröffnen neue Möglichkeiten.* Die Verwendung von Katalase zur Entzuckerung von Eiweiß, Eigelb u. Vollei u. die techn. Bedeutung des Verf. werden besprochen. Glucoseoxydase dient zur Entfernung von Sauerstoff aus Bier, Fruchtsäften u. anderen Getränken. Ihre Herst. wird erläutert u. die Möglichkeiten anderweitiger Verwendung von Enzymen in der Lebensmittelindustrie werden dargelegt. (Food Engng. **25.** Nr. 6. 89—90. 92. Juni 1953. Clifton, N. J., Takamine Labor., Inc.) FRESENIUS. 7508

W. C. Serjak, W. H. Day, J. M. van Lanen und **C. S. Boruff,** *Acroleinbildung durch in Getreidebrennereimaischen gefundene Bakterien.* Aus vergorenen Getreidemaischen konnten Vff. 265 ausschließlich zur Spezies der Lactobacillen gehörende Bakterienarten isolieren, die sich hinsichtlich ihrer Stoffwechseleigg. in 8 Gruppen einteilen ließen. Insgesamt 67 Arten zeigten die Fähigkeit, *Acrolein* (I) zu bilden, davon 55 allein aus einer Gruppe von 57 Arten, die sich durch ihre Unfähigkeit, Fructose zu verwerten, kennzeichneten. Die I-bildenden Organismen werden hauptsächlich mit dem Gerstenmalz eingetragen. Trotz des häufigen Vork. derartiger Bakterien kommt es nur selten zur Entw. eines „pfefferigen" Geschmackes der Branntweine durch Bldg. von I in den Maischen, da die I-Bldg. nur unter bestimmten, selten eintretenden Umständen erfolgt, wenn z. B. die verfügbaren garfähigen Zucker vorzeitig verbraucht sind, so daß aus dem vorhandenen Glycerin die I-Bldg. ermöglicht wird. (Appl. Microbiol. **2.** 14—20. Jan. 1954. Peoria, Ill., H. Walker & Sons, Inc.) KRUSEN. 7536

Doris E. Mills, W. D. Baugh und **H. A. Conner,** *Untersuchungen über die Bildung von Acrolein in Brennereimaischen.* Aus einer 72 Std. gegorenen Roggenmaische, die ein *Acrolein* (I) enthaltendes Destillat lieferte (sogenannter „pfefferiger" Whisky), isolierten Vff. ein bisher nicht identifiziertes, in langen Ketten wachsendes Bacterium, dessen Eig., I zu bilden, im Modellvers. nachgewiesen wurde. Der Organismus, der aus dem zu Gärgefäßen verarbeiteten Cypressenholz stammt, bildet bes. dann merkbare I-Mengen, wenn er nur in geringer Anzahl in die Maische gelangt; demzufolge ist seine Bekämpfung mit baktericiden Substanzen schwierig. Sie gelingt zufriedenstellend nur mit quaternären NH_4-Verbindungen. Die I-Bldg., die erst in den späteren Gärstadien auftritt, verläuft optimal bei p_H 4,6, unter 4,0 u. über 7,0 wird sie gehemmt. Anwesenheit von mehr als 0,6% reduzierendem Zucker hemmt ebenfalls die I-Bildung. In künstlichen Nährböden, in denen auch Glycerin von dem Bacterium utilisiert wird, werden die höchsten I-Werte in ruhenden anaeroben Kulturen erreicht. Unter aeroben Bedingungen geht die I-Bldg. auf 10% zurück, in Schüttelkultur wird sie in jedem Fall verhindert. (Appl. Microbiol. **2.** 9—13. Jan. 1954. Cincinnati, O., Nat. Distillers Prod. Corp.) KRUSEN. 7536

P. Françot, *Die grundlegenden Eigenschaften des Schwefligsäureanhydrids in der Önologie.* Wiedergabe u. Erläuterung einer vom Vf. entworfenen u. vom INSTITUT TECHNIQUE DU VIN herausgegebenen, zur Verbreitung in den französ. Weinbaugebieten bestimmten Tafel, auf der die vorteilhaften u. nachteiligen biol., physikal. u. chem. Wirkungen von SO_2 auf die verschied. Bestandteile u. Eigg. des Weines dargestellt sind. (Progr. agric. viticole **141** (**71**). 11—14. 3-10/1. 1954. Epernay, Stat. de Rech. Viticole et Enolog. de Champagne.) KIELHÖFER. 7554

H. Y. Yang, *Fruchtwein. Voraussetzungen für eine erfolgreiche Gärung.* Es werden einige Hinweise für die Gewinnung guter Fruchtweine (aus verschied. Obstsorten) gegeben: Die Esterbldg. im Apfelwein verläuft am günstigsten bei einer Gärtemp. von 20°. Angaben über den N-Gehalt. (J. agric. Food Chem. **1.** 331—33. 13/5. 1953. Corvallis, Ore., Oregon State Coll., Food Technol. Dep.) KIELHÖFER. 7556

P. Jacquin und **J. Tavernier,** *Verwendung von Isopropylacetat als Lösungsmittel bei der Bestimmung des Glycerins mittels Perjodsäureoxydation.* Vff. empfehlen, bei der Glycerin (I)-Best. in Apfelweinen u. Birnenmosten (vgl. C. **1952.** 7907) als Extraktionsmittel für I Isopropylacetat an Stelle von Ae. zu verwenden. (Ind. agric. aliment. **69.** 497—99. Juni 1952. Rennes, Stat. de Rech. Pomolog. et Citricoles.) WINIKER. 7608

National Distillers Products Corp., New York, N. Y., übert. von: **Kenneth H. Warren,** Glen Burnie, Md., V. St. A., *Abtrennung der flüchtigen von den nichtflüchtigen Bestandteilen wässeriger Melasseschlempe.* Eine M. von prakt. trockenen, festen Teilen nichtflüchtiger Melassebestandteile wird auf einer Temp. (150—250°) gehalten, die zur Verdampfung der flüchtigen Bestandteile der wss. Schlempe ausreicht, u. der M. unter Rühren fortlaufend eine solche Menge wss. Schlempe zugeführt, daß ihr körniger Zustand nicht wesentlich verändert wird, wobei die flüchtigen Teile der zugeführten Schlempe verdampfen u. abgetrennt werden. Es kann Schlempe aus der Äthylalkohol-, Glycerin- oder Milchsäuregewinnung verarbeitet werden. — Einrichtung. (**A. P. 2 626 237** vom 28/10. 1949, ausg. 20/1. 1953.) KETTNER. 7511

Olof Arvid Skantze, Falkenberg, Schweden, *Malzbereitung,* bei der das eingeweichte Getreide in einem ununterbrochenen Strome zuerst einem Keimverf. u. sodann einem Trocknungsverf. unterworfen wird, dad. gek., daß ein vorangehendes Einweichverf. in der Weise erfolgt, daß man trockenes Getreide in ununterbrochenem Strom durch eine Wasserfüllung, die laufend durch Frischwasserzufuhr zu der Getreideströmung erneuert wird, schickt, u. zwar für eine Zeit, die zu einer für die

Keimung erforderlichen Wasseraufnahme des Getreides ausreicht, wobei die Getreidekörner im wesentlichen im W. schwimmend gehalten, sodann abgetrennt u. unmittelbar dem Strom der Keimung u. Trocknung zugeführt werden. — Vorrichtung. (**D.B.P. 889282** Kl. 6a vom 30/12. 1951, ausg. 10/9. 1953. Schwed. Prior. 14/2. 1947.) KETTNER. 7541

Protex G. m. b. H. Müller & Co. (Erfinder: **Richard Müller**), Garmisch-Partenkirchen, *Vorbereitung von Aluminiumsilicaten für die Behandlung von Bier und Würze*, dad. gek., daß nicht quellfähiges Al-Silicat vom Typus des Montmorillonits, z. B. Ca-Bentonit, in Stückenform zunächst mit HCl von As ganz oder teilweise befreit wird u. anschließend durch Behandlung mit Lsgg. von Alkalisalzen unter ständiger Erneuerung der Fl. die austauschfähig gebundenen mehrwertigen Kationen gegen einwertige ausgetauscht werden. (**D. B. P. 889 284** Kl. 6d vom 24/9. 1950, ausg. 10/9. 1953.) KETTNER. 7551

Otto Bienz, Koblenz, und **Wilhelm Eberhard Schultheis**, Weißenthurm, *Herstellung von Bier*. Dem Hopfen werden durch Behandlung mit einer wss. Fl. unter gleichzeitiger Ultrabeschallung die Bitterstoffe entzogen u. diese zur Bierbereitung verwendet. (**Schwz. P. 288 713** vom 12/3. 1951, ausg. 1/6. 1953. D. Priorr. 27/9., 30/10. u. 20/11. 1950.) KETTNER. 7551

Overly Biochemical Research Foundation, Inc., übert. von: **James S. Wallerstein**, New York, **Mary Hale**, Brooklyn, **Ralph T. Alba**, Springfield Gardens, und **Hilton B. Levy**, Levittown, N. Y., V. St. A., *Farbaufhellung von gegorenen Malzgetränken* (*Bier*). Zur Verminderung der Farbintensität wird der aus Malz bereiteten Würze eine geringe Menge Dioxyphenylalanindecarboxylase zugesetzt, die aus Kaninchennieren oder aus Kulturen von Streptococcus faecalis durch Acetonbehandlung gewonnen werden kann. — Beispiele. (**A. P. 2 624 675** vom 1/6. 1951, ausg. 6/1. 1953.) KETTNER. 7551

Gottfried Jakob, Ausbeute und Schwand. 2. neubearb. Aufl. Nürnberg: Carl. 1953. (VIII + 216 S. m. 23 Abb. u. 19 Tab.) = Angewandte Brauwissenschaft. Bd. 7. DM 14,50.

XVI. Nahrungs-, Genuß- und Futtermittel.

Manceron, *Die Sterilisierung mit Elektronen, ihre Anwendung zur Konservierung von Lebensmitteln*. Allg. Ausführungen. (Ind. agric. aliment. **70.** 783—84. Nov. 1953.) WINIKER. 7634

B. M. Lal, Rajagopalan und **K. V. Giri**, *Die Verwendung von Ölsaaten für die menschliche Ernährung*. Bericht über in Indien mit Nahrungsmitteln auf Basis Erdnüsse u. Sojabohnen gemachte Erfahrungen. (Oléagineux **7.** 637—39. Nov. 1952. Bangalore, Indian Inst. of Sci., Dep. of Biochem.) WINIKER. 7684

L. J. Pircon, Peter Loquercio und **D. M. Doty**, *Hochfrequenzerhitzung — ein Arbeitsgang bei der Fleischbearbeitung*. Beschreibung des Verf. u. der Apparatur. (J. agric. Food Chem. **1.** 844—47. 16/9. 1953. Chicago, Ill., Univ., American Meat Inst. Found. and Dep. of Biochem.) FRESENIUS. 7750

W. Hjarde, F. Bjørn Jensen, H. Lieck, O. Porotnikoff und **E. Uhl**, *Der Nährwert von einigen grönländischen Lebensmitteln*. Die untersuchten Vögel hatten sowohl im Fleisch als auch in den inneren Organen einen sehr hohen Geh. an den *Vitaminen A* (**I**) u. *B*. Die an 3 verschied. Stellen erlegten Eiderenten zeigten große Schwankungen ihres Nährwertes. *Mattaq*, die Epidermis der kleinen Wale, ist sehr reich an *Ascorbinsäure*, enthält beträchtliche Mengen an **I** u. *Thiamin* neben *Riboflavin* u. *Niacin*. (Nordisk Med. **48.** 1231—35. 5/9. 1952.) FÖRSTER. 7750

H. Hoeflake, *Eine Untersuchung über die Riboflavin-, Nicotinsäure-, Pantothensäure- und Biotingehalte in holländischer Marktmilch, bestimmt mit mikrobiologischen Methoden*. In 1 Jahr lang durchgeführten Unterss. wurde festgestellt, daß der *Riboflavin* (**I**)-Geh. der Milch jahreszeitlich schwankt. Durch Fütterung bedingt, sind im Sommer doppelt so hohe **I**-Werte als im Winter zu verzeichnen; Extremwerte waren 233 γ/100 ml Ende Juli u. 114 Anfang Januar. Die anderen 3 Wirkstoffe zeigten trotz deutlicher Schwankungen keine ausgeprägte jahreszeitliche Abhängigkeit. Es wurden im Jahresmittel gefunden: 82 γ/100 ml *Nicotinsäure* (**II**), 2,9 *Pantothensäure* u. 20,4 *Biotin*. Durch Pasteurisierung oder Sterilisation traten keine Verluste an den genannten Vitaminen ein. In der Buttermilch wurden niedrigere Werte, bes. hinsichtlich **II**, als in der Ausgangsmilch gefunden. (Nederl. Melk- en Zuiveltijdschr. **7.** 227—39. Okt./Dez. 1953. Dordrecht, Inspectorate of Law on Commodities.) KRUSEN. 7756

George G. Kelley und **Karl Dittmer**, *Die Wirkung von Menadion auf das Sauerwerden von Milch*. Die Milch von Kühen, welche täglich 25 mg *Menadion* (**I**; *2-Methyl-*

1.4-naphthochinon; Vorstufe des Vitamins K) mit dem Futter in Gelatinekapseln erhalten hatten, wurde bei Incubation bei 37° 6—8 Std. später sauer als solche von unbehandelten Kontrollen. Niedrigere Dosen waren weniger wirksam, sehr hohe (100—200 mg) hatten keinen Effekt. Die Ergebnisse wurden durch in vitro-Verss. bestätigt. Auch die pasteurisierte Milch I-behandelter Kühe zeigte bei Incubation bei 37° verzögertes Sauerwerden, ebenso wurde das Sauerwerden der Milch von behandelten Kühen bei Lagerung bei 10 oder 5° um 10—19 Tage gegenüber Kontrollen verzögert. (Milk Dealer **43.** Nr. 4. 105—11. Jan. 1954. Tallahassee, Fla., Florida State Univ., Dep. of Chem.) KRUSEN. 7756

Robert G. Morey, *Beimpfte und mit Fermenten versetzte Milch.* Allg. Ausführungen über Herst. u. therapeut. Bedeutung von mit Lactobacillus acidophilus beimpfter Milch, mit Enzymen versetzter Milch (*BAC–T*) u. Buttermilch. (Milk Dealer **43.** Nr. 4. 65. 74—77. Jan. 1954. Chicago, Ill., Brook Hill Farms, Inc.) KRUSEN. 7756

W. B. Combs, *Herstellung von gefrorener Eismilch.* Vf. beschreibt die Herst. von gefrorener Eismilch (3—8% Fett, 14—18% Zucker), welche die Qualität von Eiskrem jedoch nicht erreicht. (Ice Cream Rev. **36.** Nr. 4. 111—13. Nov. 1952. St. Paul, Minn., Univ. of Minnesota, Dairy Div.) KRUSEN. 7756

Earl Weed, *Geschmacksstoffe und ihre Verwendung in Eiskrem.* Allg. Bemerkungen zur Auswahl guter natürlicher u. synthet. Geschmacksstoffe für Eiskrem. (Proc. annu. State Coll. Washington Inst. Dairying **1951.** 21—27. 12-16/3. Jackson, Mich., Foote & Jenks, Inc.) KRUSEN. 7756

Thor Homb, *Chemische Zusammensetzung und Verdaulichkeit von Weidegewächsen.* Die Verss. wurden an einer Mischweide, in der Hauptsache Timotheegras (I) u. Rotklee (II), durchgeführt. Für die chem. Unters. wurden I u. II getrennt untersucht, für die Verdaulichkeitsverss. diente das Gemisch, wie es beim Schneiden anfällt. Die Analysen ergaben bei den einzelnen Schnitten kaum einen Unterschied bzgl. N-freier Extraktstoffe u. Zucker, auffallend niedrig war im zweiten Schnitt der Geh. an Rohfaser. Hoher Proteingeh. läuft parallel mit geringerem Zuckergehalt. Je höher der Anteil an Rohfaser, desto geringer die Verdaulichkeit. Der blattreiche dritte Schnitt zeigt ungefähr die gleiche Verdaulichkeit wie der zweite. — 24 Literaturzitate. (Acta Agric. scand. **3.** 1—32. 1953. Vollebekk, Royal Coll. of Norway, Div. of Animal Nutrit.) GRIMME. 7782

Francis L. Smith und **Loren L. Davis,** *Silage, Silagemittel und Silos.* Es wird darüber berichtet, wie eine Silage, die gegenüber Heu große Vorteile bringt, zubereitet wird u. welche Futtermittel oder auf den Farmen anfallende Erntenebenprodd. zur Silage Verwendung finden können. Die Wichtigkeit einer guten Silage als zusätzliche Futtermittel wird betont. Beschreibung verschied. Siloanlagen. (Calif. agric. Exp. Stat., Extens. Serv., Circ. **1952.** Nr. 411. 4—27.) W. LORENZ. 7782

P. I. Wiktorow, *Die Verwertung unreifer Erdnüsse als Schweinefutter.* Unreife Erdnüsse eignen sich geschrotet infolge ihres hohen Nährwertes u. ihrer guten Verdaulichkeit (133 g verdauliches Eiweiß/kg) als billiges Beifutter für Schweine. (Животноводство [Tierzucht] **1953.** Nr. 6. 126. Nov.) SCHMELZ. 7786

Trognitz, *Keimsubstanzbestimmung in Mehlen und Schroten.* Überblick über die wichtigsten bisher vorgeschlagenen Methoden. (Lebensmittel-Ind., Ausg. A **4.** 158—59. Juni 1952.) ULMANN. 7798

B. Thomas und **E. Anders,** *Die Standard-Aschebestimmung für alle Mehltypen.* Eingehende Beschreibung der Aschebest. von Mehlen im Muffelofen bei 920° (1 bis 2 Std.) unter Berücksichtigung aller Fehlermöglichkeiten. (Lebensmittel-Ind., Ausg. A **4.** 150—52. Juni 1952. Potsdam-Rehbrücke, Inst. für Ernährungsforsch.) ULMANN. 7798

J. R. Cunningham, I. Hlynka und **J. A. Anderson,** *Anwendung eines verbesserten Relaxometers für visco-elastische Substanzen zur Untersuchung von Weizenteig.* Beschreibung von Aufbau u. Handhabung eines App. zur objektiven Messung der Relaxation von Weizenteigen u. Mitt. von damit erzielten Ergebnissen. (Canad. J. Technol. **31.** 98—108. April/Mai 1953. Winnipeg, Manitoba, Can., Grain Res. Labor.) KRUSEN. 7800

Henry H. Schenker und **William Rieman III,** *Bestimmung von Äpfel-, Wein- und Citronensäure in Früchten durch Ionenaustauschchromatographie.* Der filtrierte Saft von Früchten wird mit H_3BO_3 auf eine 0,3mol. Lsg. eingestellt. Auf einer *Dowex 1*-Säule (100—200 mesh, als Nitrat vorliegend) wird nach Durchwaschen mit Eluant A eine 5 cm³-Probe, nicht mehr als je 24 mg *Äpfel-* (I), *Wein-* (II) u. *Citronensäure* (III) enthaltend, aufgebracht, dann mit Eluant A u. anschließend mit Eluant B bei 30 ± 0,1° chromatographiert. Die eluierten Säuren erscheinen in der Reihenfolge I, II u. III. Sie werden jede für sich durch Oxydation mit $KMnO_4$ unter H_2SO_4-Zusatz bei 30° bestimmt. Die Oxydationszeiten betragen für I 90 Min., II 105 Min. u. III 60 Minuten. *Oxalsäure*, die in geringen Mengen bei II miteluiert wird, kann von dieser durch ihre schnellere Oxydation unterschieden werden. Eluant A besteht aus einer Lsg. von 0,08 mol. $NaNO_3$, 0,0013 mol. Na-Tetraborat u. 0,30 mol. H_3BO_3. Eluant B besteht aus einer Lsg. von 0,16 mol. $NaNO_3$, 0,0013 mol. Na-Tetraborat u. 0,30 mol. H_3BO_3. A u. B werden mit NaOH auf p_H 6,15 eingestellt. (Analytic. Chem. **25**. 1637 bis 1639. Nov. 1953. New Brunswick, N. J., Rutgers Univ., School of Chem.) E. BRINCKMANN. 7808

H. L. Janovsky und **A. S. Filandro**, *Feststellung von Äthylvanillin in Vanilleextrakt.* Die Probe wird nach der üblichen Meth. der ASSOC. OFFIC. AGR. CHEMISTS mit Ae. extrahiert. Von dem über H_2SO_4 getrockneten Vanillin (I)–Äthyl-I-Rückstand wird eine 1%ig. alkoh. Lsg. hergestellt. 2 ml werden versetzt mit 0,5 ml 1nNaOH u. 0,25 ml einer frisch bereiteten u. farblosen 1%ig. alkoh. Lsg. von p-Aminophenol. Bei Ggw. von reinem Äthyl-I erhält man eine dunkelpurpurne Färbung. Reines I ergibt nur einen blaßgelben bis olivenfarbenen Farbton. Ein Gemisch gleicher Teile I u. Äthyl-I ergibt eine in der Mitte liegende Farbe. Cumarin u. Heliotropin geben die gleiche Rk., werden aber durch das Extraktionsverf. ausgeschaltet. (J. agric. Food Chem. **1**. 783. 2/9. 1953. Brooklyn, N. Y., Virginia Dare Extract Co.) FRESENIUS. 7826

Lela V. Barton und **A. Goenaga**, *Ein elektrischer Feuchtigkeitsmesser zur Feuchtigkeitsbestimmung in Kaffeebohnen.* Das Gerät „Universal Electric Moisture Tester" läßt sich zur Best. des Wassergeh. von Rohkaffee verwenden, wenn der Wassergeh. zwischen 10 u. 23% des Trockengewichts beträgt. (Contr. Boyce Thompson Inst. **16**. 461—68. Juli/Sept. 1952. Evanston, Ill., Burrows Equipment Co., u. Upper Sandusky, O., Sheldrick Mfg. Co.) GRIMME. 7828

W. G. Frankenburg, A. M. Gottscho, Suzanne Kissinger, Doris Bender und **Margaret Ehrlich**, *Analytische Untersuchungen an geernteten Tabakblättern.* Da die bekannten Methoden zur analyt. Best. der *N*-haltigen Verbb. des Tabaks nicht alle vorhandenen N-Verbb. erfassen, wurde ein umfassendes Analysenschema entwickelt, das die bekannten Komponenten in Tabaksblättern zu bestimmen u. die unbekannten zu klassifizieren erlaubt. Es besteht in einer stufenweisen Abtrennung bestimmter N-haltiger Fraktionen aus einem wss. Extrakt der Proben u. der Best. der N-Verbb. derselben. Die Meth. ist für die Unters. der in verschied. Tabaktypen während der einzelnen Verarbeitungsstufen vorhandenen N-Verbb. geeignet u. ermöglicht, die hierbei eintretenden Veränderungen zu verfolgen. Sie eignet sich ferner zur Best. von N-Verbb. in anderem Pflanzenmaterial. Übersicht: Fraktionierung der wasserlösl. N-haltigen Blattkomponenten; Extraktion u. Filtration, wasserunlösl. Feststoffe, wss. Extrakt, Wasserdest., MgO-Destillat, Filtrat des Destillationsrückstandes, Siliciumwolframsäurefällungen u. -filtrat, MgO-DEVARDA-Legierung-Dest., Destillationsrückstand; bekannte N-Blattbestandteile (Nicotin-N), sek. Alkaloid-N, Oxynicotin-N, NH_3-N, NO_3^--N), nichtidentifizierte Verbb.; Best. von Gesamt-N, NH_3, Nitrat u. Nicotinsäure durch spezielle KJELDAHL-Meth. bzw. eine modifizierte NESSLER-Meth. bzw. eine abgewandelte DEVARDA-Red. bzw. selektive Extraktion u. spektrophotometr. Bestimmung. — 79 Literaturangaben. (Analytic. Chem. **25**. 1784—98. Dez. 1953. Lancaster, Pa., General Cigar Co., Inc., Res. Labor.) K. MAIER. 7836

J. Liska und **H. E. Calbert**, *Eine Untersuchung über den Einfluß der Rührzeit auf den Babcock-Test bei Milchproben aus Sammelbehältern.* Mechan. Umrühren der in Sammelbehältern enthaltenen Milch für 60 Sek. reicht aus, um eine gleichmäßige Probenahme für den Milchfett-Test zu gewährleisten. (J. Milk Food Technol. **17**. 14—17. Jan. 1954. Madison, Wis., Univ. of Wisconsin, Dep. of Dairy and Food Ind.) KRUSEN. 7856

P. Ducouret, *Rahmanalyse.* Vf. berichtet über mit der Meth. von CAMUS, BURDIN u. LE GUENN, die darauf beruht, daß der Fettgeh. eines Rahms auf Grund einer Trockengehaltsbest. errechnet wird, gemachte prakt. Erfahrungen. Ausführliche Beschreibung der Meth. u. Abb. eines Nomogramms für die Fettgehaltsbestimmung. (Ind. laitière [N. S.] **1952**. 133—35. Juni.) WINIKER. 7856

M. Schilowitsch und **O. Kornilowa**, *Untersuchung von Sauerrahm und Quark auf die Pasteurisierung des Ausgangsrohstoffes.* Man prüft mit KJ-Stärke oder mit Benzidin auf *Peroxydase* u. mit Na-Phenolphthaleinphosphat auf *Phosphatase*. Tritt mit KJ oder Benzidin eine sofortige Blau- bzw. Grünblaufärbung auf, so war die Sahne für den Sauerrahm bzw. die Milch nicht pasteurisiert. Unpasteurisierte Sahne oder Milch verursacht bei der Phosphataseprobe nach 10—30 Min. eine Rosafärbung. Wurden sie bei 63° (30 Min.), 75° (10 Min.) oder 80—85° (Momentanerhitzung) pasteurisiert, so zeigen Sauerrahm u. Quark keine Färbung. (Молочная Промышленность [Milch-Ind.] **14.** Nr. 9. 34—35. Sept. 1953. Allunions Wiss. Forschungsinst. für Milch-Ind.) SCHMEISS. 7856

C. E. Lawrence, *Ein Schnelltest zum Nachweis von Fremdfetten in Eisdessert.* In einer BABCOCK-Testflasche werden 9 g der bei 100—110° F geschmolzenen Probe mit 15 ml Minnesota-Reagens geschüttelt, 15 Min. auf ein sd. Wasserbad verbracht u. 2 Min. zentrifugiert. 140° F warmes W. wird in die Flasche gegeben, bis die Fettschicht sich in dem kalibrierten Teil befindet, erneut 2 Min. zentrifugiert, 3—5 Min. in ein Wasserbad von 140° F verbracht u. nach Feststellung des Fettgeh. die Fettschicht im Licht einer Fluorescenzlampe (Wellenlänge 2540 Å) geprüft. Wenn die Fluorescenz von der einer gleich behandelten, nur Butterfett enthaltenden Probe abweicht, ist der Nachw. von Fremdfett gegeben. (Ice Cream Rev. **36.** Nr. 4. 52—55. Nov. 1952. Cincinnati, O., G. P. Gundlach & Co.) KRUSEN. 7856

Guido Tappi und **Emilia Menziani,** *Über das Erkennen hydrierten Delphinöls in Butter.* Die üblichen Verff. zur Aufdeckung von Butterverfälschungen gewährleisten keinen einwandfreien Nachw. der *Isovaleriansäure* (I), des Hauptbestandteils *hydrierten Delphinöls* (ca. 90%). Eine gute Trennung von den anderen wasserlösl. niederen Fettsäuren erreichten Vff. durch Verteilungschromatographie des Fettsäuredestillats zur Best. der REICHERT-MEISSL-WOLLNY-Zahl auf einer Säule mit phosphatgepuffertem (p_H 12) Kieselsäuregel. Wie die in mehreren Versuchsreihen mit reiner Butter u. Gemischen mit *hydriertem Delphinöl* im Verhältnis 1 : 3, 1 : 1, 3 : 1 u. 7 : 1, sowie I-Gemischen mit Buttersäure (II) u. Capronsäure (III) im Verhältnis 2 : 1, 1 : 2 u. 1 : 4 erhaltenen Diagramme Säurekonz./Fraktions-Nr. zeigen, wird I mit Chlf. + 10% n-Butanol (CB_{10}), II mit Chlf. + 30% n-Butanol (CB_{30}), nicht aber Essigsäure u. Propionsäure, III u. höhere Homologe mit Chlf. + 1% n-Butanol (CB_1) getrennt eluiert. Herst. des Kieselsäuregels, der (K_2HPO_4 + K_3PO_4)-Pufferlsgg. u. der gepufferten Eluentien, sowie die Zurichtung der 20 cm langen u. 2 cm breiten Säule werden beschrieben. Zur Identifizierung wurde I in sein *Anilid* übergeführt u. dessen F. bestimmt.

V e r s u c h e : Die I-haltigen, mit KOH titrierten Fraktionen wurden im Vakuum vom Lösungsm. befreit, der Rückstand (K-Salz) wurde mit $KHSO_4$ verrieben, 2mal mit trockenem Bzl. extrahiert, der Extrakt konz. u. mit 2 ml einer 10%ig. *Anilin*-Lsg. in Bzl. versetzt. Nach 1 Std. wird einige Min. zum Sieden erhitzt, nach dem Erkalten mit Eiswasser versetzt, mit wenig Ae. extrahiert, mit HCl-angesäuertem W., dann mit kalt gesätt. $NaHCO_3$-Lsg., zuletzt mit W. gewaschen, über Na_2SO_4 getrocknet, der Ae. an der Luft verdampft, der Rückstand mit PAe. filtriert. Farblose Nadeln, F. 110—111°. F.-Depression bei Gemischen mit II oder III ca. 20°. (Ann. Chimica **42.** 446—62. Juli/Aug./Sept. 1952. Modena, Univ., Ist. di Chim. farmac. e tossicol.) ENDRASS. 7858

Nils Hellström, *Die Gesamtzusammensetzung von Heu.* 1. Mitt. Heu wird stufenweise extrahiert. Zuerst werden die Fettstoffe mit Bzl. (I) u. einem I–A.-Gemisch entfernt, dann folgen Extraktionen mit wss. A. (II), II + 0,1 n HCl, W., 0,1 n HCl. Anschließend werden die Eiweißstoffe mit Pepsin–0,1 n HCl ausgezogen. Danach folgt Extraktion mit 0,25%ig. Na_2CO_3-Lsg. (III) u. mit II–Trypsin. Cellulose wurde nach KÜRSCHNER u. HOFER bestimmt. Im einzelnen werden noch ermittelt Pentosane als Furfurol, Säuren, einfache Zucker, Asche, KJELDAHL-N u. Hemicellulose aus dem letzten, von KJELDAHL-N befreiten extrahierten Rückstand. — 31 Literaturangaben. (Acta Agric. scand. **2.** 279—94. 1952. Royal Agric. Coll. of Sweden, Inst. of organ. Chem.) FRESENIUS. 7866

L'Alimentation Équilibrée, Frankreich (Erfinder: **Georges Sonntag**), *Herstellung eines in Wasser löslichen Cystinderivates.* Man neutralisiert das Cystin oder ein an Cystin reiches Naturprod. mit Kalkmilch, filtriert die Lsg. u. fällt das Ca-Cystinat mit Aceton oder Äthanol. Bei Verwendung von Keratin als Ausgangsprod. hydrolysiert man dieses u. behandelt den Cystin, Tyrosin, in W. lösl. Aminosäuren enthaltenden Nd. mit Kalkmilch. Das Ca-Cystinat dient zur Erhöhung des Cystingeh. der *Kuhmilch.* (**F. P. 1 005 097** vom 3/6. 1947, ausg. 7/4. 1952.) OPPERMANN. 7757

Western Condensing Co., San Francisco, Calif., übert. von: **Reginald E. Meade,** Appleton, Wis., V. St. A., *Herstellung von stabiler, nicht hygroskopischer, wesentliche Mengen von α-Lactose–Monohydrat enthaltender Trockenmilch.* Man läßt bei der Konz. der Milch α-Lactose–Monohydrat krist. u. bei der folgenden Sprühtrocknung die atomisierten Teilchen in einem trockenen Gas in der Trockenzone suspendieren, wobei sich das gepulverte Material bei Entfernung aus der Trockenzone in eine einen höheren Prozentsatz an α-Lactose-Monohydrat aufweisende stabile u. eine instabile Form aufteilt. Von den beiden, die Lactose hauptsächlich in der α-Form enthaltenden Fraktionen wird die instabile Form in die Trockenzone zurückgeführt. — Verfahrensschema. (**A. P. 2 627 463** vom 9/7. 1949, ausg. 3/2. 1953.) MAASS. 7757

Aktiebolaget Separator, Stockholm, Schweden (Erfinder: **P. A. Dahlstedt**), *Regelung des Fettgehaltes in Sahne durch kontinuierliche Separierung von Milch.* Gleichzeitig mit dem Zentrifugieren bestimmt man den Fettgeh. der Sahne durch Messung des elektr. Widerstandes, sowohl der Sahne als auch der ablaufenden Magermilch, die gleichzeitig verglichen u. zur Regelung der Zentrifuge benützt wird. (**Schwed. P. 137 433** vom 5/4. 1948, ausg. 23/9. 1952. **Finn. P. 26 486** vom 1/4. 1949, Auszug veröff. 31/8. 1953. Schwed. Prior. 5/4. 1948.) JÜRGEN SCHMIDT. 7757

Cherry-Burrell Corp., übert. von: **Ingie I. Lundal** und **Roy P. Robichaux,** Chicago, Ill., V. St. A., *Herstellung trockenen Butteröls.* Man schm. Butter in W. bei ca. 110° F, rührt durch, neutralisiert oberhalb des F. der Butter die Säure, erhöht die Temp. auf 120—150° unter kontinuierlichem Rühren der Mischung, filtriert, separiert u. erhält ein Prod. mit 94—100% Butteröl. Dann erhitzt man auf 170—180° F, pasteurisiert bei 195—205° F u. kühlt das pasteurisierte Butteröl auf 60—70° ab. — Vorrichtung. (**A. P. 2 626 217** vom 12/6. 1946, ausg. 20/1. 1953.) MAASS. 7759

Clemens Lederer, Hamburg (Erfinder: **Alfred Flechsig,** Burgstädtel/Sachsen), *Futtermittel aus Stroh.* Gehäckseltes Stroh wird nach Zusatz von Alkali mit Dampf aufgeschlossen u. mit Hefe, bes. Bierhefe, bei ca. 30° versetzt. Nach weiterem Zusatz von W. wird die M. erneut gekocht, neutralisiert u. getrocknet. (**D. B. P. 907 734** Kl. 53g vom 14/2. 1943, ausg. 29/3. 1954.) KRANZ. 7787

Michele Bonotto, Princeton, N. J., V. St. A., *Entgiften von Baumwollsaatmehl für Futtermittelzwecke.* Im Extraktionsverf. entöltes Baumwollsaatmehl wird zwecks Erniedrigung des Gossypolgeh. zusammen mit SO_2 überhitztem Dampf von 260 bis 350° F ½—1 Std. ausgesetzt. — Vorrichtung. (**A. P. 2 631 099** vom 15/5. 1951, ausg. 10/3. 1953.) KRANZ. 7787

Institut National de la Recherche Agronomique, Paris, Frankreich, *Entgiften von Ölsaatpreßrückständen für Futterzwecke.* Preßkuchen, z. B. von Leinsaat oder Senfsamen, werden zerkleinert u. ca. 45 Min. kräftig mit gesätt. Wasserdampf behandelt. Nach kurzzeitiger Drucksteigerung wird plötzlich entspannt u. bei $<80°$ getrocknet. (**E. P. 690 597** vom 9/5. 1951, ausg. 22/4. 1953. **Belg. P. 502 990** vom 2/5. 1951, ausg. 29/8. 1952. Beide F. Prior. 10/5. 1950.) KRANZ. 7787

Éliane Le Breton und **Paul Grégory,** Frankreich, *Gewinnung von Nahrungs- und Futtermittel* aus tox. Proteine enthaltenden Stoffen, bes. Ricinusölkuchen. Man zerstört die tox. Eiweißstoffe durch Abbau derselben bis zu den lösl. Peptonen, Polypeptiden u. Aminosäuren mittels proteolyt. Enzyme, wie Papain, Pepsin, Trypsin, u. anschließender Einw. von Hefeautolysaten bei 30—50° u. einem p_H-Wert von 6—8. (**F. P. 56 899** vom 1/10. 1947, ausg. 8/10. 1952. **Zusatz zu F. P. 1 001 461; C. 1954. 3364.**) HEYNE. 7787

E. I. du Pont de Nemours & Co., übert. von: **Kenneth E. Walker,** Wilmington, Del., V. St. A., *Beifutter für Wiederkäuer,* bestehend aus Amidinen, wie Kreatin, Kreatinin u. Salzen von Guanidin. Die Amidine werden n. Futtermitteln in einer solchen Menge zugegeben, daß ihr N-Geh. 5—90 % des N-Geh. des Futtermittels beträgt. (**A. P. 2 630 386** vom 3/11. 1951, ausg. 3/3. 1953.) KRANZ. 7787

Ayerst, McKenna & Harrison Ltd., St. Laurent, übert. von: **Roger Gaudry,** Sillery, Quebec, Can., *Beifuttermittel* zur Erhöhung des Wachstums von Geflügel, bestehend aus α-Amino-δ-oxyvaleriansäure, die in Mengen von ca. 1% bis zu 40% des Proteingeh. von n. Futter ersetzen kann. (**A. P. 2 623 824** vom 5/7. 1951, ausg. 30/12. 1952.) KRANZ. 7787

Carl Rudolf Linkmeyer, Deutschland, *Vitaminhaltiges Viehfutter.* Das Viehfutter (z. B. alle Arten Getreide, Getreidehülsen, Ölkuchen) wird mit einer Nähr-Fl. (**I**) gemischt u. mit Mikroorganismen (Bier- oder Bäckerhefen, Pilzen u. dgl.) geimpft. Als **I** verwendet man eine Lsg., die als N-Quelle $CaCN_2$, an Zucker gebunden, enthält. Nach Beendigung der Gärung wird die M. getrocknet. Das Prod. stellt ein vitaminreiches Beifutter dar. (**F. P. 1 009 958** vom 12/7. 1948, ausg. 5/6. 1952.) HEYNE. 7787

Aliments Protector (Soc. de personnes à r. l.), Belgien, *Herstellung von Vitamine enthaltendem Viehfutter.* Man läßt eine granulierte, in der Wärme oder im Vakuum getrocknete Substanz (z. B. Ölkuchen, vegetabil. Abfallprodd. aus der Bier-, Obstwein-, Zuckerherst. oder dgl.) im Vakuum erst eine Vitaminlsg. u. dann eine die Vitamine einhüllende Substanz (z. B. Stärkeschleim, Natur- oder Kunstharzlsgg.)

absorbieren. Das Lösungsm. entfernt man durch Erhitzen des Prod. im Vakuum. Bei unschädlichem Lösungsm. kann man das Prod. auch auf natürliche Weise trocknen lassen. Derartige Vitaminprodd. erleiden im Gemisch mit mineral. Substanzen in 9 Monaten einen Verlust an Vitaminen (A, D_2, D_3 oder E) von nicht mehr als 20%. (**F. P. 1 035 230** vom 9/4. 1951, ausg. 19/8. 1953.) OPPERMANN. 7787

Schenley Industries, Inc., Del., übert. von: **George I. de Becze,** Cincinnati, O., V. St. A., *Futtermittel mit Wuchsstoffen durch Biosynthese.* Es wird eine wss. Nährlsg. durch Zugabe einer geringen Menge einer lösl. anorgan. Ca-Verb. u. einer lösl. anorgan. P-Verb. zu Brennereischlempe hergestellt, das P_H der Mischung auf ca. 5—5,5 gebracht, mit einer Kultur des Bacillus bei sphaericus Neide beimpft u. der Bacillus 26—34° unter Rühren u. mit einer Belüftung von ca. 50—300 Liter Luft/Min. auf 1000 Liter Fl. während 24—48 Std. gezüchtet, bis das p_H der Brühe ca. 7,5—8,0 beträgt. Die Züchtung kann dabei in Symbiose mit Saccharomyces cerevisiae- u. Torulopsisarten vorgenommen werden. (**A. P. 2626868** vom 16/6. 1948, ausg. 27/1. 1953.) KETTNER. 7787

XVII. Fette. Seifen. Wasch- u. Reinigungsmittel. Wachse. Bohnermassen usw.

S. K. Aditya und **S. K. Nandi,** *Lösungsmittelextraktion von Pflanzenölen.* 1. Mitt. *Extraktion von Ricinussamen.* Ricinussamen wurde im Labor. der Extraktion mit Bzl. (I), Fliegerbenzin (II) (60—100°), Gasolin (III) (60—100°), PAe. (IV) (60—80°) u. PAe. (V) (80—100°) unterzogen. Beschreibung der App. u. des Extraktionsvorganges (Skizze). Abhängigkeit von experimentellen Bedingungen (Flockendicke, Ölkonz., Temp. usw.). Bei 50° wurde während 3 Std. von **I** 83—84%, **II** 82—83%, **III** 90—91%, **IV** 70—71% u. von **V** 71—72% extrahiert. Graph. Darst. der Ergebnisse. (J. Indian chem. Soc., ind. News Edit. **16.** 27—36. 1953. Kharagpur, Bangalorem Indian Inst. of Techn., u. Indian Inst. of Sci.) H.-J. HAASE. 7894

S. K. Nandi und **S. K. Aditya,** *Lösungsmittelextraktion von Pflanzenölen.* 2. Mitt. *Extraktion von Mahuasamen.* (1. vgl. vorst. Ref.) Mahuasamen wurde mit Bzl. (I) u. Gasolin (II) (60—100°) unter gleichen Bedingungen extrahiert. Während 3 Std. u. 50° gewinnt man mit **I** 63% u. **II** 80% Öl. Ergebnisse tabellarisch. (J. Indian chem. Soc., ind. News Edit. **16.** 37—38. 1953.) H.-J. HAASE. 7894

A. I. Skipin und **W. I. Polstjanoi,** *Reinigung von Erdnußöl.* Die aus den Vorpfannen u. Expellern stammenden Ölanteile werden gemischt (2,45:1), heiß filtriert, bei 45° hydratisiert, auf 20—24° gekühlt u. separiert. (Маслобойно-Жировая Промышленность [Öl- u. Fett-Ind.] **18.** Nr. 6. 27—28. Juni 1953. Hauptverwaltung für Pflanzenfette.) SCHMEISS. 7894

W. P. Rshechin und **N. I. Pogonkina,** *Die Denaturierung von Eiweißstoffen bei der Verarbeitung von Sonnenblumensamen nach dem Schema Vorpresse–Expeller MD.* Beim Passieren des 1. Vorwärmers, der Vorpresse, des 2. Vorwärmers u. des Endexpellers betrugen die *Wassergehh.* der Sonnenblumenkerne 3,03; 6,38; 3,63 u. 5,20%, die Tempp. 114, 113, 126 u. 140°. Der *Globulingeh.* ging um 28,0, 11,19, 9,70 u. 45,94% bei einem Ausgangswert von 20,70% zurück. Die Denaturierung beträgt demnach vor der Expellerpressung ca. 49%, bei der Expellerpressung 46%. (Маслобойно-Жировая Промышленность [Öl- u. Fett-Ind.] **18.** Nr. 7. 13—14. Juli 1953. Allunions Wiss. Forschungsinst. für Fette.) SCHMEISS. 7894

A. M. Sharski, T. M. Nowikowa, T. Je. Romanowa, Ss. D. Kopylenko, P. I. Kaminskaja, A. Ja. Sak und **T. I. Gladkaja,** *Erfahrungen bei Raffination und Hydrierung von Rapsöl beim Charkower Fettkombinat.* Bei der Raffination wird das Öl zunächst bei 40° mit H_2SO_4 (1,82) verrührt, dann mit 300—400 g/Liter NaOH neutralisiert, erwärmt u. im Augenblick des „Brechens" mit sd. 1—1,95%ig. Salzlsg. (20—30 Liter/t Öl) versetzt. Vor dem Hydrieren werden 0,7—1 kg Aktivkohle u. 3—3,3 kg Bleicherde/t Öl zugesetzt. Nach dem Erwärmen auf 160—170° wird H_2 eingeleitet, bei 215° der Katalysator zugesetzt u. bei 230° zu Ende gehärtet. Als Katalysator werden Ni-Formiat, gebrauchter Katalysator oder Cu-Ni-Salz (Cu:Ni = 3:1) auf einem Träger verwendet. (Маслобойно-Жировая Промышленность [Öl- u. Fett-Ind.] **18.** Nr. 7. 16—17. Juli 1953.) SCHMEISS. 7894

Je. Beresina und **W. Komarowa,** *Lange Aufbewahrung von Compoundfett bei niedriger Temperatur.* Compoundfett mit einem Geh. von 70% Baumwollöl u. 30% Rinderfett ist bei —5 bis —12° 16 Monate haltbar, ohne daß eine Abscheidung einer fl. Fettphase erfolgt; die Peroxydbldg. ist sehr gering (0,15—0,20%) u. organolept. nicht nachweisbar. (Мясная Индустрия СССР [Fleisch-Ind. UdSSR] **24.** Nr. 5. 53—54. 1953.) R. RICHTER. 7896

Je. A. Alexandrow, I. W. Golub und **L. Ja. Kulikow,** *Die Verarbeitung des Hydratisierungsrückstandes in den Vorpfannen.* Durch Benutzung des bei der Hydratisierung des Rohöles erhaltenen Nd. statt W. zur Befeuchtung des Mahlgutes in den Vorpfannen kann die Ölausbeute aus Ricinussamen um 4—5% gesteigert werden. (Маслобойно-Жировая Промышленность [Öl- u. Fett-Ind.] **18.** Nr. 5. 24—25. Mai 1953. Saratow, Butterfabrik Nr. 1.) SCHMEISS. 7902

A. Ju. Rabinowitsch und **Je. Ss. Skriptschenko,** *Über die Herstellung synthetischer Waschpräparate.* Vff. beschreiben Fabrikation u. Anwendung eines Waschmittels aus den mit 25,1% Ausbeute neben 66,2% Fettsäuren aus *Pottwaltran* gewonnenen Fettalkoholen. Die Alkohole werden durch Kühlen u. Zentrifugieren in fl. u. feste Anteile zerlegt, mit H_2SO_4 verestert, mit NaOH neutralisiert u. nach Zusatz von $Na_2 \cdot SO_4$ getrocknet. (Маслобойно-Жировая Промышленность [Öl- u. Fett-Ind.] **18.** Nr. 7. 18—21. Juli 1953. Moskau, Zweigstelle des Allunions Wiss. Forschungsinst. für Fette.) SCHMEISS. 7912

H. Reumuth, *Wasser, Waschmittel, Schmutz.* An Hand von Mikroaufnahmen wird der Waschvorgang, vor allem das Verh. des W., des Waschmittels u. des Schmutzes untereinander besprochen. (SVF Fachorgan Textilveredlung **9.** 111—19. März 1954.) P. ECKERT. 7912

Jay C. Harris, *Reiniger für harte Oberflächen.* 2. Mitt. (1. vgl. C. **1952.** 1424.) Untersucht wurden *Areskap 100, Aresket 300, Aresklene 400, Santomerse* Nr. *1* u. *3* (Alkylarylsulfonate), sowie *Sterox SK* (ein Polyoxyäthylenthioäther). Die Ergebnisse werden besprochen. (Soap Sanit. Chemicals **27.** Nr. 7. 38—39. 137. Juli 1951.) BOYE. 7916

A. Jefimowa und **Ss. M. Kirowa,** *Über die Bestimmung der Feuchtigkeit von Fett.* Die Best. der Feuchtigkeit erfolgt nach Trocknung im Vakuum von 100—120 mm bei 70—75° unter Durchleiten von CO_2. (Мясная Индустрия СССР [Fleisch-Ind. UdSSR] **24.** Nr. 5. 54—56. 1953. Leningrad, Kirow-Fleischkombinat.) R. RICHTER. 7932

I. G. Resnikow und **E. L. Farber,** *Eine Schnellmethode zur Bestimmung von Glycerin mit Hilfe von Überjodsäure.* Man bringt die Substanz mit höchstens 0,4 g *Glycerin*-Geh. mit W. auf 500 cm³, versetzt 25 cm³ mit 25 cm³ HJO_4-Lsg. (7 g $Na_3H_2JO_6$ oder 5,3 g KJO_4 u. 100 cm³ 1n H_2SO_4/Liter), setzt nach 10 Min. 20 cm³ 10%ig. KJ-Lsg., 20 cm³ 20%ig. HCl u. 100 cm³ dest. W. zu u. titriert mit 0,1 oder besser 0,05n $Na_2S_2O_3$. Die Meth. ist frei von systemat. Fehlern. (Маслобойно-Жировая Промышленность [Öl- u. Fett-Ind.] **18.** Nr. 5. 13—16. Mai 1953. Ukrain. Wiss. Forschungsinst. für Lebensmittelind.) SCHMEISS. 7936

United States of America, übert. von: **George L. Drake jr.** und **John D. Guthrie,** New Orleans, La., V. St. A., *Amidierte Cellulose* mit Ionen austauschenden Eigg., z. B. für *Filter für fette Öle,* deren Asche u. P-Geh. erniedrigt werden soll. Aminoäthylierte Cellulose mit 0,5—1,8% N-Geh. wird mit Äthyleniminddämpfen behandelt, bis der N-Geh. 2—5% beträgt. — Baumwollgewebe wird mit einer Lsg. von 25 (Teilen) NaOH u. 20 2-Aminoäthylschwefelsäure in 55 W. imprägniert, getrocknet u. auf 100° erhitzt (N-Geh. 0,85%). Man hängt in eine Vakuumkammer bei 70°, in die man Äthylenimin eintropfen läßt. Nach 3 Tagen beträgt der N-Geh. 2,59%; das Gewebe hat unter Erhaltung der Gewebeeeigg. ein gutes Ionenaustauschvermögen. (**A. P. 2 656 241** vom 11/5. 1951, ausg. 20/10. 1953.) MÖLLERING. 7875

Swift & Co., übert. von: **Frank A. Norris,** Chicago, Ill., V. St. A., *Reine Monoglyceride.* Man blockiert 2 OH-Gruppen des Glycerins (**I**) mittels einer Oxoverb., verestert anschließend die freie OH-Gruppe mit einem Alkylester einer Fettsäure, reinigt den Ester durch Dest. im Hochvakuum u. hydrolysiert den Ester, wobei die Oxoverb. wiedergewonnen wird. — Es werden hergestellt: *Monopalmitinsäureester* des **I**; *Monostearinsäureester* des **I** u. der *Monocapronsäureester* des **I**, F. 8—10° ($C_9H_{12}O_4$). Man kann auch durch katalyt. Red. des blockierten Glycerinesters die Monoglyceride erhalten. — Zeichnung. (**A. P. 2 619 493** vom 12/6. 1950, ausg. 25/11. 1952.) G. KÖNIG. 7889

Ateliers Pingris & Mollet-Fontaine Réunis, Nord, Frankreich, *Reinigen von Pflanzenölen.* Zur Regeneration von durch Oxydation oder lipolyt. Enzyme veränderten (ranzig gewordenen) Ölen (z. B. Erdnußöl) unterwirft man sie einer Molekular- oder Hochvakuumdest. (Druck mindestens $^1/_{100}$ mm Hg). — Vorrichtung. (**F. P. 1 038 811** vom 15/6. 1951, ausg. 1/10. 1953.) OPPERMANN. 7895

I. E. Stroschein Chemische Fabrik, Bad Ems (Erfinder: **Ernst Ubrig,** Wächtersbach), *Beseitigung des Trangeruches und -geschmackes bei Fischleberölen* durch Behandlung mit Chlorophyll oder dessen Präpp. u. Derivaten. (**D. B. P. 894 593** Kl. 23a vom 27/10. 1950, ausg. 15/3. 1954.) LÜTTGEN. 7899

Paul Anglaret und **Yves Mauber,** Seine-Inférieure, Frankreich, *Alkoholyse von Glyceriden.* Man verwendet bei der Alkoholyse ein Natriumalkylcarbonat als Katalysator, wodurch zu vernachlässigende Mengen an Seife oder Fettsäure entstehen. Zur Herst. z. B. der Butylester der Koprafettsäuren gibt man 400 (g) Butanol u. 2 Na in ein Gefäß u. leitet bis zum Verschwinden des Na-Metalls CO_2 ein. Es bildet sich eine Suspension von $Na \cdot O \cdot CO \cdot O \cdot C_4H_9$, zu der man 200 entwässertes Kopraöl (SZ. 0,05) hinzufügt u. das Ganze 2½ Std. kocht. Nach Abkühlen u. Absitzen zieht man die klare Lsg. ab, entfernt schnell das Butanol durch Vakpumdest. u. das hierbei abscheidende Glycerin. Die gebildeten *Butylester der Koprafettsäuren* (235 g) trennt man vom Carbonat-Nd. ab. Die gewonnenen Ester besitzen eine gute Farbe u. enthalten weniger als 0,1% Seife u. weniger als 5% der Ausgangsmenge an Glycerin. (**F. P. 1 041 568** vom 18/10. 1950, ausg. 26/10. 1953.) OPPERMANN. 7909

Th. Goldschmidt Akt.-Ges. (Erfinder: **Adolf Schmitz**), Essen, *Körperreinigungsmittel*, bestehend aus sauer reagierenden Salzen der Phosphorsäureester von höhermol. Oxyaminoäthern der Formel $R_1R_2N(R_3O)_n \cdot R_3OH$ [R_1 = höhermol. aliphat. Rest, R_2 = aliphat. Rest oder H, R_3 = $-(CH_2)_2$ oder $-(CH_2)_3$, n = mindestens 1], z. B. dem *salzsauren Salz* des *sek.-Cetylaminotri-(oxyäthyl)-phosphorsäureesters* oder des *Dodecylaminodi-(oxyäthyl)-colaminphosphorsäureesters*. (**D. B. P. 891 720** Kl. 23e vom 18/9. 1942, ausg. 1/10. 1953. **Zusatz zu D. R. P. 761 844; C. 1953. 9706.**) LÜTTGEN. 7911

Micropon, Frankreich, *Reinigungs-, Emulgierungs- und Netzmittel*, dad. gek., daß sie aus einem innigen Gemisch einer Eiweißsubstanz oder einem Deriv. einer solchen, z. B. Na-Caseinat (I), Gelatine, Leim, Hämoglobin, u. mindestens einer synthet. emulsions- u. schaumbildenden, sowie reinigend wirkenden Substanz, z. B. oktahydroanthracen-n-sulfonsaurem Na, Na-Alkylsulfat (II), sulfoniertem Laurinalkohol, tetrahydronaphthalinsulfonsaurem NH_4, bestehen. — Man mischt z. B. 75 Teile Eiweiß oder bis zu den Aminosäuren abgebautes Eiweiß oder I bei 60—70° mit 25 Teilen **II**. Nach dem Abkühlen ist das pastenartige Prod. gebrauchsfertig. (**F. P. 1 009 914** vom 9/7. 1948, ausg. 5/6. 1952.) OPPERMANN. 7913

Soc. à r. l.: Max Perlès & Cie., Seine, Frankreich, *Entrostungsmittel für Metallflächen*. Man verwendet eine Mischung aus Phosphorsäuren, die durch ein oder mehrere saure Salze von Metallen der 2., 7. oder 8. Gruppe des Period. Syst., bes. die durch Lösen von Oxyden, Hydroxyden, Carbonaten, Oxalaten oder Acetaten dieser Metalle erhaltenen, u. durch ein oder mehrere nitrierte Derivv. von Metallen der 1. Gruppe des Period. Syst. aktiviert sind, mit einem oder mehreren flüchtigen, organ., entfettenden u. Oxyde lösenden Halogenarylen oder Halogenalkylarylen, wobei die D. der Mineralsäuremischung durch Zusatz von emulgierenden Netzmitteln der der organ. Reagentien möglichst nahekommen soll. — Man gibt zu 50 Litern Phosphorsäure (D. ca. 1,3) 0,5 (kg) Äthylen–Mercaptan-Reaktionsprod. als Netzmittel, 1 KNO_3, 2,5 Zn-, 2 Fe- u. 0,4 Mn-Phosphat u. mischt die Fl. mit 55 Litern o-Dichlorbenzol, wobei sich ein Sol bildet. (**F. P. 1 017 714** vom 12/5. 1950, ausg. 18/12. 1952.) PANKOW. 7917

Albert Ferdinand Sundgren und **Erkki Emil Ekman**, Finnland, *Raffinieren von Rohwachsen*. Das Wachs befindet sich in der Bleich-Fl. (z. B. Chromschwefelsäure, alkal. $KMnO_4$-Lsg.) in sehr feiner Verteilung, vorzugsweise im koll. Zustand, u. wird bei einer Temp. gebleicht, die unter dem F. des Wachses liegt. Ferner wird die bei der Bleichung entstehende Wärme durch Kühlen entfernt, so daß eine das Wachs schädigende Temperaturerhöhung nicht eintreten kann. Bei Verwendung von elektrolyt. regenerierbaren Bleich-Fll. kann die Regenerierung der Bleich-Fl. u. die Raffination des Wachses gleichzeitig in einem Elektrolysiergefäß oder getrennt davon stattfinden. (**F. P. 1 037 150** vom 16/5. 1951, ausg. 15/9. 1953.) OPPERMANN. 7925

Ruhrchemie Akt.-Ges. (Erfinder: **Hermann Velde** und **Wilhelm Gottschall**), Oberhausen/Rhld., *Herstellung von wasserhaltigen salbenartigen Paraffinemulsionen* aus synthet. Paraffinen für *Bohnermassen*, Poliermassen u. Lederpflegemittel. Hartparaffin (I) aus der CO-Hydrierung (**II**) wird unter Zusatz von teilweise oxydierten festen Paraffinen der **II** u./oder Fettsäuren aus der **II** mit Alkalihydroxyden oder -carbonaten u. W. zu einer bei Abkühlung salbenartig erstarrenden Mischung emulgiert, wobei die Menge des I in der Wachskomposition mindestens 50% beträgt. Der Zusatz von I fällt bei Verwendung von I-Oxydationsprodd. fort, deren Neutralisationszahl <50 liegt u. die daher im Unverseiften $>50\%$ I enthalten. Als Mischungskomponente sind auch Fettsäuregemische geeignet, die durch Oxydation von Paraffinen, bes. von I der II, erhalten wurden u. einer vorhergehenden Chlorierung u. Chlorabspaltung unterworfen waren. (**D R. P. 752 580** Kl. 22g vom 30/6. 1940, ausg. 3/8. 1953.) GRÄGER. 7927

Ss. A. Dmitrijew, Seifen und neue Waschmittel. Moskau: Verlag der Akad. der Wiss. der UdSSR. 1953. 3 Rbl. 70 Kop. [russ.]

XVIII a. Holz. Cellulose. Zellstoff. Papier. Papierdruck. Celluloid. Linoleum.

Osmo Suolahti, *Einfluß der Entrindung und Lagerdauer auf die Tränkbarkeit von Telegraphenstämmen.* Zur Ermittlung des Einfl. von Zeitpunkt u. Arbeitsweise der Entrindung von Telegraphenstämmen aus Kiefer wurden Verss. mit Bolidensalzlsg. von insgesamt 3,5% Salzgeh. nach dem n. Drucktränkungsverf. durchgeführt. Die aus den Stämmen entnommenen, auf As_2O_5-Geh. untersuchten Bohrproben zeigten, daß im Vorjahre gefällte Stämme besser tränkbar sind als im gleichen Jahr gefällte. Bei Fällung u. Tränkung im gleichen Jahr soll letztere erst im Herbst erfolgen. Vor der Tränkung müssen die Stämme sorgfältig entrindet werden. (Paperi ja Puu **35.** 309—13. 15/8. 1953. Helsinki, Staatl. Inst. für Techn. Forschung. [Orig.: finn.]) BORCHERS. 7952

K. Schwabe und **B. Philipp,** *Zur Kinetik von Dampfsorption, Quellung und Flüssigkeitsaufsaugung der Cellulose.* Es wurden die Geschwindigkeit der Aufnahme verschied. reiner Fll. aus der Dampfphase u. der fl. Phase sowie die Kinetik des Quellungsvorganges untersucht. Dabei wird ein eindeutiger Zusammenhang zwischen der Geschwindigkeit der Dampfaufnahme bzw. Quellung u. der jeweils bis zur Sättigung noch aufzunehmenden Flüssigkeitsmenge festgestellt. Wenn man annimmt, daß die Wechselwrkg. zwischen den Fll. u. der Cellulose (I) auf der Umsetzung zwischen den H-Brücken der I u. den Flüssigkeitsmoll. beruht, kann man die untersuchten Fll. in 3 Gruppen einteilen, von denen die erste in keinerlei Wechselwrkg. mit den H-Brükken tritt, die zweite in den ungeordneten Bezirken H-Brücken der I zu sprengen vermag u. die dritte auch in den Bereichen stärker kristalliner Ordnung unter Auflösung der H-Brücken u. Verbindungsbldg. eindringt. Von diesem Standpunkt aus lassen sich die gefundenen Geschwindigkeitsgleichungen sowie das bei Trocknung des Zellstoffs beobachtete besondere Verh. gegenüber W. deuten. (Holzforschung **8.** 1—12. 1954. Dresden, TH, Inst. für Elektrochem. u. physikal. Chem.) P. ECKERT. 7954

Hans E. A. Börger, *Papier und Pappe aus Zuckerrohr.* Übersicht über die Zus. verschied. Sorten Zuckerrohrbagasse u. die Herst. von Papier u. Pappe aus Bagasse nach dem Natronverfahren. Ein interessanter Vers. ist das VASCANE-Verf., bei dem zugleich Zucker u. Pappe erzeugt werden. Hierbei wird das Zuckerrohr geschliffen, der Schliff in Diffusionsbatterien ausgezogen u. der Stoff dann mit Harzen, Cu- u. Al-Sulfat versetzt. Auf der Papiermaschine werden dann daraus Pappen bis zu 10 mm Dicke hergestellt. (Wbl. Papierfabrikat. **81.** 476—80. Mitte Juli 1953. Bombay.) H. BECKER. 7958

Bengt Hedström, *Reiner Kohlenstoffstahl verglichen mit 5%igem Nickelstahl in Schwarzlaugenverdampferrohren.* Verdampferrohre aus gewöhnlichem C-Stahl (I) wurden mit Rohren aus Stahl mit 5% Ni-Geh. (II) schwed. u. amerikan. Herkunft in den Schwarzlaugeverdampfern in 6 schwed. Sulfatzellstoffwerken hinsichtlich der Korrosion miteinander verglichen. I wird im Mittel 8,5 mal so stark angegriffen wie II. Die Stärkeabnahme beträgt z. B. bei I 0,53 mm pro Jahr. In verschied. Verdampfern schwankt die Korrosion je nach Verdampferbauart u. Betriebsverhältnissen. (Svensk Papperstidn. **56.** 645—50. 15/9. 1953. Husum, Mo och Domsjö AB.) BORCHERS. 7960

Jouko Saarnio, *Mahleigenschaften und Polyuronidgehalt von Sulfitzellstoff.* Um den Einfl. des Geh. an Polyuronid (I) bei ungebleichtem u. gebleichtem Sulfitzellstoff (II) auf Wasseradsorption u. Mahlverh. zu ermitteln, wurde I in 4 Mustern ungebleichtem u. 5 Mustern gebleichtem II nach der Meth. von WHISTLER, MARTIN u. HARRIS (J. Res. nat. Bur. Standards **24.** [1940.] 13) durch Dest. in 12,5%ig. HCl mittels der abgetriebener CO_2 bestimmt. Außerdem wurden Pentosangeh., Entwässerungszeit u. die freien titrierbaren COOH-Gruppen nach WILSON (C. **1948.** E. 1176) ermittelt. Der Geh. an I u. die COOH-Gruppen nehmen durch die Bleiche ab, während gebleichter Zellstoff schneller als ungebleichter entwässert. (Paperi ja Puu **35.** 217—19. 20/5. 1953.) BORCHERS. 7962

N. Levitin und **H. Schwartz,** *Delignifizierung von Fichtenholzsägemehl mit Chlordioxyd.* Bei den Verss. wurden 10 g Holzmehl im Ein- oder Mehrstufenverf. mit ClO_2 aufgeschlossen. Beim Einstufenverf. wurde 3 Std. bei 80° oder 2 Std. bei 92° mit 67,5% ClO_2 gekocht; der p_H-Wert sank dabei von 3,7 auf 1, mit Na-Acetat als Puffer von 6,1 auf 4,2. Die Teilchengröße ist ohne Einfl., nur bei einer Größe über 4 Maschen findet keine Rk. mehr statt. Durch Nachbehandlung mit NaOH werden 40% heller Zellstoff (I) mit einem Geh. von 83—86% α-Cellulose (II) erhalten. Bei den Mehrstufenverff. konnte durch Vorbehandlung mit SO_2 u. NaOH, durch 2 malige Zugabe des ClO_2, unterbrochen durch eine Kochung mit NaOH, der ClO_2-Verbrauch auf 21—27% gesenkt u. die Ausbeute auf 46% an weißem I mit 77—87% II gesteigert werden, wobei die

geringeren ClO_2-Mengen einen I mit höherem PG. gaben. Weniger als 20% ClO_2 gaben keinen genügenden Aufschluß. Durch Nachbehandlung des I mit NaOH konnte der Geh. an II bis auf 95% erhöht werden. Acetylierung eines I aus Holzmehl mit einem Geh. von 87% II gab ein Prod., das beim Zentrifugieren 5,6% Rückstand hatte u. für techn. Zwecke genügte. (Pulp Paper Mag. Canada **55**. Nr. 1. 92—98. Jan. 1954. Ottawa, Can., Forest Prod. Labor. of Canada, Dep. of Resources and Developm.)
H. BECKER. 7964

Teizo Okawa und **Tatsushi Fukutome,** *Über die Nitrate von Hemicellulosen.* 1. Mitt. *Der Einfluß der Hemicellulosen auf die Nitriergeschwindigkeit von Linters. Hemicellulose* (I) aus den Dialysatoren zur Alkalirückgewinnung bei der Herst. der Viscose aus Baumwollinters hatte nur einen verzögernden Einfl. auf die Nitrierung bei Verwendung von Mischsäuren mit über 2,7% W.; bei 17—22% H_2O ist sie beträchtlich, selbst bei nur 5% I, noch stärker bei mehr I. I scheint die Lintersfasern zu überdecken. (J. Soc. Textile Cellulose Ind., Japan [Sen-i Gakkaishi] **9**. 397—400. Aug. 1953. Asahi Chem. Co. [Orig.: japan.; Auszug: engl.]) SCHULER. 7970

Teizo Okawa und **Tatsushi Fukutome,** *Über die Nitrate von Hemicellulosen.* 2. Mitt. *Die Nitriergeschwindigkeit von Linters, Holzzellstoff und Linters–Hemicellulose-Mischung.* (1. vgl. vorst. Ref.) Bei einer Nitriertemp. von 30° war die Nitriergeschwindigkeit (NG) der *Linters* (I) in 59,4% H_2SO_4 + 22,9% HNO_3 + 17,7% H_2O am größten. Die NG von *Holzzellstoff* (II) ist fast gleich der von I–Hemicellulose-Mischung. Bei 0° wird II in der Anfangsphase rascher als I nitriert. Der Unterschied rührt zum Teil von der unterschiedlichen Mikrostruktur (% an nichtkrist. Faseranteilen) her. (J. Soc. Textile Cellulose Ind., Japan [Sen-i Gakkaishi] **9**. 400—01. Aug. 1953. [Orig.: japan.; Auszug: engl.]) SCHULER. 7970

Teizo Okawa und **Tatsushi Fukutome,** *die Nitrate von Hemicellulosen* 3. Mitt. *Der Einfluß von Hemicellulosenitrat auf die Trübung und Farbe von Lösungen nitrierter Linters.* (2. vgl. vorst. Ref.) Die Trübung u. Farbe von Mischungen von Lintersnitrat (I) u. Hemicellulosenitrat (II), gelöst in Aceton–Butylacetat u. Aceton–A. wurden mit einem DUBOSQ-Colorimeter verglichen. Trübung u. Färbung nahm mit dem Geh. an II rasch zu. Trübung u. Farbe von Holzzellstofflsgg. mit 96 u. 90% an α-Cellulose stimmten überein mit solchen von I u. II-Mischungen mit entsprechenden Gehh. von 5 bzw. 10% II. (J. Soc. Textile Cellulose Ind., Japan [Sen-i Gakkaishi] **9**. 401—02. Aug. 1953. [Orig.: japan.; Auszug: engl.]) SCHULER. 7970

Teizo Okawa, Tatsushi Fukutome, Seiji Ozaki und **Koichi Nakamura,** *Über die Nitrate von Hemicellulosen.* 4. Mitt. *Der Einfluß der Hemicellulosenitrate auf die mechanischen Eigenschaften von Nitrocellulosefilmen aus Baumwollinters.* (3. vgl. vorst. Ref.) 0 bis 20% *Hemicellulosenitrate* (I) wurden zu Nitraten aus Baumwollinters gegeben, in Aceton gelöst u. Filme hergestellt. Zugfestigkeit, Dehnung u. Falzfestigkeit (FW) nahmen mit zunehmendem I-Geh. ab, bes. der FW fiel rasch bei 3—5% I. (J. Soc. Textile Cellulose Ind., Japan [Sen-i Gakkaishi] **9**. 402—05. Aug. 1953. [Orig.: japan.; Auszug: engl.]) SCHULER. 7970

Humboldt-Universität Berlin, Institut für chem. Holztechnologie (Erfinder: **Herbert Evers**), Berlin, *Veredelung von Holz.* Einem Holzfurnier werden die niederpolymeren Hemicellulosen u. ein Teil des Lignins durch Behandlung mit Alkalien, z. B. Ätznatron u. Na_2S, $Ca(HSO_3)_2$, Na-Chlorit oder Gemischen dieser Stoffe, entzogen. Das so vorbehandelte Furnier wird einer Pergamentierung z. B. mit H_2SO_4 oder $ZnCl_2$ oder einer Acetylierung oder einer Nitrierung unterzogen, worauf gegebenenfalls dem Furnier härtbare Kunstharze oder Bindemittel, wie Stärke, Leime, Kautschuklatex, Albumin, Casein oder dgl., eingelagert werden. Gegebenenfalls wird das Furnier durch gleichzeitige Anwendung von Druck u. Hitze verdichtet u. getrocknet. Gegebenenfalls werden das Furnier oder die aus diesem geschnittenen Streifen oder Borsten einer Nachbehandlung durch Acetylieren, Nitrieren oder mit konz. H_2SO_4 unterworfen. (**D. P. [DDR] 1954** Kl. 38h vom 20/5. 1949, ausg. 4/10. 1952 [Wirtschaftspatent].) M. F. MÜLLER. 7953

Hermann Gewecke, Wiesbaden, *Imprägnieren von Holz.* Das noch den Baumsaft enthaltende Holz wird vor dem Imprägnieren wenigstens an einem Teil der Mantelfläche von Rinde, Bast u. äußeren Jahresringen befreit. Ein fl. Imprägniermittel wird dem nicht von Rinde u. Bast bedeckten Teil des Holzes zugeführt u. gleichzeitig aus einer Stirnfläche zunächst der Baumsaft u. dann eine Mischung aus demselben u. der Imprägnierlsg. infolge eines zwischen der Eintrittsstelle der Lsg. u. der Austrittsstelle aufrechterhaltenen Druckgefälles abgeführt, wobei das Gemisch in einem Behälter gesammelt, durch Zusatz von Imprägniersalz im Kreisprozeß auf die Soll-

Konz. gebracht u. laufend dem Holz wieder zugeführt wird. Das Imprägniersalz wird vollständig verwertet. (**Schwz. P. 294 785** vom 13/3. 1951, ausg. 1/2. 1954.) KARST. 7953

Willy Spangenberg & Co., Hamburg, *Wasserdampfdestillation von Tallöl* (**I**) bei 3—20 mm u. in 3—20 cm dicker Schicht liefert zunächst bei 230—240° I-Fettsäuren ca. C_{16}—C_{18}, die bei 150—180° fraktioniert kondensiert werden, während bei 290 bis 230° Harzsäuren übergehen u. Pech zurückbleibt. — Vorr., Zeichnung. (**E. P. 698 548** vom 23/10. 1950, ausg. 21/10. 1953.) MÜLLER-MEININGEN. 7967

Holzverzuckerung G. m. b. H. (Erfinder: **Wilhelm Hüttinger**), Holzminden/Weser, *Verzuckerung von cellulosehaltigem Material* im Druckperkolator, dad. gek., daß beim Beginn des Prozesses die Umwandlung der Hemicellulose in monomere Zucker derart durchgeführt wird, daß die in den Zellhohlräumen enthaltene Luft durch den 1. Säureschub weitgehend verdrängt u. durch Säure ersetzt wird. Der Perkolator soll hierbei fast vollständig mit verd. Säure gefüllt werden. Erst nach Erhitzung auf ca. 150° während 15 Min. wird die komprimierte Luft abgeblasen u. der Perkolator vollständig mit Säure gefüllt. (**D. B. P. 883 280** Kl. 89i vom 7/2. 1951, ausg. 16/7. 1953.) SCHINDLER. 7969

Celanese Corp. of America, New York, N. Y., V. St. A., *Flammenfeste Cellulosederivate* enthalten Halogenalkylphosphorsäureestergruppen. Dabei soll die Hauptmenge der OH-Gruppen der Cellulose (**I**) mit Essigsäure u. der andere Teil z. B. mit Bis-(2-chloräthyl)-chlorphosphonat (**II**), Bis-(2.3-dichlorpropyl)-chlorphosphonat oder Bis-(2.3-dibrompropyl)-chlorphosphonat verestert sein. — 10,5 (Teile) **I**-Acetat (Acetylwert 54,5%) mit 5% Feuchtigkeitsgeh. werden mit 200 Toluol erhitzt, bis dessen Hauptmenge abdest. ist. Man setzt 196 Pyridin u. nach Lsg. 34,8 **II** (als 500% ig. Überschuß) zu. Nach 4std. Erwärmen auf 50° ist die Veresterung der restlichen OH-Gruppen der **I** beendet u. man fällt den Mischester durch Eingießen in Wasser. Nach Waschen mit A. u. mit Toluol erhält man ein Prod. mit Erweichungspunkt 210°, das in Aceton quillt u. in Diäthylenchlorid ein Gel bildet. (**E. P. 694 217** vom 18/5. 1951, ausg. 15/7. 1953. A. Prior. 18/5. 1950.) MÖLLERING. 7971

J. M. Voith G. m. b. H. (Erfinder: **Wilhelm Müller**), Heidenheim/Brenz, *Aufarbeiten von Schälspänen und ähnlichen Holzabfällen* zwecks Papier- oder Kartonerzeugung, dad. gek., daß das Gut vor dem Eintragen in den Stofflöser (Pulper) mechan., z. B. im Defibrator, unter Einw. von Wärme u. Druck zerkleinert u. im Stofflöser bei n. Druck u. 90—95° mit Alkali behandelt wird. Der Stoff wird dann in einem Refiner bei einer sich selbst einstellenden, möglichst hohen Temp. gemahlen u. nach der endgültigen Zerfaserung entlaugt. — Zeichnung. (**D. B. P. 906 650** Kl. 55b vom 16/6. 1951, ausg. 15/3. 1954. Anmeldung bekanntgemacht 9/7. 1953.) G. VOGEL. 7977

Zellstoff-Fabrik Waldhof (Erfinder: **Ernst Battenberg** und **Walter Schoch**), Mannheim, *Saugfähiges, für chromatographische Zwecke geeignetes Papier*. Das Prod. enthält Oxycellulose (**I**), die durch Einw. von Oxydationsmitteln auf Cellulose erhalten wurde, in feinster Verteilung. **I** wird in das Papier eingelagert oder aufgebracht, z. B. aufgesprüht, oder durch partielle Oxydation des Blattes mit bekannten Mitteln, z. B. NO_2-Gas oder Perjodsäure, gebildet. (**D. B. P. 907 737** Kl. 55f vom 25/12. 1951, ausg. 29/3. 1954. Anmeldung bekanntgemacht 30/7. 1953.) G. VOGEL. 7985

Aschaffenburger Zellstoffwerke Akt.-Ges., Redenfelden/Obb. (Erfinder: **Paul Lagally**, Aschaffenburg), *Imprägnieren von Papier*, dad. gek., daß dem wss. Stoffbrei harzartige Reaktionsprodd. aus Hydantoinen (5-Methyl-5-äthyl-, 5.5-Dimethyl-, 5-Phenyl- oder 5-Methyl-5-phenoxymethylhydantoin) u. Aldehyden (CH_2O, CH_3CHO, Acrolein) zugesetzt werden, die gegebenenfalls mit anderen kondensationsfähigen hydrophilen Verbb. (Harze aus Harnstoff, Thioharnstoff, Melamin, Dicyanadimid) u./oder viscositätserhöhenden Verbb. (Polyvinylalkohol u. andere höherwertige Alkohole) kombiniert sind. — Beispiel: 284 (Teile) 5-Methyl-5-äthylhydantoin werden mit 132 CH_2O (= 357 37%ig. Lsg.) versetzt u. nach Abklingen der Wärmetönung mit W. auf 5000 verdünnt. 10 Natronzellstoff werden in 5000 W. aufgeschlagen u. mit 0,25—10% Hydantoinharz versetzt. Die Naßreißlänge steigt dadurch von 540 auf 1570 m. (**D. B. P. 906 651** Kl. 55f vom 19/4. 1951, ausg. 15/3. 1954. Anmeldung bekanntgemacht 9/7. 1953.) G. VOGEL. 7987

Carl Klingspor, Siegen/Westf., *Herstellung von Druckstöcken oder Matern*. Eine oder mehrere Papierstoffbahnen werden auf der Oberfläche mit einer Lsg. eines wärmehärtbaren Kunstharzes getränkt u. darauf gegebenenfalls Pulver aus Metallen, Stein, Graphit oder Kork oder metall. Fasern gegeben. Zur Herst. z. B. von Matern wird der Drucksatz aus Metallbuchstaben bei 165° in die Oberfläche eingepreßt. — An Stelle mehrerer Papierbahnen kann mit Kunstharz getränktes Holz- oder Faserstoffmehl verwendet werden, das zwischen zwei Faserstoffschichten angeordnet ist. (**D. B. P. 907 415** Kl. 15b vom 11/11. 1951, ausg. 25/3. 1954.) LAASS. 7989

Riegel Paper Corp., New York, N. Y., übert. von: **Andrew Loy Moore Bixler**, Milford, N. J., und **Jacob I. Fisher**, Easton, Pa., V. St. A., *Herstellung von zähem, wellbarem, Elastomere enthaltendem Papier.* Der Faserbrei wird auf 1% Stoffdichte verd., zuerst mit Schutzkoll., dann mit dem Elastomer u. zu dessen Fällung mit Alaun versetzt. — Beispiel: 100 (kg) ungebleichten Kraftzellstoffes werden bei 1% Stoffdichte mit wss. Lsgg. von 1 Oxalsäure, 1 NaOH, 2 Na-Silicatsirup, 0,75 α-Protein (in NH_4OH u. W. gelöst), 7,2 NH_4OH-Lsg. (28,9%ig) u. nach gründlichem Mischen mit 154 einer 27,8%ig. Emulsion eines Acrylnitril–Butadien-Latex versetzt. Die M. wird gut gemischt u. der Latex mit 13 einer 2%ig. Alaunlsg. koaguliert. Das Papierprod. besitzt hohe initiale Festigkeit, Reibfestigkeit u. weichen lederartigen Griff. (**A. P. 2 635 045** vom 21/4. 1948, ausg. 14/4. 1953.) G. VOGEL. 7993

Interwood Akt.-Ges., Zug, Schweiz, *Biegsamer Werkstoff*, bestehend aus mit Wachsen, Harzen, härtenden Ölen, Paraffin oder Bitumen wasserfest imprägnierten u. gefärbten Holzspänen, die durch eine Vinylharzemulsion oder Latex verbunden sind. — Herst. von *Bodenbelag.* (**Schwz. P. 291 820** vom 5/1. 1950, ausg. 1/10. 1953.) SALZMANN. 7999

XVIIIb. Textilfasern.

R. E. Wolfrom und **A. C. Nuessle**, *Einige Hinweise über Reinigungs- und Reinigungsmitteltestmethoden.* Um für einen Reinigungszweck (Reinigung von Rohwolle, Baumwolle) die größtmögliche Wirksamkeit zu erzielen, werden einige Testmethoden mit Seife (Fettsäurebasis) u. neutralen Waschmitteln (Alkyläthylenoxyden) durchgeführt, mit dem Resultat, daß die Rohwollreinigung mit letzteren in wirtschaftlicher u. prakt. Hinsicht einen ca. 50%ig. größeren Nutzeffekt aufweist als mit Seife. Auch beim Kochprozeß der Baumwolle zeigte ein Alkylphenoläthylenoxydsulfat eine bessere Waschwrkg. als Seife. Die Ergebnisse weiterer Verss. zur Entfernung trockener u. fettiger Beschmutzung mit Rücksicht auf den Einfl. der Faserart, der Menge des Schmutzes (als Bentonit), des Schaumes u. der aufgewendeten Energie werden tabellar. u. kurvenmäßig dargelegt. (Amer. Dyestuff Reporter **42.** P753—62. 9/11. 1953. Philadelphia, Pa., Rohm & Haas Co., Textile Res. Labor.) SCHOENMANN. 8026

H. Moroff, *Die polymeren Acryl- und Methacrylsäuren im Schlichtverfahren.* Ident. mit der C. **1953.** 8246 referierten Arbeit. (Tinctoria [Milano] **50.** 306—08. Aug. 1953.) R. K. MÜLLER. 8030

W. A. S. White, *Körniges Natriumperoxyd. Verbesserte Produkte haben einen höheren Na_2O_2-Gehalt und sind leichter löslich: Bleichen von Cellulosewaren.* Na_2O_2 von gleichmäßiger Korngröße ist ein sehr haltbares, gutlösl. Prod. (bis zu 15 Min. für jede Konz.). Die Lsg. enthält äquivalente Anteile NaOH u. H_2O_2 u. kann für den jeweiligen Zweck ganz oder teilweise neutralisiert werden (H_2SO_4, $NaHCO_3$). Der Bleichlsg. wird Natriumsilicat als Stabilisator zugefügt (Angabe der Lösungszus. u. Durchführung des Bleichprozesses für Waren u. Garn aus Baumwolle, Leinen, Kunstseide u. Jute). Nur für besondere Fälle (höhere Bleichgrade, Farbmuster) ist eine milde Vor- oder Nachbehandlung mit Hypochlorit notwendig. (Dyer, Textile Printer, Bleacher, Finisher **111.** 417—22. 19/3. 1954.) SCHOENMANN. 8032

E. C. Hansen und **Carl A. Bergman**, *Übersicht über die Verfahren zur Prüfung des Einflusses von Mikroorganismen.* Vff. gehen zunächst allg. auf das Verh. gewisser Mikroorganismen gegenüber Cellulose ein u. erörtern die Bedingungen, unter denen eine Zerstörung der Faser erfolgen kann. Es werden kurz die Eigg. besprochen, die vorbeugende Mittel aufweisen müssen, wenn der textile Charakter durch eine prophylakt. Behandlung von Cellulosewaren nicht gestört werden soll. Die bekanntesten, keimtötenden Stoffe (anorgan. u. organ. Cu-Verbb., organ. Hg-Verbb., Phenolverbb., organ. S-Verbb. u. quaternäre Ammonbasen) werden aufgeführt mit zweckdienlichen Hinweisen auf gewisse Eigenarten. Erwähnung finden ferner die chem. Modifikationen der Cellulose im Hinblick auf ihre Festigung gegen Einflüsse von Mikroorganismen (Acetylierung), weiter die gebräuchlichen Veredlungsnachbehandlungen, die nebenbei eine keimhindernde Wrkg. ausüben, u. am Schluß die Methodik der Imprägnierung mit den genannten keimtötenden Stoffen. Allg. vertreten Vff. die Meinung, daß das fragliche Gebiet einer eingehenden Bearbeitung noch offen steht. (Amer. Dyestuff Reporter **42.** P466—68. 20/7. 1953. New York, N. Y., General Dyestuff Corp.) E. WAGNER. 8036

A. S. Weatherburn und **C. H. Bayley**, *Die Sorption synthetischer oberflächenaktiver Verbindungen durch Textilfasern.* Inhaltlich ident. mit der C. **1953.** 7000 referierten Arbeit. (Textile J. Australia **28.** 1094—95. 20/11. 1134—37. 1953.) ZAHN. 8040

Mary L. Nelson und **Verne W. Tripp**, *Bestimmung des Nivellierungsgrades der Polymerisation von Baumwolle und Reyon.* Untersucht wurde der Einfl. auf die Wrkg. der Änderungen der hydrolyt. Bedingungen auf Änderung des abgeschätzten Polymerisationsgrades u. der Kapazität der Feuchtigkeitssorption von Hydrocellulose, die aus Baumwollfasern u. Viscosereyon hergestellt wurde. Änderungen der Salzsäurekonz. von 0,01n auf 2,5 n oder Temperaturerhöhung von 80 auf 100° änderte den Wert der Nivellierung des Durchschnittspolymerisationsgrades (DP) nicht, trotzdem die Hydrolysengeschwindigkeit durch Zunahme sowohl der einen als auch der anderen dieser beiden veränderlichen Größen stark zunimmt. Es wurde eine andere Meth. zur Best. der Nivellierung des DP vorgeschlagen, die auf der Beziehung zwischen DP u. hydrolyt. Gewichtsverlust begründet ist. Unter Benutzung von Daten der Wiedergewinnung von Feuchtigkeit von einer Reihe von Hydrocellulosen wurde gezeigt, daß wahrscheinlich bei teilweiser Hydrolysierung der Baumwollfasern nur eine geringe Kristallisation auftritt, während bei Reyon eine merkliche Zunahme der kristallinen Fraktion zu beobachten ist. Trotzdem einige Wahrscheinlichkeit dafür besteht, daß die Kristallisation im hydrolyt. Milieu vor sich geht, wird angenommen, daß ein Teil davon während des Trocknens auftritt. (J. Polymer Sci. **10**. 577—86. Juni 1953. New Orleans, La., Southern Regional Res. Labor.) P. ECKERT. 8044

—, *Das knitterfeste Ausrüsten von Baumwoll- und Leinenware.* Die Schwierigkeit, die sich durch die dichten Fadenlagen beim knitterfesten Ausrüsten von Geweben aus Leinen u. Baumwolle ergibt (wird hart u. brüchig), läßt sich durch folgende (im einzelnen angegebene) Behandlungsmeth. begegnen: Das durch Seife gereinigte u. wasseraufnahmefähig gemachte Gewebe wird getrocknet u. mit einer Lsg. aus Harnstoff u. CH_2O in Ggw. von Weinsäure (p_H 4—6) als Katalysator imprägniert, dann einige Min. auf 150° erhitzt. Anschließend in heißer Seifenlsg. gewaschen u. kurz in NaOH-Lsg. getaucht (gleichmäßiges Schrumpfen). Durch nachfolgende Mercerisation unter Spannung erhält das Gewebe das n. Maß zurück. (Wird fortgesetzt.) (Textile Recorder **71**. Nr. 853. 89—91. April 1954.) SCHOENMANN. 8044

—, *Schrumpffestappretur von Baumwollgeweben. Praxisversuche.* Berichtet wird über Tragverss. von mit *Lyofix CH* ausgerüsteten Geweben. Untersucht wird das Verh. der Gewebe beim Konfektionieren, das Eingehen nach der Mehrfachwäsche, die Veränderungen der Färbung u. des Griffes, sowie der Reiß- u. Scheuerfestigkeit, das Verh. der Kleider beim Waschen u. Bügeln. Die prakt. Durchführung der Ausrüstung (Arbeitsvorschrift) wird eingehend besprochen. Die Versuchsergebnisse werden an Hand von Diagrammen u. Abbildungen diskutiert. (SVF Fachorgan Textilveredlung **9**. 105—10. März 1954. Basel, Ciba Akt.-Ges.) P. ECKERT. 8044

W. G. Ssautenko, *Die Anwendung von trockenem Bakteriensauer bei der Kaltwasserröste von Flachsstroh.* Zusatz von trockenem Bakteriensauer bei der Kaltröste von Flachs verkürzt den Prozeß um 6—11 Tage, erhöht den Anteil an langen Fasern u. verbessert ihre Qualität (durch erhöhten Geh. an wachsartigen Stoffen). (Земледелие [Ackerbau] **1953**. Nr. 4. 100—01. Sept. Lett. Zonale Versuchsstation für Lein.) M. GORDIENKO. 8050

I. J. O'Donnell und **J. M. Swan**, *Scheinbarer Abbau von Wolle durch Diazomethanlösungen.* Es wurde gefunden, daß der Abbau von Wolle durch äther. Diazomethanlsgg. nicht durch das Diazomethan selbst bewirkt wird, sondern durch die als Verunreinigung in den Lsgg. enthaltenen kleinen Mengen von bas. Bestandteilen, bes. Methylamin, das allmählich in Ggw. von W. in Trimethylamin u. dann in Tetramethylammoniumhydroxyd übergeführt wird. Die in der Wolle enthaltene Menge W. genügt, um durch die verhältnismäßig starke Base eine alkal. Hydrolyse der Wolle einzuleiten. Entfernt man die bas. Bestandteile zum größten Teil aus den Diazomethanlsgg., was durch Behandlung mit Jodmethyl u. nachfolgende Dest. geschehen kann, so tritt kein Abbau feuchter Wolle ein. (Nature [London] **171**. 571. 28/3. 1953. Melbourne, Commonwealth Sci. and Ind. Res. Organization, Biochem. Unit, Wool Textile Res. Labor.) O. ENGEL. 8060

M. Nakanishi, *Über die Feinstruktur von Seidenfibroin.* 4. Mitt. *Zerfall von Seidenfibroin durch elektrolytische Reinigung.* (3. vgl. C. **1954**. 7320.) Durch elektrolyt. Wrkg. wird die Peptidkette des *Seidenfibroins* (I) allmählich aufgespalten, wobei die amorphen Bestandteile u. reaktionsfähigen Radikale zunehmen. Dadurch wächst die Länge des I. Der YOUNG-Modul der Seide nimmt ab, die Brüchigkeit u. Verfärbung nimmt, im Gegensatz zur Behandlung mit gewöhnlicher Seife, zu. Die Spaltung der Peptidkette scheint bei den Serin-, nicht bei den Tyrosinelementen zu beginnen. — 6 Tabellen. (J. Soc. Textile Cellulose Ind., Japan [Sen-i Gakkaishi] **9**. 223—26. Mai 1953. Katakura Ind. Co. [Orig.: japan.; Auszug: engl.]) SCHULER. 8068

Siegfried Wolf, *Mottenfraß an Chemiefaserstoffen in Fasergemischen und Mischtextilgut.* Fraßverss. mit Raupen der Kleider- u. der Pelzmotte an Wolle–Chemiefaser-Gemischen u. an Chemiefasergemischen ergaben eine Stufenfolge ihrer relativen Fraßbevorzugung oder -ablehnung. Künstliche Cellulosefasern, wie Kupfer-, Acetat- u. Viscosematerialien, werden bedeutend williger gefressen als vollsynthetische. Von letzteren Fasern werden Polyvinylchlorid bevorzugt, Polyamid-, Polyacrylnitril- u. bes. Polyestermaterial weit widerstrebender gefressen. Die Herst. u. Vorbehandlung der Fasern, sowie die Garndrehung, Faserdichte u. der Verteilungsgrad der Fasern beeinflussen diese Stufenfolge. Die relative Fraßbevorzugung bzw. -ablehnung von Chemiefasern wird weitgehend durch ihre Festigkeitseigg., d. h. ihre Zerbeißbarkeit, bestimmt. — 15 Literaturzitate. (Faserforsch. u. Textiltechn. **5.** 68—77. Febr. 1954. Pirna-Copitz u. Dresden, Inst. für Technol. der Fasern der Dtsch. Akad. der Wissenschaften zu Berlin.) A. v. KÖNIG. 8070

—, *Veränderung der Cellulose durch „X-2".* „*X-2*" wird von der DAN RIVER MILLS INC. OF DANVILLE, Virginia, für die knitter- u. schrumpffeste Ausrüstung von Reyon- u. Reyonmischgeweben hergestellt. Stärke wird in Ggw. eines alkal. Katalysators mit CH_2O u. die gebildete Methylolstärke wiederum mit Methylolaceton zur Rk. gebracht. Das Prod. wird dann mit einem mild wirkenden Katalysator auf das Ausrüstungsgut aufgebracht u. erhöhter Temp. ausgesetzt. Hierbei kommt es zur Bldg. zu Querverbb. zwischen den Cellulosemoll. u. den Moll. des Polymerisates, wodurch dem Gewebe neue wertvolle Eigg. verliehen werden, über die im einzelnen berichtet wird. Genaue Vorschriften über die Herst. des Präp. u. dessen Anwendung werden gegeben. (Textile J. Australia **27.** 1386. 20/2. 99—100. 20/3. 1954.) P. ECKERT. 8074

Frank J. Soday, *Synthetische Fasern.* Kurzer Überblick. (Petroleum Refiner **32.** Nr. 11. 114—15. Nov. 1953.) P. ECKERT. 8080

J. R. Whinfield, *Die Entwicklung des Terylenes.* Verkürzte Wiedergabe der C. **1954.** 2303 referierten Arbeit. (Tinctoria [Milano] **50.** 314—16. Aug. 1953.) R. K. MÜLLER. 8080

B. P. Ridge, *Eigenschaften und Verarbeitung des Terylene.* Besprochen werden die physikal., chem. u. technolog. Eigg. (Tabelle) des Terylene, u. zwar der Langfaser u. der Flocke. In diesem Zusammenhang wird an Hand von Kurven die Wärmefixierung der Faser behandelt. Schließlich wird noch auf die Verarbeitung, bes. auf das Verspinnen der Flocke, eingegangen. (Canad. Textile J. **70.** Nr. 24. 58—61. 20/11. 1953.) P. ECKERT. 8080

A. Suzuki und **T. Narita**, *Untersuchung über die Wirkung von chemischen Stoffen auf die physikalischen Eigenschaften von Vinylon- und Amilanfasern.* 1. Mitt. *Festigkeit und Länge der Fasern in Lösungen von Natronlauge.* Die Festigkeit der Fasern von *Vinylon* (I) u. *Amilan* (II) in 2,5, 5 u. 10%ig. NaOH bei 20—100° nimmt bei allen Tempp. mit der Konz. zu (MACKENZIE-Tester). Die Längenveränderungen zeigen keinen eindeutig gesetzmäßigen Verlauf. Die Schrumpfung der nassen Fasern nahm bei I bei 80°, bei II nahe 40° rasch zu. — 7 Diagramme. (J. Soc. Textile Cellulose Ind., Japan [Sen-i Gakkaishi] **9.** 219—22. Mai 1953. Gifu Univ. [Orig.: japan.; Auszug: engl.]) SCHULER. 8080

Noboru Mori und **Koji Fikumi**, *Die Fällung von Polyvinylchloridlösungen durch verschiedene Fällungsmittel und deren Beziehung zur Spinnbarkeit.* Zur Fällung von *Polyvinylchlorid* in Cyclohexanon (1,5%ig.) wurden Methanol, Methanol–W. (1:1), Essigsäure–W. (1:1) zugegeben u. nach verschied. Verff. Stärke u. Geschwindigkeit der Fällung bestimmt. Durch Naßspinnverss. wurden die Einflüsse der verschied. Fällungsmittel auf die Spinnbarkeit geprüft u. erörtert. (J. Soc. Textile Cellulose Ind., Japan [Sen-i Gakkaishi] **9.** 384—86. Aug. 1953. Kyoto Univ. [Orig.: japan.; Auszug: engl.]) SCHULER. 8080

George E. Ham, Alfred B. Craig und **Paul W. Gann**, *Herstellung färbbarer faserbildender Kompositionen. Reaktion von Acrylnitril–Alkenylchloracetat-Copolymeren mit Aminen.* Allyl (I)- u. Methallylchloracetat (II) erweisen sich bei Emulsionscopolymerisation mit Acrylnitril (III) stabiler bzgl. Hydrolyse als Vinylchloracetat (IV). Zusatz von tert. Dodecylmercaptan zum Polymerisationsmedium erhöht Löslichkeit des Polymerisats. Umsetzung der Chloracetatgruppen mit stöchiometr. Mengen Trimethylamin (V) in Dimethylformamidspinnlsgg. zu quaternären Ammoniumsalzgruppen ergibt bei Anwendung von Copolymerisaten mit II beständige Lsgg., mit I Gelbildung. Erstere Prodd. werden folglich vorwiegend in Lsg., letztere an der Faser behandelt. Bei bereits 3% Anteil II zeigt sich nach Umsetzung in Lsg. merkliche Verbesserung der Farbstoffaufnahme. Bei Faserbehandlung mit gasförmigem NH_3 oder Cyclohexylamin ist mindestens 7% Anteil I erforderlich. Alle behandelten Fasern aus

I-, II- u. IV-Anteilen zeigen bei 3std. Erhitzen bei 150° beträchtliche Verfärbung. Mischung von Copolymerisat mit 97% III u. 3% Vinylacetatgeh. u. mit V in Lsg. behandeltem Copolymerisat aus 61% III u. 39% II ergibt gut färbbare Fasern. — 6 Literaturhinweise. (Ind. Engng. Chem. **45.** 2323—26. Okt. 1953. Decatur, Ala., Chemstrand Corp.) —————— REICHERT. 8080

Farbwerke Hoechst Akt.-Ges., vormals Meister Lucius & Brüning, Deutschland (Erfinder: **Michael Erlenbach** und **Adolf Sieglitz**), *Bleichen von ligninhaltigem Fasermaterial,* z. B. Bast-, Hanffasern, Reyon. Das vorher mit alkal. Lsgg. (z. B. einer Lsg. von Na_2CO_3 u. NaOH) behandelte Fasergut wird 30—60 Min. bei 15—25° der Einw. von akt. Cl_2 (Chlorwasser, stark angesäuerter Hypochloritlsg.) ausgesetzt, ausgespült u. sofort bei 50—80° mit einer 0,3—0,8%ig. $NaClO_2$-Lsg. oder mit ClO_2 behandelt. Das Verf. wird mehrmals wiederholt. (**F. P. 1 036 866** vom 8/5. 1951, ausg. 11/9. 1953. D. Prior. 9/5. 1950.) OPPERMANN. 8027

Courtaulds Ltd., London, übert. von: **John Gordon Davoud,** *Herstellung von wasserlöslichem Celluloseacetat* (I). Man hydrolysiert in Ggw. eines Katalysators (H_2SO_4) eine Lsg. eines in W. unlösl. I in wss. Essigsäure, bis I in W. lösl. ist, neutralisiert u. dialysiert die Lösung. — *Textilbehandlungsmittel.* (**E. P. 696 903** vom 3/8. 1950, ausg. 9/9. 1953.) FABEL. 8029

Kendall Co., Boston, übert. von: **Robert H. Gillespie,** Walpole, Mass., V. St. A., *Textilversteifung zum Einplätten in Kragen, Wäsche* oder dgl., bestehend aus einem Gewebe, das mit einer fl. Dispersion aus einem hochmol. Polyvinylchlorid (Mol.-Gew. >20000) in einem niedrigmol. Polyvinylchlorid (Mol.-Gew. 5000—16000) unter Zusatz von Lösungs- u. Weichmachungsmitteln imprägniert u. dann getrocknet ist. (**A. P. 2 646 374** vom 14/2. 1950, ausg. 21/7. 1953.) MÖLLERING. 8033

Lankro Chemicals Ltd., Eccles (Erfinder: **Adolf Koebner,** Davyhulme), Manchester, England, *Quaternäre Ammoniumsalze* der Formel I, worin R Alkyl oder Aralkyl, R_1 H, Alkyl oder Aralkyl, R_2 H oder Alkyl, R_3 Alkylen, R_4 u. R_5 H, Alkyl oder Oxyalkyl, R_6 Alkyl mit 11—17 C-Atomen u. X Cl, Br oder J bedeuten, dienen zur Verhinderung der Bldg. *elektr.* Ladungen auf *gesponnenen Fasern* während der Bearbeitung u. um Textilien einen *weichen Griff* zu verleihen.

$$R{-}CO{-}\underset{R_1}{N}{-}CH_2{-}\underset{R_2}{CH}{-}\underset{X}{N}(R_4)(R_5){\cdot}R_3{-}O{-}CO{-}R_6 \qquad I$$

— Man verestert Triäthanolamin mit Stearinsäure zum Monoester u. setzt diesen mit 1 Mol N-β-Chloräthyloleoylamid um. — Analoge Kondensationsprodd. aus: N-β-Oxyäthyl-N-methylaminoäthyloleat u. N-β-Chloräthyl-N-benzoyloleoylamid bzw. aus N.N-[Bis-(β-oxyäthyl)]-aminoäthyloleat u. N-β-Chloräthyl-N-methyllauroylamid. (**D. B. P. 905 017** Kl. 12q vom 23/8. 1951, ausg. 25/2. 1954. E. Prior. 20/11. 1950.) LANGER. 8033

Lazare Zeff, Haute Garonne, Frankreich, *Verbesserung der Qualität von Textilfasern aller Art.* Man behandelt die Fasern mit einem Prod., welches man erhält durch Vermischen einer Emulgatoren enthaltenden Lsg. eines geschmolzenen Gemisches von Harzen (z. B. gereinigtem Terpentin, Kolophonium) u. Fettsäuren, mineral. Wachsen, Paraffin oder Naphthalin mit einer Lsg. von Al-Sulfat oder einem anderen Metallsalz in W. oder einer Dispersion von Metalloxyden, Talk oder SiO_2 u. dgl. in Wasser. Man kann dieses Gemisch mit starken Säuren behandeln (z. B. HCl, H_2SO_4) u. mit einer Base (z. B. Kalk, NaOH, KOH) neutralisieren. Die so behandelten Fasern zeigen erhöhte Widerstandsfähigkeit, Knitterfestigkeit u. nehmen Farben leichter an. (**F. P. 1 040 176** vom 28/7. 1951, ausg. 13/10. 1953.) OPPERMANN. 8037

Monsanto Chemical Co., St. Louis, Mo., übert. von: **Paul George Beningnus,** Belleville, Ill., V. St. A., *Fungicides Gemisch zum Schutz von Cellulose.* Man verwendet ein Gemisch aus einem in W. lösl. Lösungsm. u. Cu-, Cd- oder Zn-Pentachlorphenolat. — Für die Behandlung von *Gewebe* ist z. B. folgendes Gemisch geeignet: 8,8 (Teile) $CuSO_4{\cdot}5\,H_2O$, 100 W., 40 NH_4OH-Lsg. (28%ig), 40 Monobutyläther des Äthylenglykols, Auffüllen mit W. zu 300 (Teilen) u. Zusatz von 20 Na-Pentachlorphenolat u. 60 Monomethyltetramethylolmelamin (als wss. 75%ig. Lsg.). (**A. P. 2 637 661** vom 28/3. 1945, ausg. 5/5. 1953.) MÖLLERING. 8039

Ciba Akt.-Ges., Basel, Schweiz, *Flammenfeste Textilien* erhält man im Einbadverf. durch Imprägnierung des Gutes mit einer wss. Lsg. eines in W. lösl. Zn-Salzes u. mindestens einer in W. lösl. Verb., die die Gruppe $=N-C(O)-NH_2$ enthält, worauf das Gut im feuchten Zustand auf >100° erwärmt wird. Geeignet sind Zn-Formiat, -Acetat, -Propionat, $ZnSO_4$ oder $ZnCl_2$ u. anderseits Harnstoff (I) oder dessen Alkyl-, Dialkyl- oder Acylverbindungen. — 50 (Teile) $ZnCl_2$ u. 50 I werden zu einem feinen Pulver vermahlen u. mit einer wss. 80% ig. Lsg. des Pulvers wird *Baumwoll-*

gewebe imprägniert, auf 260% abgequetscht u. 30 Min. bei 135° getrocknet; Gewichtszunahme 31%. (**Schwz. P. 294 657** vom 31/5. 1951, ausg. 1/2. 1954.) MÖLLERING. 8045

Farbwerke Hoechst Akt.-Ges., vormals Meister Lucius & Brüning, Frankfurt/M. (Erfinder: **John B. Rust,** Montclair, N. J., V. St. A.), *Krumpfechtmachen von Wolle.* Man behandelt Wolle mit einer Säurelsg. von nicht abgebautem, jedoch teilweise entacetyliertem *Chitin* (**I**), wobei 1,5 **I**-Salz auf das Gut aufgebracht u. — gegebenenfalls nach einer Zwischentrocknung — durch Hitzebehandlung fixiert wird. Man kann das **I**-Salz auch durch Fällungsmittel, z. B. anion. Netzmittel, fixieren. — Geeignet ist z. B. eine 0,25%ig. Lsg. von entacetyliertem **I** in 0,25%ig. wss. Essigsäurelsg., jedoch sind auch Milchsäure oder HCl geeignet. Die Fixierung erfolgt in 5—45 Min. bei 130° oder durch Behandlung mit einer wss. Lsg., z. B des Na-Salzes der Dodecyltoluolsulfonsäure. (**D. B. P. 908 852** Kl. 8k vom 5/11. 1950, ausg. 12/4. 1954. Anmeldung bekanntgemacht 20/8. 1953. A. Prior. 5/11. 1949.) MÖLLERING. 8061

I. P. Bemberg Akt.-Ges., Wuppertal (Erfinder: **Georg Jayme,** Darmstadt), *Künstliche Gebilde aus Cellulose.* Als Lösungsm. dient ein Umsetzungsprod. von $Co(OH)_2$ mit der wss. Lsg. eines Amins, z. B. Äthylendiamin, unter O_2-Ausschluß, gegebenenfalls unter Mitverwendung von NH_4OH. Die Cellulosekomplexverb., der vor oder während des Lösens noch eine organ., OH- u./oder COOH-Gruppen enthaltende Verb., wie Säuren, Oxysäuren, Alkohole, Zucker u. deren Derivv., Weinsäure u./oder Glycerin, zugesetzt worden ist, wird in W., neutrale, saure oder schwach alkal. Medien, mit oder ohne Zusatz von Salzen, bei tiefer, n. oder erhöhter Temp. *versponnen* bzw. zu Filmen vergossen. (**D. B. P. 898 681** Kl. 39b vom 3/2. 1951, ausg. 3/12. 1953.) SALZMANN. 8075

United States Rubber Co., New York, N. Y., V. St. A., *Hitzebeständige Cellulosefasern,* auch aus regenerierter Cellulose, erhält man durch eine Imprägnierung mit einer wss. Lsg. von *2.2'-Diaminodialkyl-,* bes. *-diäthylsulfid* (**I**). 1—6% **I** sollen auf die Fasern aufgebracht werden. Das Verf. eignet sich bes. für die Herst. von *Auto-Cord.* (**E. P. 699 788** vom 28/12. 1951, ausg. 18/11. 1953. A. Prior. 13/4. 1951.) MÖLLERING. 8075

Röhm & Haas G. m. b. H., Darmstadt (Erfinder: **Josef Hofmann,** Frankfurt/M., **Franz Köhler,** Alsbach/Bergstraße, und **Karl Walter,** Darmstadt), *Textilappretur.* Man verwendet wss. Lsgg. von Protein- oder Algenschleim mit Zusatz von in W. lösl. Kunstharzbildnern, bes. Acrolein u. (Thio-) Harnstoff. Außerdem können Weichmachungsmittel, wasserabstoßende Mittel, Polyacryl-, Polymethacryl- oder Polyvinylharze in der Appretur enthalten sein. Die Lsg. soll p_H 6—8 zeigen. Nach der Imprägnierung wird bei höherer Temp. getrocknet. — Z. B. wird eine Hautleimlsg. nach Zusatz eines ohne Säureeinw. kondensierten Harzes zum *Appretieren von Zellwollgewebe* verwendet, worauf das Gewebe gebügelt wird. (**D. R. P. 753 201** Kl. 8k vom 31/1. 1941, ausg. 8/3. 1954.) MÖLLERING. 8075

Zschimmer & Schwarz vormals Chemnitz, Brilon/Westf. (Erfinder: **Richard Huttenlocher** und **Georg Stühmer,** Greiz), *Mattieren von Acetatseide.* Man behandelt das Gut mit heißen wss. Dispersionen von chlorierten Terpenalkoholen (Cl-Geh. ca. 3%, AZ. 200—220), die frei von Pinen u. nach D. R. P. 747 815; C. **1945.** I. 1069 erhalten sind. Geeignet sind ca. 3%ig. Dispersionen mit einem Geh. von 0,3% Seife u. gegebenenfalls 0,1% Hexametaphosphat. (**D. B. P. 904 647** Kl. 8k vom 1/9. 1939, ausg. 22/2. 1954.) MÖLLERING. 8077

Eastman Kodak Co., übert. von: **Joseph B. Dickey, Theodore E. Stanin** und **Harry W. Coover jr.,** Rochester, N. Y., V. St. A., *Lösungen von Polyacrylnitrilen.* Als Lösungsm. geeignet sind folgende P-Verbb.: *Trisdimethylaminophosphinoxyd* (**I**), $Kp._{18}$ 80—82° (erhalten aus $POCl_3$ u. Dimethylaminhydrochlorid), *Bis-(dimethylamino)-diäthylaminophosphinoxyd* (**II**), Kp. 68—70°, *N.N'-Tetramethylmethanphosphonamid* (**III**), $Kp._2$ 63—65°, u. *Methoxy-bis-dimethylaminophosphinoxyd* (**IV**), Kp. 45 bis 46°. **I** u. **II** eignen sich zum Lösen von Polyacrylen u. Mischpolymerisaten hiermit, **III** u. **IV** nur für Polyacrylnitrile mit einem Geh. von mindestens 5% anderer polymerisierbarer Verbb., **I** eignet sich bes. zur Herst. von *Spinnlösungen.* (**A. P. 2 642 406** vom 6/4. 1948, ausg. 16/6. 1953.) MÖLLERING. 8081

Chemstrand Corp., Del., übert. von: **Costas H. Basdekis,** Dayton, O., V. St. A., *Verspinnbare Mischpolymerisate* erhält man durch Vermischen einer *Polyacrylnitril*-Emulsion, die einen sauren Katalysator, wie $K_2S_2O_8$, enthält, mit einer Polymerisatemulsion aus *tert. olefin. Aminen* (z. B. 2- oder 4-Vinylpyridin, 5-Methyl- oder 5-Äthyl-2-vinylpyridin oder Vinylchinolin), die ein bas. anion. Netzmittel, wie K-Oleat, enthält. Im Koagulat sollen 30—80 (%) Acrylnitril u. 70—20 Vinylpyridin enthalten sein. Das Koagulat läßt sich leicht trocknen u. aus einer Lsg., z. B. in Dimethylacetamid, zu *Fäden* spinnen, die mit sauren Farbstoffen färbbar sind. (**A. P. 2 637 717** vom 26/5. 1950, ausg. 5/5. 1953.) MÖLLERING. 8081

Chemstrand Corp., Del., übert. von: **Earl W. Gluesenkamp** und **George E. Ham**, Dayton, O., V. St. A., *Färbbare und fädenbildende Mischpolymerisate*. Ein Polymerisat aus >85 (%) Acrylnitril u. <15 eines anderen olefin. Monomeren wird mit 10—50 eines Alkylhalogenacetates (%-Angabe bezogen auf das stöchiometr. Äquivalent der Nitrilgruppen) in Ggw. von metall. Zn bei 70—110° behandelt. Als die Färbung aktivierende Behandlungsmittel sind genannt: Methyl-, Äthyl-, n- u. Isopropyl- u. Butylchloracetat. (**A. P. 2 637 721** vom 5/10. 1951, ausg. 5/5. 1953.) MÖLLERING. 8081

Owens-Corning Fiberglas Corp., Toledo, O., V. St. A., *Herstellung von Glasfäden*. Man erzeugt aus einer Glasschmelze durch eine Düse feine Fäden, so daß ca. 130 Fäden auf den cm^2 kommen u. läßt diese in einer Presse zusammenlaufen, worauf der erhaltene Strang auf Körper von weniger als 12 mm Durchmesser ausgezogen u. zerkleinert wird u. diese werden unter Entfernung von Luft u. Feuchtigkeit erwärmt, z. B. auf 425—955°, während 30—180 Min., wobei kein Schmelzen erfolgen soll, u. dann wird die M. geschmolzen u. auf blasenfreies Glas verarbeitet. (**Dän. P. 74 885** vom 7/8. 1947, ausg. 27/10. 1952. A. Priorr. 13/4. 1942 u. 14/10. 1944.)

JÜRGEN SCHMIDT. 8083

Louis Diserens, Neueste Fortschritte und Verfahren in der chemischen Technologie der Textilfasern. In 2 Teilen. T. 2, Bd. 2. Neue Verfahren in der Technik der chemischen Veredlung der Textilfasern. Hilfsmittel in d. Textilindustrie. Basel, Stuttgart: Birkhäuser. 1953. (XI + 916 S.) DM 118,50.

XIX. Brennstoffe. Erdöl. Mineralöle.

Valentine Mekler, A. Schutte und **T. T. Whipple**, *Ununterbrochene Verkokung zeigt die Möglichkeit, schwere Rückstände zu verarbeiten*. Das neue Kontaktverkokungsverf. bezweckt in der Hauptsache solche schweren Rückstände zu verarbeiten, die in den sonst üblichen Anlagen nicht verarbeitet werden können. Die Rückstände werden zunächst auf 700° F erhitzt u. nun mit im Kreislauf geführten Koks vermischt. Die leichteren Anteile werden verdampft, während die schwereren Anteile vom Koks festgehalten werden u. hier einen dünnen Film bilden. Im Fortschreiten der Verkokung wird der Film in Gas, KW-stoffdämpfe u. Koks verwandelt, wobei der letztere mit dem zugeführten Koks verbunden bleibt. Die so gebildeten Koksstücke mit einem Durchmesser von ca. 0,5″ oder mehr werden durch einen ununterbrochenen Gasstrom fortgetragen u. auf 900—1000° F erhitzt. Zur Aufrechterhaltung der Temp. wird ein Teil des Kokses verbrannt. Die kleineren Anteile des Kokses werden fortgeführt u. bleiben im Kreislauf, während die größeren Anteile ausgetragen werden. In Verbindung mit einer Vakuum-Flashverdampfung erzeugt man ein gutes Mittelöl. Die Beweglichkeit der Anlage u. die Ggw. eines Beschleunigers gestattet die Verarbeitung der verschiedensten Erzeugnisse. Die Anlage wird ununterbrochen betrieben, wodurch die Ausbeuten an Ölen günstig beeinflußt werden. Der erhaltene Koks ist hell, hart u. von gleichmäßiger Größe. (Oil Gas J. **52**. Nr. 28. 200—03. 16/11. 1953.)

ROSENDAHL. 8142

B. Petuch, *Fortlaufende Kerngewinnung mit umgekehrter Spülung*. (Erdöl-Ztg. **69**. 161—69. Dez. 1953.) ROSENDAHL. 8186

W. T. Marchment, *Überwachung mit Elektronen bei der Erdölverarbeitung*. An Hand von Abbildungen werden die verschied. Einrichtungen beschrieben, die den Betrieb einer Erdölaufbereitungsanlage überwachen helfen. (Oil Gas J. **52**. Nr. 27. 124. 127.129—30. 9/11. 1953.) ROSENDAHL. 8194

Ja. B. Tschertkow und **W. N. Srelow**, *Autoxydation von Kohlenwasserstoff-Heizstoffen*. In Abständen von 6 Monaten wurde der Geh. an O_2-Verbb. in 4 verschied. Ligroin–Kerosin–Erdöl-Fraktionen ermittelt. Bei der Autoxydation wird eine bestimmte Gruppe von KW-stoffen von kompliziertem Bau oxydiert, die einen aromat. Ring, gegebenenfalls in Verbindung mit einem Naphthalinring u. ungesätt. Seitenketten, besitzen. Die Oxydationsgeschwindigkeit ist proportional der Konz. dieser KW-stoffe. Diese sind bei allen Heizstoffen die gleichen, unabhängig von der Art der Herst. u. von der Herkunft des Erdöls. Die Oxydationsprodd. sind in der Hauptsache Alkohole u. Carbonylverbindungen. Saure u. hochkondensierte O-Verbb. sind nur in geringen Mengen vorhanden. (Журнал Прикладной Химии [J. angew. Chem.] **26**. 1039—44. Okt. 1953.) R. RICHTER. 8200

André Marcelin, *Reibung und Abnutzung im Rahmen der Physik der Oberflächen*. Zusammenfassende krit. Übersicht über die Gesetze der Reibung, über die trockene

Reibung u. die 3 Gebiete der schmierenden Reibung, über den Reibungsschreiber mit wechselweiser Bewegung, über die Veränderung der Reibung u. der Abnutzung bei der trockenen Reibung, über die Veränderung der Reibung u. Abnutzung im Ölbad im Bereiche des Stratofilmes u. über Anwendungen. Weiter werden betrachtet verschied. Schmiermittel, Mischungen von mineral. u. vegetabil. Ölen, der Einfl. des Zustandes der Oberfläche, die elektrolyt. Glättung u. die verschied. Metalle. (J. Physique Radium **12.** Nr. 8. Suppl. 1 A—16 A. Okt. 1951.) BOYE. 8220

H. Kölbel und **A. Meusel,** *Über die praktische Erprobung synthetischer Schmieröle.* Durch Alkylierung von Naphthalin hergestellte Schmieröle werden durch Analyse, Motorenvers. u. Analyse der Altöle mit Markenölen verglichen. Das Resultat ergibt, daß die ohne jeden Zusatz verwendeten synthet. Öle die Markenöle natürlicher Herkunft durch Temperaturbeständigkeit u. geringe Verschleißzahlen übertreffen (65% des Kolbenring- u. 35% des Zylinderverschleißes). Bei dem synthet. Heißdampfzylinderöl betrug der Verschleiß an den Kolbenringen nur ca. 7, an der Zylinderwand nur ca. 10% des Verschleißes bei Benutzung natürlicher Öle. (Konstruktion **3.** 204—11. 1951. Homberg/Ndrh., Chem. Werke Rheinpreußen.) K. L. WOLF. 8220

W. K. Zysskowski, *Über die Ansammlung sekundärer Fettalkohole während der Paraffinoxydation.* Aus den Beziehungen zwischen der OH-Zahl des unverseifbaren Anteils der oxydierten Paraffine, der Temp. u. der Reaktionszeit ergibt sich, daß die sek. Fettalkohole im Unterschied zu den prim. bei niedrigeren Tempp. (120°) gegen Luft-O_2 ziemlich beständig sind u. erst bei höheren Tempp. (150°) in stärkerem Umfang in Rk. treten. Die Oxydation der festen Paraffine verläuft demnach nach dem

Schema: Peroxyd ↗ sek. Alkohol → Keton → Ketosäure
→ prim. Alkohol
↘ Aldehyd → Fettsäure.

(Маслобойно Жировая Промышленность [Öl- u. Fett-Ind.] **18.** Nr. 6. 20—21. Juni 1953.) SCHMEISS. 8226

—, *Über die ergänzende Wirkung von Füller und Bitumen.* Trinidad-Asphalt enthält neben ca. 23% harzartigen Anteilen Hartbitumen mit hohem Asphaltengeh. u. mineral. Anteile größter Feinheit (89,8% unter 0,08 mm Durchmesser, 56,2% unter 25 μ u. 15,1% unter 7,5 μ). Die gütesteigernde Wrkg. dieser Feinstanteile zusammen mit der der anderen Bestandteile wird ausführlich beschrieben. (Bitumen, Teere, Asphalte, Peche verwandte Stoffe **4.** 353—54. Dez. 1953. London, Previte [Trinidad Lake Asphalt] Ltd., Techn. Dep.) F. HEINRICH. 8228

—, *Das Elektronenmikroskop in der Erdölindustrie.* Beschreibung des Elektronenmikroskops u. der Technik zur Herst. von Aufnahmen von dünnen Mikrotomschnitten von Schmierfetten. Unters. von Beschleunigern mit Hilfe des Elektronenmikroskops. (Lubrication **9.** 53—64. Juni 1954.) ROSENDAHL. 8242

Mark Bates, *Schwefelbestimmung in Kohle.* S-Best. in Kohle mit Hilfe von ESCHKA-Mischung. (Chemist-Analyst **42.** 100. Dez. 1953. Glace Bay, Nova Scotia, Can., Dominion Coal Co. Ltd.) MOSLÉ. 8244

Albert Herrmann, *Die Rieselfähigkeit von Braunkohlenstäuben und anderen feinkörnigen Schüttgütern.* Zur Best. der Rieselfähigkeit wurde eine App. entwickelt, mit deren Hilfe die verschied. Einflußgrößen, wie H_2O-Geh., Kornform, Korngröße, Feinstkornanteil u. Oberflächenrauhigkeit ermittelt werden können. Unter Zuhilfenahme von Windsichtern ist es möglich, die Rieselfähigkeit zu verbessern, wodurch man eine günstige Beeinflussung der Kornform u. Kornzus. erhält. (Bergakademie, Freiberger Forschungsh., Ausg. A **1953.** Nr. 18. 75—91. Dez.) H. SCHÖBERL. 8244

B. A. Landry und **W. W. Anderson,** *Probenahme von Kohlen durch Teilproben mit hohem ansteigendem Gewicht.* Vff. berichten über günstige Ergebnisse von Verss. zur besseren Anpassung der Probenahme von Kohlen an den stark gestiegenen Verbrauch. Durch mechan. Probenahme von größeren Kohlenmengen vom Förderband wird eine kleinere Probenzahl benötigt. Um die genaue Auswrkg. der veränderten Probenahmen festzustellen, wurden jeweils 30 Aschebestimmungen von je einer ca. 14-, 40-, 60-, 80- u. 100 lbs.-Probe sowie Siebungen u. Flottierungen u. Korndichtebestimmungen (an 60 Proben zu je 50 lbs.) einer im Tagebau gewonnenen Kohle (Indianakohle) vorgenommen. Angabe von techn. Einzelheiten, von Analysendaten (Asche; Siebung; Flottierung); Diskussion der Unterschiede in den Resultaten (Aschegeh.) u. der statist. Erfassung. Die Prüfung von anderen Kohlensorten nach der beschriebenen Weise wird empfohlen. (Trans. Amer. Soc. mechan. Engr. **73.** 989—96. Okt. 1951.) WINGCHEN. 8246

Herbert Weil, *Chromatographische Techniken für das Erdöl.* Gekürzte Wiedergabe der C. **1951.** I. 2107; **1952.** 7598 referierten Arbeiten. (Canad. chem. Processing **37.** 92—94. März 1953.) WALTER. 8252

W. Haebich, *Über die Fehlerquellen bei Pechuntersuchungen.* Es wird darauf hingewiesen, daß während der Viscositätsbest. des Peches die Temp. auf gleicher Höhe gehalten werden muß. Ein knieförmig gebogenes Thermometer wird für die Best. empfohlen. (Brauwelt, Ausg. B **1953.** 807—08. 14/8. München, Wissenschaftl. Stat. für Brauerei.) F. C. MÜLLER. 8264

Torit Chemie G. m. b. H., Hamburg, *Verfahren zur Verbesserung der Verbrennung von Brennstoffen.* Man setzt der Brennstoffbeschickung eine Mischung zu, die ein aufsaugefähiges Material, wie Torf in zerkleinerter Form, einen wachsartigen Stoff, eine in der Wärme O_2-abgebende Verb. u. gegebenenfalls einen Katalysator enthält. Die Mischung kann z. B. aus 30—40 (Gewichtsteilen) Torfmull, 40—50 Erdwachs, 5—10 Harz, 3—5 $NaNO_3$ u. 3—5 Braunstein bestehen. (**D. B. P. 904 768** Kl. 10b vom 30/12. 1951, ausg. 22/2. 1954.) W. HAUSWALD. 8129

C. D. Patents Ltd., übert. von: **Charles Desmond Greaves** und **William Duncan Parker,** London, England, *Herstellung von geformten Kohlenstoffkörpern.* Gepulverte, 10—15% flüchtige Bestandteile enthaltende Kohle wird innig bei einer Temp. von 100—150° mit einem KW-stoff enthaltenden, plast. machenden Mittel, wie Pech, Teer u. dgl., im Verhältnis 4 : 1 gemischt u. die Mischung mit einem Druck von 2 t pro Quadratzoll geformt; die erhaltenen Formkörper werden in einer nichtoxydierenden Atmosphäre bis auf 1200° erhitzt u. nach ca. 30 Min. abgekühlt. — *Verkokbare Briketts.* (**A. P. 2 637 072** vom 27/5. 1949, ausg. 5/5. 1953. E. Prior. 2/6. 1948.) DEMMLER. 8137

Badische Anilin- & Soda-Fabrik Akt.-Ges., Ludwigshafen/Rh. (Erfinder: **Viktor Rank,** Linz/Donau, und **Gerhard Free,** Ludwigshafen/Rh.), *Schwelung fester Brennstoffe.* Die aus dem Schwelofen beim Schwelen fester Brennstoffe, wie Kohle, Torf oder Holz, austretenden Dämpfe werden insgesamt oder nach Abscheidung nur geringer Mengen von hochsd. Anteilen bei Tempp. über 400° in Ggw. von akt. kieselsäurehaltigen Massen einer milden Spaltung unterworfen. Z. B. werden die bei der Tieftemperaturverkokung einer Gaskohle mit 31% flüchtigen Bestandteilen bei 500° entstehenden Schweldämpfe bei 450° über einen Al-Silicatkatalysator geleitet. Es wird ein dünnfl. Schwelteer in einer Ausbeute von 8% der angewandten Trockenkohle mit 70% bis 350° sd. Anteilen erhalten. (**D. B. P. 890 650** Kl. 12r vom 8/10. 1944, ausg. 21/9. 1953.) HERBST. 8141

Patents Ltd., London, England (Erfinder: **Wilfrid Francis**), *Feste, kohlenstoffhaltige Massen.* Ein wss., C-haltiger Schlamm oder Nd. (erhalten bei der Kohlewäscherei) wird mit einer Emulsion oder Dispersion eines anorgan. Bindemittels, wie Na-Silicat, innig vermischt, die gebildete Emulsion oder Dispersion gebrochen, z. B. durch Zusatz von Säure, wobei das C-haltige Material sich absetzt. Nach Entfernung der dispersen Phase u. Zentrifugieren des Nd. erhält man eine brikettierbare M. mit höchstens 5—10% W., die zur Verkokung verwendbar ist. (**E. P. 650 881** vom 26/10. 1948, ausg. 7/3. 1951.) KRAUSS. 8143

Standard Oil Development Co., Del., übert. von: **Warren K. Lewis,** Cambridge, Mass., V. St. A., *Herstellung eines CO-reichen Gases* aus C-haltigen Feststoffen. Diese werden in fein gepulvertem u. fluidisiertem Zustand bei 1500—2000° F mit einem CO_2, Wasserdampf u. freien O_2 enthaltenden Gas in Kontakt gebracht u. CO_2 u. H_2O vollständig red., wobei die O_2-Menge zur Aufrechterhaltung der Reaktionstemp. ausreichend bemessen sein muß. Aus dieser Reaktionszone wird das C-haltige Material abgezogen u. in ebenfalls fluidisiertem Zustand mit einem Wasserdampf u. O_2 enthaltenden Gas bei 1500—2500° F verbrannt, ohne daß die entstehende Asche zum Sintern kommt. (**A. P. 2 631 934** vom 3/4. 1946, ausg. 17/3. 1953.) DEMMLER. 8149

Daimler-Benz Akt.-Ges. (Erfinder: **Otto Winkelmann**), Stuttgart, *Reinigen von Generatorgas,* bei der Gas zwecks Ausscheidung eines möglichst großen Teils der in ihm enthaltenen kondensfähigen Stoffe gekühlt u. vor seinem Durchgang durch ein Filter, bes. durch Filtersäcke, wieder aufgeheizt wird, dad. gek., daß das Wiederaufheizen durch die Auspuffgase des mit dem Gas anzutreibenden Motors erfolgt. (**D. B. P. 904 810** Kl. 26d vom 13/2. 1945, ausg. 22/2. 1954. Anmeldung bekanntgemacht 16/10. 1952.) DEMMLER. 8151

Demag Akt.-Ges., Duisburg (Erfinder: **Alfred Schneemilch,** Homberg/Ndrh.), *Erzeugung von Wassergas.* In eine in ständigem Abwärtsfluß befindliche Brennstoffsäule werden etwa in deren Mitte der Heißblasewind u. am unteren Ende der Vergasungswind eingeleitet, während das Wassergas–Dampf-Gemisch etwas unterhalb der Zuführungsstelle für den Heißblasewind abgeführt wird, so daß der in der Brennstoffsäule nach unten wandernde Brennstoff im oberen Schachtteil heißgeblasen u. im unteren vergast wird. Zur Gewinnung eines N-freien Gases wird der Wassergasdruck an der Austrittsstelle größer gehalten als der Winddruck an der Eintrittsstelle für den Heißblasewind, so daß ständig etwas Wassergas in den Heißblaseraum übertritt, wo es mit dem Heißblasewind verbrennt. (**D. B. P. 906 253** Kl. 24e vom 30/8. 1944, ausg. 11/3. 1954. Anmeldung bekanntgemacht 2/7. 1953.) DEMMLER. 8153

Demag Akt.-Ges., Duisburg (Erfinder: **Friedrich Johswich**, Essen), *Herstellung von Gasen mit einem bestimmten CO–H_2-Verhältnis* aus Ausgangsstoffen mit höherem H-Geh. für Verff., bei denen CO zu CO_2 u. H_2 zu H_2O umgesetzt werden, bes. für die *Erzreduktion*. Die Gase werden nach ihrer Verwendung im Kreislauf geführt, hierbei von dem Wasserdampf teilweise befreit u. anschließend, z. B. in einem Recarburator, als Vergasungsmittel für die Ausgangsstoffe verwendet. Als Ausgangsstoffe sind KW-stoffe enthaltende Stoffe, wie Öl, Teer, Pech, Asphalt, Erdölverarbeitungsrückstände u. Raffinationsabfälle, geeignet. Das Kreislaufgas kann an verschied. Stellen des Reaktionsraumes (Schacht- oder Syntheseofen) abgezogen werden, an welchen das Gas verschied. CO_2- u. H_2O-Geh. aufweist, wobei die Teilströme zum Entzug des Wasserdampfes zusammengeführt werden. Im Kreislaufgas vorhandener H_2 kann vor der Trocknung verbrannt werden. Man kann ferner CO_2 zusetzen. — Vorrichtungen, Abbildungen. (**D. B. P. 905 974** Kl. 12i vom 13/9. 1951, ausg. 8/3. 1954.) ZÜRN. 8155

Märkische Steinkohlengewerkschaft (Erfinder: **Paul Holthaus**), Heessen, *Abscheidung leicht kondensierbarer Stoffe*, bes. W. u. Naphthalin, *aus Fernleitungsbrenngasen mittels Tiefkühlung*. Die Gase werden auf einen höheren als den Fernleitungsdruck gebracht, mittelbar auf etwa Außentemp. gekühlt u. unter Arbeitsleistung derart auf den Fernleitungsdruck entspannt, daß der E. des W. nicht unterschritten wird. (**D. B. P. 889 505** Kl. 26d vom 31/3. 1949, ausg. 8/2. 1954.) DEMMLER. 8167

Heinrich Koppers G. m. b. H., Essen (Erfinder: **Otto Judal**, Kamp-Lintfort), *Gewinnung von Benzol und Homologen aus angereichertem Waschöl* u. Regenerierung von ausgebrauchtem Waschöl, wobei das angereicherte Waschöl zunächst unter Erzeugung eines Destillates, das etwa zur Hälfte aus Waschölanteilen besteht, abgetrieben u. danach das Destillat, nachdem ihm ausgebrauchtes Waschöl zugemischt worden ist, in einem Röhrenerhitzer verdampft u. in einer anschließenden Fraktionierkolonne unter Zusatz einer beschränkten Menge Wasserdampf in mehrere Fraktionen, darunter eine harz- u. pechfreie Waschölfraktion, zerlegt wird, dad. gek., daß das durch den zuerst mit dem Gas in Berührung kommenden Gaswascher umlaufende Waschöl bzw. ein Teil davon mit dem Vorprod. (Leichtöl) vermischt u. dieses Gemisch unter Gewinnung einer von harz- u. pechartigen Verunreinigungen freien Waschölfraktion dest. wird, während das durch die übrigen Gaswäscher umlaufende Waschöl für sich abgetrieben wird. — Zeichnung. (**D. B. P. 906 608** Kl. 26d vom 21/1. 1943, ausg. 15/3. 1954. Anmeldung bekanntgemacht 11/6. 1953.) DEMMLER. 8171

Whessoe Ltd., Kenneth Walter Francombe u. **Jan Stout**, Darlington, England, *Kontinuierliches Gasreinigungsverfahren*, bes. für die Entfernung von H_2S mittels aus Fe_2O_3 bestehender Reinigungsmasse; die M. wandert in einem turmartigen Gefäß von oben nach unten, während das Gas die M. in ihrer gesamten Höhenausdehnung in horizontaler Richtung durchströmt. — Zeichnung. (**E. P. 695 355** vom 25/7. 1949, ausg. 12/8. 1953.) DEMMLER. 8173

Walter Frederick Thorne, Poole, Dorset, und **Bournemouth Gas & Water Co.**, London, England, *Reinigen von Gasen*, die H_2S, HCN, SO_2, NO u. NH_3 enthalten. Die Gase werden von unten nach oben durch eine mit aus Fe-Oxyd bestehender Reinigungsmasse (I) angefüllte Kammer (II) geführt, wobei I oben in II unter Regelung ihres Wassergeh. aufgegeben u. am Boden von II in einer solchen Menge abgezogen wird, daß sie, ohne zusammenzubacken, II in freiem Flusse durchwandert. (**E. P. 640 065** vom 8/1. 1948, ausg. 12/7. 1950.) DEMMLER. 8173

Bergbau-Akt.-Ges. Ewald-König Ludwig, Herten, Westfalen, *Herstellung von cumaronähnlichen Harzen* aus den bei der Gewinnung von Benzol-KW-stoffen in Kokereien u. Gaswerken anfallenden, stark ungesätt. KW-stoffe enthaltenden Vorläufen, dad. gek., daß die Vorläufe bzw. eine CS_2-freie Fraktion von ihnen einer Druckwärmebehandlung bis zu 12 atü bei 200° unterworfen werden. Dabei können die Vorläufe bzw. die CS_2-freie Fraktion durch entsprechend erhitzte Röhren gepreßt u. in einem Behälter zur Trennung der Harze von den nicht verharzbaren, dampfförmigen Bestandteilen entspannt werden. Die Vorläufe werden hierzu vor der Wärmedruckbehandlung einer gelinden Wäsche mit verd. NaOH u. mit H_2SO_4 von <50% unterworfen u. destilliert. Dabei wird nach der Entfernung des CS_2 durch Dest. weiterdest., bis die Anfangssiedepunkte infolge Zers. wieder fallen, u. das dann anfallende Destillat der Wärmedruckbehandlung unterworfen. Helles springhartes Harz. (**D. B. P. 907 300** Kl. 12r vom 18/3. 1943, ausg. 22/3. 1954. Anmeldung bekanntgemacht 23/7. 1953.) HERBST. 8175

Byk-Gulden, Lomberg, Chemische Fabrik G. m. b. H., Deutschland, *Verarbeitung von Teeren oder Teerölen, besonders von Tieftemperaturteeren.* Man vermischt die Teere oder Teeröle mit Bzn. oder mit Leichtölen, die allenfalls minimale Mengen an aromat. Substanzen enthalten können, oder mit Gasölen derart, daß sich die asphalt. Substanzen ausscheiden. Das erhaltene Prod. wird sogleich mit einer Alkalilauge behandelt u. nach Abtrennung der Phenolatlsg. das anfangs zugesetzte Lösungsm. abdestilliert. Man erhält hochwertige *Heizöle,* die auf Dieselkraftstoffe für schnellaufende Dieselmotoren verarbeitet werden können. Mit den asphalt. Substanzen werden auch der in den Schwelteeren enthaltene Staub u. W. entfernt. Die Phenolatlsgg. werden auf *Phenole* verarbeitet. — Vorrichtung. (**F. P. 1 041 656** vom 9/3. 1951, ausg. 26/10. 1953.) OPPERMANN. 8177

Stadtwerke Düsseldorf (Erfinder: **Constanz Eymann**), Düsseldorf, *Entwässern von Teer,* dad. gek., daß man den Teer mit oberhalb 18 kHz, im Frequenzgebiet von 18—28 kHz liegenden Schwingungen beschallt. Nach 5 Min. hatten sich 5%, nach 10 Min. 80% u. nach 15 Min. 85% des gelösten Gaswassers ausgeschieden. (**D. B. P. 895 455** Kl. 12r vom 31/7. 1951, ausg. 2/11. 1953.) HERBST. 8177

F. J. Collin Akt.-Ges., Deutschland, *Reinigen von Teeren und Teerprodukten,* z. B. Steinkohlen-, Braunkohlenrohteer. Zur Entfernung von W. u. in W. unlösl. Substanzen (bes. C- u. Fe-Teilchen) läßt man den Teer bei 110—170° u. 3—15 atü ein schräg liegendes zylindr. Gefäß unter Vermeidung jeglicher Turbulenz langsam von oben nach unten passieren. Hierbei scheiden sich die festen Teilchen am Boden des Gefäßes, das W. auf der Teeroberfläche ab. Zur Zerstörung von Öl-W.-Emulsionen setzt man dem Teer säurehaltiges (z. B. HCl, Essigsäure) oder eine Base enthaltendes W. zu oder leitet in den Teer ein Gas (z. B. H_2S, Kokereigas) ein. Zur Erniedrigung der Viscosität durch Auflösen von pechartigen koll. Substanzen versetzt man den Teer mit geeigneten Lösungsmitteln (z. B. Bzl., Mineralöl, bes. chloriertem Naphthalin). — Vorrichtung. (**F. P. 1 038 775** vom 12/6. 1951, ausg. 1/1. 1953. D. Prior. 20/6. 1950.) OPPERMANN. 8179

Standard Oil Development Co., übert. von: **Lloyd A. Nicolai,** Baton rouge, La., V. St. A., *Destillation fluidisierten Ölschiefers,* der in feiner Verteilung durch ein aufwärtsströmendes Gas in einer Destillationszone in hochturbulentem Zustand gehalten wird. Die zur Dest. benötigte Hitze wird durch Verbrennen des ebenfalls fluidisierten Destillationsrückstandes mit einem O_2-haltigen Gas in einer besonderen Verbrennungszone bei Verbrennungstemp. ergänzt. Den heißen Verbrennungsrückstand bringt man in die Destillationszone, nachdem man ihn vorher abwärts in eine Behandlungszone geleitet hat, wo er im Gegenstrom mit einem aufwärtsströmenden reduzierenden Gas (H_2, CH_4) behandelt worden ist. Die Behandlung mit dem reduzierenden Gas dauert 1—10 Min. bei 900—1200° F. — Zeichnung. (**A. P. 2 643 218** vom 16/6. 1949, ausg. 23/6. 1953.) UNGER. 8181

Cities Service Oil Co., übert. von: **William B. Hughes,** Bartlesville, und **Bennie Heinze,** Pawhuska, Okla., V. St. A., *Verhindern der Korrosion von Metallen, die mit den aus den Ölbohrungen kommenden Flüssigkeiten in Berührung kommen.* Den Fll. wird das Reaktionsprod. von äquimol. Mengen Polyäthylenamin u. einem Aldehyd zugesetzt, das durch eine Carbonsäure neutralisiert ist, z. B. werden 1 (Mol) Triäthyltetramin u. 1 Formaldehyd mit 4 Ölsäure versetzt. (**A. P. 2 643 227** vom 21/2. 1950, ausg. 23/6. 1953.) MARKHOFF. 8187

Sinclair Oil & Gas Co., übert. von: **Thomas G. Wisherd,** Tulon, Okla., V. St. A., *Entgelieren von Erdölgelen von Seifenkonsistenz* durch einen Gelbrecher, den man durch Sulfonierung u. Neutralisation (NH_3, Na-Verb.) von Stoffen erhält, die bei der Herst. von Dodecylbenzol entstehen, u. hauptsächlich aus Didodecylbenzol, zusammen mit anderen polyalkylierten Benzolen bestehen. (**A. P. 2 652 370** vom 20/4. 1951, ausg. 15/9. 1953.) UNGER. 8191

Ruhrchemie Akt.-Ges., Oberhausen-Holten, *Reinigung, besonders Aufhellung von ganz oder teilweise gesättigten Kohlenwasserstoffen* durch Hydrierung der hydrierbaren Begleitstoffe durch Behandeln mit H_2 bei Tempp. zwischen 100—300° u. bei erhöhten Drucken in Ggw. von H_2 übertragenden Katalysatoren u. von Verdünnungs- u./oder

Lösungsm., dad. gek., daß als Verdünnungs- u./oder Lösungsmittel solche Stoffe verwendet werden, welche einerseits bei der niedrigsten in Frage kommenden Temp. von ca. 100° Dampfdrucke von höchstens 1 atü haben u. andererseits gegenüber dem Einsatzmaterial eine für die Trennschärfe der bei der Dest. verwendeten Kolonne ausreichende Siedelücke aufweisen, z. B. aliphat. KW-stoffe von einer C-Zahl höher als 7, bes. C_9, u. daß die Hydrierung bei maximal 30 atü H_2-Druck durchgeführt wird. (**Oe. P. 173 684** vom 22/8. 1951, ausg. 10/1. 1953. D. Prior. 19/6. 1951.)
M. F. MÜLLER. 8195

Shell Development Co., San Francisco, übert. von: **Mott Souders jr.,** Piedmont, und **Russell N. Shiras,** Oakland, Calif., V. St. A., *Ungesättigte Kohlenwasserstoffe* mit konjugierten Doppelbindungen aus Erdöl durch fraktionierte Destillation. Es werden drei Fraktionen abgetrennt, welche bei 156—185, 195—245 u. 260—300° F in der Hauptmenge übergehen. Eine der drei Fraktionen wird von den aromat. KW-stoffen befreit, u. der restliche Anteil wird mit einer der anderen Fraktionen vereinigt u. einem Crackverf. in der Dampfphase bei 1100—1450° F unterworfen, bis ca. 30 bis 70% in ein gasförmiges Prod. übergeführt worden sind, welches sich größtenteils aus ungesätt. KW-stoffen zusammensetzt. — Zeichnung. (**Can. P. 486 783** vom 12/4. 1943, ausg. 23/9. 1952. A. Prior. 26/5. 1942.) M. F. MÜLLER. 8197

Standard Oil Development Co., Elizabeth, N. J., übert. von: **Edward J. Hoffmann** und **Edward F. Wadley,** Baytown, Tex., V. St. A., *Hydrieren von Kohlenwasserstoffen,* bes. von Fraktionen gecrackter Öle im Benzinsiedebereich, welche Mono- u. Diolefine enthalten. Es werden lediglich die Diolefine hydriert, indem man das KW-stofföl mit 0,1—1% eines aliphat. Mercaptans mit 1—4 C-Atomen oder eines Thiophenols mit unterhalb 450° F liegendem Kp. versetzt u. bei 400—600° F (bevorzugt bei 500° F) u. 45—500 lbs./sq.in. mit einer Flüssigkeitsraumgeschwindigkeit von 1,5—12 (bes. 2—8) in Ggw. eines S-unempfindlichen Katalysators (Sulfide von Mo, W u. Ni) mit 100 bis 2000 (bes. 100—1000) Kubikfuß H_2 je Barrel KW-stoff hydriert. Die S-Verbb. werden dann mit Alkalihydroxydlsg. (bes. NaOH) entfernt. (**A. P. 2 653 438** vom 1/9. 1950, ausg. 12/5. 1953.) W. HEROLD. 8199

General Motors Corp., Detroit (Erfinder: **Paul L. Cramer,** Highland Park), Mich., V. St. A., *Herstellung von Decanen mit stark verzweigter Kohlenstoffkette.* Die aus Trimethyläthylen, Dimethyläthylcarbinol oder Methylisopropylcarbinol durch Behandeln mit 60—81%ig., bes. 75%ig. H_2SO_4 bei 50—80° erhaltenen Diamylene werden in üblicher Weise hydriert, wobei in 85—90%ig. Ausbeute ein bei 151—159° sd. Gemisch erhalten wird, das aus *2.2.3.4-* u. *2.3.4.4-Tetramethylhexan* neben wenig *3.5.5-Trimethylheptan* besteht u. die gleiche oder bessere *Klopffestigkeit* u. gleiche Bleiempfindlichkeit besitzt wie Isooctan. (**D. B. P. 887 805** Kl. 12o vom 5/3. 1942, ausg. 27/8. 1953.)
W. HEROLD. 8201

Anglo-Iranian Oil Co. Ltd., London, England, *Brennstoff für Zweitaktmotoren,* bestehend aus Bzn. mit Zusatz von ca. 8 (%) Mineralöl, dem 0,1—1 eines Oxydationsmittels, z. B. Methyl-, Äthylnitrat, Pikrinsäure oder Benzoylperoxyd, zugesetzt ist. Verhinderung der Rußbildung. (**Schwz. P. 294 701** vom 10/4. 1951, ausg. 1/2. 1954. F. Priorr. 19/4. u. 6/11. 1950.) DERSIN. 8205

California Research Corp., San Francisco, übert. von: **Edward J. McLaughlin,** El Cerrito, **George H. Denison jr.,** San Rafael, und **Maurice R. Barusch,** Richmond, Calif., V. St. A., *Antiklopfmittel,* bestehend aus einer Mischung von W. u. wenigstens 75 (%) eines Alkoholes, z. B. Methanol, A. oder Isopropylalkohol, dem 8—15 N-substituierte Phenylendiamine, z. B. N-Methyl-p-phenylendiamin, N-Methyl-o-phenylendiamin, N.N'-Dimethylphenylendiamin oder N.N'-Dimethyl-1.2-diamino-4-methylbenzol oder N.N'-Dimethyl-1.4-diamino-2-isopropylbenzol oder 4-Methylamino-2-methylanilin, zugesetzt sind. (**A. P. 2 637 635** vom 9/6. 1949, ausg. 5/5. 1953.)
DERSIN 8209

Gulf Oil Corp., Pittsburgh, Pa., übert. von: **Herschel G. Smith,** Wallingford, und **Troy L. Cantrell,** Lansdowne, Pa., und **John G. Peters,** Audubon, N. J., V. St. A., *Mittel zur Verhinderung der Schlammabscheidung in Heizölen.* Man setzt diesen 0,001 bis 5% einer Mischung gleicher Teile von 1. einem Kondensationsprod. von 1 (Mol) $Ca(OH)_2$, 3 CH_2O, 2,3 p-Tetramethylbutylphenol u. 0,7 Anilin u. 2. einem Kondensationsprod. von 1 NH_4OH, 1,5 CH_2O u. 1 Octylphenol zu. (**A. P. 2 632 696** vom 28/8. 1950, ausg. 24/3. 1953.) DERSIN. 8217

Standard Oil Development Co., V. St. A. (Erfinder: **Louis A. Mikeska**), *Verbesserung von Schmierölen,* bes. von Ölen für Auto- u. Flugzeugdieselmotoren. Man setzt den Ölen Reinigungsmittel zu, welche man dadurch erhält, daß man die Thiuroniumbase (Isothioharnstoff) mit einer P enthaltenden Säure (z. B. H_3PO_4, H_3PO_3, Thiophosphorsäure, thiophosphorigen Säuren, Phosphonsäuren, Thiophosphonsäuren) zu einem Salz umsetzt. Solche Reinigungsmittel sind z. B. Dodecylthiuroniumheptadecylphenyloxymethylphosphonat, Dodecylthiuroniumparaffinphenylphosphat, Dodecylthiuroniumparaffinphenyldithiophosphat. Man kann das Reinigungsmittel auch dem Kraftstoff zusetzen. (**F. P. 1 039 566** vom 24/10. 1950, ausg. 8/10. 1953. A. Prior. 6/12. 1949.) OPPERMANN. 8221

Standard Oil Development Co., Del., übert. von: **Alexander H. Popkin**, New York, N. Y., V. St. A., *Schmiermittel*, gek. durch einen Geh. an 0,1—15 (%) eines Mischpolymerisates (I) aus 80—95 Laurylacrylat u. 20—5 Methacrylat. Die Herst. von I erfolgt bei 40—100° in Ggw. von Lösungsmitteln, wie Toluol, Ä. oder Äthern u. Peroxyden (Benzoyl, Acetylperoxyd) in Mengen von 0,1—3%. I kann auch Asphalt, Harzen, natürlichen u. künstlichen Kautschuken zugesetzt werden. (**A. P. 2 604 453** vom 30/12. 1948, ausg. 22/7. 1952.) SEIZ. 8223

—, Chemicals, gas and mining engineering, oil prospecting and production. Rev. edn. London: H. M. S. O. 1954. (72 S.) 1 s. 6 d.

XXIV. Photographie.

W. Noddack und **G. Eckert**, *Über die Energiebilanz der Bromsilberphotolyse.* Vff. beschreiben eine Versuchsanordnung zur Best. der Wärmetönungen, die bei der Bestrahlung von *AgBr* mit Licht (OSRAM-Hg-Dampflampe) der Wellenlänge 4358 u. 3650 Å auftreten, um daraus die Energie für die Rk.: $[Ag^+Br^-]_{Krist} = [Ag]_{Keim} + [Br]_{Atom} - Q$ zu berechnen. Die hierfür verwandte Thermosäule besteht aus einem polierten Ni-Blech von 0,1 mm Dicke u. 7×14 mm Fläche. Auf die eine Seite werden Ruß oder AgBr aufgebracht, auf der anderen Seite befinden sich isoliert durch eine dünne Glimmerplatte eine Reihe Lötstellen von 30 Thermoelementen Cu-Konstantan. Eine zweite Reihe liegt auf einem Cu-Bügel von 3 mm Dicke. Der Thermostrom wird mit einem ZERNICKE-Spiegelgalvanometer gemessen, das bei 3,70 m Skalenabstand eine Empfindlichkeit von $6{,}76 \cdot 10^{-10}$ A je Skalenteil bei kurzer Einstellzeit besitzt. Es werden zwei Größen bestimmt: die von der geschwärzten Thermosäule pro Sek. aufgenommene Strahlung u. die bei der Bestrahlung des Syst. AgBr–Acceptor pro Sek. auftretende Erwärmung, die sich wie eine Bestrahlung äußert. Da sich reines AgBr für photochem. Unterss. wenig eignet, weil das frei werdende Ag sich zu Keimen zusammenballt u. das Br-Atom zum Teil wieder mit Ag reagiert, wodurch die Lichtausbeute mit steigender Lichtmenge immer weiter abnimmt, setzt man den Versuchssystemen einen Bromacceptor in Form von Gelatine mit 0,1% $NaNO_2$, Na_2SO_3 oder NaN_3 zu. — Aus den Messungen ergibt sich die Wärmetönung Q obiger Gleichung zu Q = 17,1 kcal. Dieser Calorienzahl entspricht eine Wellenlänge von 16700 Å, das heißt, bis zu dieser Wellenlänge sollte sich AgBr durch Licht zers. lassen, wenn es Licht bis zu dieser Grenze absorbieren würde. Diese Grenzwellenlänge müßte auch die langwellige Grenze seiner Sensibilisation sein. Mit Hilfe von Q errechnet sich der Energiebetrag für die Gleichung $[Ag^+]_{Krist} + \Theta = [Ag]_{Keim}$ zu 41,2 kcal entsprechend $\lambda = 6950$ Å. Diese Wellenlänge ist ident. mit dem Maximum der „HERSCHEL-Bande" nach POHL bei 6950 Å. Das errechnete Resultat befindet sich also mit der Beobachtung in bemerkenswerter Übereinstimmung. Die letztere Gleichung kann, in umgekehrter Richtung gelesen, zur Deutung des HERSCHEL-Effektes, das heißt für die Zerstörung des latenten Bildes durch Rotbelichtung, herangezogen werden. (Z. Elektrochem., Ber. Bunsenges. physik. Chem. **57.** 696—700. 1953. Bamberg, Inst. für Geochem.) W. GÜNTHER. 8598

Fred H. Perrin und **J. H. Altman**, *Untersuchungen über das Auflösungsvermögen photographischer Emulsionen.* 4. Mitt. *Der Effekt der Entwicklungszeit und die Entwicklerzusammensetzung.* (3. vgl. J. opt. Soc. America **41.** [1951.] 1038.) Vf. untersucht drei typ. photograph. Emulsionen auf ihr Auflösungsvermögen (ALV) in Abhängigkeit von Entwicklungszeit u. Entwicklerzusammensetzung. Das ALV steigt nach einer gewissen Induktionsperiode mit der Entwicklungszeit relativ rasch an, geht kurze Zeit durch ein Maximum u. sinkt schließlich auf einen konstanten Wert, der sich auch bei längerer Entw. nicht ändert u. für eine Emulsion charakterist. ist. Im allg. geben bei Ausentw. alle Entwickler das gleiche ALV. Eine Ausnahmestellung nehmen rhodanhaltige Entwickler, z. B. KODAK DK–20, ein, insofern, als sie bereits bei relativ geringer Schwärzung ein hohes ALV zeigen. Für diese Entwickler ist der Rückgang des ALV mit Erhöhung des γ am geringsten. Bei niederen γ-Werten liegt im allg. das ALV um ca. 20% höher als bei Ausentw. im Gegensatz zu Borax- u. Rhodanentwicklern, wo es um 40% höher liegt. Die Versuchsergebnisse befinden sich in gutem Einklang mit den von anderen Autoren mitgeteilten Beobachtungen. — 23 Literaturhinweise.

(J. opt. Soc. America **42.** 455—61. Juli 1952. Rochester, N. Y., Eastman Kodak Co., Res. Labor.) W. GÜNTHER. 8600

Fred H. Perrin und **J. H. Altman,** *Untersuchungen über das Auflösungsvermögen photographischer Emulsionen.* 5. Mitt. *Der Abschwächer- und Verstärkereffekt.* (4. vgl. vorst. Ref.) Vf. untersucht drei Emulsionen, eine kontrastreich arbeitende Positivemulsion, einen feinkörnigen u. einen hochempfindlichen Negativfilm, auf ihr Auflösungsvermögen (ALV) bei Behandlung mit photograph. Abschwächern u. Verstärkern. Abschwächer vermindern das ALV im allg., mit Ausnahme von P e r s u l f a t , das bei Abschwächung zu relativ geringen Schwärzungen das ALV verbessert. — Verstärker verhalten sich verschieden, einige zeigen einen kleinen Effekt auf das ALV. Die meisten beeinflussen das ALV bei geringen u. mittleren Dichten in ungünstigem Sinn, lediglich der Silberverstärker (KODAK In–5) verbessert das ALV bei hohen Schwärzungen. (J. opt. Soc. America **42.** 462—67. Juli 1952.) W. GÜNTHER. 8600

Fred H. Perrin und **J. H. Altman,** *Untersuchungen über das Auflösungsvermögen photographischer Emulsionen.* 6. Mitt. *Der Einfluß der Mirenart und des Testobjektkontrastes.* (5. vgl. vorst. Ref.) Vff. machen Vorschläge für eine systemat. Bezeichnung der für Auflösungsmessungen gebräuchlichen Linienraster u. Miren (Abbildungen u. Bezeichnungen vgl. Original). Neun Typen dieser Testobjekte wurden mit einem Dreilinienraster verglichen, das bisher in den Kodaklabors. für die Standardmeth. zur Best. des Auflösungsvermögens (ALV) von photograph. Materialien verwendet wurde. Als Testemulsion für die Unterss. diente ein Fliegerfilm von geringem Kontrast u. ein hart arbeitender Feinkornfilm, wie er für Mikrokopien verwendet wird. — Die Unterss. führten zu folgenden Feststellungen. Linienraster führen bei den Messungen nur dann zu vergleichbaren Werten mit dem Standarddreilinienraster, wenn die Länge der Linien die gleiche ist. Ist diese kleiner als bei dem Dreilinienraster, so werden niedrigere Werte für das ALV erhalten. Verkürzt man die Linien beim Dreilinienraster, so ergeben sich ebenfalls niedrigere Werte. Die Mire nach LANDOLT mit unterbrochenem Ring erweist sich bes. geeignet für Auflösungsmessungen. Zwischen ALV u. Linienkontrast, der Dichtedifferenz zwischen Linie u. Zwischenraum, besteht eine Exponentialbeziehung, die weitgehend von der Emulsionsart abhängig ist. — 26 Literaturhinweise. (J. opt. Soc. America **43.** 780—90. Sept. 1953.) W. GÜNTHER. 8600

W. Noddack und **H. Meier,** *Über den Sperrschichtphotoeffekt an Sensibilisatorfarbstoffen.* In Fortsetzung früherer Arbeiten (vgl. C. **1954.** 1162) über das lichtelektr. Verh. von Sensibilisierungsfarbstoffen konnte bei diesen das Auftreten eines Sperrschichtphotoeffektes festgestellt werden. Untersucht wurden: *Pinacyanol, Pinacyanolblau, Orthochrom T, Cyanin, Dicyanin, Pinachrom, Äthylrot, Astraphloxin, Nilblau, Phenosafranin, Pinakryptolgrün, Methylengrün, Pinakryptolgelb, Eosin, Erythrosin, Rose bengale, Brillantgrün, Malachitgrün, Fuchsin, Methylviolett 2 B, Äthylorange, Äthylgrün, Cu-Phthalocyanin, Uranin, Methylrot* u. *Aurin.* Es wird eine Versuchsanordnung (Schema vgl. Original) beschrieben, die eine Photozelle enthält, nur daß sich an Stelle des Se oder Cu_2O eine Farbstoffschicht von 10^{-4} bis 10^{-5} cm Dicke befindet. Sie erfüllt folgende Forderungen: rasche Vergleichsmöglichkeit der Leerlaufspannung u. des Kurzschlußstromes, Messung des Dunkelstromes bei Anlegen gerichteter Spannung, Kompensation des Dunkelstromes u. gegebenenfalls Polarisationserscheinungen. — Sowohl bas. als auch saure Farbstoffe zeigen den lichtelektr. Effekt. Auch Desensibilisatoren sind lichtelektr. wirksam. Jeder Farbstoff hat eine charakterist. Art, den Photoeffekt zu zeigen. Es gibt Farbstoffzellen, die rasch ermüden oder erst längere Zeit belichtet werden müssen, bis sie für die Messungen verwendet werden können. Manche zeigen eine mehr oder weniger große Polarisation, die beim Kurzschließen der Zellen mit der Zeit abnimmt. Pinachrom weicht als einzige Ausnahme von den übrigen Farbstoffen vollständig ab, es zeigt einen negativen Lichtstrom. Man findet also bei den Farbstoffsperrschichtphotozellen Erscheinungen, die einerseits bei den Se- u. Cu_2O-Zellen u. andrerseits bei den Transistoren auftreten. — Abschließend wird festgestellt, daß im Gegensatz zu WARTENJAN u. RABINOVITCH kein Zweifel mehr an der sofortigen Ablösung von Elektronen aus der organ. Sensibilisatormolekel bei Lichtabsorption besteht. Nach der Feststellung des BECQUEREL-Effektes, des inneren lichtelektr. Effektes bei Quer- u. Längsfeldbeleuchtung, des Sperrschichtphotoeffektes u. eines möglichen Kristallphotoeffektes sind diese organ. Farbstoffe zu den lichtelektr. wirksamen Stoffen zu zählen. (Z. Elektrochem., Ber. Bunsenges. physik. Chem. **57.** 691—96. 1953. Bamberg, Inst. für Geochem.) W. GÜNTHER. 8604

F. Lautenschlager, *Die Grundlagen der Agfacolor-Photographie.* Vf. gibt eine Beschreibung des Agfacolor-Negativ–Positiv-Verf.: Aufbau u. Arbeitsweise des Filmes

u. die Vorgänge beim Kopierprozeß. (Röntgen- u. Laboratoriumsprax. **7**. 41—45. Febr. 1954. Leverkusen.) W. GÜNTHER. 8630

Wilhelm Meyerstein, Edgebaston, England, *Lichtempfindliche Schicht.* Als lichtempfindlicher Stoff wird *Meerschweinchenblut* (I) verwendet, dessen rote Blutkörperchen durch starke Bestrahlung zu 98% zerstört werden. Es wird z. B. eine Schicht aus 100 cm^3 W. + 4—8 cm^3 I + 0,9 g NaCl + 10 g Gelatine oder 2 g Agaragar gegossen, getrocknet u. unter einer Vorlage 15—30 Min. mit einer 1000 W-Lampe belichtet. Dabei werden die belichteten Stellen transparent, u. zwar proportional ihrer Bestrahlung. Das Bild wird durch Nachbehandlung mit CH_2O + NaCl-Lsg. fixiert. Die Empfindlichkeit von I kann durch Farbstoffe wie Eosin u. Methylenblau gesteigert werden. Die Trocknung kann so geleitet werden, daß ein Relief entsteht. (**E. P. 702 614** vom 20/9. 1951, ausg. 20/1. 1954.) KALIX. 8601

Mimosa Akt.-Ges., Hannover (Erfinder: **Heinz Kieser,** Kiel), *Lichtempfindliche Schichten.* Als Schichtbildner wird ein Gemisch verschied. Kolloide benutzt, das beim Erstarren u. bei der Trocknung der Schicht ein Zweiphasensyst. bildet, das so aufgebaut ist, daß sich das eine Koll. schwammartig abscheidet u. sich das zweite in den Poren der Schwammstruktur befindet. Das letztere soll vorzugsweise so stark wasserlösl. sein, daß es bei der üblichen Naßbehandlung oder bei einer besonderen Wässerung herausgelöst wird. Auch für Hilfsschichten auf lichtempfindlichem Material kann ein solches Kolloidgemisch verwendet werden. — Beispiel: 1000 g Halogensilberemulsion mit 10% Gelatine + 150 cm^3 10%ig. wss. Polyvinylalkohollösung. (**D. B. P. 906 891** Kl. 57b vom 29/1. 1943, ausg. 18/3. 1954.) KALIX. 8603

Gevaert Photo-Producten N. V., Mortsel bei Antwerpen (Erfinder: **Marcel Schouwenaars,** Edegem bei Antwerpen), *Sensibilisatoren für Papieremulsionen.* Cyanin- u.

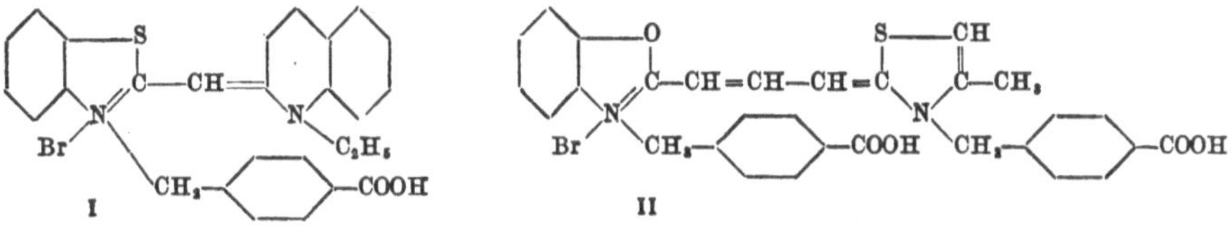

Styrylfarbstoffe, die am N-Atom des einen oder beider heterocycl. Kerne eine Carboxyaralkylgruppe tragen, färben als Sensibilisatoren für Emulsionen auf Papier das letztere nicht an. — Beispiele: I u. II. (**D. B. P. 908 346** Kl. 57b vom 7/6. 1942, ausg. 5/4. 1954.) KALIX. 8605

Eastman Kodak Co., übert. von: **Grafton H. Keyes** und **Leslie G. S. Brooker,** Rochester, N. Y., V. St. A., *Lichthofschutz- und Filterfarbstoffe* bilden asymm. Methinoxonol- u. Polymethinoxonolverbb. der allg. Formeln I u. II. Hierin bedeuten x die zur Bldg. eines Barbitursäure-, Thiobarbitursäure-, Isoxazolon- oder Indandionringes

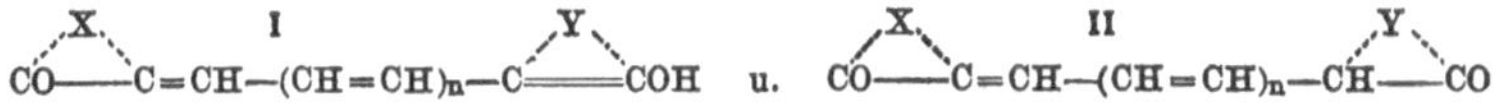

nötigen Atome, Y die zur Bldg. eines Pyrazolonkernes erforderlichen Atome u. n = 0, 1 oder 2. — Beispiel: *[1.3-Diäthyl-2-thiobarbitursäure-(5)]-[3-methyl-1-phenyl-5-pyrazolon-(4)]-methinoxonol,* gelbes Pulver, F. 188—191° (Zers.); *[1.3-Diäthylbarbitursäure-(5)]-[3-methyl-1-phenyl-5-pyrazolon-(4)]-trimethinoxonol,* rote Kristalle, F. 248 bis 250° (Zers.); *[1.3-Diäthyl-2-thiobarbitursäure-(5)]-[3-methyl-1-p-sulfophenyl-5-pyrazolon-(4)]-pentamethinoxonol,* dunkle Kristalle, F. 196—198° (Zers.); *[3-Acetylthioglykolylamino-1-phenyl-5-pyrazolon-(4)]-[1.3-diäthyl-2-thiobarbitursäure-(5)]-pentamethinoxonol,* grüne Kristalle, F. 219—221 (Zers.); *[1.3-Diphenyl-2-thiobarbitursäure-(5)]-[3-methyl-1-phenyl-5-pyrazolon-(4)]-pentamethinoxonol,* schwarzgrünes Pulver, F. 225 bis 227° (Zers.); *[1.3-Di-p-phenetylbarbitursäure-(5)]-[3-methyl-1-phenyl-5-pyrazolon-(4)]-trimethinoxonol,* braunorange Kristalle, F. 194—196° (Zers.); *[1-Äthylbarbitursäure-(5)]-[3-methyl-1-phenyl-5-pyrazolon-(4)]-methinoxonol,* gelbe Kristalle, F. 234—236° (Zers.); *[3-Amino-1-phenyl-5-pyrazolon-(4)]-[1.3-diäthylbarbitursäure-(5)]-methinoxonol,* gelbes Pulver, F. 165—168° (Zers.); *[1.3-Di-p-phenetylbarbitursäure-(5)]-[3-methyl-1-phenyl-5-pyrazolon-(4)]-methinoxonol,* gelbe Kristalle, F. 255—257° (Zers.); *[1.3-Diäthyl-2-thiobarbitursäure-(5)]-[3-methyl-1-phenyl-5-pyrazolon-(4)]-trimethinoxonol,* braunes Pulver, F. 165—167° (Zers.); *[1-Carboxyphenyl-3-pentadecyl-5-pyrazolon-(4)]-[1.3.-diäthyl-2-thiobarbitursäure-(5)]-pentamethinoxonol,* dunkle Kristalle, F. 184—187° (Zers.); *[3-Methyl-1-p-sulfophenyl-5-pyrazolon-(4)]-[3-phenyl-5(4)-isoxazolon-(4)]-pentamethinoxonol,* grüne Kristalle, F. 188—190° (Zers.); *[1.3-Indandion-(2)]-[3-methyl-1-phenyl*

5-pyrazolon-(4)]-pentamethinoxonol, F. 169—171° (Zers.), Strukturformeln aller Verbb. im Original. (**A. P. 2 611 696** vom 17/1. 1947, ausg. 23/9. 1952.) KALIX. 8611

Siemens & Halske Akt.-Ges., Berlin und München (Erfinder: **Bruno Göring**, Berlin), *Nachleuchtende Röntgenschirmbilder*. Zur Herst. der Schirmbilder wird ein für Röntgenstrahlen bes. empfindlicher Kristallrelaisschirm verwendet, der bei Anregung durch Elektronen Farbzentren bildet, deren Verteilung der Lichtdurchlässigkeit dem wiederzugebenden Bild entspricht u. die den Speichereffekt aufweisen. Zur Erzeugung der Elektronen wird eine dünne, schweratomige Hilfsschicht verwendet, die die Lichtdurchlässigkeit prakt. nicht schwächt u. unter der Einw. von Röntgenstrahlen Elektronen aussendet. Zur Bilderzeugung genügt dann meist schon ein Röntgenblitz. (**D. B. P. 908 564** Kl. 57b vom 5/2. 1942, ausg. 8/4. 1954.) KALIX. 8613

E. Scudder MacKey, Binghamton, N. Y., V. St. A., *Nachbehandlung entwickelter Schwarzweißbilder*. Die entwickelten, fixierten u. gewässerten Bilder werden mit einer 0,5—10%ig., bes. mit einer 2—10%ig. wss. Lsg. eines Reaktionsprod. aus CH_2O u. einem Harnstoff (I) behandelt, das die allg. Formel $OC\langle{}^{NRR_1}_{NHR_2}$ besitzt. Hierin sind R, R_1 u. R_2 H-Atome oder niedrigmol. Alkylgruppen, wobei R_2 stets ein H-Atom ist, wenn R u. R_1 Alkylgruppen sind. Bes geeignet sind: *N-Methylol*-**I**, *N.N'-Dimethylol*-**I**, *N-Methylolmethylen-bis-monoäthyl*-**I**, *N'-Methylol-N.N-dimethyl*-**I**, *N-Methylol-N.N'-dimethyl*-**I** u. *N.N'-Dimethyloluron*. Diese Nachbehandlung verhindert Verfärben u. Schleiern der Bilder. (**A. P. 2 629 661** vom 23/10. 1951, ausg. 24/2. 1953.) KALIX. 8619

Paul Joseph Weber, Seine, Frankreich, *Wiedergewinnung von Metallen, insbesondere von Silber, und Regenerieren von Lösungen, insbesondere von photographischen Bädern.* Man taucht eine Vorr., die eine Metallelektrode (Sammelelektrode) aus rostfreiem Stahl u. eine mit dieser in Kontakt stehende, polarisierende Elektrode aus Mg, Al, bes. Zn enthält, in das zu regenerierende Bad. — Vorrichtung. (**F. P. 975 046** vom 9/1. 1942, ausg. 28/2. 1951.) OPPERMANN. 8621

Maurice Damien (Soc. d'Études et de Fabrications de Matériel et de Produits pour la Modification des États de Surface), Seine, Frankreich, *Photographisches Reproduktionsverfahren*, bes. zur Herst. von Drucken auf heliograph. Papier. Man verwendet eine Gelatineschicht, welche die übliche Menge an $FeSO_4$ mit oder ohne Zusatz einer geringen Menge Saponin u. gegebenenfalls einer geringen Mengen Ochsengalle enthält. Nach Übertragung des Bildes auf die Gelatineschicht behandelt man diese mit CH_2O u. befeuchtet sie nach dem Einfärben leicht mit 0,2%ig. wss. Saponinlösung. Desgleichen befeuchtet man sie mit dieser Saponinlsg., wenn während des Druckes Abschmutzungen auftreten. Man kann anstatt Saponin seine Homologen u. Emulgierungsmittel, wie z. B. Na-Laurat, Methylcellulose, verwenden. (**F. P. 982 526** vom 10/7. 1943, ausg. 12/6. 1951.) OPPERMANN. 8625

Max Boudot und **Pierre d'André**, Frankreich, *Herstellung von photographischen positiven Farbbildern.* Man erzeugt in einer AgBr-Gelatineschicht durch Übertragen eines Negativs mittels UV-Lichts oder weißen Lichts von geringer Intensität u./oder kurzer Dauer ein an der Oberfläche gelegenes Bild u. überträgt nach Entwickeln u. Beizen dieses Bildes mittels weißen Lichts ein zweites Negativ auf die unteren Teile der photosensiblen Schicht. Nach Entwickeln u. Fixieren des zweiten Bildes färbt man das Oberflächenbild, dann beizt man das untere Bild u. färbt es ebenfalls. Man kann die Farbbilder auch durch chromogene Entw. herstellen. (**F. P. 982 225** vom 18/1. 1949, ausg. 7/6. 1951.) OPPERMANN. 8625

Eastman Kodak Co., Rochester, N. Y. (Erfinder: **Leopold Godowsky**, Westport, Conn.), V. St. A., *Mischkornemulsion für die Farbenphotographie.* Verschieden sensibilisierte u. mit den entsprechenden Farbkupplern gemischte Halogensilberkörner werden getrennt voneinander in einer hydrophilen makromol. Verb. (I) dispergiert, diese Dispersionen werden mit einem schichtbildenden hydrophilen Koll., bes. Gelatine, gemischt u. die Mischung zu einer Schicht vergossen. Als **I** werden polymere Aldehydcarbonsäuren, bes. Alginsäure oder unlösl. Salze davon, verwendet, z. B. das Ca-Salz. (**D. B. P. 857 736** Kl. 57b vom 22/9. 1950, ausg. 1/12. 1952. A. Prior. 11/12. 1946.) KALIX. 8631

Eastman Kodak Co. (Erfinder: **Henry Dudley Porter** und **Arnold Weissberger**), Rochester, N. Y., V. St. A., *Farbbildner.* Verwendet werden als photograph. Kupplerverbb. Acylaminopyrazolone der allg. Formel **I**, in der R eine Arylgruppe, bes. eine Phenyl- oder Phenoxyphenylgruppe u. X ein Säureradikal ist, bes. ein Benzoylrest, der eine Ätherbindung enthält. Geeignet sind z. B. folgende 5-Pyrazolone (I): 1-Phenyl-3-acetylamino-I, 1-Phenyl-3-chlor(oder -dichlor)-acetylamino-I, 1-Phenyl-3-benzoylamino-I,

I

1-Phenyl-3-β-naphthoylamino-I, 1-Phenyl-3-phenylcarbamylamino-I, 1-Phenyl-3-(p-sulfamidobenzoyl-amino)-I,1-Phenyl-3-(benzolsulfonylamino)-I, 1-m-Tolyl-3-[p-(p'-sek. amylbenzoyl)-aminobenzoylamino]-I, 1-(p-Phenoxyphenyl)-3-(p-sek.-amylbenzolsulfonylamino)-I, 1-[p-(m-Tolyloxy)-phenyl]-3-[m-(p-tert.-amylphenoxy)-benzoylamino]-I usw. (**D. B. P. 884 151** Kl. 57b vom 3/10. 1950, ausg. 23/7. 1953. A. Prior. 4/9. 1942.) KALIX. 8631

Technicolor Motion Picture Corp., Hollywood (Erfinder: **Wadsworth Egmont Pohl**, Los Angeles), Calif., V. St. A., *Aufnahme von Mehrfarbenkombinationsfilmen.* Vordergrund u. Hintergrund werden mit Hilfe von Bildfeldmarken voneinander getrennt auf für die 3 Grundfarben sensibilisierten Halogensilberschichten aufgenommen, wobei I u. II jeweils nur mit einer einzigen der 3 Farben bestrahlt werden. Die so erhaltenen Teilfarbennegative werden dann nacheinander auf ein u. dieselbe Positivschicht kopiert. (**D. B. P. 879 359** Kl. 57b vom 1/7. 1950, ausg. 11/6. 1953. **E. P. 693 889** vom 1/6. 1949, ausg. 8/7. 1953. Beide A. Prior. 30/6. 1948.) KALIX. 8631

Technicolor Motion Picture Corp., V. St. A., übert. von: **Wadsworth E. Pohl**, *Härten von Filmen.* Man behandelt die koll., hydrophile, farbabsorbiernede Schicht (Gelatine) vor dem Aufbringen der Farbe mit einer 4—6% ig. wss. Lsg. eines Cr-Salzes, wie Cr-Alaun, mit 25—75%, bes. 60—65%, der grünen Form u. 75—30% der Purpurform. (**F. P. 1 036 421** vom 2/5. 1951, ausg. 8/9. 1953. A. Prior. 17/10. 1950.) PANKOW. 8631

Bella Howell Co., Chicago, Ill., übert. von: **Paul J. Good**, Webster, N. Y., V. St. A., *Elektrostatisches Reproduktionsverfahren.* Die Vorlage wird punktweise mit verschieden empfindlichen Photozellen abgetastet, die dabei erhaltenen Stromstöße in elektrostat. Ladungen umgewandelt u. diese auf eine Bildfläche (Papier oder Film) übertragen. Auf der anderen Seite derselben befinden sich Behälter mit trocknen Farbpigmentkörnchen, die von den elektr. Ladungen angezogen, auf die Bildfläche übertragen u. dort festgehalten werden. Die endgültige Fixierung auf dieser erfolgt durch Aufschmelzen oder Aufsprühen eines durchsichtigen Lackes. (**A. P. 2 584 695** vom 14/8. 1947, ausg. 5/2. 1952.) KALIX. 8633

Zeiss-Ikon Akt.-Ges., Stuttgart, *Stereobilder für Projektion, Aufsichts- und Durchsichtsbetrachtung.* Folien aus Polyvinylalkohol werden (mit Cr- oder Diazoverbb.) lichtempfindlich gemacht, darauf Stereoteilbilder kopiert u. die Folien ausgewaschen, bis Reliefbilder entstehen. Diese werden dichroit. eingefärbt u. hintereinander angeordnet. Anstatt Polyvinalalkohol können auch andere folienbildende Stoffe verwendet werden, die durch Dehnen doppelbrechend werden, lichtempfindlich gemacht u. nach der Belichtung selektiv eingefärbt werden können. (**D. B. P. 902 580** Kl. 57b vom 4/4. 1944, ausg. 25/1. 1954.) KALIX. 8635

Klangfilm G. m. b. H., Berlin und Karlsruhe (Erfinder: **Hans Warncke**, Berlin), *Tonkopien.* Zur Beseitigung des DONNER-Effekts bei Kopien in Zackenschrift wird eine Kopieschwärzung angewandt, die aus dem in bekannter Weise ermittelten Negativ-DONNER-Wert (I) u. der empir. festgestellten Abhängigkeit der Kompensationsschwärzung von I in bezug auf die verwendete Positivschicht, Kopiervorr. u. sonstigen Schwärzungsfaktoren berechnet worden ist. (**D. B. P. 908 563** Kl. 57b vom 30/3. 1940, ausg. 8/4. 1954. Anmeldung bekanntgemacht 8/1. 1942.) KALIX. 8637

La Cellophane (Soc. An.), Frankreich, *Haltbare Druckfolien.* Man überträgt auf eine transparente, z. B. aus Celluloseacetat oder regenerierter Cellulose bestehende, durch eine Diazoverb. sensibilisierte Folie einen Text mit einer Schreibmaschine. Dann belichtet man die Folie, entwickelt sie auf bekannte Weise u. entfernt den aufgedruckten Text. Man erhält Druckfolien, deren Schriftzeichen nicht mit der Zeit vergehen. Man kann die Texte auch auf andere Weise u. auch Bilder übertragen. (**F. P. 1 032 339** vom 12/2. 1951, ausg. 1/7. 1953.) OPPERMANN. 8645

Curt Eckardt, Niederbeerbach bei Darmstadt, *Photoschablone für den Diffusionsdruck.* Die Schablone besteht aus einem Träger aus Fasermaterial (z. B. YOSHINO-Papier); darauf befindet sich eine Schicht aus wasserlösl. Weichharzen, darüber eine farbundurchlässige wasserlösl. Wachsschicht, darüber die lichtempfindliche Schicht, die aus wasserlösl. gemachten Hartharzen, wie Schellack oder Sandarak, besteht u. solche lichtempfindliche Stoffe enthält, die die belichteten Stellen der Oberschicht härten, z. B. Chromate oder Ag-Verbindungen. (**D. B. P. 907 013** Kl. 57b vom 7/12. 1951, ausg. 18/3. 1954. Anmeldung bekanntgemacht 9/7. 1953.) KALIX. 8645

A. B. Dick Co., Village of Niles, Ill., übert. von: **William G. Mullen**, Winchester, Mass., V. St. A., *Flachdruckplatte.* Auf einem der üblichen Träger aus Glas, Stein oder

Metall befinden sich übereinander 3 mit Bichromat sensibilisierte Kolloidschichten, die in ihrer Dicke u. ihrem Härtungsgrad so aufeinander abgestimmt sind, daß bei der Entw. nur die unbelichteten Teile der beiden obersten Schichten ausgewaschen werden, während die unterste Schicht vollständig erhalten bleibt. Diese wird dann mit einem Quellmittel so lange behandelt, bis ihre unbelichteten Teile höher geworden sind als die belichteten Stellen aller 3 Schichten zusammen. (**A. P. 2 598 189** vom 26/3. 1948, ausg. 27/5. 1952.) KALIX. 8645

Walter Heinrich, Dresden, *Verfahren zur Farbkorrektur von Teilfarbenauszügen aus farbigen Negativen für Reproduktion in allen Druckverfahren.* Es wird für jede Farbe ein unkorr. Teilfarbenauszug auf das farbige Negativ eingepaßt, diese Kombination mit Licht geeigneter Farbe (erzeugt durch kontinuierliche Lichtquellen mit Farbfiltern oder Lichtquellen, die Banden- oder Spektrallinien emittieren) durchstrahlt u. so durch Kontaktkopie verbesserte Teilfarbenauszüge (Kompensative) gewonnen. Ein passend ausgewähltes Kompensativ wird jeweils wieder auf einen unkorr. Teilfarbenauszug eingepaßt u. entweder auf dem Wege der Kontaktkopie das für die Herst. der Druckform verwendete farbkorr. Positiv in Halbton oder auf dem Wege der Kameraaufnahme mit vorgesetztem Raster das farbkorr. Rasterpositiv erhalten. Infolge weniger Zwischenstufen zwischen korr. u. unkorr. Auszug sind die Gradationsverluste geringer als bei den anderen Maskenverfahren. Außerdem kann die Farbenkorrektur beobachtet, u. es können durch chem. Behandlung die Tonwerte im Durchsichtsbild der beiden aufeinander eingepaßten photograph. Schichten (Teilfarbenauszug u. Kompensativ) verstärkt oder abgeschwächt werden. (**D. P. [DDR] 2 641** Kl. 57b vom 17/9. 1950, ausg. 5/12. 1952 [Wirtschaftspatent].) OPPERMANN. 8645

Kodak-Pathé, Frankreich, *Herstellung von positiven schwarzen Reliefbildern.* Man bedeckt einen Träger, z. B. aus Glas, Metall, Cellulosenitrat oder Polyacrylharzen, mit einer lichtempfindlichen Schicht, die ein Bichromat enthaltendes hydrophiles Koll. (z. B. NH_4-Bichromatgelatine), $PbSO_3$ u. eine in W. unlösl. polymerisierte Substanz (z. B. Polyacrylharz) enthält. Nach erfolgter Belichtung behandelt man diese Schicht mit W. oder einer wss. alkal. Lsg. (z. B. NH_4OH, Na_2CO_3-Lsg., Triäthanolaminlsg.) u. verwandelt das $PbSO_3$ mit 2—5%ig. Na_2S-Lsg. oder mit H_2S-Gas oder H_2S-Lsg. in PbS. Die photosensiblen Bichromatschichten werden auch zur Herst. von Verzierungen auf Keramiken verwendet. (**F. P. 983 021** vom 7/10. 1948, ausg. 18/6. 1951.) OPPERMANN. 8647

Henri Caen, Seine, Frankreich, *Härten und Undurchlässigmachen von Gelatine,* bes. photograph. Gelatineschichten. Man verwendet Lsgg. von Kondensationsprodd., vorzugsweise hergestellt aus Polyaminen (Melamin u. seinen Homologen) oder Isocyanaten oder Urethanen u. Aldehyden (CH_2O, Glyoxal) in Ggw. von Kondensationsmitteln ($ZnCl_2$, Benzoylperoxyd). — Z. B. imprägniert man eine ein entwickeltes *photograph.* Bild enthaltende Gelatineschicht mit einer 5—10%ig. wss. Lsg. eines CH_2O-Melamin-Harzes u. erhitzt das Ganze 10—15 Min. auf ca. 120°. Man erhält eine transparente, glänzende, undurchlässige, schwer ritzbare Schicht. (**F. P. 1 035 063** vom 4/4. 1951, ausg. 14/8. 1953.) OPPERMANN. 8649

N. V. Philip's Gloeilampenfabrieken, Holland, *Waschen von belichtetem und entwickeltem photographischem Material.* Aus regenerierter Cellulose bestehendes oder mit einer Schicht aus verseiftem Celluloseester bedecktes, durch eine Diazoverb. (z. B. 1-Oxy-2-diazonium-6-methylbenzol-4-sulfonsäure) u. ein Metallsalz (z. B. Hg-Nitrat) sensibilisiertes photograph. Material (z. B. Film) wird nach dem Belichten u. Entwickeln mit 85—100° warmem W. gewaschen u. dann mit einer anderen fl. Substanz (z. B. 5%ig. Glycerinlsg.) bei gleicher Temp. behandelt. Danach wird es im Vakuum getrocknet. (**F. P. 971 468** vom 9/9. 1948, ausg. 17/1. 1951. Holl. Prior. 11/9. 1947.) OPPERMANN. 8649

Herausgeber u. verantwortlich für den Inhalt: Prof. Dr. Maximilian Pflücke, Berlin NW 7, Schiffbauerdamm 19, Fernsprecher: 42 55 71. Redaktion: Chefredakteure Dr. Eugen Klever und Prof. Dr. Maximilian Pflücke. Verlag: Akademie-Verlag GmbH., Berlin W 8, Mohrenstraße 39 (Fernsprecher 20 03 86, Postscheckkonto Berlin 350 21), u. Verlag Chemie GmbH, Weinheim/Bergstraße (Postscheckkonto Frankfurt/M. 145314 u. Berlin [West] 7430, Fernsprecher: Weinheim 2017). Bestell- u. Verlags-Nr. dieses Heftes: 1007/125/35. Das Chemische Zentralblatt erscheint wöchentlich. Satz u. Druck: VEB Leipziger Druckhaus, Leipzig, III/18/203. VIII. 54. Veröffentlicht unter der Lizenznummer 1212 des Amtes für Literatur und Verlagswesen der Deutschen Demokratischen Republik. Printed in Germany DDR.

FSC
www.fsc.org
MIX
Papier | Fördert gute Waldnutzung
FSC® C083411

Kolibri 360 GmbH
Ferdinand-Jühlke-Straße 7
99095 Erfurt, Deutschland
produktsicherheit@kolibri360.de